W0275193

Klaus G. Strassmeier

Aktive Sterne

Laboratorien der solaren Astrophysik

SpringerWienNewYork

Univ.-Doz. Dr. Klaus G. Strassmeier
Institut für Astronomie
Universität Wien, Österreich

Das Werk ist urheberrechtlich geschützt.
Die dadurch begründeten Rechte, insbesondere die der Übersetzung, des Nachdruckes, der Entnahme von Abbildungen, der Funksendung, der Wiedergabe auf photomechanischem oder ähnlichem Wege und der Speicherung in Datenverarbeitungsanlagen, bleiben, auch bei nur auszugsweiser Verwertung, vorbehalten.

© 1997 Springer-Verlag/Wien
Softcover reprint of the hardcover 1st edition 1997

Satz: Reproduktionsfertige Vorlage des Autors

Umschlagentwurf: Bernhard Kollmann

Cartoon Abb. 9.20, S. 274: Bizarro © 1995 by Dan Piraro.
Reprinted with permission of Universal Press Syndicate. All rights reserved.

Gedruckt auf säurefreiem, chlorfrei gebleichtem Papier – TCF

SPIN: 10630239

Mit 231 zum Teil farbigen Abbildungen

Die Deutsche Bibliothek – CIP-Einheitsaufnahme

Strassmeier, Klaus G.:
Aktive Sterne : Laboratorien der solaren Astrophysik /
Klaus G. Strassmeier. – Wien ; New York :
Springer, 1997
ISBN-13: 978-3-7091-7420-3 e-ISBN-13: 978-3-7091-6863-9

ISBN-13: 978-3-7091-7420-3 e-ISBN-13: 978-3-7091-6863-9
DOI: 10.1007/978-3-7091-6863-9

Vorwort

Aktive Sterne? Darüber kann man ein Buch schreiben? Man kann! Vorausgesetzt man fühlt sich noch nicht reif genug und, um es mit Heimito von Doderer zu halten, fällt auf sich selbst herein („Reif ist, wer auf sich selbst nicht mehr hereinfällt", HvD). Es kam also eine Menge Arbeit auf mich zu und es lag in der Natur der Dinge, daß so ein Buch eigentlich nie fertig werden könnte – philosophisch gesprochen. Verzeihen Sie also bitte gleich von Beginn an, falls Ihr Lieblingsproblem nirgends behandelt wird.

Also, angefangen hat es, als meine Vorlesungsmappe zu selbigem Thema immer dicker und runder wurde und ich beim besten Willen und Vorsatz die Studentinnen und Studenten nicht mehr von meiner Vorlesung verscheuchen konnte und tatsächlich so etwas wie Interesse aufkam. Ihnen gebührt mein Dank somit gleich an erster Stelle. Motivation hieß und heißt das Zauberwort.

Dazu kommt auch, daß es noch kein umfassendes Buch auf diesem Gebiet gab und ich mich in meiner Lieblingsbibliothek, die ohnehin astronomisch gesehen gut bestückt war, mit zwei Stereotypen von Astronomiebüchern herumärgerte: den „Bilderbüchern" mit nur dürftigem bis gar keinem Einblick in die reale Welt der Forschung und den Fachbüchern, bei denen man bereits nach der dritten Seite wegen fehlendem Fadens eingeschlafen ist.

Das vorliegende Buch versucht nun so etwas wie einen Mittelweg zu gehen, das heißt, Sie (noch) nicht nach der vierten Seite einschlafen zu lassen, sondern einerseits faszinierende und publikträchtige Forschungsergebnisse in Bild und Wort zu präsentieren und andererseits auch mit mathematisch-physikalischen Details die nüchternen, aber meist umso wichtigeren Zusammenhänge der Natur der Sterne näher zu bringen. Denn es gibt sprichwörtlich mehr Sterne am Himmel als Sand am Meer und es wird Zeit, daß das Selbstverständliche, wie etwa unsere Sonne und ihr elfjähriger Fleckenzyklus oder der Sternaufbau und seine Entwicklung oder die Planeten von anderen Sternen und so weiter und so fort, gebührend Einzug in unser Weltbild nimmt.

Ein Teil dieses Weltbildes sind die Aktiven Sterne, sonnenähnliche Typen mit von gewaltigen Magnetfeldern getriebenen Phänomenen, die jene der Sonne – wie z.B. die Sonnenflecken – um das Hundert- bis Tausend- ja sogar Millionenfache übertreffen. Die Erforschung dieser Palette von magnetischen Aktivitäten ist wissenschaftlich kein triviales Problem und der vorliegende Text muß daher, zuletzt auch aus Gründen des beschränkten Platzes, von gewissen Grundkenntnissen in der Astronomie und Physik ausgehen, etwa einer Einführungsvorlesung für Nicht-

Astronomen an der Uni (wir nennen das Babyastronomie) oder dem Grundwissen eines fortgeschrittenen Amateurastronomen.

Obwohl selbst in diesem Fachgebiet tätig, hätte ich ohne die Hilfe meiner vielen Kolleginnen und Kollegen wohl nie das Licht am Ende des Schreibtunnels gesehen. Daher danke ich jetzt all jenen, die mich mit ihren eigenen Resultaten versorgt haben, zum Teil sogar noch bevor sie publiziert wurden, als auch den vielen WorldWideWeb-Administratoren für deren informative homepages und den großen Instituten der Welt für deren freizügigen Umgang mit wissenschaftlichen Resultaten. Persönlich danke ich Charles Prosser, CfA-Harvard; Jürgen Schmitt, MPE-Garching; Martin Kürster, jetzt ESO; Manfred Schüssler und Peter Caligari, KIS-Freiburg; Elisabeth Völk, ESO-Garching PR-Büro; Gordon Walker, University of British Columbia; Thomas Blöcker, Universität Kiel; meinem engsten Wissenschafts„kumpel“ John Rice, von der Brandon University in Manitoba; weiters Steve Saar, Bob Donahue und Willie Soon, CfA-Harvard; Andrew Collier-Cameron, University of St. Andrews; O. Engvold, University of Oslo; David F. Gray, University of Western-Ontario; John Stauffer, Smithsonian Astrophysical Observatory; William C. Livingston, National Solar Observatory; Claude Catala und Jean-François Donati, Observatoire Midi-Pyrénées; Greg Henry, Tennessee State University; P. L. Pallé, Instituto Astrofisico Canary Island; Mark McCaughrean, MPI für Radioastronomie; Rolf Mewe, SRON-Utrecht; Steve Vogt, Lick Observatory; Kazik Stępień, Warsaw University Observatory; Marek Siarkowski, Space Research Center, Wrocław; Johannes Andersen, Copenhagen University Observatory; Maria Firneis, Universitätssternwarte Wien; Han Uitenbroek und Andrea Dupree, CfA-Harvard; Brad Carter, University of Southern Queensland; Jean-François Lestrade, Observatoire de Meudon; Marc Gagné und Jeff Linsky, JILA, University of Colorado; Curtis Gehman, University of Michigan; Marcello Rodonó, Catania Observatory; Gene H. Avrett, CfA-Harvard; M. A. C. Perryman, ESA-ESTEC; H. Balthasar, Universität Tübingen; Pierre Demarque und Marc Pinsonneault, Yale University; Andy Perala, W. M. Keck Observatory; Jan Curtis, Fairbanks, Alaska; Gary Linford, Lockheed; Helmut Jenkner, STScI; Paul Charbonneau, High Altitude Observatory; Michel Mayor vom Genfer Observatorium und Yvonne Unruh, mittlerweile an der Universitätssternwarte in Wien.

Weiters haben meine Studenten, vor allem Thomas Granzer als *der* „Scanner-Meister“, Janos Bartus, Michael „Snake“ Scheck sowie Michael Weber und Albert Washüttl viel Geschick im Umgang mit etlichen Megabyte großen postscript-Files bewiesen und mir auch sonst immer wieder mit wahren Frondiensten ausgeholfen, genauso wie meine Frau Elfi, die mich mittlerweile nur mehr den Hacker nennt, und unsere rechtschreibkundige Freundin Karin Landbauer, die das ganze Manuskript gelesen und korrigiert hat. Last but not least, hätte all das nichts genützt, wären da nicht das Institut für Astronomie der Universität Wien, dessen rastloser Vorstand, und der *Fond zur Förderung der wissenschaftlichen Forschung* gewesen. Ihnen gebührt genauso mein Dank wie all den aktiv beteiligten Personen.

Also, auf geht's.

Wien, im Mai 1997 Klaus G. Strassmeier

Inhalt

Prolog

Als ob wir nicht schon genug Probleme *auf* dieser Erde hätten?

Aber gerade deswegen empfiehlt es sich immer wieder, den Blick nach „oben", zum Sternenhimmel, zu richten. In eine Richtung, in der der volkstümliche Ausdruck „Weitblick" eine schlichtwege Untertreibung darstellt und „grenzenlos" wohl im wahrsten Sinne des Wortes die passendere Beschreibung liefert. Zumindest wenn es eine wolkenlose Nacht ist und man, trotz Weitblick, aber nicht mehr als ein paar tausend Sterne sieht – von den hundert oder mehr Milliarden Einzelsternen alleine in unserer Galaxis, die wiederum nur eine von Milliarden anderen Galaxien ist. Vielleicht relativiert dies jene, manchmal auch ein wenig übertriebenen, ganz persönlichen, irdischen Probleme, wie etwa die Beule auf der Motorhaube unseres – ach so geliebten, weil lange gesparten und daher schwer erworbenen – Automobils und sensibilisiert dabei die Aufmerksamkeit unseres Hausverstandes und lenkt unser Verständnis zu den wahren, globalen wie lokalen Problemen, die durchaus nicht eindeutig voneinander zu trennen sind. Schon gar nicht mehr im Satelliten-TV und Internet-Video-Zeitalter, wo die Toten der Dritten Welt in hunderten und tausenden gezählt werden und die Toten der Ersten Welt, je nach Sterbeart, in Einzel- und Zehnerpackungen beschrieben und verabreicht werden, im angelsächsischen Raum anstelle von Zehnern natürlich in Dutzenden!

Was das alles mit Astronomie und Aktiven Sternen zu tun haben soll? Ganz einfach, bevor wir ein detailliertes wissenschaftliches Problem zu knacken versuchen, also in unserem Fall etwa den Entwicklungsvorgang einer magnetischen Flußröhre in einer konvektiven Sternhülle eines weit entfernten sonnenähnlichen Sternes, sollten wir, um unser Detailwissen überzeugend und verständlich verpackt weitergeben zu können, zuerst einmal jenes Weltbild konkretisieren, in dem wir als Erdenbürger so recht und schlecht leben. Also vorher das Baugerüst der Naturwissenschaften verstehen lernen.

Was sind nun eigentlich Aktive Sterne?

Fast alles, was ein Mensch in einer klaren Nacht am Himmel sehen kann, sind Sterne. 5000 an der Zahl, in Wirklichkeit aber rund 100 bis 200 Milliarden in unserer Galaxis. Unsere Sonne ist ein recht durchschnittlicher Stern, der sich vor allem durch seine geringe Entfernung zu uns auszeichnet. Bei näherer Betrachtung entpuppt sich die Sonnenoberfläche aber als wahrer „Hexenkessel" mit Magnetfeldern aller Art, den Sonnenflecken, Plasma-Eruptionen und plötzlichen Explosionen, die alle einen fundamentalen Einfluß auf unseren Planeten haben, einen Einfluß den wir erst mit der heutigen, modernen Astronomie zu messen und langsam zu verstehen beginnen. Diese ganze Palette magnetischer Aktivitäten, die wir auf der Sonne beobachten, treten auch bei anderen Sternen auf, manchmal aber tausend- ja sogar millionenfach verstärkt – dies sind die Aktiven Sterne. Was erzählen uns nun diese Sterne? Können sie uns helfen unsere eigene Sonne besser zu verstehen, etwa den berühmten Sonnenfleckenzyklus? Oder ist die Sonne tatsächlich ein einzigartiger Stern? Wie immer, vom Schicksal des uns am nächsten stehenden Sternes, der Sonne, hängt die Zukunft der Menschheit ab. Ihre Leben spendende Energie bestimmt, ob und wie lange wir in der gegenwärtigen Form existieren können. Dieses Buch ermöglicht einen Blick in die aktuelle Forschung auf dem Gebiet aktiver Sterne, deren ungelöste Fragen und überraschende Erkenntnisse. Es beschreibt modernste Beobachtungstechniken und neuestes Datenmaterial aus erster Hand, vergißt dabei aber nie einen breiten, allgemeinverständlichen Konsens zur Stellarastronomie und zur aktiven Sonne im speziellen zu geben.

Kapitel 1

Das Weltbild, in dem wir leben

Alles Leben ist Problemlösen.
Sir Karl Popper

Um zuerst ein wenig mit der Philosophie und der angewandten Mathematik vertraut zu werden, mit der Grundlagenforscher astronomische und physikalische Probleme in der Praxis erkennen und zu lösen versuchen, sei das erste Kapitel in diesem Buch als eine Art angewandte, philosophisch-mathematische Einführung in das Wie und Warum der wissenschaftlichen Erkenntnisgewinnung, den anderen Kapiteln vorangestellt. Diese anderen Kapitel – ja, da waren doch mathematische Formeln beim groben Durchblättern –, können zwar durchaus einzeln gelesen und verstanden werden, doch erhebt das erste Kapitel den Anspruch eine Standortbestimmung der modernen Astronomie im ganz allgemeinen zu sein. Die mathematische Sprache – also Formeln – ist dabei als eine Konkretisierung der Umgangssprache zu verstehen, die notwendig ist, um einen bestimmten physikalischen Vorgang für jedermann/frau exakt reproduzierbar wiederzugeben. Im Zeitalter der Personal-Multimedia-Computer für „kids“ wurde die Angst des interessierten Laien vor der Mathematik ja doch etwas gelindert und enttabuisiert.

Fortschritt bedeutet, daß wir immer mehr wissen
und immer weniger davon haben.
Josef Meinrad

1.1 Die Liebe zum Detail oder ... haben wir schon zuviel Wissen?

Der Fortschritt zum Wissensstand der Vorsokratiker und unmittelbar nachfolgender antiker Denkschulen zum heutigen Stand der Dinge ist, daß heute – im Jahre 2000 – vieles entweder als richtig oder als falsch nachgewiesen werden konnte, was Leute wie Thales von Milet, Anaximander, Pythagoras, Heraklit und Demokrit und nach ihnen Sokrates, Plato und Aristoteles, als Gedankengerüst formuliert hatten. So erstaunlich es klingt, von der gesellschaftspolitischen Seite her gesehen mag es manchmal wichtiger sein ein „Gerüst“ zu haben – ob nun ein falsches oder ein richtiges –, als so manche wissenschaftliche Detailfrage zu klären. Trotzdem scheint der entscheidende Fortschritt der modernen Naturwissenschaft vor allem im enormen Detailwissen zu liegen, das wiederum vor allem in den letzten fünfzig bis hundert Jahren angehäuft wurde. Man ist jetzt versucht zu sagen, daß die Quantität des Detailwissens aber relativ unerheblich ist für das Gedankengebäude in dem dieses Spezialwissen eingebettet wird. Dem ist natürlich nicht ganz so, da der Prozeß der Erkenntnisgewinnung meist kein Prozeß der schlichten Wissensvermehrung ist, sondern dem Darwinschen Prinzip der Evolution durch Auslese ähnelt. Ein empirischer, also ein selbstregulierender Vorgang. Ein Vorgang, bei dem man nicht eindeutig vorhersagen kann, ob und wann sich eine in der Vergangenheit erzielte Erkenntnis zu einem beliebigen, in der Zukunft liegenden Zeitpunkt als falsch oder richtig erweisen wird. Letztlich also nur die absolut wahren Aussagen überbleiben; aber, das ist eben eine Frage der Zeit.

Die Quantität des angehäuften Wissens liefert sozusagen das Umfeld, in dem sich neue Theorien und Ideen bewähren müssen. Der Forscher muß letztendlich dieses Umfeld verlassen können um neue, noch abstraktere Dinge zu erforschen; das Wissen also wiederum zu vermehren und so weiter.

1.1.1 Die Natur will sich nicht genau festlegen

Die Wahrscheinlichkeit, daß in dem extrem kurzen Zeitabschnitt seitdem die Menschheit auf die kosmische Bühne getreten ist, die absolute Erkenntnis über das Universum erworben wird – wie etwa die berühmte Weltformel – ist sehr, sehr gering, ja vielleicht nicht einmal existent. Aber eben nur *vielleicht*? Und gerade wegen diesem „vielleicht“ können wir auch nicht absolut sicher sein, ob unser heute gültiges Weltbild – erstellt nach 3,000 und mehr Jahren an Erfahrung –, in hundert, tausend oder einer Million Jahren auch wirklich noch stimmt. Doch scheint gerade diese Unbestimmtheit ein Teil der Natur zu sein – erinnern wir uns nur an Heisenbergs Unschärferelation für die Welt des ganz Kleinen. Ist dies etwa auch das wahre Gesicht der Natur des Makrokosmos? Je genauer wir versuchen, das Universum und den Beginn alles Seins zu beobachten und zu berechnen, desto ungenauer werden unsere Beobachtungen und Rechnungen? Je weiter wir mit unseren Riesenteleskopen ins Universum blicken können – also je weiter wir in die Vergangenheit vordringen – desto unbestimmter wird das erworbene Wissen? Ist Chaos die höchste Ordnung? Oder können wir die enorme Wissensvielfalt nur einfach nicht mehr verarbeiten, sind wir sozusagen blind vor lauter Wissen? Oder einfach nur noch nicht reif genug, zu dumm mit anderen Worten? Wie üblich, zuviele Fragen und zu wenige Antworten. Auch an das muß man sich in der Astronomie und Astrophysik gewöhnen.

1.1.2 Zwei unumstößliche Größen

Die Probleme bei der kosmologischen Einbindung der Erkenntnisse aus der Quantentheorie und der Teilchenphysik sowie der stellaren Astrophysik – ungefähr seit der Mitte des 20. Jahrhunderts ein eigenständiges Teilgebiet der Astronomie –

Abbildung 1.1: Sterne, Sterne, Sterne. Schon ein winziger Ausschnitt am Himmel beinhaltet Hundertausende Sterne. Diese Aufnahme zeigt die Region Sagittarius in Richtung Milchstraßenzentrum. (Aufnahme mit freundlicher Genehmigung European Southern Observatory).

Abbildung 1.2: Naturwissenschaft besteht zu 90% aus Fragen und leider nur zu einem kleinen Bruchteil aus dem Beantworten dieser Fragen. Doch fragen muß gelernt sein ...

deuten auf zwei Richtungen zur Erklärung des Kosmos als Ganzes hin. Einerseits das Dilemma im Teilchenzoo, mit immer wieder neuen Teilchen, die die Unzulänglichkeiten der bereits bekannten Teilchen aufheben und erklären sollen (wobei die neuen auch nicht perfekt sind ... und so weiter)[1], und andererseits, wir benötigen noch wesentlich mehr Wissen über das Phänomen Gravitation, also der Kraft, die den Makrokosmos dominiert. Mehr und immer bessere Beobachtungen scheinen dringend erforderlich zu sein um in dieser Situation noch einen entscheidenden Fortschritt zu erzielen.

Mit anderen Worten ausgedrückt: unser Gedankengerüst muß es erlauben, heute fest etablierte physikalisch-astronomische Gesetzmäßigkeiten die – sagen wir einmal – in hundert Jahren als veraltete Ansichten bezeichnet werden könnten, heute schon zu hinterfragen. Trotzdem wollen wir solange auf bestimmte fundamentale Gerüste aufbauen, zum Teil aus Mangel an besseren Konzepten, bis die Widersprüche zu groß werden und unsere Vorstellungen nicht mehr haltbar sind. Zwei solche, heute noch unumstößliche Fundamente unseres physikalischen und astronomischen Gerüstes sind die Existenz einer nicht *überschreitbaren* physischen Geschwindigkeit – der Lichtgeschwindigkeit im Vakuum von zirka 300,000 $\mathrm{km\,s^{-1}}$ – und einer nicht *unterschreitbaren* Temperatur – des absoluten Nullpunktes bei −273°C, entsprechend Null Grad Kelvin. Erstere begründet das soziale Dilemma der nichtexistierenden UFOs mit den „grünen Männchen“ (siehe dazu noch im letzten Kapitel). Das simple Problem dabei ist, daß die Entfernungen zu den Sternen einfach zu groß sind: soll es eine Reise zu den Sternen geben, dann wohl nur mit Überlichtgeschwindigkeit ... oder es gibt einen kürzeren Weg. Wer weiß?

[1]Bekanntlich wissen wir besser, was Teilchen tun als was sie sind.

1.1.3 Eine Antwort ergibt zwei neue Fragen – wenigstens!

Oh Gott, soll jetzt alles in Frage gestellt werden was die Menschheit bis dato an Wissen aufgebaut hat? Würde uns dies nicht in die spekulative Philosophie zurückversetzen? Nun, wir wollen zwar nicht alles verwerfen, müssen aber die *Bereitschaft* besitzen, alles zu hinterfragen – aber auch wirklich alles – wie auch unsere eigene Existenz. Was soll das für ein Weltbild werden? Würden wir nicht lieber alles schön geordnet und alles für alle Zeiten festgelegt sehen, so wie Einstein vom makellosen, dem statischen Universum geträumt hatte und zutiefst betroffen war, als er später selbst erkannte, daß die Einführung der kosmologischen Konstante in seinen Feldgleichungen „die größte Eselei meines Lebens“ war? Oder, um im Jargon von Pflanzensystematiker, Zoologen, Verhaltensforscher und anderen meist phänomenologisch arbeitenden Wissenschaftern zu sprechen: neigen wir nicht dazu, die kosmischen Phänomene nach Familien und Unterfamilien, nach Klassen und anderen Sub-Kategorien zu unterteilen? Immer nach der Devise, meinetwegen unendlich groß, aber bitte vorhersagbar und beobachtbar? Für ein bestimmtes Experiment in einem irdischen Labor ein nützliches Kriterium, im sich stetig ändernden, unendlichen Weltall aber nicht ganz so einfach. Dinosaurier waren bekanntlich etwa hundert Millionen Jahre auf der Erde vorhanden, manche Insektentypen haben sich innerhalb dieser Zeitspanne nicht einmal verändert. Also, Entwicklung ist manchmal schnell, manchmal langsam. Aber immer vorhanden. Nichts ist statisch, nicht einmal das Universum.

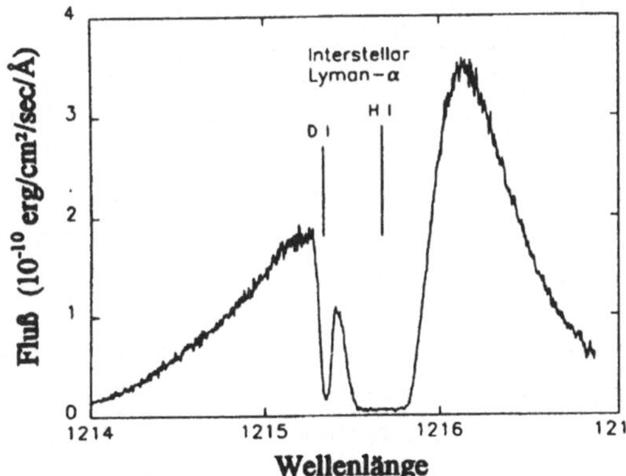

Abbildung 1.3: Der Nachweis der Heliums- und Deuteriumshäufigkeit in der interstellaren Materie. Deren quantitative Bestimmung ermöglicht es, eine Aussage über den frühen Zustand des Weltalls zu treffen und somit unser Weltbild, den Kosmos in dem wir leben, besser zu verstehen. Das Spektrum wurde mit dem Hubble-Space-Teleskop aufgenommen und zeigt die scharfe Absorptionslinie des Deuteriums bei 121.54 nm im Spektrum des hellen und aktiven Doppelsternes Capella. (Nach Linsky et al. 1993).

Warum muß das Nichts als erstes dagewesen sein?
Günther Anders

1.2 Das kosmologische Standardmodell

Und schon sind wir mitten in der Geschichte nach der Frage, wie das Universum aufgebaut ist. Wie Sie, liebe Leser, mittlerweile schon erraten haben dürften, ist unser heutiges Weltbild ein Bild des ganzen Kosmos, nicht mehr *nur* ein Bild der Fixsterne, der Sonne, dem Verlauf der Planetenbahnen – die Bahn unserer Erde und der des Mondes eingeschlossen. Es geht vielmehr darum, eine Vorstellung von Raum, Zeit und Materie, deren Verknüpfung, sowie deren Entstehung zu formulieren. Eines unserer heutigen (physikalischen) Weltbilder, ist das *kosmologische Standardmodell.*

1.2.1 Die drei Säulen des Standardmodells

Das Standardmodell basiert auf dem „Urknall", mit dem alles begonnen haben soll: Raum, Zeit, Materie und eventuell noch andere, noch viel exotischere „Dinge", die *heute* noch unseren Horizont übersteigen. Das war vor rund 15 Milliarden Jahren; seither dehnt sich das Universum aus. Interpretiert man nämlich – wie üblich, aber nicht ganz unumstritten –, die beobachtete Rotverschiebung von entfernten Galaxien und Quasaren als Dopplerverschiebung des Lichtes (bzgl. Doppler-Effekt siehe Kapitel 5), so ergibt sich die Ausdehnung des Universums zu etwa 70 km pro Megaparsec und pro Sekunde. Daraus errechnet sich das Alter des Universums auf etwa 15 Milliarden Jahre. Die Entdeckung der Rotverschiebung und deren Interpretation als Fluchtgeschwindigkeit, ist einer der Eckpfeiler unseres momentan gültigen Weltbildes.

Der zweite Eckpfeiler ist die Beobachtung eines Restes jener Strahlung, die bei der heißen Explosion des Urknalles entstanden sein müßte. Diese Strahlung hat sich, wenn die Urknallhypothese stimmt, zusammen mit dem Raum ausgedehnt und ist heute – nach 15 Milliarden Jahren – entsprechend abgekühlt. Der russischstämmige, amerikanische Pionier George Gamow hatte schon 1948 ausgerechnet, wie heiß dieser Überrest des Urknalles heute sein sollte, rund 3 Kelvin, noch lange bevor man sie entdeckt hatte. Die Entdeckung selbst blieb zwei Radioingenieuren von den Bell Laboratories vorbehalten, den Herren Wilson und Penzias, die dafür auch den Nobelpreis erhielten. Der NASA-Satellit *Cosmic Background Explorer (COBE)* hat 1989–1990 das Spektrum dieser „Hintergrundstrahlung" mit bis dato unübertroffener Genauigkeit gemessen. Sie entspricht einem schwarzen Strahler der Temperatur 2.730 ± 0.060 Kelvin, erstaunlich genau zum vorhergesagten Wert von 3 K (siehe Abb. 1.4).

Die Isotropie dieser Hintergrundstrahlung, also deren Gleichmäßigkeit nach allen Richtungen, ist heute eines der am meisten diskutierten Themen der Kosmologie. Wie konnten großräumige Strukturen im Universum – etwa Galaxien – entstanden sein, wenn der Urknall gleichförmig war? Tatsächlich hat *COBE* winzige Schwankungen der Isotropie der Hintergrundstrahlung festgestellt, die eher mit sogenannten „inflationären Modellen"[2] übereinstimmen als mit dem Standardmodell. Erste Messungen wurden schon kurz nach der Entdeckung von Smoot et al. (1992) publiziert, aber erst weitere – seit nunmehr vier Jahren andauernde – Beobachtungen mit *COBE* erlaubten es, ein Bild der Dichteverteilung im frühen Universum, noch bevor Materie in Strukturen wie Sterne oder Galaxien geordnet war, zu erstellen (Abb. 1.4, rechter Teil).

Schließlich sagt das Standardmodell vorher, welche (relativen) Mengen Wasserstoff und Helium im Urknall gebildet worden sind. Und diese Vorhersage – 76%

[2]Diese Modelle postulieren für das junge Universum eine Expansion um 10^{50} bis 10^{100} in der Zeit zwischen 10^{-35} bis 10^{-32} Sekunden nach dem Urknall.

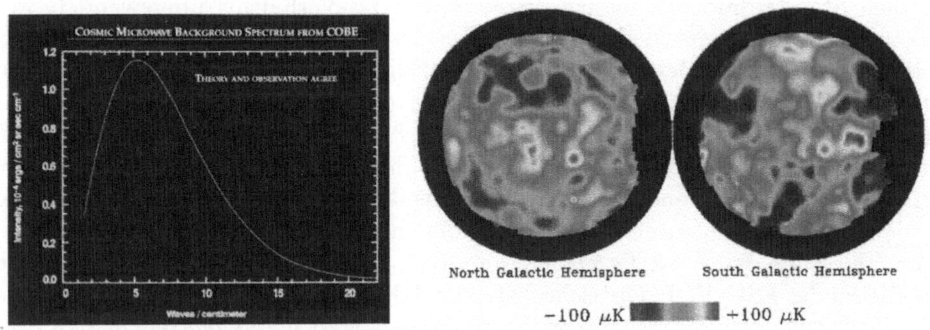

Abbildung 1.4: Das Spektrum (links) und die Isotropie der kosmischen Strahlung (rechten beiden Abbildungen). Diese bahnbrechenden Messungen wurden mit dem *COBE*-Satelliten durchgeführt und bestätigten auf eindrucksvolle Weise unsere momentanen Vorstellungen des kosmologischen Standardmodells. *Links:* Das beobachtete Spektrum der 3K-Hintergrundstrahlung ist identisch mit dem eines Schwarzen Körper der Temperatur 2.730 K (Nach Mather et al. 1994). *Rechts:* Dichteschwankungen im frühen Universum. (Nach Daten des *COBE*-DMR-Instrumentes, mit frdl. Gen. von Charles L. Bennett, NASA-GSFC).

Wasserstoff (H), 24% Helium (He) mit zirka 0.0000001% Lithium (Li) –, entspricht auch in etwa den beobachteten chemischen Zusammensetzungen der ältesten bekannten Sterne[3]: der dritten Säule des Standardmodells. Die Deuterium- und Heliumhäufigkeit wurde aber erst kürzlich mit Hilfe des *Hubble Space Telescope* (HST) im interstellaren und intergalaktischen Medium gemessen (siehe Abb. 1.3).

Deuterium ist besonders interessant, da ab etwa 1000 Sekunden nach dem Urknall kein Mechanismus bekannt ist der Deuterium produzieren könnte. Die Vernichtung von Deuterium passiert aber in den Kernen der Sterne und somit besteht ein starker Zusammenhang zwischen dem heutigen D/H-Verhältnis und dem primordialen, also demjenigen kurz nach dem Urknall. Das Standardmodell beschreibt diesen Zusammenhang. Wie kann der Astronom nun eigentlich Deuterium messen? Dies zeigt das Beispiel in Abb. 1.3. Eine Absorptionslinie des Deuteriums ist im Spektrum des hellen Sternes α Aurigae (Capella) eindeutig identifizierbar, wobei das Spektrum aber vor allem durch die prominente Emissionslinie des neutralen Wasserstoffs bei 121.567 nm dominiert ist. Da Capella auch gleich ein aktiver Doppelstern mit zwei Riesensternen ist, kommen alle stellaren Linien obendrein noch doppelt vor, nicht aber die interstellaren. Die Schärfe der Deuteriumslinie im Vergleich zu den anderen Absorptionslinien im Spektrum sagt dem Astronomen, daß es sich dabei um Absorption des Sternlichtes handeln muß, die von Materie herrührt, die zwischen uns und dem beobachteten Stern liegt. Aus der Stärke dieser Linie läßt sich die Häufigkeit des Deuteriums abschätzen: 2×10^{-5} relativ zum normalen Wasserstoff.

Die Verwendung des interstellaren Mediums hat aber einen entscheidenden Nachteil: das gemessene D/H-Verhältnis gibt den Zustand wieder, nicht aber den zum Zeitpunkt kurz nach dem Urknall, es muß erst unter Zuhilfenahme des che-

[3]Normale Sterne bestehen aber noch zu rund 93% aus Wasserstoff, 6% aus Helium, und 1% anderen Elementen.

mischen Standardmodells in das primordiale D/H-Verhältnis umgewandelt werden, um dann mit verschiedenen Szenarien des frühen Universums verglichen zu werden. Eine direkte Bestimmung des primordialen D/H-Verhältnisses kann aber durch die Messung der Lyman-Absorption in den Spektren sehr weit entfernter Quasare mit einer Rotverschiebung von $z \approx 3$ vorgenommen werden. So unsere Interpretation der Rotverschiebung richtig ist, handelt es sich bei diesen Quasaren um erst kürzlich entstandene, aktive Galaxienkerne. Um aber entsprechend weit in die Vergangenheit zurückschauen zu können, bedarf es wiederum großer *optischer* Teleskope, wie etwa die beiden 10m Keck-Teleskope auf Hawaii oder die vier 8m-Riesen des ESO-VLT. Optische Teleskope? Richtig, weil die Lyman-α Linie des neutralen Wasserstoffes bei diesen Entfernungen vom ultravioletten in den optischen Bereich rotverschoben erscheint. Von der praktischen Seite her gesehen ist das natürlich sehr bequem, erspart man sich ja den Gang in den Weltraum, etwa zum Hubble-Teleskop, wo man soundso nur ganz schwer Beobachtungszeit erhält. Sind also Quasare nun Objekte am Rande des Universums, dann gilt, je weiter ein Quasar entfernt ist, desto länger ist der Weg, den das Licht bis zu uns durch das intergalaktische Medium zurücklegen muß. Damit kann die Absorptionslinie des Deuteriums im intergalaktischen Raum gemessen werden. Aktuelle Daten von acht Quasaren mit Rotverschiebungen z zwischen 2.50 und 4.67 – publiziert allein im Jahre 1996 –, ergaben bei zwei Quasaren Werte für das D/H-Verhältnis, die mit den unabhängigen Messungen im interstellaren Medium sehr gut übereinstimmen, alle anderen sind einen Faktor 10 höher! Momentan ist noch keine Lösung dieses Problems in Sicht, aber neue Messungen sind bereits in Planung.

1.2.2 Teamarbeit anstelle einzelner Genies?

Hatten wir in der Vergangenheit noch zu jedem Weltbild einen exponierten Vertreter – Ptolemäus, Kopernikus, Galilei, Newton, Einstein – so ist dies heute nicht mehr so. Wohl weil es erst in der jüngsten Vergangenheit immer mehr auf Teamarbeit ankommt. Stand also Ptolemäus für das geozentrische Weltbild – die Erde als Mittelpunkt um die sich alle Planeten, inklusive Sonne, drehen –, und Kopernikus für das heliozentrische Weltbild – also die Sonne anstelle der Erde im Zentrum, die Sterne aber immer noch an einer imaginären Himmelssphäre verteilt –, so muß man heute schon eine ganze Reihe von Personen nennen, von denen jeder als ein Teil des Ganzen, als Wegbereiter des heutigen, kosmologischen Weltbildes gelten: Isaac Newton, Albert Einstein, Alexander Friedmann, George Gamow, Georges Lemaitre u.v.a.m..

Doch einmal abgesehen von den vielen Physikern, die die Quantenmechanik begründeten und zu dem machten was sie heute ist, nämlich die wohl umfaßendste und in sich konsistenteste Theorie der Physik des Mikrokosmos, gibt es eine Reihe von Namen, die mit der Verfeinerung und dem Ausbau des kosmologischen Weltbildes in Verbindung zu bringen sind: Steven Weinberg, Alan Guth, Alexander Vilenkin, Andrej Linde, und Steven Hawking. Aber auch, oder gerade, Querdenker wie Fred Hoyle, Geoffry Burbidge, Halton Arp, Edward Harrison und viele andere, sind eine treibende Kraft in der Erstellung unseres Weltbildes. Zum Beispiel ist die Deutung der kosmologischen Rotverschiebung als Entfernungsmaß nicht ganz

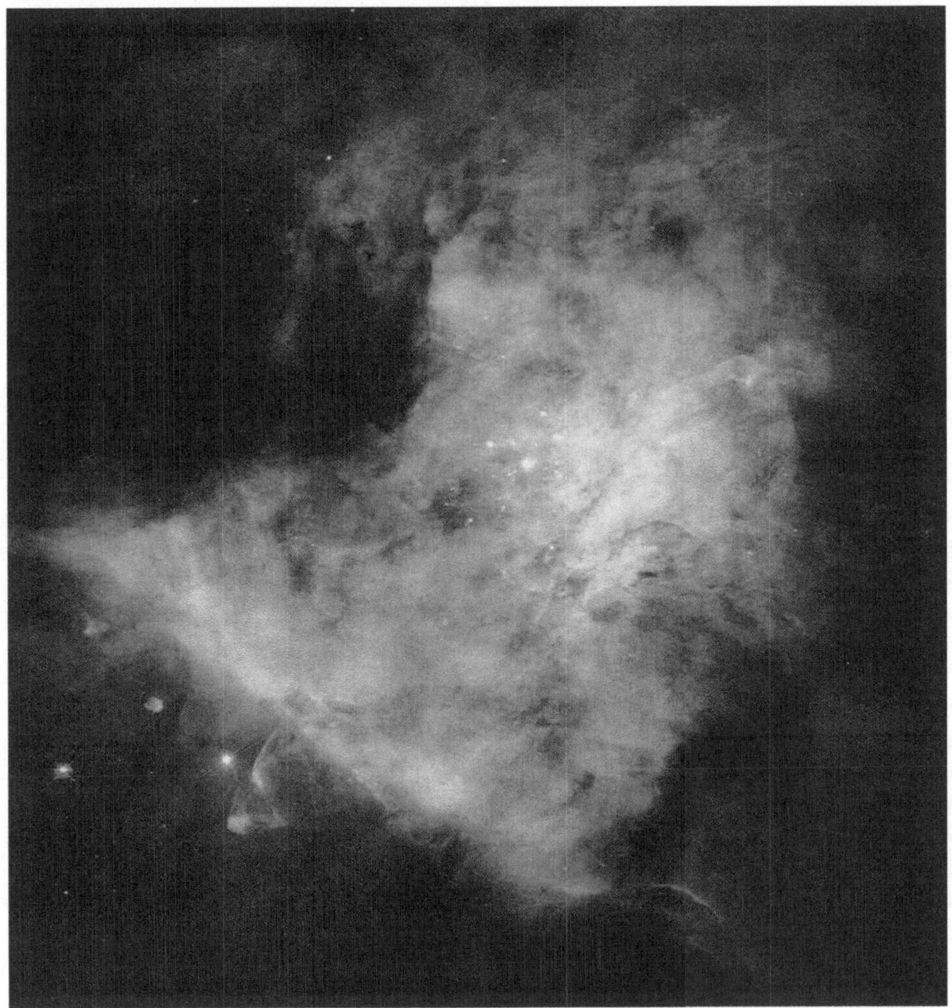

Abbildung 1.5: Der zentrale Bereich des Orion-Nebels aus der Sicht des *Hubble*-Weltraumteleskopes. Das Bild ist ein Mosaik aus 15 Aufnahmen mit der WFPC2-Kamera und zeigt eine Fläche von nur etwa 5% der Vollmondfläche, entsprechend einem linearen Durchmesser von etwa 2.5 Lichtjahren. (Aufnahme von C. R. O'Dell und S. K. Wong, Rice University. Mit freundlicher Genehmigung durch AURA/Space Telescope Science Institute).

unumstritten und es gibt eine Reihe von Alternativen und zum Teil auch recht exotische Erklärungen dafür.

Doch an dieser Stelle muß ich auf weitere, umfassendere Literatur verweisen, sonst kommen wir nie bei Kapitel 2 an: z.B. die allgemeinverständlichen Bücher von Steven Hawking (1988), die vielen interessanten Artikeln in der Einführung in das kosmologische Standardmodell, herausgegeben von Reinhard Breuer (1993), oder – wer es wirklich genau wissen will – das Buch von Steven Weinberg (1978).

Der Naturforscher strebt ursprünglich nicht danach,
Kunstwerke zu schaffen. Sein Ziel ist vielmehr,
das große Kunstwerk der Natur,
das farbig vor ihm steht,
zu enträtseln.
Richard Johann Kuhn

1.3 Das Maurergerüst-Syndrom der Astrophysik

Maurergerüst? Astrophysik? Welch' Analogie! Wie wir gleich sehen werden, scheint eine solche – gedankliche – Verbindung aber durchaus wünschenswert zu sein. Dadurch, daß die heutige, moderne Astronomie und Astrophysik in Dimensionen vorstößt, die immer mehr jenseits unserer Vorstellungen mittels klassischen „gesundem" Hausverstand liegen, ist es besonders wichtig, nicht den Boden unter den „wissenschaftlichen" Füßen zu verlieren, und nur mehr Theorien zu entwerfen, die nie durch Beobachtungen beweisbar sind, oder andererseits gewagte Theorien zu verwerfen, nur weil sie mit heutigen Beobachtungen nicht in Einklang gebracht werden können.

Eine Situation die etwa vergleichbar ist mit der eines Maurers[4], der eine Schadstelle im Fassadenverputz eines Hauses in der Höhe – sagen wir einmal des 5. Stockwerkes – ausbessern soll, und um nicht etwa den Verputz vom Hof des Hauses aus auf die Schadstelle im 5. Stock werfen zu müssen – man stelle sich die Trefferrate (und den umliegenden Hof) einmal vor –, sich dazu ein Baugerüst aufstellt. Nun, gut ausgebildete Maurer geben jetzt sehr darauf acht auf welches Fundament sie dieses Gerüst stellen, damit es nicht – inklusive Maurer – umstürzt. Noch bessere Maurer sichern ihr Gerüst, damit es erst recht nicht umfallen kann. Also, lange Rede kurzer Sinn, um Verputzarbeiten in großer Höhe durchzuführen, suche dir zuallererst ein Fundament für das Gerüst auf dem die Arbeit erledigt werden kann! Na klaro.

Genau so ist es auch in der naturwissenschaftlichen Forschung, oder in der Schuldidaktik, dem Aufbau eines wirtschaftlichen Unternehmens u.s.w., also auch mit unserem Verständnis des gesamten Universums inklusive Aktiver Sterne. Der Blick ins Große und Weite eröffnet sich einem erst dann ungetrübt, wenn der Blick ins Kleine und Naheliegende einigermaßen klar ist. Dies bedeutet natürlich nicht, daß wir zuerst Soziologie, Psychologie oder etwa Philosophie studieren müssen um uns dann erst der Astronomie zuwenden zu können. Doch kommt es nicht von ungefähr, daß die Astronomen von der Antike bis hin zu den Anfängen dieses, oder des letzten Jahrhunderts – je nachdem wann Sie, sehr verehrte Leserin bzw. Leser, dieses Buch in der Hand halten – ausgesprochene Multitalente waren und erst in den letzten 50 bis 100 Jahren zu hochspezialisierten Experten wurden. Manche Medien sagen auch Fachidioten, obwohl schwer verständlich, daß jemand ausgerechnet in dem einen Fach ein Idiot ist, für das er/sie sich spezialisiert hat. Aber die mediale

[4] ein „Betonfacharbeiter" im hochdeutschen Sprachraum

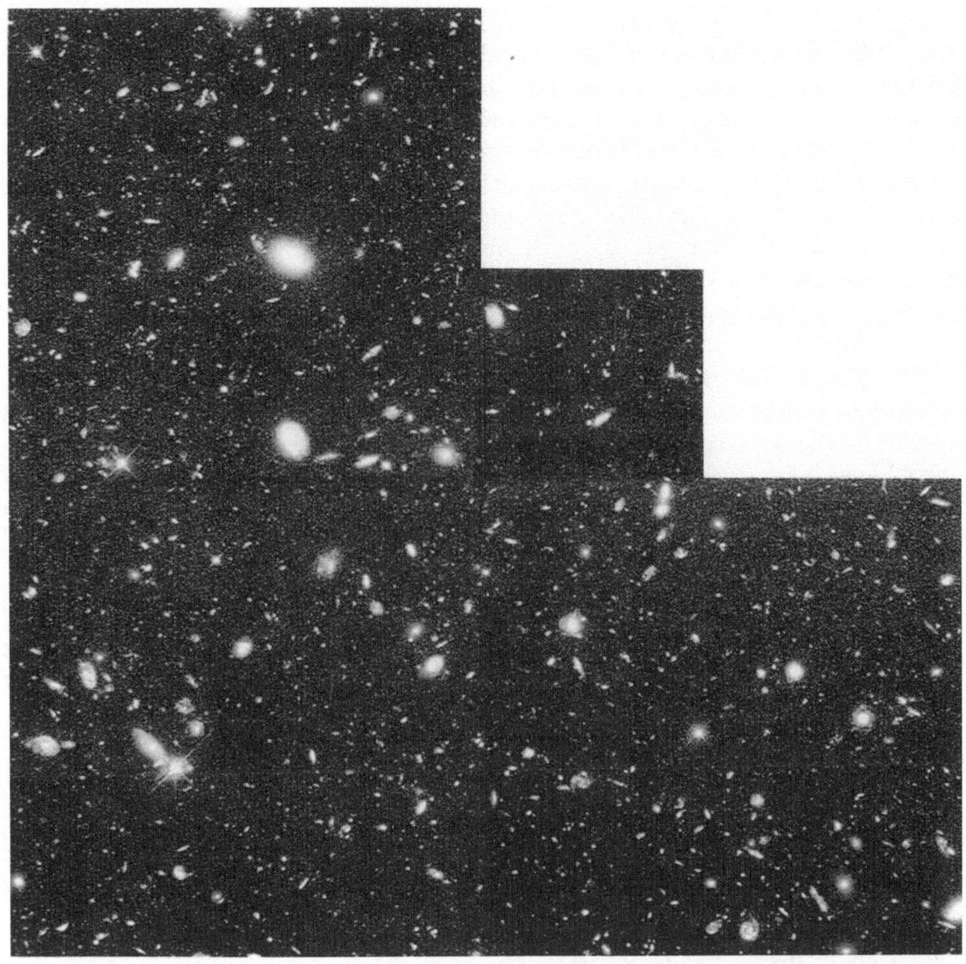

Abbildung 1.6: Das sog. *Hubble Deep Field*, ein Bereich im Sternbild Ursa Major. Diese Aufnahme zeigt die schwächsten und die am weitest entfernten Objekte, die je von Menschen gesehen worden sind. Die schwächsten Galaxien in diesem Bild sind etwa 10 Milliarden Lichtjahre von uns entfernt und rund 4 Milliarden mal schwächer als der schwächste mit dem freien Auge sichtbare Stern. Die Aufnahme stammt vom *Hubble*-Weltraumteleskop mit einer Integrationszeit von 4 Tagen! (Nach Williams et al. 1996 mit frdl. Gen. durch AURA/Space Telescope Science Institute).

Sprache zeigt hier trotzdem etwas ganz, ganz wichtiges auf – ich nenne es eben das *Maurer-Gerüst-Fundament-Syndrom*. Nämlich, daß jeder noch so gescheite Experte wahrlich ein Idiot ist, wenn er sein (sie ihr) Fachwissen als das einzig Wahre und Unumstößliche betrachtet und oft noch mit einer an den Puritanismus grenzenden Selbstverständlichkeit auf alles extrapoliert, was einer Erklärung bedarf. Kurz, wenn also schon das Gerüst fehlt, vom Fundament schon gar nicht zu sprechen. Davor waren auch sehr berühmte Astronomen und Physiker nicht verschont, wie uns die Geschichte des Sternfleckenmodells im nächsten Kapitel noch erzählen wird.

Daher auch die Motivation zu einem Buch, das Astronomie und Physik – also die Wissenschaften des Makro- und des Mikrokosmos, von den Galaxien und den Elementarteilchen – vereint und gleichzeitig noch verständlich und interessant machen soll. Wie wir gleich noch sehen werden, ist der Begriff „moderne Astronomie“ nichts anderes als das Äquivalent zu „Astronomie und Physik“, mystifiziert durch den Term Astrophysik und eigentlich auch nichts anderes, als der Versuch einer Erklärung astronomischer Phänomene weit entfernter Objekte mit den gleichen Gesetzmäßigkeiten wie sie auch hier auf der Erde gelten. Auch wenn sich die „Phänomene“ in den entlegendsten, unvorstellbar weit entfernten Ecken des Universums abspielen. Astronomie ist gewissermaßen eine Wissenschaft der Vereinheitlichung[5].

Wir müssen aber akzeptieren, daß auch wenn wir ein noch so stabiles Baugerüst auf solidem und breitem Fundament aufgebaut hätten, immer noch die Möglichkeit besteht, daß dieses Gerüst an der falschen Hauswand aufgestellt wurde und daher – obwohl in sich konsistent und „schön“ – schlichtweg unsinnig ist. Um dies erkennen zu können, muß man nicht nur wissen in welchem Weltbild man lebt, sondern auch lernen dessen Sprache zu verstehen.

Abbildung 1.7: Auch Albert Einstein hatte, wie er selbst immer wieder betonte, seine Sorgen mit der Mathematik.

1.4 Die Sprache des Naturforschers

„Ich beschäftige mich jetzt ausschließlich mit dem Gravitationsproblem und glaube mit Hilfe eines hiesigen, befreundeten Mathematikers aller Schwierigkeiten Herr zu werden. Aber das eine ist sicher, daß ich mich im Leben noch nicht annähernd so geplagt habe, und daß ich große

[5]An dieser Stelle sei aber sogleich gewarnt, dies nicht mit der sogenannten Großen-Vereinheitlichten-Theorie der Elementarkräfte, der GUT, für Grand-Unification-Theory, zu verwechseln, die noch eine weitergehende, absolute Vereinheitlichung sucht, als wir hier zu verarbeiten in der Lage sind.

Hochachtung für die Mathematik eingeflößt bekommen habe, die ich ... in ihren subtileren Teilen in meiner Einfalt für puren Luxus ansah.“

Soweit Albert Einstein in einem Brief vom Oktober 1912! Daraus sollte aber nicht der Eindruck entstehen, „Jessas, net amal da Einstein hat die Mathematik kapiert“, sondern ganz das Gegenteil. Nämlich die Einsicht, daß die Mathematik als das Werkzeug, als die Sprache, des exakten Naturforschers einfach notwendig ist[6], weil die Natur eben viel zu komplex und abstrakt zu sein scheint, als daß die Aneinanderreihung einzelner Wörter es ermöglichen würde, eine eindeutige Beschreibung einer wissenschaftlichen Beobachtung liefern zu können. In diesem Buch verfolge ich daher eine „ein-bißerl-von-allem“-Philospohie, um das angesammelte Wissen über Aktive Sterne auch etwas mehr professionell darzustellen. Nirgends aber wird das detaillierte Verständnis eines bestimmten Formalismus erforderlich sein, sondern immer in einer Art und Weise verwendet, daß man sagen könnte, ... „so schaut der beschriebene Zusammenhang aus, wenn wir ihn professionell formulieren“.

Die folgenden Unterkapitel sollten es dem „fast-Laien“ zumindest formal ermöglichen, die in diesem Buch verwendeten mathematischen Symbole und Behelfe schnell zu verstehen. Natürlich können die paar folgenden Seiten weder eine höhere, allgemeinbildende Schule noch eine Einführungsvorlesung in die angewandte Mathematik ersetzen – sollen sie auch nicht –, sind aber als eine Art Übersichtslexikon hilfreich und mögen zu weiteren Studien anregen. Da sollte man sich auch nicht von weitverbreiteten Klischees erschrecken lassen, denn auch Einstein hatte so seine Probleme mit der Mathematik. Also:

1.4.1 Funktionale Zusammenhänge

Ein Beispiel eines funktionalen Zusammenhangs wäre die Aussage: „Je mehr ich esse, desto dicker werde ich“. Ist der Zusammenhang linear? Ist er quadratisch, kubisch, ein kompliziertes Auf und Ab, oder irgendwie zufällig? Ein linearer Zusammenhang würde bedeuten, daß, wenn ich ein 500 Gramm T-Bone Steak verzehre, sich mein Gewicht um den Faktor x, also z.B. x-mal-500 Gramm erhöhen würde. Nicht-linear würde bedeuten, daß sich mein Gewicht mit dem Faktor z.B. x^2 oder x^3 erhöht.

Ein weiteres Beispiel soll die Einfachheit des mathematischen Ausdruckes gegenüber der Umgangssprache verdeutlichen. Hier eine der bekanntesten, algebraischen Gleichungen in Worten: „Man konstruiere über den Seiten eines rechtwinkeligen Dreiecks die entsprechenden Quadrate. Dann ist die Summe der Flächeninhalte der Quadrate aus den beiden kürzeren Seiten, gleich dem Flächeninhalt des Quadrats der großen Seite.“ Alles klar? Dies ist natürlich der Satz des Pythagoras, den wir schon in der Grundschule kennenlernen. Mathematisch ausgedrückt lautet er so:

$$a^2 + b^2 = c^2. \tag{1.1}$$

Darin stehen a und b für die kleinen Seiten des Dreiecks und c für die große Seite (a^2 bedeutet nichts anderes als die Multiplikation von a mit sich selbst). Ist $a = 3$ cm und $b = 5$ cm, so muß c^2 gleich 34 cm^2 sein, und $c = \sqrt{c^2} = 5.83$ cm.

[6] Mathematiker mögen mir an dieser Stelle vergeben ...

Die Einführung von *Platzhaltern* – eben stand a für die Länge einer bestimmten Seite eines rechtwinkeligen Dreiecks –, und die Anwendung von mathematischen Grundoperationen, dem Multiplizieren, Dividieren, Addieren und Subtrahieren, sind die Ingredienzen einer algebraischen Gleichung.

Abbildung 1.8: Mathematik: aus unerklärlichen Gründen der Alptraum jedes Gymnasiasten. (Albert Einsteins Büro in Princeton nach einer Aufnahme von Topham/The Image Works).

1.4.2 Winkelfunktionen, Logarithmen und ähnliches

Die Welt des Lichtes wird vielfach mit „Wellen" beschrieben und die Länge dieser Wellen ist ein fundamentaler Parameter in allen Naturwissenschaften, vor allem in der Optik und in der Astronomie. Nun, so eine Lichtwelle stellen wir uns – ganz vereinfacht – *sinus*förmig vor. Der Sinus ist dabei eine mathematische Funktion, die die Abhängigkeit der Wellenamplitude von der Phase und somit das Voranschreiten der Welle beschreibt. In der Schule lernen wir den Sinus auch als eine geometrische Funktion in einem rechtwinkeligen Dreieck, als eine Winkelfunktion kennen, da er sich aus dem Verhältnis der dem Winkel gegenüberliegenden Seitenlänge (b) zu der großen Seite des Dreiecks (c) ergibt, und in Form einer Gleichung folgendermaßen lautet:

$$\sin\alpha = \frac{b}{c}\ , \ \cos\alpha = \frac{a}{c}\ , \ \tan\alpha = \frac{a}{b}. \tag{1.2}$$

Der Cosinus (mittlere Gleichung) und der Tangens (rechte Gleichung) sind ebenfalls entsprechend definiert und α kann irgendein Winkel zwischen zwei Richtungen sein, z.B. die Phase eines Wechselstromes oder geographische Koordinaten wie die Länge und Breite auf der Erdoberfläche bedeuten. Bei letzterem Beispiel bleibend, kann man mit der Multiplikation von c (in diesem Fall den Erdradius bedeutend) mit dem $\cos\theta$ des Breitengrades θ die (ungefähre)[7] Strecke zwischen Äquator und dem Breitengrad θ abschätzen. Digitale Computer berechnen diese Winkelfunktionen als eine Folge von Multiplikationen, Divisionen, sowie Additionen und Subtraktionen auf die wir hier aber nicht näher eingehen wollen.

[7] „Ungefähr" weil die Erde selbstverständlich gekrümmt ist.

Eine weitere Funktion, die die Natur sehr weitverbreitet realisiert, ist die *Exponentialfunktion.* Sie basiert entweder auf dem natürlichen Logarithmus, dann schreibt man e^x (sprich „e-hoch-x"), oder auf dem Zehner-Logarithmus, dann eben 10^x, wobei x wiederum nur ein Platzhalter ist. Die Zahl e ist die Basiszahl der natürlichen Logarithmen, nämlich $e^1 = 2.71828$ für $x = 1$. Beim Zehnerlogarithmus ist 10 die Basiszahl und z.B. für $x = 3$ ist $10^x = 10^3 = 1000$, eben eine 1 mit 3 Nullen. Bestes Beispiel für eine Exponentialfunktion ist der radioaktive Zerfall von Atomkerne, er schreitet *exponentiell* voran. Mathematisch beschrieben lautet dieser Umstand:

$$N(t) = N_0 \cdot e^{-Kt}, \tag{1.3}$$

wobei N_0 die Zahl der anfänglich vorhandenen Atomkerne ist und N die momentane Zahl, K gibt die Zerfallskonstante an (dies ist die Wahrscheinlichkeit, daß ein Atom in der nächsten Sekunde zerfällt) und t steht für die abgelaufene Zeit. Wenn man sagt, der e-te Teil der Atome sei noch vorhanden, so hieße dies, z.B. unter der Annahme $K = 1$ und $N_0 = 100$, also 37 aus 100 Kerne sind nach $t = 1$ noch vorhanden, 13.5 nach $t = 2$, usw.. Die Umkehrung (die Inverse) der Exponentialfunktion ist der natürliche Logarithmus. Derselbe Zusammenhang wie in Glchg. (1.3) würde mit Hilfe des natürlichen Logarithmus dann folgendermaßen lauten:

$$\ln N(t) = \ln N_0 - (Kt) \ln e \ , \tag{1.4}$$

wobei $\ln e = 1$ ist.

1.4.3 Skalare, Vektoren und Tensoren

Ein Punkt, ausgedrückt durch eine einzelne Zahl, ist etwas eindimensionales, eine Fläche etwas zweidimensionales, und ein Volumen etwas dreidimensionales. Alle Größen, die mit Hilfe einer einzigen Zahl ausgedrückt werden können, nennen wir *Skalare*, z.B. den Gasdruck p, die Masse m, oder die Temperatur T. Physikalische Größen, bei denen man nicht nur einen Betrag sondern auch eine Richtung angeben muß – um sie sinnvoll erscheinen zu lassen –, nennen wir *Vektoren*, z.B. die Geschwindigkeit v. Im Prinzip ist die Geschwindigkeitsangabe auf einem Verkehrsschild nur die halbe Wahrheit – einmal abgesehen davon, daß eine Geschwindigkeit „Weg-pro-Zeiteinheit" bedeutet und daher nicht in Kilometer sondern z.B. in Kilometer-pro-Stunde, km/h oder $\mathrm{km\,h^{-1}}$, angegeben werden müßte – es sollte auch die *Richtung* der Geschwindigkeit definiert sein. Ein anderes Beispiel ist die Kraft, wir schreiben meist F dafür. Auch hier kommt es darauf an in welche Richtung sie wirkt und nicht nur wie hoch deren Betrag ist. Mathematisch kennzeichnet man Vektoren indem man ihnen einen Pfeil (symbolisch für Richtung) über den Buchstaben setzt, also etwa $\vec{v}$, oder sie manchmal im Fettdruck schreibt, etwa $\mathbf{v}$, um sie so im Zweifelsfalle von einem Skalar unterscheiden zu können.

Einen *Tensor* nennt man jetzt eine Größe, zu deren Beschreibung wir noch eine weitere Dimension, neben dem Betrag und der Richtung, benötigen. Etwa zur Beschreibung einer gekrümmten Fläche im Raum – oder noch etwas komplizierter – die Krümmung des Raumes selbst. Den Begriff der Raumkrümmung hat ja Albert Einstein mit seiner Allgemeinen Relativitätstheorie zur Erklärung der Gravitation weit verbreitet gemacht, das menschliche Gehirn ist leider nicht fähig, sich dies plastisch zu veranschaulichen. Aber, sofern wir uns nicht selbst umbringen, hat die Menschheit noch viel Zeit dafür.

An dieser Stelle sollte noch kurz der Begriff eines „Feldes" vorgestellt werden. Wir interessieren uns hier nur für Skalar- und Vektorfelder. Die dreidimensionale Temperaturverteilung in einem Raum der Größe x mal y mal z, kurz $T(x, y, z)$, ist offensichtlich ein dreidimensionales Skalarfeld, wohingegen die Geschwindigkeitsverteilung der Luftmoleküle in diesem Raum, kurz $\vec{v}(x, y, z)$, ein dreidimensionales Vektorfeld darstellt. Die Natur hat hier noch einige viel kompliziertere Formen auf Lager, aber das ersparen wir uns in diesem Buch.

1.4.4 Differential- und Integralgleichungen

Nehmen wir nochmals das Zerfallsgesetz in Glchg. (1.3) her und drücken wir es folgendermaßen aus: bei einer hinreichend großen Anzahl N_0 von Atomkernen werden pro Zeiteinheit insgesamt $N_0\ K\ \Delta t$-Atome zerfallen (K war die Zerfallskonstante). Die *Änderung* ΔN der Anzahl der noch nicht zerfallenen Atome ist also $-N_0\ K\ \Delta t$. Machen wir aus der Zeitspanne Δt einen Zeitpunkt, etwa eine unendlich kurze (=infinitesimale) Zeitspanne, und nennen sie dt anstelle von Δt, so haben wir bereits eine *Differentialgleichung* formuliert. Die infinitesimale Änderung der Teilchenanzahl dN während der Zeit dt ist dann

$$dN = -N_0\ K dt \quad \text{oder} \quad \frac{dN}{dt} = -N_0 K, \tag{1.5}$$

und deren Lösung ist nichts anderes als das in Glchg. (1.3) angegebene Zerfallsgesetz. Wie macht man das? Man integriert beide Seiten der Differentialgleichung. In unserem Beispiel also

$$\int dN = N = \int (-N_0 K dt) = N_0 e^{-Kt} \tag{1.6}$$

und hat eine *Integralgleichung*. Das Integral ($\int$) wird bei der numerischen Lösung mittels Computer durch eine Summation ($\sum$) ersetzt, man sagt, es wird diskretisiert. Ein Beispiel: wir haben in einem rechtwinkeligen Koordinatensystem mit den Achsen „Zahl der Atomkerne" und „Zeit" eine Kurve gezeichnet, die vom Zeitpunkt t_1 bis Zeitpunkt t_2 reicht. Integration dieser Kurve heißt, die Fläche unter der Kurve zwischen t_1 bis t_2 zu bestimmen. Der Computer zerteilt die Kurve dabei in viele kleine Stücke normal auf die Zeitachse und summiert sie auf. Je größer die Anzahl der Stücke, also je schmäler deren Zeitintervall, desto höher die Genauigkeit der berechneten Fläche. Bei unendlich vielen Stücken hat man den Wert des Integrals.

1.4.5 Operatoren

Operatoren sind mathematische Werkzeuge – man muß sie anwenden um etwas zu erwirken – und sollen nicht mit mathematischen Operationen, wie dem Multiplizieren oder dem Addieren verwechselt werden. Der wichtigste Operator für die Physik und Astronomie ist der dreidimensionale *Nabla Operator* ∇, gewissermaßen eine Rechenvorschrift, aber mit weitreichender physikalischer Bedeutung.

Doch zuerst brauchen wir dazu den Begriff der *partiellen Ableitung.* Der gewöhnlichen (totalen) Ableitung sind wir schon in Glchg. (1.5) begegnet, dem Term $dN(t)/dt$, also der Ableitung von $N(t)$ nach der Zeit t. Ein weiteres Beispiel einer derartigen Ableitung einer Funktion mit einer einzigen Variablen (nämlich t in diesem Fall) ist die Geschwindigkeit. Sie ist die Ableitung der Wegstrecke nach der Zeit. Oder die Beschleunigung, sie ist die Ableitung der Geschwindigkeit nach der Zeit bzw. die zweifache Ableitung der Wegstrecke nach der Zeit. Haben wir es aber mit einer Funktion zu tun, die von mehreren Variablen abhängt, etwa der Dichteverteilung im Sterninneren, dann setzt sich deren Zeitableitung aus den einzelnen partiellen Ableitungen nach den einzelnen Raumkoordinaten und der Zeit zusammen. Wobei jeweils nach einer *Variablen* abgeleitet wird, während die anderen konstant gehalten werden. Man schreibt für eine partielle Ableitung, anstelle des d in dt, nun ∂ und daher ∂t, und die Ableitung einer Dichteverteilung $\rho(xyz)$ nach x, y und z gibt den *Gradienten* der Dichteverteilung. Der Gradient wiederum ist ein Vektor, der in diesem Fall in Richtung des stärksten Anstiegs der Dichte im Feld $\rho(xyz)$ weist. Er lautet

$$\text{grad } \rho(xyz) = \frac{\partial \rho(xyz)}{\partial x}\vec{i} + \frac{\partial \rho(xyz)}{\partial y}\vec{j} + \frac{\partial \rho(xyz)}{\partial z}\vec{k}. \tag{1.7}$$

Dabei bedeuten die Vektoren $\vec{i}, \vec{j}, \vec{k}$ die Einheitsvektoren, die vom kartesischen Koordinatensystem aufgespannt werden; sie sind vom Betrag gleich Eins und definieren nur die Richtungen der xyz-Achsen des Koordinatensystems. Zugegeben, jetzt wird's schon etwas komplizierter, aber in der Formulierung des Gradienten ist bereits der Nabla-Operator versteckt. Wir können obige Gleichung auch etwas umschreiben:

$$\begin{aligned} \text{grad } \rho(xyz) &= \underbrace{\left(\frac{\partial}{\partial x}\vec{i} + \frac{\partial}{\partial y}\vec{j} + \frac{\partial}{\partial z}\vec{k}\right)}_{\nabla} \rho(xyz) = \\ &= \nabla \rho(xyz), \end{aligned}$$

und der Wert innerhalb der großen Klammer ist nichts anderes als unser Nabla-Operator. Jetzt sehen wir auch besser, daß dessen Anwendung an ein Skalarfeld, wie z.B. der Dichteverteilung ρ, den Gradienten dieses Feldes ergibt. Angewandt an ein Vektorfeld, z.B. einer Geschwindigkeitsverteilung in einem Sonnenfleck, ist $\nabla v(xyz)$ die *Divergenz* dieses Vektorfeldes.

Argumente nützen gegen Vorurteile soviel wie
Schokoladekekse gegen Verstopfung.
Max Pallenberg

1.5 Warum Aktive Sterne erforschen?

Sterne haben die Menschheit schon immer in ihren Bann gezogen. Der gestirnte Himmel war die Heimstätte von Göttern und Dämonen. Heute ist er Gegenstand

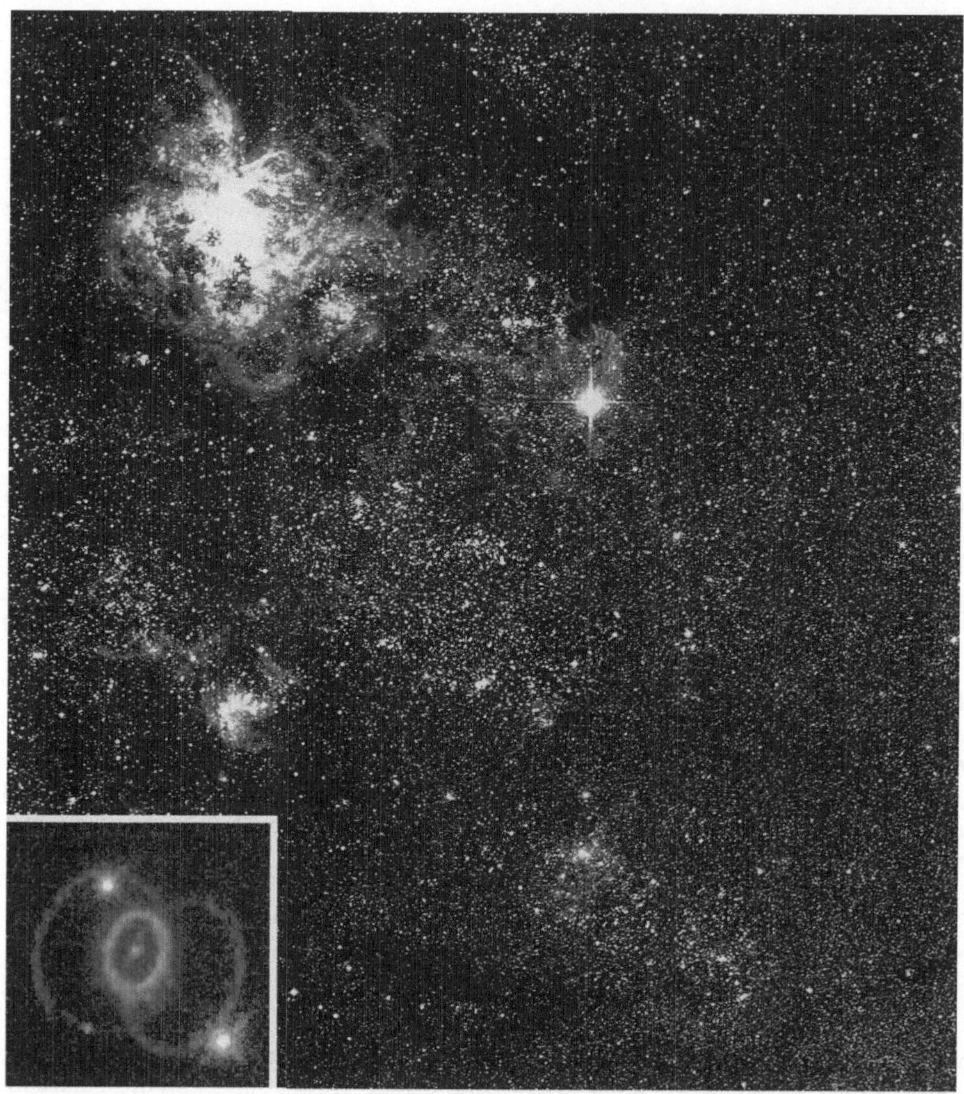

Abbildung 1.9: Das astronomische Großereignis des 20. Jahrhunderts: die Supernova SN1987A. Das große Bild ist eine Aufnahme mit der Schmidt-Kamera am *European Southern Observatory* (ESO) in Chile und zeigt rechts oben die Supernova als hellsten Stern im Bildfeld. (Aufnahme mit frdl. Gen. der ESO). Das Insert links unten ist eine hochaufgelöste Aufnahme mit dem *Hubble*-Weltraumteleskop im Licht der Hα-Linie etwa zehn Jahre nach dem Ausbruch. Der kleine, mittlere Ring umfaßt die Supernova. Die beiden äußeren Ringe sind als die Ränder zweier geneigter Kegel anzusehen, deren Spitzen zwar auf den Ausgangspunkt der Supernovaexplosion weisen aber vor bzw. hinter der Supernova liegen. Die beiden hellen Flecke sind Vordergrundsterne. (HST-Aufnahme von Christopher Burrows, ESA/STScI und NASA mit frdl. Gen. AURA/Space Telescope Science Institute).

von nüchterner, aber nicht weniger faszinierender Forschung deren Ergebnisse fast alles, mit gesundem Hausverstand Vorstellbare übersteigt, und trotzdem schlichte Realität ist.

Fast alles, was ein Mensch in einer klaren Nacht am Himmel sehen kann, sind Sterne: ein paar tausend an der Zahl, in Wirklichkeit aber rund 100 bis 200 Milliarden alleine in unserer Galaxis, der *Milchstraße*. So genannt, weil deren zentraler Bereich am Himmel wie eine Milchstraße aussieht, in Wirklichkeit aber aus lauter Sternen, ähnlich unserer Sonne, besteht. Nun gibt es wiederum hunderte Milliarden solcher Galaxien ... wahrlich astronomische Zahlen.

Sterne mit magnetischen Phänomenen, also Aktive Sterne, sind auch aus einer Reihe weiterer Gründe wichtige Forschungsobjekte:

Vom Schicksal des uns am nächststehenden Sternes – der Sonne – hängt alles weitere Leben auf unserem Planeten ab. Bestimmte Phänomene der aktiven Sonne können zum Beispiel den Baumwuchs stimulieren, im extremsten Fall aber auch den Tod der gesamten Fauna und Flora bedeuten. Etwa die riesigen – *Flares*-genannten – Explosionen auf der Sonnenoberfläche erzeugen einen hochenergetischen Protonenstrom, der sich erst im irdischen Magnetfeld verfängt und ohne dessen schützende Wirkung sich wahrscheinlich kein Leben auf unserem Planeten entwickeln hätte können, zumindest nicht in der uns heute bekannten Form. Auch wären wir ohne die schützende Ozonschicht der Erdatmosphäre, durch die hohe ultraviolette Strahlung der Sonne, längst verbrannt. Doch warten noch mehr Gefahren auf uns – zum Teil noch unbekannte –, die wir vorerst nur bei anderen, weit entfernten Sternen beobachten. Wir sollten also sicherstellen, daß wir unsere Sonne und ihre Funktionsweise zumindest *verstehen*.

Mit Hilfe der Astrophysik ist es möglich, physikalische und chemische Gesetze in einem sehr weiten Anwendungsbereich zu überprüfen. Dies hat natürlich auch für das Verstehen anderer physikalischer Vorgänge auf der Erde Bedeutung. Die Gesetze der Natur gelten überall im Universum und sollten auch überall die gleichen sein. Könnten uns die extrem starken Magnetfelder aktiver Sterne und das darin eingeschlossene Sternplasma möglicherweise Hinweise zur technischen Verwertung liefern? Seit einem halben Jahrhundert bemühen sich die Forscher um neue Energiequellen, z.B. die Kernfusion. In den Sternen sorgt dieses Verschmelzen von Atomkernen bereits seit rund 10 Milliarden Jahren für ihr Leuchten. Am Beispiel von Sternen können Prozesse studiert werden, die zur Realisierung der Energieträume auf der Erde nötig sind. So gibt es Sterne bei denen ein Teelöffel voll Materie tausende Tonnen wiegt.

Erst die Existenz von besonders massereichen Sternen und deren spektakuläres Ende in Form einer Supernovaexplosion (siehe Abb. 1.9) hat es ermöglicht, daß sich schwere Elemente in der Galaxis verteilen und somit Leben entwickeln konnte. Im wahrsten Sinne des Wortes besteht jeder Mensch zu einem beachtlichen Teil aus „Sternmaterie", die von einer solchen Supernovaexplosion vor mehr als 5 Milliarden Jahren stammt. Dies beschließt zwar den Lebenszyklus des betreffenden Sternes, doch entstehen immer wieder neue Sterne, galaxisweit. Eines der eindrucksvollsten Bilder – und daher auch oft gezeigten (aber ich konnte einfach nicht widerstehen es auch in diesem Buch unterzubringen) –, ist die Aufnahme der Sternentstehungsregion im Adler-Nebel (Abb. 1.10). Viele Atome aus denen sich

Abbildung 1.10: Der Adler-Nebel: ein Blick in die stellare Kinderstube. Hier werden gerade neue Sterne geboren. Die bizarre Form des Nebels kommt durch die ultraviolette Strahlung mehrere heißer, massiver Sterne – die oben, außerhalb des Bildfeldes liegen – zustande. Diese Strahlung heizt das umliegende Gas auf und bringt es zum Leuchten (grün: Wasserstoff, blau: ionisierter Sauerstoff, rot: Schwefel), dabei „bläst“ es den vielen ganz jungen – am Zipfel der drei Säulen eingebetteten – Sternen das umgebende Gas und den mikroskopisch kleinen Staub nach „unten“. Der Nebel ist etwa 7,000 Lichtjahre entfernt und die Ausdehnung von oben nach unten beträgt in diesem Bild etwa drei Lichtjahre. Das Alter wird auf nicht mehr als zwei Millionen Jahre geschätzt. (Aufnahme von Jeff Hester und Paul Scowen, Arizona State University, mit frdl. Gen. AURA/Space Telescope Science Institute).

Moleküle und letztlich auch die menschlichen Zellen bilden, waren einst Akteure beim Vergehen und Entstehen von Sternen.

Literaturverzeichnis

[1] Breuer R. (Hg.), 1993, *Immer Ärger mit dem Urknall*, Rowohlt Taschenbuch Verlag GmbH, Hamburg

[2] Hawking S. W., 1988, *Eine kurze Geschichte der Zeit*, Rowohlt Taschenbuch Verlag GmbH, Hamburg

[3] Linsky J. L., Brown A., Gayley K., Ayres T. R., Landsman W., Shore S. N., Heap S. R., 1993, „GHRS observations of the local interstellar medium and the deuterium/hydrogen ratio along the line of sight toward Capella", ApJ 402, 694

[4] Mather J. C., Cheng E. S., Cottingham D. A., 1994, „Measurement of the Cosmic Microwave Background spectrum by the COBE FIRAS instrument", ApJ 420, 439

[5] Smoot G. et al., 1992, „Structure in the COBE differential microwave radiometer first-year maps", ApJ 396, L1

[6] Williams R. E. et al., 1996, „The Hubble Deep Field: Observations, Data Reduction, and Galaxy Photometry", AJ 112, 1335

[7] Weinberg S., 1978, *Die ersten drei Minuten*, München

Weiterführende Literatur

Allgemeinverständliche Bücher und Artikel

- Eine unterhaltsame Einführung in die Wissenschaft von Mensch, Erde und Kosmos bietet Timothy Ferris in Das Weltall und ich (Insel Verlag, Frankfurt, 1995).
- Sonne, Mond und Sterne von S. Strasser und W. Würker ist das Buch zur gleichnamigen ZDF-Fernsehserie (Heyne Verlag, München, 1996).
- Carl Sagan's Klassiker Unser Kosmos (Droemer-Knaur, München, 1982) ist für den Laien immer noch *die* Reise durch das Weltall.
- Die Cambridge Enzyklopädie der Astronomie, herausgegeben von Simon Mitton (Orbis Verlag, 1989) ist ein reich bebilderdes Buch über alle Sparten moderner Astronomie.
- Ebenso einen Streifzug durch die moderne Astronomie macht Michael Rowan-Robinson in seinem ebenso reich bebilderten Werk Das Universum der Sterne (Spektrum Akademischer Verlag, Heidelberg, 1993). Unzählige Farbbilder.
- Der Meister der Astrofotographie, David Malin, präsentiert einen Blick ins Weltall im Franck-Kosmos Verlag, Stuttgart, 1994.
- Meyers Handbuch über das Weltall bearbeitet von Karl Schaifers und Gerhard Traving (Bibliographisches Institut Mannheim, 5. Auflage, 1973) ist ein umfassendes Nachschlagewerk über viele Sparten der Astronomie und der Weltraumfahrt.
- Das teils veraltete Werk des Wiener Astronomen Oswald Thomas Astronomie (Verlag „Das Bergland Buch", Salzburg, 7. Auflage, 1934) beinhaltet aber immer noch viele, fast vergessene Details der klassischen Astronomie und Astrometrie.

- Die Reise zum grossen Attraktor beschreibt Alan Dressler im Rowohlt Verlag, Hamburg, 1996. So wird heute moderne Extragalaktik und Kosmologie betrieben. Ein sehr persönlicher Einblick in die Welt der Teamarbeit.
- J. S. Hey's Einführung in die Radioastronomie Das Radiouniversum gibt einen immer noch sehr lesbaren Überblick über das gesamte Gebiet (Verlag Chemie, Weinheim, 1. Auflage, 1971).
- Das Wissen unserer Welt hat Isaac Asimov gesammelt (Goldmann Verlag, München, 1991). Eine Chronologie der wichtigsten wissenschaftlichen und historischen Ereignisse.
- Über Das Sonnensystem – Ein G2V-Stern und neun Planeten informiert Roman Smoluchowski im Spektrum Akademischen Verlag, Heidelberg, 1985.
- Ein Essay über den Himmel präsentierte Tor Norretranders mit Der Anfang der Unendlichkeit (Rowohlt Verlag, Hamburg, 1993).
- David Lindley beschreibt in Das Ende der Physik (Birkhäuser Verlag, Basel, 1994) den Mythos der Großen Vereinheitlichten Theorie.
- Herbert Pietschmann erläutert das Verhältnis zwischen Realität und Wirklichkeit im physikalischen Weltbild in Die Spitze des Eisbergs (Weitbrecht Verlag, Stuttgart/Wien, 1994).
- Carl Friedrich von Weizsäcker (Die Einheit der Natur, dtv Wissenschaft, München, 1984). Über Philosophie, Physik und Kybernetik.
- Werner Heisenberg (Der Teil und das Ganze, dtv Wissenschaft, München, 1969). Ein Klassiker und Muß für jeden Physik Studenten.
- Thomas S. Kuhn erläutert den Standpunkt des „Paradigmenwechsels" in Die Struktur wissenschaftlicher Revolutionen (Suhrkamp Taschenbuch, Frankfurt am Main, 1976).
- Luciano De Crescenzo philosophiert in Alles fliesst, sagt Heraklit (Knaus Verlag, Berlin, 1995) auf humorvolle Art und Weise u.a. über Gott, das Universum und den Ursprung des Seins.

Spezialliteratur

- Der neue Kosmos von Albrecht Unsöld und Bodo Baschek ist mittlerweile ein Klassiker unter den Astronomie-Lehrbüchern für den Einstieg ins Astronomie Studium (Springer Verlag, Berlin, 4. Auflage 1988).
- Max Waldmeier, Einführung in die Astrophysik (Birkhäuser Verlag, Basel, 1948). Alt aber immer noch gut.
- Erich Jantsch Die Selbstorganisation des Universums (dtv Wissenschaft, München, 1979). Philosophische Betrachtungen zu Kosmologie und Mensch.
- Eine Einführung in die Kosmologie gibt Hubert Goenner (Spektrum Akademischer Verlag, Heidelberg, 1994). Bestens geeignet als Begleittext zu einer Vorlesung auf Hochschulniveau.
- 3 K: The cosmic Microwave background von R. Bruce Partridge (Cambridge University Press, New York, 1995) erzählt die Geschichte der Entdeckung der 3 K-Hintergrundstrahlung.
- Roman Sexl R. und H. K. Schmidt: Raum – Zeit – Relativität, Rowohlt-Verlag, Hamburg, 1978. Ein populärer Einführungstext und trotzdem auf Uni-Niveau.
- The Nature of Space and Time (Princeton University Press, Princeton, 1996) ist eine Diskussion zwischen Stephen Hawking und Roger Penrose.
- Steven Weinberg, Gravitation and Cosmology, John Wiley & Sons, New York, 1972. Etwas für *sehr* Fortgeschrittene und Mathe-Liebhaber.

Kapitel 2

Stellare Aktivitäten

Das Genie entdeckt die Frage,
das Talent beantwortet sie.
Karl Heinrich Waggerl

Die klassische Verbindung zwischen Sonnenphysik und stellarer Astrophysik bestand lange Zeit zu einem großen Teil nur im Bestreben, die Entstehung der Spektrallinien und des kontinuierlichen Strahlungsfeldes im Rahmen der klassischen Atomphysik, und später der Quantenmechanik, zu deuten; wobei die Sonne als Standardstern fungierte. Je genauer die stellaren Messungen wurden, desto besser fiel der Vergleich aus – bis zu dem Punkt bei dem nichtthermische Prozesse in der Sternatmosphäre die dominante Rolle zu spielen begannen. Daraus entwickelte sich ein eigener Forschungszweig, bei dem Beobachtende Astronomie und Theoretische Astrophysik gleichermaßen erforderlich sind: „stellar Aktivitäten" oder (im engl.) die „solar-stellar connection", d.h. Aktivitäten in der Chromosphäre, der Übergangszone und in der Korona werden nicht durch Strahlung verursacht, sondern vielmehr durch Magnetfelder, mechanischer Energie und Materieflüsse, die ihren Ursprung in den Tiefen der Konvektionszone haben. Ein Effekt aus dieser Palette stellarer, nichtthermischer Prozesse sind Sternflecken, in direkter Analogie zu Sonnenflecken.

2.1 Historisches

Es war einmal ... zu einer Zeit, als Ludwig Boltzmann Vorstand der Theoretischen Physik an der Universität Graz war, sowie Ernst Mach Vorstand der Experimentalphysik im selben Hause, und Boltzmann gerade sein Konzept der statistischen Thermodynamik dargelegt hatte – welches makroskopische Phänomene auf *Atome* zurückführte – ... zu dieser Zeit also kam ein Boltzmann-gläubiger Student zur Experimentalphysik-Prüfung zu Ernst Mach und vertrat ausgiebig die atomistische Ansicht seines Theorie-Lehrers, und erregte dadurch sehr schnell die Ungunst des klassischen Experimentators Mach. Nach längerem Hin und Her schließlich fragte ihn ein bereits recht zorniger Mach im typisch österreichischen Dialekt: „Ham's schon ans g'sehn ?"

Auch wir müssen gleich anfangs eingestehen, daß bis jetzt noch niemand einen Sternfleck *gesehen* hat. Wir wissen aber – man muß Atome nicht unbedingt sehen können um sie zu erforschen.

Es ist sehr wahrscheinlich, daß bereits griechische Philosophen *Sonnen*flecken mit dem freien Auge gesehen haben, doch wird die Entdeckung heute Galileo Galilei und Christoph Scheiner zugeschrieben (siehe Abb. 2.1). Obwohl Galilei seine Entdeckung 1633 unter Druck der damaligen kirchlichen Herrschaft widerrief, führte er weitere Beobachtungen durch; und wie es die Ironie des Schicksals wollte, verschwanden alle Flecken in den Jahren zwischen 1645 und 1715. Wir nennen diese 70jährige Fleckenlosigkeit heute das *Maunder-Minimum*. Es vergingen aber weitere 200 Jahre bis Heinrich Schwabe 1843 den elfjährigen Fleckenzyklus entdeckte.

Überraschenderweise dauerte es nach der Entdeckung der Sonnenflecken nur wenige Jahrzehnte, bis die Idee von *Stern*flecken aufkam. Im Jahre 1667 versuchte der französische Astronom Ismael Boulliau die regelmäßigen Lichtschwankungen von Omicron Ceti (Mira) mit Hilfe eines „Sternflecken-Modells" zu erklären, in der eine Hemisphäre des Sterns dunkler ist als die andere. Wir wissen heute, daß Boulliaus Erklärung falsch war, und daß vielmehr ein ganz anderer Mechanismus (Pulsation) die Ursache des Lichtwechsels von Mira ist. Trotzdem dürfte die Sternfleckenhypothese zu dieser Zeit recht populär gewesen sein, ja eigentlich mußte sie für alles herhalten, was sich nicht durch Bedeckungsveränderliche erklären ließ, z.B. für Novae und Supernovae. Im Jahre 1890 führte der bedeutende Astronom Edward Pickering von der Harvard University die regelmäßigen Lichtschwankungen von Cepheiden (ebenfalls pulsierende Sterne) und β-Lyrae-Sternen (enge Bedeckungsveränderliche mit Massenaustausch) auf Sternflecken zurück. Nachdem Astronomen bald darauf erkannten, daß vollkommen andere Mechanismen für die Variabilität verantwortlich sind, wurde die Sternflecken-Hypothese kurzerhand in die wissenschaftliche Mülltonne geworfen – weltweit – und es dauerte ein halbes Jahrhundert, bis sie wieder jemand aufgriff und diesmal für einen Stern anwandte, der auch wirklich Sternflecken hat. Gerald Kron, ein amerikanischer Pionier der lichtelektrischen Photometrie, untersuchte 1947 und nochmals 1952 den Lichtwechsel von vier Bedeckungsveränderlichen: AR Lac, YY Gem, RS CVn und RT And, und fand periodische Lichtschwankungen außerhalb der Bedeckungen, die er Sternflecken zuschrieb. Heute nennen wir veränderliche Sterne dieses Typs entweder RS-Canum-Venaticorum(RS CVn)-Sterne, wenn es sich um G- bis frühe K-Riesen und Unterriesen handelt, oder BY-Draconis(BY Dra)-Sterne, wenn es späte K- und M-Zwerge sind.

Die astronomische Gesellschaft war Mitte des 20. Jahrhunderts aber noch nicht hinreichend weit gereift um Krons Entdeckung die gebührende Aufmerksamkeit zu schenken: die vielen Fehlschläge saßen noch zu tief. Obwohl der deutsche Veränderlichenfachmann Cuno Hoffmeister bereits 1965 vermutete, T-Tauri-Sterne könnten möglicherweise ebenfalls große Sternflecken haben (er untersuchte T Chamaeleonitis, RY Lupi, RU Lupi und AK Scorpii), war es Douglas Hall, der 1972, mit Hilfe langjähriger Beobachtungen von RS CVn der italienischen Astronomen C. Blanco, S. Catalano, E. Marilli und M. Rodonó, dem Sternfleckenmodell wieder auf die Beine half.

Abbildung 2.1: Christophoro Scheiner (1575–1650) und Kollegen um 1620 beim Zeichnen von Sonnenflecken. Aus Scheiner's *Rosa Ursina sive Sol* (1630), Archiv: Universitätssternwarte Wien.

Abbildung 2.2: Der heutige Arbeitsplatz des Astronomen bei einer ganz ähnlichen Tätigkeit, wie sie Scheiner vor etwa 400 Jahren bei der Sonne ausübte. Das Bild zeigt die Schaltzentrale des Coudé-Spektrographen am 3.6m *Canada-France-Hawaii* Teleskop am Mauna Kea während Aufnahmen zum Doppler-Imaging (siehe Abschnitt 2.2.3) Aktiver Sterne. An den Keyboards: John Rice von der Brandon-Universität in Manitoba, Kanada.

Für einige Zeit glaubte man dann noch, daß das Auftreten von Sternflecken irgendwie mit dem Doppelsterncharakter der RS-CVn- und BY-Dra-Sterne zusammenhing. Bernhard Bopp von der University of Toledo fand schließlich mehrere BY-Dra-Sterne ohne Radialgeschwindigkeitsveränderungen, also einzelne Feldsterne, die ebenfalls Sternflecken hatten. Wir wissen heute, daß schnelle Rotation ($v \sin i > 5$ km s^{-1}) *und* das Vorhandensein einer Konvektionszone, die Voraussetzungen für die Existenz von Sternflecken sind. Und daß der Doppelsterncharakter nur indirekt eine Rolle spielt: nämlich, indem er beide Komponenten zur synchronen Rotation in relativ kurzperiodischen Doppelstern-Systemen ($P_{\rm orbit} \approx 1$ bis 100 Tage) zwingt. Doch mehr darüber in Kapitel 4.

Der Arbeitsplatz des beobachtenden Astronomen ist heute vollgestopft mit moderner Technik: Computer aller Art sind das tonangebende Orchester, der Astronom „nur“ mehr der Dirigent. Die Abb. 2.2 zeigt die Steuerzentrale des großen Coudé-Spektrographen am *Canada-France-Hawaii* Teleskop am Mauna Kea. Sehen wir uns die verschiedenen Beobachtungsmethoden nun kurz im Überblick an – sozusagen um zu erkunden was dem Stellarastronomen überhaupt zur Verfügung steht –, bevor wir uns in die Details der rotationsmodulierten Datenanalyse in Kapitel 5 stürzen.

2.2 Präzise Beobachtungsmethoden werden benötigt

2.2.1 Direkte Fotografie: CCD „imaging“

Der bestuntersuchteste Stern, bei dem es auch möglich ist eine Fotografie im klassischen Sinne anzufertigen, ist natürlich unsere Sonne. Alle anderen Sterne - oder fast alle anderen Sterne - erscheinen nur als punktförmige Lichtquellen, da sie einfach zu weit von uns entfernt sind.

Jedoch wurde vor nicht allzulanger Zeit bei einem Symposium der IAU[1] in Wien ein erstes, direktes Bild eines anderen Sternes als der Sonne präsentiert. Ron Gilliland vom Hubble-Space-Telescope-Science Institut und Andrea Dupree vom Harvard-Smithsonian Center für Astrophysik verwendeten das *Hubble* Weltraumteleskop, um eine Aufnahme des Riesensternes α Orionis (=Beteigeuze) im ultravioletten Licht zu machen (Gilliland & Dupree 1996). Dabei entdeckten sie einen hellen Fleck, in der Größe von etwa einem Drittel der Sternscheibe, der unter anderem auch als riesige Konvektionszelle gedeutet wurde (siehe Kapitel 11).

Abbildung 2.3: Das *Hubble Space Telescope*: ein 2.4m-Spiegelteleskop in einer nahen Erdumlaufbahn. Das Foto zeigt das Teleskop kurz nach der Servicemission am 19. Februar 1997. (Mit frdl. Gen. durch AURA/Space Telescope Science Institute).

Bei der direkten Fotografie des Sternenhimmels werden hohe Anforderungen an die Abbildungsqualität eines Teleskopes gestellt. Nicht nur die Qualität der ein-

[1] International Astronomical Union, Symposium Nr. 176, Oktober 1995

Abbildung 2.4: Das W. M. Keck-Observatory: die beiden größten Einzelteleskope der Welt. Spiegeldurchmesser je 10m. Aufstellungsort ist der Mauna Kea in Hawaii in 4,200m Seehöhe (Aufnahme Andy Perala, Keck-Observatory). Das untere Bild zeigt das Keck-I Teleskop, bereit für eine lange Arbeitsnacht (Aufnahme P. French).

zelnen optischen Elemente wie dem Hauptspiegel, dem Sekundärspiegel und den Linsen eines etwaigen Fokalreduktors sind ausschlaggebend, auch die mechanische Stabilität des gesamten Teleskopes ist enorm wichtig. In der Vergangenheit wurden professionelle „Astrofotos" mit speziellen Fotoplatten aus temperaturstabilem Glas und einer Jod-Silber-Mischung als lichtempfindliche Schicht verwendet. Meist wurden diese Emulsionen noch tagelang in einem heißen Wasserstoffbad „gebacken" um deren Empfindlichkeit zu steigern. Mit dieser und ähnlichen Techniken – schon fast an alchimistische Methoden erinnernd – gelang es immerhin, die Quantenausbeute auf bis zu 3–4% hochzutreiben, d.h. vier von hundert auf die Fotoplatte treffenden Photonen tragen überhaupt zur Abbildung bei. Der Rest geht verloren. Im Vergleich zu herkömmlichen, nicht-astronomischen Filmen doch immerhin eine Steigerung ums hundertfache. Moderne Abbildungsverfahren[2] bei hohen, räumlichen Auflösungen verwenden heute aber ausschließlich elektronische Detektoren anstelle der alten Fotoplatten, die sogenannten *charge-coupled-devices* (abgekürzt CCD's; siehe auch Kapitel 5.3.2).

Die besten dieser elektronischen CCD-Chips erreichen im optischen Licht bei etwa 600 nm eine Quantenausbeute von über 95%, verglichen mit den mageren 3–4% einer Fotoplatte, eine Verbesserung um das Zwanzig- bis Dreißigfache. Ein weiterer, ebenso gewichtiger Vorteil ist, daß CCD's in einem weiten Bereich *linear* sind, d.h. die hohe Quanteneffizienz bleibt erhalten, egal ob 10 Photonen pro Sekunde ankommen oder 10 Milliarden. Die Fotoplatte hingegen ist eine Art logarithmischer Detektor, doppelte Belichtungszeit heißt nicht doppelte Schwärzung sondern nur einen Bruchteil dessen.

Auch mit dem Einsatz der allergrößten Teleskope (Abb. 2.4, 2.6) in Kombination mit sogenannter *adaptiver Optik* – die mit enormen technischen Aufwand die Deformation der einfallenden Wellenfront, verursacht vor allem durch die Erdatmosphäre, in Echtzeit zu korrigieren versucht, ist es noch nicht gelungen, andere Sternoberflächen direkt zu fotografieren. Die Methode von Albert A. Michelson und E. W. Morley – den beiden amerikanischen Physikern, die dem klassischen Experiment zur Auffindung des Weltäthers schon ihren Namen gaben –, ist die der *Interferometrie*. Darunter versteht man im Prinzip die gegenseitige Auslöschung zweier sinusförmiger Lichtwellen, wenn sich die „Täler" der einen Welle mit den „Bergen" der anderen Welle treffen, sowie gegenseitige Verstärkung, wenn sich nur die Berge treffen. Natürlich muß man sich eine Lichtwelle als eine Raumwelle vorstellen, mit allen Frequenzen die das optische Spektrum zu bieten hat. Dies ist einigermaßen verwirrend, da die Vorstellung einer sinusförmigen Welle für die dreidimensionale Lichtausbreitung vollkommener Unsinn, aber einfach vorzustellen ist. Will man obendrein auch noch Bildinformation erhalten, muß zu jedem Zeitpunkt die Phasenlage der enfallenden Wellenfront bekannt sein. Eine Möglichkeit dieser zweidimensionalen Interferometrie ist die abbildende Speckle-Interferometrie.

---

[2] Aus dem Englischen kurz *imaging* genannt.

2.2.2 Abbildende Interferometrie

Bereits vor rund zwanzig Jahren entwickelten mehrere Teams eine Modifikation der von dem französischen Astronomen Antoine Labeyrie entwickelten *Speckle-Interferometrie*, die es erlaubt ein wirkliches Bild im Sinne der Abbeschen Kriterien (nach dem deutschen Physiker Ernst Abbe benannt) mit beugungsbegrenztem Auflösungsvermögen zu erhalten. Dieses Verfahren wurde die *Speckle-Image-Interferometrie* genannt und konnte für einige wenige Überriesen im (nahen) infraroten Teil des elektromagnetischen Spektrums angewendet werden. Auch die spektakuläre Erklärung des stellaren Paradoxons mit dem Namen R136a gelang mit dieser Methode: das Objekt R136a war zuerst wegen seinem Spektrum als ein Stern mit 1,000 Sonnenmassen klassifiziert worden, was – wenn's gestimmt hätte – die Astrophysik zurück in den Kindergarten geschickt hätte. Sterne können entsprechend unseren gängigen Vorstellungen nicht mehr als 100 bis 120 Sonnenmassen haben! Der deutsche Astronom Gerd Weigelt hat dann in den achtziger Jahren mit Hilfe der Speckle-Image-Interferometrie zeigen können, daß es sich bei R136a um eine Ansammlung von massereichen, heißen O-Sternen auf engstem Raum handelt und direkte Aufnahmen des Hubble-Weltraumteleskopes haben schließlich hundert und mehr Objekte gezeigt. Die (physikalische) Welt war wieder in Ordnung.

Bei normalen Sternen fand die Speckle-Image-Interferometrie nur beschränkte Anwendungsmöglichkeiten. Größtenteils gelang es damit „nur" den Sterndurchmesser zu messen. Dennoch wurde das erste Bild eines Sternes mit Sternflecken – wiederum eine Aufnahme des Überriesen Beteigeuze (Radius $\approx$800 $R_\odot$) publiziert von C. Lynds, S. Worden und J. Harvey vom Kitt Peak National Observatory im Jahre 1976 (Lynds et al. 1976)–, mit dieser Methode erstellt und zeigte zwei Flecken von der Größe des Erdbahndurchmessers (300 Millionen km). Eindrucksvolle „Falschfarbenbilder" wurden sogar im NATIONAL GEOGRAPHIC und im CAMBRIDGE ATLAS OF ASTRONOMY[3] abgedruckt. Kurz darauf stellte sich allerdings heraus, daß diese beiden Flecken ein Produkt des mathematisch überaus komplizierten Bildverarbeitungsprozesses waren, und keine realen Sternflecken!

Mit dem geplanten Interferometer am *Very-Large-Telescope*, dem VLTI der Europäischen Südsternwarte ESO, wären Auflösungen von 0.001 Bogensekunden im nahen Infraroten möglich. Im optischen Wellenlängenbereich sogar bis zu 0.0005 Bogensekunden. Doch die Realisierung stößt hier noch auf enorme technische Schwierigkeiten. Falls gelöst, könnten mit dem VLTI etwa 2,000 Sterne direkt beobachtet und davon noch etwa von 400 deren Oberflächenhelligkeit kartografiert werden, wenn auch nur mit relativ geringer Auflösung. Dies ist 1997-98 aber noch genauso Zukunftsmusik wie die Anwendung einer weiteren – der zweidimensionalen Speckle-Interferometrie recht ähnlichen –, interferometrischen Technik zur Beobachtung von Sternflecken. Darauf kommen wir aber in Kapitel 5, in Abschnitt 5.4 noch zurück.

Müssen wir also doch noch auf die Teleskopgeneration der 20m-Klasse warten um direkte Bilder von Sternflecken aufnehmen zu können? Ein womöglich richtungsweisender Durchbruch ist 1996 britischen Astronomen um John E. Baldwin in Cambridge gelungen. Zwei 40cm-Teleskope, aufgestellt in einem Abstand von rund 6m, konnten phasengerecht zu einem einzelnen Teleskop zusammengeschaltet

[3] Cambridge University Press, 1985, Hrsg. J. Audouze und G. Israel, Seite 234.

Elemente des VLT Interferometers

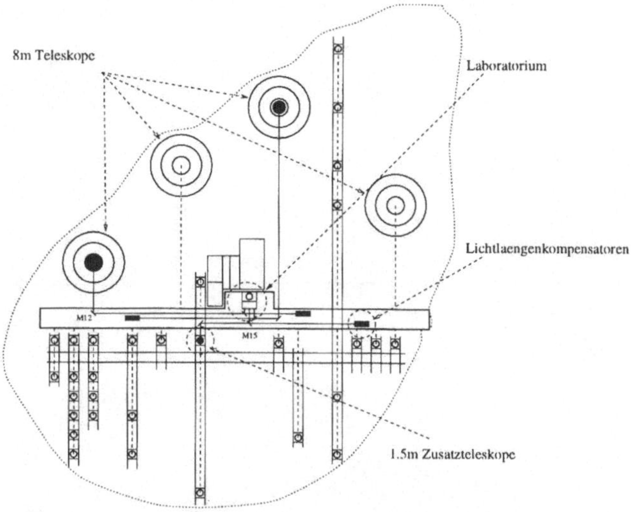

Abbildung 2.5: Die obere Abbildung erklärt den schematischen Aufbau des VLT-Interferometers der ESO, bestehend aus den vier großen 8.2m-Spiegeln und seinen drei 1.5m-Zusatzteleskopen. Das untere Bild zeigt die Baustelle des VLTs am Cerro Paranal in der Atacama Wüste in Chile vom Jänner 1997. (Aufnahme mit frdl. Gen. der ESO).

Abbildung 2.6: Das erste Einzelteleskop des VLT der Europäischen Südsternwarte ESO am Cerro Paranal in Chile. Es besteht aus vier identischen Spiegelteleskopen mit je 8.2 m Durchmesser, entsprechend dem Lichtsammelvermögen eines einzelnen Spiegels mit etwa 16 m Durchmesser. (Aufnahme mit freundlicher Genehmigung der ESO).

werden. Sie würden in dieser Konfiguration eine Auflösung eines einzelnen 6m-Teleskopes erreichen, aber nur ein Lichtsammelvermögen von zwei 40cm-Spiegeln haben. Man stelle sich einmal die Kapazität eines derartigen Teleskopes vor, das Spiegeln in einem Abstand von 100m hätte. Das Auflösungsvermögen ϕ wäre das Zehnfache des Keck-Teleskopes: $\phi \approx \lambda/D \approx 0.001$ Bogensekunden (D ist der Spiegeldurchmesser und λ die Wellenlänge bei der beobachtet wird). Wahrlich eine Sensation. Und, warum nicht gleich einen Kilometer Abstand zwischen den Teleskopen, oder noch mehr? Damit würde man – wiedereinmal – eine neue Dimension in der astronomischen Forschung betreten. Sozusagen „to boldly go where nobody has gone before".

2.2.3 Spektroskopie

Messungen des Magnetfeldes

Eine weitere, direkte Möglichkeit Aktivitäten auf anderen Sternen nachzuweisen, besteht darin, das Magnetfeld eines Sternes und dessen „Füllfaktor" in der Photosphäre direkt zu messen. Richard D. Robinson wendete 1980, damals am Sacramento Peak Observatorium (Robinson 1980), eine bereits seit Anfang der siebziger Jahre bei Ap-Sternen übliche Technik auf sonnenähnliche Sterne an. Dabei nützte er den Umstand aus, daß magnetisch sensitive Spektrallinien durch Aufspaltung stärker verbreitert sind als magnetisch unempfindliche. Der Exzeß ist somit ein Maß für die Stärke des Magnetfeldes, man spricht gewöhnlich vom *Zeeman*-Effekt der Linienaufspaltung (von P. Zeeman 1896 entdeckt). Alle stellaren Magnetfeldmessungen basieren auf diesem Effekt (siehe Kapitel 6).

Doppler-Imaging

Ein wesentlicher Durchbruch in der Erforschung von Sternflecken kam, als Steve Vogt und Don Penrod vom Lick Observatory in Kalifornien 1982 ihre Version der Doppler-Imaging-Technik vorstellten und an dem RS-CVn-Stern V711 Tauri anwandten. Bei dieser Technik wird die Tatsache ausgenützt, daß es bei schnell rotierenden Sternen eine direkte Beziehung zwischen der Wellenlänge innerhalb einer von einem Oberflächenelement emittierten Spektrallinie einerseits und ihrem Abstand von der Rotationsachse andererseits gibt – eine Erkenntnis, die bereits auf Otto Struve (Struve 1930) zurückgeht. Wenn nun die Helligkeitsverteilung auf der Sternscheibe inhomogen ist (z.B. die dunklen Flecke), macht sich diese im Verhältnis 1:1 im Rotationsprofil bemerkbar, indem eine kleine, scheinbare „Emission" durch das Linienprofil wandert während der Stern rotiert. Eine ganze Serie von Linienprofilen ermöglicht es dann, Information über die zweidimensionale Helligkeitsverteilung auf der Sternoberfläche zu gewinnen; den Stern also indirekt aufzulösen (Details werden in Kapitel 5 behandelt). Ein Prinzip, das in der medizinischen Computertomographie ganz ähnlich realisiert ist.

Man bedenke aber, daß das theoretische Auflösungsvermögen des momentan größten Einzelteleskopes der Welt (dem *Keck*-Teleskop am Mauna Kea in Hawaii; Durchmesser 10m, siehe Abb. 2.4) „nur" 0.01 Bogensekunden beträgt. Optische Interferometrie mit den sogenannten *Fine-Guidance-Sensors* des *Hubble-Space-Telescope* (HST, siehe Abb. 2.3) ermöglicht zwar 0.001 Bogensekunden bei Punkt-

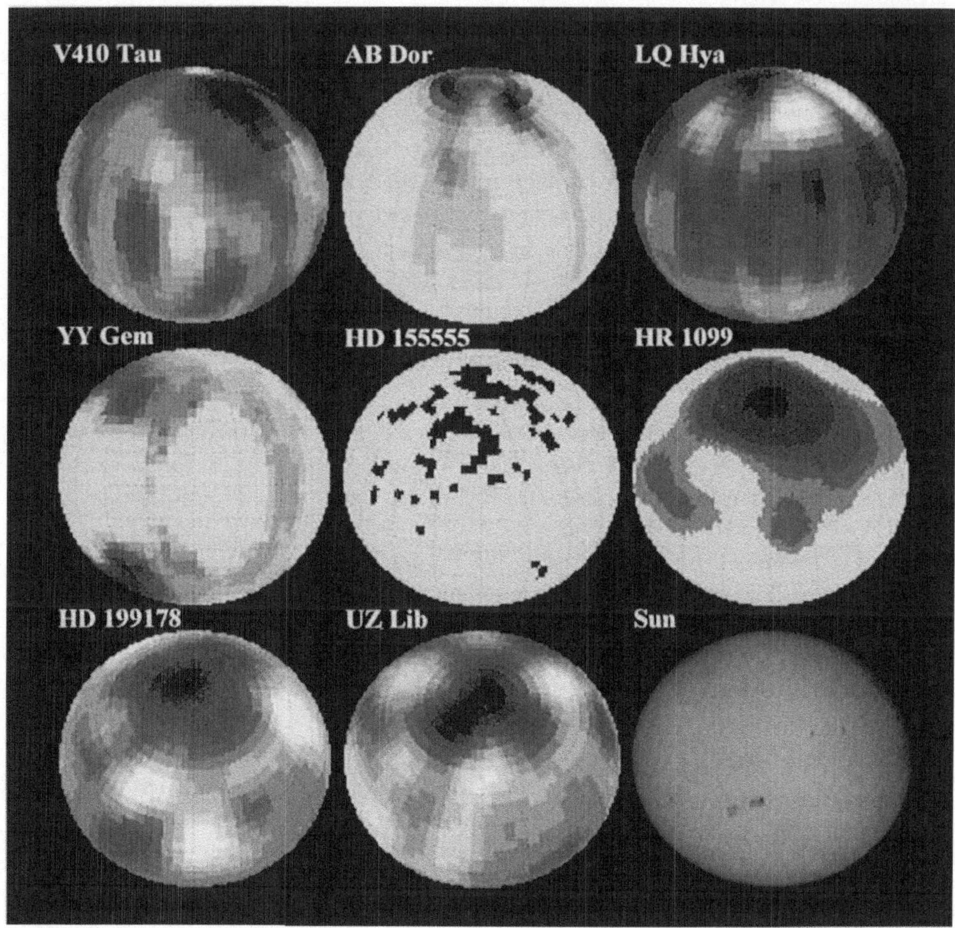

Abbildung 2.7: Oberflächenkarten einer Reihe von Aktiven Sternen im Vergleich zur Sonne (rechts unten). Die Bilder sind das Ergebniss einer Computeranalyse von Linienprofilvariationen mit einer Technik bekannt unter dem Namen „Doppler-Imaging" (siehe auch Kapitel 5).

quellen, mit dem „Doppler-Imaging" Verfahren erreicht man aber 0.000003 Bogensekunden! Für den Aktiven Stern HD 26337 entspricht dies einer Auflösung von zirka 10-15° auf seiner Oberfläche. Im irdischen Vergleich etwa bedeutet diese Auflösung, daß man - von Wien aus - die Schrift auf einer Zehn-Schilling-Münze in New York lesen könnte!

Mathematisch gesehen ist Doppler-Imaging aber ein schlecht konditioniertes Problem, d.h. es existieren mehrere Lösungen zu einem gegebenen spektroskopischen Datensatz. Mit Hilfe zusätzlicher, physikalisch sinnvoller Randbedingungen (sogenannte Regularisierungs-Funktionen) – wie z.B. der Bedingung „kein Informationsaustausch zwischen den einzelnen Oberflächenelementen" oder „Existenz eines homogenen Temperaturgradienten" –, kann ein Bild berechnet werden, welches dann mathematisch-eindeutig innerhalb des gerechneten, freien Parameterraumes ist. Die hiebei gestellten Anforderungen an das spektroskopische Datenmaterial sind enorm hoch, sodaß man auch mit den größten Teleskopen der Welt noch immer an der Grenze des Möglichen arbeitet. Es ist daher nicht weiters verwunderlich, daß es bis dato nur für eine handvoll Aktiver Sterne eine solche Doppler-Karte gibt! Erst wenn ein wesentlicher Teil des Hertzsprung-Russell-Diagramms abgedeckt ist, wird es möglich sein, signifikante Randbedingungen für eine stellare Dynamotheorie zu formulieren, die uns letztendlich auch lehren wird, die Sonne und ihre aktiven Phasen zu verstehen.

Abbildung 2.7 zeigt solche Doppler-Bilder für einige Aktive Sterne im Vergleich mit einer normalen Fotografie der Sonne. Dabei fällt sofort auf, daß die Aktiven Sterne wesentlich größere Flecken haben und auch daß sie sogar Flecken am *Pol* zeigen, ganz im Gegensatz zu Sonnenflecken, die nur $\pm 40°$ vom *Äquator* vorkommen. Viel beobachtende Astronomie liegt also noch vor uns bis Theoretiker die einzelnen Puzzles zusammensetzen und dadurch zum Verständnis unserer Sonne und anderen, ähnlichen Sternen beitragen können.

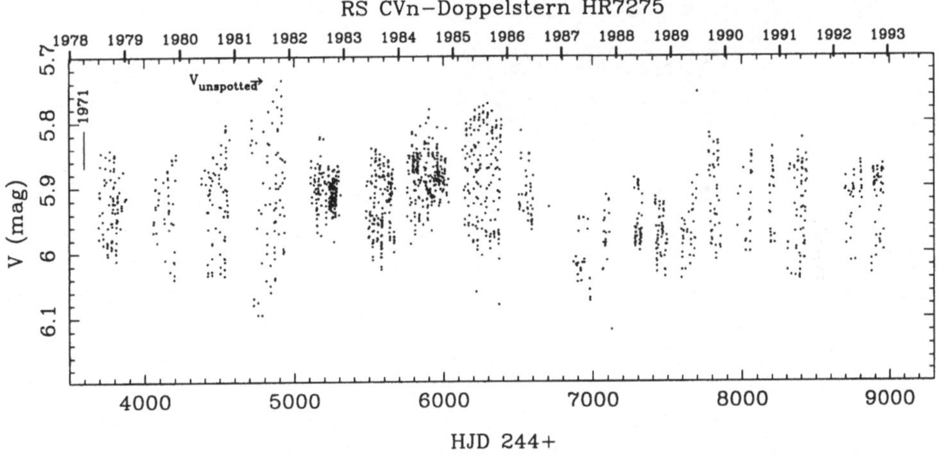

Abbildung 2.8: Der Lichtwechsel des Veränderlichen HR 7275 von 1978 bis 1993. Die Gestalt, sowie die Variabilität der individuellen Lichtkurven kann mit dem Kommen und Gehen von Sternflecken erklärt werden. Der Pfeil bei $V_{\text{unspotted}}$ deutet auf jenen Meßpunkt, der die bis dato maximale Helligkeit des Sternes darstellt, als ob der Stern zu diesem Zeitpunkt keine Flecken gehabt hatte. Weiters sind noch zum Vergleich die Amplitude und Helligkeit aus Beobachtungen im Jahre 1971 eingezeichnet. (Nach Strassmeier et al. 1994).

2.2.4 Lichtelektrische Photometrie

Die wohl einfachste Methode Aktive Sterne zu beobachten, ist jedoch ganz normale Breitbandphotometrie (Details siehe Kapitel 8). Eines der kennzeichnenden Merkmale der Fleckensterne ist nämlich deren periodischer Lichtwechsel, verur-

Abbildung 2.9: WOLFGANG AMADEUS: das vollautomatische Zwillingsteleskop der Universitätssternwarte Wien in der Sonora-Wüste im Süden Arizonas. Beide Teleskope haben einen Spiegeldurchmesser von je 75cm, ein lichtelektrisches Photometer (siehe Abb. 2.10) mit je 10 Spektralfiltern, und eine ebenso automatische CCD-Kamera um die gewünschten Objekte zu finden und zu zentrieren. Gebaut wurden die Teleskope von Lou Boyd vom Fairborn Observatorium. Beobachtet werden vor allem aktive G-K Sterne und pulsierende Sterne.

sacht durch die dunklen Flecke, die während der Rotation des Sternes einmal auf der sichtbaren Hemisphäre und einmal auf der uns abgewandten Hemisphäre sind. Verfolgt man diesen Lichtwechsel über mehrere Jahre hinweg, und erklärt den Lichtwechsel unter Annahme eines theoretischen Fleckenmodells, so kann man einige Aussagen über das Verhalten der Flecke machen. Beobachtungen am Beispiel des RS-CVn-Sternes HR 7275 zeigt die Abb. 2.8. In einer Serie von Arbeiten im ASTROPHYSICAL JOURNAL SUPPLEMENT und in ASTRONOMY & ASTROPHYSICS konnten der Autor und Kollegen teilweise recht drastische und rapide Lichtkurvenveränderungen bei insgesamt rund 100 gefleckten Sternen nachweisen. Diese Beobachtungen erstreckten sich über einen Zeitraum von vielen Jahren und es erscheint mir besonders nennenswert, daß während jeder klaren Nacht beobachtet wurde, kein Astronom dafür allerdings notwendig war! Alle lichtelektrischen Messungen wurden von einem computergesteuerten, vollautomatischen, photometrischen Teleskop (einem APT, engl. *Automatic Photoelectric Telescope*) in Arizona durchgeführt, während wir Astronomen im Bett lagen – oder mit dessen Finanzierung beschäftigt waren! Die Teleskopelektronik entscheidet ob die Nacht für lichtelektrische Photometrie geignet ist. Sie öffnet die Sternwarte, sucht einen Stern nach dem anderen und mißt deren Helligkeiten in verschiedenen Spektralbereichen, und wenn die Morgendämmerung hereinbricht, entscheidet die Elektronik: jetzt ist es Zeit aufzuhören und die Sternwarte wieder zu schließen – bis zur nächsten Nacht. Abbildung 2.9 zeigt die beiden neuen 0.75m-APTs der Universität Wien in Washington-Camp im Süden Arizonas. Sie beobachten etwa 100 Sterne mit Sternflecken, jahrein und jahraus. Ob vollautomatisch oder nicht, die Analyse und Interpretation der Daten liegt immer noch in der Hand (oder besser im Kopf) des Astronomen.

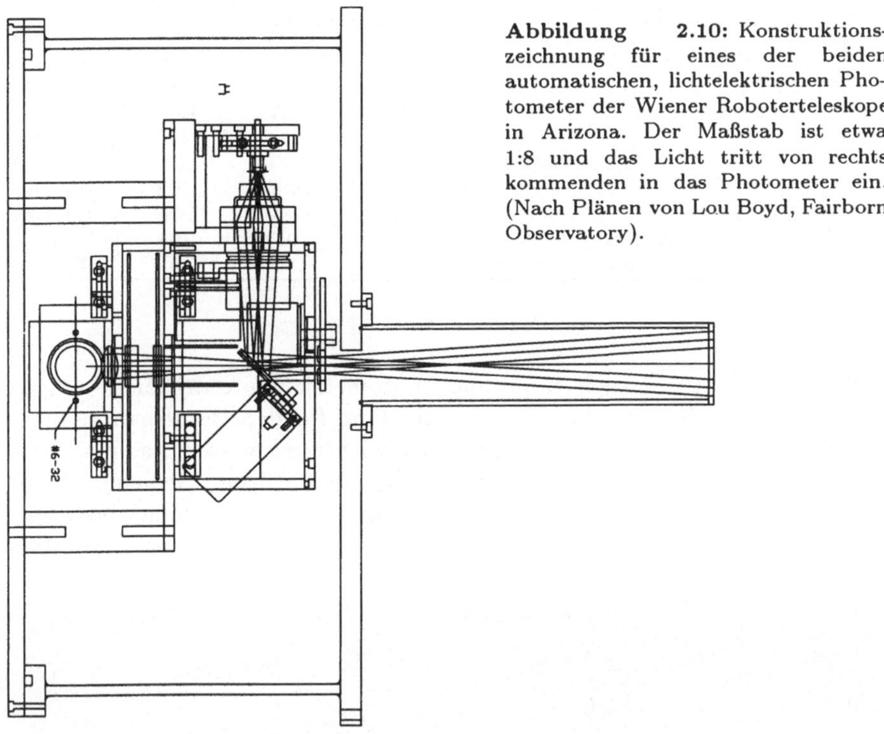

Abbildung 2.10: Konstruktionszeichnung für eines der beiden automatischen, lichtelektrischen Photometer der Wiener Roboterteleskope in Arizona. Der Maßstab ist etwa 1:8 und das Licht tritt von rechts kommenden in das Photometer ein. (Nach Plänen von Lou Boyd, Fairborn Observatory).

2.3 Eine Möglichkeit für Amateure

Ausgerüstet mit einem lichtelektrischen oder einem Halbleiter-Photometer kann ein Amateurastronom heute einen wichtigen Beitrag zum Verständnis von Aktiven Sternen leisten. Funktionstüchtige Photometer mit Photodioden oder Sekundärelektronenvervielfachern werden im Handel angeboten (z.B. Firma Optec, Inc.) und eignen sich sowohl für das selbstgebaute Fernrohr als auch für alle guten Fabrikate wie z.B. Celestron oder Meade. Auch eine Reihe von mehr oder weniger tauglichen CCD-Kameras sind erhältlich, und neue Marken erscheinen laufend. Abbildung 2.11 zeigt z.B. die photometrische CCD-Ausrüstung der Amateurgruppe an der Universitätssternwarte in Wien. Damit wird mitten in der Großstadt stellare Photometrie betrieben. Die einzelnen Bauteile eines professionellen, lichtelektrischen Photometers sind in Abb. 2.10, am Beispiel des vollautomatischen APT-Photometers der beiden Wiener Roboterteleskope in Arizona, erkennbar.

Während der professionelle Astronom meist immer nur begrenzte Teleskopzeit zur Verfügung hat, kann der Amateur sein Teleskop verwenden, wann immer er Lust hat – und so Lücken in professionellen Beobachtungsserien schließen, oder

Tabelle 2.1: EINIGE AKTIVE STERNE, DIE DER PHOTOMETRISCHEN ÜBERWACHUNG BEDÜRFEN

Name	α (2000.0)	δ (2000.0)	V (mag)	Sp. Type	P_{rot} (days)	Typ
EI Eri	04 09 40	-07 53 32	7.0	G5IV	1.945	RS CVn
HDE283572	04 21 58	+28 18 08	8.6	G8	1.548	T Tauri
V711 Tau	03 36 47	+00 35 16	5.7	K1IV	2.83	RS CVn
LQ Hya	09 32 25	-11 11 05	7.5	K0V	1.60	junge Sonne
HD129333	14 39 00	+64 17 29	7.8	G2V	2.7	junge Sonne
V471 Tau	03 50 12	+17 15 17	9.4	wd/K0V	0.521	RS CVn
DF UMa	11 37 17	+47 27 11	10.1	dM0e	1.03	BY Dra
V478 Lyr	19 07 32	+30 15 16	7.7	G8V	2.08	BY Dra
AR Lac	22 08 41	+45 44 31	6.1	K0IV	1.98	RS CVn
SZ Psc	23 13 24	+02 40 30	7.2	K1IV	3.95	RS CVn

vielleicht sogar als einziger simultane Photometrie, zu komplizierten, spektroskopischen Untersuchungen durchführen, die dann für den Berufsastronomen oft das „Tüpfelchen auf dem i“ sind. Es ist daher wichtig zu wissen was man beobachten soll. Eine Liste mit Aktiven Sternen, die der ausführlichen Beobachtung über lange Zeit hinweg bei möglichst allen geographischen Längengraden bedürften, ist in Tabelle 2.1 zusammengestellt. Weitere Objekte sind im Anhang F angeführt.

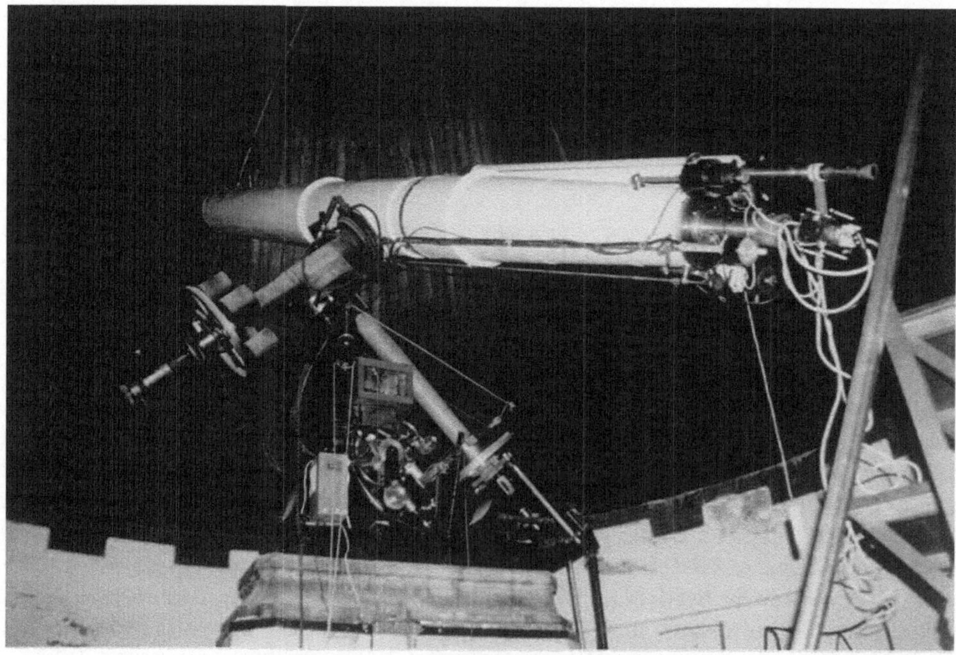

Abbildung 2.11: Die kommerzielle CCD Ausrüstung der Amateurastronomengruppe am alten 30-cm Refraktor der Universitätssternwarte Wien. Auch mit einem kleinen, selbstgebauten Fernrohr und einem Halbleiter-Photometer kann der Amateurastronom einen wichtigen Beitrag zur Erforschung von Aktiven Sternen leisten. (Aufnahme H. Jasicek).

Im Falle von internationalen Beobachtungskampagnen muß der Amateurastronom aber rechtzeitig wissen, welchen Stern er wann und wie beobachten soll. Dies ist eines der Ziele von Organisationen wie der *International Amateur-Professional Photoelectric Photometry* (IAPPP; sprich „I.-A.-Triple-P"), der *American Association of Variable Star Observers* (AAVSO), oder der *Bundesdeutschen Arbeitsgemeinschaft für Veränderliche Sterne* (BAV). Die IAPPP besteht aus rund 1,000 Mitgliedern in über 40 Ländern der Welt, darunter mehrere aktive Amateure aus Deutschland, der Schweiz und Österreich, und publiziert eine vierteljährlich erscheinende Broschüre, in denen unter anderem Berufsastronomen zur Teilnahme an speziellen Beobachtungsprojekten aufrufen und Amateurastronomen ihre Ergebnisse präsentieren (mehr Information von: I.A.P.P.P., 3621 Ridge Parkway, Erie, Pennsylvania 16510, U.S.A.). Siehe auch Anhang B.

2.4 Super-Sternflecken, Koronalöcher oder Aktive Regionen?

Eine zufriedenstellende (Dynamo)Theorie muß nicht nur das Vorhandensein einer aktiven Chromosphäre und einer ausgedehnten Korona, sondern auch Sternflecken, die bis zu 40% einer Hemisphäre überspannen – das sind zwei Größenordnungen mehr als bei den größten Sonnenfleckengruppen (wie in Abb. 2.12 von ca. 0.2% im Sonnenfleckenmaximum) –, erklären können. Die Frage, ob wir es dabei mit einem oder zwei Super-Flecken oder einer oder zwei *Gruppen* von kleineren Flecken zu tun haben, ist bis heute unbeantwortet. Eine andere Frage, die die Forscher in zwei Lager aufspaltet, ist die stellare Breite bei der Flecken auftreten. Auf der Sonne sind Flecken auf ein etwa $\pm 40°$ breites Band vom Äquator eingeschränkt. Doppler-Bilder von V711 Tau, HD 199178, EI Eri und anderen aber zeigen Flecke, die wie Polkappen aussehen. Eines der bestuntersuchtesten Beispiele ist wohl V711 Tauri = HR 1099, eine starke Radio- und Röntgenquelle, dessen Fleckenstruktur mehr einem solaren Koronaloch ähnelt als einem Sonnenfleck (vgl. Abb. 2.7 mit Abb. 10.6).

Bei der Beobachtung eines Minimums des Bedeckungsveränderlichen AR Lacertae im Röntgenlicht stellten F. Walter, D. Gibson und G. Basri fest, daß die Röntgenstrahlung fast ausschließlich aus der Äquatorgegend beider Komponenten kommen muß. Die von Vogt und Penrod beobachteten Asymmetrien im Linienprofil lassen sich aber – wie bei V711 Tauri – am besten durch einen polumspannenden Fleck rekonstruieren. Offensichtlich stimmt die direkte Analogie Koronaloch-Sternfleck nicht ganz. Eine Ähnlichkeit mit solaren „Aktiven Regionen" scheint eher zu passen. In der solaren Korona ist das Gas in magnetischen Flußröhren eingeschlossen, die von Aktiven Regionen auf der Oberfläche emporragen. Am oberen Ende eines solchen Bogens (im engl. *loop*) ist das Gas so heiß, daß es Röntgenstrahlung emittiert. Da die Geschwindigkeit des Gases proportional zu seiner Temperatur ist, sowie kleiner bzw. gleich der Fluchtgeschwindigkeit sein muß, um das Gas in der Korona zu halten, kann nur das Vorhandensein eines starken Magnetfeldes die beobachteten Röntgenemissionen erklären (mehr dazu in Kapitel 10). Ohne Ma-

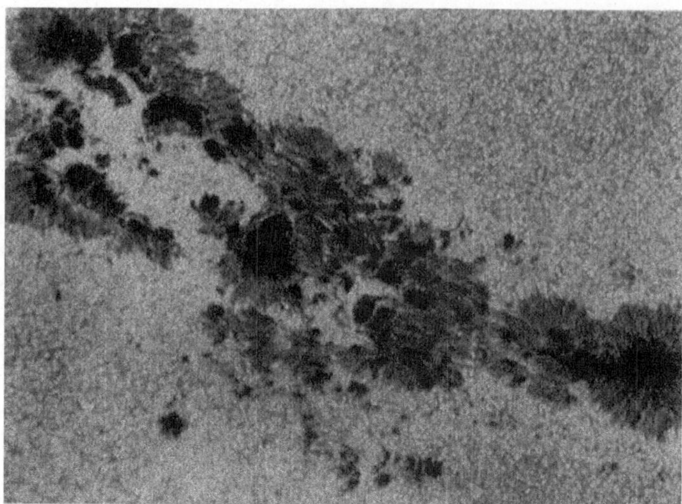

Abbildung 2.12: Eine riesige Sonnenfleckengruppe zur Zeit des Aktivitätsmaximums. (Aufnahme National Solar Observatory/NOAO).

gnetfeld hätte sich Gas in der äußeren Hülle so später Sterne bereits als stellarer Wind verflüchtigt und wir würden keine Koronae mehr beobachten. In RS-CVn- und ähnlichen Sternen müssen diese „Loops“ aber wesentlich größer und zahlreicher sein als auf der Sonne, sind diese Sterne im Röntgenlicht doch rund 10,000-mal heller als solare Flares!

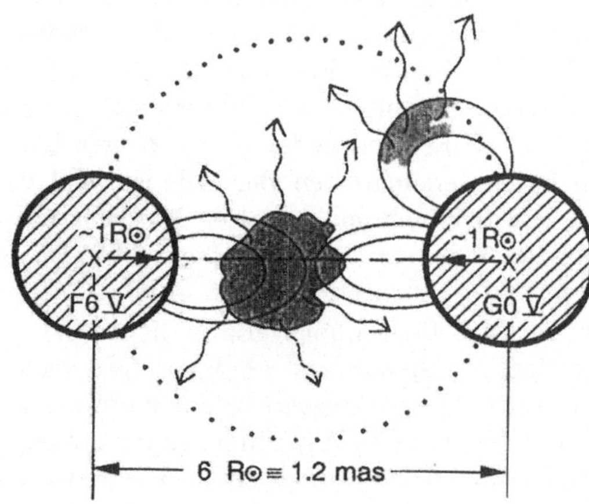

Abbildung 2.13: Schematische Darstellung des RS CVn-Doppelsternsystems σ^2 CrB anhand von VLBI-Radiodaten. Die grauen Bereiche stellen die Regionen mit starker Radioemission dar. Beide Sterne umkreisen einander in einem Abstand von nur 6 Sonnen- bzw. Sternradien entsprechend 12 milli-Bogensekunden (0.012") am Himmel. (Mit frdl. Gen. nach J.-F. Lestrade 1996).

Hinweise dafür kommen auch aus der Radioastronomie. Untersuchungen der RS CVn Doppelsterne σ^2 Corona Borealis und UX Arietis mit interferometrischen Techniken, vor allem der sogenannten *Very-Long-Baseline-Interferometry* (VLBI) haben ergeben, daß deren Radioemission aus einem Gebiet *zwischen* den beiden Doppelstern-Komponenten kommt. Der französische Astronom J.-F. Lestrade hat daraus geschlossen, daß die magnetischen Bögen bevorzugt auf der Verbindungslinie zwischen den beiden Sternen liegen müssen. Die Abb. 2.13 veranschaulicht die

Situation, ist aber natürlich nur schematisiert und erhebt keinen Anspruch, der Realität im Detail zu entsprechen.

2.5 Chromosphärisch aktive Sterne

Erst in den letzten Jahren realisierte man, daß all diese Sterne mit Sternflecken etwas weiteres gemeinsam haben – eine aktive Chromosphäre, charakterisiert durch starke Emissionslinien in den Kernen des einfach ionisierten Kalzium-H- und K-Dupletts[4]. Vergleiche dazu die H- und K-Emission der Sonne in Abb. 2.14 mit einem typischen aktiven und gefleckten Stern (den G8-Riesen HR 2054). Entdeckt wurden diese H- und K-Emissionen aber schon Anfang des 20. Jahrhunderts von G. Eberhard und K. Schwarzschild (Eberhard & Schwarzschild 1913) bei den hellen Sternen α Boo, α Tau und σ Gem. Wir nennen diese Sterne nunmehr kurz CA-Sterne, wobei CA für „Chromosphärisch Aktiv" steht. Ein Katalog von CA-Sternen in Doppelsternsystemen zählt 206 gesicherte Objekte und 138 Kandidaten. Mittlerweile sind bereits insgesamt etwa 400 Sterne mit Flecken bekannt, Einzelsterne und Doppelsterne zusammengenommen. In Anhang F findet sich eine Zusammenstellung von Daten einiger ausgewählter CA-Doppelsterne.

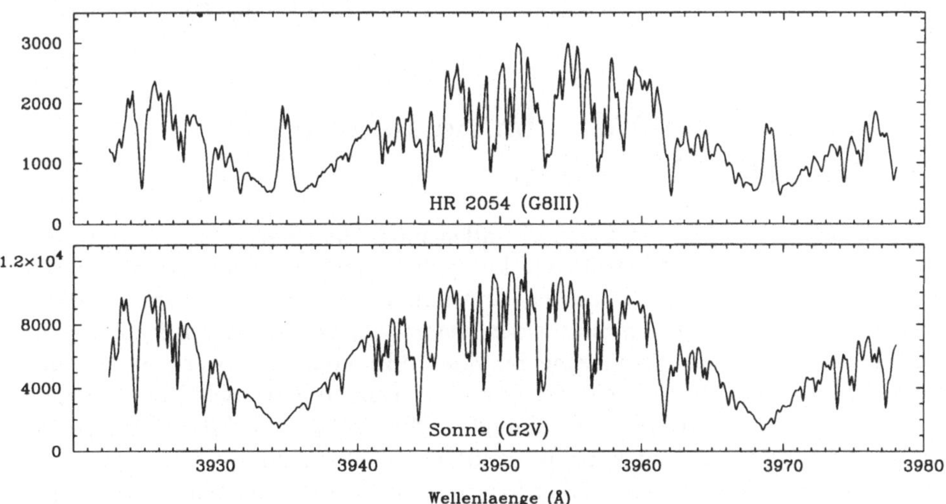

Abbildung 2.14: Kalzium II-H- und K-Spektrum eines RS-CVn-Sternes (HR 2054, oben) und der Sonne. Beide Aufnahmen wurden am Kitt Peak National Observatory in Arizona gewonnen. Besonders auffallend sind die starken Emissionslinien des Aktiven Sternes.

[4]In der Astronomie bezeichnen wir nicht-ionisierte Atome, d.h. elektrisch neutrale Atome mit gleich vielen Protonen wie Elektronen, mit einem römischen Einser nach dem chemischen Element, also z.B. Fe I für das neutrale Eisenatom. Ein einfach-ionisiertes Atom, wo ein einzelnes Elektron aus dem Atomverband fehlt, bezeichnet man mit einer römischen Zwei, z.B. Ca II für das einfach ionisierte Kalzium (in der Physik und Chemie schreibt man hiefür oft Ca^+). Wasserstoff hat nur ein Elektron und kann daher nur maximal einfach ionisiert sein. Eisen hat 26 Elektronen und kann entsprechend oft ionisiert werden, doch bedarf es dazu sehr hoher Energien.

Welche Sterne gehören nun zu dieser CA-Gruppe?

(1) Natürlich die klassischen RS-CVn Doppelsterne mit orbitalen Perioden von zirka einem Tag bis 100 Tagen; (2) RS-CVn-ähnliche Doppelsterne wie z.B. V471 Tau, AY Cet, 29 Dra und HD 185510 in denen eine Komponente ein Weißer Zwerg ist; (3) die BY-Dra-Sterne, Spektraltyp dKe bis dMe, wobei *e* für Balmer Hα Emission steht; (4) Flare-Sterne, sogenannte UV-Ceti-Veränderliche, eine übergeordnete Bezeichnung für die BY-Dra-Gruppe (BY-Dra-Sterne sind Flare-Sterne aber Flare Sterne sind nicht immer BY-Dra-Sterne); (5) viele sonnenähnliche (ca. G0 bis G5) Hauptreihen-Sterne; (6) T-Tauri-Objekte, junge wahrscheinlich vollkommen konvektive Vor-Hauptreihen-Sterne; (7) W-UMa-Bedeckungsveränderliche (sogenannte W-Typen) mit Perioden von wenigen Stunden und einer gemeinsamen konvektiven Hülle. Diese Doppelsterne könnten das fehlende Glied in der Evolution zu den sehr schnell rotierenden Einzelsternen der FK Comae Klasse sein; (8) FK-Comae-Sterne, Einzelsterne (Riesen) mit $v \sin i \approx 100$ km s^{-1} und Spektraltyp G bis K mit enorm starker Ca II-H- und K-, und Hα-Emission (es sind bis dato aber nur drei solche Sterne bekannt: FK Com als Prototyp, HD 199178 und HD 32918). Zwei weitere Kandidaten werden momentan noch genau untersucht; (9) eine Gruppe ebenfalls schnell rotierender G- und K-Riesen, deren Rotationsgeschwindigkeiten und chromosphärische Emissionen aber wesentlich kleiner als die der FK-Comae-Sterne sind; und schließlich (10) die kühlere Komponente in halb-getrennten Algol Doppelsternsystemen die ihr Roche-Volumen[5] ausfüllen (z.B. die G8IV-Komponente von U Cephei).

2.6 Ordnung ist das halbe Leben: das HR-Diagramm

Ganz offensichtlich kommen Sterne in allen möglichen Varianten vor. Große und kleine, schwere und leichte, heiße und kühle, helle und weniger helle, alte und junge, aktive und nicht aktive. Und das sind nur die augenscheinlichsten Merkmale. Professionelle Astronomen unterscheiden weiters noch deren chemische Zusammensetzung, die Art wie der Stern seine Energie im Inneren produziert, ob er pulsiert, Masse durch einen Sternenwind verliert und vieles andere mehr. Es scheint also dringend angeraten hier etwas „Ordnung“ in die stellare Vielfalt zu bringen, nicht nur um sich orientieren zu können, sondern vor allem um zu sehen ob es nicht verborgene, physikalische und daher systematische Zusammenhänge zwischen den einzelnen Sterntypen gibt.

Bereits 1905 hatte der dänische Astronom Ejnar Hertzsprung ein Diagramm gezeichnet, in dem er Helligkeit gegenüber der Farbe eines Sternes auftrug. Er verwendete aber nicht die gemessene, scheinbare Helligkeit m, sondern jene Helligkeiten, die Sterne hätten, wären sie alle gleich weit entfernt, und zwar bei exakt 10pc Entfernung. Dies ist die absolute Helligkeit M, und die Relation zur scheinbaren Helligkeit ist gegeben durch

$$m - M = -5 + 5 \log d, \qquad (2.1)$$

[5] siehe Kapitel 4.1.2

wobei d die Entfernung in Parsek (pc) ist. Damit Hertzsprung sein Diagramm zeichnen konnte benötigte er zuerst die Entfernungen der einzelnen Sterne. Dazu bediente er sich der trigonometrischen Parallaxe (π), also dem Faktum, daß nahe Sterne ihre Position am Himmel im Laufe eines Erdenjahres scheinbar um einen bestimmten, sehr kleinen Winkel hin und her verschieben, je nachdem aus welcher Richtung wir die Sternposition gerade messen. Die Basislinie, die wir Erdlinge dafür zur Verfügung haben, ist zweimal der Abstand Erde–Sonne. Die Sterne, die wir mit dieser Methode vermessen können, müssen daher schon sehr nahe sein, maximal 100 pc. Die Bestimmung von Entfernungen innerhalb unserer Galaxis, als auch im Universum generell, ist wohl nachwievor eines der heißesten Themen der Astronomie. Alle „absoluten“ stellaren Parameter hängen letztendlich von der Genauigkeit ab mit der die Entfernung zu einem bestimmtem Objekt bekannt ist. Wie sehr unsere allgemein verbreiteten astronomischen Vorstellungen oft auf schwachen Füßen stehen, lassen bereits die ersten Ergebnisse des *HIPPARCOS*-Satelliten erahnen, z.B. war es bis dato allgemein anerkanntes Wissen des Astronomen, daß es einige wenige Riesensterne in der unmittelbaren Sonnenumgebung gibt (bis zirka 25pc Entfernung). Die präzisen, absolut kalibrierten Parallaxen[6], die *HIPPARCOS* lieferte, zeigten, daß es so gut wie keine Riesensterne in der Sonnenumgebung gibt. Dies ist aber ein Hinweis darauf, daß wir die absoluten Helligkeiten von Riesensternen kraß unterschätzt haben. Abbildung 2.15 präsentiert nun zwei HR-Diagramme, zusammengestellt aus Daten der ersten 30 Monate der *HIPPARCOS*-Mission. Dabei sind erst etwa 20,000 Sterne eingetragen ... von den über 100,000 beobachteten. Doch ist diese große Zahl der Messungen nicht wirklich das wissenschaftliche Kunststück des Projektes, es ist vielmehr die Genauigkeit mit der die Parallaxen gemessen wurden: 0.002 Bogensekunden! Das bedeutet Entfernungsangaben von besser als 10 % für alle Sterne näher als 50 pc!

Damit konnte man die wichtigsten Entfernungskalibratoren neu eichen, und in der Tat, einige umwälzende Resultate folgten: die Cepheiden-Sterne, *die* Entfernungsmarken im nahen Universum, sind leuchtkräftiger und damit weiter entfernt als vor *HIPPARCOS* gedacht. Das macht das Universum mit einem Schlag um 10% größer, die ältesten Sterne sind nun etwa 11 Milliarden Jahre alt und das Universum als Ganzes nicht älter als ungefähr 12 Milliarden Jahre!

Doch zurück zum Diagramm des dänischen Astronomen Hertzsprung. Acht Jahre nach der Pionierleistung Hertzsprungs verfeinerte es der Amerikaner Henry Norris Russell mit mehr und besseren Daten und bestätigte so die ursprünglichen Ergebnisse Hertzsprungs, und erwähntes Diagramm fand damit seine endgültige Bezeichnung: das *Hertzsprung-Russell-Diagramm* (abgekürzt HR-Diagramm) – das wohl wichtigste Zustandsdiagramm der gesamten Astronomie und Astrophysik. Es wurden viele Bücher und Artikel darüber geschrieben, darunter auch viele populärwissenschaftliche, doch würde eine detaillierte Behandlung der Zusammenhänge im Hertzsprung-Russell-Diagramm den Rahmen des vorliegenden Buches bei weitem sprengen. Ich erlaube mir daher, auf ein – meiner Meinung nach – ausgezeichnetes Buch eines bekannten Astronomen zu verweisen: Kaler (1994). Hierin finden sich viele Details, die den interessierten Laien wohl zu be-

[6]Parallaxe $\pi = 1/d$, d ist die Entfernung in Parsek mit π in Bogensekunden (siehe Glossar).

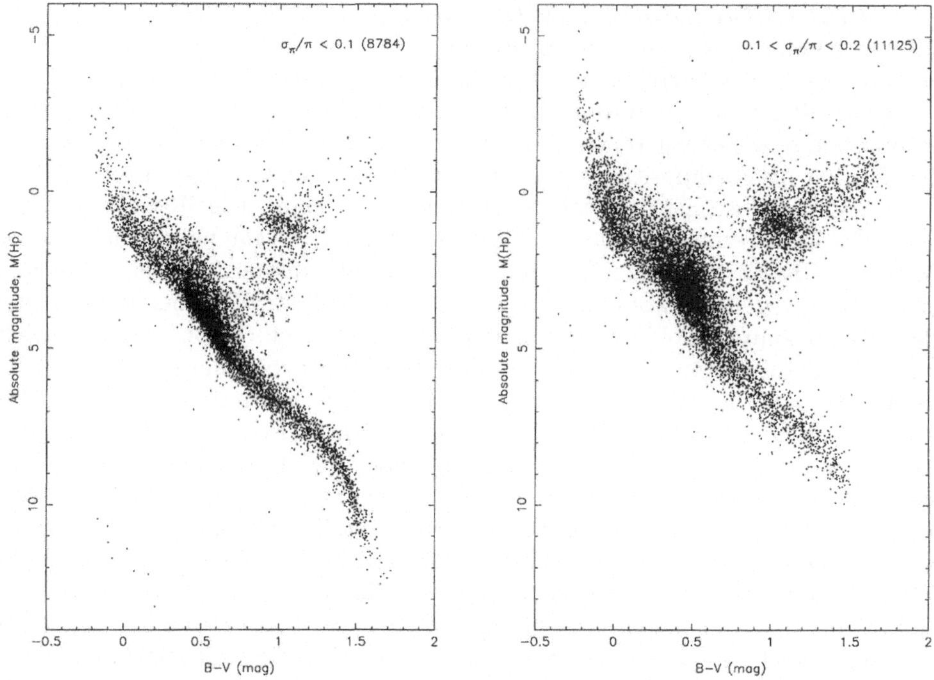

Abbildung 2.15: Hertzsprung-Russel-Diagramm mit den momentan genauesten absoluten Helligkeiten basierend auf den Parallaxen der ESA-*HIPPARCOS* Mission. Das linke HRD zeigt 8,784 Sterne deren beobachtete, absolute Parallaxen (π) genauer als $\sigma/\pi < 0.1$ sind, das rechte Diagramm plottet weitere 11,125 Sterne mit Genauigkeiten im Bereich zwischen 0.1 und 0.2. Die $B - V$-Farben stammen von einheitlichen erdgebundenen Messungen, die alle besser als ± 0.025 mag sind. Die scheinbare Breite der Hauptreihe ist in beiden Diagrammen real und kommt bei den massereicheren Sternen ($B - V < 0.6$ bzw. $T_{\rm eff} > 6,000$ K, also $\approx$G0) durch die raschere Sternentwicklung zustande, bei den masseärmeren hingegen vor allem durch Unterschiede in deren chemischer Zusammensetzung. Sehr deutlich ist auch die sogenannte Hertzsprung-Lücke zwischen Hauptreihe und Riesenast zu sehen, ein Ort im HRD der von Sternen, nachdem deren Wasserstoff Vorrat im Kern aufgebraucht ist, sehr schnell durchlaufen wird. (Nach Perryman et al. 1995, mit freundlicher Genehmigung M. A. C. Perryman, ESA).

geistern vermögen. Für das bessere Verständnis des noch zu kommenden Inhalts im vorliegenden Buch, möchte ich an dieser Stelle aber doch einige wenige, für uns besonders relevante, Teile des HR-Diagramms zusammenfassen. Sozusagen, die Gustostückerln.

Zuallererst muß erwähnt werden, daß man zwischen einem *beobachteten* und einem *theoretischen* HR-Diagramm unterscheidet. Die Abb. 2.15 zeigt ein klassisches, beobachtetes HR-Diagramm, also wo die beobachtete absolute Helligkeit – in der Regel im visuellen Wellenlängenbereich des Johnson Breitbandsystems (siehe Kapitel 8) – gegenüber der beobachteten Farbe oder des Spektraltyps aufgetragen wird. Ein theoretisches HR-Diagramm hingegen, trägt anstelle der absoluten Helligkeit die berechnete Leuchtkraft[7] auf – meist in Einheiten der Sonnenleuchtkraft – und

[7] Darunter versteht man die gesamte vom Stern abgegebene Strahlungsenergie, also das Integral

anstelle der Farbe wird die Effektivtemperatur aufgetragen. Abbildung 2.16 zeigt ein etwas schematisiertes, theoretisches HR-Diagramm. Warum der Unterschied? Weil das beobachtete HR-Diagramm keine exakten physikalischen Größen aufträgt: nämlich Farbe und eine Helligkeit in einer Einheitsentfernung. Was heißt schon Farbe in der Physik, und dann noch bei einem Stern? Das theoretische HR-Diagramm veranschaulicht exakt die gleichen Zusammenhänge wie ein beobachtetes, aber es muß eine Kalibrierung zwischen den aufgetragenen Größen vorliegen um ein beobachtetes mit einem theoretischen HR-Diagramm vergleichen zu können, also zu wissen, welcher Farbe entspricht welche Temperatur und welcher Leuchtkraft entspricht welche absolute Helligkeit. Dies sind recht komplizierte, nichtlineare Beziehungen auf deren Beschreibung wir uns hier nicht einlassen wollen (doch siehe z.B. bei Kaler 1994). Eine kurze tabellarische Zusammenstellung der physikalischen Eigenschaften von normalen Zwerg- und Riesensternen ist jedoch im Anhang D gegeben.

Kennt man die Grundgleichungen des Sternaufbaus, so kann man sie auch als Funktion der Zeit, also des Sternalters lösen. Damit haben Generationen von Astronomen, Kernphysiker und zum Teil auch Chemiker ihr Leben verbracht, und tun's immer noch. Den Beginn dieser historischen Ära der Astrophysik hat wahrscheinlich der relativ unbekannte amerikanische Astrophysiker J. H. Lane (1869) eingeleitet. Er hat als erster eine Reihe von Gleichungen niedergeschrieben, die eine Gasblase in hydrostatischen Gleichgewicht beschreibt. Damit hat er die Oberflächentemperatur und -dichte der Sonne berechnet; 1869! Zwar waren seine Werte viel zu hoch wie man heute weiß, aber man muß bedenken, daß zu dieser Zeit noch nicht einmal das Stefan-Boltzmannsche-Gesetz publiziert war.

Die „moderne" Zeit der Sternaufbau- bzw. später auch der Sternentwicklungsrechnungen hat mit Leuten wie Subramin Chandrasekhar (1939) und Sir Fred Hoyle und Martin Schwarzschild (1955) begonnen, dennoch müssen wir immer noch größtenteils absurde Annahmen machen um das Gleichungssystem überhaupt lösen zu können, und dann nur mit den größten und schnellsten Computern der Welt (Anm.: wenn man's richtig machen will und „reale" Zustandsgleichungen sowie entsprechend kleine Integrationsschrittweiten verwendet). Sternrotation, vielleicht sogar tiefenabhängig, oder die schlichte Existenz eines stellaren Magnetfeldes, gehen in diese Entwicklungsrechnungen normalerweise auch heute (noch) nicht ein. Trotzdem sind die Erfolge dieser theoretischen, aber selbstkonsistenten Rechnungen überwältigend. Wir können heute für einen Stern beliebiger Masse und chemischer Zusammensetzung seine exakte Position im HR-Diagramm berechnen und dadurch seinen gesamten Lebensweg verfolgen. Abbildung 2.16 vergleicht die verschiedenen Entwicklungswege für Sterne verschiedener Massen im HR-Diagramm, und zwar auf einen Blick. Ganz offensichtlich eine äußerst nützliche Einrichtung dieses Hertzsprung-Russell-Diagramm.

Das HR-Diagramm in Abb. 2.16 zeigt auch den Verlauf eines Sternes mit einer Sonnenmasse – also z.B. der Sonne –, jedoch nicht den wirklich vollständigen Lebenslauf. Den wollen wir doch etwas genauer betrachten, da die Sonne für unsere Aktiven Sterne ja praktisch Modell steht.

---

des Strahlungsflusses über alle Wellenlängen.

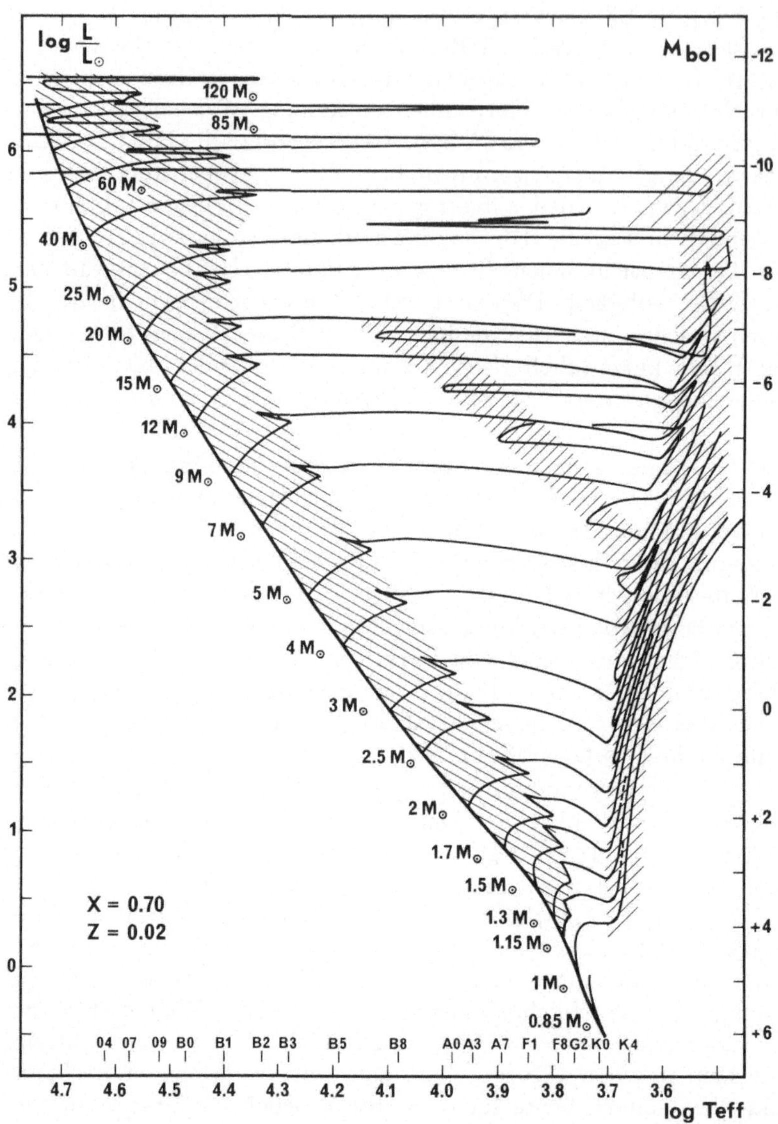

Abbildung 2.16: Theoretisches Hertzsprung-Russell-Diagramm. Die Linien sind die berechneten Entwicklungswege für Sterne unterschiedlicher Masse. 1 $M_\odot$ bedeutet eine Sonnenmasse (etwa 2×10^{30} kg). Die dicke, von links oben nach rechts unten verlaufende Linie ist die *Null-Alter-Hauptreihe*, der Ort im HRD wo Sterne erstmals beginnen Wasserstoff in Helium zu verbrennen. Massereichere Sterne durchlaufen ihren Entwicklungsweg wesentlich schneller als massearme, haben zum Teil einen anderen Energieproduktionszyklus, und auch höhere Leuchtkräfte. Der schraffierte Teil zeigt an, wo die Sternentwicklung besonders langsam vorangeht. (Nach Maeder & Meynet 1989).

2.7 Der Lebenslauf unserer Sonne

2.7.1 Vom Nebel zum T-Tauri-Stern

Begonnen hat alles mit einer interstellaren Staub- und Gaswolke, die beschlossen hatte zu kontrahieren und aus deren Masse sich im Laufe der letzten 5 Milliarden Jahre die Sonne, unsere Planeten und alle darauf befindlichen Lebewesen entwickelt haben. Wenn wir uns eine solche riesige Ansammlung von lose verteilten Staubteilchen, Wasserstoffatomen und Gasmolekülen mit einer Ausdehnung von mehreren Lichtjahren einmal versuchen vorzustellen, so uns das gelingt, ist auch die Feststellung einsichtig, daß im Nebel weiter außen liegende Teilchen, von der größeren Summe der weiter innen liegenden Teilchen, angezogen werden. Die weiter entfernten Teilchen „wissen" ja nicht, daß die zentralen Bereiche des Nebels auch nur aus losen Teilchen bestehen und verhalten sich ganz entsprechend dem Newtonschen Gravitationsgesetz einer Punktmasse.

Im Laufe der Zeit kommen sich die vielen losen Teilchen aber immer näher, die Dichte im Inneren steigt und es kommt zu Reibung zwischen den Staubteilchen: der Nebel hat somit seine erste innere Wärmequelle eingeschaltet und die Teilchen erfahren dadurch eine thermische Geschwindigkeit, wodurch es natürlich zu noch mehr Reibung kommt und die entsprechende Temperaturerhöhung führt zu einer Druckerhöhung, die der Kontraktion entgegenwirkt. Da der Nebel aber (noch) nicht aus einem „idealen Gas" besteht ist der Zusammenhang zwischen Druck und Temperatur nicht ganz so einfach. Dies ist die Phase, in der die Dynamik der Teilchen eine bedeutende Rolle spielt und zu einem weiteren, physikalisch-mathematisch schwer zu behandelnden Phänomen führt, der *turbulenten Viskosität* – eine Art von chaotischem Energie- und Impulstransport –, welcher das weitere Verhalten der Staub- und Gasteilchen bestimmt und zur Umwandlung von Gravitationsenergie aus Kontraktion in Drehimpuls, sprich Rotationsenergie, benützt wird. Der Nebel beginnt zu rotieren.

Ist eine gewisse kritische Dichte erreicht kommt es im zentralen Nebelbereich zu einer Gravitationsinstabilität, d.h. die Zentrifugalkraft kann ab diesem Stadium der Gravitationskraft nicht mehr die Waage halten und es gibt keinen Halt mehr für die Kontraktion des Nebels, die ab diesem Zeitpunkt praktisch im freien Fall vor sich geht. Diesen Anfangszustand hat erstmalig der englische Astrophysiker Sir James Hopwood Jeans berechnet (siehe Jeans 1929) und nach ihm nennt man es auch das *Jeans-Kriterium*. Geht man von einer sphärischen Wolke aus, so kann man anstelle der kritischen Dichte auch einen kritischen Radius, bei dem die Instabilität einsetzt, angeben. Er lautet:

$$R \leq 0.4\, GM \frac{\mu u}{kT} \,, \tag{2.2}$$

mit M der Nebelmasse, μ dem mittleren Molekulargewicht, u der Atommassenkonstante (1.6605×10^{-27} kg) und T der Temperatur bevor die Instabilität einsetzt (k und G sind die üblichen Konstanten). Für einen Nebel mit einer Sonnenmasse, einer mittleren Temperatur von 10 K und mit Molekülen eines mittleren Molekulargewichtes von 2.5 ergibt sich ein kritischer Radius von rund 0.16 Lichtjahren

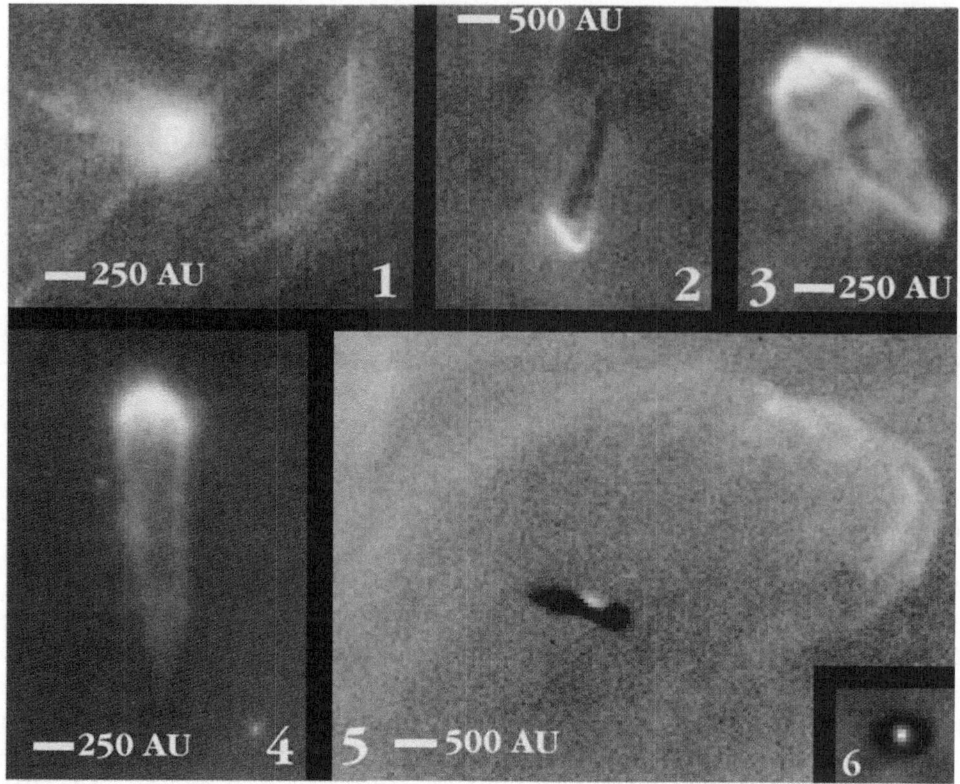

Abbildung 2.17: Junge Protosterne im Orion-Trapez. Die Abbildungen 1 bis 4 stellen verschiedene Beispiele von Scheiben bzw. deren Überresten dar, die durch einen massiven und heißen Zentralstern regelrecht verdampft werden. Die Abbildungen 5 und 6 hingegen zeigen noch intakte Scheiben, die sich – projiziert gegen den hellen Nebelhintergrund –, als dunkle Ovale abheben. (Nach *HST*-Aufnahmen von John Bally, Dave Devine und Ralph Sutherland, mit freundlicher Genehmigung durch AURA/STScI).

(11,000 AE), das sind etwa 280 Plutobahnradien[8]. Die Dichte beträgt in diesem kritischen Stadium schon etwa 10^{-16} kg/m^3 oder rund 10^{10} Moleküle pro m^3.

Nun, da es für die Kontraktion kein zurück mehr gibt und die Entwicklung des Sternes unwiderruflich begonnen hat, spielt die Verteilung des Drehimpulses eine wesentliche Rolle. Die Situation im Nebel ist dabei ganz ähnlich der eines pirouettendrehenden Eiskunstläufers wenn er seine ausgestreckten Hände einzieht: sein Radius zur Drehachse nimmt ab und dadurch muß – da der Drehimpuls ja eine Erhaltungsgröße ist –, seine Umdrehungsgeschwindigkeit zunehmen. Für den zukünftigen Stern ergibt sich dadurch aber ein Paradoxon weil die Ausdehnung des Nebels nämlich so groß ist – sprich, die Hände des Eisläufers so lang sind –, daß jede daraus entstandene Zentralmasse wesentlich schneller rotieren müßte als dessen Zerreißgeschwindigkeit es überhaupt erlauben würde. „Zerreißen" heißt in diesem

[8] Als Vergleich: zum nächsten Stern, Proxima Centauri, sind es etwa 6,800 Plutobahnradien!

Zusammenhang nichts anderes als daß die Zentrifugalkräfte an der Sternoberfläche größer werden als die Gravitationskräfte und damit Materie vom Objekt abführen. Den Umstand, daß die schlichte Kontraktion jedes Nebels eigentlich viel zu viel Drehimpuls für den resultierenden Stern liefern würde – als beobachtet wird –, nennt man in der Fachliteratur das „Drehimpuls-Problem". Ein möglicher Ausweg aus diesem galaktischen Dilemma wäre, daß die zentrale Masse eine Scheibe um sich entwickelt, in der Drehimpuls abgelagert wird und in der Folge auch zu einem Planetensystem führen kann, das weiter Drehimpuls abführt. Die FU Orionis-Objekte mögen genau dieses Frühstadium der Sternentwicklung repräsentieren: deren plötzliche Ausbrüche um das Hundertfache der Ruhehelligkeit sind von einer Jahrzehnte dauernden Abnahme der Helligkeit gefolgt. Eine Akkretionsscheibe in der Größenordnung von 100 AE mit einer Masse von 0.1 $M_\odot$ scheint plausibel. Die beiden amerikanischen Astronomen L. Hartmann und S. Kenyon (Hartmann & Kenyon 1985) interpretierten den plötzlichen Ausbruch als den Beginn der Massenakkretion von der Scheibe auf die Oberfläche des Zentralobjektes. Dabei wird die akkretierende Masse stark aufgeheizt und gibt Energie in Form von elektromagnetischer Strahlung ab, die in weiterer Folge auch katastrophale Folgen für die Akkretionsscheibe nach sich ziehen kann (siehe Abb. 2.17).

Ein weiterer Meilenstein in der Entwicklung unserer Modellsonne ist erreicht wenn die Temperatur im Zentralgebiet des Nebels etwa 10,000 K erreicht: dann nämlich wird der freie Wasserstoff ionisiert. Die Energie zur Ionisation aber entstammt wiederum dem Gravitationsfeld, entzieht dem Nebel also keine Wärme und führt bei weiterer Kontraktion nur zu einer geringeren Druckerhöhung. Dies beschleunigt aber den Kollaps, und zwar solange bis aller Wasserstoff ionisiert ist und die Materie irgendwann wieder in ein hydrostatisches Gleichgewicht eintritt. Zu diesem Zeitpunkt, etwa nach einer Million Jahre, ist die Zentralmasse fast vollständig konvektiv, besitzt als Energiequelle aber immer noch ausschließlich sein eigenes Gravitationsfeld. Der Radius ist nun auf nur wenige Sonnenradien geschrumpft, die „Oberflächen"-Temperatur der Zentralmasse beträgt rund 4,500 K, die Zentraltemperatur ist fast vier Millionen Kelvin und die Leuchtkraft etwa das Doppelte der jetzigen Sonne.

Nun ist auch der Zeitpunkt gekommen, ab dem die Strahlung des heißen Zentralbereiches durch die Akkretionsscheibe sowie der äußeren Schichten des Nebels nicht mehr vollständig absorbiert wird. Die optische Tiefe[9] wird größer als 1, und für einen außenstehenden Beobachter wird der Protostern das erste Mal sichtbar (sogenannte Kokonsterne). Das Zentralobjekt erscheint nun erstmalig – jedoch als, sozusagen, noch ungeborener Stern – im HR-Diagramm in einer vertikal ausgedehnten Region, die Astronomen die *Hayashi-Linie* nennen, benannt nach dem japanischen Astrophysiker C. Hayashi. Das Zentralobjekt ist in diesem Stadium annähernd im hydrostatischen Gleichgewicht, die dynamische Phase – sprich freier Fall – somit beendet, und die weitere Entwicklung läuft von nun an wesentlich langsamer ab als davor: man spricht ab diesem Zeitpunkt auch von der Vor-Hauptreihen-Entwicklung. Das Zentralobjekt ist nun ein T Tauri-Stern im Alter von etwas mehr als einer Million Jahre geworden.

[9]siehe Kapitel 7.3.1

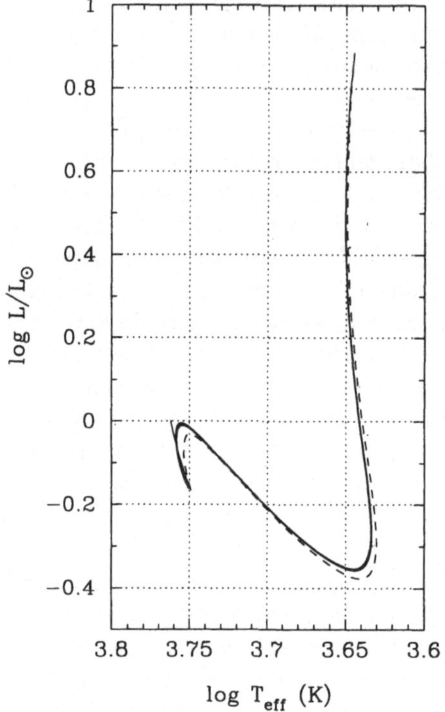

Abbildung 2.18: Die Vor-Hauptreihen-Entwicklung der Sonne im theoretischen HR-Diagramm (beginnend rechts oben zum Zeitpunkt Null bis zum heutigen Alter der Sonne bei 4.7×10^9 Jahre). In diesen Rechnungen wurde nicht nur die Rotation des Sternes berücksichtigt, sondern auch verschieden starke Kopplungen des Drehimpulses mit einer Akkretionsscheibe. Der strichlierte Entwicklungsweg kennzeichnet das Verhalten ohne Akkretionsscheibe, erlaubt also die maximale Rotation des Sternes, da kein Drehimpuls abgegeben werden kann. Die anderen Trajektorien wurden für Kopplungszeitskalen von 0.3 bis 10 Millionen Jahren berechnet und sind in der Graphik kaum voneinander zu unterscheiden. Diese Modelle generieren insgesamt langsamer rotierende Sterne. (Mit frdl. Gen. nach Rechnungen von Marc Pinsonneault, Yale University).

2.7.2 Ankunft auf der ZAMS

Bis zur Ankunft auf der ZAMS[10] steht dem jungen Stern immer noch größtenteils nur sein eigenes Gravitationsfeld als Energiequelle zur Verfügung, die durch weitere Kontraktion seiner Masse freigesetzt wird. Die charakteristische Zeitskala $\tau_{\mathrm{K-H}}$, auf der sich diese Kontraktion abspielt, ist durch das Verhältnis der Energieerzeugung zu deren Abstrahlung gegeben, also

$$\tau_{\mathrm{K-H}} = \frac{E_{\mathrm{G}}}{L} = \frac{GM^2}{RL}, \tag{2.3}$$

mit G der Gravitationskonstante, M der Masse, R dessen Radius und L die Leuchtkraft ($L = 4\pi R^2 \sigma T_{\mathrm{eff}}^4$). Dies ist die berühmte *Kelvin-Helmholtz*-Zeitskala.

Der Beginn des Vor-Hauptreihen-Stadium ist eigentlich dominiert vom Bestreben des jungen Sternes, sein gesamtes Inneres, vom Kern bis zur Hülle, ins hydrostatische Gleichgewicht zu bringen. Dies gelingt ihm umso leichter, je kleiner sein Radius wird, denn dann ist die Kelvin-Helmholtz-Zeitskala sehr groß gegenüber der Zeitskala des freien Falles. Bereits bei etwa $R \approx 300\ \mathrm{R}_\odot$ halten sich die beiden die Waage, danach dominiert jedoch die viel längere Kelvin-Helmholtz-Zeitskala. Abbildung 2.18 zeigt nun die gesamte Vor-Hauptreihen-Entwicklung der Sonne, von

[10](Engl.) *Zero Age Main Sequence*, die Null-Alter-Hauptreihe.

der Ankunft auf der Hayashi-Linie bis zur ZAMS, sowie das kurze Stück der Nach-Hauptreihen-Entwicklung bis zum heutigen Alter von 4.7×10^9 Jahren. Anfänglich, im Alter von 1–3 Millionen Jahren, kontrahiert der Stern so rasch, daß seine Oberflächentemperatur nicht schnell genug reagieren kann und fast konstant bleibt. Die Folge ist, daß die Leuchtkraft rapide abnimmt und der Stern im HR-Diagramm einen Weg parallel zur Hayashi-Linie nach unten einschlägt. Die Energie, die durch die Kontraktion im Kern frei wurde, erhöht dessen Temperatur und führt zu einer Abnahme der Opazität im Sterninneren. Manche hydrodynamische Rechnungen zeigen nun auch das Einsetzen von Deuterium-Brennen. Ist die Opazität klein genug, kann die elektromagnetische Strahlung aus dem zentralen Bereich in die weiter außen liegenden Bereiche des Sternes gelangen: ein radiativer Kern hat sich somit gebildet. Wir befinden uns nun auf dem Umkehrpunkt im HR-Diagramm in Abb. 2.18 (im Alter von etwa 10 Millionen Jahren). Die Konvektion ist jetzt auf einen Bereich von nur mehr 40% der Masse zurückgegangen und in den innersten Bereichen dominiert bereits Energietransport durch Strahlung. Die Zentraltemperatur ist auf über 6 Millionen Kelvin gestiegen und der Sternradius auf das 1.1-fache des heutigen Sonnenradius geschrumpft.

Durch die Abnahme der Opazität gelangt nun vermehrt Energie in die höheren Schichten als bisher und die Konsequenz ist, daß sich die Oberflächentemperatur erhöht: im HR-Diagramm bewegt sich der Stern nun in Richtung seiner heutigen Position. Nach nur etwa 20 Millionen weiteren Jahren erreicht der Kern schließlich eine Temperatur von rund 13 Millionen Kelvin und damit beginnt das zentrale Wasserstoffbrennen: die Sonne ist somit auf der ZAMS angekommen. Der Radius ist nun 0.89 $R_\odot$ und die Leuchtkraft 0.73 $L_\odot$ und es braucht etwa weitere 20 Millionen Jahre nach Einsetzen der Kernfusion um den zentralen Bereich in ein chemisches Gleichgewicht zu bringen. Ursprünglich, so die Rechnungen der Yale-University Gruppe um Sabatino Sofia und Marc Pinsonneault, sind die Temperaturen im Inneren noch nicht ganz ausreichend um auch ^{16}O im Rahmen des CNO-Zyklus zu verarbeiten. Im heutigen Stadium der Sonnenentwicklung hat der Kern eine Temperatur von 15 Millionen Kelvin und erst jetzt beginnt auch das ^{16}O langsam zu verbrennen.

Hätte der ursprüngliche Nebel eine Masse von weniger als 0.08 Sonnenmassen gehabt, dann wäre die Entwicklung des Objektes noch vor Erreichen der ZAMS bereits zu Ende. Eine so geringe Masse reicht nämlich nicht aus, die notwendigen Temperaturen und Dichten zu erzeugen damit die Kernfusion überhaupt in Gang kommt. Das Zentralobjekt, so glaubt man, ist ein Brauner-Zwerg geworden der ohne innere Quelle seine Energie langsam wieder in den Weltraum abstrahlt und daher irgendwann vollständig abkühlt und zu einem Klumpen dunkler Materie wird.

2.7.3 Die Nach-Hauptreihen-Entwicklung bis zum Weißen-Zwerg

Unsere Protosonne beginnt ihr Leben auf der Hauptreihe, also mit dem Einsetzen des Wasserstoffbrennens. Der ruhigste, stabilste und längste Teil ihrer Entwicklung hat damit begonnen. Die Kerntemperatur ist etwa 13 Millionen Grad Kelvin am

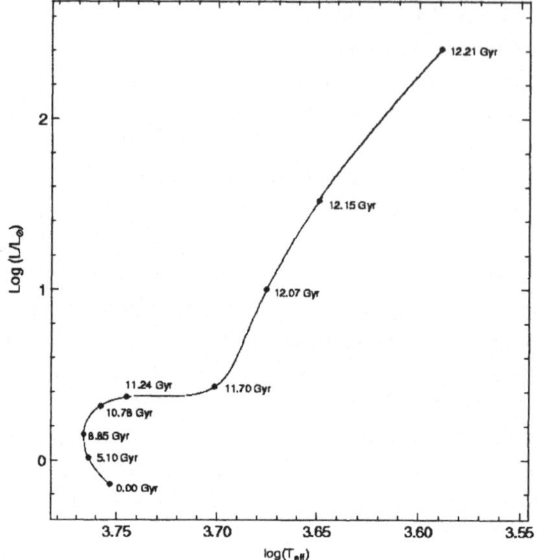

Abbildung 2.19: Die Nach-Hauptreihen-Entwicklung der Sonne im HR-Diagramm beginnend links unten auf der Null-Alter-Hauptreihe bei 0.00 Giga-Jahren (Gyr). Die Leuchtkraft L ist jeweils in Einheiten der Leuchtkraft der heutigen Sonne aufgetragen. (Mit frdl. Gen. nach Demarque & Guenther 1991, Yale University).

Beginn des Wasserstoffbrennens und sollte heute etwa 15 Millionen Kelvin betragen. In diesem Stadium befindet sich unsere Sonne nun schon seit ca. 4.5 Milliarden Jahren[11] (vgl. Abb. 2.19).

Die Verschmelzung von vier Wasserstoffkernen in einen Heliumkern, bei gleichzeitiger Abgabe der Massendifferenz als Strahlung, erhöht sukzessive das mittlere Molekulargewicht der ausgebrannten Schichten um den Kern. Dieses zusätzliche Gewicht läßt den Kern langsam schrumpfen. Damit der gesamte Stern aber im hydrostatischen Gleichgewicht bleibt, muß dessen Hülle expandieren. Natürlich erhöht sich durch die Kernkontraktion auch die Kerntemperatur, was wiederum zu einer Effektivitätssteigerung des Fusionsprozesses und zu einer erhöhten Energieproduktionsrate führt. Die Nach-Hauptreihen-Entwicklung der Sonne ist also durch eine *Zunahme* des Sternradius und der Leuchtkraft gekennzeichnet. Die Oberflächentemperatur ändert sich anfangs nur unwesentlich.

Doch nach etwa 10.5 Milliarden Jahren (!) ist der Vorrat an Wasserstoff im Kern erschöpft und die Wasserstoffbrennzone wandert schalenförmig aus dem Kern heraus und hinterläßt im Inneren der Schale einen massiven Heliumkern. Dadurch muß sich die Sternhülle noch schneller ausdehnen um wieder ins hydrostatische Gleichgewicht zu gelangen. Nunmehr ist aber obendrein noch die Energieproduktionsrate des Schalenbrennens kleiner als vorher beim Kernbrennen und die Folge ist, daß die Oberflächentemperatur abnimmt. Der Stern wandert im HR-Diagramm somit von der Hauptreihe weg hin zum roten Riesenast.

Für Objekte mit etwas mehr als der Hälfte einer Sonnenmasse folgt dem Wasserstoffbrennen auch noch das Heliumbrennen. Letzteres setzt nicht graduell ein, so

[11] Das Alter der Sonne kann aus Funden der ältesten Meteorite abgeleitet werden. Obwohl die Literatur immer wieder einen Wert zwischen 4.6 und 4.7 Milliarden Jahren angibt ist der momentan beste Wert $4.52 \pm 0.04 \times 10^9$ Jahre.

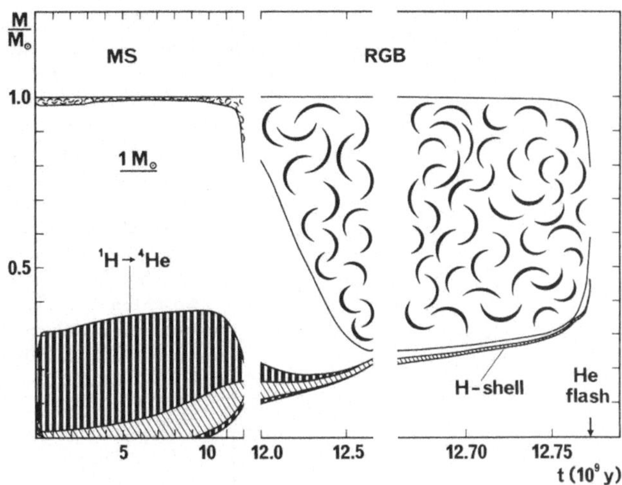

Abbildung 2.20: Die Änderung der inneren Struktur eines Sternes mit einer Sonnenmasse im Laufe seiner Entwicklung bis zum Helium-flash. Entlang von vertikalen Schnitten bei verschiedenen Zeitpunkten kann man den jeweiligen Aufbau in Einheiten der Gesamtmasse ersehen. Die „wolkenartige" Region stellt jeweils die Konvektionszone dar. Die vertikale Schraffierung kennzeichnet Bereiche wo die nukleare Energieproduktion zwischen 1 und 10 $\mathrm{erg\,g^{-1}s^{-1}}$ beträgt und die diagonal schraffierten Bereiche jene mit > 10 $\mathrm{erg\,g^{-1}s^{-1}}$. MS bedeutet Hauptreihe (engl. *main sequence*), RGB steht für *red giant branch*, den roten Riesenast. (Nach Maeder & Meynet 1989).

wie das Wasserstoffbrennen, sondern fast schon explosionsartig mit einem Schlag (dem sogenannten *Helium-flash*) bei einem Alter von etwas mehr als 12.7 Milliarden Jahren. Da die Materie im Kern zu diesem Zeitpunkt bereits entartet ist, zieht eine weitere Temperaturzunahme keine (wesentliche) Erhöhung des Druckes mehr nach sich. Ein derartig ***entartetes Elektronengas*** ist zwar ein extrem guter Wärmeleiter aber die Energieproduktionsrate beim Heliumbrennen ist für kurze Zeit so hoch, daß der Kern die Energie kaum abführen kann und daher solange expandiert bis die Materie nicht mehr entartet ist. Entartung ist in diesem Fall sozusagen die Lebensrettung des Sternes. Abbildung 2.20 veranschaulicht die Entwicklung des inneren Aufbaus der Sonne von der ZAMS bis zum Helium-flash im Alter von etwa 12.77 Milliarden Jahre. Bemerke, daß in dieser Abbildung radiale Schnitte in Einheiten der enthaltenen Masse und nicht in Längeneinheiten aufgetragen sind: der Radius ändert sich ja fast um einen Faktor zehn wobei aber nur etwa 20 % der Masse verloren gehen.

Ab diesem Zeitpunkt werden die Rechnungen zunehmend problematischer, stimmen aber bei den verschiedenen Autoren qualitativ immer noch relativ gut überein. Abbildung 2.21 veranschaulicht den weiteren Werdegang der Sonne im HR-Diagramm nach neuesten Rechnungen des Kieler Astrophysiker Thomas Blöcker (1995); basierend auf den Pionierarbeiten von D. Schönberner (1979), der erst kürzlich nach Potsdam, einem der traditionsreichsten Orte deutscher Astronomie übersiedelte.

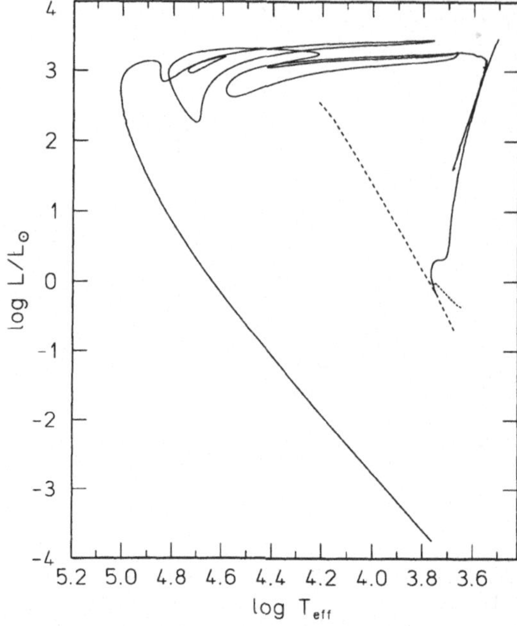

Abbildung 2.21: Der gesamte Lebenslauf der Sonne im HR-Diagramm relativ zu einer theoretischen Null-Alter-Hauptreihe (schräg verlaufende, strichlierte Linie). Mitte rechts sind nochmals die Trajektorien der Vor- (punktierte Linie) und der Nach-Hauptreihen-Entwicklung bis in den AGB-Bereich eingezeichnet. Danach erreignen sich zwei thermische Pulse (die beiden horizontalen Schleifen) und anschließend folgt die Entwicklung bis hin ins Stadium der Weißen Zwerge rechts unten. Für die Bedeutung der einzelnen Abschnitte siehe Text. (Mit frdl. Gen. von Thomas Blöcker, Universität Kiel).

Das zentrale Heliumbrennen dauert wegen der relativ kleinen vorhandenen Masse nur kurz und bahnt sich nach Aufbrauchen des ganzen Heliums im Kern seinen Weg weiter nach außen in Form eines Heliumschalenbrennens. Hat die Leuchtkraft bereits Werte von etwa dem tausendfachen der Null-Alter Leuchtkraft erreicht, beginnt die Sonne zunehmend Masse, in Form eines verstärkten Sonnenwindes, zu verlieren. Zu diesem Zeitpunkt gibt es zwei Schalenbrennzonen im Sterninneren: die immer dünner werdende Wasserstoffbrennzone sowie die ganz innen liegende Heliumbrennzone. Letztere erzeugt einen Kohlenstoff-Sauerstoff-Kern und nimmt so rapide an Effektivität ab, daß kurz nach Einsetzen des Massenverlustes – nach etwa 4.3 Millionen Jahren nach Beenden des Heliumkernbrennens –, die Leuchtkraft der Wasserstoffbrennschale, die der Heliumbrennschale bereits übertrifft. Jetzt beginnen sich – astronomisch gesprochen –, die Ereignisse zu überschlagen. Die Heliumschalenbrennzone wird instabil und führt zu einer Reihe von sogenannte *Hüllenflashes* oder *thermischen Pulsen*, die einerseits die Leuchtkraft variieren und andererseits die Sonne im HR-Diagramm wie wild hin- und hertanzen lassen. In den Rechnungen von Blöcker in Abb. 2.21 kommt es zu zweien solcher thermischer Pulse, doch ist dieses Phänomen ein höchst dynamisches und es erscheint in Anbetracht der quasistatischen Rechnungen durchaus möglich, daß dieses Stadium sogar hundert Mal durchlaufen wird bevor vom Stern soviel Masse abgestoßen werden konnte damit die Instabilität eingedämmt wird. Am Ende dieser Phase nach etwa einer Million Jahre nach Einsetzen der Heliuminstabilität, hat die Sonne rund 50 % ihrer ursprünglichen Masse und daher fast ihre ganze Hülle verloren.

Wie destruktiv der Vorgang der Hüllenflashes bei masseärmeren roten Riesen des asymptotischen Riesenastes sein kann, zeigte vor kurzem eine sensationelle Auf-

Abbildung 2.22: Der protoplanetare Nebel CRL2688, auch *Eier-Nebel* genannt. Die Aufnahme wurde bei einer Wellenlänge von 606 nm mit der Wide-Field-Planetary-Camera (WFPC2) des *Hubble* Weltraumteleskopes gemacht (gezeigt ist ein Bereich von etwa 75×75 Bogensekunden). Sehr deutlich sind die einzelnen konzentrischen Schalen durch den entwicklungsbedingten Massenverlust sowie ein Paar von axialsymmetrischen Strahlungsjets zu sehen deren Entstehung noch unverstanden ist. Ebenfalls noch ungeklärt ist auch die Herkunft einer Scheibe aus Staub und molekularem Wasserstoff auf deren Kante man blickt (im zentralen Bereich von links oben nach rechts unten verlaufend). Mit frdl. Gen. nach einer *HST*-Aufnahme von R. Sahai & J. Trauger et al. (1995), WFPC-2 Science Team, NASA/Jet Propulsion Laboratory.

nahme mit dem *Hubble*-Space-Teleskop einer Gruppe von Astronomen um Raghvendra Sahai vom Jet Propulsion Laboratory in Pasadena. Der Prototyp eines jungen planetarischen Nebels, der *Eier-Nebel* (CRL2688=*Egg Nebula*), scheint gerade das Hüllenflash-Stadium durchlaufen zu haben, zumindest zeigt die Aufnahme in Abb. 2.22 eine Reihe von abgestoßenen, konzentrischen Schalen. Doch dem nicht genug, ist das Zentralobjekt auch noch die Quelle zweier hochenergetischer, symmetrischer Strahlungsjets und von einer flachen Scheibe, aus Staub und molekularem Wasserstoff, umgeben.

Wenn sich die Natur einmal offenbart sieht man – wieder einmal – wie vereinfacht unsere, im Vergleich zu noch vor zehn, zwanzig Jahren, ohnehin schon sehr komplexen Rechenmodelle und Vorstellungen eigentlich sind. Das allerdings läßt in Zukunft noch einiges erwarten, und bestätigt den leidigen Grundsatz: mehr zu wissen heißt, mehr unbeantworteten Fragen als beantworteten gegenüberzustehen. Jedoch eine ideale Vorraussetzung für die Berufsaussichten junger Studenten der Astronomie und Physik, oder?

Doch zurück zu Abb. 2.21 und dem weiteren Entwicklungsweg unserer Sonne. Die Wasserstoffbrennzone ist nun sehr knapp unterhalb der Oberfläche und die Leuchtkraft entsprechend hoch, etwa 5,000-mal höher als heute. Das stetige Ausdünnen der Brennzone durch immer weniger werdenden Wasserstoff verringert natürlich die Leuchtkraft, und im HR-Diagramm beginnt sich der Entwicklungsweg nach unten zu kehren. Jetzt dauert es, entsprechend Schönberners und Blöckers Rechnungen, nur etwa 13,000 Jahre bis die Wasserstoffbrennzone weniger als 50 % der gesamten Leuchtkraft ausmacht, um kurz danach vollständig zu erlöschen: unsere Sonne ist damit ein Weißer-Zwerg geworden.

Ein schönes, in sich konsistentes Bild der Sternentstehung, richtig? Ja, richtig, aber, was ist mit dem *Magnetfeld* passiert? „Oops“.... Soweit sind die Astronomen und Physiker mit ihren Modellen noch nicht, obwohl es auch hier bereits erste Ansätze gibt. Das Faktum, daß Weiße-Zwerge über recht starke Magnetfelder verfügen – Werte im Bereich von bis zu 10^9 Gauß wurden gemessen –, wäre in guter Übereinstimmung mit der Annahme, daß der magnetische Fluß (Felddichte mal Fläche) während der Entwicklung von der Hauptreihe zum Weißen-Zwerg erhalten bleibt. Wie wir noch in Kapitel 6 sehen werden, muß an dieser Stelle aber zwischen dem sogenannten primordialen Feld und einem immer wieder neu generierten, auf einem Dynamo basierenden Feld unterschieden werden, denn unsere stellaren Aktivitäten basieren ausschließlich auf der dynamogenerierten Feldkomponente.

Wiederum ist die Sonnenphysik der Wegweiser zum Verständnis Aktiver Sterne und deren gigantischen Sternflecken. Eine Menge Arbeit liegt noch vor uns, doch viele Tag- und Nachtastronomen auf der ganzen Welt haben sich bereits dieser „solar-stellar connection“ angenommen und wir müßen wohl noch auf einige Überraschungen gefaßt sein.

In den folgenden Kapiteln wollen wir uns mit dem wohl wichtigsten Parameter für stellare Aktivität näher beschäftigen: der Rotation der Sterne.

Literaturverzeichnis

[1] Blöcker Th., 1995, „Stellar evolution of low- and intermediate-mass stars. I. Mass loss on the AGB and its consequences for stellar evolution", A&A 297, 727

[2] Chandrasekhar S., 1939, *An Introduction to the Study of Stellar Structure*, Dover, New York

[3] Demarque P., Guenther D. B., 1991, „Post-Main Sequence Solar Evolution", in *Solar Interior and Atmosphere*, A. N. Cox et al. (eds.), The University of Arizona Press, Tucson, s. 1186

[4] Eberhard G., Schwarzschild K., 1913, „On the reversal of the Calcium lines H and K in stellar spectra", ApJ 38, 292

[5] Gilliland R., Dupree A. K., 1996, „First image of the surface of a star with the Hubble Space Telescope", ApJ 463, L29

[6] Hartmann L. W., Kenyon S. J., 1985, „On the nature of FU Orionis objects", ApJ 299, 462

[7] Hoyle F., Schwarzschild M., 1955, „The evolution of type II stars", ApJS 2, 1

[8] Jeans J. H., 1929, „Astronomy and Cosmogony", Cambridge University Press, Cambridge

[9] Lane J. H., 1869, „On the theoretical temperature of the Sun under the hypothesis of a gaseous mass, maintaining its volume by its internal heat, and depending on the laws of gases as known to terrestrial experiments", American J. Sci. Arts, second series 50, s. 57

[10] Lestrade J.-F., 1996, „VLBI for probing large-scale magnetic structures of stars", in IAU Symp. 176, *Stellar Surface Structure*, K. G. Strassmeier and J. L. Linsky (eds.), Kluwer, Dordrecht, s. 173

[11] Lynds C. R., Worden S. P., Harvey J. W., 1976, „Digital image reconstruction applied to Alpha Orionis", ApJ 207, 174

[12] Maeder A., Meynet G., 1989, „Grids of evolutionary models from 0.85 to 120 $M_{\odot}$: observational tests and the mass limits", A&A 210, 155

[13] Perryman M. A. C., Lindegren L., Kovalevsky J., et al., 1995, „Parallaxes and the Hertzsprung-Russell diagram from the preliminary Hipparcos solution H30", A&A 304, 69

[14] Pinsonneault M., Kawaler S. D., Sofia S., Demarque P., 1989, „Evolutionary models of the rotating Sun", ApJ 338, 424

[15] Robinson R. D., 1980, „Magnetic field measurements on stellar sources: a new method", ApJ 239, 961

[16] Sahai R., Trauger J. T., Evans R. et al., 1995, „The nature of mass loss during post-AGB stellar evolution: HST/WFPC-2 imaging of the Egg Nebula (CRL2688) and the Engraved Hourglass (MyCn-18) Nebula", BAAS 27, 1344

[17] Scheiner Ch., 1630, *Rosa Ursina sive Sol*, gedr. von Andream Phaeum, Bracciani

[18] Schönberner D., 1979, „Asymptotic giant branch evolution with steady mass loss", A&A 79, 108

[19] Strassmeier K. G., Boyd L. J., Epand D. H., Granzer Th., 1997, „Wolfgang-Amadeus: the University of Vienna twin automatic photoelectric telescope", PASP 109, 697

[20] Strassmeier K. G., Hall D. S., Henry G. W., 1994, „Time-series photometric spot modeling. II. Fifteen years of photometry of the bright RS CVn binary HR 7275“, A&A 282, 535

[21] Struve O., 1930, „On the axial rotation of stars“, ApJ 72, 1

WEITERFÜHRENDE LITERATUR

Allgemeinverständliche Bücher und Artikel

- Michael Zeilik et al. geben in SKY & TELESCOPE **57**, s. 132 (1979) eine Beschreibung des Phänomens der RS-CVn-Sterne.
- Rudolph Kippenhahn beschreibt in HUNDERT MILLIARDEN SONNEN (Piper Verlag, München, 1981) die Wirkungsweise der Sterne ...
- ... und informiert gleich gründlich über den ganzen Kosmos in ABENTEUER WELTALL (Deutscher Taschenbuchverlag, München, 1991). und LICHT VOM RAND DER WELT. DAS UNIVERSUM UND SEIN ANFANG (Deutsche Verlags-Anstalt, Stuttgart, 1984).
- Eine leicht verständliche Einführung in die Astronomie ohne Mathematik bietet Kristen Rohlfs in DIE ORDNUNG DES UNIVERSUMS (Birkhäuser Verlag, Basel, 1992).
- In die gleiche Kerbe schlägt das Astronomie-Kompendium von J. Herrmann DTV-ATLAS ZUR ASTRONOMIE (Deutscher Taschenbuchverlag, München 1985)
- James B. Kaler unternimmt in STERNE UND IHRE SPEKTREN (Spektrum Akademischer Verlag, Heidelberg, 1994) einen Streifzug durch das Hertzsprung-Russell-Diagramm.

Spezialliteratur

- DER NEUE KOSMOS (Springer-Verlag, Berlin, 1988) von Albrecht Unsöld und Bodo Baschek ist das klassische, deutschsprachige Lehrbuch zur Einführung in die Astronomie und Astrophysik.
- Einen Grundkurs in ASTRONOMIE UND ASTROPHYSIK auf Hochschulniveau bieten auch Alfred Weigert und Heinrich Wendker (2. Auflage, VCH Verlagsgesellschaft, Weinheim, 1989).
- Hans-Heinrich Voigt's ABRISS DER ASTRONOMIE (Bibliographisches Institut, Mannheim, 1988) ist eine stichwortartige Zusammenstellung der Grundlagen aus allen Teilen der Astronomie mit vielen nützlichen Daten und Zahlenbeispielen.
- Die PHYSIK DER STERNE UND DER SONNE von H. Scheffler und H. Elsässer (Bibliographisches Institut, Mannheim, 1982) geht schon etwas mehr ins Detail.
- ASTROWISSEN von Hans-Ulrich Keller bietet Zahlen und Fakten aus allen Gebieten der Astronomie (Kosmos, Franckhsche Verlagshandlung, Stuttgart).
- Wer sich endlich Mal im Reich der vielen VERÄNDERLICHEN STERNE auskennen will, dem empfehle ich C. Hoffmeister, G. Richter und W. Wenzel's gleichnamiges Buch vom Springer-Verlag, Heidelberg (1984).
- ASTROPHYSICAL TECHNIQUES von Christopher R. Kitchin (Adam Hilger Verlag, Bristol, 1991) ist ein hilfsreiches Kompendium auf allen Gebieten astronomischer Technik.
- Chris Sterken und J. Manfroid beschreiben in ASTRONOMICAL PHOTOMETRY (Kluwer Academic Publishers, Dordrecht, 1992) wichtige Details zur lichtelektrischen Photometrie.
- Alles über professionelle, optische Teleskope findet sich in REFLECTING TELESCOPES von R. N. Wilson (Springer Verlag, Berlin, 1996).
- Und wenn jemand eine Frage aus der theoretischen Optik hat, dann gibts wohl nur die PRINCIPLES OF OPTICS von Max Born und Emil Wolf (Pergamon Press, Oxford, Auflage von 1975)!

Kapitel 3

„Alles Walzer" – die Rotation der Sterne

Bei Mozart kann man nichts beweisen.
Und wenn, dann nicht Sie.
Und wenn Sie, dann nicht mir.
Arnold Schönberg in einer Vorlesung

Sehr wahrscheinlich rotieren *alle* Sterne, egal welchen Spektraltyps, manche aber so langsam, daß wir es auch mit den genauesten Methoden nicht messen können und manche so schnell, daß sie durch die Fliehkräfte beinahe auseinanderbrechen. Das Vogt-Russell-Theorem besagt zwar, daß der Lebensweg eines Sternes nur von seiner Masse, seinem Alter und seiner chemischen Zusammensetzung abhängt, und durch diese drei fundamentalen Parameter eindeutig bestimmt ist. Doch die Aktivität der Sterne lehrt uns, wie so oft, eines besseren: im weitaus größten Lebensabschnitt eines Sternes ist dessen Phänomenologie viel mehr von der Kombination von Rotation und der Existenz einer Konvektionszone mit dem dabei generierten Magnetfeld bestimmt. Bestätigt durch neueste helioseismologische Messungen, scheint die Rotation des Sonnen*inneren* wahrscheinlich doch weniger wichtig für deren Aufbau zu sein, als noch vor kurzem angenommen. Aber, hier ist natürlich noch lange nicht das letzte Wort gesprochen. Im folgenden wollen wir den Parameter Rotation etwas genauer unter die Lupe nehmen.

3.1 Einleitung

Daß Sterne rotieren wurde wahrscheinlich schon sehr früh vermutet, publiziert wurde diese Vermutung aber erst 35 Jahre nachdem der Doppler-Effekt entdeckt worden war: Captain W. de W. Abney hatte 1877 – in einer kurzen Mitteilung an die Royal Astronomical Society – spekuliert, daß Sternrotation die Spektrallinien gemäß dem Doppler Effekt verbreitern müsse, da ja eine Seite des Sternes auf uns zu rotieren und die andere Seite von uns wegrotieren würde (Abney 1877). Später, etwa um 1909, hat dann Frank Schlesinger vom Allegheny Observatorium in Pittsburgh eine Anomalie in der Radialgeschwindigkeitskurve des Algol-Systems δ Librae beobachtet (Schlesinger 1909) und ebenso über Rotation als mögliche Ursache spekuliert.

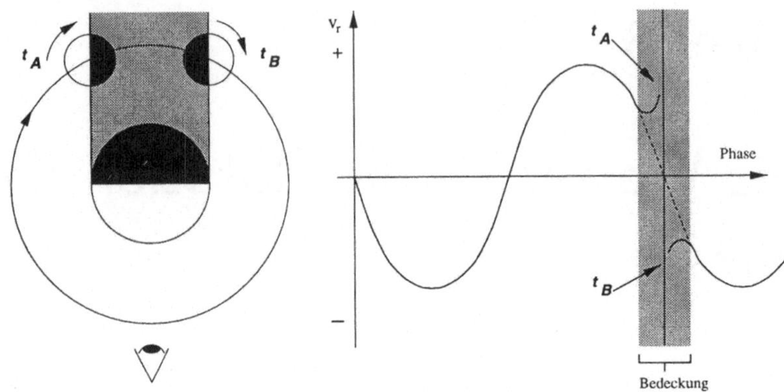

Abbildung 3.1: Sternrotation als Erklärung von Anomalien der Radialgeschwindigkeitskurve eines bedeckungsveränderlichen Doppelsternsystems. In der linken Zeichnung ist die Blickrichtung von unten und man sieht – zu einem bestimmten Zeitpunkt – den zweiten, kleineren Stern zur Hälfte bedeckt. Wenn diese Komponente schnell rotiert kommt es zu der rechts dargestellten, sprungartigen Veränderung der Radialgeschwindigkeit, da entweder nur die Seite die sich von uns wegbewegt oder auf uns zubewegt zum Gesamtlicht beitragen kann.

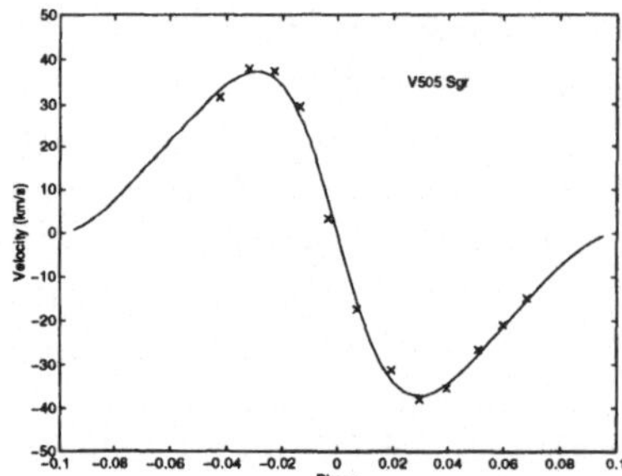

Abbildung 3.2: Anomalie in der Radialgeschwindigkeitskurve des Algol-Systems V505 Sgr. Nur der Ausschnitt um die Bedeckung ist gezeigt. (Mit frdl. Gen. von T. F. Worek 1996).

Wie so oft in der Astronomie wurde der definitive Nachweis nur so nebenbei entdeckt. Eine detaillierte Suche nach Hinweisen hat es nicht gegeben. Es war im Jahre 1924, als die beiden amerikanischen Astronomen R. A. Rossiter und D. B. McLaughlin – voneinander unabhängig (siehe ApJ 60, Seite 15 und 22) – Radialgeschwindigkeiten aus den Spektren von bedeckungsveränderlichen Doppelsternen bestimmten. Dabei zeigte sich, daß alle Meßwerte kurz vor Eintritt der totalen Bedeckung und kurz nach derem Ende, also um den Zeitpunkt der hinteren Konjunktion wenn der schwächere Stern hinter dem Helleren steht, systematisch verschoben waren, und zwar zu größeren Werten als erwartet vor der totalen Bedeckung und zu kleineren Werten danach. Die Erklärung ist recht einfach. Wird nämlich gerade nur eine Hälfte des Sekundärsterns vom Primärstern bedeckt, dann sieht man nur jenes Licht vom Sekundärstern, das nur rotverschoben (bei Eintritt der Bedeckung) oder nur blauverschoben (beim Austritt aus der Bedeckung) ist, und das Gesamtlicht – also Primärkomponente und Sekundärkomponente zusammen – erfährt zu diesem Zeitpunkt eine leichte Rot- bzw. Blauverschiebung (siehe Abb. 3.1 und 3.2).

3.2 Rotation im Hertzsprung-Russell-Diagramm

Der am besten untersuchteste Stern ist natürlich unsere Sonne. An ihr können wir andere, auch mit den größten Teleskopen nicht auflösbare Sterne, vergleichen. Die Rotationsgeschwindigkeit der Sonne beträgt am Äquator 1.9 $\mathrm{km\,s^{-1}}$, ein im Vergleich mit anderen Sternen recht bescheidener Wert, und wurde prinzipiell schon von Galileo Galilei um 1600 entdeckt, als er Sonnenflecken über die Scheibe der Sonne hinwegziehen sah. Wie wir später noch sehen werden, birgt die Rotation der Sonne aber noch einige Überraschungen in sich.

Die Bedeutung des Hertzsprung-Russell-Diagrammes kann nicht oft genug betont werden. Die übernächste Abbildung (Abb.. 3.4) zeigt u.a. nochmals ein schematisches HR-Diagramm und definiert jene distinktiven Regionen – die unterschiedlichen Leuchtkraftklassen – von denen in diesem und im nachfolgenden Kapitel noch oft die Rede sein wird. Aus Platzgründen ist es in diesem Buch aber nicht möglich auf alle Details des HR-Diagramms einzugehen und ich verweise auf Abschnitt 2.6 des vorigen Kapitels für eine kurze Übersicht. Astronomisch noch nicht so bewanderten Lesern empfehle ich nochmals das kompetente und leicht verständliche Buch von James B. Kaler (1994), das viele Details des HR-Diagramms behandelt.

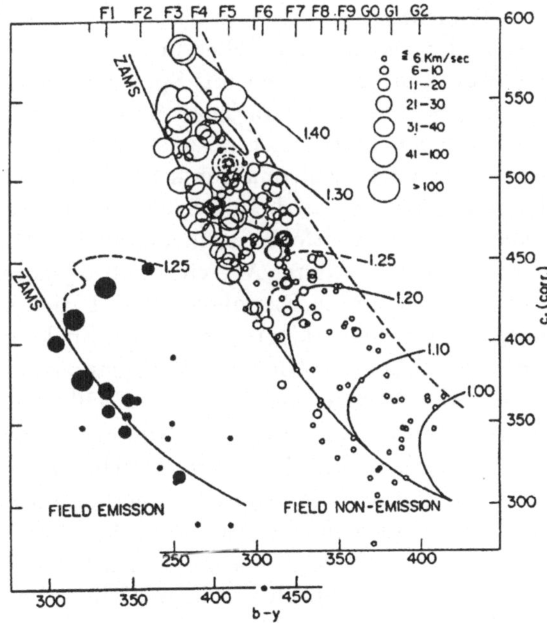

Abbildung 3.3: Sternrotation im Hertzsprung Russell-Diagramm für Feldsterne mit (linke Hälfte, volle Kreise) und ohne Ca II-H- und K-Emission (rechte Hälfte, offene Kreise). c_1 auf der y-Achse stellt ein Maß für die Gravitationsbeschleunigung im Strömgren-System dar ($c_1 = (u - v) - (v - b)$, siehe Kapitel 8.3.3). Die Symbolgröße steht für den Betrag der Rotation gemäß dem Insert. Dieses Diagramm von Robert P. Kraft war einer der ersten Hinweise auf eine Verbindung zwischen Rotation und Aktivität bei sonnenähnlichen Sternen. Die eingezeichneten theoretischen Entwicklungswege sind in Sonnenmassen gekennzeichnet. (Nach Kraft 1967).

Doch sehen wir zuerst einmal, ob es z.B. zwischen kleinen und großen Sternen Unterschiede in derem Rotationsverhalten gibt, oder anders herum gefragt, rotieren alle Sterne einer bestimmten Masse gleich schnell? Für die Beantwortung dieser Frage reicht es, wenn wir Sterne mit *ungefähr* der gleichen Oberflächentemperatur und *ungefähr* der gleichen Masse vergleichen. Also wenn wir jene zwei charakteristischen Gruppierungen im Hertzsprung-Russell-Diagramm betrachten, die einerseits die noch nicht entwickelten Sterne repräsentiert (eben Sterne auf der Hauptreihe) und andererseits die entwickelten Sterne beinhaltet (die Riesensterne). Die Betonung auf „ungefähr" kommt davon, daß man die Massen und Temperatur von entwickelten Sternen soundso nicht so genau kennt, wie man gerne möchte. Die Abb. 3.3 deutet schon an, daß Sterne in bestimmten Gebieten im HR-Diagramm schneller bzw. langsamer rotieren als in anderen.

3.2.1 Hauptreihen-Sterne

Betrachten wir vorerst nur Hauptreihen-Sterne, also Sterne, die noch in ihrem Kern Wasserstoff zu Helium verbrennen, daher alle mehr oder minder den gleichen inneren Aufbau besitzen und die Spektralsequenz O-B-A-F-G-K-M mit Oberflächentemperaturen von 50,000 K bis 3,000 K, in etwa einer Sequenz zunehmender Lebenserwartung – und daher beobachtbarem Sternalter – entspricht. Das heißt aber nicht, daß sich O-Sterne in M-Sterne entwickeln, sondern nur daß O-Sterne wesentlich jünger sind als M-Sterne – sie entwickeln sich, wegen ihrer relativ hohen Masse, eben viel schneller als massearme M-Sterne.

Nun zeigte die systematische Beobachtung vieler solcher Hauptreihen-Sterne, daß heiße Typen (Spektraltyp O bis F) wesentlich schneller rotieren als Kühle vom Spektraltyp G bis M (siehe Abb. 3.4). Auch die Beobachtung von Sternen in jungen und alten Sternhaufen bestätigt diese Tendenz.

Die Beziehung zwischen Rotation und Spektraltyp ist aber nicht linear, sondern zeigt eine scharfe Abnahme der Rotation bei Sternen mit Spektraltypen ab ungefähr F3–F6. Dieser Spektraltyp entspricht recht genau jener Temperatur, bei der sich eine Konvektionszone in den äußeren Sternschichten ausbildet; also wo der Energietransport von innen nach außen nicht mehr rein durch Strahlung, sondern durch Konvektion erfolgt. Mit anderen Worten, ab diesem Spektraltyp – zirka F3-F6 bei Hauptreihen-Sternen –, kann man Magnetfelder sonnenähnlicher Morphologie mit der ganzen, dazugehörenden Palette stellarer Aktivitäten beobachten. Ab diesem Spektraltyp sieht man auch die berühmten Fraunhoferschen Linien des einfach ionisierten Kalzium im blauen Bereich des elektromagnetischen Spektrum bei 395 nm (siehe Kapitel 9), sowie erste Anzeichen von Ultraviolett-Emissionslinien der oberen Chromosphäre. Über diese Beobachtungen wurde in der Fachliteratur ausgiebig publiziert und die beiden Bücher des kanadischen Astronomen David Gray sind hiezu als Leitfaden sehr zu empfehlen (siehe Literaturverzeichnis).

Die Angabe der Leuchtkraftklasse eines Sternes ist eine grobe Näherung für das Entwicklungsstadium in dem sich der Stern gerade befindet. Nach dem Hauptreihen-Leben entwickelt sich ein Stern zuerst zu einem Unterriesen der Leuchtkraftklasse IV, dann zu einem Riesen der Klasse III, und danach zu einem Hellen-Riesen (Klasse II), und schließlich zu einem Überriesen der Leuchtkraftklasse I, sofern sei-

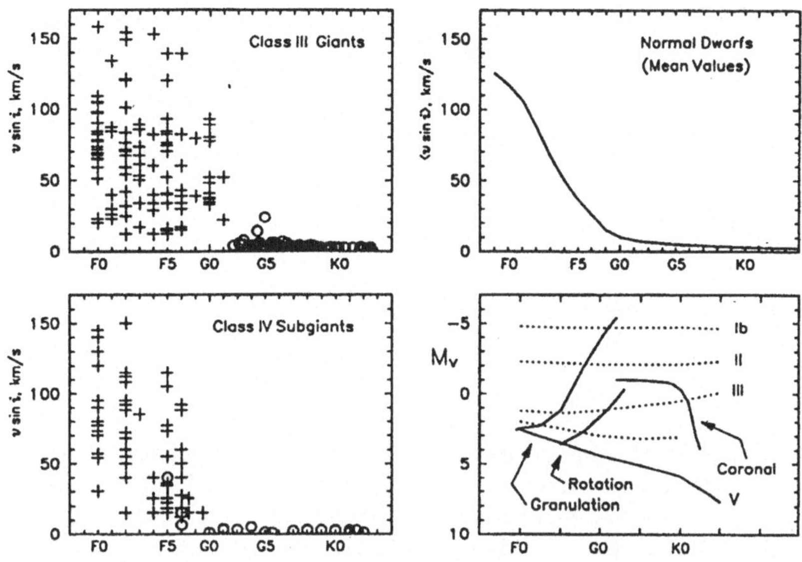

Abbildung 3.4: Rotationsgeschwindigkeit von normalen Einzelsternen als Funktion des Spektraltyps und aufgeteilt in die drei Leuchtkraftklassen III (Riesen), IV (Unterriesen) und V (Hauptreihensterne). Deutlich sieht man eine relativ abrupte Abnahme der Rotation ab den frühen G-Sternen. Für Hauptreihen-Sterne ist nur mehr der schematische Verlauf eingezeichnet, da es dafür sehr viele Einzelmessungen gibt. Das rechte untere Bild ist ein schematisches HR-Diagramm, das einerseits die Positionen der Leuchtkraftklassen zeigt (punktierte Linien) und andererseits drei markante Grenzen identifiziert: die Granulationslinie, nur Sterne rechts davon zeigen Hinweise auf Granulation; die Rotationslinie, sie ist die Trennlinie zwischen schnellen Rotatoren (links davon) und den bereits abgebremsten (rechts davon); und die Koronalinie oberhalb derer in der Regel keine Röntgenemission beobachtet wird. (Mit frdl. Gen. nach Gray 1991).

ne Masse dazu ausreicht. Heiße Sterne der Leuchtkraftklasse I sind relativ selten, weil sehr massereich und daher kurzlebig. Kühlere gibt es schon mehr; das meistzitierte Beispiel eines kühlen Überriesen ist wohl α Orionis (Beteigeuze) mit einem Radius von etwa 800 bis 1,000 Sonnenradien und dem Spektraltyp M2. Die Oberflächentemperatur eines M-Sternes beträgt nur rund 3,000 K und die Leuchtkraft ist zwar proportional zur vierten Potenz der Temperatur, die ist aber sehr klein, aber auch zum Quadrat des Radius und der ist, wie man am Beispiel α Orionis sieht, sehr groß. Daher erscheinen uns die riesigen M-Sterne ebenso hell, auch wenn sie relativ kühl sind.

3.2.2 Unterriesen und Riesen

Ist der Wasserstoff im Kern eines Sternes verbraucht, beginnt der Kern zu kontrahieren und sich aufzuheizen. Damit der Stern aber im hydrostatischen Gleichgewicht bleibt – also weder in sich zusammenzufallen noch zu explodieren –, muß sich die Stern*hülle* ausdehnen. Der Stern verläßt damit die Hauptreihe und man spricht von einem entwickelten Stern. Je nach ihrem Alter haben also „entwickelte“ Sterne

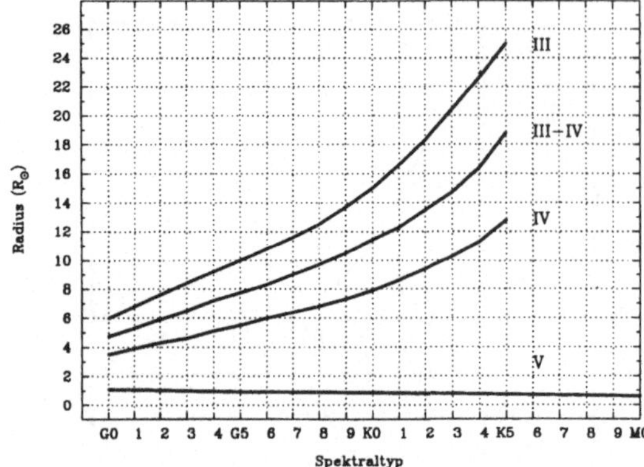

Abbildung 3.5: Absolute Radien in Einheiten des Sonnenradius (6.96×10^6 km): ein Größenvergleich für G- und K-Sterne der Leuchtkraftklassen V bis III. Daten nach Schmidt-Kaler (1982) aus Landolt-Börnstein.

einen unterschiedlichen inneren Aufbau, und ihre Oberflächenparameter sind somit nicht mehr so einfach miteinander zu vergleichen als es bei Hauptreihen-Sternen der Fall ist. Übrigens hat man lange die Leuchtkraft dieser Sterne unterschätzt. So haben erste Daten der *HIPPARCOS* Mission gezeigt, daß es eigentlich keinen einzigen Riesenstern innerhalb von 25 pc von der Sonne gibt.

Wie ist nun das Rotationsverhalten von entwickelten Sternen? Kann man daraus etwa Anhaltspunkte über deren inneren Aufbau erhalten? Der amerikanische Astronom Robert P. Kraft hat hiezu zwei Möglichkeiten untersucht (Kraft 1965), die mit der Drehimpulsverteilung im Sterninneren zusammenhängen: erstens, *Drehimpulskonservierung* in der Sternhülle, etwa der Konvektionszone, und zweitens, gleichmäßige Verteilung des Drehimpulses über das ganze Sterninnere, also *starre Rotation*. Riesensterne haben dichte, massereiche Kerne und ausgedehnte, aber dafür masseärmere Hüllen im Vergleich zu Hauptreihen-Sternen. Ihr Massenträgheits moment, I, sollte daher also kleiner sein. Für den stellaren Drehimpuls, L, also Massenträgheitsmoment mal Winkelgeschwindigkeit ω, können wir folgenden Zusammenhang schreiben:

$$L = I\omega = k^2 RMv, \tag{3.1}$$

wobei R den Sternradius, M die Sternmasse, v die Rotationsgeschwindigkeit bedeuten und k eine Konstante ist, die der sphärischen Gestalt der Sterne Rechnung trägt. Für den Fall der Drehimpulskonservierung des Sternes muß

$$(I\omega)_{\mathrm{Entwickelt}} = (I\dot{\omega})_{\mathrm{Hauptreihe}}, \tag{3.2}$$

sein, also gemäß Glchg. (3.1)

$$k^2 RMv_{\mathrm{Hülle}} = k_0^2 R_0 M v_0, \tag{3.3}$$

wobei der Index 0 die entsprechenden Werte eines Sternes bezeichnet, der in seiner Entwicklung gerade auf der Null-Alter-Hauptreihe angekommen ist. Es gibt jetzt zwei – zugegebenermassen die Realität sehr vereinfachende – Möglichkeiten, wie sich der Gesamtdrehimpuls innerhalb des Sternes im Laufe seiner Entwicklung umverteilen könnte. Erstens, der Drehimpuls verbleibt in mehr oder minder einzelnen „Schalen“ bestimmten Radius; ein Drehimpulsaustausch könnte dann nur innerhalb einer Schale stattfinden, nicht aber in radialer Richtung, also normal auf die Schalenober- bzw. -unterfläche. Entsprechend ist k für jede Schale konstant und gleich dem k am Beginn der Entwicklung ($= k_0$). Gleichung (3.3) lautet dann etwas umgeformt:

$$v_{\text{Hülle}} = v_0 \frac{R_0}{R}, \tag{3.4}$$

und die Hüllengeschwindigkeit hängt nur vom Verhältnis der Radien ab. Zweitens, der Gesamtdrehimpuls könnte sich auf den ganzen Stern verteilen, nicht nur innerhalb einer bestimmten Schale. Dies würde zur Folge haben, daß der Stern starr rotiert, etwa wie eine Billardkugel.

$$v_{\text{starr}} = v_0 \left(\frac{k_0}{k(t)}\right)^2 \frac{R_0}{R}. \tag{3.5}$$

In diesem Fall würde k nicht mehr konstant, sondern eine Funktion des Sternalters t sein. Nun wissen wir, daß Riesensterne dichtere Kerne und ausgedehntere Hüllen haben als Hauptreihen-Sterne und daher wäre $k < k_0$: nach Glchg. (3.4) und Glchg. (3.5) sollte dementsprechend $v_{\text{starr}} > v_{\text{Hülle}}$ sein! Nimmt man jetzt „theoretische" Sternradien aus Entwicklungsrechnungen als Funktion der Masse und des Sternalters her, sowie relativ gut bekannte Radien von Hauptreihen-Sternen, und vergleicht die mit diesen Werten berechneten Rotationsgeschwindigkeiten v_{starr} und $v_{\text{Hülle}}$ mit beobachteten Geschwindigkeiten von Sternen in offenen Sternhaufen, also wo das Alter der Sterne relativ gut bekannt ist, so zeigt sich, daß die meisten untersuchten späten Sterne sogar viel langsamer rotieren als der ohnehin schon kleinere Wert $v_{\text{Hülle}}$. Die Schlußfolgerung liegt auf der Hand: irgendwie müssen Sterne Drehimpuls verlieren sobald sie sich von der Null-Alter-Hauptreihe wegentwickeln. Dazu mehr im Abschnitt 3.3.

Tatsächlich beobachtet man bei Unterriesen und Riesen der Leuchtkraftklassen IV und III denselben qualitativen Verlauf von Rotation mit dem Spektraltyp wie bei Hauptreihen-Sternen – trotz größtenteils recht unterschiedlichem inneren Aufbau. Auch die starke Nichtlinearität ist vorhanden, nur tritt sie bei Unterriesen etwa bei Spektraltypen F6–G0 ein, und bei Riesen etwa bei G3 (siehe Abb. 3.4).

3.2.3 Helle-Riesen und Überriesen

Das Rotationsverhalten von Hellen-Riesen und Überriesen ist noch ziemlich unerforscht, aber wahrscheinlich sind die Rotationsgeschwindigkeiten trotz größerem Radius kleiner als bei normalen Riesen. Diese Sterne scheinen unterhalb eines kritischen Wertes zu rotieren, bei dem der ursprüngliche stellare Dynamo nicht mehr aufrecht erhalten werden kann. Die mittlere, beobachtete Rotationsgeschwindigkeit $v \sin i$ – wobei i den Neigungswinkel der Rotationsachse gegen die Sichtlinie bedeutet –, beträgt bei G–K Überriesen rund 5–8 $\mathrm{km\,s^{-1}}$; ein Wert, den man auch aus Berechnungen zur entwicklungsbedingten Drehmomentveränderung durch die Radiuszunahme erhält. Auch Population II Sterne[1], also massereiche Sterne, die einen gewissen Entwicklungszustand im Hertzsprung Russell-Diagramm bereits ein

[1] Im Englischen die sogenannten *horizontal-branch stars*.

zweites Mal durchlaufen, haben meßbare Rotation, sie müssen also Drehimpuls während ihrer Entwicklung bis hin in dieses Stadium irgendwie konserviert haben. R. C. Peterson (1985) schlug vor, daß der Kern eines Population-II-Sternes schneller rotiert als seine Hülle, und erst wenn die Hülle abgestoßen wurde, kann der Drehimpuls an die dann sichtbare Oberfläche gelangen.

3.2.4 Weiße Zwerge

Weiße Zwerge sind praktisch das Endstadium der Entwicklung eines normalen sonnenähnlichen Sternes. Obwohl deren Radien sehr klein sind, nur etwa ein Hundertstel des Sonnenradius, sind die beobachteten Rotationsgeschwindigkeiten ebenfalls klein. Ein typischer Wert ist 20 $\mathrm{km\,s^{-1}}$ (es ist kein Weißer Zwerg mit $v \sin i >$ 60 $\mathrm{km\,s^{-1}}$ bekannt). Mit anderen Worten, entweder wurde der signifikantere Teil des Drehimpulses mit der Sternhülle mit abgestoßen, dann kann der Petersonsche Vorschlag (siehe voriger Abschnitt) nicht aufrecht erhalten werden, oder es kam zu einer weiteren Abbremsung mit noch ungeklärter Ursache. Sicher ist, daß das hiezu benötigte Datenmaterial noch unzureichend ist, und die Erklärung der relativ langsamen Rotation am Ende der Sternentwicklung noch etwas auf sich warten läßt.

3.3 Sterne, die sich selbst bremsen

Im einleitenden Abschnitt 3.2 haben wir gesehen, daß G–K-Sterne wesentlich langsamer rotieren als heiße A–F-Sterne; im Mittel wenigstens um einen Faktor 10. Was bremst also all die G–K-Sterne? Wie so oft in der Stellarastronomie, liefert wiederum die Sonne die Antwort.

Der Mechanismus ist schnell verstanden, wenn wir uns die radial nach außen laufenden magnetischen Feldlinien der rotierenden Sonne genauso vorstellen wie die ausgestreckten Arme eines pirouettendrehenden Eiskunstläufers. Werden die Arme weggestreckt wird Drehimpuls vom Körper abgeführt und der Eiskunstläufer beendet seine Drehung. Strömen Masseteilchen entlang der Magnetfeldlinien von der Sonne weg, nehmen sie Drehimpuls von der Oberfläche mit, und bremsen somit die Rotation der Sonne. Im Teilchenstrom der Sonne sind dafür vorwiegend hochenergetische Protonen verantwortlich, die mit typischen Geschwindigkeiten von rund 400 $\mathrm{km\,s^{-1}}$ die Erdbahn kreuzen; dieser Protonen-(und Elektronen)-strom ist übrigens bestens bekannt unter dem Namen *Sonnenwind.*

Es ist also schon recht eigenartig, daß sich die schnelle Rotation eines Sternes – die ein stellares Magnetfeld erst ermöglichte –, durch diesen Effekt am Ende wieder selbst vernichtet.

3.3.1 Das Prinzip der magnetischen Bremse

Wie die Abb. 3.6 zeigt, sind die Magnetfeldlinien ab einem bestimmten Radius von der Sonnenoberfläche nicht mehr dicht genug, um die geladenen Teilchen weiterhin an die Magnetfeldrichtung zu binden und somit Drehimpuls abzuführen. Ganz

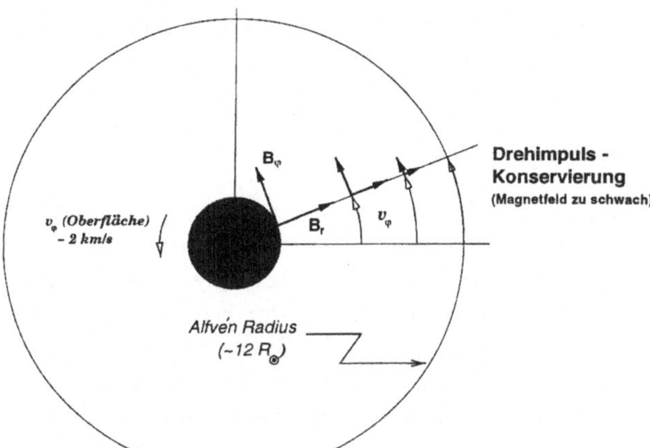

Abbildung 3.6: Zum Prinzip der magnetischen Bremsung durch den Sonnenwind. Dargestellt ist die Ebene der Ekliptik mit der Sonne im Mittelpunkt. B_φ und B_r sind die azimuthale und radiale Komponente des solaren Magnetfeldes und v_φ die Bahngeschwindigkeit (im starren Fall: $v_\varphi = r\omega$). Der Kreis markiert den Alfvénradius außerhalb dessen Drehimpulskonservierung herrscht.

ähnlich der beschränkten Länge der Hände des piruettendrehenden Eiskunstläufers. Bei dieser charakteristischen Entfernung von der Sonne wird nämlich die kinetische Energie des Teilchenwindes gleich groß bzw. größer als die Energiedichte des Magnetfeldes. Diesen Abstand von der Sonnen- bzw. Sternoberfläche nennt man den *Alfvén Radius*, sein numerischer Wert für unsere Sonne beträgt etwa 12 Sonnenradien (Pizzo et al. 1983), das ist nur etwa 1/20 AE.

Ein relativ dichtes Magnetfeld bedeutet, daß sich geladene Teilchen – auch wenn es sich um energiereiche Protonen handelt –, bevorzugt nur entlang der Magnetfeldlinien bewegen können, nicht aber normal dazu. Erst wenn die Energiedichte des Magnetfeldes in größerem Abstand von der Sonne kleiner wird, können sich die Teilchen auch normal zur Magnetfeldrichtung frei bewegen. Bis zum Alfvén-Radius werden sie aber gezwungen, starr mit der Sonne mitzurotieren; die Sonne selbst muß dabei Drehimpuls abgeben und wird abgebremst. Hätten wir kein, oder ein nur ganz schwaches Magnetfeld, müßte Drehimpulserhaltung gelten und ein Teilchen im Abstand $a = 1$ AE (Astronomische Einheit = 149 Millionen km) hätte eine Geschwindigkeit in der Äquatorebene der Sonne von

$$v_{\mathrm{a=1\,AE}} = v_\odot \frac{R_\odot}{a} \approx 10\,\mathrm{m\,s^{-1}}, \tag{3.6}$$

wobei $v_\odot$ die Rotationsgeschwindigkeit am solaren Äquator ist (rund 2 $\mathrm{km\,s^{-1}}$), und $R_\odot$ den Sonnenradius ($\approx$ 700,000 km) bedeutet. Die *HELIOS*-Sonden haben aber im Abstand von 1 AE von der Sonne eine äquatoriale Teilchengeschwindigkeit von 1 bis 10 $\mathrm{km\,s^{-1}}$ gemessen, also hundert bis tausendmal höher als für den erwarteten Fall mit Drehimpulserhaltung. Dieser Wert stimmt recht gut mit jenem theoretischen Wert überein, den man unter der Annahme eines isotropen Sonnenwindes erhält.

In jüngster Vergangenheit hat sich aber gezeigt, daß der Sonnenwind gar nicht so isotrop ist, wie ursprünglich angenommen, sondern an den Magnetfeldpolen eine wesentlich höhere (radiale) Ausflußgeschwindigkeit erreicht ($\approx$ 600–1,000 $\mathrm{km\,s^{-1}}$) als am magnetischen Äquator (etwa 400 $\mathrm{km\,s^{-1}}$). Doch dürfte diese Anisotropie das qualitative Ergebnis der magnetischen Bremsung nicht beeinflussen, da an den Rotationspolen kaum Drehimpuls mitgenommen werden kann.

3.3.2 Drehimpuls ohne magnetische Bremse

Die Sonne ist einfach ein zu massearmer Stern, als daß jemals ein anderer Mechanismus als Konvektion den Energietransport in ihrer Hülle bestimmen konnte. Konvektion und Rotation gepaart aber, sind, wie wir nun schon wissen, die Vorbedingungen für einen effektiven Dynamoprozeß und somit der Existenz des solaren Magnetfeldes. Es scheint also, daß sich die magnetische Bremsung der Sonne bereits eingeschaltet hatte, nachdem die Kontraktion aus der interstellaren Wolke – aus der sich unser Zentralgestirn gebildet hatte –, abgeschlossen war. Also noch lange bevor die Sonne auf der Hauptreihe ankam. Die großen Lücken in unserem Wissen um die physikalischen Vorgänge zu dieser Zeit – besonders die der turbulenten Konvektion und Viskosität der Sternmaterie –, sind die Gründe, warum sich die zeitliche Entwicklung der Sonne und der Sterne so schwer berechnen läßt.

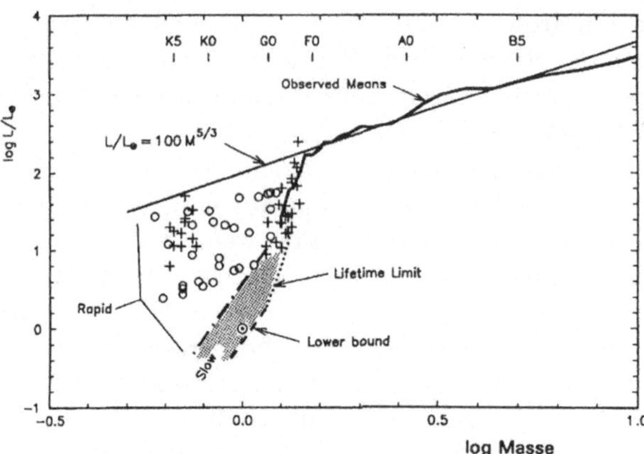

Abbildung 3.7: Drehimpulsverteilung für Sterne der Hauptreihe. (Nach D. F. Gray 1992, *The observation and analysis of stellar photospheres*, Cambridge University Press).

Die Abb. 3.7 konfrontiert uns aber mit einer weiteren Beobachtungstatsache, die einer Erklärung bedarf: alle B-, A- und sehr frühen F-Sterne liegen im Drehimpuls-Masse-Diagramm (dem $L - M$ Diagramm) auf einer Linie mit der Steigung $M^{\frac{5}{3}}$, während alle G- und K-Sterne sowie die meisten F-Sterne überhaupt keiner Beziehung gehorchen und im $L - M$-Diagramm recht verstreut vorkommen. Diese Beobachtung gilt grundsätzlich nur für Hauptreihen-Sterne, da deren Radius während der Zeit auf der Hauptreihe nur minimal schwankt. Wandern Sterne von der Hauptreihe weg, vergrößern sich deren Radien und sie verlieren evolutionsbedingt Drehimpuls. Es ist auch leicht einsichtig, daß Sterne mit unterschiedlichen Magnetfeldstärken auch unterschiedlich starker magnetischer Abbremsung unterworfen sind. Daher erklärt sich schon einmal die Streuung der Beobachtung im linken unteren Bereich des $L - M$-Diagrammes in Abb. 3.7.

Wie schaut es aber mit der $M^{\frac{5}{3}}$-Beziehung der massereicheren B-, A- und F-Sternen für den Bereich von zirka 1.5 bis 2 Sonnenmassen aus? Wir gehen auch hier davon aus, daß sich die interstellare Wolke, aus der sich der 1.5–2 Sonnenmassen-Stern entwickeln soll, im Gleichgewicht befindet noch bevor sich die Wolke zusammenzieht und die Rotation daher zunimmt[2]. Damit die Wolke an jedem Punkt im Abstand r vom Zentrum der Wolke stabil bleibt (sprich, damit sie überhaupt für längere Zeit existieren kann), muß die Gravitationskraft der Zentripedalkraft die Waage halten. Es muß also

$$\frac{GM}{r^2} = \frac{v^2}{r} \tag{3.7}$$

sein, wobei M die Masse der Wolke ist (die später auch der Sternmasse entspricht, da ja Masse eine Erhaltungsgröße ist), v die radiale Geschwindigkeitskomponente der Rotation der Wolke im Abstand r bedeutet, und G die Gravitationskonstante ist. Ein kleiner (schul)mathematischer Trick in dieser Gleichung veranschaulicht den Zusammenhang mit der Winkelgeschwindigkeit ω. Wir dividieren beide Seiten der Gleichung durch den Abstand r, und haben dadurch rechts das Quadrat der Winkelgeschwindigkeit stehen, da ja bekanntlich $v = r\omega$ ist:

$$\frac{GM}{r^3} = \frac{v^2}{r^2} = \omega^2. \tag{3.8}$$

Jetzt ist aber Masse durch Volumen (M/r^3) gleich der mittleren Dichte ρ der Wolke, und obige Gleichung kann auch als

$$\omega^2 = G\rho \quad \text{bzw.} \quad \omega = \left(\frac{GM}{r^3}\right)^{\frac{1}{2}} \tag{3.9}$$

geschrieben werden.

Drehimpuls ist wie Masse und Energie eine Erhaltungsgröße, kann also nicht verlorengehen (wohl aber abgeführt oder umgewandelt werden!). Den Drehimpuls, den die interstellare Wolke besitzt, wird später auch der daraus entstandene Stern besitzen. Die Rotation eines Sternes ohne Magnetfeld sagt uns also genau, welchen Drehimpuls die interstellare Wolke hatte; vorausgesetzt wir kennen die Masse des Sternes, und es gab nur den einen Stern der aus dieser Wolke entstand. Den Drehimpuls, L, eines sphärisch symmetrischen Sternes haben wir bereits in Gleichung (3.1) in Abschnitt 3.2 kennengelernt, es galt $L = k^2R^2M\omega$. Nehmen wir jetzt den Radius der Wolke mit R an (ein kleines r bedeutete einen beliebigen Radius innerhalb der Wolke; sozusagen vom Zentrum aus wo $r = 0$ ist, bis zum Rand wo $r = R$ ist), und setzen wir für R die etwas umgeformte Gleichung (3.9) ein, so ergibt sich

$$\begin{aligned} L &= k^2R^2M\omega = k^2\left(\frac{GM}{\omega^2}\right)^{\frac{2}{3}} M\omega \\ &= k^2G^{\frac{2}{3}}M^{\frac{5}{3}}\omega^{-\frac{1}{3}}. \end{aligned} \tag{3.10}$$

[2]Eine beliebig kleine, aber bereits vorhandene Anfangsverteilung der Geschwindigkeit innerhalb der Wolke muß angenommen werden. Deren Ursprung kann wiederum auf nahe Vorübergänge von Teilchen innerhalb der Wolke zurückgeführt werden.

Gleichung (3.9) hat uns aber auch gezeigt, daß $\omega = \sqrt{G\rho} = (G\rho)^{\frac{1}{2}} = G^{\frac{3}{6}}\rho^{\frac{3}{6}}$ ist, und oben eingesetzt, können wir endlich sehen, welchem Rotationsgesetz Sterne ohne Magnetfeld folgen:

$$L = k^2 G^{\frac{1}{2}} M^{\frac{5}{3}} \rho^{-\frac{1}{6}}. \tag{3.11}$$

Ah! Da ist er endlich, der $M^{\frac{5}{3}}$-Massenfaktor[3].

Die Abhängigkeit des Drehimpulses von der Masse geht also beinahe mit dessen Quadrat (Faktor 5/3) ein, hingegen gibt es nur eine schwache, indirekt proportionale Abhängigkeit von der Dichte (Faktor 1/6). Dies ist recht genau jene Beziehung, die auch beobachtet wird (Abb. 3.7)! Mit anderen Worten, B-, A- und frühe F-Hauptreihen-Sterne besitzen immer noch den gleichen Drehimpuls wie ihre Geburtsstätte und haben somit noch keinen Drehimpuls durch magnetische Bremsung verloren, wie etwa unsere Sonne.

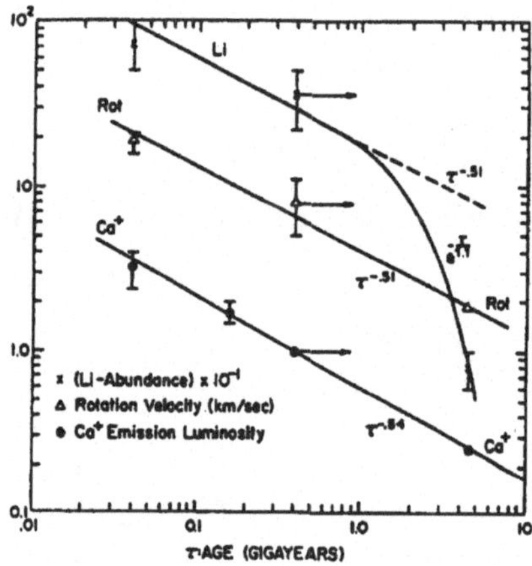

Abbildung 3.8: Die Entdeckung der Altersabhängigkeit der Kalziumemission (Ca^+) und Rotation bei kühlen Zwergsternen. Benannt nach dem Entdecker Andrew Skumanich, das Skumanich-Gesetz. Wie man sieht, ist der Verlauf der Lithium-Häufigkeit etwas komplexer und weicht bei alten Sternen signifikant von der $t^{-\frac{1}{2}}$-Relation ab. Wir kommen auf dieses Problem in Kapitel 9 noch ausführlich zu sprechen. (Nach A. Skumanich 1972).

3.4 Je älter, desto langsamer

3.4.1 Das Skumanich-Gesetz

Entsprechend den Erkenntnissen des vorigen Kapitels können wir erwarten, daß relativ alte Sterne – wie etwa unsere Sonne – langsame Rotatoren sein werden, und entsprechend junge Sterne noch schnell rotieren. Der irisch-amerikanische Astronom Andrew Skumanich hat diese Beziehung mit Hilfe detaillierter Beobachtungen erstmals 1972 quantifiziert und eine einfache Abhängigkeit der Rotationsgeschwindigkeit v vom Alter t eines Sternes gefunden (Skumanich 1972):

$$v_{\rm rot}(t) = {\rm const.}\ t^{-\frac{1}{2}}. \tag{3.12}$$

[3]Steven D. Kawaler (1987) findet für den Massenfaktor einen Wert von 2.09±0.05 anstelle von 5/3, der aus neueren Daten stammt. Uns geht es hier aber mehr um das Prinzip.

Diese Relation gilt in Form der Glchg. (3.12) aber nur für Feldsterne der Leuchtkraftklasse V, also für normale Hauptreihensterne gleicher chemischer Zusammensetzung und ähnlichem inneren Aufbau.

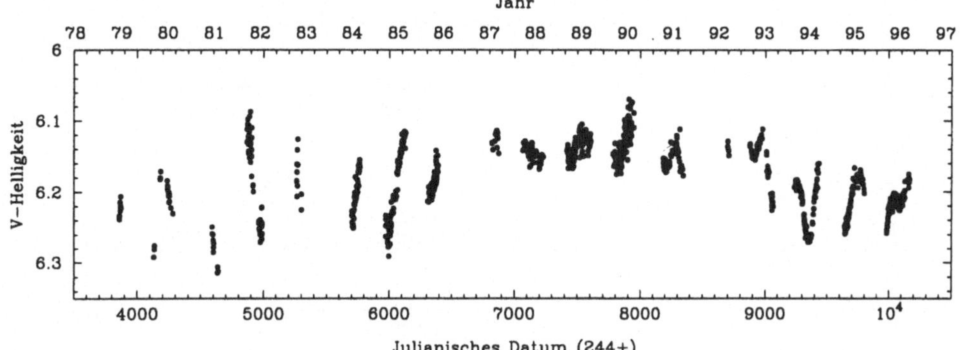

Abbildung 3.9: Die visuelle Lichtkurve von HR 1362. Wenn angenommen wird, daß die Lichtvariation dieses aktiven Sternes durch Flecken verursacht ist, dann stellt die gemessene photometrische Periode von etwa 335 Tagen die Rotationsperiode des Sternes dar. HR 1362 wäre demnach ein extrem langsam rotierender aber dennoch aktiver Stern und damit eine interessante Ausnahme jeder Rotations–Aktivitäts-Relation. (Unveröffentlichte Daten mit frdl. Gen. von Greg Henry, Tennessee State University und Douglas S. Hall, Dyer Observatory).

Was wäre schon eine Relation ohne Ausnahmen? Schön, ja, aber doch etwas fad. An Ausnahmen kann man meist die Gültigkeit von Theorien verifizieren bzw. falsifizieren. Ein Beispiel für einen sehr aktiven Stern, mit offensichtlich äußerst langsamer Rotation, ist HR 1362: ein G8III-IV Stern mit starken Ca II-H- und K-Linien und einer Rotationsperiode von etwa 335 Tagen (siehe Abb. 3.9). Der polnische Astronom Kazik Stępień hat vorgeschlagen, daß HR 1362 ein entwickelter Ap-Stern ist und daß dessen heutige Aktivität nicht auf ein dynamogeneriertes Magnetfeld zurückgeht, wie wir es von der Sonne und anderen aktiven Sternen her kennen, sondern auf dessen primoridiales Feld.

Der umgekehrte Fall – zu schnelle Rotation – wurde schon wesentlich früher bemerkt: die Beobachtung von Hauptreihen-Sternen in jungen, offenen Sternhaufen hat in den achtziger Jahren des 20. Jahrhunderts gezeigt, daß deren Sterne viel schneller rotieren als die Skumanichsche Beziehung für deren Alter vorhersagen würde. Das „Cluster"- oder *Haufen-Paradoxon* hatte Einzug in die astronomische Fachliteratur genommen.

3.4.2 Das Haufen-Paradoxon

F-, G-, und K-Sterne der beiden offenen Sternhaufen *Plejaden* (Alter rund $7–8\times10^7$ Jahre) und *α-Persei* (Alter rund 5×10^7 Jahre) rotieren sehr viel schneller – etwa um einen Faktor 10 –, als Sterne der *Hyaden*, einem etwa 7×10^8 Jahre alten, offenen Haufen. Wenn wir die Sterne dieser Haufen repräsentativ für Sterne in diesem Alter nehmen, dann folgt aus dieser Beobachtung, daß die Abbremsung

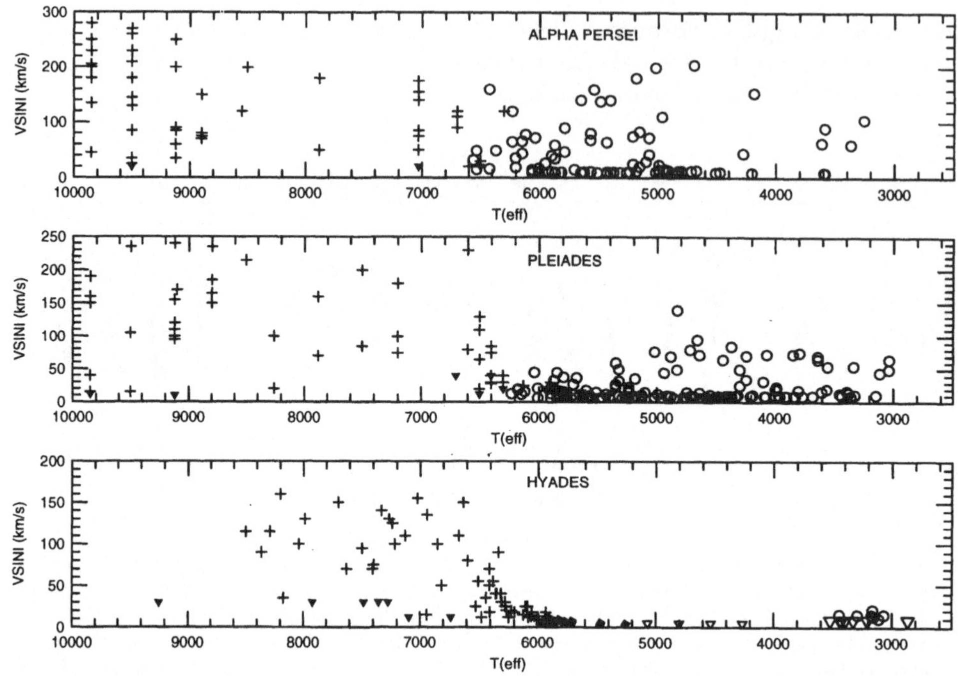

Abbildung 3.10: Ein Vergleich der beobachteten Rotationsgeschwindigkeiten $v \sin i$ im sehr jungen α Persei-Haufen (Alter etwa 50 Millionen Jahre, oberes Diagramm), dem Plejadenhaufen (Alter etwa 70 Millionen Jahre, mittleres Diagramm) und im, relativ gesehen, alten Hyadenhaufen (Alter etwa 750 Millionen Jahre). Man erkennt, daß die jungen α-Per-Sterne und die Plejadensterne noch viel schneller rotieren als die kühlen Hyadensterne, die offensichtlich bereits Zeit genug hatten abgebremst zu werden. (Mit frdl. Genehmigung von John Stauffer, Smithsonian Astrophysical Observatory, inklusive neuer *Keck*-Daten von Jones et al. 1996).

innerhalb von etwa 300 Millionen Jahren, dem Altersunterschied zwischen Plejaden und Hyaden, stattfand. Ein viel zu kurzer Zeitraum, als es das $t^{-\frac{1}{2}}$-Gesetz erlauben würde. Erinnern wir uns, daß die Sonne bereits etwa 4.6×10^9 Jahre alt ist und eine äquatoriale Rotationsgeschwindigkeit von nur mehr etwas weniger als 2 $\mathrm{km\,s^{-1}}$ hat, die Hyaden Hauptreihen-Sterne im Mittel etwa mit maximal 10 $\mathrm{km\,s^{-1}}$ rotieren, und die α-Persei-Sterne noch mit bis über 100 $\mathrm{km\,s^{-1}}$ rotieren (siehe Abb. 3.10).

Das Paradoxon wird sogar noch deutlicher, da es sogar einige langsam rotierende G-Sterne in den Plejaden gibt, aber (noch) keine im α-Persei Haufen. Dies deutet darauf hin, daß die Abbremsung sogar nur innerhalb von 20–30 Millionen Jahren stattfand. Astronomisch gesehen, eine äußerst kurze Zeitspanne. Diese Beobachtung nannte man das Haufen-Paradoxon.

Die qualitative Erklärung dieses Paradoxons ist recht einfach, die quantitative Lösung bis heute noch nicht vollständig verstanden und akzeptiert. Die Abb. 3.11 zeigt neueste Rechnungen der Yale-Gruppe um Sabatino Sofia, die unsere momentanen Vorstellungen über den Verlauf der stellaren Rotationsgeschwindigkeit mit dem Alter eines sonnenähnlichen Sternes repräsentieren. Mit der Einführung einer

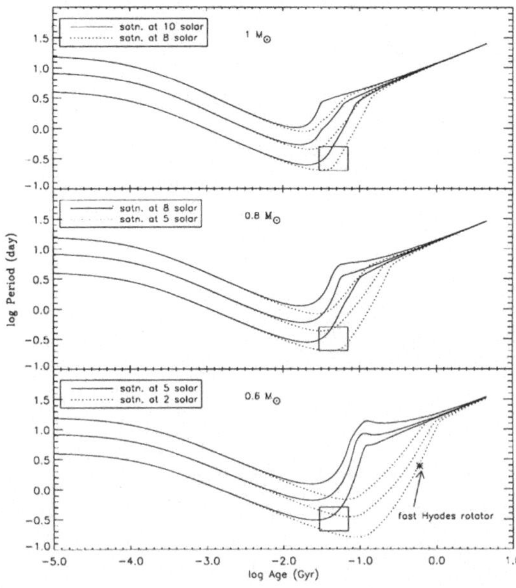

Abbildung 3.11: Der berechnete Verlauf der Rotationsperiode eines Sternes unterschiedlicher Masse und Magnetfeldsättigung im ($\log P - \log t$)-Diagramm. Die Altersachse reicht von 10^{-5} Giga-Jahren, also 10,000 Jahren, bis 10^1 Giga-Jahren, also 10 Milliarden Jahre und die Periode von 0.1 bis 100 Tagen (Merke: höhere Periode langsamere Rotation!). Eingezeichnet ist ebenfalls der Bereich der schnellen Rotatoren, die man in jungen Sternhaufen findet (das Rechteck), sowie den am schnellsten rotierenden Hyaden-M-Stern. Die Sonne befindet sich in diesem Diagramm schon sehr weit rechts bei $\log t \approx 0.7$, also am Ende der Entwicklungslinien. Das Nullalter der Rechnungen wurde auf der Hayashi-Linie angenommen. Siehe Text. (Nach Barnes & Sofia 1995).

magnetischen Sättigung konnte auch erstmalig die Existenz schneller Rotatoren in den jungen Sternhaufen quantitativ erklärt werden. Dabei nahmen Sofia und seine Kollegen an, daß, verursacht durch die Sättigung des atmosphärischen Volumens des Sternes mit Magnetfeldern, ab einer bestimmten Rotationsrate kein zusätzlicher Drehimpuls mehr abgeführt werden kann.

Die plötzliche Abbremsung im Alter von etwa $5\text{–}7\times10^7$ Jahre zwischen Plejaden- und α-Per-Alter (der Bereich des Rechteckes in Abb. 3.11) wird dabei mit dem plötzlichen Einsetzen, praktisch dem Einschalten, des internen Dynamos begonnen, dessen Folge die Ausbildung eines starken Magnetfeldes ist und daher zu kontinuierlicher, magnetischer Bremsung durch einen Sternenwind führt. Sterne in diesem Alter haben noch viel zirkumstellare Materie, die Abbremsung könnte daher anfangs noch viel effektiver sein, da Drehimpuls durch einen Massenakkretionsstrom noch zusätzlich abgegeben werden kann. Man spricht von der „rapid-braking"-Phase. Im ganzen Vor-Hauptreihen-Stadium – in Abb. 3.11 links vom steilen Anstieg der Rotationsperiode –, nimmt der Sternradius entwicklungsbedingt noch ab, rechts davon nimmt er zu. Den ganz rechten Bereich, in dem das Skumanich-Gesetz gilt, nennt man übrigens die „slow-braking"-Phase an derem Ende in Abb. 3.11 die heutige Sonne mit ihren 27 Tagen steht.

Dies ist aber ein immer noch vereinfachtes Bild und nicht ganz ohne Widersprüche. Selbstverständlich gibt es noch andere Vorstellungen, wie z.B., daß sich der Dynamo bei diesem Sternalter eventuell öfters aus- und wieder einschalten könnte. Sicherheit wird es darüber erst geben wenn mehr Beobachtungsmaterial über andere Haufensterne vorliegt. Tabelle 3.1 führt einige offene Sternhaufen bekannten Alters an und gibt auch die – noch vorläufige – Anzahl jener Haufen (N), deren Sterne für Spektroskopie mit Teleskopen der 3–4m-Klasse hell genug wären.

Tabelle 3.1: ALTERSSEQUENZ EINIGER OFFENER STERNHAUFEN

Alter in Jahren	N^1	Beispiele
$< 10^7$	18	Orion, NGC 2264
$\approx 1 \times 10^7$	18	IC 4996, IC 2581
wenige $\times 10^7$	24	IC 2391, IC 4665
$5 - 8 \times 10^7$	13	α Per, Plejaden
$\approx 1 \times 10^8$	16	NGC 6087
wenige $\times 10^8$	8	NGC 6633, NGC 3532
$5 - 8 \times 10^8$	5	Hyaden, IC 4756
$\approx 1 \times 10^9$	5	NGC 5822, NGC 752
wenige $\times 10^9$	8	M67, IC 4651

[1]Anzahl der beobachtbaren Haufen mit 3–4m-Teleskopen

Zur quantitativen Erklärung des Cluster-Problems haben sich zwei Denkschulen herausgebildet: die eine versucht den Drehimpuls-Transport im Inneren der Sonne durch rein hydrodynamische Effekte zu berechnen, wie zum Beispiel Viskosität (Pinsonneault et al. 1989), die andere nimmt ein internes Magnetfeld gekoppelt mit dem Sonnenwind an (z.B. Charbonneau & MacGregor 1992). Der britische Astronom Douglas Gough bemerkte 1991 in einem Übersichtsartikel, daß reiner hydrodynamischer Drehimpulstransport die heutige Oberflächenrotation der Sonne erklären kann, nicht aber die Existenz der „rapid-braking"-Phase von sonnenähnlichen Sternen kurz nach Erreichen der Null-Alter-Hauptreihe. Aus anderen Gründen hatten die britischen Astronomen Leon Mestel und Nigel O. Weiss (1987) schon früher vermutet, daß auch in jenem Bereich im Sonneninneren ein Magnetfeld existiert, wo der Energietransport durch Strahlung dominiert wird – also unterhalb der konvektiven Hülle. Ein derartiges Magnetfeld kann nicht von einem stellaren Dynamo stammen, sondern muß schon bei der Entstehung der Sonne bzw. des Sternes vorhanden gewesen sein. Es kann sich dabei nur um das „eingefrorene" galaktische Magnetfeld aus der Zeit handeln, als sich der präsolare Nebel zusammenzuziehen begann. Sicherlich ein faszinierender Gedanke.

3.5 Die schnellsten Rotatoren

Die am schnellsten rotierenden Objekte am Himmel sind natürlich Neutronensterne, besser bekannt unter dem verwirrenden Namen Pulsare[4]. Doch handelt es sich dabei um recht exotische Gebilde, die eigentlich nur mehr den Namen mit einem normalen Stern gemein haben. Ich will also exotische Objekte dieser Kategorie einmal ausklammern und nur Sterne der Harvardschen Spektralsequenz O bis M vergleichen, wobei O–F Sterne salopp als „frühe" Sterne bezeichnet werden und G–M Sterne als „späte"; entsprechend etwa, ob eine äußere Konvektionszone vorhanden ist oder nicht.

[4]Pulsare pulsieren nicht, sondern rotieren.

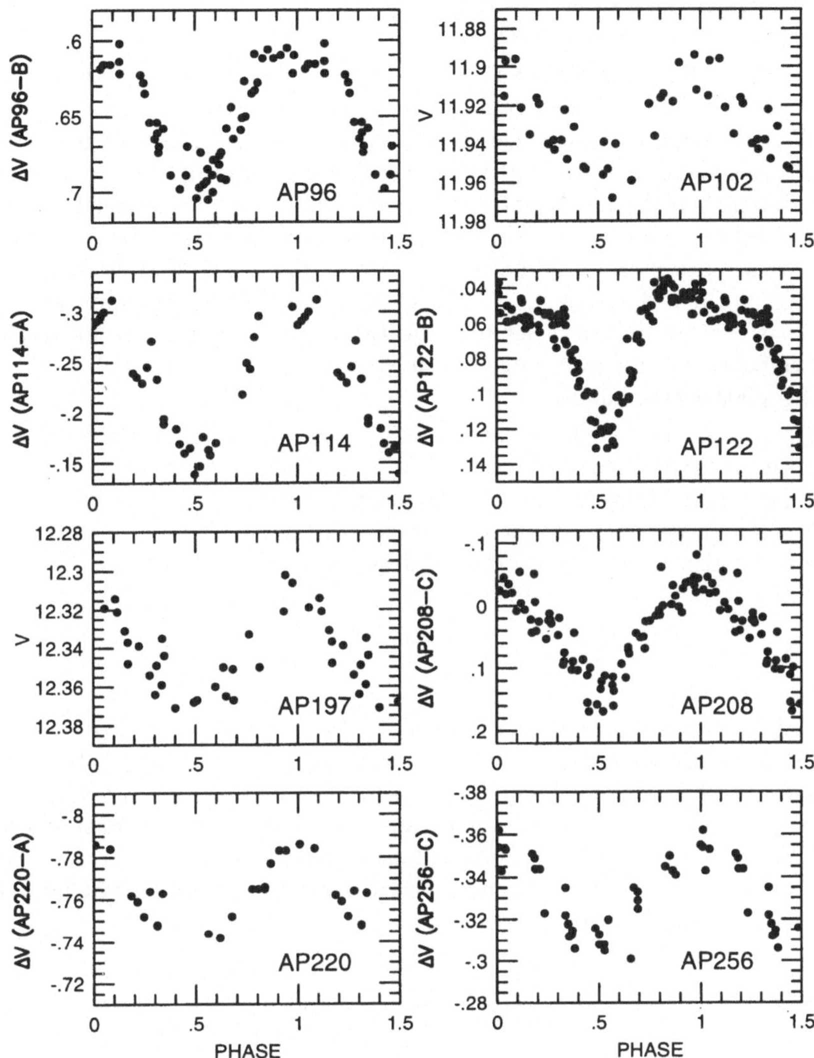

Abbildung 3.12: Beispiele von schnellen Rotatoren im α Persei-Haufen. Gezeigt sind Lichtkurven von acht Sternen (mit AP-Nummern) mit Rotationsperioden zwischen 10 und 100 Stunden. V-Helligkeiten sind entweder relativ zu einem Vergleichsstern (gekennzeichnet mit C auf der y-Achse) oder kalibriert aufgetragen. Die x-Achse zeigt Phase von 0 bis 1 entsprechend 0° bis 360° einer Sternrotation. (Mit freundlicher Genehmigung von Charles Prosser, CfA-Harvard).

3.5.1 Frühe Sterne

Hier sind die sogenannten *Be-Sterne* die Rekordhalter mit mittleren, äquatorialen Rotationsgeschwindigkeiten um 200 $\mathrm{km\,s^{-1}}$ und Spitzen bis zu 450 $\mathrm{km\,s^{-1}}$. Be-Sterne erkennt man an ihren charakteristischen Wasserstoff-Emissionslinien („e“

steht für Wasserstoff Balmer Emission), die jeweils einer breiten Absorptionslinie aus der Photosphäre überlagert sind.

Die schnelle Rotation hat bei manchen dieser Sterne sogar den Verlust der sphärischen Gestalt zur Folge, womit sogenannte *Gravitationsaufhellungs*-Effekte eine Rolle zu spielen beginnen. Der Stern ist dann an den Polen abgeplattet, und da die Oberflächentemperatur mit abnehmendem Sternradius zunimmt, erscheinen uns die Pole heller als der Äquator. Stellare Parameter wie die Effektivtemperatur, die Helligkeit oder die Farbe, werden dann eine Funktion der Neigung i der Rotationsachse des Sternes. Je nachdem ob man direkt auf die Pole sieht ($i = 0°$) oder direkt auf den Äquator ($i = 90°$), erscheint der Stern mit unterschiedlicher Temperatur bzw. Helligkeit. Dies mag die Erklärung sein, warum die Hauptreihe so breit gefächert ist, da ganz junge Sterne eben noch viel Drehimpuls besitzen und somit abgeplattet sein könnten.

Sterne können aber nicht beliebig rasch rotieren. Nach entsprechender Deformierung zu einem Rotationsellipsoid kommt es ab einer gewissen, kritischen Geschwindigkeit zum Massenverlust am Äquator. Diese kritische Rotationsgeschwindigkeit ist dann gegeben, wenn die Zentrifugalkraft am stellaren Äquator gleich der entgegenwirkenden Gravitationskraft wird, wenn also

$$\omega_c^2 R_0 = \frac{GM}{R_0^2}. \tag{3.13}$$

In dieser Gleichung bedeuten ω_c die kritische Winkelgeschwindigkeit des Sternes, R_0 den Sternradius am Äquator, G die Graviationskonstante und M die Sternmasse. Bringt man R_0 auf die rechte Seite, so sieht man, daß hier eigentlich die *mittlere Dichte* $< \rho >$, eingeht. Nimmt man weiters ein Roche-Potential anstelle des Rotationsellipsoides an (zu Roche-Potential siehe Kapitel 4.1.2), so ergibt sich nach Arne Slettebak (1949, 1966) folgender Zusammenhang zwischen mittlerer Dichte und kritischer Winkelgeschwindigkeit

$$\frac{\omega_c^2}{2\pi\, G < \rho >} = 0.36075. \tag{3.14}$$

Hier ein Beispiel: ein langsam-rotierender B3-Stern hat eine typische Masse von 8 Sonnenmassen und einen Radius von 4 Sonnenradien. Daraus folgt eine mittlere Dichte von 180 $\mathrm{kg\,m^{-3}}$. In Glchg. (3.14) eingesetzt, ergibt dies eine kritische Winkelgeschwindigkeit von $\omega_c = 1.65 \times 10^{-4}\ \mathrm{s^{-1}}$, sowie in Glchg. (3.13) eingesetzt, einen Radius R_0 von 4.88 Sonnenradien (anstelle der 4.0 Sonnenradien des nichtrotierenden Falles). Somit berechnet sich die kritische Rotationsgeschwindigkeit am Äquator zu rund 560 $\mathrm{km\,s^{-1}}$.

Kein Be-Stern rotiert so schnell! Und doch wurde bei manchen Be-Sternen eine äquatoriale, ringförmige Materieansammlung um den Stern beobachtet, die noch nicht so recht erklärt werden kann. Hatten die Be-Sterne in ihrer Vergangenheit zu schnell rotiert? Oder könnte die Entstehung dieses ringförmigen Gürtels auch noch eine andere, bislang unerforschte Ursache haben?

3.5.2 Späte Sterne

In Zusammenhang mit stellaren Aktivitäten interessieren uns aber späte Sterne ganz besonders. Und hier vor allem entwickelte Sterne, da es offensichtlich erscheint, daß, sobald sich ein Stern ausdehnt – entsprechend dem pirouettendrehenden Eiskunstläufer, der seine Hände langsam ausstreckt – seine Rotationsgeschwindigkeit abnehmen wird. Doch wir beobachten wenigstens zwei Kategorien von späten, entwickelten Sternen, die relativ schnell rotieren, jedenfalls viel schneller als ihrem Entwicklungsstatus entspricht. Eine Gruppe davon sind Einzelsterne, die FK Comae Sterne, und die anderen sind Komponenten in engen Doppelsternsystemen, die RS-CVn- und BY-Draconis-Sterne (letztere wurden von Bopp & Fekel 1977 klassifiziert; siehe Kapitel 2). Enge Doppelsterne bieten überhaupt ein ganz interessantes astrophysikalisches Laboratorium, und darum widme ich ihnen hier auch ein eigenes Kapitel (Kapitel 4).

Bei Einzelsternen gibt es eine signifikante Anzahl von Leuchtkraftklasse III- und IV-Riesen, die rund eine Größenordnung schneller rotieren als ein normaler Stern gleichen Types. Frank Fekel und Suchitra Balachandran (1993) haben eine Liste solcher Riesensterne zusammengestellt. Rotiert ein „normaler" K1III Stern mit, sagen wir, 2–3 $\mathrm{km\,s^{-1}}$ so beobachteten Fekel und Kollegen Sterne mit $v \sin i$ Werte zwischen 10 und 50 $\mathrm{km\,s^{-1}}$! Wie diese Sterne ihren Drehimpuls konserviert haben, ist größtenteils immer noch ungeklärt.

Ein noch größeres Puzzle entstand, als die beiden amerikanischen Astronomen Bernard Bopp und Robert Stencel (1981) die Gruppe der *FK-Comae*-Variablen entdeckten. Der Prototyp dieser Veränderlichen, eben FK Comae, ist ein enorm schnell rotierender G2III-Einzelstern mit einer projizierten Äquatorialgeschwindigkeit von 160 $\mathrm{km\,s^{-1}}$! Die FK-Comae-Variablen sind auch die aktivsten Sterne unter den ohnehin bereits „Aktiven Sternen". Obwohl es momentan nur drei (!) – eventuell fünf – gesicherte Objekte in dieser Kategorie gibt, scheint deren Erklärung im normalen Rahmen der Sternentwicklung unmöglich. Oder vielleicht haben sich diese Objekte gar nicht normal entwickelt? Ron Webbink (1976) hat hiezu einen interessanten Vorschlag gemacht: FK-Comae-Sterne seien entwickelte, enge W-UMa-Doppelsterne, bei denen sich beide Komponenten durch stetige Annäherung letztlich miteinander verschmelzt haben (Abb. 3.13).

Dieser Gedanke bringt uns auch schon zum nächsten Kapitel, in dem wir uns das Rotationsverhalten von Doppelsternen etwas genauer ansehen wollen.

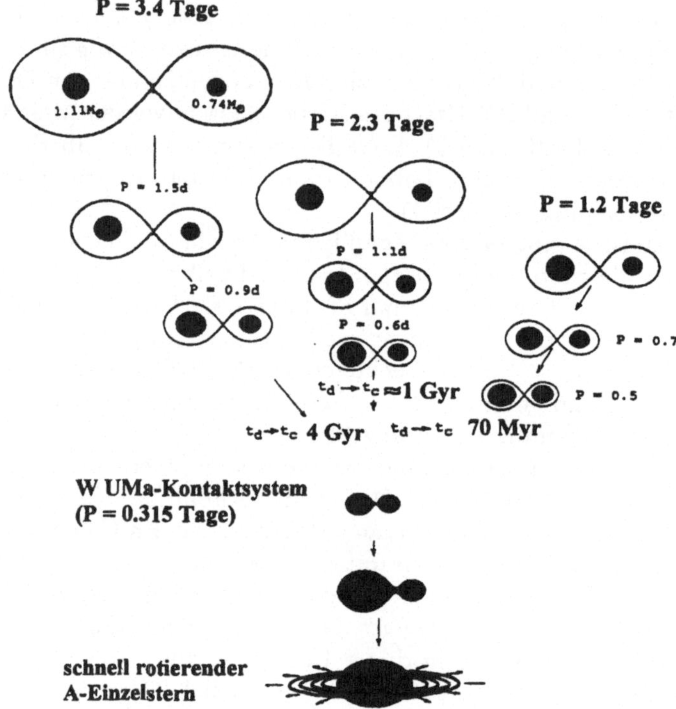

Abbildung 3.13: Hypothetisches Szenarium zur Entstehung eines extrem schnell rotierenden Einzelsternes. Betrachtet wird die Entwicklung eines Doppelsternsystems mit 1.11-$M_{\odot}$- und 0.74-$M_{\odot}$-Komponenten, und mit drei verschiedenen Bahnperioden (v.l.n.r.: 3.4, 2.3 und 1.2 Tage). Der Drehimpulsverlust der einzelnen Komponenten führt zu einer steten Verkürzung der Bahnperiode bis schließlich beide Sterne ihr Roche-Volumen (siehe Kapitel 4) ausfüllen und ein kurzperiodisches W-UMa-System darstellen (Periode 0.315 Tage für alle drei Fälle). Die Zeitdauer bis zu diesem Stadium ist aber recht unterschiedlich: v.l.n.r. 4 Milliarden-, 1 Milliarde- und 70 Millionen Jahre. Der folgende Massenaustausch im W-UMa-Stadium könnte zu einer Verschmelzung der beiden Komponenten zu einem schnell rotierenden, einzelnen A-Stern der Masse 1.85 $M_{\odot}$ führen. Daraus, so Webbink (1976), würde sich dann durch normale Sternentwicklung ein FK-Comae-Stern entwickeln. (Mit frdl. Genehmigung nach E. F. Guinan & A. Giménez 1993).

Literaturverzeichnis

[1] Abney de W., W., 1877, „Effect of a Star's Rotation on its Spectrum", Monthly Notices 37, 278

[2] Bopp B. W., Fekel F. C., 1977, „Binary incidence among the BY Draconis variables", AJ 82, 490

[3] Bopp B. W., Stencel R. E., 1981, „The FK Comae stars", ApJ 247, L131

[4] Barnes S., Sofia S., 1995, „Modelling the ultra-fast rotators in young star clusters", in Poster Proceedings *Stellar Surface Structure*, K. G. Strassmeier (ed.), Univ. of Vienna, s. 102

[5] Charbonneau P., MacGregor K. B., 1992, „Angular momentum transport in magnetized stellar radiative zones. I. Numerical solutions to the core spin-up model problem", ApJ 387, 639

[6] Fekel F. C., Balachandran S., 1993, „Lithium and rapid rotation in chromospherically active single giants", ApJ 403, 708

[7] Gough D. O., 1991, „Internal solar rotation", in *Angular Momentum Evolution in Young Stars*, S. Catalano und J. Stauffer (eds), Kluwer, Dordrecht, s. 271

[8] Gray D. F., 1991 „Rotation of evolved stars", in *Angular Momentum Evolution of Young Stars*, S. Catalano und J. R. Stauffer (eds.), Kluwer, Dordrecht, s. 183

[9] Guinan E. F., Giménez A., 1993, „Magnetic activity in close binaries", in *The Realm of Interacting Binary Stars*, J. Sahade et al. (eds.), Kluwer, Dordrecht, s. 51

[10] Jones B. F., Fischer D. A., Stauffer J. R., 1996, „Keck rotational velocities of the faintest Pleiades and Hyades members", AJ 112, 1562

[11] Kaler J. B., 1994, *Sterne und ihre Spektren*, Spektrum Akademischer Verlag, Heidelberg

[12] Kawaler S. D., 1987, „Angular momentum in stars: the Kraft curve revisited", PASP 99, 1322

[13] Kraft R. P., 1965, „Studies of stellar rotation. I. Comparison of rotational velocities in the Hyades and Coma clusters", ApJ 142, 681

[14] Kraft R. P., 1967, „Studies of stellar rotation. V. The dependence of rotation on age among solar-type stars", ApJ 150, 551

[15] McLaughlin D. B., 1924, „Some results of a spectrographic study of the Algol system", ApJ 60, 22

[16] Mestel L., Weiss N. O., 1987, „Magnetic fields and non-uniform rotation in stellar radiative zones", MNRAS 226, 123

[17] Peterson R. C., 1985, „The rotation of horizontal-branch stars. III. Members of the globular cluster M4", ApJ 289, 320

[18] Pinnsonneault M. H., Kawaler S. D., Sofia S., Demarque P., 1989, „Evolutionary models of the rotating Sun", ApJ 338, 424

[19] Pizzo V., Schwenn R., Marsch E., Rosenbauer H., Mühlhäuser K.-H., Neubauer F. M., 1983, "Determination of the solar wind angular momentum flux from the *Helios* data—an observational test of the Weber and Davis theory", ApJ 271, 335

[20] Rossiter R. A., 1924, „On the detection of an effect of rotation during eclipse in the velocity of the brighter component of Beta Lyrae, and on the constancy of velocity of this system", ApJ 60, 15

[21] Schmidt-Kaler T., 1982, in Landolt-Börnstein, Zahlenwerte und Funktionen, Band VI/2b, K. Schaifers und H. H. Voigt (Hrsg.), Springer Verlag, Berlin, s. 1

[22] Skumanich A., 1972, „Time scales for Ca II emission decay, rotational braking, and Lithium depletion", ApJ 171, 565

[23] Schlesinger F., 1909, „The Algol-variable δ Librae", Publ. Allegheny Obs., Vol. I, No. 20, 123

[24] Slettebak A., 1949, „On the axial rotation of the brighter O and B stars", ApJ 110, 498

[25] Slettebak A., 1966, „Stellar axial rotation and equatorial breakup", ApJ 145, 126

[26] Webbink R. F., 1976, „The evolution of low-mass close binary systems. I. The evolutionary fate of contact binaries", ApJ 209, 829

[27] Worek T. F., 1996, „The Rossiter-McLaughlin rotation effect observed for AI Draconis and V505 Sagittarii", PASP 108, 962

Weiterführende Literatur

Allgemeinverständliche Bücher und Artikel

- James B. Kaler beschreibt in STERNE UND IHRE SPEKTREN (Spektrum Akademischer Verlag, Heidelberg, 1994) die Eigenschaften der Spektraltypen und die Deutung astronomischer Signale aus Licht.

Spezialliteratur

- Arne Slettebak (Hrsg.) hat mit dem Buch STELLAR ROTATION (IAU Symposium Nr. 4, Reidel, Dordrecht, 1970) wohl den Klassiker unter den Fachbüchern dieses Teilgebietes zusammengestellt. Ist heute aber natürlich zum Großteil veraltet.
- David F. Gray's zweite Auflage von THE OBSERVATION AND ANALYSIS OF STELLAR PHOTOSPHERES (Cambridge University Press, Cambridge, 1992) erlaubt einen aktuellen Einblick in dieses Forschungsgebiet. Zum Studium sehr zu empfehlen.
- LECTURES ON SPECTRAL-LINE ANALYSIS: F, G, AND K STARS ebenfalls von David F. Gray (The Publisher Verlag, Ontario, Canada, 1988) konzentriert sich auf die Phänomenologie konvektiver Sterne und deren Rotation.
- Der NATO-Workshop ANGULAR MOMENTUM EVOLUTION OF YOUNG STARS ist eine Zusammenstellung von Fachartikeln über die Rotation junger Sterne. Herausgegeben von S. Catalano und J. R. Stauffer, erschienen im Kluwer-Verlag, Dordrecht, 1991.
- ROTATION AND MIXING IN STELLAR INTERIORS ist ein Fachbuch herausgegeben von M.-J. Goupil und J. P. Zahn (Springer-Verlag, Berlin, 1990).
- Aktuelle Daten über alle Bereiche der Stellarastronomie findet man in Kenneth R. Lang ASTROPHYSICAL DATA: PLANETS AND STARS (Springer Verlag, Berlin, 1992).

Kapitel 4

Rotation in Doppelsternen

Ich schlafe nie nachmittags, außer wenn ich vormittags
in einem österreichischen Amt zu tun hatte.
Karl Kraus

Rund fünfzig Prozent aller Sterne sind Doppelsterne! Manche Studien sprechen sogar von 60–70%. Doppelsterne könnten also fast schon eher die Regel sein, denn die Ausnahme. Außerdem bieten Doppelsterne die einzigartige Möglichkeit, die Masse eines Sternes zu bestimmen, noch dazu mit der hohen Genauigkeit von bis zu 1%; und Masse ist der wichtigste Parameter eines jeden Sternes! Also sollten wir uns auch genau ansehen, ob und wie Sterne in Doppelsternsystemen rotieren und welchen Einfluß dies auf deren Entwicklung hat (siehe dazu Kapitel 3). Wie wir noch sehen werden, sind späte Sterne in engen Doppelsternsystemen besonders aktiv. Deren kurze Bahnperioden erwirken höhere Rotationsgeschwindigkeiten der Sternkomponenten als es bei einem analogen Enzelstern der Fall sein kann, und deshalb interessiert uns das Rotationverhalten von Sternen in Doppelsternen ganz besonders. Beherbergt ein Doppelsternsystem einen frühen Stern, etwa einen A-Stern, kann es dessen natürliche, schnelle Rotation aber auch unterdrücken, und wir beobachten einen A-Stern der viel zu langsam rotiert.

4.1 Einleitung

Bevor wir uns mit den speziellen Rotationsmechanismen in Doppelsternsystemen beschäftigen – und diese natürlich auch verstehen möchten –, ist es vorteilhaft, zuerst ein paar grundlegende Dinge über die Bewegung zweier Sterne um ihr gemeinsames Massenzentrum zu erfahren. Beginnen wir mit einem, uns recht vertrauten Begriff.

4.1.1 Die irdischen „Gezeiten"

Sind zwei sich umkreisende Massekörper hinreichend nahe beisammen, tritt ein Effekt ein, den man am besten mit *differentieller Gravitation* beschreiben könnte aber besser unter dem Begriff „Gezeiten“ bekannt ist. Darunter versteht man nichts anderes als den Umstand, daß sich näher beieinanderliegende Masseteile gemäß dem klassischen Newtonschen Gravitationsgesetz - das mit $1/r^2$ geht - eben stärker anziehen als weiter voneinander entfernte. Also, am Beispiel Erde–Mond, daß jener Teil der Erdoberfläche, der auf der direkten Verbindungslinie Erde–Mond liegt und dem Mond zugewandt ist, stärker angezogen wird als die dem Mond abgewandte Seite der Erde. Dasselbe gilt natürlich auch für den Mond (siehe Abb. 4.1 und 4.2), sowie für die Sterne eines Doppelsternsystem und überhaupt für jede denkbare, makroskopische Massenansammlung.

Abbildung 4.1: Erde und Mond sind das klassische Beispiel eines gravitativ gekoppelten Doppelsystems. Diese Aufnahme gelang der *GALILEO*-Sonde 1990 beim Abflug in Richtung Jupiter und ist keine Fotomontage. (Aufnahme mit frdl. Gen. NASA/National Space Science Data Center).

Das Resultat dieser differentiellen Gravitation ist eine Verformung des Erd- und des Mondkörpers, und zwar entlang der Achse Erde–Mond in Form zweier Ausbuchtungen - den bekannten Gezeitendeformationen. In Wirklichkeit ist die Gestalt dieser Verformung etwas anders, weil die Gravitationskraft der Sonne ein „gewichtiges“ Wort mitredet, und unser Erde–Mond System mehr einem Drei-Körper-System Sonne–Erde–Mond, als einem Doppelsystem, entspricht.

Zwei Drittel der Erdoberfläche bestehen aus Wasser und nicht aus Landmasse. Und Wasser ist ideal „deformierbar“, ganz ähnlich einem Sternplasma, d.h. die Höhe der Gezeitenausbuchtung - der Gezeitenhub - ist bei der Erde über den Meeren wesentlich höher als über Land: bis zu 15m im Vergleich zu maximal 60cm bei der Landmasse. Nun rotiert die Erde aber schneller als der Mond sie umläuft (ein Tag bzw. ein Monat). Die Gezeitenausbuchtungen bleiben aber immer an der glei-

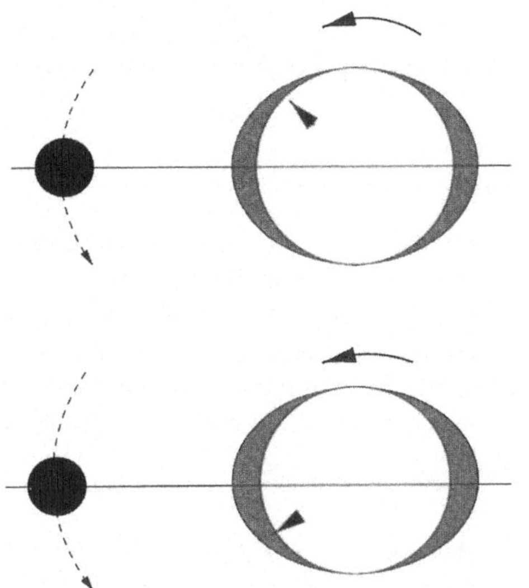

Abbildung 4.2: Gezeitenreibung im Doppelsystem Erde–Mond. Durch die differentielle Gravitationswirkung bildet sich entlang der Verbindungslinie der beiden Massezentren eine Ausbuchtung auf beiden Seiten der Erde (und dem Mond) und rotiert mit dem Mond um die Erde mit. Da die Erdrotation natürlich schneller ist – ein Tag im Vergleich zu einem Monat –, rotiert die Erde unter der Ausbuchtung hindurch weiter, angedeutet durch die innenliegende Pfeilspitze, und erleidet dabei eine Bremsung durch Reibung.

chen Stelle – nämlich ungefähr in Richtung der Achse Erde–Mond. Das bedeutet, daß sich die Erde unter den Gezeitenausbuchtungen hindurchdrehen muß, oder, von einem Beobachter auf der Erdoberfläche aus gesehen, daß die beiden Gezeitenausbuchtungen einmal pro Tag um die Erde wandern. Der Effekt ist uns als Ebbe und Flut mit einer ungefähren Periode von 12 Stunden (weil zwei Ausbuchtungen) wohl bekannt – im Prinzip hat auch der Kärntner Wörthersee Ebbe und Flut; aber eben nur im Prinzip!

Der eigentliche Effekt aber, der uns am Beispiel Erde–Mond besonders interessiert, ist die *Gezeitenreibung* und darausfolgend die konsequente Abbremsung der Rotation der Erde (siehe Abb. 4.2). Zwischen den Gezeitenausbuchtungen und dem Meeresboden, aber auch im Wasser selbst, kommt es zu Reibung da die obersten Wasserschichten eine höhere Auslenkung erfahren als die untersten oder etwa die Erdkruste selbst. Diese Reibung erzeugt Wärme, also Energie die irgendwo herkommen muß: nämlich aus der Rotationsenergie der Erde. Die Folge ist, daß sich die Erde stetig so lange abbremst, bis ihre Rotationsperiode gleich einem Monat ist, nämlich der Bahnperiode des Mondes um die Erde. Der Gesamtdrehimpuls im Erde–Mond-System muß aber aus Erhaltungsgründen immer konstant bleiben, daher wird die Mondentfernung zunehmen da der Impuls einer Drehbewegung – Trägheitsmoment I mal Winkelgeschwindigkeit $\omega = v/r$ – vom Abstand r abhängt. Präzise Messungen mit starken Lasern und Reflektoren am Mond haben tatsächlich eine 10–12cm-Zunahme seiner Entfernung pro Jahr nachgewiesen. Die Abbremsung verlängert einen irdischen Tag im Durchschnitt um 1/1000 Sekunde pro Jahrhundert. Demgemäß wird sich Gleichgewicht zwischen irdischem Tag und Mondumlaufsperiode etwa bei 50 Tagen einstellen. Ohne andere Einflüsse würde es ab jetzt etwa eine Milliarde Jahre dauern bis ein irdischer Tag-Nacht-Zyklus einen Monat lang wird. Da kann man beruhigt schlafen gehen.

Die beiden Gezeitenausbuchtungen wirken also wie eine leicht angezogene Fahrradbremse, und genau dies gilt auch für rotierende Sterne, wo es ebenfalls zu recht unterschiedlichen Rotations- und Bahnperioden kommen kann. Das Beispiel Erde–Mond ist also doch kein so schlechtes; auch wenn der Vergleich Wasser–Plasma etwas hinkt.

4.1.2 Das „Roche"-Volumen eines Sternes

Wenn die Komponenten eines Doppelsternsystems eine sehr enge Bahn umlaufen – etwa in einem Abstand von der Größenordnung weniger Sternradien –, dann kommt es zu signifikanten Abweichungen von der sphärischen Form der Sterne. Ein Teilchen der Sternoberflächen unterliegt in diesem Fall nämlich auch der Zentrifugalbeschleunigung durch die rasche Bahnbewegung. Rotation ist in diesem Stadium nicht mehr wichtig, da sie sich in einem solchen System bereits mit der Bahnbewegung synchronisiert hat (doch dazu siehe später).

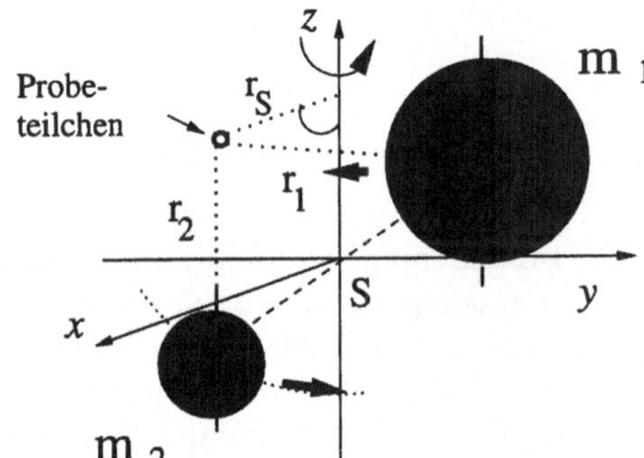

Abbildung 4.3: Die geometrischen Verhältnisse zur Veranschaulichung der Äquipotentialflächen bei engen Doppelsternen, m_1 ist die Masse des einen Sternes und m_2 die Masse des anderen. Die z-Achse des kartesischen Koordinatensystem ist die Achse um die sich das System dreht.

Abbildung 4.3 zeigt die geometrischen Verhältnisse eines engen Doppelsternsystems. Betrachten wir ein beliebiges, aber masseloses Teilchen irgendwo in der Umgebung der als Punktmassen dargestellten zwei Sterne, so können wir die Frage stellen: bei welchen Raumkoordinaten xyz gehört dieses Teilchen zum Einflußbereich des Sternes 1 bzw. wann zu der des Sternes 2?

Zur Beantwortung brauchen wir uns nur die einzelnen Beschleunigungskomponenten ansehen, die dieses Teilchen erfährt. Da sind vor allem die Gravitationsbeschleunigung durch die Anziehung von Stern 1 und Stern 2, der erste und zweite Term der Glchg. (4.1), und die Zentrifugalbeschleunigung, verursacht durch die Bahnbewegung:

$$\Omega(x, y, z) = -\frac{Gm_1}{r_1} - \frac{Gm_2}{r_2} - \frac{1}{2}r_s^2\omega^2. \tag{4.1}$$

Die Bedeutung der Abstände r_1, r_2, r_s ist aus Abb. 4.3 ersichtlich und G ist die Gravitationskonstante[1]. Die Funktion $\Omega(x, y, z)$ beschreibt jetzt eine Schar von Oberflächen, um die als Punkte behandelte Massen m_1 und m_2. Der Astronom nennt sie Äquipotentialflächen (siehe Abb. 4.4).

Stellen wir uns nun so ein kleines Probeteilchen vor, das sich genau in der Bahn- ebene befindet und gleichzeitig auch genau auf der Verbindungslinie der beiden Sterne liegt. Egal wie unterschiedlich die Massen der beiden Sterne sind –

[1] $G = 6.6726 \pm 0.0008 \times 10^{-11}\ \mathrm{m^3\,kg^{-2}\,s^{-2}}$

oder auch ob sie nun exakt gleich wären –, es gibt auf dieser Verbindungslinie genau einen Punkt in dem die Anziehungskraft vom Stern 1, der des Sternes 2 die Waage hält. In diesem Falle würde unser Teilchen nicht mehr wissen zu welchem Stern es nun gehört bzw. wo es hinfallen soll. Diesen Punkt nennen wir den „inneren Lagrangepunkt“, die Summe der Beschleunigungen ist in diesem Punkt Null.

Nun können wir endlich das „Roche“-Volumen[2] eines Doppelsternes definieren: es ist das Volumen welches von jener Äquipotentialfläche eingenommen wird, die für beide Sterne durch den inneren Lagrangepunkt geht. Graphisch ist dies in Abb. 4.4 in zweidimensionaler Darstellung veranschaulicht. Es zeigt, daß sehr schnell rotierende Sterne in engen Doppelsternsystemen nicht einfach nur an den Polen abgeplattet sind, sondern so etwas wie Birnenform annehmen, wobei die Birnenstiele zueinander weisen.

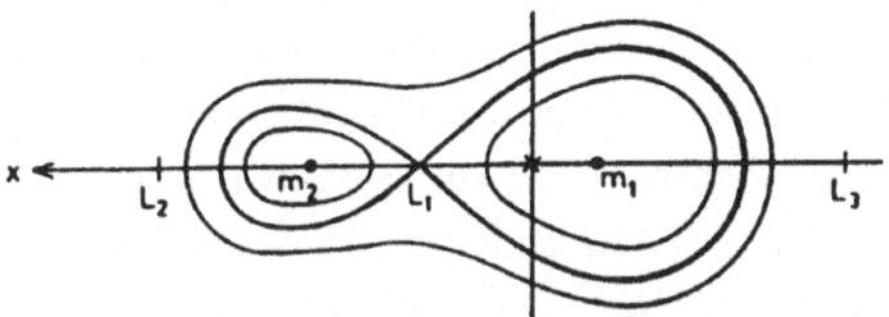

Abbildung 4.4: Äquipotentialflächen eines Doppelsternsystems dargestellt in der Bahnebene. L_1 ist der innere Lagrangepunkt. Der Koordinatenursprung liegt im Massenschwerpunkt des Systems.

Entwickelt sich einer der beiden Sterne eines derartigen, engen Doppelsternsystems zu einem Riesensternen – also größerwerdender Durchmesser bei gleichbleibender Masse –, so kommt irgendwann in seinem Leben der Zeitpunkt, wo er sein Roche-Volumen vollkommen ausfüllt. Dieser Zeitpunkt ist für die weitere Sternentwicklung von fundamentaler Bedeutung: dann verliert der Stern nämlich Masse an die andere Komponente und zwar über den inneren Lagrangepunkt und ein Algol-System ist entstanden.

Eine gute Näherungsformel für den mittleren Radius des Roche-Volumens ist

$$R_j = a \; (0.38 + 0.20 \log \frac{m_j}{m_{3-j}}), \tag{4.2}$$

wobei j entweder 1 oder 2 sein kann – entsprechend für Stern 1 oder Stern 2 –, und a der Abstand der als Massenpunkte gedachten Sterne ist. Damit läßt sich einfach abschätzen, ob eine Komponente in einem Doppelsternsystem mit bekanntem Massenverhältnis, Abstand, und Radius bereits sein Roche-Volumen ausfüllt oder nicht bzw. ob es wahrscheinlich ist, daß bereits Massenaustausch zwischen den beiden Komponenten stattfindet. Ein ganz wichtiger Aspekt ist nun, daß der Stern mit der abgegebenen Masse auch Drehimpuls mittransportiert! Womit wir bereits bei der Frage nach dem Rotationsverhalten von Sternen in engen Doppelsternsystemen sind. Wenden wir uns zuerst der weitverbreitesten Form der Rotation zu, der synchronisierten Rotation.

[2] Benannt nach dem französischen Mathematiker E. Roche (sprich: Rosch).

4.2 Synchronisation der Sternrotation

Wir gehen eigentlich immer davon aus, daß die beiden Komponenten eines Doppelsternsystems aus ein und derselben interstellaren Wolke entstanden sind. Nur so läßt sich etwas über den zeitlichen Verlauf des Bahn- und Drehimpulses aussagen ohne in großen Schwierigkeiten zu enden; wie etwa, wenn eine der beiden Komponenten durch einen nahen Vorbeiflug eingefangen worden wäre, und daher die beiden beobachteten Sterne gar nicht zur selben Zeit enstanden sind. Eine Folge daraus wäre, daß sie sehr unterschiedliche chemische Häufigkeiten haben könnten, eine andere wäre, daß deren Rotationsachsen nicht notwendigerweise parallel zueinander und normal auf die Bahnebene sein müssen. In diesem Buch behandeln wir nur den einfachsten Fall und lassen die erwähnten Spezialfälle eben den „Spezialisten".

Stellen wir uns zwei Billardkugeln vor, die um einen gemeinsamen Schwerpunkt kreisen. Die Anziehungskraft, die Kugel 1 auf Kugel 2 ausübt, ist gemäß dem Newtonschen Gravitationsgesetz quadratisch proportional dem Abstand der beiden Kugeln. Sind beide Kugeln in einem Inertialsystem (d.h. ohne Kräfteeinwirkung von außen) und gäbe es keinen Luftwiderstand, würden sich die beiden Kugeln auf immer und ewig umkreisen. Denken wir uns nun zwei Luftballons, angefüllt mit Wasser, anstelle der soliden Billardkugeln. Bei entsprechend schneller Rotation wird deren Form nicht nur durch die gegenseitigen Gezeitenkräfte, sondern auch durch ihre eigenen Fliehkräfte deformiert, während die starren Billardkugeln in guter Näherung gleich blieben. Anstelle von Wasserkugeln können wir uns auch Sterne aus heißem Plasma denken!

Es ist jetzt nicht schwer sich vorzustellen, daß das zeitliche Verhalten von Bahnperiode und Rotationsperiode(n) letztendlich vom inneren Aufbau der rotierenden Sterne abhängt: also entweder Billardkugeln oder Luftballons gefüllt mit Wasser! Auch die Antwort auf die Frage wie lange es etwa dauern würde, bis sich die Rotation eines oder beider Sterne an die Kreisbewegung um den gemeinsamen Schwerpunkt angepaßt hat – also bis die Rotationsperiode mit der Bahnperiode *synchronisiert* ist –, wird davon abhängen.

4.2.1 Die Reibung der Gezeiten

In der astronomischen Literatur findet man zur Beschreibung des zeitlichen Verhaltens von Rotation und Bahnbewegung in Doppelsternsystemen zwei Theorien. Die eine sagt aus, daß die Viskosität der Sternmaterie in den Gezeitenausbuchtungen die Rotation bremst. Dies wird oft die *Gezeiten-Reibungs-Theorie* des französischen Astronomen J.-P. Zahn (1977, 1989) genannt. Die andere basiert auf einem hydrodynamischen Mechanismus; wie wir noch sehen werden.

Für den Fall eines wesentlich massereicheren Sternes als die Sonne, also wo keine Konvektionszone vorhanden ist, tritt in der Zahnschen Vorstellung anstelle der Viskosität der Materie, eine zusätzliche Komponente zur regulären Strahlungsdämpfung auf. Aktive Sterne haben aber immer eine Konvektionszone, sodaß für uns besonders der Fall der Viskosität der turbulenten Konvektionszellen wichtig ist, denn wenn die Konvektion der Hauptmechanismus des Energietransportes ist,

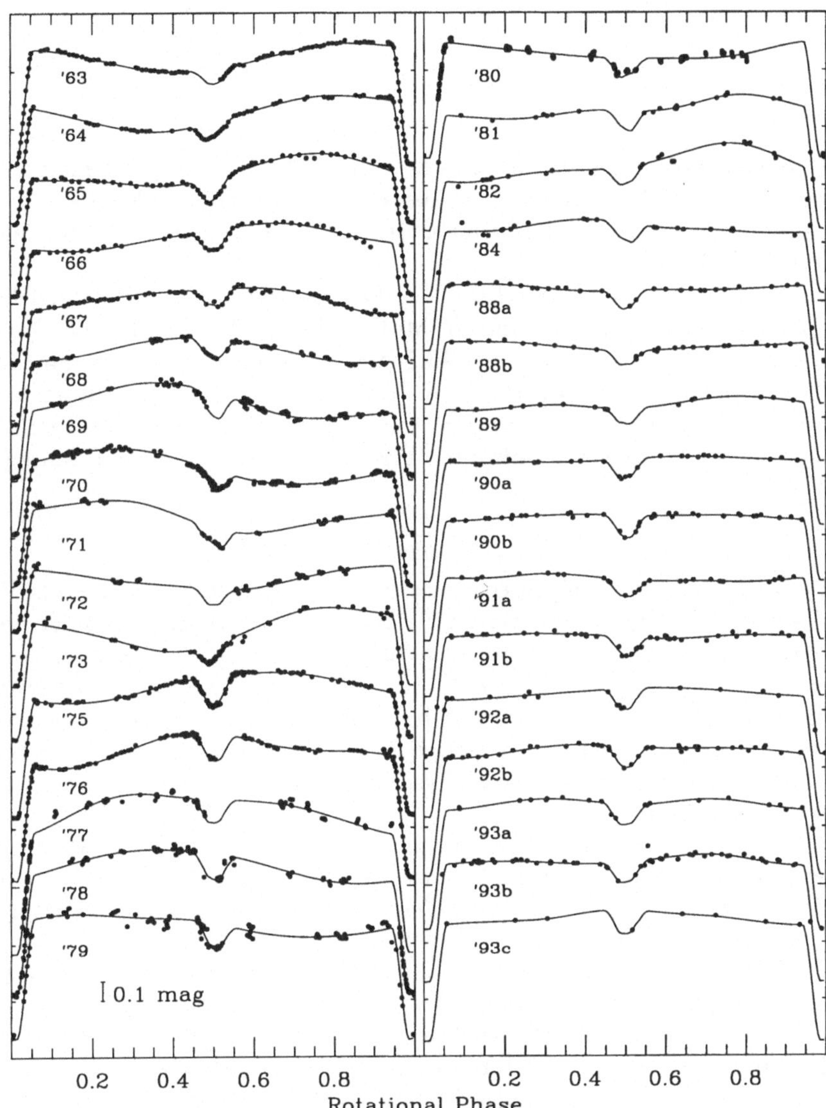

Abbildung 4.5: Lichtkurven des bedeckungsveränderlichen Doppelsternes RS Canum Venaticorum, dem Namensgeber der überaus aktiven RS-CVn-Sterne. Die sinusförmige Modulation des Lichtes wird durch dessen kühle, aktive Komponente verursacht, die synchron mit der Bahnbewegung rotiert und somit den gegenseitigen Sternbedeckungen gleichgeschaltet ist. (Mit frdl. Genehmigung von Marcello Rodonó, Catania Astrophysical Observatory).

gibt es in den Gezeitenausbuchtungen verstärkte Reibung zwischen den konvektiv bewegten Gaspaketen. Den entstehenden Reibungsverlust kann man als Verlust des Drehmomentes des Sternes auffassen und Zahn findet für diesen Vorgang die ungewöhnlich kurze Zeitskala

$$t_{\text{Reib}} \approx \left(\frac{MR^2}{L}\right)^{\frac{1}{3}} \approx 1 \text{ Jahr} , \tag{4.3}$$

wobei M die Sternmasse, R den Sternradius und L die Leuchtkraft bedeuten. Dies zeigt, daß turbulente Konvektion mit Abstand der effizienteste Mechanismus zur Abbremsung der Gezeitenausbuchtungen ist. Doch was ist dieses Ding namens Viskosität nun wirklich?

Unter Viskosität versteht der Physiker die „Zähigkeit" der Materie. Dies gilt für eine Flüssigkeit genauso wie für ein Millionen Grad heißes Plasma. Die praktische Viskosität ist stark temperaturabhängig, erinnern wir uns wie zäh Motoröl werden kann, wenn die Temperatur unter Null Grad Celsius fällt. Physikalisch ist die klassische, *dynamische Viskosität* η, mit Hilfe eines Probekörpers der Fläche A, der auf einem Film einer bestimmten Flüssigkeit mit der Dicke d dahingleiten soll, definiert:

$$\mathbf{F}_{\text{Reib}} = \eta\, A\, \frac{d\mathbf{v}}{dr} \approx \eta\, A\, \frac{v}{d} , \tag{4.4}$$

wobei $\mathbf{F}_{\text{Reib}}$ die Reibungskraft zwischen dem Probekörper und der Flüssigkeit, und $d\mathbf{v}/dr$ die Geschwindigkeitsverteilung zwischen dem Probekörper und der unteren Grenze der.Flüssigkeit sind. In erster Näherung kann natürlich anstelle von $d\mathbf{v}/dr$, v/d eingesetzt werden, wobei dann v die Geschwindigkeit des Probekörpers und d die Dicke des Flüssigkeitsfilmes ist. Oft begegnet uns auch noch die *kinematische Viskosität* ν: hier geht noch die Abhängigkeit von der Dichte der Flüssigkeit ein und es wird $\nu = \eta/\rho$ (Einheiten sind *Pascalsekunden* bzw. [Ns/m^2] oder [kg/ms] für η, und [m^2/s] für ν).

Betrachten wir nun einen ursprünglich asynchron rotierenden Stern in einem Doppelsternsystem. Dann wird die Gezeitenausbuchtung der rotierenden Komponente nicht exakt in die Richtung zur anderen Komponente weisen, sondern gerade um die Differenz der beiden unterschiedlichen Winkelgeschwindigkeiten von Rotation und Bahn ($\omega_{\text{Rot}} - \omega_{\text{Bahn}}$) verschoben sein. Übrigens geht die Vorstellung, daß eine Ausdehnung der Sternhülle infolge der Gezeitenwirkung nicht exakt im Gleichgewicht ist, sondern dem Gleichgewicht ein ganz klein wenig „nachläuft", zurück auf G. H. Darwin (1879), einem Namensvetter des Evolutions-Darwins. Die Zeitskala, nach der vollständige Synchronisation eintritt, kann demgemäß entweder durch eine Veränderung der kinetischen Energie der Bahn oder, völlig identisch, durch die viskose Dissipation von kinetischer Energie der Rotation berechnet werden.

Die Zahnsche Theorie sagt hiefür folgende Zeitskala (in Jahren) vorher:

$$t_{\text{sync}} \propto f(k,q)\; t_{\text{Reib}} \frac{I}{MR^2} \left(\frac{a}{R}\right)^6 , \tag{4.5}$$

wobei $f(k,q)$ eine Funktion ist, die sich über eine Konstante k des inneren Aufbaus und dem Massenverhältnis $q = M_2/M_1$ der beiden Komponenten des Doppelsternsystems berechnet, I sein Trägheitsmoment und a der Abstand zwischen den Komponenten in Einheiten des Sternradius R bedeutet. Masse M und Radius R gelten in Glchg. 4.5 für jeweils eine der beiden Komponenten: t_{sync} ist dann

Tabelle 4.1: EINIGE AKTIVE DOPPELSTERNE MIT SYNCHRONER ROTATION

Sternname	Spektral-Typ	P_{orb} (Tage)	P_{rot} (Tage)
EI Eri	G5IV	1.947227	1.945
V711 Tau	G5IV+K1IV	2.83774	2.841
RS CVn	F4IV+G9IV	4.79785	4.791
II Peg	K2-3V-IV	6.724183	6.718
HU Vir	K0IV-III	10.3876	10.28
σ Gem	K1III	19.60447	19.41
V792 Her	F2IV+K0III	27.5368	27.07
HR 4665	K1III+K1III	64.44	63.75

genau die Zeit, die ein Stern nach seiner Entstehung benötigt, um seine Rotation der Kreisbewegung um den gemeinsamen Schwerpunkt anzupassen; wenn also die Rotationsperiode gleich der Bahnperiode wird (siehe Tabelle 4.1).

Wie lautet nun die eingangs erwähnte zweite Theorie?

4.2.2 Meridionale Strömungen als Bremsmechanismus

Sie basiert nicht auf Reibung durch die Gezeitenausbuchtungen, sondern postuliert einen rein hydrodynamischen Mechanismus in den äußeren Schichten des rotierenden Sternes – verursacht durch die nichtsphärische Gestalt des Sterns. Der Drehimpuls eines konvektiven Sterns wird demnach sukzessive in eine meridionale (Äquator-zu-Pol) Strömung umgewandelt und die Rotation dabei gebremst. Dies ist die Theorie der franko-kanadischen Astronomen Jean-Louis und Monique Tassoul (1987, 1988, 1990). Sie sagt folgende Synchronisations-Zeitskala voraus:

$$t_{\mathrm{sync}} = 34 \left(\frac{L_\odot}{L}\right)^{\frac{1}{4}} \left(\frac{M}{M_\odot}\right)^{\frac{5}{4}} \left(\frac{R_\odot}{R}\right)^{3} P^{\frac{11}{4}}. \tag{4.6}$$

In dieser Gleichung bedeuten wieder R den Sternradius, M die Sternmasse, L die Leuchtkraft, und P die orbitale Periode. Ein Vergleich der Vorhersagen beider Theorien zeigt, daß der Tassoulsche Mechanismus wesentlich effektiver arbeitet als die Gezeitenreibung, und daß demnach alle Doppelsterne schon recht kurz nach deren Entstehung synchronisiert sein sollten.

4.3 Pseudosynchrone Rotation

Wie wir im vorhergehenden Kapitel gesehen haben, synchronisiert sich die Drehung eines Sternes sehr bald mit der Kreisbewegung der beiden Komponenten – und in der Regel nicht etwa umgekehrt. Was aber, wenn es sich um eine nicht-kreisrunde Bahn, also um eine exzentrische Bahn handelt? Wie äußert sich in diesem Fall die Synchronisation?

Infolge der Exzentrizität einer Bahn bewegt sich ein Massekörper, etwa ein Planet oder ein Doppelstern, nicht gleichmäßig schnell um den gemeinsamen Schwerpunkt. Er läuft schneller, wenn sich die Körper näher sind und langsamer, wenn sie weiter voneinander entfernt sind. Dies ist übrigens schon sehr lange als das Zweite Keplersche Gesetz bekannt!

Wie der holländische Astronom Piet Hut gezeigt hat (Hut 1981, 1982), versucht nun der rotierende Stern eines exzentrisch laufenden Doppelsternsystems, infolge von Gezeitenreibung, die Winkelgeschwindigkeit im Periastron anzunehmen – dem Zeitpunkt der größten Annäherung der beiden Komponenten des Doppelsternsystems. Das Zweite Keplersche Gesetz aber sagt, daß die Bahngeschwindigkeit im Periastron größer ist, als an irgendeinem anderen Punkt in der Bahn. Der Stern stellt seine Rotationsperiode daher auf jene hypothetische Bahnperiode ein, die sich gemäß der Winkelgeschwindigkeit im Periastron ergäbe; und die ist *kürzer* als die eigentliche, gemessene Bahnperiode. Man sagt, der Stern rotiert dann „pseudosynchron", so als ob das Doppelsternsystem eine kreisrunde Bahn mit der Winkelgeschwindigkeit des Periastrons hätte.

Wir können nochmals zusammenfassen und sagen, ein Doppelstern rotiert

$$\begin{aligned} \text{synchron, wenn:} \quad & e = 0 \quad \text{und} \quad P_{\text{rot}} = P_{\text{orb}}, \\ \text{pseudosynchron, wenn:} \quad & e > 0 \quad \text{und} \quad P_{\text{rot}} = P_{\text{orb}}\, f(e). \end{aligned}$$

Die Funktion $f(e)$ drückt dabei die Abhängigkeit der synchronen Rotationsperiode von der Exzentrizität e der Bahn aus, und ist nichts anderes als das Verhältnis der Winkelgeschwindigkeit des (pseudosynchron) rotierenden Sternes zur Winkelgeschwindigkeit der Bahnbewegung. Praktiker verwenden aber lieber Perioden als Winkelgeschwindigkeiten und wir schreiben daher die Funktion $f(e)$ als Verhältnis der orbitalen zur pseudosynchronen Periode an. Nach der Arbeit von Hut (1981) berechnet sich die Funktion $f(e)$ zu

$$f(e) = \frac{P_{\text{pseudo}}}{P_{\text{orb}}} = \frac{(1 + 3e^2 + \frac{3}{8}e^4)(1 - e^2)^{\frac{3}{2}}}{1 + \frac{15}{2}e^2 + \frac{45}{8}e^4 + \frac{5}{16}e^6}. \tag{4.7}$$

Man bemerke, daß $f(e)$ immer größer als Null und kleiner als Eins ist, und somit muß die pseudosynchrone Rotationsperiode (P_{pseudo} in Tabelle 4.2) auch immer *kürzer* als die Bahnperiode sein. Die Funktion $f(e)$ aus Glchg. (4.7) ist in Abb. 4.6 nochmals graphisch dargestellt.

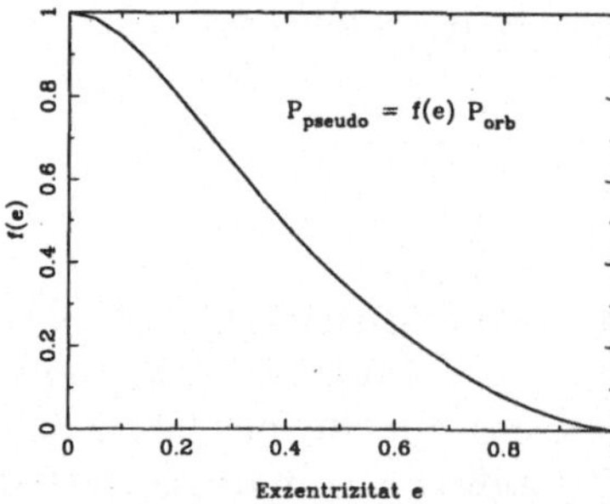

Abbildung 4.6: Die Abhängigkeit der synchronen Rotationsperiode von der Exzentrizität der Bahn. Aufgetragen ist das Verhältnis $f(e) = \frac{P_{\text{pseudo}}}{P_{\text{orb}}}$ (die Funktion der Gleichung 4.7) gegenüber der Bahnexzentrizität e. Für ein gemessenes e sucht man $f(e)$ und multipliziert dies mit der Bahnperiode um so die erwartete, pseudosynchrone Rotationsperiode zu erhalten. Dieser Wert kann dann mit der gemessenen Rotationsperiode verglichen werden.

Photometrische Beobachtungen eines rotierenden Sternes ermöglichen eine sehr genaue Bestimmung der Rotationsperiode (siehe Kapitel 5), hingegen sind spektroskopische Beobachtungen nötig um die Bahn des Doppelsternsystems und somit die

Bahnperiode und die Exzentrizität zu erhalten. Tabelle 4.2 gibt eine Auswahl von pseudosynchron rotierenden, aktiven Doppelsternen bei denen jeweils die Bahnperiode, die Rotationsperiode und die Exzentrizität der Bahn gemessen werden konnten. Der Wert der pseudosynchronen Periode wurde aus Glchg. (4.7) berechnet und ist mit dem gemessenen Wert der Rotationsperiode zu vergleichen.

Tabelle 4.2: DOPPELSTERNE MIT PSEUDOSYNCHRONER ROTATION

Sternname	Spektral-Typ	e	P_{orb} (Tage)	P_{pseudo} (Tage)	P_{rot} (Tage)
BY Dra	K4V+K7.5V	0.307	5.975112	3.774	3.827
54 Cam	F9IV+G5IV	0.107	11.0764	10.35	10.23
AR Psc	K2V+?	0.19	14.30	11.74	12.25

Wie lange braucht nun ein gerade aus einer interstellaren Wolke entstandenes Doppelsternsystem mit einer exzentrischen Bahn, bis seine Komponenten an die orbitale Periode synchronisiert sind? Die Gezeiten-Reibungs-Theorie sagt voher, daß die Rotation der Sterne bereits synchronisiert wird, noch bevor die Bahnbewegung zirkularisiert wird, sich also die ursprünglich exzentrische Bahn sukzessive in eine kreisrunde umgewandelt hat. Jedoch gilt hier eine, für Aktive Sterne ganz wichtige Ausnahme: nämlich, wenn die Sterne bereits von Anfang an sehr viel schneller rotieren als üblich, wenn deren Drehimpuls also vergleichbar hoch ist wie der Bahndrehimpuls. Dies kann zu einer instabilen Situation führen in deren Folge die Exzentrizität der Bahn auch zunehmen kann, wie wir gleich sehen werden.

Gemäß der Gezeitentheorie ist Zirkularisation sehr stark abhängig vom Abstand a der beiden Komponenten des Doppelsternsystems. Neben anderen Parametern ist die Zeit, die ein System mit zwei sonnenähnlichen Sternen benötigt um seine Bahn zu zirkularisieren gleich

$$t_{\text{zirk}} \propto \left(\frac{a}{R}\right)^8, \tag{4.8}$$

wobei R entweder der Radius der einen oder der anderen Komponente ist. Die Abhängigkeit ist mit der achten Potenz also recht stark. Die volle Gleichung (4.8) ist wesentlich komplizierter und beinhaltet natürlich auch die Rotationsgeschwindigkeit der beiden Sterne. Dann gilt Gleichung (4.8) auch für den Spezialfall, daß die Sterne wesentlich schneller rotieren als sie sich umkreisen, und zeigt, daß dann der umgekehrte Effekt der Zirkularisation eintreten kann: nämlich eine Erhöhung der Exzentrizität. Dies geschieht durch Übergabe von kinetischer Energie der Rotation an die Bahn und konsequenter Umwandlung in Bahn-Drehimpuls durch Veränderung des Abstandes der beiden Komponenten. Hier muß angemerkt werden, daß die numerischen Werte *wann* dieser Umstand eintritt, sehr stark von der Art der mathematischen Behandlung dieses Problems abhängen[3]. Im allgemeinen können wir aber davon ausgehen, daß sich die Bahnen von Doppelsternen eher zirkularisieren als instabil werden, sonst würden wir nicht so viele Doppelsterne beobachten.

[3] siehe hiezu Habets & Zwaan (1989).

Auch gilt die Zahnsche Theorie in ihrer exakten Form nur für Doppelsterne bei denen die Rotationsperiode wesentlich größer ist als die Bahnperiode.

Doch wie steht's mit der Synchronisation? Hier sagt die Gezeitentheorie von Zahn folgende Abhängigkeit vorher – wie schon in Glchg. (4.5) und (4.3) angedeutet:

$$t_{\text{sync}} = f(k,q) \left(\frac{MR^2}{L}\right)^{\frac{1}{3}} \left(\frac{a}{R}\right)^6, \tag{4.9}$$

wobei $f(k,q)$ eine Konstante ist, die sich aus der inneren Struktur k des rotierenden Sternes und dem Verhältnis $q = M_2/M_1$, der Massen beider Sterne, zusammensetzt. Weiters sind M die Masse, R der Radius, L dessen Leuchtkraft, und a wieder der Abstand der beiden Sterne in Einheiten des Radius R je einer der beiden Komponenten. Wir sehen also, daß die Abhängigkeit der Synchronisation von (a/R) um zwei Größenordnungen schwächer ist als bei der Zirkularisation. Mit anderen Worten, gemäß der Zahnschen Gezeitentheorie tritt Synchronisation früher ein als Zirkularisation – wie wir oben ja bereits gesehen haben.

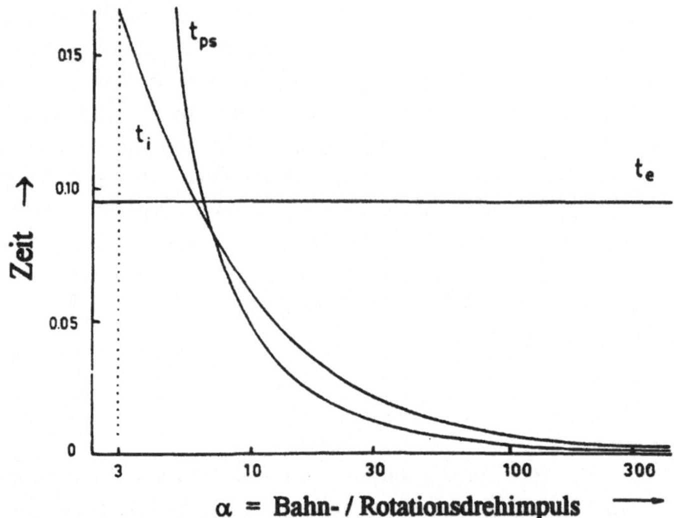

Abbildung 4.7: Die verschiedenen Zeitskalen der Gezeitentheorie. Zeit ist in diesem Diagramm in vertikaler Richtung in Einheiten der Gezeitenzeitskala aufgetragen. Die horizontale Achse ist das Verhältnis zwischen Bahn- zu Rotationsdrehimpuls (sehr schnell rotierende Sterne würden in der ganz linken Hälfte des Diagramms liegen, langsame weiter rechts). t_{ps} bedeutet die (Pseudo)Synchronisations-, t_i die Koplanaritäts- und t_e die Zirkularisationszeitskala. Wir sehen, daß für schnelle Rotatoren – meist aktive Sterne – zuerst Zirkularisation der Bahn, dann Koplanarität der Drehimpulsachsen und erst zum Schluß die Synchronisation der Rotation mit der Bahnbewegung eintritt. Bei langsamen Rotatoren ist alles genau umgekehrt. (Mit frdl. Gen. nach Piet Hut 1981).

Um nun die verschiedenen Zeitskalen miteinander vergleichen zu können müssen wir deren Abhängigkeit vom Verhältnis des Bahndrehimpulses zum stellaren Rotationsdrehimpuls berücksichtigen. Damit wir uns dabei nicht vollständig verwirren, wollen wir dies nur für die Gezeitenreibungs-Theorie tun. Hiezu lieferte nämlich Piet Hut (1981) eine einfache Darstellungsweise (siehe Abb. 4.7): er trägt eine Zeit gegenüber dem Verhältnis α von Bahn- zu Rotationsdrehimpuls auf, aber gibt die reale Zeit t in Einheiten einer „typischen" Gezeitenzeitskala an. Letztere drückt jene $(a/R)^8$-Abhängigkeit aus, der wir schon in Glchg. (4.8) begegnet sind. Abbildung 4.7 lehrt uns jetzt folgendes: bei kleinen Werten für α ($\leq$10), d.h. relativ hohem Rotationsdrehimpuls, wird Zirkularisation bereits vor der Synchronisation erreicht und die Zeitskala $t_{\rm ps}$ in Abb. 4.7 ist daher formal eigentlich eine Synchronisationszeitskala und nicht eine Pseudosynchronisationszeit. Die Exzentrizität der Bahn ist ja bereits Null. Bei großen Werten für α kehrt sich die Situation aber um: jetzt dominiert der Bahndrehimpuls schon ganz gewaltig und Veränderungen in der Bahnexzentrizität gehen nur sehr langsam vor sich. Pseudosynchronisation kann sich bereits vor Zirkularisation einstellen.

Abbildung 4.7 gibt zusätzlich auch noch eine Zeitskala für die Koplanarität zwischen Rotationsachse und Bahnachse an (t_i). Man muß nämlich davon ausgehen, daß die räumliche Ausrichtung der Rotations- und Bahndrehimpulsachse zur Zeit der Sternentstehung beliebig verteilt war. Erinnern wir uns nur an unser Planetensystem. Die Rotationsachse der Sonne ist heute sehr genau normal auf der Ekliptik, ebenso die des Jupiters, dessen hohe Masse im Vergleich zu den anderen Planeten ja die Lage der Ekliptik bestimmt. Nicht jedoch die Rotationsachse der Erde – Gott sei Dank –, denn wer möchte schon das faszinierende Spiel der Jahreszeiten missen.

Bei einem Doppelstern ist die Situation aber wesentlich einfacher als in einem Mehrkörpersystem wie unserem Sonnensystem, wir sehen hier bei großem und kleinem α ein ganz ähnliches Verhalten wie bei der Synchronisation: sobald der Bahndrehimpuls den Gesamtdrehimpuls dominiert, d.h. wenn $\alpha \geq 10$, kann sich Pseudosynchronisation noch vor Koplanarität einstellen. Nicht jedoch wenn die Sterne schnell rotieren, wie z.B. die aktiven Komponenten der RS CVn-Doppelsterne.

4.4 Asynchrone Rotation

Es wird nun auch eine Anzahl von Doppelsternsystemen beobachtet, deren Komponenten entweder schneller oder langsamer um ihre eigene Achse rotieren, als sie um ihren gemeinsamen Schwerpunkt kreisen, ob nun in einer kreisrunden oder in einer exzentrischen Bahn! In diesem Fall sprechen wir von wahrer *asynchroner* Rotation und müßen uns ebenfalls die Frage stellen, wie solche Systeme entstehen konnten bzw. ob diese Sterne wirklich noch so jung sind, daß sie noch nicht ausreichend Zeit hatten ihre Rotation zu synchronisieren?

Doch gibt uns die Beobachtung ein bis heute nicht vollständig gelöstes Rätsel auf: fast alle asynchron-rotierenden Doppelsterne sind entwickelte Sterne; also *ältere* Sterne wie Riesen und Unterriesen. Diese sollten aber bereits ausreichend Zeit gehabt haben, ihre Rotation mit der Bahnbewegung zu synchronisieren. Einen möglichen Ausweg aus diesem Dilemma haben unlängst die beiden polnischen Astronomen R. Glebocki von der Universität Gdansk und A. Stawikowski vom Nicolaus-Copernicus Center in Torun vorgeschlagen: bei den meisten asynchronen Rotatoren sei die stellare Rotationsachse nicht normal auf die orbitale Bahnebene, und damit auch nicht direkt vergleichbar. Nach der Gezeitentheorie von Hut in Abb. 4.7 sollte sich Synchronisation bzw. Pseudosynchronisation aber sehr rasch, etwa zur gleichen Zeit, einstellen. Oder vielleicht doch nicht? Gibt es bei aktiven Doppelsternen eventuell noch eine andere Interaktion zwischen den einzelnen Komponenten als die Gravitation? Magnetische Rekonnektion der Feldlinien von einem Stern zum anderen etwa, wie in Abb. 6.11 schematisiert? Nur eine weitere, offene Frage, deren Beantwortung noch einiges Kopfzerbrechen bereitet und nach immer mehr und besseren Beobachtungsdaten verlangt.

Wohl die besten – und bekanntesten – Beispiele von asynchronen Rotatoren sind α Aurigae (Capella) und λ Andromeda; beides sogenannte RS-CVn-Systeme, sowie TZ For: ein andererseits „normales“ Doppelsternsystem mit einem G5III-Primärstern und einem F7III-Sekundärstern, dessen Komponenten sich alle 75.7 Tage einmal selbst bedecken. Das Besondere an TZ For ist, daß der F7-Stern rund zehnmal schneller rotiert, als es die orbitale Periode von 75 Tagen erwarten ließe (siehe Kapitel 4.5). Capella und TZ For sind sogenannte SB2-Systeme. So werden spektroskopische Doppelsterne genannt, wenn im Spektrum das Licht beider Sterne erkennbar ist[4]. Dieser Umstand erlaubt die Anwendung des Dritten Keplerschen Gesetzes, und somit die Bestimmung der Masse der beiden Komponenten.

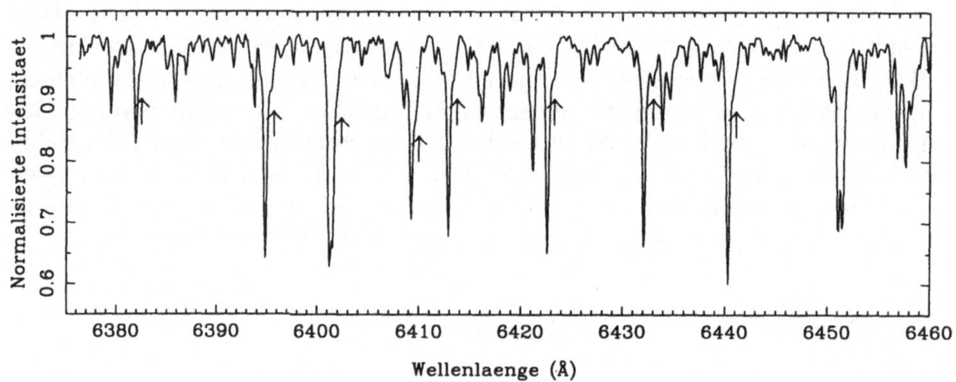

Abbildung 4.8: Das Spektrum des Doppelsternsystems α Aurigae (Capella, G9III+G0III). Obwohl beide Komponenten zum Linienspektrum beitragen, sind die Linien des G0-Sternes aber nur als Ausbuchtung in den roten Linienflügeln der dominierenden G9-Komponente erkennbar (Pfeile). Die starken Linien stammen alle von der G9-Komponente, wohingegen im blauen Wellenlängenbereich (nicht gezeigt) die G0III-Komponente dominiert.

Capella ist ein überaus interessantes und kompliziertes System, mit zwei Riesensternen als Komponenten eines spektroskopischen Doppelsystems, und einer recht langen Bahnperiode von 104 Tagen. Die Spektralklassifikation des gemeinsamen Spektrums in Abb. 4.8 zeigt, daß das System aus einem G0III-Stern mit einer achttägigen Rotationsperiode und einem G9III-Stern mit einer 80-tägigen Periode besteht. Abgesehen davon, daß beide Komponenten unterschiedlich zur Bahnperiode – also asynchron – rotieren, ist das wirklich Besondere an diesem

[4]Man spricht von SB1, wenn nur ein Stern des Doppelsternsystems im Spektrum sichtbar ist.

Tabelle 4.3: AKTIVE DOPPELSTERNE MIT ASYNCHRONER ROTATION

Sternname	Spektral-Typ	e	P_{orb} (Tage)	P_{pseudo} (Tage)	P_{rot} (Tage)
AY Cet	G5III	0.00	56.824	...	77.22
α Aur	G0III/G9III	0.00	104.01	...	8.0
VY Pyx	K0III	0.00	45.13	...	19.34
DQ Leo	G5III-IV/A7V	0.00	71.69	...	55.0
λ And	G8IV-III	0.04	20.521	20.0	53.95
HD 181809	K1III	0.05	13.048	12.8	60.23
LU Hya	K1IV	0.13	16.54	14.9	21.0
V1285 Aql	M3.5V/M3.5V	0.20	10.319	8.3	2.9
HD 155989	G5III	0.32	122.56	73.5	30.0
TY Pic	G8-K0III	0.32	106.74	64.0	43.76
12 Cam	K0III	0.35	80.174	45.2	80.94
RZ Eri	K0IV	0.35	39.28	21.6	31.4
AZ Psc	K0III	0.50	47.12	16.5	91.2
LS TrA	K2IV/K2IV	0.52	49.431	16.3	46.19
BN Mic	K1III	0.52	63.09	20.8	61.73
HD 118234	K0.5III	0.59	59.05	14.7	64.0
HR 7578	K2-3V/K2-3V	0.69	46.817	7.9	16.5

RS-CVn-System, daß der heißere Stern (die G0-Komponente) der aktivere Stern ist. Ganz entgegen der gängigen Vorstellung, daß kühlere Sterne eine tiefere Konvektionszone besitzen, und somit auch – zumindest bei gleich schneller Rotation –, einen stärkeren Dynamo treiben und dadurch höhere magnetische Aktivität an der Oberfläche zeigen sollten. Die Erklärung dieses Puzzles ist aber relativ einfach, der G0-Stern hat noch eine kleine aber ausreichend tiefe Konvektionszone und rotiert einfach übermäßig schnell im Vergleich zu einem „normalen" G0III-Stern, und auch im Vergleich zu seinem Doppelsternpartner, sodaß ein relativ starker Dynamo betrieben werden kann. Weitere asynchrone Rotatoren mit zum Teil exzentrischen Bahnen sind in Tabelle 4.3 zusammengefaßt.

Stimmen aber nun die Vorhersagungen der beiden Theorien – Zahn und Tassoul – mit den Beobachtungen überein? Dafür betrachten wir ein Doppelsternsystem mit zwei normalen, d.h. nicht aktiven Riesensternen etwas genauer: TZ Fornacis.

4.5 Ein Vergleich am Beispiel TZ Fornacis

Der bedeckungsveränderliche Doppelstern TZ Fornacis ist, wie eine Gruppe von Astronomen um Johannes Andersen et al. (1991) eindrucksvoll gezeigt haben, wohl das momentan beste stellare Beispiel um Synchronisations- und Zirkularisations-Theorien zu überprüfen – wenn auch die Schlußfolgerungen nicht unbedingt eindeutig sein können, da jedes Doppelsternsystem seine eigene, uns noch unbekannte Vergangenheit hat, solange wir den überaus komplexen Prozeß der Sternentwicklung nicht ganz exakt kennen.

4.5.1 Präzise stellare Daten sind notwendig

Um einen Vergleich mit theoretischen Vorhersagungen überhaupt durchführen zu können, muß man die stellaren Parameter, Masse und Radius, sehr präzise kennen; wenigstens auf ein paar Prozent genau. Dies ist heute nur bei einigen, meist bedeckungsveränderlichen Doppelsternen möglich, aber gute Daten für Hauptreihen-Sterne existieren und wurden bereits Anfang der achziger Jahre von Daniel M. Popper veröffentlicht (Popper 1980, siehe auch Andersen 1991). Für entwickelte Sterne jedoch, also Unterriesen und Riesen, ist ähnlich präzises Beobachtungsmaterial noch recht spärlich. Insgesamt sind nur einige wenige Doppelsternsysteme mit entwickelten Komponenten untersucht, die ähnlich exakte physische Parameter für Riesensterne liefern wie für Hauptreihen-Sterne. Einige davon sind Capella = α Aur (G0III + G9III), AI Phe (F7IV + K0IV), Φ Cyg (G8III + G8III) und TZ For (F7III + G8III). TZ For ist deswegen besonders gut geeignet, weil es ein bedeckungsveränderliches System ist und die Neigung der Bahnebene im Raum daher gut bekannt ist. Tabelle 4.4 ist eine Zusammenfassung der beobachteten Parameter für das nicht-aktive TZ-For-System im Vergleich zum aktiven RS-CVn-System Capella.

Tabelle 4.4: PHYSISCHE PARAMETER FÜR TZ FOR UND CAPELLA

	Heißer Stern		Kühler Stern	
Parameter	Capella	TZ For	Capella	TZ For
Spektraltyp	G0III	F7III	G9III	G8III
Masse [$M_\odot$]	2.5±0.2	1.95±0.03	2.6±0.4	2.05±0.06
Radius [$R_\odot$]	8.1±0.8	3.96±0.09	11.4±1.2	8.32±0.12
T_{eff} [K]	5800±300	6350±100	5000±200	5000±100
Leuchtkraft [$L_\odot$]	66±1.6	22.9±1.6	72±2	39±4
$\log g$ [ ]	3.0±0.1	3.53±0.02	2.75±0.11	2.910±0.017
Dichte [$\mathrm{g\,cm^{-3}}$]	0.0067	0.044	0.0025	0.0050
P_{orb} [Tagen]	104.02	75.67		
Exzentrizität [–]	0.000	0.000		
Bahnneigung i [°]	41:	85.64±0.05		
P_{rot} [Tagen]	7.8±0.9	4.7	80:	105
$v \sin i$ [$\mathrm{km\,s^{-1}}$]	13±1	42±2	5±2	4±1
$v \sin i_{syn}$ [$\mathrm{km\,s^{-1}}$]	2.7	2.6	3.8	5.5

4.5.2 Die Rotation der F7III-Komponente

Nachdem das TZ-For-System bereits eine kreisrunde Bahn besitzt, könnten wir annehmen, daß die Rotation bereits seit langer Zeit zur Bahnbewegung synchronisiert ist. Doch das ist weder bei TZ For, noch bei der heißen Komponente von Capella der Fall. Die Gezeitenreibungs-Theorie in der Form von Campbell & Papaloizou (1983)[5] sagt eine Synchronisation-Zeitskala für TZ For von 2×10^{12} Jahren voraus

[5]Nachdem die Zahnsche Theorie nur bis zu geringen Abweichung von der Synchronisation gilt, haben Campbell & Papaloizou eine Erweiterung eingeführt, bei der die Gezeitenkräfte wesentlich schwächer sind.

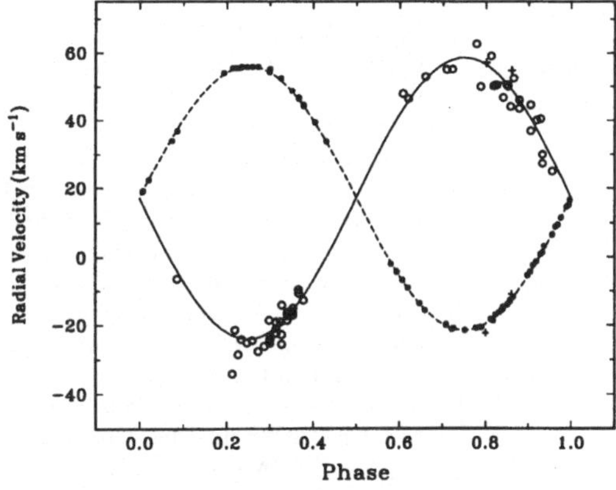

Abbildung 4.9: Die beobachteten Radialgeschwindigkeiten beider TZ For-Komponenten und die daraus berechneten Werte der Bahnbewegung (Linien). Die Messungen für TZ For B (G8III) sind wegen der Schärfe der Spektrallinien wesentlich genauer als die der A-Komponente (F7III). (Mit frdl. Gen. nach J. Andersen et al. 1991, Copenhagen University Observatory).

(2×10^{11} für Capella). Nachdem das Alter von TZ For aber nur rund 2×10^{9} Jahre beträgt, sollte die F7-Komponente – wenn die Gezeitentheorie stimmt –, also noch nicht synchronisiert sein. Was auch von Andersen et al. beobachtet wurde.

Doch wie steht es mit dem hydrodynamischen Mechanismus von Tassoul? Es scheint, als ob dieser Mechanismus *zu* effizient ist. Demnach sollte TZ For (und Capella) bereits nach rund 3×10^{8} Jahren synchronisiert worden sein. Diese Zeitspanne ist bereits kürzer als jene Zeitspanne, die Sterne dieser Masse auf der Hauptreihe verbringen – und TZ For ist bereits jetzt ein entwickelter Riesenstern!

4.5.3 Die Rotation der G8III-Komponente

Die Zahnsche Theorie liefert für diese Komponente eine Voraussage von $2\,10^{8}$ Jahren für die Synchronisation des Roten-Riesen[6]. Dies entspricht wiederum gut der Beobachtung, da der G8-Stern bereits etwas langsamer rotiert als es die Bahnbewegung zuließe.

4.5.4 Zirkularisation des TZ-For-Systems

Beide in Abschnitt 4.2 vorgestellten Theorien sagen Synchronisation der Rotation *vor* der Zirkularisation der Bahn vorher; und zwar etwa um den Faktor $(R/a)^2 \approx 100$ früher. Die Bahn der beiden TZ For-Komponenten ist aber bereits heute vollständig zirkularisiert ($e = 0.000 \pm 0.000$), die F7-Komponente aber noch nicht synchronisiert. Diese Beobachtung steht im krassen Widerspruch zu allen Gezeitentheorien, die Zirkularisation nach rund 10^{10} Jahren vorhersagen, und auch entgegen der hydrodynamischen Theorie von Tassoul, die Zirkularisation nach rund 10^{13} Jahren angibt.

Johannes Andersen und seine Kollegen zeigten einen möglichen Ausweg aus diesem Dilemma. Sie sagen, daß sich die G8-Komponente in einem gänzlich unterschiedlichen Entwicklungsstadium befindet als die heißere F7-Komponente. Ein

[6] Die Zahnsche Theorie ist eigentlich nur für Hauptreihen-Sterne gültig. Die Anwendung an Riesen ist daher etwas problematisch

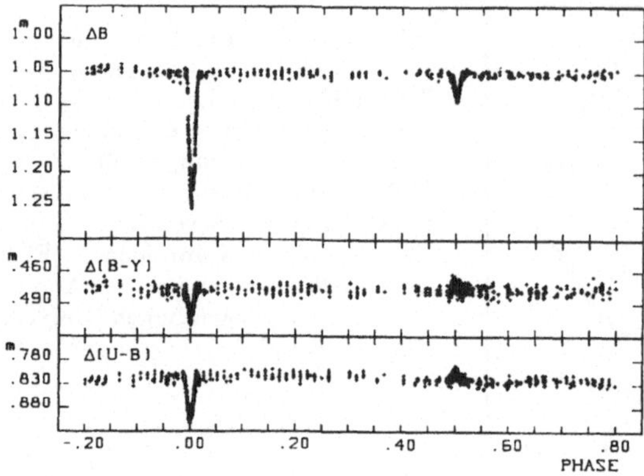

Abbildung 4.10: TZ For ist obendrein ein Bedeckungsveränderlicher, d.h. dessen Bahnebene ist in Richtung des Beobachters auf der Erde so geneigt, daß wir auf die „Kante" der Bahn blicken und die beiden Doppelsternkomponenten sich daher alle halbe Periode einmal gegenseitig bedecken. Dieser Umstand erlaubt es, exakte Radien für beide Sterne zu ermitteln und außerdem den $\sin^3 i$-Faktor bei der Bahnberechnung zu eliminieren und tatsächliche Massen zu erhalten, und nicht nur die Mindestmassen $M_{1,2} \sin^3 i$. (Mit frdl. Gen. nach J. Andersen et al. 1991).

Vergleich der beobachteten stellaren Parameter beider Sterne mit mehreren theoretischen Sternentwicklungswegen im HR-Diagramm ergab nämlich, daß sich der G8-Stern bereits am Ende des Roten-Riesen-Astes befindet oder sogar schon im sogenannten „clump" Gebiet angekommen ist. So nennt man einen kleinen Bereich im HR-Diagramm wo kühle Riesensterne aufscheinen, die gerade begonnen haben, in ihrem tiefsten Inneren Helium zu Kohlenstoff zu verbrennen – anstelle Wasserstoff zu Helium, wie auf der Hauptreihe und kurz danach. Nun, wenn sich die G8-Komponente bereits in diesem Entwicklungsstadium befindet, dann ist deren größerer Radius und tiefere Konvektionszone ausreichend um das Drehmoment des Sternes so stark werden zu lassen, daß die Rotation der G8-Komponente alleine ausreicht um das gesamte Doppelsternsystem zu zirkularisieren. Die Rotation der F7-Komponente würde hievon völlig unbeindruckt bleiben und könnte nach wie vor schnell rotieren, genau wie beobachtet. Das „Dilemma" war also gar keines, man muß nur den exakten Entwicklungsstatus der einzelnen Komponenten kennen, um zu sehen ob die verschiedenen Theorien hier überhaupt anwendbar sind oder nicht. Im speziellen Entwicklungsstadium von TZ For ist die Zirkularisationszeit für *einen* Stern kürzer als die Synchronisationszeit, und unser Problem war nur scheinbar.

Literaturverzeichnis

[1] Andersen J., 1991, „Accurate masses and radii of normal stars“, A&A Reviews 3, 91

[2] Andersen J., Clausen J. V., Nordström B., Tomkin J., Mayor M., 1991, „TZ Fornacis: stellar and tidal evolution in a binary with a fully-fledged red giant (Absolute dimensions of eclipsing binaries. XVII)“, A&A 246, 99

[3] Campbell C. G., Papaloizou J., 1983, „The possibility of non-synchronism of convective secondaries in close binary stars“, MNRAS 204, 433

[4] Darwin G. H., 1879, Phil. Trans. Royal Soc. 170, s. 1

[5] Habets G. M. H. J., Zwaan C., 1989, „Asynchronous rotation in close binary systems with circular orbits“, A&A 211, 56

[6] Hall D. S., 1986, „Pseudosynchronization found in binaries with eccentric orbits“, ApJ 309, L83

[7] Hut P., 1981, „Tidal evolution in close binary systems“, A&A 99, 126

[8] Hut P., 1982, „Tidal evolution in close binary systems for high eccentricity“, A&A 110, 37

[9] Popper D. M., 1980, „Stellar masses“, ARA&A 18, 115

[10] Tassoul J.-L., 1987, „On the synchronization in early-type stars“, ApJ 322, 856

[11] Tassoul J.-L., 1988, „On orbital circularization in detached close binaries“, ApJ 324, L71

[12] Tassoul J.-L., Tassoul M., 1990, „A time-dependent model for synchronization in close binaries“, ApJ 359, 155

[13] Zahn J.-P., 1977, „Tidal friction in close binary stars“, A&A 57, 383

[14] Zahn J.-P., 1989, „Tidal evolution of close binary stars. I. Revisiting the theory of the equilibrium tide“, A&A 220, 112

Weiterführende Literatur

- Das Autorentrio um Cuno Hoffmeister, mit G. Richter und W. Wenzel als Koautoren, beschreibt alle Facetten klassischer, veränderlicher Doppelsterne in VERÄNDERLICHE STERNE, erschienen im Springer-Verlag, Berlin (1984).
- David F. Gray's LECTURES ON SPECTRAL-LINE ANALYSIS: F, G, AND K STARS (The Publisher, Ontario, Canada, 1988) ist eine unterhaltsame Reise durch die Welt der F, G, und K-Sterne.
- DOUBLE STARS, von W. D. Heintz, ist ein Klassiker über die Phänomenologie von Doppelsternen. Liste von Katalogen etc..
- Alan H. Batten's BINARY AND MULTIPLE SYSTEMS OF STARS (Pergamon Press, Oxford, 1973) ist zwar naturgemäß etwas veraltet aber immer noch ein ausgezeichnetes Lehrbuch. Hauptgewicht auf spektroskopische Doppelsterne ...

- ... und sein Katalog EIGHT CATALOGUE OF THE ORBITAL ELEMENTS OF SPECTROSCOPIC BINARY SYSTEMS (gem. mit J. M. Fletcher und D. G. MacCarthy in Publ. of the Dominion Astrophysical Observatory, Vol. XVII, Victoria, 1989) ist der Standard auf diesem Gebiet.
- *Der* Klassiker unter den Doppelsternbüchern: Robert Grant Aitken THE BINARY STARS, McMillan Co., New York, 1935. Viele Details über die Geschichte dieses Forschungsgebietes.
- Die Entwicklung von Doppelsternsystemen bespricht C. W. H. de Loore und C. Doom in STRUCTURE AND EVOLUTION OF SINGLE AND BINARY STARS (Kluwer Academic Publishers, Dordrecht, 1992). Erschienen in der Serie *Astrophysics and Space Science Library* als Volume 179.
- J.-L. Tassoul: THEORY OF ROTATING STARS (Princeton University, 1978). Sehr mathematisch und schwierig zu lesen, aber ein ausgezeichnetes Fachbuch.
- ON SYNCHRONISATION AND ORBITAL CIRCULARIZATION IN DETACHED CLOSE BINARIES von J.-L. und M. Tassoul ist eine fachliche Zusammenfassung der in diesem Kapitel besprochenen Tassoulschen Theorie. Sehr fachorientiert. In der Reihe *Fundamentals of Cosmic Physics* bei Gordon and Breach, 1997.
- Die Lichtkurven von Bedeckungsveränderlichen werden in LIGHT CURVE MODELING OF ECLIPSING BINARIES, von E. F. Milone (Hrsg.) beschrieben. Erschienen im Springer-Verlag, New York, 1993.
- Einen Katalog ultravioletter Spektren von aktiven Doppelsternen haben Constanze la Dous und Alvaro Giménez zusammengestellt: INTERNATIONAL ULTRAVIOLET EXPLORER UNIFORM LOW DISPERSION ARCHIVE: CHROMOSPHERICALLY ACTIVE BINARY STARS, Teil I und II, ESA SP-1181, Noordwijk (1994 und 1995).
- Berichte von spezifischen Themen über ACTIVE CLOSE BINARIES sind in den Proceedings zur gleichnamigen NATO Tagung zusammengefaßt (Hrsg. Cafer Ibanoglu, NATO ASI Serie Vol. 319, Kluwer Academic Publishers, Dordrecht, 1990).

Kapitel 5

Rotationsmodulierte Datenanalyse

Mir bleibt nichts erspart!
Kaiser Franz Joseph, als Elisabeth 1897 ermordet wurde

Bevor wir uns noch weitere Gedanken über den Zusammenhang zwischen der Rotation eines Sternes und dem Auftreten stellarer Aktivitäten an deren Oberfläche machen, wollen wir doch erst einmal sehen wie der Astronom die Sternrotation überhaupt mißt, wie genau diese Messungen sind und ob vielleicht noch mehr Information in den Daten steckt als nur ein einzelner Wert für die stellare Rotationsperiode bzw. -geschwindigkeit.

Heute gibt es, je nach Spektraltyp des zu untersuchenden Sterns, verschiedene Methoden, die Rotation eines Sternes zu messen – genaue und weniger genaue, einfachere und relativ komplizierte. Welche spezifische Technik nun wirklich zum Einsatz kommt hängt von den vorhandenen Teleskopressourcen ab und bleibt natürlich dem Astronomen vorbehalten, doch eine Methode, die optimale Ergebnisse für Sterne des Spektraltypes K und M liefert, kann bei A-Sternen vollkommen versagen und vice versa. Für sonnenähnliche Sterne, jene Sterne, die uns in diesem Buch besonders interessieren, sind zwei Methoden wichtig: die Messung der Verbreiterung von Spektrallinien, sowie die periodische Variation der Gesamthelligkeit eines Sternes durch eine inhomogen verteilte Oberflächenhelligkeit. Eine dritte, gänzlich neue Methode, die bis dato nur an ein paar wenigen Weißen-Zwergen und der nahen Sonne anwendbar ist, ist die Messung der Frequenzaufspaltung von Pulsationsmoden im reichen Frequenzspektrum nicht-radialer Oszillationen. Mit dieser Methode, der Astro- bzw. Helioseismologie, konnte die Verteilung der Rotationsgeschwindigkeit sogar *innerhalb* der Sonne gemessen werden – und nicht nur an deren Oberfläche! Doch dazu später.

5.1 Doppler-Effekt und Sternrotation

„Die lohnenden Forschungen sind diejenigen, welche, indem sie den Denker erfreu'n, zugleich der Menschheit nützen.“ *Christian Doppler*

5.1.1 Wie funktioniert das?

Die Bestimmung der Verbreiterung von Spektrallinien beruht auf dem *Doppler-Effekt* (Christian Doppler 1842, vgl. Abb. 5.1),

$$\frac{\lambda - \lambda_0}{\lambda_0} = \frac{v}{c} \tag{5.1}$$

wobei λ die gemessene Wellenlänge einer Spektrallinie im Spektrum des Sternes ist, λ_0 die Laborwellenlänge derselben Linie, v die radiale Komponente der Geschwindigkeit an der Sternoberfläche ist, und c die Lichtgeschwindigkeit bedeutet. Der Spektrographenspalt in der Fokalebene eines astronomischen Teleskopes ist aber ungleich breiter als der Durchmesser des wahren Sternscheibchens und folglich heben sich die Beiträge zur Linienverschiebung $(\lambda - \lambda_0)$ von der, sich auf uns zurotierenden Hälfte des Sternes, mit der sich von uns wegrotierenden Hälfte auf, sodaß die Wellenlänge des Linienzentrums immer gleich bleibt. Die Linienbreite nimmt jedoch proportional v/c zu.

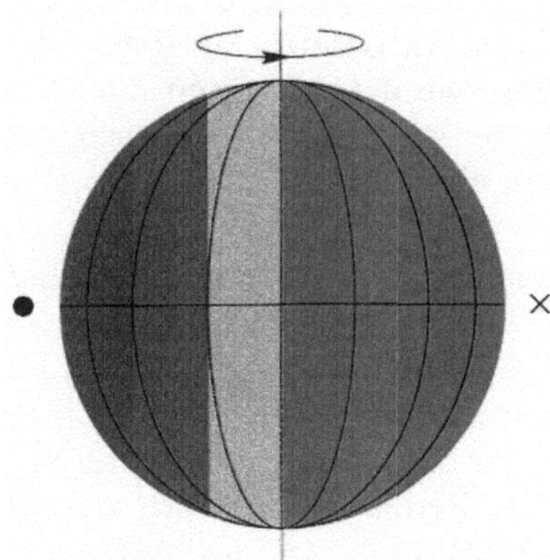

Abbildung 5.1: Zum Verständnis des Doppler-Effektes bei einem rotierenden Stern. Egal ob die Rotationsachse geneigt oder, wie hier, normal auf die Sichtlinie steht, die eine Hälfte der sichtbaren Hemisphäre erleidet eine Blauverschiebung des Spektrums während die andere rotverschoben erscheint. Der Betrag der Verschiebung hängt vom projizierten Abstand zur Rotationsachse ab.

5.1.2 Das spektrale Linienprofil

Verwendet man nun einen Spektrographen mit hoher spektraler Auflösung, kann man nicht nur die Wellenlänge einzelner Linien messen, sondern das genaue Profil dieser Linien bestimmen. Bei sonnenähnlichen Sternen wird die Form des Linienprofiles, vorausgesetzt das spektralen Auflösungvermögen ist hoch genug, bereits bei $v_{\rm rot} > 3\,{\rm km\,s^{-1}}$ von der Rotation des Sternes dominiert. Mit zunehmender Rotationgeschwindigkeit verbreitern sich alle Spektrallinien weiter, gemäß dem Doppler Effekt.

Stellt man sich das Sternscheibchen in der Fokalebene in lauter Streifen parallel zur Rotationsachse aufgeteilt vor – den sogenannten isoradialen Streifen, das ist eine Verbindung von Punkten auf der Sternoberfläche, die die gleiche Radialgeschwindigkeit haben (Abb. 5.3) –, so ist der, auf die Tangentialebene projizierte Abstand eines Streifens (x) von der Rotationsachse des Sternes, proportional zur beobachteten Wellenlängenverschiebung verursacht durch die Winkelgeschwindigkeit ω des

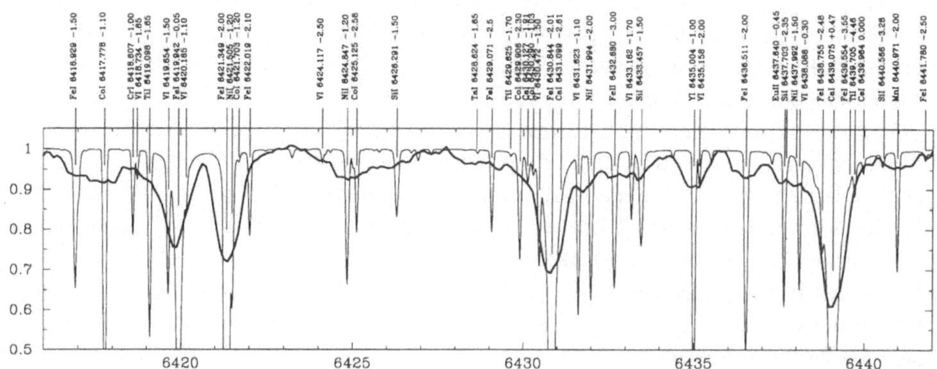

Abbildung 5.2: Die Verbreiterung bzw. Verschmierung der Spektrallinien im Spektrum eines schnell rotierenden Sternes. Gezeigt ist ein Spektrum des Aktiven Sternes IN Virginis (dicke Linie) und, zum Vergleich, das unverbreiterte Spektrum einer Modellatmosphäre. Die Linienidentifikation im oberen Teil enthält neben dem Element und der Wellenlänge auch die Übergangswahrscheinlichkeiten ($\log gf$-Werte) des Elektrons. (Nach Strassmeier 1997).

starr rotierenden und sphärisch gedachten Sternes. Diese radiale Komponente der Rotationsgeschwindigkeit ist für jedes x am Stern anders, nämlich

$$v_r = x\omega \sin i \tag{5.2}$$

und wird für den Streifen mit $x = R$ ein Maximum gleich $v_{\mathrm{eq}} \sin i$, da bekanntlich $v_{\mathrm{eq}} = R\omega$ ist. Mit R dem Radius des Sternscheibchens in Einheiten von 0 bis 1 und v_{eq} der wahren Rotationsgeschwindigkeit am stellaren Äquator, ist somit die meßbare Größe leider nur die Projektion des wahren Geschwindigkeitsvektors auf die Tangentialebene:

$$v_r(\max) = R\omega \sin i = v_{\mathrm{eq}} \sin i. \tag{5.3}$$

Kein Spektrographenspalt kann so eng eingestellt werden, daß das eigentliche Sternscheibchen in Streifen aufgelöst werden könnte. Alles was wir im Spektrographenspalt sehen – also noch bevor das Licht zerlegt wird – ist lediglich die Summe der Beiträge der einzelnen Streifen im Integrallicht des Wellenlängenbereiches $\Delta\lambda$, also

$$\mathcal{F} = \int_x \int_y \int_{\Delta\lambda} \mathcal{F}_\lambda(x,y)\ dx\ dy\ d\lambda \tag{5.4}$$

wobei $\mathcal{F}_\lambda$ der Fluß pro Wellenlänge ist (eigentlich pro einem sehr kleinen Wellenlängenintervall $d\lambda$), $\Delta\lambda$ der gesamte Wellenlängenbereich (kann z.B. auch nur die Gesamtbreite der Spektrallinie sein wenn ein sehr enger Filter oder ein spezielles Grism[1] verwendet wird). $\mathcal{F}_\lambda(x,y)$ ist dann der Fluß pro Wellenlänge und pro Flächenelement (x,y) an der Oberfläche des Sternes. Dieses „Integrallicht“ kann jetzt mittels eines Spektrographen in einzelne $\mathcal{F}_\lambda$'s zerlegt werden. Die kleinstmögliche Differenz zwischen zwei Wellenlängen, sagen wir λ_{n} und $\lambda_{\mathrm{n+1}}$, ist nur durch

[1] eine Kombination von einem Gitter (engl. *grating*) und einem Prisma (engl. *prism*), daher der Ausdruck *Grism*.

das Auflösungsvermögen des Spektrographen, gekoppelt mit der Pixelgröße des verwendeten CCD-Detektors, gegeben. Das Verhältnis $\lambda_n/(\lambda_n - \lambda_{n+1})$ wird daher auch als das spektrale Auflösungsvermögen bezeichnet und ist, wie man sieht, eine dimensionslose Größe. Werte über 50,000 sind schon recht hohe Auflösungen.

Wenn die Breite der Spektrallinien durch die Rotation des Sternes dominiert ist, was bei aktiven Sternen und bei entsprechend hohem Auflösungsvermögen des Spektrographen meist der Fall ist, gilt nun für jeden Wellenlängenpunkt innerhalb des Linienprofiles das Doppler-Gesetz. Somit kann aus der Verschiebung der Wellenlängen der einzelnen Punkte im Profil relativ zur Linienmitte $(\lambda - \lambda_0)/\lambda_0$ auf die Rotationsgeschwindigkeit zurückgerechnet werden. Der Faktor $\sin i$, also die Neigung der Rotationsachse des Sternes gegenüber uns Beobachtern, bleibt bei dieser Methode unbestimmt. Daher kann man immer nur das Produkt $v_r \sin i$ messen. Selbstverständlich muß man aber auch andere Verbreiterungsmechanismen, wie Makro- und Mikroturbulenz oder Druckverbreiterung etc. berücksichtigen, um den Fehler der Rotationsmessung so gering wie möglich zu halten.

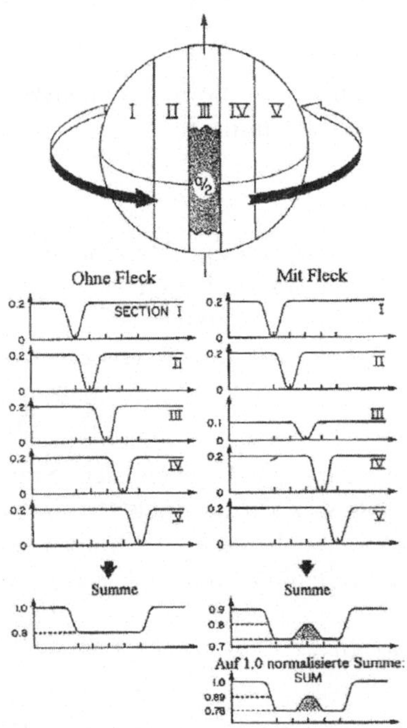

Abbildung 5.3: Ein einzelnes Linienprofil stellt, wenn die Rotation des Sternes nur schnell genug ist, ein eindimensionales „Bild" der Sternoberfläche dar. Mehrere Linienprofile, aufgenommen bei verschiedenen Rotationphasen, können dann mittels der Doppler-Imaging-Technik zu einem zweidimensionalen Bild vereint werden. Siehe Text. (Nach einer Zeichnung von S. S. Vogt & G. D. Penrod 1983, Lick-Observatory).

5.1.3 Ein eindimensionales „Bild" eines Sternes

Es steckt aber noch wesentlich mehr Information im Profil einer Spektrallinie. Wie uns Glchg. (5.2) sagt, existiert eine einfache, lineare Beziehung zwischen der Wellenlängenverschiebung eines isoradialen Streifens am projizierten Sternscheibchen und seinem Abstand von der Rotationsachse des Sternes. Wie die Abb. 5.3 zeigt, fällt der mittlere Streifen mit der Rotationsachse zusammen und erfährt somit keine Wellenlängenverschiebung, seine radiale Geschwindigkeitskomponente ist also Null. Hingegen haben jene beiden Streifen, die bei $x \approx \pm R$ liegen (Streifen I und V), die maximale Wellenlängenverschiebung. Man kann also das rotationsverbreiterte Linienprofil eines Sternes als eine eindimensionale Abbildung seiner Oberfläche betrachten. Eindimensional deswegen, weil nur Licht einzelner isoradialer Streifen im Spektrum aufgelöst werden kann, nicht aber Licht innerhalb bzw. entlang eines Streifens. Der Zusammenhang zwischen Wellenlängenposition eines Streifens im Linienprofil und seiner Position auf der Sternoberfläche ist gegeben durch Glchg. (5.2). Das Licht, das pro Streifen unseren Spektrographen erreicht, ist

$$\mathcal{F}_{\Delta\lambda} = \int_{-\sqrt{1-x^2}}^{+\sqrt{1-x^2}} \mathcal{F}_{\lambda}(x,y)\, dy, \tag{5.5}$$

wenn $\mathcal{F}_{\lambda}$ den Strahlungsfluß eines Oberflächenelementes (x, y) pro Wellenlänge bezeichnet (die y-Achse entspricht dabei der Rotationsachse des Sternes). Die Integrationsgrenzen ergeben sich einfach aus den Grenzen des Sternscheibchens, also aus der Gleichung eines Kreises.

In Abb. 5.3 sieht man nun wie die Helligkeitsverteilung an der Oberfläche eines rotierenden Sternes mit dem beobachteten Profil einer Spektrallinie zusammenhängt. Jeder einzelne der fünf isoradialen Streifen habe exakt die gleiche Fläche und erzeugen lokale Linienprofile, die sich voneinander nur durch die Wellenlängenverschiebung – aufgrund des Doppler-Effektes – voneinander unterscheiden („Ohne Fleck" in Abb. 5.3). Deren Summe wäre das beobachtete Profil. Hat der Stern nun einen dunklen Fleck, sagen wir im mittleren Streifen und mit der Größe der Hälfte der Streifenfläche ($a/2$), dann wird das lokale Linienprofil bei der Wellenlänge dieses Streifens nur mit halber (relativer) Intensität erscheinen, in der Abbildung bei 0.1 anstelle bei 0.2 wie die anderen Profile. Summiert man nun die Beiträge der einzelnen Streifen auf, so erhält man an der Stelle des Streifens III einen „Hügel" im Absorptionslinienprofil – die Signatur des Fleckes!

Diese Überlegungen werden uns zu einer Beobachtungstechnik führen, deren Ergebnisse erst jetzt in weitem Umfang publiziert werden und noch einige Geheimnisse aktiver Sterne offenbaren werden (siehe Abschnitt 5.3). Zuerst aber noch ein paar Bemerkungen zu einer recht einfachen Methode, um die Rotationsgeschwindigkeit eines Sternes zu messen.

5.1.4 Eine schnelle Methode

In der Praxis wird aber oft anstelle des Linienprofils nur die Breite der Spektrallinien bei halber Einsenkung gemessen, die sogenannte *full width at half maximum* (FWHM). Eine Näherung, die einfach und schnell zu messen ist. So hat Arne Slettebak et al. (1975) eine Kalibration von $v \sin i$ mit FWHM verwendet, um für eine ganze Menge von Sternen deren Rotationsgeschwindigkeiten schnell und einfach bestimmen zu können. Der Nachteil dieser Methode liegt natürlich in der relativ großen Ungenauigkeit.

Der Zusammenhang zwischen Rotationsgeschwindigkeit und Linienverbreite-

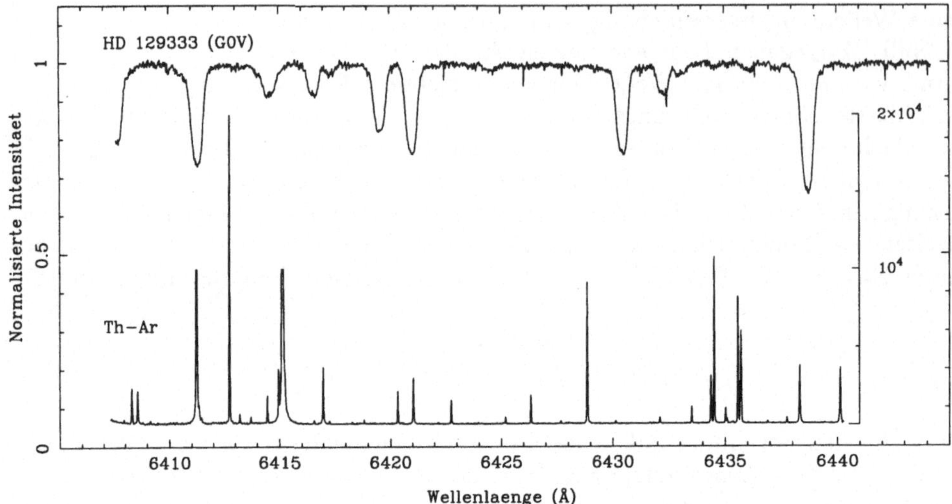

Abbildung 5.4: Ein typisches Spektrum eines aktiven Sternes (oberes Spektrum: HD 129333=EK Dra) im Vergleich zum Emissionsspektrum einer Thorium-Argon Lampe im gleichen Wellenlängenbereich und aufgenommen mit demselben Spektrographen. Die Emissionslinien der Vergleichslichtquelle sind eigentlich nur durch die endliche, atomare Emissionsdauer der entsprechenden Elektronenübergänge verbreitert. Im Verhältnis zur Auflösung eines Spektrographen ist dies vernachläßigbar und somit stellen die einzelnen Linien des Th-Ar-Spektrums das Instrumentenprofil des Spektrographen dar. Erst wenn das beobachtete Sternspektrum vom Instrumentenprofil durch eine mathematische Entfaltung befreit worden ist, kann das Linienprofil des Sternes zur Messung der Rotation verwendet werden.

rung ist in einer Näherung über

$$v \sin i = 0.591 \left(\left(\frac{v}{c} \left(\mathrm{FWHM}^2_{\mathrm{beob}} - \mathrm{FWHM}^2_{\mathrm{instr}} \right)^{1/2} \right)^2 - \zeta^2 \right)^{1/2} \tag{5.6}$$

gegeben. In dieser empirischen Gleichung bedeutet $\mathrm{FWHM}^2_{\mathrm{beob}}$ die beobachtete Breite der Spektrallinie, $\mathrm{FWHM}^2_{\mathrm{instr}}$ die Breite des Instrumentenprofiles des Spektrographen, gemessen aus der Linienbreite einer Vergleichslichtquelle, z.B. einer Thorium-Argon-Lampe und ζ bedeutet die natürliche Verbreiterung durch die großräumigen, konvektiven Zellen an der Sternoberfläche, der Makroturbulenz, gemessen in $\mathrm{km\,s^{-1}}$. Der Faktor 0.591 berücksichtigt alle atomaren Verbreiterungen einer Spektrallinie, wie etwa die Verbreiterung durch Temperatur und Gasdruck, und wurde aus dem Vergleich von theoretischen Linienprofilen von Modellatmosphären mit den Linien von Standardsternen abgeleitet.

5.2 Periodische Helligkeitsschwankungen

Eines der kennzeichnenden Merkmale der Fleckensterne ist deren periodischer Lichtwechsel, verursacht durch dunkle Flecke, die während der Rotation des Sternes einmal auf der sichtbaren Hemisphäre und einmal auf der uns abgewandten Hemisphäre erscheinen – eben mit der Periodizität der Rotation des Sternes. Hatten wir mit dem Doppler Effekt die Rotationsgeschwindigkeit $v \sin i$ in km s^{-1} gemessen, so bekommen wir bei dieser Methode die Rotationsperiode P in Tagen als Ergebnis. Erst bei Kenntnis des Sternradius R sind beide Rotationsparameter miteinander vergleichbar. Folgende Gleichung gibt deren funktionalen Zusammenhang, wobei R in Einheiten des Sonnenradius einzusetzten ist,

$$R \sin i = \frac{P\, v \sin i}{50.61}. \tag{5.7}$$

Natürlich haben wir auch bei der Lichtkurvenmessung keine Möglichkeit, eine Aussage über die Neigung der Rotationsachse i des Sternes zu machen – es sei denn wir haben es mit einem Bedeckungsveränderlichen zu tun. Die Periode ist im Gegensatz zur Rotationsgeschwindigkeit nicht von der Neigung abhängig, sodaß in obiger Beziehung auch wieder nur der Mindestradius $R \sin i$ eingeht. Umgekehrt läßt sich mit diesem einfachen Zusammenhang aber der Radius eines Sternes bestimmen, vorausgesetzt es existiert eine spektroskopische Bestimmung der Rotations*geschwindigkeit* und eine photometrische Bestimmung der Rotations*periode*.

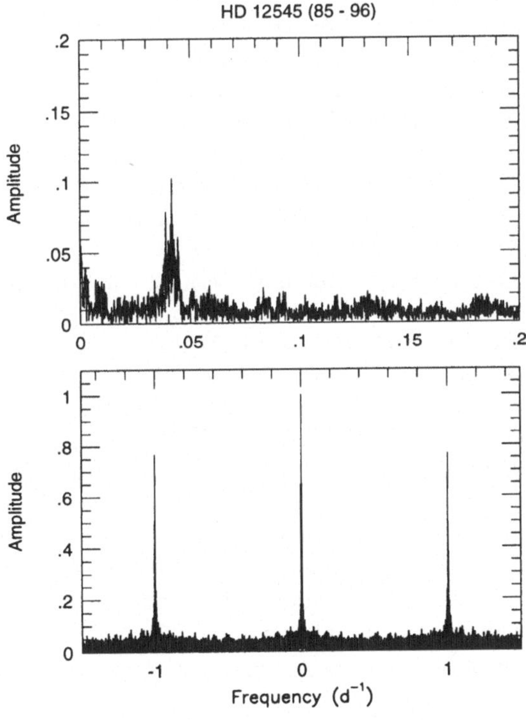

Abbildung 5.5: Periodogramm (oben) und das Periodenfenster für photometrische Daten des sehr aktiven RS CVn-Sternes HD 12545 = XX Triangulum. Die beste Periode aus insgesamt 12 Beobachtungsjahren ist 24.08 Tage (entsprechend einer Frequenz von 0.041 d^{-1}). Siehe Text. (Nach Strassmeier et al. 1997a).

Wie führt man so eine Periodenbestimmung in der Praxis durch? Hiezu gäbe es eine lange Liste von Primär- und Sekundärliteratur zu zitieren und die zeigt, daß die Periodensuche in astronomischen Daten immer noch ein „heißes“ Eisen ist. Ich beschränke mich daher nur auf die Beschreibung der wohl wichtigsten Methode, die in vielen Bereichen der Astronomie große Bedeutung hat: der Fourier Analyse. Dabei zerlegt man eine gegebene, periodische Funktion, z.B. die beobachtete Lichtkurve $V(t_n)$ eines rotierenden Sternes, bestehend aus n Messungen zu t_n Zeitpunkten, nur in Sinusfunktionen. Die einfachste Form der Fourier Analyse ergibt sich, wenn der Datensatz $V(t_n)$ tatsächlich die Form einer Sinuskurve hat oder wenigstens in erster Näherung wie eine Sinuskurve aussieht. Alles was wir dann zu tun haben, ist eine einzige Sinusfunktion solange über dem Datensatz hin- und her-, sowie auf- und abzuschieben, bis ideale Übereinstimmung mit der Beobachtung erzielt wurde. Die Periode der Sinusfunktion ist dann gleich der gesuchten Rotationsperiode des Sternes. Dies wird mit einem einfachen Algorithmus von einem durchschnittlichen Personal-Computer in einer Sekunde erledigt. In der Praxis verwendet man meist eine abgeschnittene Fourier-Reihe anstelle einer einzelnen Sinusfunktion, also z.B.

$$V(t_n) = A_0 + A_1 \cos\phi + B_1 \sin\phi \tag{5.8}$$

wobei $\phi = 2\pi/P$ die photometrische Phase der Rotation bedeutet, A_0 den Mittelwert des Datensatzes, A_1 die Amplitude einer Cosinusfunktion und B_1 die Amplitude einer Sinusfunktion ist. Dies ist in Abb. 5.5 am Beispiel realer Daten des RS CVn-Sternes HD 12545, sowie in Abb. 5.6 für den FK Comae-Prototypen FK Com dargestellt.

Jeder Mensch, ob Urlauber oder Astronom – was manchmal auch das gleiche sein kann –, weiß, daß das Wetter eine recht launige Angelegenheit ist und immer dann schlecht wird, wenn man es partout nicht brauchen kann. Vor allem nicht bei astronomischen Beobachtungen. In der Praxis wird unser Datensatz $V(t_n)$ also Lücken aufweisen, die die Bestimmung der Periode zum nicht-trivialen Problem werden lassen. Obendrein ist dies noch die Regel und ein lückenloser Datensatz eher die Ausnahme. Stellen wir uns vor, unser Stern hätte eine Rotationsperiode von genau zwei Tagen und wir könnten wegen Schlechtwetter nur jeden zweiten Tag seine Helligkeit messen. Der Fit mit Glchg. (5.8) würde eine Periode von nur einem Tag ergeben, anstelle der wahren Periode von zwei Tagen: der immer in gleichen Zeitabständen durchgeführte, also periodische Vorgang der Helligkeitsmessung, hat also eine gar nicht existierende Periode in die Daten geschmuggelt!

Bevor wir einen Datensatz einer Periodensuche unterziehen, müssen wir also jene Periodizitäten aus den Daten entfernen, die durch die wiederkehrende Art der Messungen entstehen. Zum Beispiel kann man einen Stern immer nur in der Nacht messen; der Tag/Nacht Wechsel verursacht also schon eine scheinbare Periode von einem Tag. Auch wenn man einen Stern nicht immer exakt um die gleiche Zeit beobachtet hätte, müßte die Periode von exakt einem Tag aus dem Datensatz entfernt werden. Dadurch kann man bei dem betreffenden Objekt aber leider keine Aussage mehr über eine eventuelle, wahre Periodizität von einem Tag machen! Der Beobachtungsmodus – das ist die Verteilung der t_n's – spielt also eine wichtige Rolle.

Ein weiteres Beispiel für eine scheinbare Periode ist der Jahreswechsel, diese Periode ist bekanntlich rund 360 Tage. Der Astronom nennt nun die Verteilung dieser scheinbaren Perioden das *Fenster* für die Periodensuche, und genau das ist es auch: die Güte der Anpassung der Glchg. (5.8) an die Beobachtung, aufgetragen über eine Reihe von Testperioden kann nur durch dieses Fenster hindurch „betrachtet“

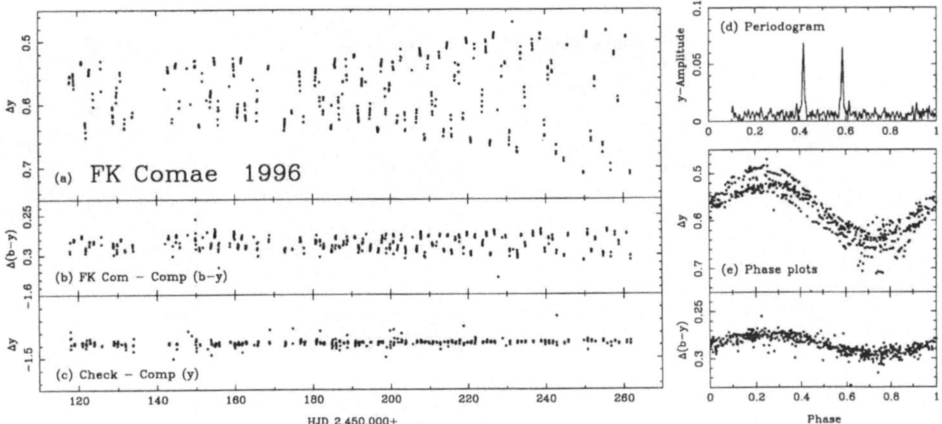

Abbildung 5.6: Periodensuche am Beispiel des schnell rotierenden Sternes FK Comae. Das linke, obere Diagramm zeigt die einzelnen Strömgren-y-Meßpunkte gegenüber der Zeit aufgetragen, darunter die $b - y$-Farbe (Diagramm b) sowie die Helligkeitsdifferenz zwischen den beiden benutzten Vergleichssternen (Diagramm c, sollte immer konstant sein). Das nächste Diagramm ist das eigentliche Periodogramm (d), also die Güte der Anpassung einer Reihe von Sinuskurven an die beobachtete Lichtkurve, und wird gegenüber all diesen Versuchsperioden bzw. -frequenzen aufgetragen. Jeder Ausschlag in dieser Verteilung entspricht einer Versuchsperiode, der größte Ausschlag (engl. *peak*) ist in der Regel meist auch die gesuchte Rotationsperiode. Ist die Periode gefunden, können alle Daten der Diagramme a und b zu einer Phasen-Licht- bzw. -Farbkurve zusammengefaßt werden (Diagramm e). Nach Strassmeier et al. (1997b).

werden. Die Bestimmung des Fensters ist recht einfach. Wir setzen alle Helligkeitswerte (also alle $V(t_n)$'s) auf einen gleichen, beliebigen Wert, z.B. Null oder Eins, und suchen mit dem gleichen Algorithmus nach Perioden. Erst mit Kenntnis der Fenster-Perioden können wir nun den einzelnen Frequenzen des Datensatzes, aus z.B. einem Fourier-Fit, Glauben schenken und sie einem physikalischen Mechanismus zuordnen, etwa der Rotationsperiode des Sternes.

5.3 Doppler-Imaging

Die Beobachtung von Sternflecken ist nicht in einer direkten Weise möglich. Die größten – auch geplanten – Teleskope, erlauben es immer noch nicht, die Oberfläche eines Sternes direkt aufzulösen. Man bedient sich daher vorerst noch indirekter Methoden um aus dem Integrallicht detaillierte Information über die Temperatur- und Magnetfeldverteilung an der Sternoberfläche zu gewinnen: dem *Doppler-Imaging* oder manchmal auch als *Doppler-Tomographie* bezeichnet.

5.3.1 Almdudler what?

Dieses Kartographierungsverfahren verbindet Geschwindigkeitsinformation (daher der Name Doppler) und zweidimensionale Intensitätsinformation (also eine Abbil-

Abbildung 5.7: Die Wissenschafter, die einerseits die physikalisch-mathematischen Grundsteine für das Doppler-Imaging legten: der Physiker Christian Doppler (links) und der Mathematiker Johann Radon (zweiter von links), und die Astronomen, die diese Technik erfanden und erstmals anwandten: Armin Deutsch vom Palomar Observatorium (zweiter von rechts) und Bill Wehlau von der University of Western-Ontario (ganz rechts).

dung und daher der Name Imaging bzw. Tomographie) und ist eine relativ neue Technik um aus Spektrallinien- bzw. Kontinuumsvariationen auf die (inhomogene) Temperaturverteilung auf der Sternoberfläche zu schließen – also die Sternscheibe *indirekt* aufzulösen. Die physikalischen Grundlagen hiezu sind identisch mit der aus der Medizin her bekannten Computertomographie[2]. Den Anfang im astronomischen Bereich haben aber wohl Armin J. Deutsch vom Palomar Observatorium in den fünfziger Jahren (Deutsch 1958) und die Gruppe um William „Bill“ Wehlau in Kanada gemacht, doch erst die Entwicklung moderner elektronischer Detektortechnologie mit Reticons und CCDs erlaubte es, die notwendigen Linienprofile in Sternspektren auch mit entsprechendem Signal-zu-Rausch Verhältnis zu beobachten.

Das Prinzip des Doppler-Imaging ist noch sehr einfach, die praktische Umsetzung leider nicht: hat ein rotierender Stern einen großen Fleck so wie in Abb. 5.8 dargestellt, wird im Laufe einer Umdrehung des Sternes, der Fleck einmal an jenem Sternrand erscheinen der sich auf uns zu bewegt, über den Zentralmeridian „wandern“, und schließlich am anderen Sternrand wieder verschwinden, bis er nach einer halben Rotationsperiode wieder sichtbar ist, u.s.w.. Ist die Rotationsgeschwindigkeit jetzt so groß, daß die Form der Spektrallinien vom Dopplereffekt dominiert werden, dann projiziert sich eine Linie konstanter Radialgeschwindigkeit der Oberfläche des Sternes 1:1 in das Linienprofil einer Spektrallinie und es besteht ein direkter Zusammenhang zwischen Position an der Oberfläche des Sternes und Position im Linienprofil. Ein einzelnes Linienprofil wird also zu einer ein-dimensionalen Abbildung der Sternoberfläche. Beobachtet man mehrere solcher 1-D Profile kann man, unter bestimmten Voraussetzungen, auf die zwei-dimensionale Intensitätsverteilung auf der Oberfläche zurückrechnen. Ähnliches gilt für Emissionslinien

[2] An dieser Stelle komme ich einfach nicht herum zu bemerken, daß sowohl Christian Doppler als auch der Begründer des mathematischen Apparates zur medizinischen Tomographie, Johann Radon, Österreicher waren (Abb. 5.7). „Ja, ja, san halt net alles nur Hofrät', die Österreicher“.

und fürs Kontinuum. Dabei kommt es zur Anwendung komplexer Computermodelle und Algorithmen der zweidimensionalen Bildverarbeitung an eindimensionalen Spektrallinien.

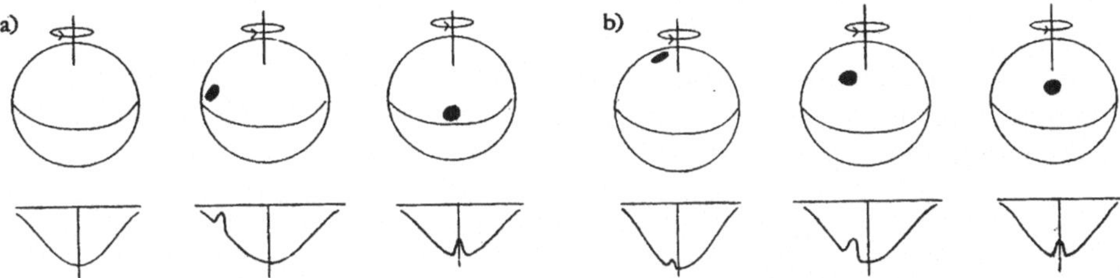

Abbildung 5.8: Die Entstehung von Deformationen im Profil einer Spektrallinie (untere Reihe) durch einen kühlen Fleck in der stellaren Photosphäre. Die Rotation des Sternes verursacht eine periodische Dopplerverschiebung dieser Deformation im Linienprofil. Die drei Bilder in *a)* sind für einen Fleck bei niedrigen Breiten und in *b)* für einen Fleck bei hohen Breiten. (Mit frdl. Gen. nach J. B. Rice 1996, Brandon University).

Ein erstes, und überraschendes Ergebnis des Doppler-Imaging war, daß viele aktive Sterne einen riesigen Fleck am Pol besitzen. Also in Regionen wo es auf der Sonne keinerlei Flecken gibt; auf der Sonne beschränkt sich das Auftreten auf die Äquatorzonen innerhalb ±40°! Offensichtlich scheint hier eine etwas andere Art von internen Dynamo am Werk zu sein. Aber nicht alle Sterne zeigen Polflecken, sodaß es erst wenn ein wesentlicher Teil des Hertzsprung-Russell-Diagramms beobachtet ist, möglich sein wird, theoretische Vorhersagungen einer stellaren (und solaren) Dynamotheorie beobachtungsmäßig zu verifizieren.

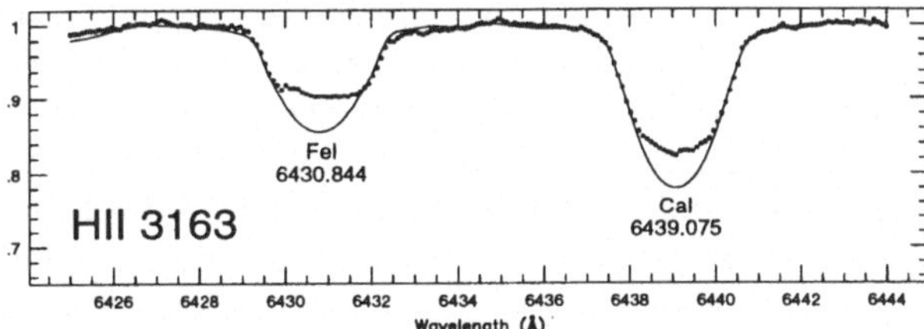

Abbildung 5.9: Beobachtete Profile (Punkte) rotationsverbreiterter Spektrallinien des Plejaden-Sternes HII3163 mit Flecken und eine Simulation des Spektrums ohne Flecken (dünne Linie). Man sieht, wie sehr der Linienkern durch die Flecken dominiert ist. (Nach einer Aufnahme mit dem Keck-Teleskop von N. Stout-Batalha & S. S. Vogt 1996, Lick-Observatory).

Die Äquivalentbreite EW der Absorptionslinie im lokalen Spektrum F eines Fleckes ergibt sich zu

$$EW_{\text{Fleck}} = \int_{-\infty}^{+\infty} \left(1 - \frac{F_{\text{Fleck}}(\lambda)}{F^{C}_{\text{Fleck}}}\right) d\lambda, \tag{5.9}$$

wobei C für den Beitrag zum Kontinuum steht. Die Äquivalentbreite der Linienprofil*deformation* (meist als „bump" bezeichnet; die Differenz zwischen der Beobachtung und der dünnen Linie in Abb. 5.9) im Gesamtspektrum der Sternoberfläche ist

$$EW_{\mathrm{bump}} \approx \frac{F^{\mathrm{C}}_{\mathrm{Fleck}}}{F^{\mathrm{C}}_{\mathrm{ohneFleck}} - F^{\mathrm{C}}_{\mathrm{Fleck}}} \, EW_{\mathrm{Fleck}}. \tag{5.10}$$

Die Amplitude des „bumps", hier auch residuelle Intensität R genannt, ist eine Funktion der Wellenlänge λ im Linienprofil und kann in Einheiten des beobachteten Kontinuumflusses angegeben werden:

$$R_{\mathrm{bump}}(\lambda) = \frac{F^{\mathrm{C}}_{\mathrm{Fleck}} - F_{\mathrm{Fleck}}(\lambda)}{F^{\mathrm{C}}_{\mathrm{ohneFleck}} - F^{\mathrm{C}}_{\mathrm{Fleck}}}. \tag{5.11}$$

Die ganze Beobachtungskunst geht nun in die Bestimmung von $R_{\mathrm{bump}}(\lambda)$ ein. Dazu bedarf es hochaufgelöster Spektroskopie bei bestem Signal-zu-Rausch-Verhältnis (S/N: *signal-to-noise*), und daher die besten Teleskope der Welt.

5.3.2 Voraussetzungen

Doch bevor ein Astronom sich einer Theorie oder einer Hypothese bedient um seine Beobachtungen zu erklären, muß erstens, das Beobachtungsergebnis von anderer Stelle bestätigt werden, und zweitens, abgeklärt werden ob es sich nicht etwa um einen Auswahleffekt oder ein zufälliges Ergebnis handeln könnte. Im folgenden wollen wir daher die Bedingungen, die der Doppler-Imaging-Technik zugrunde liegen näher beschreiben und sehen wofür die Ergebnisse eigentlich stehen.

Rasche Rotation ist erforderlich

Für eine bestimmte Spektrallinie muß gelten, daß die Dopplerverbreiterung[3] des lokalen Linienprofiles ($\mathrm{FWHM}^{\mathrm{Doppler}}_{\mathrm{Fleck}}$), die durch einen kühlen Fleck verursacht wird, größer ist, als die natürliche Linienbreite ($\mathrm{FWHM}^{\mathrm{Linie}}_{\mathrm{Stern}}$) integriert über die ganze Sternoberfläche – wobei man unter dem „lokalen" Linienprofil einfach jenes Spektrum versteht, das nur vom Licht eines einzigen Oberflächenelementes des Sternes gebildet wird. Diese Bedingung ergibt sich aus der Forderung, daß gerade noch eine bestimmte, kleine Fleckengröße r (in Einheiten des Sternscheibchendurchmessers R)[4] im Gesamtprofil erkennbar ist, also

$$\frac{\mathrm{FWHM}^{\mathrm{Doppler}}_{\mathrm{Fleck}}}{\mathrm{FWHM}^{\mathrm{Doppler}}_{\mathrm{Stern}}} \approx \frac{r_{\mathrm{Fleck}}}{R_{\mathrm{Stern}}} \geq \frac{\mathrm{FWHM}^{\mathrm{Linie}}_{\mathrm{Stern}}}{\mathrm{FWHM}^{\mathrm{Doppler}}_{\mathrm{Stern}}}. \tag{5.12}$$

Dabei bedeutet $\mathrm{FWHM}^{\mathrm{Linie}}$ das natürliche Linienprofil, das der Stern haben würde, wenn seine Rotation gleich Null wäre. $\mathrm{FWHM}^{\mathrm{Linie}}$ setzt sich aus einer Integration aller lokalen Linienprofile über die ganze, sichtbare Sternoberfläche zusammen,

[3] Linienbreite wird, wenn nicht anders angegeben, meist als die Breite der Linie bei halber Einsenkung gemessen (FWHM = *Full Width at Half Maximum*).

[4] der Einfachheit sei ein kreisrunder Fleck angenommen

und wird einerseits durch die physikalischen Eigenschaften des Sternes und seiner Atmosphäre bestimmt, wie z.B. dem Verlauf der Oberflächentemperatur, der Schwerebeschleunigung, des Gasdrucks etc., mit der optischen Tiefe und andererseits von den atomaren Parametern der verwendeten Spektrallinie, wie z.B. deren Sensitivität für Temperatur, Druck etc..

Um Gleichung (5.12) zu erfüllen, muß ein Stern, damit man ihn kartografieren kann, mit etwa $v \sin i > 20$ km$\,$s^{-1} rotieren. Erinnern wir uns, die Sonne rotiert im Vergleich nur mit etwa 2 km$\,$s^{-1}. Die Einschränkung der raschen Rotation ist also sehr gravierend und erlaubt nur schnell rotierende Sterne zu vermessen. Aber die haben natürlich verstärkte Aktivität da eine direkte Relation zwischen Rotationsgeschwindigkeit eines Sternes und dem Ausmaß seiner magnetischen Aktivität besteht, wir unterliegen daher bereits einem Auswahleffekt: Doppler-Karten gibt es nur von sehr aktiven Sternen.

Rauschen – der stete Alptraum des Astronomen

In der modernen Astronomie werden fast nur noch sogenannte „*charged coupled devices*“ (CCDs) verwendet (Abb. 5.10). Dies sind besonders lineare, zweidimensionale Detektoren mit bis zu 4096 mal 4096 Bildpunkten pro Chip, sogenannten Pixel, und einer Pixelgröße von nur etwa zehn- bis zwanzigmal so viel wie die Wellenlänge des visuellen Lichtes. Eine gängige Pixelgröße ist 15μ, aber auch 7.5μ-Pixel sind erhältlich. Wir kennen diese CCD-Detektoren übrigens von allen guten Videokameras und haben vielleicht sogar einen zu Hause. Die astronomischen CCDs haben aber wahrlich astronomische Preise, bis zu einer Million Schilling[5] für einen cirka 25 mal 25 mm großen Chip mit 4.2 Millionen Bildpunkten! Der Unterschied des astronomischen CCDs zum „gewöhnlichen“ CCD besteht einerseits darin, daß die Qualitätsanforderungen – eine Summe aus der Kosmetik und der Quanteneffizienz des Chips – in der Astronomie um ein vielfaches höher liegen als im Alltagsgebrauch und andererseits, daß astronomische CCDs in einem anderen Auslesemodus betrieben werden als Video-CCDs. Letzteres erlaubt sehr niedrige Werte für dessen Ausleserauschen. Darunter versteht man den Rauschpegel des Auslesevorganges nach der Belichtung, ausgedrückt durch eine Zahl von Photo-Elektronen, die durch die Qualität der Konstruktion und der Funktionsweise der Elektronik vorgegeben ist. Eine weitere, wichtige Komponente des Rauschens ist die eigene Temperatur des CCD-Chips – eine Größe, die im Alltagsgebrauch wiederum vollkommen unwichtig ist, da genügend Licht vorhanden ist. Das astronomische CCD wird daher meist auch noch auf etwa -60°C abgekühlt, um das geringstmögliche Rauschen zu erreichen.

Um nun eine bestimmte Deformation („bump“) in einem Linienprofil noch erkennen zu können und vom Rauschen des Spektrums eindeutig zu unterscheiden, fordern wir, daß deren Amplitude wenigstens dreimal so groß ist wie die mittlere Standardabweichung eines einzelnen Meßpunktes im Linienprofil (sogenannte 3-Sigma-Regel). Im Terminus der Glchg. (5.11) lautet diese Forderung daher

$$R_{\rm bump} \geq 3\ \sigma_{\rm Profil}, \tag{5.13}$$

[5] ≈140,000 DM ≈ 125,000 SwF ≈ 70,000 Euro (Mai 1997).

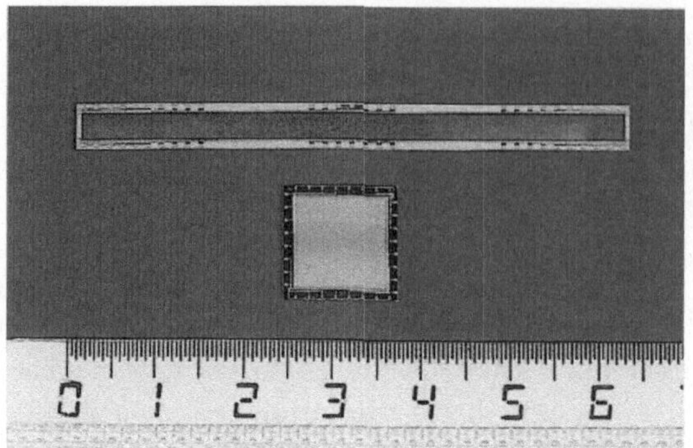

Abbildung 5.10: Der 4096×200 Bildpunkte große CCD-Detektor des Coudé-Spektrographen am *Canada-France-Hawaii*-Teleskop (oben, Chip mit frdl. Gen. von Gordon Walker, University of British Columbia) im Vergleich zu einem 512×512-Chip einer Videokamera. Der Maßstab ist in cm.

wobei σ_{Profil} durch die Qualität des Spektrums, dabei vor allem seinem Signal-zu-Rausch-Verhältnis vorgegeben ist, und eine komplizierte Funktion einer ganzen Reihe von Beiträgen ist:

$$\sigma_{\text{Profil}} = f(\Delta t, \dot{N}_\lambda, N_{\text{RON}}, \text{QE}, N_{\text{Pixel}}, 1 - R_{\text{Linie}}, \text{flatfield}, \text{sky}...)\ . \qquad (5.14)$$

Hier bedeuten die einzelnen Terme die einzelnen Beiträge, die letztlich die Standardabweichung eines Meßpunktes, also eines oder mehrerer zusammengeschalteter Pixel, bestimmen: Δt ist die Integrationszeit, also wie lange der Detektor dem Licht des Sternes ausgesetzt war (Motto: je länger desto besser)[6], $\dot{N}_\lambda$ ist die Anzahl der Photonen pro Wellenlänge, die in der Zeit Δt am Detektor angekommen sind, N_{RON} ist das eingangs erwähnte Ausleserauschen („read-out-noise"), QE ist die Quanteneffizienz, ausgedrückt in Prozent des am Detektor ankommenden Photonenstromes (die besten CCDs erlauben momentan eine 97%-ige Quantenausbeute, verglichen mit den 1% bis 3% der besten Fotoplatten), N_{Pixel} bedeutet die Anzahl der CCD-Pixel, die das Profil der Spektrallinie definieren (es gilt: je mehr desto besser), $1-R_{\text{Linie}}$ ist nichts anderes als die Stärke oder Einsenkung der Absorptionslinie gegenüber dem auf Eins normierten Kontinuum. Weiters ist noch wichtig wie stabil das sogenannte *flat-field* des Chips ist. Darunter versteht man die Verteilung der Quanteneffizienzen aller einzelner Pixel, da diese aber nicht alle exakt gleich sind, müssen alle astronomischen Aufnahmen durch dieses „flat-field" dividiert werden. Zum Schluß kommen natürlich noch alle externen Einflüsse zum Tragen, die einen noch wesentlich größeren Einfluß auf die Qualität eines Spektrums haben, wie etwa die Himmelshintergrundhelligkeit oder die Effizienz des Spektrographen sowie des gesamten Teleskopes.

All diese Überlegungen führen uns schließlich zu der Voraussetzung, daß, um bei einer Wellenlänge von $\lambda \approx 640$nm eine „bump-Amplitude" von etwa einem Prozent des Kontinuums nachweisen zu können, unser Spektrum mindestens ein Signal-zu-Rausch-Verhältnis von S/N≈300:1 aufweisen muß. Dies wäre im Prinzip kein Problem, müßte die spektrale Auflösung nicht gleichzeitig sehr groß sein.

[6]Es gibt aber ein technisches Limit, das zuerst durch eine Sättigung und nachfolgendes verschmieren von Elektronen von einem Pixelpotential zum anderen gegeben ist.

Nur hohes Auflösungsvermögen kann zum Ziel führen

Das Auflösungsvermögen eines Spektrographen beschreibt der Astronom mit einer einfachen Zahl, nämlich die mittlere Wellenlänge λ bei der beobachtet wird, dividiert durch die Differenz zweier Wellenlängen, $\Delta\lambda$, die gerade noch trennbar sind, also $R = \lambda/\Delta\lambda$ [7]. Ein typischer Wert für R in der Klassifikationsspektroskopie von Sternspektren ist 1,000, also eine Wellenlängenauflösung im Licht der Hα Linie bei 656.3 nm von 656.3/1000 = 0.6563 nm, oder etwa 6.5 Ångström. Wie wir gleich sehen werden, benötigt erfolgreiches Doppler-Imaging ein Auflösungsvermögen von mindestens 35,000 - 120,000, etwa einem Faktor 100 besser! Technisch zwar kein fundamentales Problem, aber auch nicht gerade einfach. Ein erstklassiger Spektrograph ist in Abb. 5.11 andeutungsweise zu sehen (Coudé-Spektrographen sind sehr große Geräte in eigenen Hallen im Sternwartengebäude weit unter dem Teleskop und daher schwer zu fotografieren).

Die Bedingung, die dieser Voraussetzung zugrunde liegt, ist, daß das Instrumentenprofil des Spektrographen kleiner oder gleich dem natürlichen Linienprofil eines Flächenelementes an der Oberfläche des Sternes sein muß. Ist dies nicht der Fall, dann geht die Information des Doppler Effektes dieses Oberflächenelementes, also die Rotationsinformation des gesamten Sternes, in den anderen Beiträgen unter. Diese Bedingung, $\mathrm{FWHM_{instr}} \leq \mathrm{FWHM_{Linie}}$, stellt sozusagen das physikalische Limit dar, wohingegen das technische Limit schon wesentlich früher erreicht wird, nämlich wenn

$$\frac{\mathrm{FWHM_{Doppler}}}{\mathrm{FWHM_{instr}}} > \approx 5, \tag{5.15}$$

ist. Dabei bedeutet $\mathrm{FWHM_{Doppler}}$ die Linienbreite des rotationsdominierten Spektrums und ist wesentlich größer als die natürliche, atomare Linienbreite.

Bei normalen, langsam rotierenden Sternen beobachtet man mittlere Linienbreiten im Bereich von 2–10 $\mathrm{km\,s^{-1}}$. Für einen G-Hauptreihenstern mit $T_{\mathrm{eff}} \approx 5,000$ K setzt sich das beobachtete Profil einer optisch dünnen Linie aus einer Faltung des thermischen Profils mit $v_{\mathrm{therm}} = 1.2\ \mathrm{km\,s^{-1}}$, einer tiefen- und somit linienabhängigen Mikroturbulenz von $\xi(\tau) \approx 2\ \mathrm{km\,s^{-1}}$ und einer radialen und tangentialen Makroturbulenz von $\zeta_{\mathrm{R-T}} \approx 4\ \mathrm{km\,s^{-1}}$ zusammen. Bei einer typischen Auflösung eines guten Spektrographen von $\lambda/\Delta\lambda = 35\,000 - 100\,000$, entsprechend 0.2–0.07 Å bzw. $\approx$8–3 $\mathrm{km\,s^{-1}}$ im roten Spektralbereich, kann dieses Profil also gerade noch aufgelöst werden. Jedoch sind die Mikro- und Makroturbulenz ohnehin konstant und können bei der Berechnung des theoretischen, lokalen Linienprofil berücksichtigt werden. Damit bleibt aber eigentlich nur mehr die thermische Verbreiterung als die letzte, physikalische Grenze über, die die mögliche räumliche Auflösung auf der Sternoberfläche beschränkt. Um diese Grenze zu erreichen bräuchte man Spektrographen, die $\lambda/\Delta\lambda$ = 200,000–300,000 ermöglichen.

Kurze Integrationszeiten

In der Zeit, während wir mit dem Teleskop das Sternenlicht sammeln und mittels Spektrographen in einzelne Wellenlängen zerlegen und am CCD-Detektor integrie-

[7] R steht für (engl.) *resolution*, also Auflösung.

Abbildung 5.11: Teilansicht eines modernen Coudé-Spektrographen, wie hier des f/4-Spektrographen Namens „*Gecko*" am 3.6m *Canada-France-Hawaii Teleskop* (CFHT) am Mauna Kea in Hawaii. Im Vordergrund sind die beiden Kollimatorspiegeln (je einer für blaue bzw. rote Wellenlängen optimiert) auf eigenen Säulen montiert zu sehen, in der Mitte ist die CCD-Kameraeinrichtung des um 90° nach unten abgelenkten Strahlenganges erkennbar (die CCD-Kamera selbst ist zum größten Teil verdeckt) und im Hintergrund, links oberhalb des Astronomenkopfes – einem nicht unwesentlichen Bestandteil jedes Spektrographen –, sieht man das Gittermosaik zusammengesetzt aus vier Einzelgitter, dem Herz des Spektrographen.

ren, rotiert der Stern natürlich ein Stück weiter: und zwar je weiter, desto kürzer die Rotationsperiode bzw. je länger die Integrationszeit. Selbstverständlich können wir nicht beliebig kurz integrieren, da ansonsten das Signal-zu-Rausch-Verhältnis zu klein ist und die Fleckenamplitude (der „bump" im Linienprofil) im 3-σ-Rauschbereich untergeht und somit keine Information liefert. Andererseits können wir auch nicht beliebig lange integrieren, da die Rotationsperioden aktiver und daher relativ schnell rotierender Sterne in der Regel sehr kurz sind, einen halben Tag bis etwa 10 Tage. Man muß also einen Mittelweg anwenden um die optimale Integrationszeit zu finden.

Ist $P_{\rm rot}$ die Rotationsperiode des zu untersuchenden aktiven Sternes, $v \sin i$ seine projizierte Rotationsgeschwindigkeit, λ_0 die Wellenlänge der verwendeten Spektrallinie und c die Lichtgeschwindigkeit, dann ergibt sich die scheinbare Geschwindigkeit mit der ein „bump" durch das Linienprofil wandert, und zwar ausgedrückt in Wellenlängenänderung $d\lambda$ pro Zeiteinheit dt, zu

$$\left(\frac{d\lambda}{dt}\right)_{\rm bump} = \frac{2\pi}{P_{\rm rot}} \frac{\lambda_0 v \sin i}{c}. \qquad (5.16)$$

Die effektive Breite des rotationsdominierten Linienprofils ist näherungsweise

$$\Delta\lambda_{\rm rot} \simeq \frac{\pi}{2}\frac{\lambda_0 v \sin i}{c}. \tag{5.17}$$

Setzen wir nun Glchg. (5.17) in Glchg. (5.16) ein, so ergibt sich eine einfache Formel um die Veränderung im Linienprofil in Einheiten der Linienbreite, $\delta(bump)$, und als Funktion der Integrationszeit Δt sowie der Rotationsperiode anzugeben:

$$\delta(bump) = \frac{\dot\lambda \Delta t}{\Delta\lambda_{\rm rot}} \simeq 4\frac{\Delta t}{P_{\rm rot}}. \tag{5.18}$$

Nehmen wir den RS-CVn-Doppelstern EI Eridani als Beispiel: wir haben $P_{\rm rot} = 1.945$ Tage und $v \sin i = 50$ km s^{-1}. Seine V-Helligkeit beträgt etwa 7-te Größe und wir benötigen bei einem spektralen Auflösungsvermögen von, sagen wir 50,000, eine Integrationszeit Δt von einer Stunde. Setzen wir dies in Glchg. (5.18) ein, erhalten wir eine „Verschmierung" des „bumps" im Linienprofils von $\delta(bump) \approx 8$ % der gesamten Linienbreite, entsprechend etwa 10° auf der Sternoberfläche. Mit anderen Worten, die erreichbare räumliche Auflösung kann schon nicht mehr besser werden als dieser Wert, auch wenn wir noch höhere spektrale Auflösung anwenden würden und wir müßten, um eben noch mehr Detail zu sehen, kürzer integrieren.

Asymmetrische Aktivitätsverteilung

Natürlich nützen uns all die beschriebenen technischen Voraussetzungen nichts, wenn der zu untersuchende Stern gar keine Sternflecken hat. Das ist logisch, aber die Methode versagt auch dann, wenn Sternflecken *symmetrisch* angeordnet sind und daher keine – oder einfach nur unmerkliche – Rotationsmodulation bewirken können. Etwa wenn alle Flecken in einem homogenen Streifen parallel zum stellaren Äquator vorkommen. Oder wenn es sich um eine symmetrische Polkappe handeln würde, aber auch wenn der Stern wie ein schwarz-weiß kariertes Schachbrettmuster aussehen würde.

Dies sagt uns natürlich nur, daß wie bei der Interpretation der gefundenen Sternfleckenverteilungen vorsichtig sein müssen und diese Auswahleffekte zu berücksichtigen sind.

5.3.3 Das direkte Problem

Darunter versteht man die direkte Berechnung eines von Flecken deformierten Linienprofiles ohne daß noch Beobachtungen involviert wären. Ein Flächenelement $dM = dx\, dy$ des auf die Tangentialebene projizierten Sternscheibchen (siehe z.B. in Abb. 5.3) produziert für eine gegebene Rotationsphase φ das Linienprofil

$$R_{\rm obs}(\lambda,\varphi) = \frac{\iint I_{\rm c}[M, X(M)]\; R_{\rm loc}[M, X(M), \lambda_0 + \Delta\lambda_{\rm D}(M,\varphi)] \cos\theta\, dM}{\iint I_{\rm c}[M, X(M)] \cos\theta\, dM}. \tag{5.19}$$

Darin bedeutet $X(M)$ die Oberflächenverteilung einer bestimmten physikalischen Größe – bei späten Sternen z.B. die Temperatur und bei heißen Sternen, etwa den

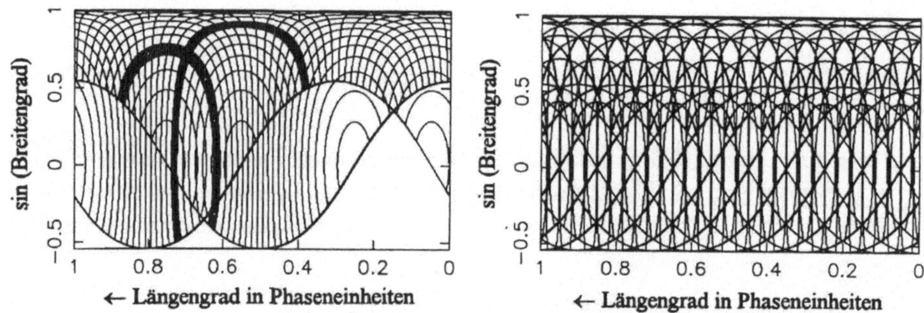

Abbildung 5.12: Zur Sichtbarkeit eines Fleckes. Die beiden Diagramme zeigen je die Oberfläche eines Sternes in Pseudo-Mercatorprojektion. *Links:* Im Spektrum einer einzigen Rotationsphase ist natürlich nur ein Teil der stellaren Sphäre im Linienprofil abgebildet. Existiert ein Fleck an einer bestimmten Position, so projiziert sich dessen isoradiale Linie als ein gekrümmter Locus in der Mercatorkarte ab, entlang der der Fleck liegen muß (linke dicke Linie). Dasselbe gilt für eine weitere Beobachtung bei einer anderen Rotationsphase (rechte dicke Linie). Erst jetzt kann man die Position festlegen: nämlich dort, wo sich die beiden „Sichtbarkeitslinien" schneiden. *Rechts:* Hätte man 10 äquidistante Spektren innerhalb einer Rotationsperiode aufgenommen, kann man den Verlauf aller möglicher Sichtbarkeitslinien in die Mercatorkarte eintragen. Dieses Netz bestimmt nun das Auflösungsvermögen auf der Sternoberfläche. Wie man sieht, sind die Lücken vor allem in der Äquatorgegend, und dort besonders in stellarer Breite hin, ausgedehnt. (Nach Jankov & Foing 1992).

Ap-Sternen, die Elementhäufigkeit –, $R_{\rm loc}$ das lokale Linienprofil des Flächenelementes $M(\ell, b)$ (Länge ℓ und Breite b), λ_0 die Restwellenlänge der Spektrallinie und $\Delta\lambda_{\rm D}$ die durch die Rotation des Sternes verursachte Wellenlängenverschiebung („D" steht für Doppler Effekt) und I_c ist die Intensität des Kontinuums an der Stelle M der Sternoberfläche. Der Winkel $\cos\theta$ berücksichtigt die Projektion der (sphärischen) Fläche M auf die (ebene) Tangentialebene. Aus dieser Transformation ergibt sich auch die „Sichtbarkeitsverteilung" an den einzelnen Positionen des sphärischen Sternes. Ein Fleck am Pol wird über die ganze Rotationsperiode sichtbar sein während ein Fleck am Äquator irgendwann aus dem Gesichtsfeld auf die Sternrückseite wandern wird (siehe Abb. 5.8 und 5.12).

Mit Hilfe eines Computerprogrammes können wir für beliebige, angenommene Temperaturverteilungen $X(M)$ (siehe Abb. 5.13) die zugehörigen Linienprofile $R_{\rm obs}(\lambda, \varphi)$ berechnen. Diese (theoretischen) Profile können nunmehr mit beobachteten Profilen verglichen werden, wobei man die angenommene Temperaturverteilung einfach so lange verändert – gemäß einer Versuch-und-Irrtum Philosophie – bis sie optimal übereinstimmen. So wurden auch die ersten Doppler-Karten später Sterne produziert (Vogt & Penrod 1993).

5.3.4 Das inverse Problem

Das inverse Problem ist jetzt nichts anderes als die Lösung der Glchg. (5.19) für vorgegebene Linienprofile, nämlich den beobachteten $R_{\rm obs}(\lambda, \varphi)$. Also genau der umgekehrte Lösungsweg als beim direkten Problem – wir invertieren sozusagen die Beobachtungen. Ein wichtiger Bestandteil dieser Inversion ist die Fehlerfunk-

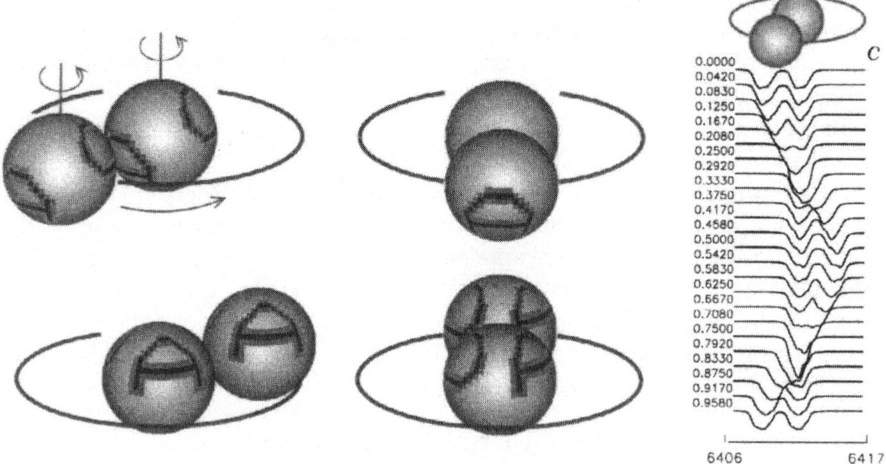

Abbildung 5.13: Die Erzeugung eines künstlichen Datensatzes (rechts) aus einem Modell-Doppelstern (links). Die synthetischen Spektren sind von oben nach unten in Phase angeordnet und der berechnete Wellenlängenbereich erstreckt sich von 6406 bis 6417 Å. Wenn sich die Sterne bedecken, überlagern sich die Linienprofile der einzelnen Komponenten. (Mit frdl. Gen. nach N. E. Piskunov 1996, Uppsala University).

tion. Sie beschreibt die Differenz zwischen den beobachteten Linienprofilen und der Rechnung. Unter Zuhilfenahme derselben Bezeichnungen und Symbole wie in Glchg. (5.19) lautet die Fehlerfunktion

$$D_\lambda(\varphi) = \frac{1}{\mathrm{n}_\varphi \mathrm{n}_\lambda} \sum_{\varphi=1}^{\mathrm{n}_\varphi} \sum_{\lambda=1}^{\mathrm{n}_\lambda} g(\varphi,\lambda)[R_{\mathrm{obs}}(\varphi,\lambda) - R_{\mathrm{comp}}(\varphi,\lambda)]^2 \;\leq\; \sigma^2 \qquad (5.20)$$

wobei die Beziehung zwischen den berechneten Linienprofilen (R_{comp}) und dem Modell entweder über eine Transformationsmatrix **A**

$$R_{\mathrm{comp}}(\varphi,\lambda) = \mathbf{A}\ X(M). \qquad (5.21)$$

oder eben über Glchg. (5.19) berechnet wird. In Glchg. (5.20) sind n_φ und n_λ die Anzahl der vorliegenden Spektren bei gegebener Phase φ bzw. die Anzahl der Wellenlängenpunkte pro Linienprofil (typische Werte sind $\mathrm{n}_\varphi = 10$ und $\mathrm{n}_\lambda = 70$). $g(\varphi,\lambda)$ bedeuten die Gewichte für jeden Profilpunkt jedes einzelnen Spektrums und werden üblicherweise proportional dem Signal-zu-Rausch Verhältnis gewählt. Der Vorgang der Inversion lautet nun in Worten: finde eine Funktion $X(M)$ (z.B. die gesuchte Temperaturverteilung $T_{\mathrm{eff}}(\ell,b)$ auf der Sternoberfläche), sodaß die Differenz D zwischen Beobachtung und Rechnung für jeden Punkt in jedem Linienprofil ein Minimum wird. Die Iteration soll aber abgebrochen werden, wenn die Beobachtungsungenauigkeit (σ) eines einzelnen Profilpunktes erreicht ist. Die Kenntnis des Gradienten der Fehlerfunktion im Koordinatensystem (ℓ,b) der Sternoberfläche, ermöglicht es jetzt dem Computer festzustellen, in welche Richtung bzw. an welcher

Stelle $X(M)$ geändert werden muß um D zu minimieren. Nach einigen Iterationen hat man die Lösung. Aber Vorsicht, berechnet wird immer irgend etwas, ob diese Lösung auch physikalisch sinnvoll ist, muß doch der Anwender entscheiden – und hiezu braucht man schon etwas Erfahrung.

Leider hat diese ganze Strategie einen „Hasenfuß", nämlich, daß es beliebig viele Oberflächenverteilungen von $X(M)$ gibt, die die Daten reproduzieren können. In der Mathematik spricht man von einem „schlecht konditionierten" Problem, und genau das haben wir beim Doppler-Imaging vor uns. Erinnern wir uns, daß wir ja von einer Serie von eindimensionalen Linienprofilen auf eine zweidimensionale Temperaturverteilung zurückrechnen wollen. Es bedarf also noch zusätzlicher Information, um die richtige Lösung aus dieser ganzen Palette von möglichen Lösungen herauszufiltern. Dies geschieht mit der Einführung einer zusätzlichen Nebenbedingung $r[X(M)]$ und der Lösung von

$$D[X(M)] + r[X(M)] = \text{minimum}, \tag{5.22}$$

wobei $r[X(M)]$ die sogenannte Regularisierungsfunktion ist – es soll die Lösung *regulieren.*

Die Wahl dieser Regularisierungsfunktion ist dem physikalischen Problem entsprechend zu treffen. Im Doppler-Imaging Verfahren werden eigentlich nur zwei Funktionen verwendet und es soll an dieser Stelle extra betont werden, daß man diese „Regulierung" eigentlich gar nicht bräuchte, ja wären die beobachteten Linienprofile nur frei von jeglichem Rauschen und auch sonst einfach perfekt. Ein Umstand, den es genauso wenig gibt wie die Verdoppelung der freien Planstellen am hiesigen Institut für Astronomie der Universität Wien. Doch sie erleichtern einem das Leben, sprich die Arbeit, denn der Computer kann die Lösung des gegebenen Datensatzes in einer sehr zielstrebigen Art und Weise berechnen, anstelle sich mit dem Versuch-und-Irrtum Algorithmus herumzuärgern. Nun, die beiden Regularisierungsfunktionen sind

$$\text{Maximum} - \text{Entropie}: \quad r[X(M)] = -\textstyle\iint_{\mathrm{M}} X(M) \log X(M) dM \tag{5.23}$$

$$\text{und Tikhonov}: \quad r[X(M)] = -\textstyle\iint_{\mathrm{M}} \mid \nabla X(M) \mid^2 dM \tag{5.24}$$

Deren Anwendung und Bedeutung soll an einem Beispiel leicht verständlich sein.

Ein Beispiel

Man nehme ... (nach Gull & Skilling 1983) einen Stern, der nur durch vier Oberflächenelemente definiert sei[8], deren Intensitäten genau bekannt sind. Diese Intensitäten sind z.B. $I_1 = 4, I_2 = I_4 = 8$ und $I_3 = 16$:

Nun, auch die fiktive Messung soll diese Elemente nicht auflösen können, wir sind ja auch nicht in der Lage die Sternoberfläche direkt aufzulösen. Unser Beispiel soll auch folgende Kombinationen von Meßergebnissen liefern in denen die Fehlerfunktion $D[X(M)]$ steckt:

$$I_1 + I_2 + I_3 + I_4 = 36, \quad I_1 + I_2 = 12, \quad I_1 + I_4 = 12. \tag{5.25}$$

[8] In der Praxis verwendet man bis zu 3000 Elemente einer Kugeloberfläche.

I_1	I_4
I_2	I_3

Es gibt in Glchg. (5.25) vier Unbekannte (die Intensitäten der vier Pixel) aber nur drei Messungen. Das Problem ist also schlecht konditioniert und viele Werte für die I's würden diesem Datensatz entsprechen. Wir führen daher eine Regularisierungsfunktion als Nebenbedingung ein: entweder eine Maximum-Entropie Funktion oder eine Tikhonov-Funktion gemäß Glchg. (5.23). Für nur vier Pixel lauten sie ausgeschrieben

$$\begin{aligned} r_{\mathsf{MaxEnt}} &= I_1 \log I_1 + I_2 \log I_2 + I_3 \log I_3 + I_4 \log I_4 \\ r_{\mathsf{Thikhonov}} &= (I_1 - I_2)^2 + (I_2 - I_3)^2 + (I_3 - I_4)^2 + (I_4 - I_1)^2. \end{aligned}$$

Dies ist die gesuchte vierte Gleichung, um die vier Unbekannten in Glchg. (5.25) zu finden.

Jetzt brauchen wir nur mehr zu substituieren, d.h. die Glchg. (5.25) in obige Formulierung einzusetzen und $D + r$ entsprechend Glchg. (5.22) zu minimieren, indem wir deren partielle Ableitungen bilden und Null setzen ($\partial r / \partial I = 0$). Dies ergibt folgende Intensitäten für die vier Pixel:

$$\begin{aligned} \text{mit } r_{\mathsf{MaxEnt}}: &\quad I_1 = 4, \quad I_2 = I_4 = 8, \quad I_3 = 16 \\ \text{mit } r_{\mathsf{Tikhonov}}: &\quad I_1 = 3, \quad I_2 = I_4 = 9, \quad I_3 = 15. \end{aligned}$$

Wie man sieht stimmt das Ergebnis der Maximum-Entropie-Regularisierung exakt mit den vorgegebenen Intensitäten überein, die Tikhonov Regularisierung aber weicht leicht vom exakten Wert ab. Dies hat auch einen mathematischen Grund mit einer wichtigen physikalischen Schlußfolgerung: da in der Maximum-Entropie-Regularisierung der Logarithmus steht – dessen Verlauf eine *sehr* starke Abhängigkeit von $r(I)$ impliziert – kann man sagen, daß diese Funktion praktisch keine Relation zwischen benachbarten Pixeln erlaubt. So als ob die Intensität in einem Pixel nichts mit der Intensität im Nachbarpixel zu tun hat. Und genau dies ist auch der Fall in unserem obigen Beispiel. Wir hatten den Pixeln ja diskrete Werte zugeordnet, die auch beliebig anders hätten sein können. Mit anderen Worten, die Anwendung dieser Regularisierung minimiert den Informationsgehalt des rekonstruierten Bildes.

Die Tikhonov-Regularisierung verhält sich ziemlich genau umgekehrt. Hier haben wir eine Differenz zweier Pixel-Intensitäten stehen, und diese noch verstärkt hervorgehoben, da quadriert. Die Tikhonov-Version sucht also nach einer optimalen Relation zwischen benachbarten Pixeln, so als ob eine physische Verbindung bestünde. Eine Anwendung mit dieser Regularisierung führt daher zu der „glattesten“ Lösung mit den wenigsten Kontrasten.

Es obliegt jetzt wiederum dem Anwender, welche der beiden Regularisierungen zu wählen ist. Die Gruppe um die beiden amerikanischen Astronomen Steve Vogt und Artie Hatzes argumentiert mit der Analogie direkter Sonnenbilder im weißen Licht, die die Sonnenflecken mit scharfer Abgrenzung gegenüber der restliche Photosphäre zeigen, und bevorzugen daher die Maximum-Entropie-Methode (siehe auch Abb. 5.14). Andere, wie z.B. der russisch-stämmige, nun in Upsalla lehrende Astronom Nikolai Piskunov, argumentieren dagegen mit der simplen Feststellung, daß solare Analogie für Sternflecken, die 100mal größer sind, nicht plausibel erscheint. Experimente von mehreren Autoren haben aber eindeutig gezeigt, daß, wenn das Signal-zu-Rausch-Verhältnis der zu invertierenden Spektren nur hoch genug ist, es keine Rolle mehr spielt welche Regularisierung man verwendet, denn dann dominiert der Term $D[X(M)]$ in Glchg. (5.22). Ha!

5.3.5 Kenntnis des lokalen Linienprofils

So kompliziert die mathematische Invertierung der beobachteten Spektren auch sein mag, die einzige als bekannt anzunehmende „Physik", die hineingesteckt werden muß, ist die Kenntnis des lokalen Linienprofils R_{loc}. Unter diesem Linienprofil versteht man eigentlich das theoretische Spektrum, das ein infinitesimal kleines Oberflächenelement eines gefleckten Sternes emittiert. Erinnern wir uns, daß ein beobachtetes Spektrum immer die Integration aller dieser lokalen Spektren über die ganze Sternscheibe ist. In Glchg. (5.19) ist uns dieses lokale Profil ja bereits untergekommen und der Vergleich von Sonnenspektren eines Fleckes mit der ruhigen Photosphäre verdeutlicht deren Einfluß. Der Unterschied ist besonders deutlich bei magnetisch sensitiven Spektrallinien zu bemerken. Die neutrale Kalzium Linie bei 643.9 nm ist in der Literatur die meistverwendete Linie für das Doppler-Imaging. Abbildung 5.15 zeigt die Ca I 6439 Linie der solaren Photosphäre im Vergleich zu einem ähnlichen Spektrum eines Sonnenfleckes. Deutlich ist die Verbreiterung der Ca I 6439 Linie durch den Zeeman-Effekt (siehe Kapitel 6) und die Existenz von vielen kleinen Metallinien erkennbar.

Im Zuge der Entwicklung des Doppler-Imaging-Verfahrens hat es eine Reihe von verschiedenen Ansätzen zur Bestimmung des lokalen Linienprofils gegeben. Angefangen mit einer einfachen Approximation mit einem fixierten Gauß-Profil, bis zur vollen Spektrum-Synthese durch Lösung der Strahlungstransportgleichung $(dI_\nu/d\tau_\nu)$ in einem Satz von Modellatmosphären. Die Tabelle 5.1 gibt eine Übersicht über die historische Entwicklung zur Bestimmung des lokalen Linienprofils. Für weitere Details verweise ich auf die in dieser Tabelle zitierten Fachliteratur.

5.3.6 Methodische und praktische Probleme

Hat beim Invertieren des Datensatzes alles geklappt, dann sollte man einen guten Fit zu den Beobachtungen und untereinander konsistente Doppler-Karten der verschiedenen Spektrallinien erhalten. Die Regularisierung stellt dabei zwar sicher, daß das rekonstruierte Bild exakt so gut sein wird wie es die Daten erlauben – aber auch nicht mehr und nicht weniger – zum Mehr bedarf es dann noch besserer

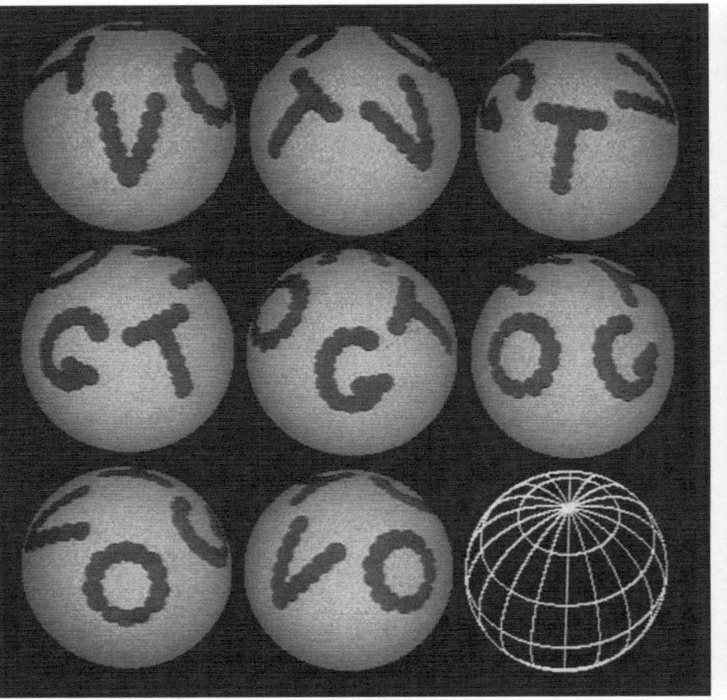

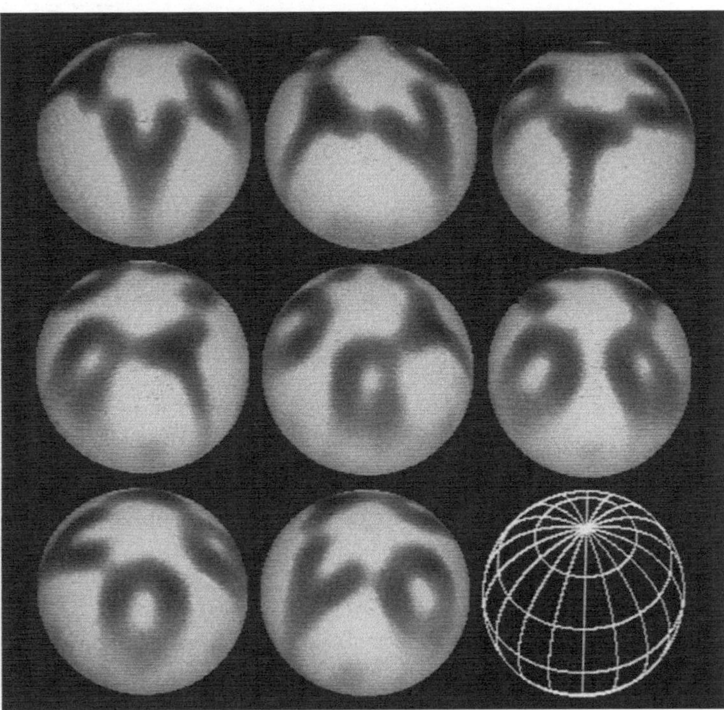

Abbildung 5.14: Simulation des „V-O-G-T Sternes“. Die Buchstaben eignen sich gut um das Auflösungsvermögen des Computercodes zu testen. Links ist das angenommene Bild aus dem die künstlichen Daten erzeugt wurden und rechts die Rekonstruktion. Wie man sieht, wird sogar das Innere des „O“ deutlich reproduziert. (Mit frdl. Genehmigung nach Vogt et al. 1987).

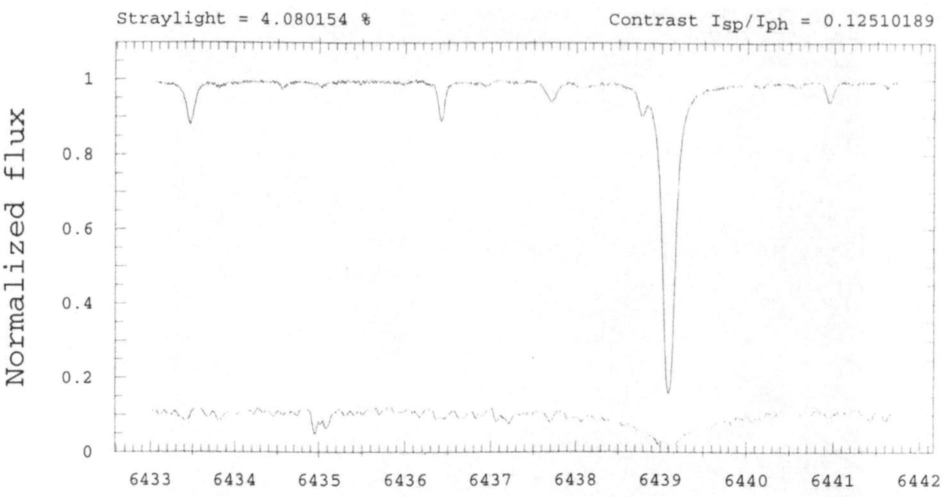

Abbildung 5.15: Solares Photosphären- (oben) und Fleckenspektrum (unten) im Wellenlängenbereich der Kalzium Ca I 6439-Linie. Deutlich sieht man die Linienverbreiterung im Sonnenfleck. Die Intensität beider Spektren ist auf das photosphärische Kontinuum normalisiert und das Verhältnis der beiden Kontinua beträgt bei dieser Beobachtung $I_{\text{Fleck}}/I_{\text{Phot}} = 0.125$. Die beiden Spektren könnten ebenso das lokale Linienprofil innerhalb und außerhalb eines *Stern*fleckes darstellen. (Mit freundlicher Genehmigung von O. Engvold, Universität von Oslo).

Tabelle 5.1: HISTORISCHE ENTWICKLUNG ZUR VERWENDUNG DES LOKALEN LINIENPROFILS

Berechnung von R_{loc}	Literaturhinweis
Gauß Profil:	Falk & Wehlau (1974) Khokhlova (1976)
Voigt Profil für κ_ν und Minnaert-Näherung für die Lösung von $dI_\nu/d\tau_\nu$:	Goncharskii et al. (1983) Rice, Wehlau & Khokhlova (1989)
Volle Lösung von $dI_\nu/d\tau_\nu$ in LTE aber nicht als $f(T)$:	Vogt, Hatzes & Penrod (1987)
Standard-Stern Profil:	Strassmeier (1990)
Standard-Stern Spektrum:	Jankov & Foing (1993)
Lösung von $dI_\nu/d\tau_\nu$ in LTE <u>und</u> $f(T)$:	Piskunov (1991) Collier-Cameron (1991) Donati et al. (1992) Strassmeier, Rice, Wehlau et al. (1993)
Volle Spektrum Synthese:	Piskunov & Rice (1993) Rice & Strassmeier (1996)

$dI_\nu/d\tau_\nu$ = Strahlungstransportgleichung: I Intensität, τ optische Tiefe, LTE = Lokales thermodynamisches Gleichgewicht.

Daten u.s.w. (wir wollen ja auch in Zukunft noch unseren Job behalten). Die erzielbare Auflösung auf der Sternoberfläche hängt aber auch von stellaren Parametern ab, vor allem von der Rotationsgeschwindigkeit $v \sin i$: schnellere Rotatoren lassen sich daher besser kartographieren als langsamere, und „verzeihen" auch so manche Fehler in den atomaren Übergangswahrscheinlichkeiten der einzelnen Linien, die als Blends vorkommen. Abbildung 5.16 vergleicht reale Datensätze der Ca I-6439- und der Fe I-6430-Linie von IN Virginis und UZ Librae (Kreuze) und die erzielten Fits (Linien), sowie eine flächentreue Aitoff-Projektion einer Doppler-Karte von IN Comae mit einer Auflösung von etwa $10° \times 10°$ an der stellaren Oberfläche.

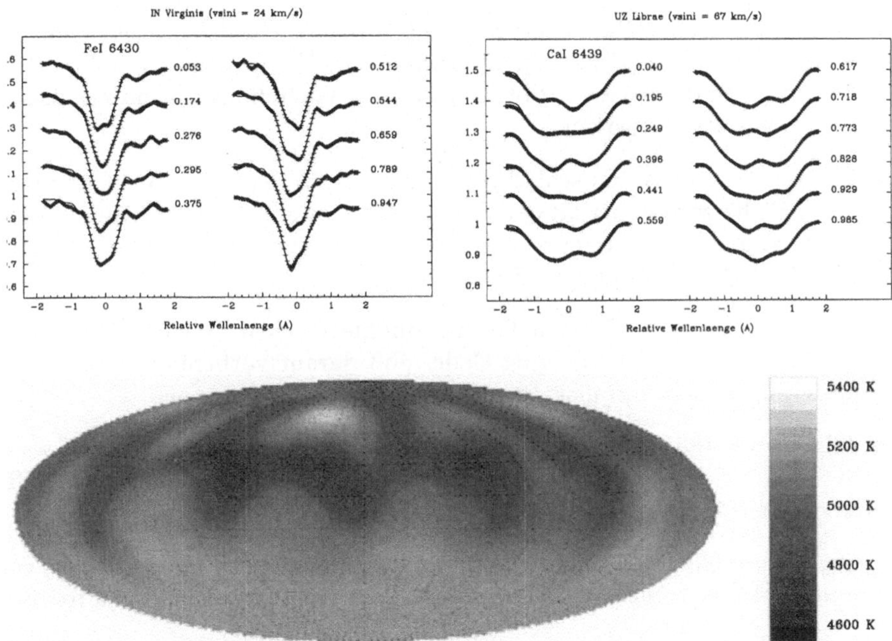

Abbildung 5.16: Drei Ergebnisse aus der Praxis. Die beiden oberen Diagramme vergleichen Beobachtungen eines langsam rotierenden (links, IN Vir) und eines schnell rotierenden Sternes (rechts, UZ Lib) mit den erzielten Anpassungen an die Linienprofile (die Kreuze sind die Beobachtungen, die Linien jeweils der Fit) . Die untere Abbildung ist eine flächentreue Doppler-Karte des sehr aktiven Sternes IN Comae (G5IV-III, $P_{\rm rot} = 5.913$ Tage, $i = 45°$). Bemerke, daß bei der großen Neigung der stellaren Rotationsachse von 45°, der Bereich der „südlichen" Sternhemisphäre nicht sichtbar ist (der untere Bereich der Karte). Nach verschiedenen Artikeln des Autors aus der Fachzeitschrift ASTRONOMY & ASTROPHYSICS.

Wie natürlich nicht anders zu erwarten, kommt es bei der praktischen Anwendung von solch relativ komplexen Methoden zu einer ganzen Reihe von Problemen bzw. Problemfällen, die vom Status „fatal" bis „macht nichts" reichen. Wenn sie allerdings erst einmal erkannt und formuliert werden können, sind sie – wenn schon nicht lösbar – mit ein wenig Anstrengung (und weiteren Näherungen) doch wenigstens umgehbar. Eine Auswahl solcher kleinerer und größerer Problemkreise im Doppler-Imaging gibt die folgende Zusammenstellung:

- Die Transformation $R_{\rm obs} \longrightarrow X(M)$ ist nicht linear und kann daher nur numerisch gelöst werden. Dies bedarf schon größerer Rechenanlagen (schnelle

Workstations).

- Die Physik des lokalen Linienprofils basiert auf zum Teil nur schlecht bekannten atomaren Daten, wie z.B. $\log gf$ Werte[9].
- Alle Modellatmosphären zur Berechnung von lokalen Linienprofilen sind unter LTE (Lokalem Thermodynamischen Gleichgewicht) berechnet. Nicht-LTE-Effekte wurden bis dato ignoriert.
- Während einzelne Oberflächenparameter für sich alleine – wie etwa chemische Elementhäufigkeit oder Magnetfeldstärke oder Temperatur – relativ eindeutig bestimmt werden können, gibt es noch keine Vorstellung ob und wie diese drei Parameter wechselwirken.
- Die Temperatur ist ein schlechter Parameter für $X(M)$ da nicht additiv! An deren Stelle wird daher oft der Fluß $\mathcal{F}(M)$ verwendet und mit einem Planckschen Strahlungsgesetz in eine Temperatur umgerechnet. Auch Fleckenfläche oder Helligkeit kommt zum Einsatz.
- Die Sternoberfläche kann helle und dunkle Flecken haben, z.B. spots und faculae. Der Doppler-Imaging-Code muß darauf vorbereitet sein um nicht abzustürzen bzw. um nicht irreale Lösungen zu produzieren.
- Allgemeine stellare Parameter sind manchmal nur ungenau bekannt, wie z.B. die Neigung der Rotationsachse des Sternes oder der exakte Wert der Rotationsgeschwindigkeit.
- Turbulente Geschwindigkeitsfelder werden immer noch nur mit einer Verteilungsfunktion berücksichtigt und nicht als echter physikalischer Prozeß.
- Die Beobachtung der Linienprofile erstreckt sich meist über mehrere stellare Rotationsperioden hinweg. Profile aus verschiedenen Rotationszyklen werden kombiniert. Bei sehr kurzen Veränderungszeitskalen der Flecken kann ein nicht existentes Bild rekonstruiert werden (ohne daß man es merkt!).
- Simultane Kontinuum Photometrie ist erstens ein sehr guter Indikator für Fleckenveränderungen auf der Sternoberfläche und zweitens, ist die Form der Lichtkurve eine willkommene zusätzliche Nebenbedingung für die Linienprofilinversion.

Bevor man diese Technik auf reale Daten anwendete, hat es eine Reihe von verschiedenen Simulationen gegeben. Dabei wird ein künstlicher Datensatz wie z.B. in Abb. 5.13 gezeigt, mit Hilfe der direkten Formulierung erzeugt, mit einem statistischen Rauschen versetzt, und dann vom Inversionscode wieder gelöst. So kann man das Ergebnis mit der bereits bekannten Lösung vergleichen und die Schwächen und Stärken der verschiedenen Methoden und Parameter gut ausloten. Genau so ist es auch zur „Entdeckung“ des V-O-G-T Sternes, in Abb. 5.14, gekommen ...

[9]Die sogenannten Übergangswahrscheinlichkeiten eines Elektrons von einem Zustand zum anderen, die die Linienstärke von Metallinien bestimmen.

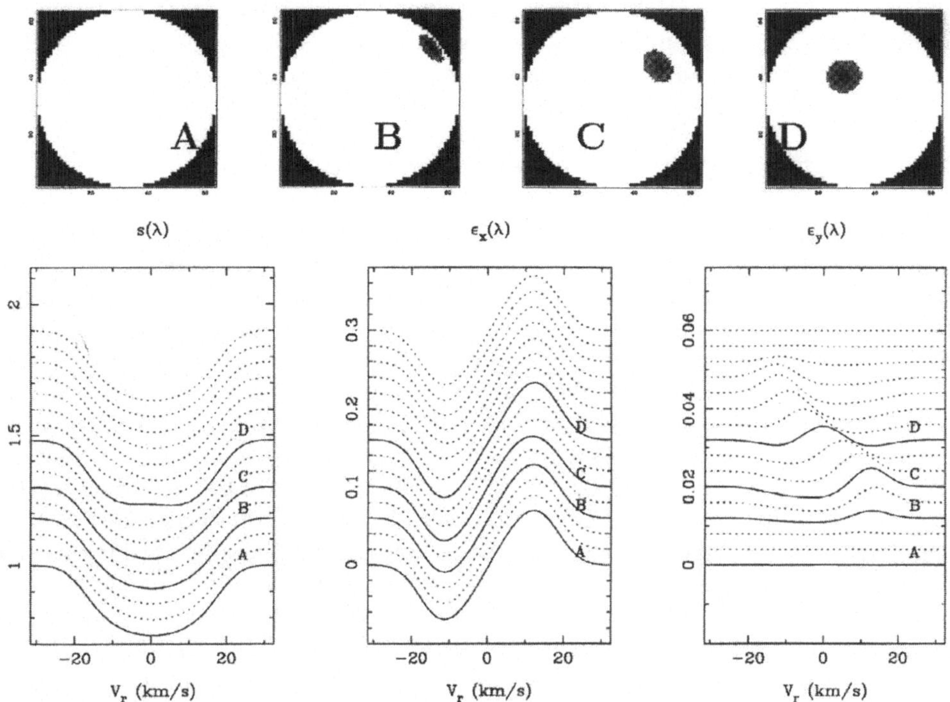

Abbildung 5.17: Das Prinzip der differentiellen Interferometrie am Beispiel eines Sternes mit Flecken. Die vier schematischen Abbildungen ABCD zeigen, von links nach rechts, wie ein großer Sternfleck im Laufe einer viertel Rotation vom Scheibenrand (A) bis zum Zentralmeridian (D) wandert (der Stern rotiert hier von rechts nach links und die Rotationsachse verläuft vertikal entsprechend dem Zentralmeridian). Diese vier Zeitpunkte sind in den unteren Diagrammen als durchgezogene Linien gekennzeichnet, wobei alle drei Diagramme synthetische Daten darstellen, die jeweils gegenüber der radialen Komponente der Rotationsgeschwindigkeit v_r in km/s aufgetragen sind ($v_r = 0$ entlang des Zentralmeridians, -30 km/s am linken Sternrand in A-D und $+30$ km/s am rechten Rand). Das linke Diagramm stellt eine Zeitserie von Linienprofilen $s(\lambda)$, wie wir sie für das Doppler-Imaging-Verfahren in Abschnitt 5.3 verwendeten, dar (nur vertikal verschoben um nicht übereinander gezeichnet zu sein), die beiden rechten Diagramme sind die jeweilige Verschiebung des Lichtzentrums normal zur Rotationsachse (gekennzeichnet mit $\epsilon_x(\lambda)$) und parallel dazu ($\epsilon_y(\lambda)$). Eine Neigung der Rotationsachse wurde hier nicht angenommen. (Nach R. G. Petrov et al. 1996, Université de Nice).

Eines Morgens, nach einer klaren Beobachtungsnacht am 3m-Lick-Teleskop, kam Don Penrod – seines Zeichens damals noch Dissertant von Steve Vogt an der University of California in Santa Cruz – zu seinem Chef und Meister ins Büro gestürmt und berichtete ganz aufgeregt von der Entdeckung eines neuen Sternes mit extrem starken Linienprofilvariationen, viel stärker als alles bisher Bekannte. Ein Magnetband mit den Daten der Nacht hatte er bereits mit, und ging danach seelenruhig schlafen. Natürlich ließ dies Steve Vogt und Artie Hatzes keine Ruhe mehr und sie machten sich sofort daran, die Spektren in deren Doppler-Imaging-Code zu füttern. Als nach stundenlanger Arbeit endlich das Bild des Sternes am Computerschirm erschien ... stand Steve Vogt's Name auf der Oberfläche des Sternes! Don Penrod hatte nämlich den Datensatz künstlich erzeugt! Wie Steve erklärte, sei dies die erste Kontaktaufnahme extraterrestrischer Intelligenz gewesen.

5.4 Differentielle Interferometrie

In diesem Abschnitt machen wir noch einen Schritt weiter und versuchen, das Doppler Imaging-Verfahren mit dem klassischen Prinzip der Interferometrie[10] zu verbinden: also Beobachtungen hoher *spektraler* Auflösung mit Beobachtungen hoher *räumlicher* Auflösung zu kombinieren. Das Sternscheibchen muß aber nicht direkt aufgelöst werden, wie bei der „phasengerechten" Interferometrie (der Abbildung), sondern nur die scheinbare Verschiebung seines Lichtzentrums im Laufe einer Sternrotation: wandert ein großer dunkler Sternfleck durch die Rotation des Sternes langsam über das (nicht aufgelöste) Sternscheibchen hinweg, so fehlt an der jeweiligen Position des Fleckes Licht, und deformiert das Sternscheibchen. Im integrierten Licht der Scheibe sieht man diese Deformation natürlich nicht. Aber was man sieht, ist eine winzige scheinbare Verschiebung des Lichtzentrums des Scheibchens. Gekoppelt mit einem Spektrographen kann diese Verschiebung als eine Deformation der rotationsmodulierten Radialgeschwindigkeitsverteilung an der Oberfläche des Sternes gemessen werden. Dies nennt man die *Differentielle Interferometrie* (Abb. 5.17). Sie ist die Weiterentwicklung einer Variante der Labeyrieschen Speckle-Interferometrie.

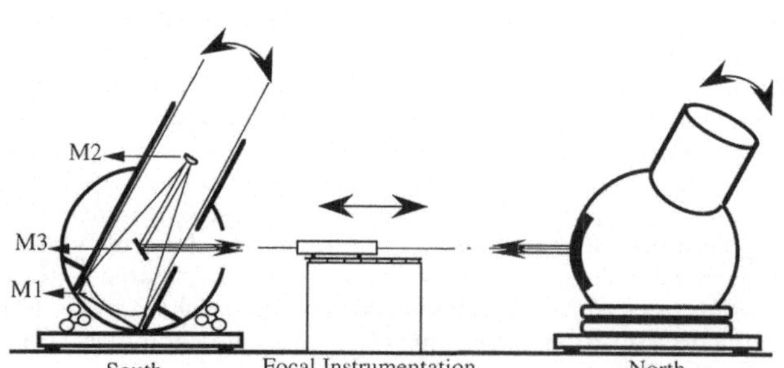

Abbildung 5.18: Skizze des optischen GI2T-Interferometers in Südfrankreich. Das Hauptsystem besteht aus zwei 1.5m Spiegeln in den beiden flaschenartigen Gehäusen links und rechts und einem Phasenkonverter in der Mitte. (Mit frdl. Gen. nach Mourard et al. 1994, Observatoire de la Côte d' Azur).

Leider konnte dieses Verfahren in der Praxis bis dato noch nicht eingesetzt werden, weil die notwendige, lange Basislinie von etwa 100m, bei entsprechend großer Teleskopapertur noch nicht existiert. Erst das ESO-VLT, mit seinen vier 8m Spiegeln und einer Basislänge von maximal 130m, sowie die beiden 10m Keck I- und Keck II-Teleskope in einem Abstand von 80m, werden das volle Potential der differentiellen Interferometrie entwickeln können. Ein kleineres Interferometer mit zwei 1.5m Spiegeln und einem variierbaren Nord-Süd Abstand von etwa 50m und einer spektralen Auflösung von $\lambda/\Delta\lambda$=4500 ist bereits in Südfrankreich am Observa-

[10] Zu Interferometrie siehe auch Kapitel 2.

toire de la Côte d' Azur in Betrieb (das sogenannte GI2T[11]; siehe Abb. 5.18). Schon 1997–98 sollte die Auflösung des GI2T 30,000 erreichen und somit auch auf die allerhellsten, gefleckten Riesensterne anwendbar sein. Abbildung 5.18 zeigt den schematischen Aufbau des Interferometers.

5.5 Frequenzaufspaltung von Pulsationsmoden

Sterne können wie Glocken vibrieren. Diese Vibrationen, meist Oszillationen oder Pulsationen genannt, modulieren die Helligkeit der Sternoberfläche mit einer Unzahl von Frequenzen und Helligkeitsmustern. Ganz ähnlich wie die schwingende Saite einer Gitarre oder einer Glasplatte, auf der man Eisenfeilspäne aufbreitet und dann eine Stimmgabel daranhält. Nun, obwohl wir die stellaren Pulsationen nicht „hören" können da bekanntlich das Vakuum keine Schallwellen zu transportieren vermag, können wir doch die Helligkeitsschwankungen mit hoher Präzision messen. Die Tatsache, daß ein gefülltes Weinglas beim Anstoßen tiefer klingt als ein leeres mag schon einen Hinweis darauf liefern, daß die Beobachtung der Pulsationsfrequenzen vielleicht sogar Information aus dem Sterninneren erlaubt, ganz so wie es der Winzer vermag, durch das Abklopfen seiner Eichenfässer auf die Güte des darin lagernden Weines zu schließen. Mehr dazu in Kapitel 11.

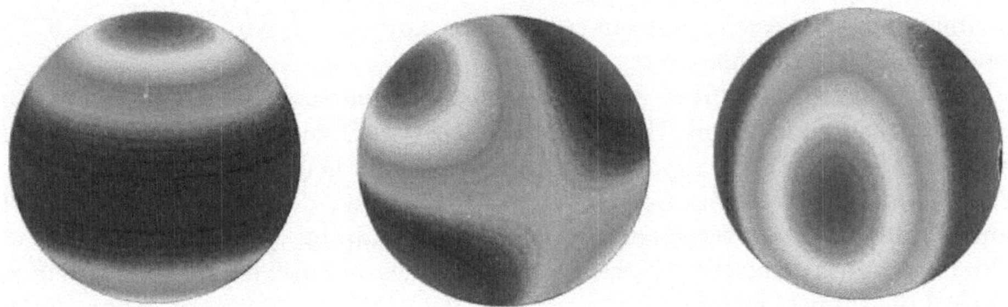

Abbildung 5.19: Schwingungsordnungen $m = 0$, 1 und 2 eines Sternes bei konstantem $\ell = 2$, dem Grad des Legendre-Polynoms (von links nach rechts). m gibt die Anzahl der azimutalen Knotenlinien an, also die Anzahl der Schnittpunkte von Schwingungsknoten wenn man einmal in azimutaler Richtung um den Stern läuft. In den blauen Regionen bewegt sich die Sternoberfläche auf uns zu, und in den roten Regionen von uns weg. Die Trennlinien nennt man Knotenlinien. Gibt es zusätzlich Rotation, so kommt es zu einer Aufspaltung der Pulsationsfrequenz. Daraus wiederum, läßt sich die Rotationsrate des Sternes errechnen. (Mit frdl. Genehmigung von Claude Catala, University of Toulouse).

In Zusammenhang mit stellarer Rotation bzw. rotationsmodulierter Datenanalyse, möchte ich auf eine sehr raffinierte Möglichkeit hinweisen, die es erlaubt, die Rotation eines pulsierenden Sternes zu messen. Dazu müssen wir uns vorerst einmal Abb. 5.19 ansehen. Sie zeigt uns *eine mögliche* Schwingungsform einer Gaskugel. Die roten und blauen Stellen in Abb. 5.19 können in der Tat auch als kleinste Helligkeitsunterschiede betrachtet werden. Gibt es nun obendrein Rotation (in Abb. 5.19

[11] *Grand Interféromèter à 2 télescopes.*

um die vertikale Achse), dann wird die Helligkeit noch zusätzlich moduliert. Die Frequenz der Modulation hängt von der Ordnung, m, der azimutalen Pulsations- bzw. Helligkeitsverteilung ab. Es kommt zur Aufspaltung der Pulsationsfrequenzen $f(m)$ (im englischen, dem sogenannten *m-mode splitting*) um einen kleinen Betrag Δf,

$$\Delta f = m(1 - C)\,\omega_{\rm rot} \quad \text{mit} \quad m = 1, 2, 3, ..., \tag{5.26}$$

wobei $\omega_{\rm rot}$ die Kreisfrequenz der Sternrotation, und C eine Konstante ist, die vom Sternaufbau abhängt und von theoretischen Modellrechnungen geliefert wird. Dies klingt alles sehr einfach, hat aber den beträchtlichen Nachteil, daß Δf sehr klein und daher schwierig zu messen ist und nur bei sehr stark pulsierenden Sternen, wie etwa den schnell rotierenden und pulsierenden Ap-Sternen oder manchen Weißen Zwergen, gemessen werden kann. Um so auch die Rotation von sonnenähnlichen F-, G- und K-Sternen zu bestimmen, ist noch eine Steigerung der Meßgenauigkeit um etwa einen Faktor 100 notwendig.

5.6 Rotations–Aktivitäts Korrelation

Diese indirekte Methode erlaubt es, einen Wert für die Sternrotation – sozusagen den Soll-Wert – im Vergleich mit anderen Sternen *abzuschätzen*, nachdem der Grad der stellaren Aktivität, etwa eine Emissionslinienstärke, gemessen wurde. Auf die Hintergründe dieser Rotations–Aktivitäts Korrelation wird in Kapitel 9 noch ausführlich eingegangen.

Kennt man den absoluten Fluß in der Ca II-K-Linie und die effektive Temperatur des Sternes, so kann mit Hilfe eines empirischen Gesetzes die Rotationsperiode berechnet werden. Für Hauptreihen-Sterne (also für Leuchtkraftklasse V) gibt es hiezu ausführliche Untersuchungen, die mit der Arbeit des amerikanischen Astronomen Olin C. Wilson begonnen hat (siehe hiezu Kapitel 9). Eine momentan weit verbreitete und akzeptierte Korrelation ist die des polnischen Astronomen Kazik Stępień (1994) und lautet

$$\log \mathcal{R}'(HK) = a(T) - b(T) P_{\rm rot}, \tag{5.27}$$

wobei $\mathcal{R}'(HK)$ der Strahlungsverlust in den Ca II-H- und K Linien in Einheiten der bolometrischen Helligkeit ist (mehr dazu in Kapitel 9). Die Konstanten a und b hängen von der (B-V)-Farbe des Sternes ab.

Für entwickelte Sterne hat der Autor (Strassmeier et al. 1994), sowie auch andere Kollegen vor ihm, folgende Rotations–Aktivitäts Korrelation als Funktion der Oberflächentemperatur T abgeleitet, die der von Stępień ganz ähnlich ist

$$\mathcal{F}'(K) = a(T) + b(T) \log v_{\rm rot}. \tag{5.28}$$

Kennen wir die $B - V$ Farbe eines Sternes der Leuchtkraftklasse III oder IV und haben wir den absoluten Fluß in der einfach-ionisierten Kalzium-K-Linie gemessen, so brauchen wir nur in obige Gleichung einzusetzen und bekommen den (erwarteten) Wert der Rotationsgeschwindigkeit. Die numerischen Konstanten a und b sind in der Originalarbeit angegeben.

Literaturverzeichnis

[1] Collier-Cameron A., 1990, „Modelling stellar photospheric spots using spectroscopy", in *Surface Inhomogeneities on Late-Type Stars*, Armagh Bicenntenial Colloq., P. B. Byrne and D. Mullan (eds.), Springer Verlag, s. 33

[2] Deutsch A. J., 1958, „Harmonic analysis of the periodic spectrum variables", in *Electromagnetic Phenomena in Cosmical Physics*, IAU Symp. 6, B. Lehnert (ed.), Cambridge Univ. Press, s. 209

[3] Donati J.-F., Brown S. F., Semel M., Rees D. E., Dempsey R. C., Matthews J. M., Henry G. W., Hall D. S., 1992, „Photospheric imaging of the RS CVn system HR 1099", A&A 265, 682

[4] Falk A. E., Wehlau W. H., 1974, „Harmonic analysis of the line profiles of an oblique rotator", ApJ 192, 409

[5] Goncharskii A. V., Stepanov V. V., Khokhlova V., Yagola A. G., 1983, „Mapping of chemical elements on the surfaces of Ap stars. I. Solution of the inverse problem of finding local profiles of spectral lines", Soviet Astron. J. 26, 690

[6] Gull S. F., Skilling J., 1983, in *Indirect Imaging*, J. A. Roberts (ed.), Cambridge Univ. Press, s. 263

[7] Jankov S., Foing B. H., 1992, „Tomographic imaging of late-type stars from spectroscopic and photometric rotational modulation. I. Principle and mathematical formulation of the method", A&A 256, 533

[8] Khokhlova V. L., 1976, „Zur Formulierung des Umkehrproblems bei der Bestimmung von Linienprofilen in Ap-Sternspektren (in Russisch)", Astron. Nachr. 297, 203

[9] Mourard D., Tallon-Bosc I., Blazit A., Bonneau D., Merlin G. Morand F., Vakili F., Labeyrie A., 1994, „The GI2T interferometer on Plateau de Calern", A&A 283, 705

[10] Petrov R. G., Lagarde S., N'Guyen van Ky, M., 1996, „Differential Interferometry Imaging", in IAU Symp. 176, *Stellar Surface Structure*, K. G. Strassmeier and J. L. Linsky (eds.), Kluwer, Dordrecht, s. 181

[11] Piskunov N. E., 1991, „The Art of Surface Imaging", in *The Sun and Cool Stars: Activity, Magnetism, Dynamos*, IAU Colloq. 130, Tuominen I., Moss D., Rüdiger G. (eds), Springer Verlag, s. 309

[12] Piskunov N. E., Rice J. B., 1993, „Techniques for Surface Imaging of Stars", PASP 105, 1415

[13] Rice J. B., 1996, „Doppler imaging of stellar surfaces", in IAU Symp. 176, *Stellar Surface Structure*, K. G. Strassmeier and J. L. Linsky (eds.), Kluwer, Dordrecht, s. 19

[14] Rice J. B., Strassmeier K. G., 1996, „Doppler imaging of stellar surface structure. II. The weak-lined T Tauri star V410 Tau", A&A 316, 164

[15] Rice J. B., Wehlau W. H., Khokhlova V. L., 1989, „Mapping stellar surfaces by Doppler imaging: technique and application", A&A 208, 179

[16] Rodonó M., Lanza A. F., Catalano S., 1995, „Starspot evolution, activity cycle and orbital period variation of the prototype active binary RS Canum Venaticorum", A&A 301, 75

[17] Slettebak A., Collins G. W., Boyce P. B., White N. M., Parkinson T. D., 1975, „A system of standard stars for rotational velocity determinations", ApJS 29, 137

[18] Stępień K., 1994, „Applicability of the Rossby number in activity-rotation relations for dwarfs and giants", A&A 292, 191

[19] Stout-Batalha N., Vogt S. S., 1996, „Doppler images of the Pleiades ZAMS stars HII 686 and HII 3163", in IAU Symp. 176, *Stellar Surface Structure*, K. G. Strassmeier and J. L. Linsky (eds.), Kluwer, Dordrecht, s. 337

[20] Strassmeier K. G., 1990, „Photometric and spectroscopic modeling of starspots on the RS Canum Venaticorum binary HD 26337", ApJ 348, 682

[21] Strassmeier K. G., 1997, „Doppler imaging of stellar surface structure. III. The X-ray source HD 116544 = IN Virginis", A&A 319, 535

[22] Strassmeier K. G., Bartus J., Cutispoto G., Rodonó M., 1997a, „Starspot photometry with robotic telescopes. Continuous UBV and $V(RI)_C$ photometry of 23 stars in 1991–1996 ", A&AS, in Druck

[23] Strassmeier K. G., Boyd L. J., Epand D. H., Granzer Th., 1997b, „Wolfgang-Amadeus: the University of Vienna twin automatic photoelectric telescope", PASP, in Druck

[24] Strassmeier K. G., Handler G., Paunzen E., Rauth M., 1994, „Chromospheric activity in G and K giants and their rotation-activity relation", A&A 281, 855

[25] Strassmeier K. G., Rice J. B., Wehlau W. H., Hill G. M., Matthews J. M., 1993, „Surface features of the lower atmosphere of HD 82558 = LQ Hydrae", A&A 268, 671

[26] Vogt S. S., Penrod G. D., 1983, „Doppler Imaging of Spotted Stars: Application to the RS Canum Venaticorum Star HR 1099", PASP 95, 565

[27] Vogt S. S., Penrod G. D., Hatzes A. P., 1987, „Doppler images of rotating stars using maximum entropy image reconstruction", ApJ 321, 496

[28] Worek T. F., 1996, „The Rossiter-McLaughlin Rotation Effect Observed for AI Draconis and V505 Sagittarii", PASP 108, 962

Weiterführende Literatur

- David F. Gray's zweite Auflage von The observation and analysis of stellar photospheres (Cambridge University Press, Cambridge, 1992) enthält ein eigenes Kapitel über Sternrotation.
- Über die Physik der Sternatmosphären von Albrecht Unsöld kommt wohl kein Astronomiestudent vorbei (Springer Verlag, Berlin, 1955, 1968).
- Das amerikanische Pendant zum Unsöld ist Dimitrii Mihalas' Stellar Atmospheres, erschienen bei W. H. Freeman, San Francisco.
- Die Trilogie von Erika Böhm-Vitense über Introduction to stellar Astrophysics, Vol. 1–3 (Cambridge University Press, Cambridge, 1989, 1989, 1992), wird in den U.S.A. gerne als Hochschultextbuch verwendet.
- John Hearnshaws The Analysis of Starlight (Cambridge University Press, Cambridge, 1986) beinhaltet eine reichhaltige Beschreibung der Geschichte der Spektroskopie.
- Optical Astronomical Spectroscopy von C. R. Kitchin ist eine leichtverständliche Zusammenfassung aller möglichen specktroskopischen Techniken (Institute of Physics Publishing, Bristol & Philadelphia, 1995).
- Douglas S. Hall und Russell M. Genet beschreiben in Photoelectric Photometry of Variable Stars (Willmann Bell Inc., Richmond, 1988) einige grundsätzliche Elemente der Stellarphotometrie, u.a. auch von aktiven Sternen.
- Die gesammelten Werke und die Biographie von Christian Doppler (1803–1853) wurden kürzlich von Peter Schuster im Böhlau-Verlag, Wien, 1992 herausgegeben.
- Detto für die gesammelten Abhandlungen Johann Radons: Johann Radon, herausgegeben von der Österreichischen Akademie der Wissenschaften (P. M. Gruber et al.), Wien, 1987.

Kapitel 6

Stellare Magnetfelder

Genie besteht immer darin, daß einem etwas Selbstverständliches zum Erstenmal einfällt.
Hermann Bahr

Die Kombination von rascher Rotation und das Vorhandensein einer äußeren Konvektionszone, führt unweigerlich zur Entstehung eines stellaren Magnetfeldes. Den eigentlichen Mechanismus der ein Magnetfeld erzeugt, nennt man den stellaren *Dynamo*. Leider muß an dieser Stelle gleich gesagt werden, daß es zu diesem Phänomen noch keine ausreichend quantitativen stellare Beobachtungen gibt, die es erlauben würden, verschiedene Dynamomodelle zu testen und zu unterscheiden. Trotzdem gibt es einen besonders kritischen Test: jedes Dynamomodell muß die Phänomenologie der aktiven Sonne erklären, etwa den elfjährigen Fleckenzyklus oder das Schmetterlings-Diagramm ... und daran sind bis heute die meisten Modelle gescheitert.

6.1 Einleitung

Für den Astronomen stellt sich die Frage, ob die Beobachtung von Sternen mit unterschiedlicher Größe, Rotation, Sternradius, Oberflächentemperatur oder Alter helfen kann, die Wurzeln der Phänomenologie der aktiven Sonne zu verstehen? Mehr quantitativ formuliert: wie hängen die beobachtbaren, physikalischen Größen *Rotation* und *Magnetfeld* eines Sternes miteinander zusammen, und vor allem, können uns diese oder andere Größen Aufschluß über den, tief im Sterninneren operierenden Dynamo geben? Die Antwort ist noch unbekannt. Auch für die Sonne gibt es hiezu noch keine wirklich definitiven Vorstellungen und ein großer Teil unseres Wissens basiert auf semiempirischen Theorien. Eines scheint indes in den letzten Jahren klar geworden zu sein: das Verstehen des Sonnendynamos, der daraus entstehenden Oberflächenaktivität und den solar-terrestrischen Beziehungen geht einher mit unserem Kenntnisstand über die Phänomenologie von Aktiven Sternen. Ist der Dynamo die Wurzel der solaren und stellaren Aktivitäten, so ist das Magnetfeld dessen Baum an der Oberfläche. Leider können wir mit unseren größten Teleskopen und besten Spektrographen nur das eine oder andere Blatt des Baumes sehen, der Rest ist Theorie und Intuition (siehe Abb. 6.1).

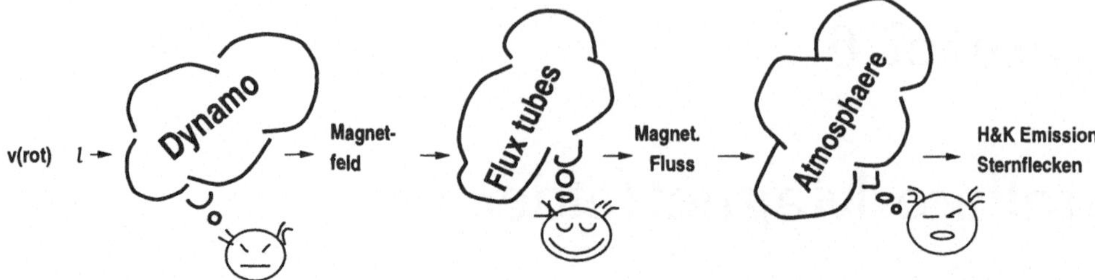

Abbildung 6.1: Das Zusammenspiel von Beobachtung und Theorie. Die Richtung von links nach rechts entspricht in etwa vom Sterninneren zur Sternatmosphäre. Beobachtet werden meist nur indirekte Magnetfeldindikatoren wie z.B. der Ca II-K-Linienfluß oder die Temperaturinhomogenität der Photosphäre. Nur bei relativ wenigen Sternen kann direkt deren Magnetfeld gemessen werden. $V(rot)$ mal ℓ bedeuten das Zusammenspiel von Rotation und der Existenz einer Konvektionszone der Tiefe ℓ. Der „Kopf" soll übrigens den Theoretiker darstellen, der noch viel nachzudenken hat.

Erst in den letzten Jahren konnten Doppler-Imaging-Beobachtungen Aktiver Sterne, die – bereits lange aus der solaren Analogie heraus akzeptierte aber bei Sternen nur vermutete –, dreidimensionale Verteilung des Magnetfeldes bestätigen, wenn auch nicht direkt über die Messung des Feldes selbst, sondern indirekt über dessen Einfluß auf das Verhalten des Plasmas in verschiedenen Höhen einer Sternatmosphäre. Ein Beispiel ist der aktive RS-CVn-Stern HU Virginis (HD 106225): ein K0III-IV-Riese eines Doppelsternsystems mit einer orbitalen Periode von 11 Tagen und entsprechend hoher Rotation, also nicht gerade ein sonnenähnlicher Stern. Aber, es erlaubt die Anwendung des Doppler-Imaging-Verfahrens. Macht man dies nicht nur für photosphärische Absorptionslinien wie in Kapitel 5 ausführlich beschrieben, sondern – in etwas abgewandelter Form mit vereinfachter Physik – auch für die chromosphärische Ca II-K-Emissionslinie sowie für die breite Balmer-Hα-Linie, die sich bei HU Vir aus mehreren Komponenten zusammensetzt, dann kann man, sehr vereinfacht und grob, eine dreidimensionale Verteilung der magnetisch-induzierten Aktivität der Sternatmosphäre errechnen. Das Ergebnis ist in Abb. 6.2 dargestellt. Deutlich sieht man den geometrischen Zusammenhang zwischen der Temperaturinhomogenität der Photosphäre (unteres Bild), der Kalzium-Emission der Chromosphäre (mittleres Bild), und der Balmer-Hα-Emission bzw. Absorption in einer Höhe von etwa einem Sternradius (oberes Bild), sowie mit dessen Geschwindigkeitsfeld.

Die aktive Sonne bietet natürlich eine ganze Palette von *direkten* Beobachtungen, die man bei Sternen gerne verifizieren möchte, denn warum sollte sich ein sonnenähnlicher G-Stern anders verhalten als unser Zentralgestirn? Eine geradezu nach Entgegnung schreiende Frage, wie wir nach unseren Erkenntnissen über HU Virginis, und überhaupt aus den Kapiteln 3 und 4, nunmehr schon vermuten würden. Naturwissenschafter lieben auch Falsifizierungen, nicht nur Bestätigungen! Die Abbildungen 6.3 und 6.4 demonstrieren in einer Gegenüberstellung mögliche Analogien anhand von Beobachtungen, die bei Sternen erst seit kurzem möglich

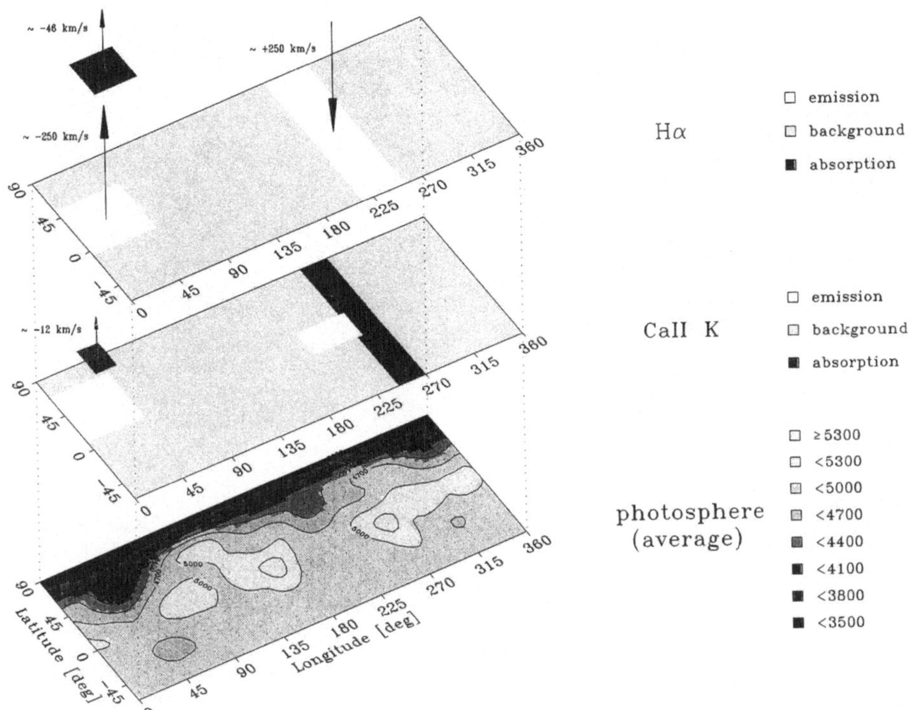

Abbildung 6.2: Diese Beobachtung der 3D-Intensitätsverteilung in der Atmosphäre des Aktiven Sternes HU Vir bestätigt die Vermutung, daß sich stellare Aktivitäten in den unterschiedlichen Atmosphärenbereichen auf ein und dasselbe lokale Magnetfeld zurückführen lassen. Die Geometrie des Feldes deutet hier auf einen koronalen Bogen (*Loop*) mit der Ausdehnung eines Sternradius hin. Dessen Fußpunkte sind die beiden 180° verschobenen „Anhängsel" des polaren Fleckes in der Temperaturkarte im unteren Bild. Innerhalb des Bogens, in der oberen Atmosphäre im Licht der Hα-Linie, treten Geschwindigkeiten des emittierenden Plasmas von 250 km/s auf, und zwar auf der einen Seite des Sternes raus und auf der anderen wieder rein! Die beiden Streifen in der Hα- und der Ca II-K-Karte bedeuten nur, daß an dieser Stelle die Qualität der Beobachtungen nicht ausreichte um den stellaren Breitengrad der Emission (hell) bzw. Absorption (dunkel) festzulegen. (Nach Strassmeier 1994).

sind und in naher Zukunft wohl auch erste, gänzlich unumstrittene Ergebnisse bringen werden: das Kartographieren des Oberflächenmagnetfeldes zu verschiedenen Zeitpunkten des (periodischen) Aktivitätszyklus.

Der wohl direkteste Weg den stellaren Dynamo zu erkunden, ist daher die Messung der Magnetfeldstärke bzw. der Magnetfelddichte an der Sternoberfläche. Dies ist aber alles andere als ein einfaches Vorhaben. Wie bereits im Kapitel 2 erwähnt wurde, basieren alle stellaren Magnetfeldmessungen auf der Linienaufspaltung durch den Zeeman-Effekt bzw. der daraus folgenden Polarisation des Sternlichtes. Bevor wir näher auf die Verbindung von Rotation und Magnetfeld eingehen, sollten wir uns zuerst mit ein paar grundlegenden Erkenntnissen über stellare Magnetfelder und deren Beobachtung vertraut machen.

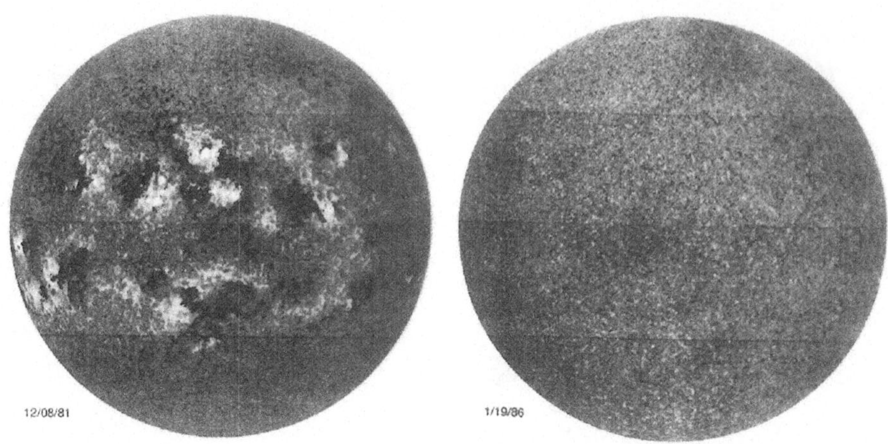

Abbildung 6.3: Magnetische Strukturen auf der Sonnenscheibe. Links im Aktivitätsminimum, rechts im Aktivitätsmaximum. Die Gebiete unterschiedlicher Polarität – sprich, aus- bzw. eintretende Feldlinien – sind durch hell und dunkel voneinander getrennt. Nach täglichen Fe I-868.8nm-Messungen des National Solar Observatory am Kitt Peak. (Mit frdl. Genehmigung von J. W. Harvey, N. R. Sheeley, National Solar Observatory und E. H. Avrett, Smithsonian-CfA).

6.2 Der Zeeman-Effekt

Befindet sich ein Atom in einem Magnetfeld, so werden die möglichen Energieniveaus des Elektrons verschmiert und es kommt zu einer Linienaufspaltung bzw. Verbreiterung einer Linie im Spektrum. Diese Entdeckung gelang dem holländischen Physiker Pieter Zeeman in den Jahren 1896/97 (Zeeman 1897), also vor knapp über 100 Jahren. 1902 wurde er dafür gemeinsam mit Hendrik Antoon Lorentz mit dem Nobelpreis ausgezeichnet. Seinen Angaben nach waren die Linien bei der Beobachtung normal zum magnetischen Feld *linear* polarisiert, bei Beobachtung parallel zum magnetischen Feld *zirkular* polarisiert (mehr dazu siehe später in Abschnitt 6.3.2).

Was genau verursacht diese Linienaufspaltung bzw. Verbreiterung? Die Antwort hängt mit der magnetischen Energie eines Atomes zusammen. Im folgenden betrachten wir der Einfachheit halber nur das Wasserstoffatom, da es bekannterweise nur ein einziges Elektron besitzt. Genauso wie ein rotierendes, nichtgeladenes (Masse)Teilchen, das um irgendein anderes Teilchen kreist, ein Drehmoment haben kann, kann ein geladenes Teilchen, z.B. ein Elektron, ein magnetisches Moment erfahren, wenn das Atom einem äußeren Magnetfeld ausgesetzt wird. Ob es zum Zeeman-Effekt – also einer Linienaufspaltung – kommt, hängt aber vorerst von der Richtung des äußeren Magnetfeldes im Vergleich zur Richtung des Gesamtdrehimpulses $\vec{J}$ des Atomes ab (die sogenannte vierte Quantenzahl M repräsentiert die Komponente des Gesamtdrehimpulses in Richtung des Magnetfeldes). Nur wenn die innere Quantenzahl J von null verschieden ist, können die Elektronen ein magnetisches Moment haben. Gemäß der Quantentheorie sind aber nicht beliebige Winkeleinstellungen zwischen $\vec{J}$ und dem äußeren Magnetfeld $\vec{B}$ zugelassen – es

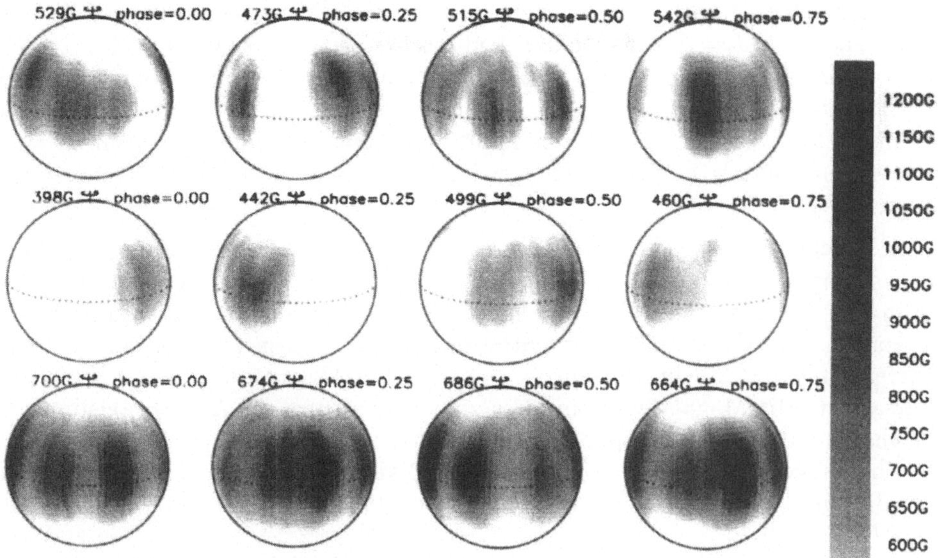

Abbildung 6.4: Magnetische Doppler-Karten des jungen K2-Hauptreihensternes LQ Hydrae. Jede Reihe zeigt den Stern bei vier Rotationsphasen für – von oben nach unten – drei verschiedene Zeitpunkte (Feb. 1991, Mai 1991 und Mai 1993). Dunkle Regionen bedeuten hier höhere Magnetfelddichte entsprechend der Skala in Gauß, weiße Regionen haben Magnetfelder unterhalb der Meßgenauigkeit von etwa 500 G. Die Geometrie des Magnetfeldes, wie es zum Teil in der vorangehenden Abbildung der Sonne zu sehen ist, kann bei diesen Messungen noch nicht berücksichtigt werden. Trotzdem sieht man, daß bei LQ Hya die höchsten Feldstärken entlang des stellaren Äquators vorkommen, ganz im Gegensatz zu den meisten entwickelten, überaktiven Doppelsternen des RS CVn-Types, aber in Einklang mit Sonnenbeobachtungen. (Mit frdl. Gen. nach Steve Saar & Nikolai Piskunov 1997).

liegt daher eine „Richtungsquantelung" vor. Experimente haben gezeigt, daß M nur 1-mal oder $\frac{1}{2}$-mal $h/2\pi$ sein kann (h ist das Plancksche Wirkungsquantum).

Die Bahnbewegung um den Atomkern und die Rotation des Elektrons – im mikroskopischen Bereich spricht man vom „Spin" des Elektrons –, werden die magnetische Energie des Atomes bestimmen. Für das magnetische Moment des Elektrons, verursacht durch die Bahnbewegung, gilt

$$j_{\vec{L}} = -\frac{1}{2}\frac{e}{m_e}\vec{p}, \tag{6.1}$$

und zusätzlich durch den Spin

$$j_{\vec{S}} = -\frac{e}{m_e}\vec{\sigma}. \tag{6.2}$$

Die vektoriellen Größen $\vec{p}$ und $\vec{\sigma}$ bedeuten jeweils den Bahndrehimpuls und den Spindrehimpuls des Elektrons. Die Masse des Elektrons ist m_e und dessen Ladung die Elementarladung e. Die Interaktion zwischen $j_{\vec{L}}$ und $j_{\vec{S}}$ führt zu einer Präzession der Bahnachse ($\vec{L}$) und der Spinachse ($\vec{S}$) des Elektrons. Liegt ein externes

Magnetfeld an, so präzessiert auch die resultierende Vektorsumme dieser beiden Achsen, nämlich $\vec{J} = \vec{L} + \vec{S}$, und es kommt zur Linienaufspaltung. Man spricht von Russell-Saunders-Kopplung oder $L - S$-Kopplung. Diese Kopplung hält aber sehr starken Magnetfeldern, wie sie oft in Sternen vorkommen, nicht stand. Bricht sie, unterliegen $\vec{L}$ und $\vec{S}$ einzeln der Richtungsquantelung und es kommt zu einer anderen Aufspaltung der Energieniveaus im Atom: man spricht vom *Paschen-Back-Effekt*.

Im Regelfall, also unter der Annahme von Russell-Saunders-Kopplung, kann sich $\vec{J}$ nur so anpassen, damit $M = -J \ldots + J$ wird und ein bestimmtes Energieniveau sich in $2J+1$-Niveaus aufspaltet. Ist kein Magnetfeld präsent, so wird ein Elektron, das vom $J = 3$-Niveau z.B. durch Stoß mit einem Photon auf das höhere Energieniveau mit $J = 2$ gebracht wurde, eine einzelne Absorptionslinie im Spektrum verursachen. Mit Magnetfeld kommt es zur Aufspaltung der Absorptionslinie: im einfachsten Fall in drei Komponenten. Die mittlere, unverschobene Linie ist durch alle Übergänge mit $\Delta M = M_{J=3} - M_{J=2} = 0$ verursacht, die beiden anderen Linien, die um $\pm\Delta\lambda$ von der mittleren verschoben sind, durch $M_{J=3} - M_{J=2} = \pm 1$ (Abb. 6.5).

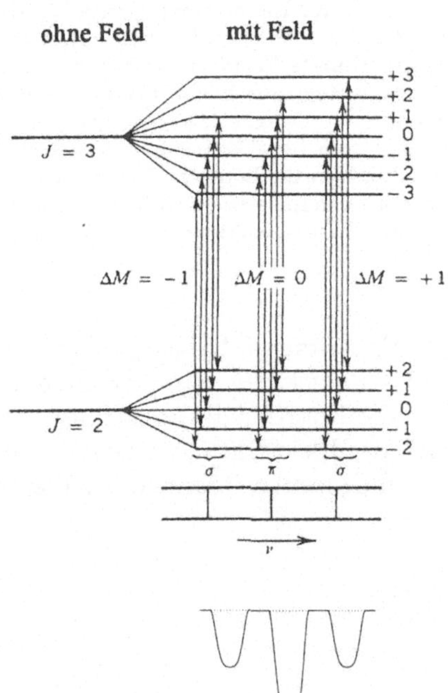

Abbildung 6.5: Die Aufspaltung einzelner Energieniveaus für den vereinfachten Fall des anormalen Zeeman-Effektes. Die linke Hälfte des Diagrammes veranschaulicht die Energieniveaus ohne Magnetfeld, wohingegen die rechte Hälfte alle aufgespaltenen Niveaus zeigt, wenn ein Magnetfeld vorhanden ist. Das resultierende, schematische Linienprofil ist darunterliegend dargestellt. (Termschema nach G. Herzberg, *Atomic Spectra and Atomic Structure*, Dover, 1945).

Die Abhängigkeit des magnetischen Momentes j von L und S wird durch den Landé-g-Faktor beschrieben; einer dimensionslosen Zahl, die jeder Spektrallinie eines jeden Elementes eigen ist. Je größer Landé-g, desto sensitiver reagiert die Linie auf ein Magnetfeld. Die Gesamtenergie E eines Atomes mit einem magnetischen

Gesamtmoment j in einem Magnetfeld der Stärke B ist

$$E = E_0 - (\vec{j} \cdot \vec{B}), \tag{6.3}$$

wobei E_0 die Energie des Atoms ohne äußeres Magnetfeld ist. Wenn wir für j die vektorielle Summe von $j_{\vec{L}}$ und $j_{\vec{S}}$ einsetzen, und die Energiedifferenz $\Delta E = E - E_0$ über $E = h\nu$ und $c = \lambda\nu$ als Wellenlängendifferenz anschreiben, erhalten wir die bekannte Formel für die Zeeman-Aufspaltung:

$$\Delta\lambda = \frac{\pi e}{m_e c}\lambda^2 g B, \tag{6.4}$$

oder, wenn wir die Konstanten π, e, c und m_e einsetzen, und B in Einheiten von Gauß[1] und λ in Einheiten von Ångström vorliegen haben:

$$\Delta\lambda = 4.67 \times 10^{-13}\, \lambda^2 g B. \tag{6.5}$$

Abbildung 6.7 zeigt die Aufspaltung einer magnetisch sensitiven Linie im Spektrum des aktiven dMe-Sternes AD Leo und Abb. 6.6 im Vergleich dazu, eine der beiden Linien im Spektrum der ungestörten Sonnenphotosphäre sowie in einem Sonnenfleck.

Eine einzelne Messung der Aufspaltung einer Linie mit bekanntem Landé-Faktor um $\Delta\lambda$ erlaubt es also – im Prinzip wenigstens –, die Stärke des Sternmagnetfeldes zu berechnen. Leider hat die Natur, wie so oft, ein paar Schikanen eingebaut. Erstens benötigt man sehr hohe spektrale Auflösungen und daher sehr große Teleskope um $\Delta\lambda$ überhaupt messen zu können. Ein 1 kG-Feld eines Sonnenfleckes verursacht bei 700 nm (7,000 Å) und einer $g = 1$-Linie etwa eine Aufspaltung von ± 1 km s^{-1} (umgerechnet mit dem Doppler-Effekt). Und zweitens sind jene Stellen am Stern wo wir hohe Magnetfeldstärken bzw. -dichten erwarten können, also in Sonnen- bzw. Sternflecken, aber kühlere und somit dunklere Gebiete als die Umgebung. Somit erreicht unseren Spektrographen von dort weniger Licht, und die aufgespaltenen Linienkomponenten können im Licht der ungestörten Photosphäre vollkommen untergehen.

6.3 Die Topologie stellarer Magnetfelder

6.3.1 Lokale und poloidale Felder

Ein weiteres, vielleicht noch größeres Hindernis bei der Beobachtung von stellaren Magnetfeldern ist deren Topologie – deren Verteilung auf der Sternoberfläche. Die Topologie kann sogar dazu führen, daß eine Magnetfeldmessung mit Hilfe des Zeeman-Effektes ein Null-Resultat bringt, obwohl der betreffende Stern in Wirklichkeit ein starkes Magnetfeld aufweist. Die Begründung dafür ist, daß sich auf der

[1] Im SI-System ist die Einheit für die Magnetfelddichte bzw. magnetische Flußdichte das *Tesla*: 1 T = 10^4 G = 1 Voltsekunde pro Quadratmeter (Vs/m^2). Feldstärke H und Felddichte B hängen über die Feldkonstante μ, der sogenannten *Permeabilität* (im Vakuum 12.56×10^{-7} Vs/Am), zusammen: $B = \mu H$. In der Umgangssprache wird B auch oft „Feldstärke“ genannt.

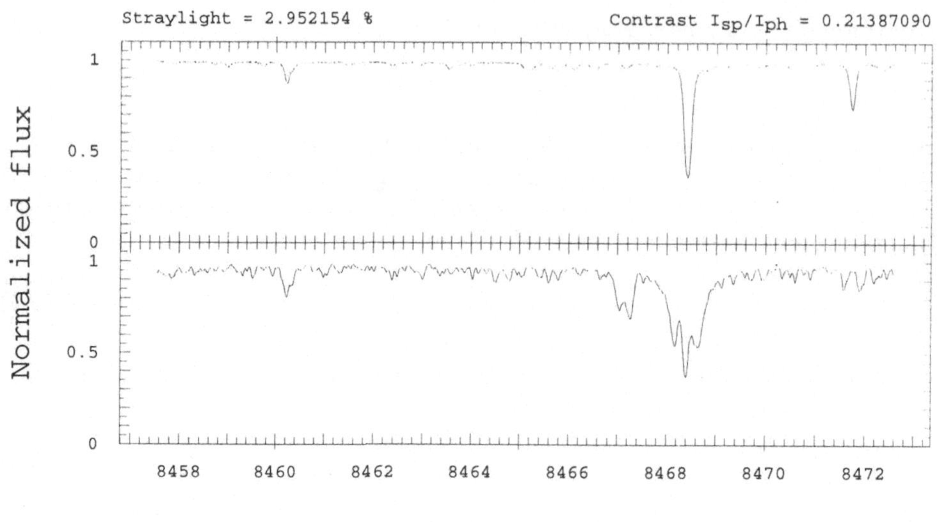

Abbildung 6.6: Die Sonne bietet sich wieder einmal als Lehrmeister an. Durch die hohe räumliche Auflösung können Sonnenphysiker den Spektrographenspalt wahlweise auch direkt in einen Sonnenfleck legen und so das Spektrum des Fleckenlichtes erhalten. Das obere Diagramm zeigt ein etwa 10-Å (1 nm) breites Spektrum der ungestörten solaren Photosphäre, während das untere Diagramm das Spektrum eines Sonnenfleckes darstellt. Die magnetische Aufspaltung der photosphärischen Fe I 846.84nm-Linie in ein Zeeman-Triplett im Sonnenfleck (unteres Spektrum) ist deutlich sichtbar. (Daten mit frdl. Genehmigung von O. Engvold, Universität von Oslo).

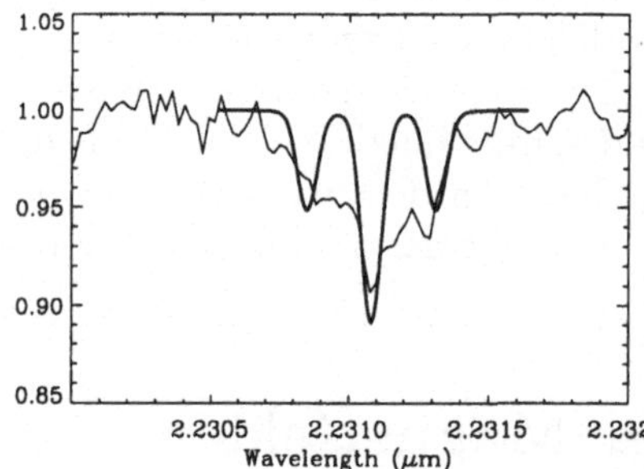

Abbildung 6.7: Die beobachtete Aufspaltung der Titan Ti I-Linie im Spektrum des aktiven M3.5V-Sternes AD Leo (dünne Kurve). Der Kern der Linie liegt bei einer Wellenlänge von 2.231 μm und sein Profil kann mit einem Modell mit $B = 4000$ G bei einem Füllfaktor von 60% zwar im Prinzip rekonstruiert werden (dicke Linie), doch scheint bei dieser Beobachtung eine kompliziertere, inhomogene Feldgeometrie vorzuliegen. (Mit frdl. Gen. nach Steve Saar 1996, Smithsonian-CfA).

Sternoberfläche gleichzeitig sehr viele (lokale) Magnetfeldbündel befinden können, und deren Feldrichtungen einmal in den Stern hinein weisen, die Feldlinien also von uns weg gerichtet sind, ein anderes Bündel aus dem Stern heraus weist und die Feldlinien daher auf uns gerichtet erscheinen. Über die ganze Sternscheibe integriert, kann es sich derart ergeben, daß das statistische Mittel der Richtungen aller lokaler Magnetfelder – also das was wir letztendlich im Spektrographen „sehen“ – Null ergibt. Dies ist auch die Ursache dafür, daß späte Sterne kaum meßbare Polarisation aufweisen; ganz im Gegenteil zu den frühen Sternen.

Wir müssen jetzt noch zwischen sogenannten lokalen und poloidalen Feldern unterscheiden (siehe z.B. auch Abb. 8.5). Selbstverständlich sind alle Magnetfelder bipolar, haben also einen Nord- und einen Südpol. Obwohl von der theoretischen Physik und der Kosmologie immer wieder postuliert, gibt es keine Hinweise auf Monopole. Schneiden wir z.B. einen Stabmagneten, der auf der einen Seite den Nord- und auf der anderen Seite den Südpol hat, in der Mitte auseinander, erhalten wir zwei Stabmagnete mit wiederum je einen Nord- und einen Südpol – und nicht etwa einen getrennten Nord- und Südpol!

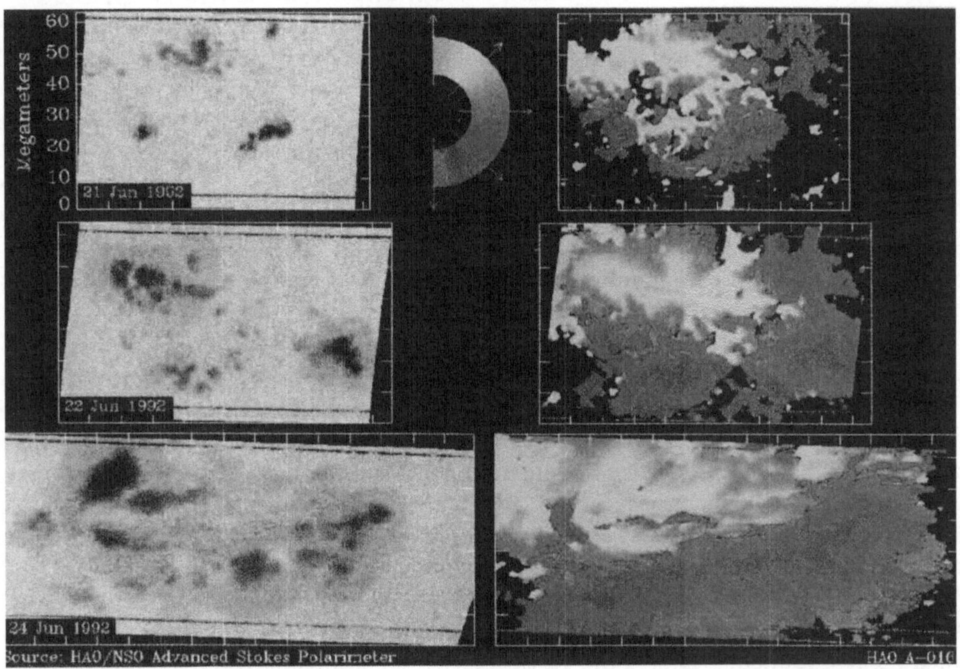

Abbildung 6.8: Die verschiedenen Neigungswinkel des Magnetfeldes eines Sonnenfleckes. Die Aufnahmen stammen von einem Vektormagnetograph, dessen Funktionsprinzip es erlaubt, nicht nur die Magnetfeldstärke, sondern auch dessen Richtung zu messen. Die Abbildungen der linken Seite zeigen die Feldstärke als Konturplot über Aufnahmen einer Fleckengruppe gelegt, und die rechten Abbildungen die Neigung des Feldes als Farbkodierung gemäß dem oberen Insert. (Nach Aufnahmen des High Altitude Observatory/NCAR-Boulder).

Unter *lokalen* Feldern verstehen wir nun, wie der Name schon andeutet, Felder mit kleiner geometrischer Ausdehnung und daher hoher Magnetfelddichte. Etwa das Feld eines Sonnen- bzw. Sternfleckes. Ein Fleck kann scheinbar aus einem Magnetfeld einer einzigen Polarität bestehen, dessen Feldlinien sich aber wieder in mehreren anderen, in der Umgebung liegenden Flecken umgekehrter Polarität schließen, sodaß wir wiederum Bipolarität haben. Typische Sonnenfleckengruppen bestehen aus einer Vielzahl von + und – Polaritäten, bei denen sich manche Magnetfeldlinien auch auslöschen können, so etwa wie sich ungleichnamige elektrische Ladungen aufheben. Abbildung 6.8 zeigt die komplexe, lokale Feldverteilung eines Sonnenfleckes.

Im Gegensatz zu diesen lokalen Feldern, verstehen wir unter *poloidalen* Feldern solche, die von zwei, auf der Sternoberfläche um 180° auseinanderliegenden Polen zusammengesetzt sind. Ein Beispiel eines poloidalen Feldes ist das Magnetfeld der Erde: es hat den magnetischen Südpol in der Nähe des geografischen Nordpol und den magnetischen Nordpol in der Nähe des geografischen Südpol, ist also räumlich sehr weit ausgedehnt und hat daher entsprechend kleine Magnetfelddichten. Als Richtung des Feldes wählt man die Richtung der Feldlinien vom + Pol zum − Pol, auf der Erde also den nach Norden zeigenden Pol den Norpol bzw. + Pol. Abbildung 6.9 zeigt eine Supercomputersimulation des Erdmagnetfeldes. Diese Rechnungen von Gary Glatzmaier und Paul Roberts demonstrierten erstmalig, daß ein konvektiv betriebener Dynamo im Erdinneren – ganz ähnlich dem in Aktiven Sternen – ein über lange Zeit stabiles Dipolfeld erzeugen kann. Obwohl man mit diesem Modell erst etwa 40,000 Jahre in die Vergangenheit zurückrechnen kann – in etwa 2,000 CPU-Stunden auf einer *Cray C-90* – zeigte das Dynamomodell von Glatzmaier und Roberts sogar eine spontane Umpolung und eine darauffolgende Stabilisierung als Dipolfeldes. Vorläufig noch rätselhaft bleibt die Zeitskala der Umpolung, da sich das Erdmagnetfeld nur alle paar hunderttausend Jahre umpolt, wie man von magnetisierten Gesteinen weiß.

Bei den verschiedenen Sterntypen die ein Magnetfeld besitzen, fallen uns diese beiden Feldkonfigurationen – lokal und poloidal – besonders auf. Es zeigte sich nämlich, daß frühe Sterne, also solche die keine Konvektionszone besitzen, z.B. die pekuliaren A-Sterne (siehe Abb. 6.10 und später in diesem Kapitel) nur meßbare *poloidale* Felder haben, während sonnenähnliche Sterne, also Sterne mit einer Konvektionszone wie eben unsere Sonne, meist nur meßbare *lokale* Felder haben. Die Erklärung liegt auf der Hand: F-, G-, K- und M-Sterne können in ihrer Konvektionszone einen Dynamo betreiben und daher lokale Felder erzeugen. O-, B- und A-Sterne besitzen nur jenes aus ihrer Entstehung übriggebliebene „primordiale" Magnetfeld, das in derem Inneren fest verankert bleibt. Bei diesen Sternen ist es auch nicht unüblich, daß sich die Rotationsachse signifikant von der magnetischen Achse unterscheidet. Man spricht von *schiefen Rotatoren.* Ap-Sterne gehören zu diesen Typen und haben Astronomen viele Jahre hindurch einiges Kopfzerbrechen bereitet.

6.3.2 Transversale und longitudinale Felder

Im vorigen Kapitel haben wir Magnetfeldkonfigurationen betrachtet, deren Feldlinien normal auf die Sternoberfläche waren, deren Richtung aber entweder in den Stern hinein oder eben heraus zeigen konnte. Es gibt aber auch Feldlinien die parallel zur Oberfläche verlaufen. Welche dieser beiden Konfigurationen – normal oder parallel zur Oberfläche – nun überwiegt, ist vor allem eine Frage von welchem Winkel aus wir sie betrachten, also der Sichtlinie vom Beobachter zu dem Punkt auf der Sternoberfläche wo die Feldlinie aus dem Stern austritt.

Entsprechend dieser beiden Feldkonfigurationen spricht man auch vom transversalen- bzw. longitudinalen Zeeman-Effekt. Wir müssen nämlich wissen, daß jener Zeeman-Effekt den wir im vorigen Abschnitt 6.2 beschrieben haben, den denkbar einfachsten Fall darstellt, den sogenannten „normalen" Zeeman-Effekt. Dabei

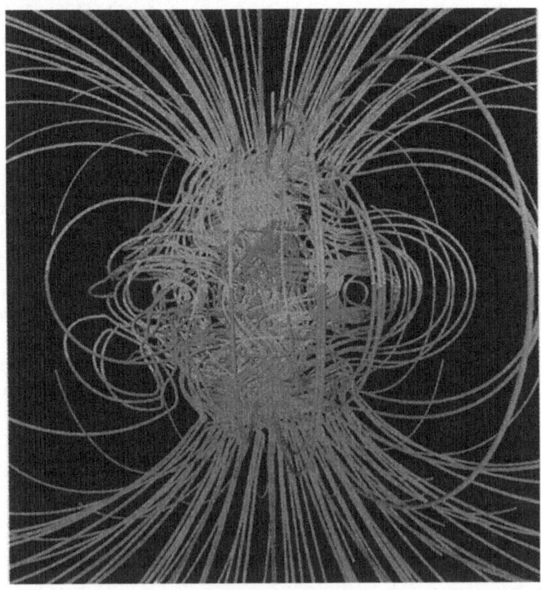

Abbildung 6.9: Das Erdmagnetfeld als klassisches Beispiel eines bipolaren Magnetfeldes. Diese Computersimulation zeigt magnetische Kraftfeldlinien kurz nach einer Umpolung des gesamten Erdmagnetfeldes (blau: nach innen gerichtet, rot: nach außen gerichtet) und es scheint so, als ob das Feld bereits nach etwa 10,000 Jahren wieder stabil ist. Wie man sieht, ist die Feldgeometrie im Erdinneren wesentlich komplizierter als die äußere Dipolnatur. (Mit frdl. Gen. nach Rechnungen von Gary Glatzmaier/Los Alamos National Laboratory und Paul H. Roberts/University of California, Los Angeles). ©1996 American Institute of Physics.

spaltet sich ein Übergang im Atom in insgesamt drei Übergänge auf – also drei Spektrallinien –, entsprechend den Hauptquantenzahlen $\Delta M = -1, 0$ und $+1$. Wir nennen diese drei Linien die σ^--, die π- und die σ^+-Komponente (vgl. Abb. 6.5). Die π-Komponente entspricht dabei jenem Übergang, den wir als Spektrallinie beobachten würden, wenn kein Magnetfeld vorhanden wäre. Ein ziemlich seltener Fall in der Natur. Viel wahrscheinlicher ist – wegen der komplexen Feldgeometrie in der Realität und der Existenz mehrelektroniger Atome –, daß die Aufspaltung ein Multiplett liefert, welches für unsere astronomischen Spektrografen nicht mehr auflösbar ist und daher scheinbar doch wieder nur eine Linienverbreiterung oder,

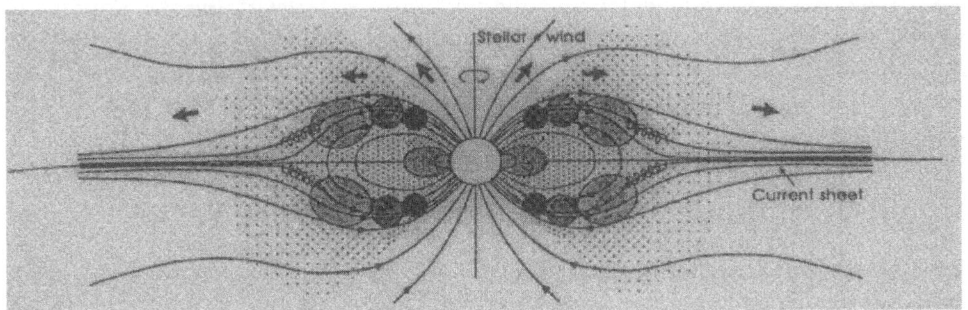

Abbildung 6.10: Schematische Darstellung des Magnetfeldes eines Ap-Sternes. Der Einfachheit halber sind hier die Rotations- und Magnetfeldachse identisch angenommen. Die punktierte Fläche zu beiden Seiten des stellaren Äquators stellt einen breiten Ring eingeschlossenen Plasmas dar und die unterschiedlich grauskalierten Bereiche, Orte mit erhöhter Radioemission. (Nach Jeff Linsky 1992, JILA/University of Colorado).

im Falle hoher Magnetfelddichten und entsprechender Feldgeometrie, drei voneinander getrennte Linien erzeugt. Abbildung 6.11 ist ein Versuch, die Komplexität des Feldes eines engen Doppelsternsystems zu veranschaulichen.

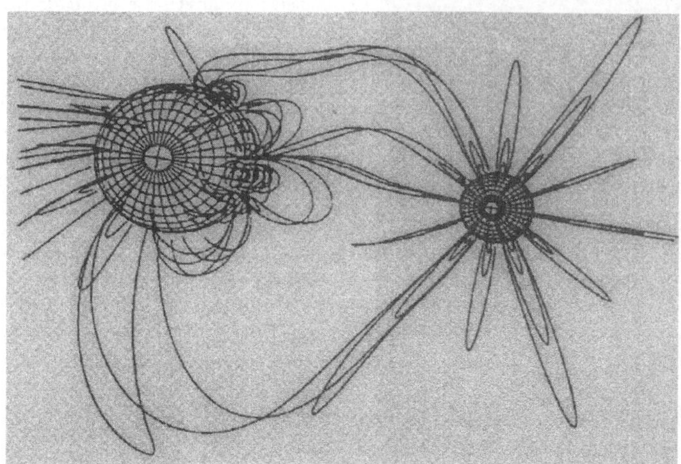

Abbildung 6.11: Simulation einer Feldkonfiguration eines RS CVn-Doppelsternes. Blickrichtung ist ungefähr normal auf die orbitale Bahnebene. (Nach Uchida & Sakurai 1985, Tokyo Astronomical Observatory).

Die relativen Intensitäten der drei Komponenten gehorchen übrigens einer $sin^2\psi$-Abhängigkeit im Falle der π-Komponente, und einer $1 + cos^2\psi$-Abhängigkeit im Falle der σ-Komponenten, wobei ψ der Winkel zwischen der Sehlinie und der Richtung des Magnetfeldes ist ($\psi = 0°$ für das longitudinale- und 90° für das transversale Feld). Dies sind die Searesschen Formeln, nach dem amerikanischen Physiker F. H. Seares (1913) benannt.

Hier ergibt sich auch eine einfache Erklärung des Begriffes der *Polarisation* einer Absorptions-Spektrallinie. Beim longitudinalen Zeeman-Effekt entspricht die σ^--Komponente dem ***links zirkular*** polarisierten Licht, die σ^+-Komponente dem *rechts* ***zirkular*** polarisierten Licht. Die π-Komponente fehlt ja in diesem Fall, da sie sich parallel zum Magnetfeld nicht ausbreiten kann. Beim transversalen Zeeman-Effekt sieht man alle drei Komponenten und alle sind *linear* polarisiert: die π-Komponente normal zum Magnetfeld, die σ-Komponenten parallel dazu. Für einen beliebigen Winkel ψ ändert sich die Stärke der π-Komponente und wir sehen *elliptische* Polarisation. Die Natur macht es uns leider nicht ganz so einfach wie etwa in Abb. 6.12 dargestellt.

6.3.3 Geschüttelte Magnetfelder und stellare Winde

Könnten wir eine einzelne Magnetfeldlinie, oder auch ein ganzes Bündel, am einen Ende mit der Hand nehmen und wie ein Seil kräftig auf und ab schütteln, sodaß sich das Seil bzw. die Magnetfeldlinie wie eine Welle bewegt, dann haben wir bereits das Prinzip der *Alfvénwellen* erklärt (vgl. Abb. 6.13). Bei Alfvénwellen handelt es sich also um longitudinal fortschreitende Magnetfeldwellen, die es erlauben Masse, Energie, Drehimpuls etc., zu transportieren.

Diese Alfvénwellen spielen vor allem bei aktiven Sternen mit starken Winden

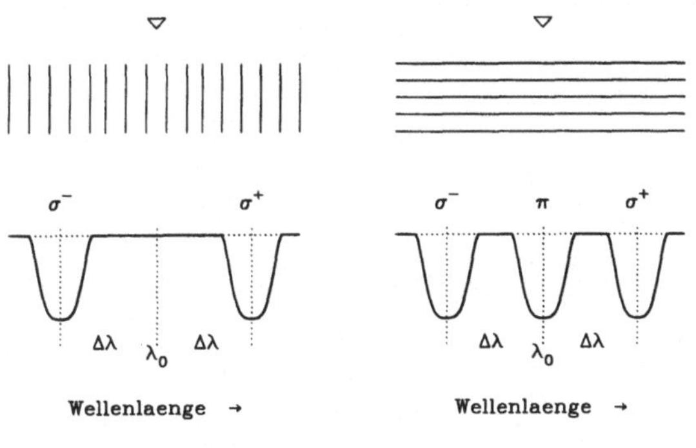

Abbildung 6.12: Die Abhängigkeit der Zeeman-Aufspaltung von der Geometrie des Magnetfeldes. Sichtlinie ist von oben nach unten. Die Aufspaltung in drei Komponenten (genannt σ^--, π- und σ^+-Komponente) ist nur im Falle eines transversalen Feldes gegeben. Bei einem rein longitudinalen Feld verschwindet die π-Komponente vollständig.

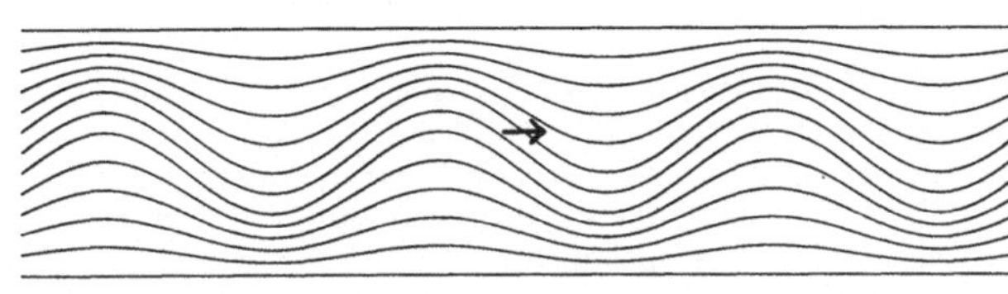

Abbildung 6.13: Das periodische „Schütteln" eines Magnetfeldbündels erzeugt eine Alfvénwelle, die in der Lage ist Energie zu transportieren.

eine bedeutende Rolle, etwa bei den *klassischen T Tauri*-Sternen oder den *Herbig Ae/Be*-Sternen. Bei diesen Objekten handelt es sich um Sterne, die in ihrer zeitlichen Entwicklung noch nicht auf der Null-Alter-Hauptreihe angekommen sind; d.h. daß deren Temperaturen und Dichten im stellaren Kern noch nicht ausreichend hoch sind, damit die Kernfusion von Wasserstoff in Helium einsetzen kann. Wir können auch sagen, daß zumindest für einen Teil dieser Objekte, das Kontraktionsstadium, vom prästellaren Nebel hin zum Stern, noch nicht abgeschlossen ist. Sind die klassischen T Tauri's alles kühle Sterne, haben wir es bei den Herbig Ae/Be-Objekten, wie der Name schon sagt, mit heissen A- und B-Sternen zu tun. Beide Gruppen zeichnen sich durch markante Emissionslinien im gesamten elektromagnetischen Spektrum aus (das *e* im Spektraltyp steht für Wasserstoff Hα-Emission), wobei der Emissionslinienreichtum der T-Tauri-Sterne den der Herbig Sterne bei weitem übertrifft, vor allem im ultravioletten Wellenlängenbereich. Es sind aber genau diese Emissionslinien, oder vielmehr die Emissionslinien*profile*, bei deren Erklärung Alfvénwellen eine maßgebende Rolle spielen.

Die Abb. 6.14 zeigt je ein typisches Spektrum eines klassischen T-Tauri-Sternes und eines Herbig-A*e*-Sternes bei der Wellenlänge des einfach ionisierten Magnesium-Dubletts bei 280 nm. Beide Spektren haben Emissionslinien mit blauverschobenen Absorptionslinien, die entstehen, wenn ein Wind Magnesium absorbierendes Material mit hohen Geschwindigkeiten vom Stern weg transportiert. Dabei entsteht die Absorptionskomponente der Spektrallinie – das sogenannte P-Cygni-Linienprofil –, benannt nach dem Stern bei dem derartige Winde erstmals entdeckt wurden. Natürlich zeigen auch alle anderen Emissionslinien des betreffenden Sternes dieses Verhalten, je nachdem wo sie in der stellaren Atmosphäre entstehen, und ob es dort einen Wind gibt oder nicht. Gemäß dem Doppler-Gesetz (siehe Kapitel 4) kann die Wellenlängendifferenz zwischen Absorptionskomponente und Emissionslinie in eine (radiale) Ausströmgeschwindigkeit umgerechnet werden. Auf diese Weise erhält man Windgeschwindigkeiten in der Größenordnung von bis zu 500 $\mathrm{km\,s^{-1}}$

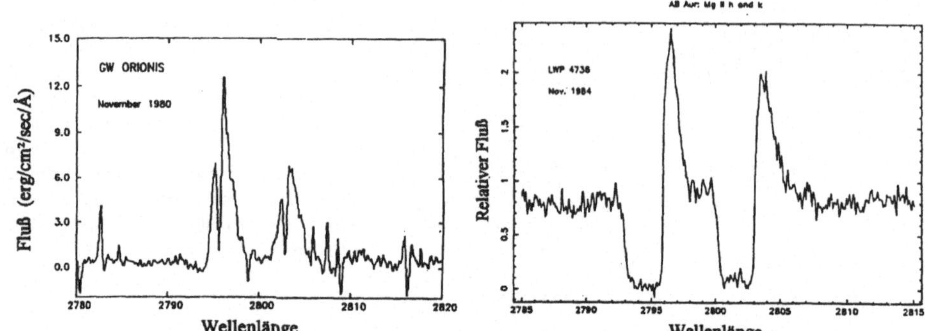

Abbildung 6.14: Das ultraviolette Spektrum des klassischen T Tauri Sternes GW Orionis (Spektraltyp G5, links) und des Herbig-Ae-Sternes AB Aurigae (Spektraltyp A0Ve, rechts) bei der Wellenlänge der Mg II h und k Emissionslinien bei 279.5 und 280.3 nm. Man bemerke die scharfen, blauverschobenen Absorptionslinien im GW-Ori-Spektrum und das sogenannte P-Cygni-Profil bei AB Aur, quasi die verstärkte Version der scharfen Absorptionslinien des T Tauri-Spektrums. (Mit frdl. Gen. nach C. Catala & C. Bertout 1990).

für AB Aur (Praderie et al. 1986). Ein Vergleich der Äquivalentbreite der Absorptionskomponente mit synthetischen Spektren aus Modellatmosphären, erlaubt eine Abschätzung der transportierten Masse, bei Herbig-Ae-Sternen in etwa 10^{-8} Sonnenmassen pro Jahr, und bei T Tauri's etwa 10^{-8} bis 10^{-6} Sonnenmassen pro Jahr.

Wie wird diese enorme Masse vorangetrieben, sodaß sie die Schwerkraft des Sternes überwinden kann? Erraten, durch Alfvénwellen, zumindest nach dem jetzigen Stand der Forschung. Man sollte an dieser Stelle von den „klassischen" Vorstellungen der stellaren Astrophysik Abstand nehmen, denn ansonsten sind die vielfältigen, meist nichtthermischen Phänomene dieser Objekte nicht erklärbar: z.B. läßt die Variabilität der P-Cygni-Linienprofilabsorption einerseits auf einen sphärisch recht inhomogenen Wind schließen, sowie andererseits die Rotation des Sternes messen, da es sich um ein periodisches Verhalten handelt. Rotation spielt also auch bei diesen Objekten eine dominante Rolle (vgl. mit Kapitel 3).

Es gilt jetzt nur mehr zu klären, woher die Magnetfelder der Herbig Ae/Be-Sterne kommen, die letztendlich – zumindest gemäß dem Modell des durch Alfvénwellen getriebenen stellaren Windes – die Spektren dieser Sterne dominieren. Nun, erinnern wir uns, daß es eines Dynamos in den Tiefen der Konvektionszone von späten Sternen bedurfte, um ein Magnetfeld zu generieren. A- und B-Sterne sind zu heiß, als daß sich signifikanter Energietransport durch Konvektion einstellen könnte, wie es etwa bei unserer Sonne in den äußeren Schichten der Fall ist. Herbig Ae/Be-Sterne haben also keine Konvektionszone, und somit ist es vorbei mit der solaren Analogie mittels Dynamoprozeß. T-Tauri-Sterne sind da anders, sie sind masseärmer als die Herbig Ae/Be-Sterne und daher kühl genug, um eine Konvektionszone zu besitzen. Hier könnte die solare Analogie, zumindest zum Teil, berechtigt sein.

Die Realität ist aber noch viel komplizierter. Es gibt ein weiteres Phänomen, das

Abbildung 6.15: Die Staubscheibe um den A-Hauptreihenstern β Pictoris. Der Stern selbst befindet sich jeweils in der linken unteren Ecke und wurde mit einer Spezialblende im Strahlengang abgedeckt, die Scheibe selbst sieht man von der Kante. Die obere Abbildung betont die inneren, die untere die äußeren Bereiche der Scheibe und erstreckt sich etwa 100 AE vom Stern weg. Die Ebene der Scheibe verläuft in dieser Darstellung etwa von links unten nach rechts oben. (Nach einer HST-WFPC2-Aufnahme von Charles Schultz, Computer Science Corporation mit frdl. Gen. durch AURA/Space Telescope Science Institute).

bei der Erklärung der beobachteten Spektren eine dominante Rolle spielt und allen sehr jungen Vor-Hauptreihen-Objekten eigen ist: in deren gravitativen Einflußbereich, also in nähester Umgebung des Sternes, gibt es noch genügend prästellare Materie, die nur langsam und in Form einer *Akkretionsscheibe* auf die Oberfläche des Sternes fällt. Dieses Beobachtungsfaktum erlaubt eine gänzlich andere Interpretation der Herkunft des Magnetfeldes, als es bei Sternen mit einer Konvektionszone der Fall ist. Es könnte nämlich aus deren Akkretionsscheibe stammen. Das schwelende Problem des „fehlenden" Dynamos bei den Ae/Be-Sternen wird somit umgangen. Heute wissen wir, daß die Geometrie dieser Akkretionsscheiben äußerst komplex sein kann. Vor allem bei magnetischen Doppelsternen mit starken Winden, z.B. den *Wolf-Rayet*-Sternen oder bei den *Zwergnovae*, aber auch bei den „noch-nicht-geborenen" Sternen, etwa den *Herbig-Haro*-Objekten, und somit noch viel Forschungsarbeit bereit hält. Gerade das Hubble-Weltraumteleskop gibt diesem Forschungsgebiet interessante neue Bilder von Akkretionsscheiben, die bis dato nur indirekt beobachtet werden konnten (siehe Abb. 6.15 und Abb. 12.1 in Kapitel 12).

6.4 Zeeman-Analyse der Linienverbreiterung

Für schnell rotierende Sterne des Spektraltyps G, K und M sind die σ-Komponenten des Zeeman-Tripletts in der Regel nicht auflösbar, und führen nur zu einer Verbreiterung der π-Komponente (Abb. 6.16). Es gilt nun, deren exakte Linienprofilform mit Hilfe eines Modells zu rekonstruieren. Zwei der Modellparameter sind dabei die Magnetfeldstärke und der Prozentanteil der Sternoberfläche, der mit Magnetfeldern dieser Stärke bedeckt ist – der sogenannte „Füllfaktor". Die Geometrie des Feldes wird bei solchen Rechnungen immer als normal auf die Oberfläche angenommen und die Änderung von longitudinal auf transversal bzw. umgekehrt, bei der Integration über die gesamte Sternscheibe automatisch berücksichtigt.

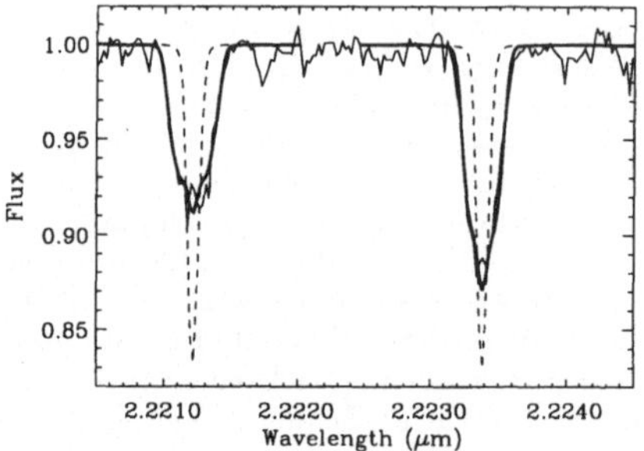

Abbildung 6.16: Die Verbreiterung zweier Spektrallinien des aktiven K5-Zwergsternes Gliese 171.2A durch ein Magnetfeld (dünnes, durchgezogenes Spektrum). Beide Linien können am besten mit einem Magnetfeld von 2800 G bei einem Füllfaktor von 50% rekonstruiert werden (dicke Linien). Vernachläßigt man das Magnetfeld in der Modellrechnung, dann ergibt sich das strichlierte Spektrum, das den Daten ganz offensichtlich nicht entspricht. (Daten des NASA Infrared Telescope Facility in Hawaii, mit frdl. Gen. von S. H. Saar, Smithsonian-CfA).

Doch dies erfordert sehr zeitaufwendige Rechnungen mit großen Computern. Als in den achtziger Jahren die ersten hochaufgelösten Spektren mit gutem Signal-zu-Rausch Verhältnissen zur Verfügung standen, gab es diese Computer noch nicht, und es bedurfte diverser Vereinfachungen in den Rechnungen. Eine davon war, daß der Zeeman-Effekt (Z) richtungsunabhängig sei,

$$Z(\lambda, \psi) = Z(\lambda), \tag{6.6}$$

also daß jener Teil der Linienverbreiterung, der durch den Zeeman-Effekt verursacht wird, unabhängig von ψ ist. Das beobachtete, spezifische Linienprofil im Spektrum eines Aktiven Sternes kann dann als eine Faltung eines regulären Linienprofiles, das von der Sternatmosphäre verursacht wird (I_λ^0) und eines Linienprofiles, das vom (isotropen) Zeeman-Effekt verursacht wird ($Z(\lambda)$), angesehen werden:

$$I_\lambda = Z(\lambda) * I_\lambda^0. \tag{6.7}$$

Über alle Oberflächenelemente dA des sphärischen Sternes integriert ($\cos\theta$ berücksichtigt die Sphärizität), ergibt sich der Fluß bei jeder Wellenlänge λ zu

$$\mathcal{F}_\lambda = \int Z(\lambda) * I_\lambda^0 \cos\theta \; dA, \tag{6.8}$$

und, da $Z(\lambda)$ unabhängig von der Richtung ist, vor das Integral gestellt werden kann:

$$\mathcal{F}_\lambda = Z(\lambda) * \int I_\lambda^0 \cos\theta \; dA = Z(\lambda) * \mathcal{F}_\lambda^0. \tag{6.9}$$

Dies ist aber nichts anderes als die Faltung zweier, voneinander unabhängiger Linienprofile.

Der kalifornische Astronom Richard Robinson hat 1980 die Idee angewandt, mit Hilfe zweier Linien unterschiedlicher Landé-g-Werte, das Profil $Z(\lambda)$ aus Gleichung (6.9) zu entfalten. Dabei setzte er eine magnetisch insensitive Linie – eine Linie mit kleinem g-Wert – dem Profil $\mathcal{F}_\lambda^0$ gleich, sowie eine magnetisch sensitive Linie – eine mit großem g-Wert – dem Profil $\mathcal{F}_\lambda$. Eine mathematische Entfaltung liefert sodann das Zeeman-Profil, dessen Breite ein Maß für die Magnetfeldstärke ist.

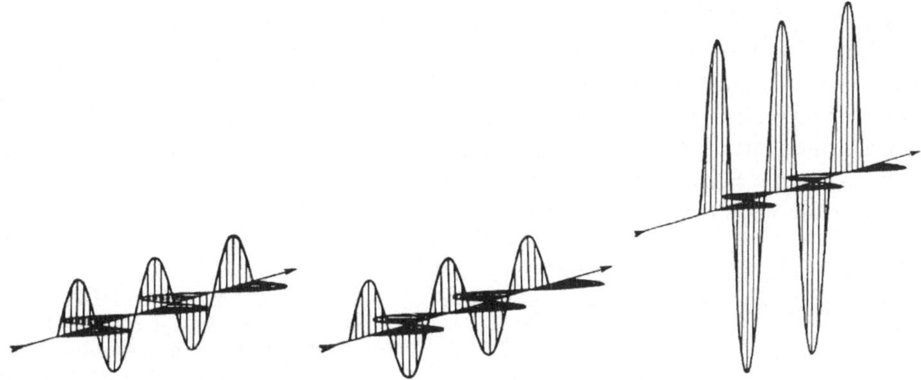

Abbildung 6.17: Schematische Darstellung eines unendlich langen, monochromatischen Wellenzugs. E_x (horizontale Schraffierung) und E_y (vertikale Schraffierung) sind die Vektorkomponenten des elektrischen Feldes, wobei die x-Komponente senkrecht und die y-Komponente waagrecht schraffiert sind. Die Richtung der Pfeile ist die Beobachtungsrichtung z. *Links:* Wellenzug bei gleicher Amplitude in x- und y-Richtung und einer Phasendifferenz $\varepsilon = 0°$: die Zusammensetzung der Vektoren ergibt eine *linear* polarisierte Welle. *Mitte:* Wie vorher nur mit einer Phasendifferenz von $\varepsilon = 90°$ entsprechend $\lambda/4$: die Zusammensetzung ergibt nun eine *zirkular* polarisierte Welle. *Rechts:* In diesem Beispiel ist die Phasendifferenz von $\varepsilon = 90°$ beibehalten, die Amplituden der beiden Komponenten sind aber ungleich. Die resultierenden Vektoren liefern eine *elliptisch* polarisierte Welle. (Nach Abbildungen aus R. W. Pohl 1976, *Optik und Atomphysik*, Springer-Verlag, Berlin).

6.5 Spektroskopie des polarisierten Lichts

6.5.1 Die Stokes-Profile

Ausgedrückt in einem kartesischen Koordinatensystem xyz, setzt sich ein monochromatischer, polarisierter Wellenzug mit der Phase ϕ in Richtung z des Beobachters aus den Komponenten des elektrischen Feldvektors E_x und E_y der x- und einer y-Ebene zusammen (siehe Abb. 6.17). Mathematisch sind diese Komponenten recht einfach darzustellen,

$$\begin{aligned} E_\mathrm{x} &= A_\mathrm{x} \cos\phi \\ E_\mathrm{y} &= A_\mathrm{y} \cos(\phi + \varepsilon). \end{aligned} \qquad (6.10)$$

Darin bedeuten A die Amplituden des Wellenzuges in x- bzw. in y-Richtung, $\phi = \omega t$ seine Phase als Funktion der Zeit und Kreisfrequenz, und ε die Phasendifferenz zwischen E_x und E_y. Diese Größen beschreiben nun die Intensität und die Polarisation dieses Wellenzuges, und der britische Physiker George Gabriel Stokes hat schon 1852 dafür folgende, nach ihm benannte Parametrisierung, eingeführt:

$$\begin{aligned} I &= A_\mathrm{x}^2 + A_\mathrm{y}^2, \\ Q &= A_\mathrm{x}^2 - A_\mathrm{y}^2, \\ U &= 2A_\mathrm{x}A_\mathrm{y}\cos\varepsilon, \\ V &= 2A_\mathrm{x}A_\mathrm{y}\sin\varepsilon, \end{aligned} \qquad (6.11)$$

wobei $I^2 = Q^2 + U^2 + V^2$ ist, und Q und U die lineare Polarisation darstellt, V die zirkulare Polarisation sowie I alle Komponenten beinhaltet, die aber in der Regel von der Intensitätskomponente dominiert wird. $IQUV$ nennt man die *Stokes Parameter*. Die Abb. 6.18 veranschaulicht die Richtungen und Ebenen der Polarisationskomponenten auf einfache graphische Art und Weise. Dabei muß man sich die Pfeile als die Schwingungsebenen des elektrischen Feldvektors vorstellen und das – Zeichen als ein arithmetisches „Minus".

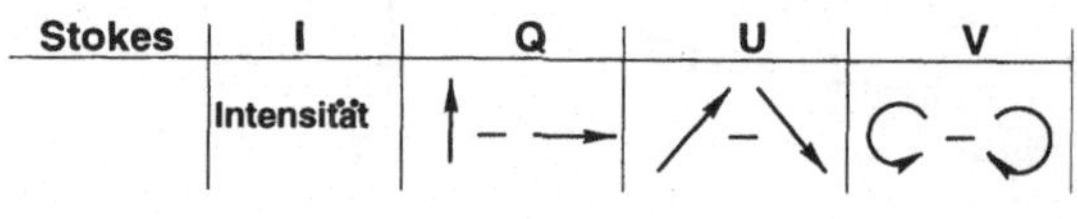

Abbildung 6.18: Vereinfachte graphische Darstellung der Ebene des Polarisationsvektors in den vier Stokes Parametern $IQUV$. Q und U stellen die lineare Polarisation dar, V die zirkulare Polarisation und I ist die Summe aller drei Komponenten.

Jede einzelne dieser Komponenten kann in ein Spektrum zerlegt werden, wenn man vor den Spektrographen einen verstellbaren Analysator setzt. Zwar in der Praxis recht aufwendig, ermöglicht es aber, die Magnetfeldgeometrie aktiver und daher schnell rotierender Sterne direkt zu beobachten und zu messen: daher der Name Zeeman-Doppler-Imaging.

6.5.2 Zeeman-Doppler-Imaging

Die Technik des Zeeman-Doppler-Imaging ermöglicht es nun, die Magnetfeldstärke *und* dessen Geometrie auf der Sternoberfläche zu beobachten. Schaltet man vor einen hochauflösenden Spektrografen einen Zeeman-Analysator, so kann man die Polarisation als eine Funktion der Wellenlänge $I(\lambda)$, $Q(\lambda)$, $U(\lambda)$ und $V(\lambda)$ studieren. Die Rekonstruktion der Sternoberfläche aus den vier Stokes-Linienprofilen als eine Funktion der Rotationsphase eines bestimmten Sternes, nennt man *Zeeman-Doppler-Imaging (ZDI)* (Semel 1989, Donati et al. 1989). Erinnern wir uns, daß wir die Technik des Doppler-Imaging im unpolarisierten Licht, also in $I(\lambda)$, schon in den Kapiteln 2 und 5 ausführlich beschrieben hatten. Die Abb. 6.19 schließt an die dort gemachten Erkenntnisse an.

Doch gibt es beim ZDI-Verfahren ein paar zusätzliche Schwierigkeiten. So verwendet man eigentlich nur *zirkular* polarisiertes Licht, da die Signalamplitude der *linear* polarisierten Komponente (Stokes Q und U) um etwa eine Größenordnung schwächer ist als die Amplitude der zirkularen Polarisation. In Kapitel 6.3.2 haben wir bereits gesehen, daß die zirkulare Polarisation durch Magnetfeldlinien entlang des Sehstrahles verursacht wird: wir können damit also nur Information über das *longitudinale* Magnetfeld erhalten. Neuere Ergebnisse, die vor allem auf *Echelle*-Spektrographen in Kombination mit großen CCD-Detektoren mit kleinem Ausleserauschen basieren, liegen nun erstmals auch für die lineare Polarisationskomponente vor (siehe Abb. 6.21).

Analog dem lokalen (Intensitäts)Linienprofil beim konventionellen Doppler-Imaging, muß man beim ZDI die *magnetische Aufspaltung* der Linie für jeden Punkt an

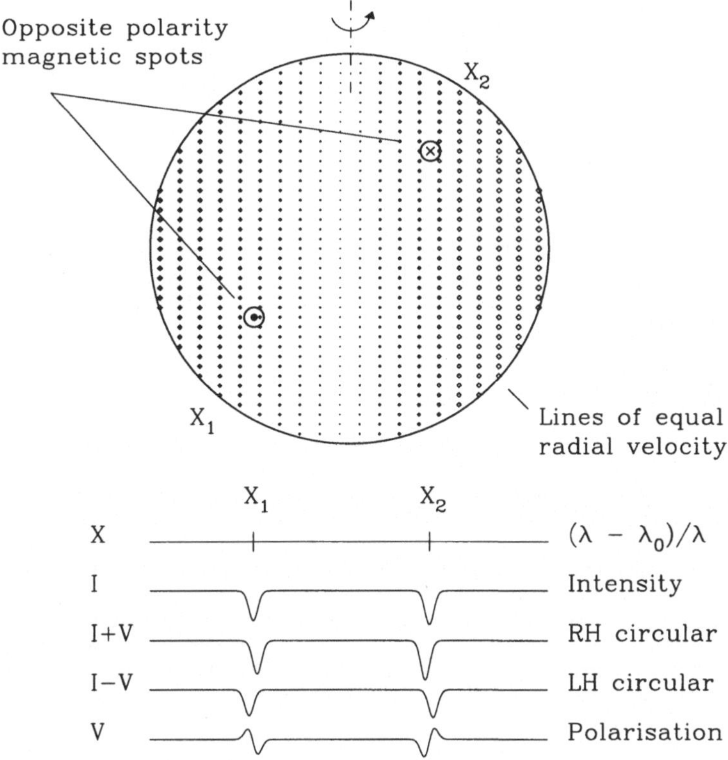

Abbildung 6.19: Veranschaulichung des Zeeman-Doppler-Imaging Prinzips. Das obere Bild stellt die projizierte Scheibe eines rotierenden Sternes mit zwei magnetischen Flecken unterschiedlicher Polarität dar. Linien parallel zur Rotationsachse sind isoradiale Streifen: Bereiche, die alle die gleiche Radialgeschwindigkeit aufweisen. Die untere Hälfte der Abbildung zeigt nun die Stokes Profile jener beiden Streifen innerhalb denen Flecken positioniert sind. I bedeutet das Intensitätsspektrum, $I + V$ sind die rechtszirkular polarisierten und $I - V$ die linkzirkular polarisierten Spektren, sowie V die zirkulare Polarisation. Bemerke, daß die rechts- und linkszirkular polarisierten Komponenten gegenüber der I-Komponente, proportional der Magnetfeldstärke leicht verschoben erscheinen. (Mit frdl. Gen. nach Brad Carter et al. 1996, University of Southern Queensland).

der Oberfläche des Sternes berechnen. Um dieses Rechenproblem mit Hochleistungs-Workstations überhaupt noch bewältigen zu können, nimmt man der Einfachheit halber nur ein Zeeman-*Triplett* an – und nicht etwa den normalen Zeeman-Effekt, bei dem es zu Dutzenden von Einzellinien kommen kann –; also nur je zwei σ-Linien, die die links- und rechts-zirkular polarisierte Komponente darstellen, sowie eine zentrale π-Linie, die die linear-polarisierte Komponente darstellt (siehe Kapitel 6.3.2 und Abb. 6.12).

Abbildung 6.20 zeigt eine tatsächliche Messung am Beispiel des aktiven RS

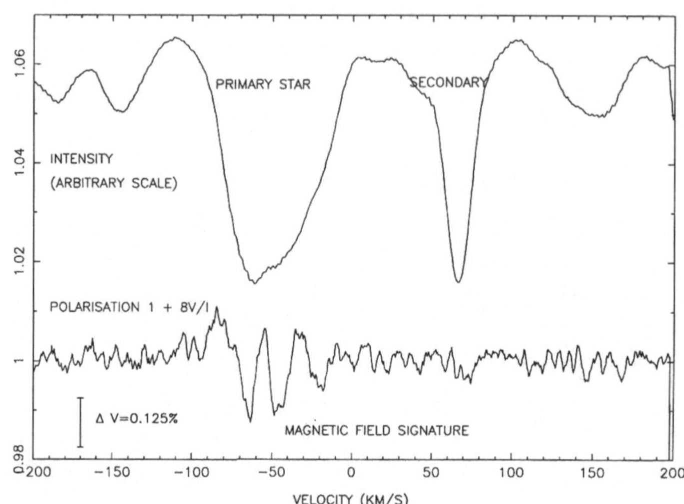

Abbildung 6.20: Intensitäts- und Polarisationsprofile der beiden Komponenten des aktiven Doppelsternes V711 Tauri (=HR 1099). Die Wellenlänge ist in dieser Darstellung bereits in Radialgeschwindigkeit in km/s relativ zur Systemgeschwindigkeit umgerechnet und das Intensitätsprofil (das obere Spektrum) um einen Wert von 0.06 des Kontinuums (= 1) verschoben um besser sichtbar zu sein. Die Deformation des Linienprofils der aktiven K1IV-Komponente und die gleichzeitige komplizierte Form des Polarisationsprofiles mit seinem W-förmigen Verlauf, lassen auf eine komplexe Feldgeometrie an der Oberfläche des Primärsternes schließen, während die Sekundärkomponente, ein G5V-Stern, offensichtlich keinerlei Strukturen im Polarisationsprofil und somit keine Anzeichen eines Magnetfeldes zeigt. (Nach Carter et al. 1996).

CVn-Doppelsternes V711 Tauri (=HR 1099). Die astronomische Messung liefert ein, über einen Streifen konstanter Radialgeschwindigkeit integriertes, relatives Intensitätsprofil in allen drei Komponenten, als eine Funktion der Zeit bzw. der stellaren Rotationsphase. Den Linienbeitrag, den ein stellares Oberflächenelement zur σ^+-Komponente bzw. σ^--Komponente leistet, nennen wir in der folgenden Gleichung einmal f^+ bzw. f^-. Der japanische Physiker W. Unno zeigte nun, daß f^+ und f^- mit Hilfe der Stokes Parameter $I(\lambda)$ (dem Intensitätsprofil) und $V(\lambda)$ (dem zirkular-polarisierten Profil) ausgedrückt werden können. Nach Unno (1956) gilt nämlich:

$$\begin{aligned} f^+(\lambda) &= I(\lambda) + V(\lambda) \\ f^-(\lambda) &= I(\lambda) - V(\lambda). \end{aligned} \qquad (6.12)$$

Um das beobachtete Zeeman-Profil mit einem zuvor berechneten Profil aus einer angenommenen Magnetfeldverteilung vergleichen zu können, greifen wir auf die alten Seares-Gleichungen zurück: sie beschreiben das lokale, polarisierte Linienprofil $f^+(\lambda)$ und $f^-(\lambda)$ und das lokale, lineare Profil $f(\lambda)$. In etwas modifizierter Form lauten die Gleichungen

$$f^+(\lambda) \;=\; I^+ f(\lambda + \Delta\lambda_B) \;+\; I^0 f(\lambda) \;+\; I^- f(\lambda - \Delta\lambda_B)$$

$$f^-(\lambda) \;=\; I^- f(\lambda + \Delta\lambda_B) \;+\; I^0 f(\lambda) \;+\; I^+ f(\lambda - \Delta\lambda_B), \qquad (6.13)$$

wobei $\Delta\lambda_B$ die Verbreiterung der Linie durch die Feldstärke B bedeutet (siehe Glchg. 6.5). Die relativen Intensitäten der σ^+-, π- und σ^--Komponenten sind in Glchg. (6.13) als I^+, I^0 und I^- bezeichnet. In deren Stärke liegt die eigentliche geometrische Information vergraben: alle I-Komponenten sind nämlich vom Winkel θ zwischen Magnetfeldlinie und Sehstrahl abhängig:

$$\begin{aligned} I^+ &= \frac{1}{4}(1+\cos\theta)^2, \\ I^0 &= \frac{1}{2}\sin^2\theta, \\ I^- &= \frac{1}{4}(1-\cos\theta)^2. \end{aligned} \qquad (6.14)$$

Uff, jetzt brauchen wir nur mehr Gleichungen (6.12), (6.13) und (6.14) zu kombinieren und bekommen die lokalen Stokes-Parameter für einen beliebigen Punkt auf der Sternoberfläche:

$$\begin{aligned} I(\lambda) &= f(\lambda) + \frac{1}{4}\left(f(\lambda+\Delta\lambda_B) + f(\lambda-\Delta\lambda_B) - 2f(\lambda)\right)(1+\cos^2\theta), \\ V(\lambda) &= \frac{1}{2}\left(f(\lambda+\Delta\lambda_B) - f(\lambda-\Delta\lambda_B)\right)\cos\theta. \end{aligned} \qquad (6.15)$$

Abschließend bleibt nur noch übrig, diese beiden Stokes Profile für eine (beliebige) angenommene Magnetfeldverteilung über die gesamte Sternscheibe zu integrieren, und sie anschließend mit der Beobachtung zu vergleichen. Dies nennt man – wie schon im Kapitel 5.3 beschrieben – das *direkte* Problem. Die Suche nach jener Magnetfeldverteilung, die die beobachteten Stokes-Profile am besten wiedergibt, nennt man wiederum das *inverse* Problem.

6.6 Beobachtungsergebnisse

Durch die technisch noch unzulänglichen Hilfsmittel der fünfziger und sechziger Jahre wurden natürlich zuallererst die Magnetfelder jener Sterne entdeckt, die die weitaus höchsten Feldstärken bei gleichzeitig einfachster Feldgeometrie aufwiesen. So hatte 1947 der amerikanische Sonnenphysiker Horace W. Babcock erstmalig ein Magnetfeld auf einem anderen Stern (als der Sonne) nachgewiesen: 78 Virginis, ein A2-Stern mit einem pekuliaren, d.h. veränderlichen Spektrum mit enormen Überhäufigkeiten der Elemente Silizium, Chrom, Strontium und der sogenannten Seltenen-Erden wie Scandium und Yttrium.

Heute findet man kaum einen A-Stern ohne Magnetfeld, schon gar nicht, wenn er ein pekuliares Spektrum hat (die sogenannten *Ap*-Sterne). Feldstärken von 20,000 Gauß sind bei Ap-Sternen keine Seltenheit. Der (noch) Rekordhalter ist *Babcock's* Stern (HD 215441) mit 34,000 Gauß. Doch könnte er bald von HD 37776 mit möglichen 60,000 G abgelöst werden, wenn sich die Beobachtungen des kanadischen Astronomen David Bohlender bestätigen. HD 37776 ist ein sogenannter Helium-reicher Stern, hat eine Oberflächentemperatur von etwa 23,000 K, und rotiert in

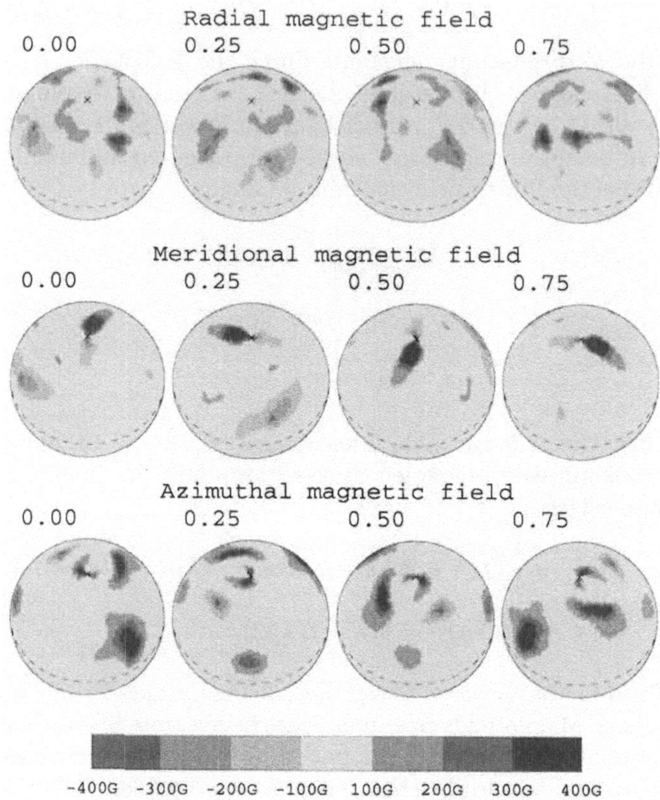

Abbildung 6.21: Die rekonstruierte Magnetfeldtopologie an der Oberfläche der K1IV-Komponente des aktiven RS-CVn-Sternes V711 Tauri (=HR1099). Dies ist die erste Zeeman-Doppler-Karte, die alle drei Magnetfeldkomponenten beinhaltet; longitudinal, toroidal und transversal. (Nach Donati 1996, neue Karte mit frdl. Gen. von J.-F. Donati, Observatoire Midi-Pyrénées).

etwa 1.54 Tagen einmal um seine Achse. Seine Lage in der Sternentstehungsregion Orion-OB1 deutet auf einen noch sehr jungen Stern hin. Das wirklich besondere an HD 37776 aber ist, so Bohlender, daß er im Gegensatz zu all den anderen „pekuliaren" A-Sternen ein Quadrupolfeld und nicht etwa das übliche Dipolfeld haben soll.

Doch die Felder von A- und anderen heißen Sternen unterscheiden sich – wie wir schon in Kapitel 6.3.1 erwähnt haben – noch in einer weiteren, mehr fundamentaleren Art von denen der G-, K- und M-Sterne: das Feld der A-Sterne ist sehr wahrscheinlich noch ein Relikt des lokalen galaktischen Feldes, eingefroren in der Plasmahülle zur Zeit der Sternentstehung! Das Magnetfeld der sonnenähnlichen Sterne hingegen, ist zum überwiegenden Teil ein sich selbst ständig neu generierendes Feld. Die normale Sternentwicklung macht aber aus einem A-Hauptreihenstern irgendwann einen G- oder frühen K-Riesen mit all den dynamogenerierten, lokalen

Magnetfeldeigenschaften wie wir sie von der Sonne her kennen. Was passierte also mit dem primordialen Feld des A-Sternes wenn er einmal ein K-Riese geworden ist? Eine interessante Frage, nur leider eine der noch (vielen) unbeantworteten.

Tabelle 6.1: MAGNETFELDMESSUNGEN EINIGER SPÄTER STERNE

Name oder HD Nummer	Spektraltyp	B (Gauß)	f (%)	Beobachter und Jahr
HD 39857	G0V	1000	60	Saar 1987
HD 190406	G1V	1800	10	Saar 1987
Sonne	G2V	1500	2	entdeckt von G. E. Hale 1908
HD 28099	G2V	1700	30	Saar & Linsky 1986
HD 20630	G5V	1500	35	Saar 1987
ξ Boo A	G8V	1600	22	Marcy & Basri 1989
HD 152391	G8V	1700	18	Saar 1987
ϵ Eri	K2V	1440	9	Valenti et al. 1995
HD 17925	K2V	1500	35	Saar 1990
LQ Hya	K2V	3500	70	Saar 1996
II Peg	K2IV	3000	60	Saar 1996
HD 45088	K3V	2400	50	Saar & Linsky 1986
VY Ari	K3-4V	2000	66	Bopp et al. 1989
ξ Boo B	K4V	2600	$\leq$20	Saar 1987
BD+26°730	K5V	2800	60	Saar 1996
DT Vir	M2V	3000	50	Saar 1996
AD Leo	M4V	4000	60	Saar 1992, 1996
Gliese 729	M4.5V	2600	50	Johns-Krull & Valenti 1996
EV Lac	M4.5V	3800	50	Johns-Krull & Valenti 1996

Bei aktiven Sternen mit konvektiven Hüllen ist die Feldgeometrie an der Oberfläche wiederum so kompliziert, daß es nur in besonderen Fällen gelingt – siehe Abb. 6.21 – aus dem gemessenen, magnetischen Fluß, dem Produkt Fläche mal Felddichte, wir schreiben dafür $f\,B$, die beiden Komponenten f (den Füllfaktor in % an der Sternoberfläche) und die Felddichte B zu trennen. Der aktive K2-Zwergstern ϵ Eridani ist hiezu eines der best untersuchtesten Objekte. So ziemlich alle Beobachtungstechniken wurden an diesen Stern bereits angewandt, aber erst mit hochauflösenden ($\lambda/\Delta\lambda \approx 100,000$) Infrarot-Spektren gelang es schließlich f und B eindeutig zu separieren: der amerikanische Astronom Jeff Valenti, damals Doktorand an der Universität von Kalifornien in Berkeley, fand f=8.8% und B=1440 G (Valenti et al. 1995). Dieser Wert des magnetischen Füllfaktors f stimmt auch sehr gut mit der aus Variationen der Lichtkurve abgeleiteten Fleckenfläche überein, ist im Vergleich zu den älteren Messungen jedoch wesentlich kleiner. In der Literatur findet man aber Werte für f zwischen 8 und 67%, die meisten Messungen liegen jedoch bei etwa 30%. Auch bei anderen, weniger aktiven Sternen ähnlich ϵ Eridani scheint es sich jetzt zu bestätigen, daß manche ältere Messungen den Füllfaktor recht überschätzt hatten (vgl. dazu Tabelle 6.1).

Wie können wir diesen Füllfaktor nun interpretieren? Wie schon in vorangegangen Kapiteln angedeutet wurde, müßte ein dunkler Fleck einen höheren magnetischen Fluß erzeugen, um den gleichen Effekt auf ein integrales Intensitätsspektrum zu produzieren wie ein heißer Fleck. Der Intensitätsbeitrag eines dunklen Fleckes

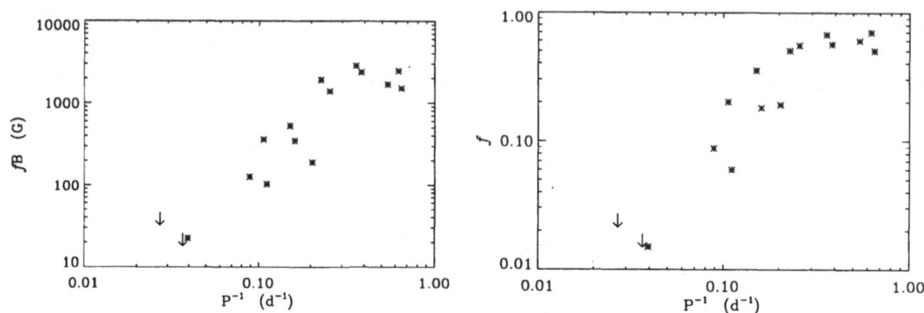

Abbildung 6.22: Magnetische Flußdichte fB in Gauß und der gemessene Füllfaktoren f (normiert auf 1) als Funktion der inversen, stellaren Rotationsperiode in Tagen. Die inverse Periode wurde gewählt weil es eine didaktische Verbindung mit der Rotationsgeschwindigkeit ($v = \omega R_\star$) erlaubt, die im Diagramm von links nach rechts zunimmt. Da beide Relationen beinahe identisch sind weist darauf hin, daß es der Füllfaktor f ist, der die Relation verursacht und nicht das Produkt f-mal-B. (Nach S. H. Saar 1996, Smithsonian-CfA).

ist ja kleiner als der eines hellen Fleckes. Die (unbewußt) bevorzugt beobachteten Magnetfelder würden demnach diejenigen in heißen, also hellen Gebieten sein und nicht die in den kühlen und dunklen Sternflecken. Helle Plages und das chromosphärische Netzwerk wären dafür die entsprechenden solaren Analoga.

Verwendet man für die Zeeman-Analyse nicht nur eine oder zwei sondern sehr viele Linien des Spektrums, und zwar solche hoher und niedriger Anregungsspannung, d.h. Temperatursensitivität, dann sollte man prinzipiell in der Lage sein, auch eine Aussage bezüglich der Temperaturdifferenz der Regionen mit und ohne Magnetfeld zu machen. Daß der infrarote Teil des elektromagnetischen Spektrums hier wesentlich bessere Dienste leistet zeigt uns wiederum die Sonne: der Kontrast des Kontinuums zwischen einem Sonnenfleck und der umgebenden Photosphäre ist im Optischen rund 20%, im Infraroten bei 2.2μm hingegen 70%. Bei dieser Wellenlänge stößt man bei schwächeren Sternen leider bereits an die Grenzen der Beobachtungsgenauigkeit und zusätzliche Unsicherheiten durch zu kleines Signal-zu-Rausch-Verhältnis sind unvermeidlich. Für ϵ Eridani deuten jedoch mehrere Untersuchungen in diesem Spektralbereichen auf heiße Regionen mit einer Temperaturdifferenz von bis zu 500 K hin.

Wenden wir uns den aktiveren Vertretern unter den ohnehin bereits aktiven Sternen zu, so begegnen wir zuerst den M-Zwergsternen. EV Lacertae hat das stärkste Magnetfeld unter allen „späten" Sternen (Johns-Krull & Valenti 1994) und ist ein bekannter *Flare*-Stern des Spektraltyps M4.5Ve. Eine ähnlich hohe magnetische Flußdichte wurde anhand von Infrarot-Spektren bei YZ CMi (ebenfalls M4.5Ve) nachgewiesen, andererseits hat der Flarestern *Gliese 729* (auch M4.5Ve) wiederum ein wesentlich schwächeres Feld. Die Situation scheint etwas komplexer zu sein als die Vorstellung, daß Sterne exakt desselben Spektraltyps auch – zumindest im Rahmen der Meßgenauigkeit – dieselben Magnetfelder zeigen würden. Trägt man nämlich die magnetische Flußdichte, fB, gegenüber der Rotationsperiode dieser

Sterne auf, so erkennt man eine Relation im Sinne von höherer magnetischer Flußdichte je schneller der Stern rotiert (Abb. 6.22). Dies ist nicht ganz verwunderlich da wir gemäß unserer Vorstellungen des stellaren Dynamos eine derartige Relation erwarten, ja sogar fordern müßten. Steven Saar vom Harvard-Smithsonian Center für Astrophysik argumentiert nun aber, daß es ausschließlich der erhöhte Füllfaktor ist, der diese Korrelation verursacht (Abb. 6.22). Die Magnetfelddichte selbst, so Saar, spielt nur eine sekundäre Rolle. Dies ist ein interessantes Ergebnis da es in die gleiche Kerbe schlägt wie Röntgenbeobachtungen stellarer Koronae wo man eine „Sättigung“ des Koronavolumens mit Magnetfeldern vermutet (mehr dazu in Kapitel 10).

Die meisten der oben erwähnten Sterne sind überaktive Sterne und damit vielleicht nicht ganz repräsentativ für einen direkten Vergleich mit der Sonne. Vielleicht gelingt es uns in den nächsten Jahren Magnetfeldmessungen einer hinreichend großen Anzahl von sonnenähnlichen Sternen in offenen Sternhaufen zu machen. Damit wäre deren Alter bekannt und würde das Studium des stellaren Magnetfeldes im Rahmen der normalen Sternentwicklung erlauben. Es gibt also noch viel zu tun bis wir den vollständigen Werdegang und das Ende eines sonnenähnlichen Sternes – wie z.B. in der HST-Aufnahme in Abb. 6.23 eindrucksvoll gezeigt – tatsächlich berechnen können. Sehen wir uns also den nächstliegenden Stern einmal genauer an. Was können wir von *Ihr* lernen?

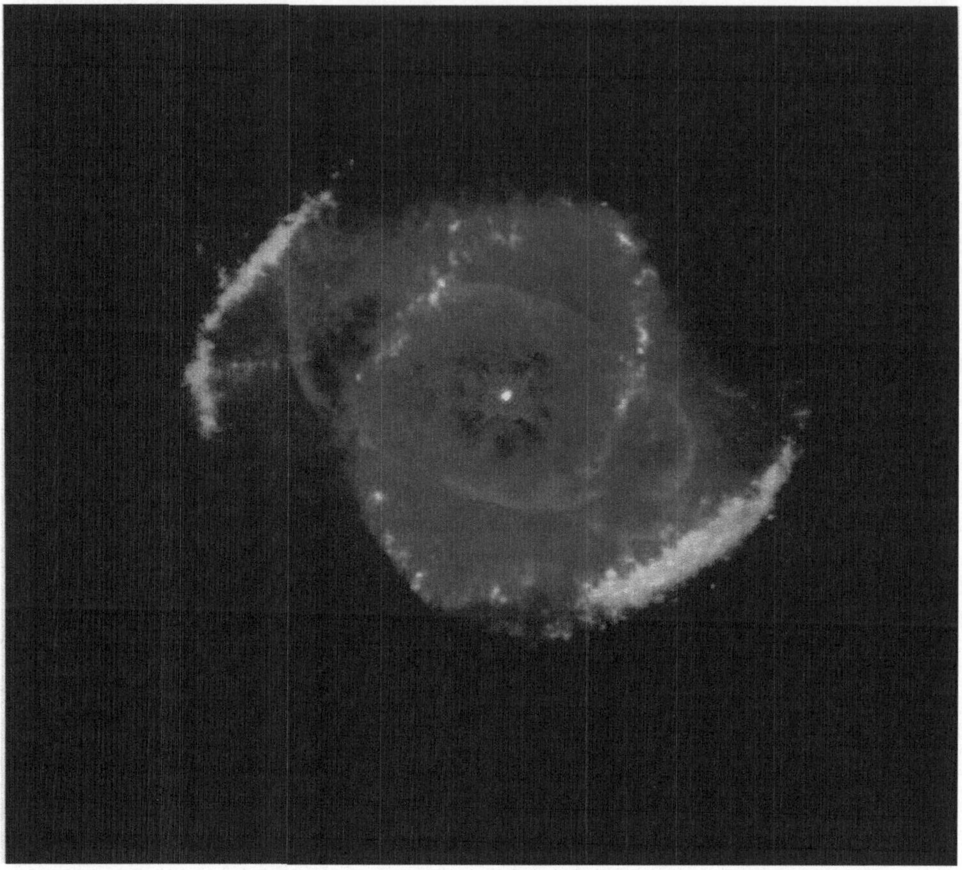

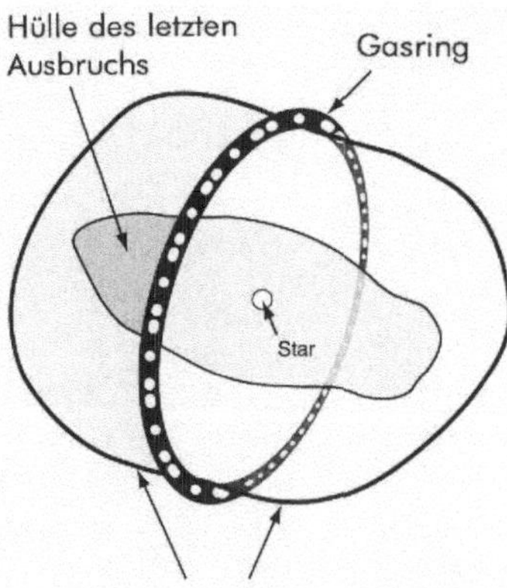

Abbildung 6.23: NGC6543: *Cat's Eye*, der planetarische Nebel eines sterbenden, ehemaligen sonnenähnlichen Sternes im Roten-Riesen-Stadium. Auch unsere Sonne wird einmal so enden. Diese spektakuläre *HST*-Aufnahme zeigt zwei ineinanderverschachtelte Gaswolken aus verschiedenen Epochen sowie einen, möglicherweise 90° gedrehten, axialsymmetrischen Gasring. Diese Geometrie deutet eher auf einen Doppelstern als einen Einzelstern hin. Der jüngere der beiden Ausbrüche ist nur etwa 1,000 Jahre alt. Die Gesamtausdehnung des Nebels beträgt etwa ein halbes Lichtjahr. (Aufnahme von J. P. Harrington und K. J. Borkowski, University of Maryland, mit frdl. Gen. AURA/Space Telescope Science Institute).

Literaturverzeichnis

[1] Basri G., Marcy G. W., 1988, „Physical realism in the analysis of stellar magnetic fields", ApJ 330, 273

[2] Carter B., Brown S., Donati J.-F., Rees D., Semel M., 1996, „Zeeman Doppler Imaging of Stars with the AAT", Pub. Astron. Soc. Aust. 13, 150

[3] Catala C., Bertout C., 1990, „Pre-main sequence stars", in Proceedings *Evolution in Astrophysics*, Toulouse, ESA SP-310, s. 11

[4] Donati J.-F., 1996, „Stellar magnetic imaging from spectropolarimetric data", in IAU Symp. 176, *Stellar Surface Structure*, Strassmeier K. G. & J. L. Linsky (eds.), Kluwer Dordrecht, s. 53

[5] Donati J.-F., Semel M., Praderie F., 1989, „Zeeman-Doppler imaging of active stars. II. Numerical simulation and first observational results", A&A 225, 467

[6] Foukal P., 1990, *Solar Astrophysics*, John Wiley & Sons, New York

[7] Johns-Krull C. M., Valenti J., 1994, „Detection of strong magnetic fields on M dwarfs", ApJ 459, L95

[8] Linsky J. L., 1992, „A-type and chemically peculiar stars", in *Physics of Solar and Stellar Coronae*, IAU G. S. Vaiana Memorial Symp., Linsky J. L. & Serio S. (eds.), Kluwer Dordrecht, s. 257

[9] Praderie F., Simon T., Catala C., Boesgaard A. M., 1986, „Short-term spectral variability in AB Aurigae: Clues for activity in Herbig Ae stars. I. The ultraviolet lines of Mg II and Fe II", ApJ 303, 311

[10] Robinson R. D., 1980, „Magnetic field measurements on stellar sources: a new method", ApJ 239, 961

[11] Saar S. H., 1992, „Evidence for a complex distribution of magnetic field strengths on the flare star AD Leo", in Cambridge Workshop on *Cool Stars, Stellar Systems, and the Sun*, Giampapa M. S. & Bookbinder J. A. (eds.), PASPC 26, s. 252

[12] Saar S. H., 1996, „Recent measurements of stellar magnetic fields", in IAU Symp. 176, *Stellar Surface Structure*, Strassmeier K. G. & J. L. Linsky (eds.), Kluwer Dordrecht, s. 237

[13] Saar S. H., Piskunov N. E., 1997, „Magnetic mapping of LQ Hydrae", in Vorbereitung

[14] Seares F. H., 1913, „The displacement-curve of the Sun's general magnetic field", ApJ 38, 99 (siehe auch Beckers 1969, SP 9, 372)

[15] Semel M., 1989, „Zeeman-Doppler imaging of active stars. I. Basic principles", A&A 225, 456

[16] Stokes G. G., 1852, Trans. Cambr. Phil. Soc. 9, 399 (siehe auch bei M. Born und E. Wolf 1975, *Principles of Optics*, Pergamon Press, Oxford, s. 554)

[17] Strassmeier K. G., 1994, „Rotational-modulation mapping of the active atmosphere of the RS Canum Venaticorum binary HD 106225", A&A 281, 395

[18] Uchida Y., Sakurai T., 1985, „Magnetodynamical processes in interacting magnetospheres of RS CVn binaries", in IAU Symp. 107, *Unstable current systems and plasma instabilities in astrophysics*, Kundu M. R. & G. D. Holman (eds.), Reidel, Dordrecht, s. 281

[19] Unno W., 1956, „Line formation of a normal Zeeman triplet", PASJ 8, 108

[20] Valenti J. A., Marcy G. W., Basri G., 1995, „Infrared Zeeman analysis of ϵ Eridani", ApJ 439, 939

[21] Zeeman P., 1897, „Doublets and triplets in the spectrum produced by external magnetic forces", Philosophical Magazine 44, 55 (siehe auch bei K. Hentschel 1996, „Die Entdeckung des Zeeman-Effektes", Physik. Blätter 52, 1232)

Weiterführende Literatur

Allgemeinverständliche Bücher und Artikel

- Einfache Erklärungen und viele Bilder zum Thema aktive Sonne gibt es in Ronald G. Giovanelli's GEHEIMNISVOLLE SONNE, VCH Verlagsgesellschaft, Weinheim, 1987 ...
- ... als auch in DIE SONNE von Ian Nicholson, erschienen im Herder Verlag, Freiburg, 1982.
- Rudolph Kippenhahn's DER STERN, VON DEM WIR LEBEN (dtv Sachbuch, München 1993) erklärt komplexe, magnetische Zusammenhänge sogar auf recht humorvolle Art und Weise.

Spezialliteratur

- Peter Foukal hat mit SOLAR ASTROPHYSICS (John Wiley & Sons, New York, 1990) eines der Standardwerke auf dem Gebiet der Sonnenphysik geschrieben. Beinhaltet mehrere Kapitel über solare Magnetfelder.
- M. Stix's Buch über THE SUN (Springer, Berlin, 1989) ist eine Zusammenfassung des heutigen Kenntnisstandes über die Sonne und deren magnetischer Aktivitäten.
- SOLAR MAGNETOHYDRODYNAMICS von Eric R. Priest, erschienen 1982 bei Reidel, Dordrecht, setzt tiefere mathematische Kenntnisse voraus und ist besonders für den Fachastronomen bestimmt.
- Viele Details über solare Magnetfelder finden sich in SOLAR MAGNETIC FIELDS, herausgegeben von Manfred Schüssler und Wolfgang Schmidt (Cambridge University Press, Cambridge, 1994).
- Eines der klassischen Proceedings über solare Magnetfelder ist das Buch herausgegeben von E.-H. Schröter, THE ROLE OF FINE-SCALE MAGNETIC FIELDS ON THE STRUCTURE OF THE SOLAR ATMOSPHERE (Cambridge University Press, Cambridge, 1986).
- Einen aktuellen Überblick über magnetische Phänomene der Sonne erhält man in SOLAR SURFACE MAGNETISM, herausgegeben von Robert J. Rutten und Carolus Schrijver, Kluwer Academic Publishers, Dordrecht, 1994.
- IAU-Symposium Nr. 102, SOLAR AND STELLAR MAGNETIC FIELDS: ORIGINS AND CORONAL EFFECTS (Hrsg. J. O. Stenflo), erschienen bei Kluwer, Dordrecht, 1983. Fachaufsätze.
- FLARES AND FLASHES, herausgegeben von Jochen Greiner et al. (Springer Verlag, 1995) ist das Buch zum 151. Kolloquium der IAU in Sonneberg. Ebenfalls Fachaufsätze.
- Nichtstellare Magnetfelder werden bei R. Beck und R. Gräve in INTERSTELLAR MAGNETIC FIELDS diskutiert (Springer-Verlag, Berlin, 1986).
- Harold Zirin et al. sind die Herausgeber des Buches zum 141. Kolloquium der IAU: THE MAGNETIC AND VELOCITY FIELDS OF SOLAR ACTIVE REGIONS (PASPC Vol. 46, 1993).

Kapitel 7

Unsere Sonne als Stern

Gesunde Planeten haben keine Menschen.
Egon Fridell

Wäre die Sonne ganze 10 Lichtjahre anstelle von nur 150 Millionen Kilometer von uns entfernt, wie etwa die uns am nächsten liegenden Sterne, würde sie uns als ganz normaler und in den meisten Belangen uninteressanter Stern mit konstanter Helligkeit erscheinen. Wie wir aber wissen, ist dem ganz und gar nicht so. Ja genau das Gegenteil ist der Fall, denn je näher und je länger wir die Sonne betrachten, desto mehr Anzeichen eines aktiven Sternes erkennen wir. Zum Beispiel besitzt die Sonne einen rund 11-jährigen Aktivitätszyklus, der Mitte des 19.Jhdts. von Heinrich Schwabe entdeckt wurde, und bei dem folgende Phänomene durch die Häufigkeit und Stärke des Auftretens variieren: Sonnenflecken, Fackeln, aktive Regionen, Flares sowie Radiobursts. Auch Protuberanzen werden zu den Aktivitätserscheinungen gerechnet, obwohl sie meist unabhängig vom 11-Jahres-Zyklus erscheinen. Da sich das poloidale Magnetfeld der Sonne aber alle 22 Jahre umpolt, haben wir eigentlich einen 22-jährigen magnetischen Zyklus, erst dann ist wieder der Ausgangszustand erreicht. Dies hat übrigens merkliche Einflüsse auf unseren Planeten Erde. Auch darüber mehr in diesem Kapitel.

7.1 Solare Aktivitätsphänomene

In diesem Abschnitt wollen wir eine kleine Zusammenstellung der Aktivitätsphänomene der Sonne voranstellen, eine Art Lexikon der bekannten Phänomenologie von der Photosphäre bis in den interplanetaren Raum hinaus. In den danach folgenden Einzelkapiteln werden wir dann sehen, welche Geheimnisse die Sonnenphysik bis dato gelüftet hat und ob wir ähnliches auch bei anderen Sternen nachweisen können ... oder sollte unsere Sonne etwas ganz besonderes innerhalb der etwa zweihundert Milliarden Sterne der Galaxis sein?

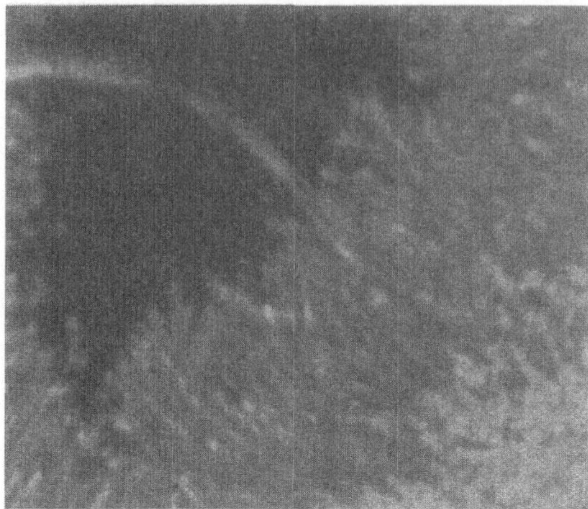

Abbildung 7.1: Eine der besten Aufnahmen eines Sonnenfleckes. Details in der Penumbra zeigen die komplexe Struktur der lokalen Plasmabewegung, dem sogenannten *Evershed*-Effekt: die dunklen Fäden sind in Richtung des zentralen, schwarzen Teil des Fleckes hin (der Umbra) einwärtsströmendes, die hellen Fäden auswärtsströmendes Plasma. (Nach einer Aufnahme mit dem schwedischen Vakuumteleskop auf LaPalma, betrieben vom spanischen Instituto de Astrofisica de Canarias für die königliche, schwedische Akademie der Wissenschaften).

7.1.1 Flecken

Sonnenflecken sind Regionen in der Photosphäre, die um etwa 1,500 bis 2,000 K kühler sind und somit gegenüber der umgebenden Photosphäre dunkel erscheinen (Abb. 7.1). Sie treten in einem äquatorialen Band bis zu 35–40 Grad nördlicher und südlicher heliographischer Breite auf, haben eine maximale Lebensdauer von wenigen Monaten und eine maximale Ausdehnung von 100,000 km. Die eigentliche Ursache für das Erscheinen als dunkle Flecken sind lokale Magnetfelder mit einigen zehntel Tesla. Schon vor 60 Jahren erkannte der deutsche Astronom Ludwig Biermann, daß dieses Magnetfeld die Konvektion und somit den Energietransport vom Inneren der Sonne an die Oberfläche behindern müßte und Sonnenflecken somit kühler sind als deren Umgebung (Biermann 1941).

Ein typischer Sonnenfleck erscheint im kontinuierlichen (weißen) Licht im Zentrum fast schwarz, der sogenannten *Umbra*, und ist meist umgeben von einem weniger dunklen Hof, der *Penumbra*. Ein klassisches Exemplar ist in der Abb. 7.2 (links oben) gezeigt, und wie man in den anderen Bildern sehen kann ist ein Sonnenfleck ein recht turbulenter Ort mit horizontalen und vertikalen Geschwindigkeitsfeldern, die im Bereich von wenigen Kilometer pro Sekunde liegen. Erscheinen Flecken ohne eine Penumbra spricht man übrigens nur mehr von *Poren*. Sie sind sozusagen die übriggebliebenen Umbren sehr kleiner Flecken.

Ein Maß für die Häufigkeit der Sonnenflecke ist die Züricher *Fleckenrelativzahl* R (auch *Wolf*-Zahl genannt). Sie ist folgendermaßen definiert:

$$R = k(10g + f), \tag{7.1}$$

wobei g die Anzahl der Fleckengruppen und f die Anzahl der einzelnen Flecke sind, die auf der Sonne zu einem bestimmten Zeitpunkt zu sehen sind. Die Konstante k berücksichtigt die weltweit unterschiedlichen Beobachtungsinstrumente mit denen Messungen von g und f vorgenommen wurden und ist auf das Instrumentarium der Sternwarte Zürich ($k = 1$) normiert.

Abbildung 7.2: Ein Sonnenfleck der Aktiven-Region AR 6107 vom 21. Juni 1990. Die vier Aufnahmen zeigen den Fleck links oben im kontinuierlichen Licht der Photosphäre und rechts oben im Licht der Wasserstoff Hα-Linie der darüberliegenden Chromosphäre. Die beiden unteren Aufnahmen sind *Dopplergramme*, d.h. hier wird die radiale Komponente der Geschwindigkeit als Grauskala aufgetragen. Weiß heißt auf den Beobachter zu, schwarz von ihm weg. Dargestellt sind wieder: links, die Photosphäre mit Hilfe der Fe I-557.6nm-Linie und rechts, die untere Chromosphäre in Hα. (Nach einer Aufnahme mit dem schwedischen Vakuumteleskop auf LaPalma, betrieben vom spanischen Instituto de Astrofisica für die königliche schwedische Akademie der Wissenschaften).

7.1.2 Fackeln und Plages

Fackeln und Plages[1] werden im monochromatischen Licht – etwa in Hα oder den H- und K-Linien des Ca II – als helle, 5,000 bis 50,000 km große Gebiete beobachtet (Abb. 7.4). Sie sind um etwa 300 K heißer als die Umgebung und treten meist in Aktivitätszentren und in der Nähe von Sonnenflecken auf. Es gibt keinen prinzipiellen Unterschied zwischen Fackeln und Plages, außer daß Plages die immer größeren Gebiete mit meist auch höherem Temperaturunterschied sind als die Fackeln. Daher werden sie im anglikanisierten Sprachgebrauch auch oft *plagettes* (ist eigentlich französisch und heißt „kleines Plage") genannt. Der Österreicher würde daraus wohl „plagerl" machen – wie etwa Kipferl.

[1] sprich plasches aus dem französischen

7.1.3 Aktive Regionen

Dies sind großräumige Gebiete in denen verschiedenste Phänomene auftreten, die meist mit der Erscheinung von bipolaren Magnetfeldern in der Photosphäre zusammenhängen, also Flecken, Flares, Fackeln und Plages. Folglich zählt man auch Sonnenfleckengruppen zu den aktiven Regionen, weil sie meist zwei Hauptflecken mit entgegengesetzter magnetischer Polarität besitzen. Auch Protuberanzen gehören zu den aktiven Regionen.

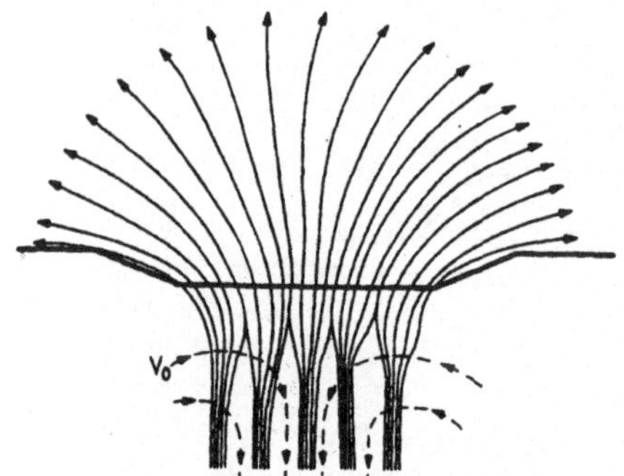

Abbildung 7.3: Die „Gamsbart"-Struktur des Fleckenmagnetfeldes. Sehr wahrscheinlich besteht auch das Feld eines Einzelfleckes unterhalb der Photosphäre noch aus mehreren Flußröhren, die von der konvektiven Bewegung des Sonnenplasmas, hier angedeutet mit v_0, zusammengehalten werden. Über der Oberfläche breitet sich das Feld dann wie ein „Gamsbart" bis in große Höhen aus. (Nach einer Zeichnung von Eugene Parker 1979).

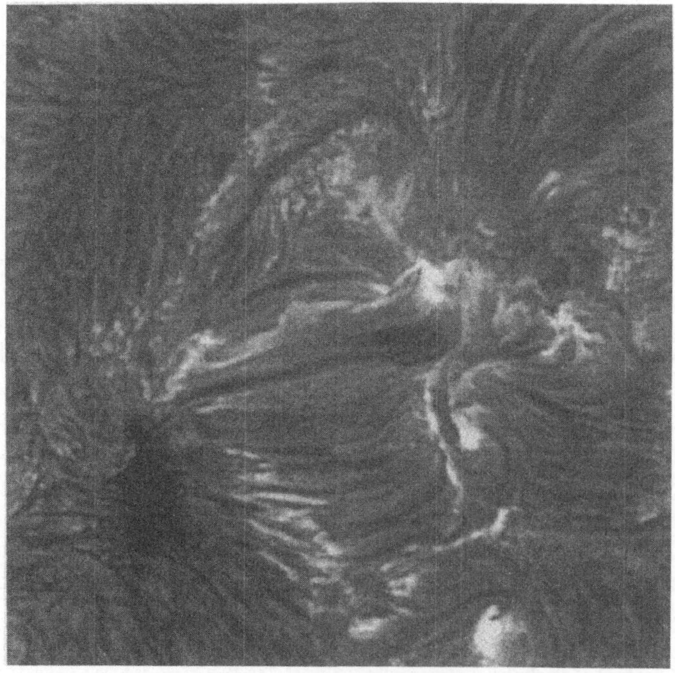

Abbildung 7.4: Hα-Aufnahme einer aktiven Region. Die hellen Bereiche sind Plages, die zum Teil durch dunkle Filamente voneinander getrennt erscheinen. (Nach einer Aufnahme mit dem schwedischen Vakuumteleskop auf LaPalma).

7.1.4 Flares

Unter einem Flare versteht man einen plötzlichen Anstieg von Strahlung über einen weiten Bereich des elektromagnetischen Spektrums gepaart mit einem erhöhten Teilchenfluß, wobei gleichzeitig Massebewegungen und Schockwellen in der solaren Korona stattfinden. Flares finden immer in aktiven Regionen statt, wobei sie in jenen Regionen am stärksten sind, die sich rasch entwickeln. Die Abbildung 7.5 zeigt eine Zeitserie von Aufnahmen, die die Entwicklung eines Flares wiedergibt. Ein großer Flare kann Energiemengen bis zu 10^{25} Joule freisetzen, eine Stunde lang dauern und dabei 0.1% der sichtbaren Hemisphäre bedecken. Aufgrund des sehr raschen Freiwerdens dieser großen Energiemenge sind die Prozesse, die in Flares ablaufen, schwierig zu verstehen. Die wahrscheinlichste Erklärung ist die Wiedervereinigung von magnetischen Feldlinien (Kopp & Poletto 1984). In Kapitel 10 werden wir uns noch eingehend mit diesem Phänomen beschäftigen.

7.1.5 Radiobursts

Darunter versteht man starke Strahlungsausbrüche im Radiowellenbereich, vor allem im Meter-Bereich, die parallel zu größeren Flares beobachtet werden. Bei großen Flares wird der magnetische Druck am Ort des Flares so groß, daß einerseits geladene Materie von der Sonne mit Geschwindigkeiten bis zu 2,000 $\mathrm{km\,s^{-1}}$ wegströmen kann, und andererseits eine magnetohydrodynamische Schockwelle mit typischen Geschwindigkeiten von 1,000 $\mathrm{km\,s^{-1}}$ vom Ort des Flares aussendet. Letztere Schockwellen nennen die Sonnenphysiker eine Moreton-Welle nach deren Entdecker G. E. Moreton und H. E. Ramsey (1960). Moreton-Wellen von Sonnenflares hat man schon bis zur Umlaufbahn des Jupiters beobachtet, und der spektakuläre Flare vom 4. August 1972 hat sogar mehrere interplanetare Schockwellen ausgelöst. Beide Phänomene – Materieauswurf und Schockwellen – produzieren „burst"-artige Radioausbrüche, die meist nur wenige Sekunden dauern, oft auch kürzer als eine Sekunde bzw. auch mehrere Stunden anhalten können.

7.1.6 Protuberanzen

Protuberanzen sind kühle Gaswolken mit einer Temperatur von „nur" 10^4 K eingebettet in der heißen (10^6 K) Korona, die am Sonnenrand in Form heller Bögen oder als Ausbuchtungen wie Finger in den Weltraum zeigend erscheinen (siehe Abb. 7.6). Mit der Sonnenscheibe im Hintergrund sind sie z.B. im Licht der Hα Linie als dunkle, fadenförmige Gebilde (den Filamenten) sichtbar. Auch bei diesem Aktivitätsphänomen spielen Magnetfelder eine wichtige Rolle, da sie die kühlere und damit dichtere Materie der Protuberanz tragen und auch zur Sonnenoberfläche gleiten lassen. Bei raschen Änderungen der Feldkonfiguration, z.B. bei Flares, können Protuberanzen auch eruptiv werden und Materie in Höhen bis über 100,000 km schleudern.

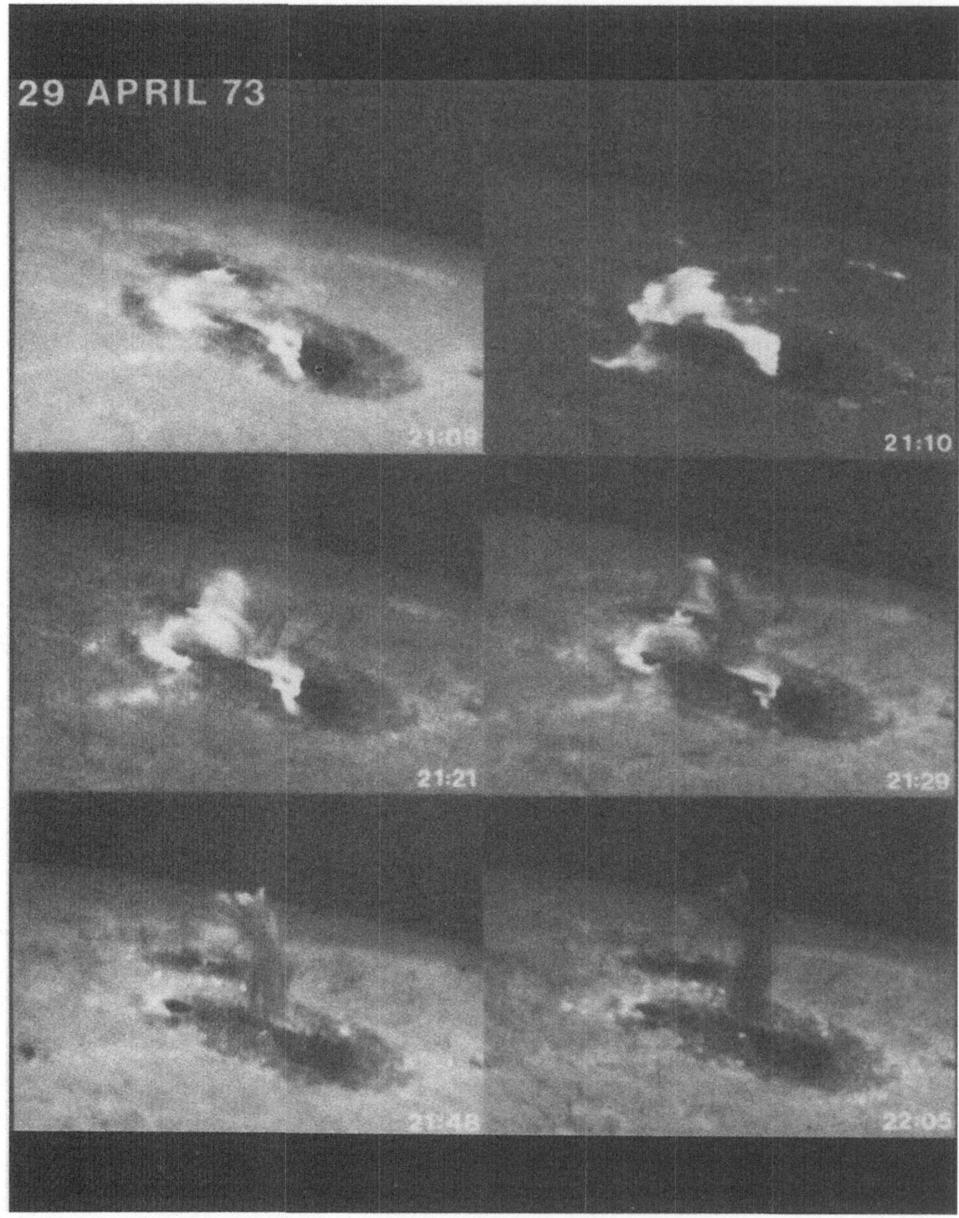

Abbildung 7.5: Flares sind gewaltige Explosionen in der Sonnenatmosphäre, deren Auswirkungen sogar noch auf der Erde spürbar sind. Die obige Sequenz zeigt ein Flare am Sonnenrand im Lichte des blauen Hα-Linienflügels des neutralen Wasserstoffs. Deutlich ist der Sonnenfleck und die nachfolgende Entstehung einer bogenförmigen Protuberanz zu sehen (beiden unteren Bilder). Mit frdl. Gen. nach Harold Zirin 1988, ***Astrophysics of the Sun***, Cambridge University Press; siehe auch Zirin (1991).

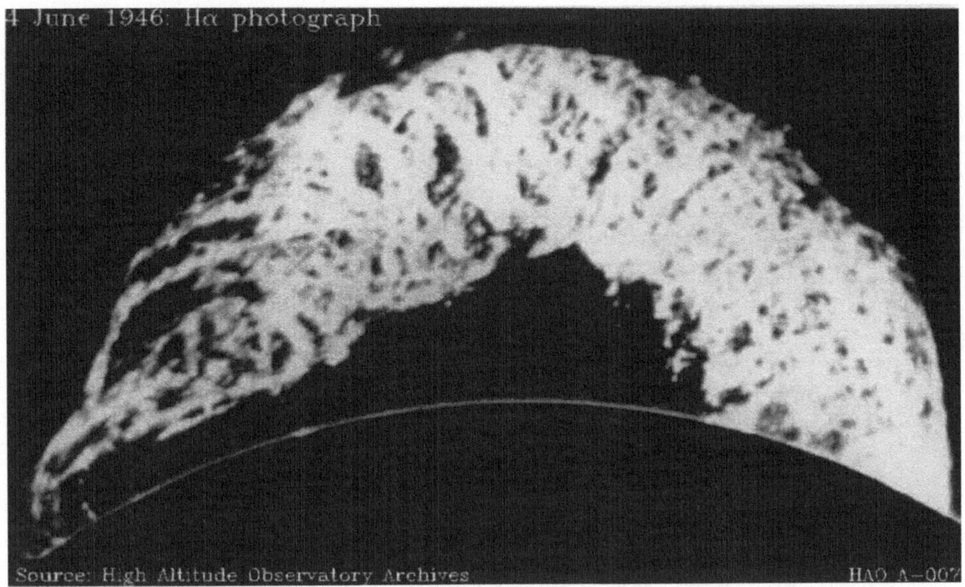

Abbildung 7.6: „Grand Daddy". Diese liebevoll benannte Protuberanz ist wohl der gewaltigste je beobachtete Ausbruch auf der Sonne und erreichte eine Höhe über der Sonnenoberfläche von etwa 200,000 km. (Mit frdl. Gen. von P. Charbonneau und O. R. White nach einer Aufnahme des High Altitude Observatory, National Center for Atmospheric Research).

7.1.7 Der 11-jährige Aktivitätszyklus

Die Existenz eines Aktivitätszyklus auf der Sonne ist mittlerweile durch eine Vielzahl von einander unabhängiger Beobachtungen von Sonnenflecken bis zurück um das Jahr 1700 dokumentiert. Die erste Sichtung eines Sonnenfleckes geht jedoch auf den Griechen Theophrastus von Athen im vierten Jahrhundert vor Christus zurück (siehe Eddy 1980). Die ersten systematischen Beobachtungen wurden aber in China gemacht, gefolgt von Aufzeichnungen in Japan und Korea. Das westliche Europa brachte erst mit Anbruch des 17. Jahrhunderts seine ersten, systematischen Beobachter hervor (Galileo Galilei um 1610/11, Fabricius und Scheiner ebenfalls um 1611).

Mit diesem Material konnte nun darangegangen werden, das Langzeitverhalten der Fleckenhäufigkeit zu studieren. Und tatsächlich ergaben sich relativ regelmäßige Maxima in Abständen zwischen 7 und 17 Jahren gefolgt von ebenso langen Minima, im Mittel mit einer 11-jährigen Periode. Die Anzahl der Flecken während der jeweiligen Maxima kann dabei recht unterschiedlich sein (siehe Abb. 7.7), wobei sich wiederum eine Periodizität des Auftretens von starken und schwachen Maxima mit etwa 80 Jahren bemerkbar macht (der *Gleissberg*-Zyklus). Eine Erklärung für dieses Phänomen gibt es noch nicht.

Doch dem nicht genug, scheint es auf der Sonne Zeiten gegeben zu haben wo überhaupt keine Sonnenflecken sichtbar waren, etwa von 1650 bis 1700. Dies führte sogar kurzfristig dazu, daß Wissenschaftern dieser Zeit ein Sonnenfleck etwas voll-

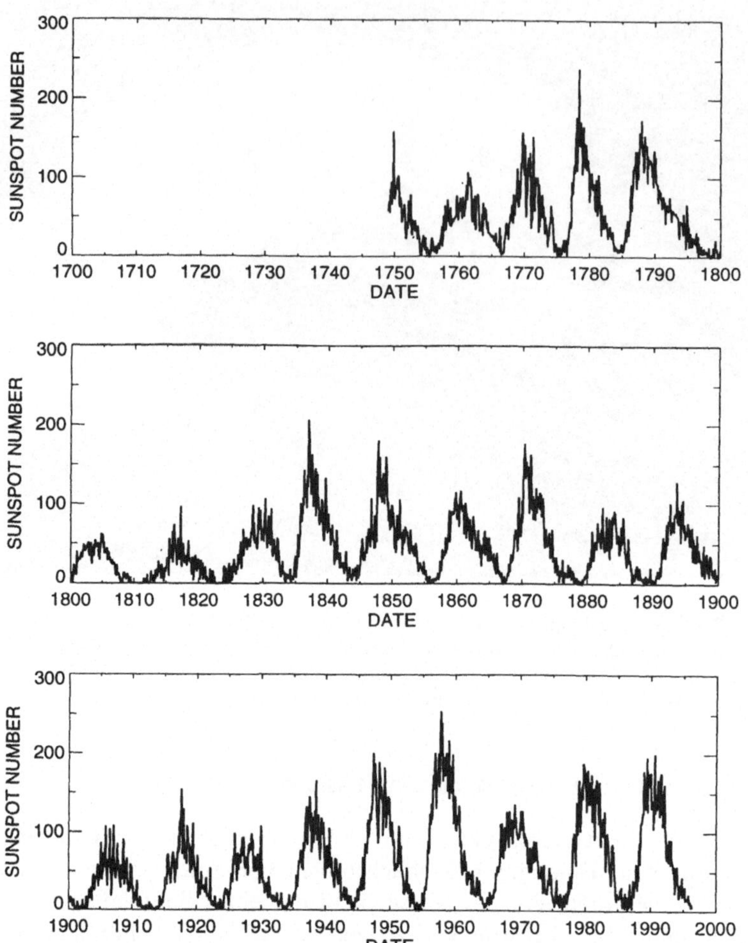

Abbildung 7.7: Der etwa 11-jährige Fleckenzyklus der Sonne. Die Beobachtungen der Fleckenrelativzahl gehen zurück bis in Galileo Galilei's Zeit der Entdeckung des Fernrohres um etwa 1610. Tägliche Beobachtungen begannen 1749 in Zürich und kontinuierliche Daten liegen nunmehr seit 1849 vor. Hier sind nur Monatsmittel dargestellt. (Nach Daten des Royal Greenwich Observatoriums, aufbereitet von der Solar-Physics Abteilung am Marshall Space Flight Center der NASA).

kommen unbekanntes war. Die Nachforschungen durch Rudolf Wolf und Gustav Spörer Ende des 19. Jahrhunderts, brachten schließlich genug Datenmaterial über Sonnenfleckensichtungen zutage, um dieses 50 Jahre währende Fleckenminimum zu dokumentieren. Diese Entdeckung wurde ein Jahr später, 1890, vom englischen Sonnenphysiker Edward Maunder bestätigt und seither *Maunder-Minimum* genannt. Der amerikanische Sonnenexperte John Eddy beschreibt aber noch ein weiteres, früheres Aktivitätsminimum der Sonne, das nach dem eigentlichen Entdecker des Maunder Minimums *Spörer-Minimum* genannt wird (siehe Abb. 7.8). Es scheint

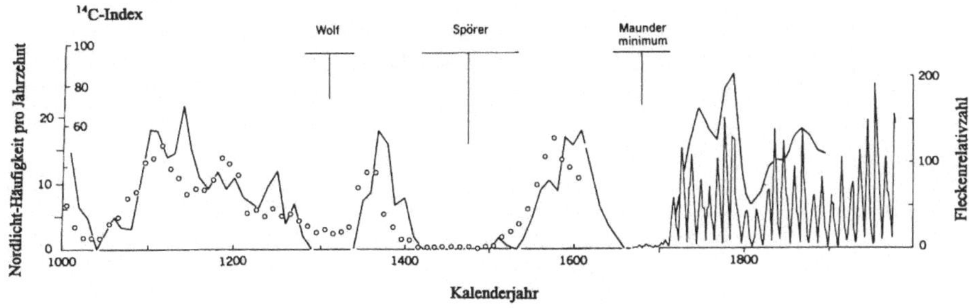

Abbildung 7.8: Indirekte Messungen der Sonnenaktivität gehen aber viel weiter zurück als Sonnenfleckenzählungen (zackige Linie der letzten 300 Jahre) und basieren teils auf Beobachtungen der Häufigkeit von Nordlichtern (o) und auf ^{14}C Isotopenverhältnissen in alten Gesteinen (dicke Linie). Basierend auf Daten zusammengetragen von J. A. Eddy (1977).

also so zu sein, daß der Sonnendynamo Zeiten gehabt hat, in denen er gar nicht oder nur ganz schwach funktionierte. In Kapitel 9 werden wir erkunden, ob es dieses Phänomen auch auf sonnenähnlichen Sternen gibt und im Abschnitt 7.6 gehen wir noch einmal etwas genauer auf die Zyklen der Sonne und deren Einfluß auf die Erde ein.

7.2 Die ominöse Solarkonstante

Den gesamten Strahlungsfluß der Sonne in Watt pro Quadratmeter in einer Entfernung von 1 Astronomischen Einheit (1 AE, die mittleren Entfernung Erde–Sonne) und außerhalb der Erdatmosphäre nennt man die *Solarkonstante* (etwa 1.368 kW/m^2). Langjährige Messungen, beginnend schon zur Jahrhundertwende, machten jedoch klar, daß diese Solar*konstante* gar nicht so konstant ist wie vermutet worden war, sondern vielmehr Schwankungen mit verschiedenen Periodizitäten unterworfen ist. Vergessen wir nicht, über welch große Energiemengen wir hier sprechen. Wenn sich die Solarkonstante plötzlich um nur etwa 1% verkleinern würde, hätte dies katastrophale Auswirkungen auf das Erdklima und wahrscheinlich den Kältetod vieler Lebewesen auf der Erde zur Folge (siehe Kapitel 7.6). Das Interesse zur Untersuchung dieser Variationen beschränkt sich jedoch nicht nur auf die Klimatologen, sondern auch die Sonnenphysiker und Stellarastronomen erwarten sich daraus ein besseres Verständnis der Vorgänge auf der Sonne und den Sternen.

7.2.1 Absolut kalibrierte Messungen sind notwendig

Die ersten Messungen wurden zu Beginn dieses Jahrhunderts (dem 20.ten) von amerikanischen Astronomen des Smithsonian Astrophysical Observatory von hohen Bergen aus vorgenommen. Da es sich bereits um absolut kalibrierte Messungen handelte – ein Energiefluß pro Zeiteinheit in W/m^2 ist zu messen –, müssen alle störenden Einfüße der Erdatmosphäre beseitigt werden. Vom Boden aus geht dies

Tabelle 7.1: SATELITENEXPERIMENTE ZUR MESSUNG DER SOLARKONSTANTE

Satellit	Meßgerät	Start	Ende
NIMBUS 7	Earth Radiation Budget Experiment (ERB)	Nov. 1978	Dez. 1993
SMM	Activity Cavity Radiometer Irradiance Monitor (ACRIM 1)	Feb.1980	Jun. 1989
ERBS	Electrically Calibrated Cavity Radiometer (ECCR 1)	Okt.1984	Dez. 1995
NOAA 9 & 10	Electrically Calibrated Cavity Radiometer (ECCR 2+3)	Jan. 1985	Dez. 1986
UARS	Activity Cavity Radiometer Irradiance Monitor (ACRIM 2)	Oct. 1991	Dez. 1993

natürlich am besten, wenn man soviel Atmosphärenmasse wie nur möglich unter sich läßt, zum Beispiel am Mauna Kea Observatorium in Hawaii in 4,200m Seehöhe, wo schon fast 80% der Luftmasse unterhalb des Beobachters liegen.

Weitere Messungen erfolgten später von Ballonen, Flugzeugen, durch Raketen und schließlich mit dem Beginn des Raumzeitalters von Satelliten aus (siehe Tabelle 7.1). Die Meßgenauigkeit nahm dabei ständig zu und es zeigte sich eine immer größere Anzahl von kurzperiodischen Schwankungen mit geringen Amplituden.

7.2.2 Das ACRIM-Experiment

Die Meßgeräte, die uns bis dato die besten Ergebnisse lieferten sind die sogenannten *Aktiven Hohlraum Radiometer*[2], deren Herzstück eine heizbare „Thermoskanne" mit zwei hohlen, konischen Detektoren ist (siehe Abb. 7.9 nach Willson 1979). Jeder der beiden Konusse ist durch eine außen angebrachte Heizwicklung elektrisch beheizbar und an den Innenseiten so beschaffen, daß sie stark absorbierend wirken. Die Temperatur der Konusaußenseite wird mittels eines präzisen, Ohmschen Widerstandsthermometers kontrolliert. Durch eine fernrohrartige Öffnung der Thermoskanne wird nun ein Konus auf der absorbierenden Innenseite von der Sonne bestrahlt und erwärmt. Die Öffnung des anderen Konus ist dem ersten entgegengesetzt gerichtet und wird durch kontrolliertes Beheizen im thermischen Gleichgewicht mit dem bestrahlten Konus gehalten. Die ganze Messung erfolgt also differentiell.

Ein Meßzyklus dauert exakt 131 Sekunden, wobei die halbe Zeit der Verschluß zu bleibt und die andere Hälfte offen. Der erste Konus wird bei geschlossenem Verschluß beheizt und 1° über der Temperatur innerhalb der Thermoskanne gehalten. Für die zweiten 65.5 Sekunden wird der Verschluß geöffnet und Sonnenstrahlung fällt auf den Detektor, und dessen Heizleistung muß entsprechend reduziert werden um weiter thermisches Gleichgewicht aufrecht zu erhalten. Aus der Differenz der jeweils notwendigen elektrischen Leistung P kann die Strahlung S gemessen werden:

$$S = const\ (P_{\rm ref} - P_{\rm obs}) + E. \tag{7.2}$$

[2]Im Englischen *Activity Cavity Radiometer Irradiance Monitor (ACRIM)*.

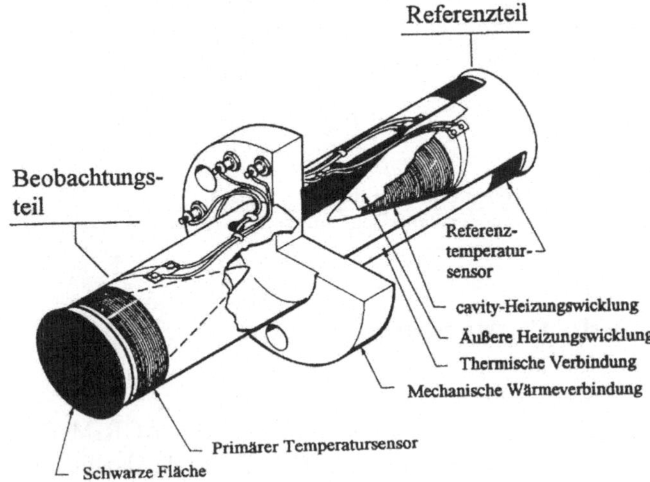

Abbildung 7.9: Der schematische Aufbau des Hohlraum-Radiometers ACRIM-1, das an Bord des NASA-Satelliten *Solar Maximum Mission* (*SMM*) mitflog. (Nach Willson 1979, aus W. C. Livingston, 1991, *Solar Interior and Atmosphere*, The University of Arizona Press, Tucson).

P_{ref} bedeutet dabei die elektrische Leistung, die während der Referenzphase, d.h. wenn der Verschluß zu ist, dem Vergleichskonus zugeführt werden muß und P_{obs} ist die Leistung, die während der Beobachtungszeit von der Sonne eingesammelt wird um die beiden Konusse im thermischen Gleichgewicht zu halten. E steht in Glchg. (7.2) für eine Reihe von Korrekturtermen, die leichte Abweichungen vom thermischen Gleichgewicht auch noch berücksichtigen und *const* bedeutet eine Gerätekonstante, die die Fläche der Eintrittsapertur, die Absorptionsfähigkeit des Konus, den Heizwiderstand u.s.w. berücksichtigt. Im allgemeinen sind diese Korrekturen gering, nur folgende zwei Umstände erreichen Größenordnungen von etwa 0.01% des Meßwertes: die Änderung des Abstandes Erde–Sonne, verursacht durch die leichte Exzentrizität der Erdbahn, und die Änderung der Empfindlichkeit des Detektors im Laufe der Zeit.

Um letzterem Problem zu entgehen, wurde das Kernstück des ACRIM Experimentes – das eben beschriebene Hohlraum-Radiometer –, gleich in dreifacher Ausführung in den *SMM* (*Solar Maximum Mission*) Satelliten eingebaut. Dies ermöglicht die Korrektur der Langzeit-Einwirkung der Sonnenstrahlung durch Referenzmessungen mit den anderen Detektoren. Dazu werden jeweils die Messungen im Verhältnis Detektor-1 zu Detektor-2, Detektor-1 zu Detektor-3, und Detektor-2 zu Detektor-3 gebildet, wobei Detektor-1 ununterbrochen verwendet wird, Detektor-2 manchmal und Detektor-3 nur selten. Nach Berücksichtigung aller Korrekturen erreichte ACRIM eine Genauigkeit von 0.2% des Meßwertes. Die Präzision einer Einzelmessung ist jedoch um vieles besser (siehe Tabelle 7.2).

Tabelle 7.2: BEITRÄGE ZUR VARIABILITÄT DER SOLARKONSTANTE

Variabilitätsmechanismus	Periode	Amplitude
p-Moden	5 min	wenige ppm[a]
Granulation	10 min	einige 10 ppm
Flecken	10 Tage	<0.2%
Fackeln	Wochen	<0.1%
Sonnenrotation	27 Tage	≈0-0.2%
Chromosphärisches Netzwerk	11 Jahre	≈0.2%

[a]ppm: engl. *parts per million*, Teile aus einer Million

7.2.3 Überraschende Entdeckungen

Kurzzeitvariationen

Die Schwankungen im Bereich zwischen der Verschlußzeit des ACRIM-Detektors (131 Sekunden) und etwa einem Tag lassen sich auf nichtradiale Oszillationen der Sonne, vor allem der fünfminütigen Oszillation durch Druckwellen[3] aus dem Sonneninneren, und den Einfluß der Granulation zurückführen (siehe Abschnitte 7.3.5 und 7.3.4). Da diese Schwankungen aber nur wenige ppm ausmachen (vgl. Tabelle 7.2) ist deren Deutung noch nicht allgemein akzeptiert, aber doch immerhin sehr wahrscheinlich. Das Ende 1995 begonnene amerikanische Großprojekt *GONG*[4] könnte hiezu möglicherweise gänzlich neue Erkenntnisse liefern, obgleich es nicht die absolute Solarkonstante sondern die vielen nichtradialen Schwingungsfrequenzen an der Sonnenoberfläche mißt. Das besondere an diesem Forschungsprojekt ist, daß es aus einem Dutzend von Sonnenteleskopen rund um den Erdball besteht und dadurch die Sonne kontinuierlich beobachten kann, ohne Unterbrechungen durch den Tag-Nacht-Zyklus. Ebensolche Versuche laufen schon seit einiger Zeit in der Antarktis in der Nähe des irdischen Rotationspoles, wo ein „Tag" ein halbes Jahr lang dauert. Leider ist dort die Sonnenscheindauer aber nicht so lang wie etwa an den Stellen wo *GONG*-Teleskope stehen (auf der Insel Hawaii, den Kanarischen Inseln, in Australien u.a.).

Variationen von einem Tag bis ein Monat

In diesem Bereich liegen die Zeitskalen von magnetisch aktiven Regionen, wie den dunklen Flecken in der Photosphäre oder den hellen Fackeln und Plages in der Chromosphäre. Die Zeitskalen können dabei recht kräftig schwanken, von der Lebensdauer einer Gruppe von Fackeln innerhalb einer aktiven Region von einem bis etwa mehrere Tage bis zum plötzlichen Erscheinen eines einzelnen isolierten Fleckes. Andererseits können große Sonnenfleckengruppen mehrere Sonnenrotationen lang existieren und die beobachtete Zeitskala bezieht sich dann auf die Rotationsperiode der Sonne oder auf Veränderungen innerhalb der Gruppe (Sonnenrotation: am Äquator mit einer Periode von rund 25 Tagen, bei 40° Breite nur mehr 27 Tagen, in Polnähe etwa 30 Tage).

[3]Sogenannte p-Moden, wobei p für (engl.) *pressure*=Druck steht.

[4]Global Oscillation Network Group

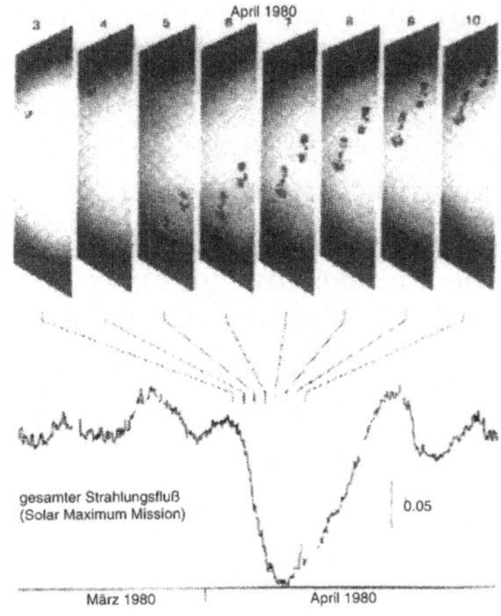

Abbildung 7.10: Eine große Sonnenfleckengruppe wandert durch die Rotation der Sonne scheinbar über die Sonnenscheibe (oben). Dabei wird ein winziger Teil der Energie aus dem Sonneninneren durch die Fleckenfläche blockiert und der Beobachter registriert zuerst eine Abnahme der „Solarkonstante“ wenn die Flecken auf dem uns zurotierenden Sonnenrand erscheinen, ein Minimum wenn die Gruppe im Zentralmeridian steht, und danach eine Zunahme wenn die Gruppe auf dem von uns wegrotierenden Sonnenrand wieder verschwindet. (Nach Hugh Hudson, aus Herbert Friedman 1987, *Die Sonne*, Spektrum Akademischer Verlag, Heidelberg).

Mit einer Amplitude von bis zu 0.2% der mittleren Solarkonstante sind die Schwankungen im Bereich von etwa 10 Tagen die stärksten aller beobachteten Variationen (siehe Abb. 7.10 und Tabelle 7.2). Diese entstehen, wenn Sonnenflecken durch die Sonnenrotation langsam über die sichtbare Sonnenscheibe wandern und – da sie ja dunkel sind –, an deren Stelle den Energiefluß aus dem Sonneninneren blockieren und damit einen Einbruch der Solarkonstante verursachen. Diese „Energieblockade“ durch Flecken ist eines der fundamentalen Probleme für Aktive Sterne und wird uns in Kapitel 8 noch ausführlich begegnen. Wenn die Flecken sehr nahe dem sichtbaren Sonnenrand kommen ist deren projizierte Fläche aber so klein, daß sie fast keinen Beitrag mehr zur Gesamtenergie leisten. Die Dauer dieses Phänomens wird dann etwas kürzer sein als die Hälfte einer Rotationsperiode der Sonne – nämlich etwa 10 Tage anstelle von $P_{\rm rot}/2 \approx 13$ Tage –, und genau dies wird auch beobachtet.

Da die Züricher-Sonnenfleckenzahl alleine keinen Aufschluß über die tatsächlich wirksame Fläche der Sonnenflecken gibt, wurde von H. S. Hudson und R. C. Willson (siehe Hudson 1988) der projizierte „Photometrische Sonnenflecken Index“ (PSI) eingeführt:

$$\mathrm{PSI} = const \sum_{i=1}^{n} \left(\frac{3\theta_i + 2}{2}\, \theta_i A_i \right), \tag{7.3}$$

dabei ist *const* eine Konstante, die das Verhältnis zwischen Umbra- und Penumbrafläche sowie den Temperaturunterschied der Flecken relativ zur Photosphäre berücksichtigt, θ_i den Winkel zwischen der Flächennormalen des i-ten Sonnenfleckes und der Beobachtungsrichtung angibt (sozusagen den Projektionswinkel unter dem der Fleck auf der Sonnenkugel gesehen wird) und A_i die Fläche des i-ten Fleckes ist. Zur Berechnung des PSI werden für alle Flecke gleiches Umbra- zu Penumbraverhältnis und dieselbe Temperatur angenommen. Damit läßt sich ungefähr die Hälfte aller Variationen in diesem Zeitskalenbereich erklären. Da sehr große Sonnenfleckengruppen eine Lebensdauer bis zu vier Monaten haben können und somit mehrere Sonnenrotationen sichtbar sind, können sie zusammen mit neu entstandenen Flecken zu mehreren, periodischen Einbrüchen der Solarkonstante beitragen.

Fackeln und Plages kommen in wesentlich größerer Höhe in der Sonnenatmosphäre vor als Flecken und sind heiße Gebiete, sie können daher auch noch am Rand der Sonnenscheibe und manchmal sogar noch etwas darüberhinausgehend beobachtet werden. Da außerdem die Fackeln oft die Flecken umranden (aber in größerer Höhe), lassen sich vor und nach Einbrüchen der Solarkonstante wieder leichte Anstiege beobachten (siehe Abb. 7.10). Die Veränderungen, verursacht durch diese Fackeln und Plages, sind daher erwartungsgemäß etwas länger als $P_{\mathrm{rot}}/2$.

Langzeitvariationen

Es zeigten sich in den ACRIM-Messungen auch Variationen mit einer Dauer von 4–9 Monaten sowie ein kontinuierlicher Abwärtstrend bis 1986, dem wieder ein Anstieg folgte (siehe Abb. 7.11). Dieser Trend wurde auch von den anderen Satellitenexperimenten bestätigt und dürfte aller Wahrscheinlichkeit nach mit dem 11-jährigen Aktivitätszyklus der Sonne in Zusammenhang stehen, da das beobachtete Minimum im Jahre 1986 und das folgende Maximum, Anfang der neunziger Jahre, mit dem jeweiligen Sonnenfleckenminimum und -maximum zusammenfiel. Interessant dabei ist auch, daß, wenn die Sonne wie ein Stern beobachtet wird (also wie eine Punktquelle), die bereits seit längerem bekannten Variationen des Ca II-K-Index mit gleicher Periodizität wie der Fleckenzyklus auftreten aber genau in Antiphase mit ihm und den Veränderungen der Solarkonstante sind (vgl. Abb. 9.18).

Da der Ca II-K-Index nur die Emissionen aller großen Plage-Gebiete in aktiven Regionen umfaßt, nicht jedoch die vielen kleineren magnetischen Elemente der Sonnenoberfläche, läßt sich schließen, daß die 4–9 monatigen Schwankungen hauptsächlich durch diese großen Plage-Gebiete hervorgerufen werden, der Langzeit-Trend jedoch auf zusätzliche Veränderungen im chromosphärischen Netzwerk zurückzuführen ist.

Die quantitative Deutung dieser langfristigen Variation ist auch heute noch ein vielbeachtetes, wissenschaftliches Problem und es wurde öfters schon versucht, diese Entwicklung mit verschiedensten Modellen zu erklären. Zum Beispiel mit dem Einfluß magnetischer Flußröhren (siehe Kapitel 8.2.4) auf den Transport elektromagnetischer Strahlung in jener dünnen, photosphärischen Schicht, die den Übergang von der Konvektionszone zur Sonnenatmosphäre markiert und in der der Großteil der Strahlung emittiert wird. Andere Modelle befassen sich mit Effekten in den tiefer liegenden Schichten der Konvektionszone oder ziehen sogar Veränderungen in der Energieerzeugung im Sonnenkern in Betracht. Eine wiederum andere Erklärung für die 4–9 monatigen Schwankungen befaßt sich mit dem möglichen Einfluß der Sonnenoszillation auf den Energietransport in der Photosphäre.

Ein weiterer, unerwarteter Beitrag zur Untersuchung dieser Langzeitschwankungen kam 1988 von dem amerikanischen Sonnenphysiker Jeff Kuhn (Kuhn et al. 1988). Er beobachtete von 1983 bis 1988, jeweils während der vier Sommermonate, einen kleinen Bereich am Sonnenrand bei verschiedenen solaren Breiten. Mittels Zweifarben-Photometrie bestimmte er einen Temperaturexzeß von bis zu $dT \approx 3$ K

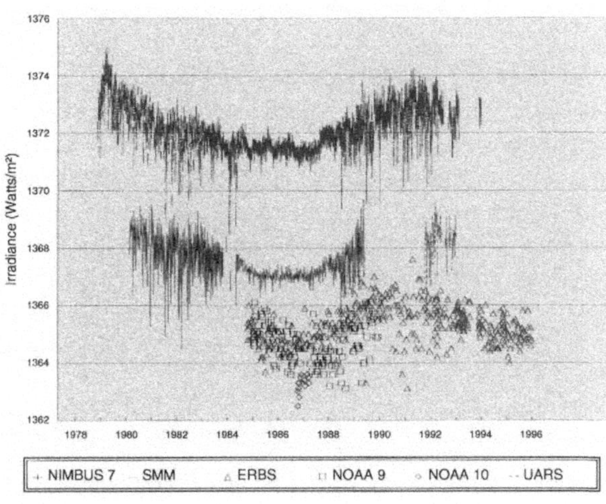

Abbildung 7.11: Die langfristige *Variation* der Solar*konstante* (*Irradiance* in W/m^2). Das Diagramm zeigt die Ergebnisse mehrerer Experimente (siehe Tab. 7.1), die seit 1979 durchgeführt wurden. In der Zeit von 1981 bis 1984 hatte der *SMM*-Satellit Probleme mit der Ausrichtung und daher die große Streuung der ACRIM-Werte. Eindeutig ist erkennbar, daß die Veränderungen systematisch sind und sehr wahrscheinlich periodisch mit dem Aktivitätszyklus der Sonne erfolgen. (Nach Daten des National Geophysical Data Center, Boulder, U.S.A.).

zwischen einzelnen Messungen und dem 4-monatigen Mittelwert in Abhängigkeit von der solaren Breite. Dabei fand er, daß der Temperaturexzeß von 1983 bis 1985 in Richtung Äquator wanderte und 1987 in höheren Breiten erneut erschien (siehe Abb. 7.12). Die einzelnen Beiträge zu diesem Temperaturexzeß sind noch nicht ganz verstanden, beinhalten aber vor allem die Fackeln und das chromosphärische Netzwerk. Der Beitrag dieser Temperaturschwankungen könnte – falls sie mit derselben Periodizität wie der Aktivitätszyklus der Sonne auftreten –, für die beobachtete Langzeit-Variation der Solarkonstante (Abb. 7.11) verantwortlich sein. Zumal bei der Leuchtkraft eines Sternes mit gegebenen Radius, die Temperatur mit der vierten Potenz eingeht.

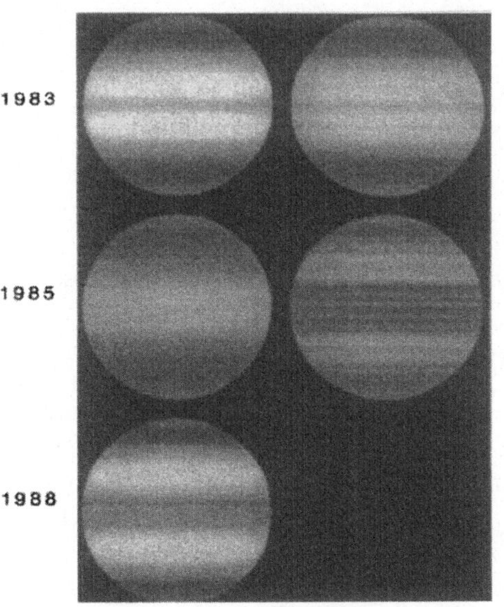

Abbildung 7.12: Die Temperaturverteilung auf der Sonne während der Sommermonate 1983, 1984, 1985, 1987 und 1988. Der Intensitätsbereich beträgt nur etwa 2×10^{-3}, entsprechend maximal 3 Grad Kelvin! Wie man sieht, verschiebt sich der Temperaturexzeß von 1983 bis 1987 zum Äquator hin (hell zu dunkel) und erscheint im neuen Aktivitätszyklus 1987/88 wieder als zwei schmale Bänder bei hohen Breiten. (Mit frdl. Gen. nach Jeff Kuhn et al. 1988).

7.3 Die Struktur der „ruhigen“ Atmosphäre

Die solare Atmosphäre ist in mehrere Schichten mit unterschiedlichen physikalischen Charakteristika eingeteilt, ganz ähnlich der irdischen Atmosphäre. Von der Sternoberfläche ausgehend, spricht man von der *Photosphäre*, der *Chromosphäre*, und der *Korona*. Die Übergangszonen sind dabei hauptsächlich durch starke Änderungen der Temperatur definiert (siehe Abb. 7.13) und relativ scharf begrenzt. So steigt die Temperatur innerhalb einer Übergangszone von nur etwa 50 km zwischen Chromosphäre und Korona von cirka 10,000 K auf 1 Million Kelvin an. Alle diese Schichten inklusive den Übergangszonen, sind jene Regionen der Sonnenatmosphäre in denen sich die verschiedenen Aktivitätsphänomene eingebettet vorzustellen sind.

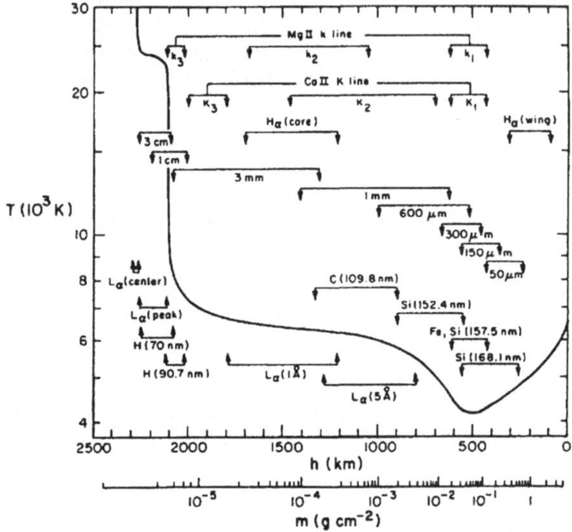

Abbildung 7.13: Der Temperaturverlauf in der Sonnenatmosphäre (dicke, durchgezogene Linie) und die Entstehungsbereiche einzelner Spektrallinien. Der Bereich zwischen Temperaturminimum bei etwa 500 km und dem starken Anstieg bei 2,000 km Höhe wird meist als die Chromosphäre, der Bereich von 0 bis 500 km als die Photosphäre und die dünne Schicht des starken Temperaturanstiegs als die Übergangszone zur Korona bezeichnet. (Nach Vernazza, Avrett & Loeser 1981).

Die Ausdehnung der einzelnen Schichten der Sonnenatmosphäre ist aber recht unterschiedlich. Die dünnste Schicht ist die Photosphäre mit nur etwas mehr als 500 km, während die äußerste Schicht, die Korona, mit etwa 50,000 km bis mehrere Sonnenradien die ausgedehnteste ist, die danach übrigens kontinuierlich in den interplanetaren Raum übergeht und dort die Ursache für das sogenannte Zodiakallicht ist.

Sehen wir uns nun den Aufbau der primären Schichten etwas genauer an.

7.3.1 Hat die Sonne eine „Oberfläche“?

Die „Oberfläche“ der Sonne ist naturgemäß keine klar definierte Größe obwohl wir die Sonne am Himmel mit einem scharf begrenzten Rand sehen, sondern nur eine Art Übergangszone vom Sterninneren zur Atmosphäre. Diese Übergangszone nennen wir die *Photosphäre* weil deren Licht ausschließlich im visuellen Bereich des elektromagnetischen Spektrums sichtbar ist, entsprechend dem Licht, das bereits auf den heute historischen Foto(Photo)platten astronomischer Teleskope zu sehen war – daher Photosphäre. Wegen der einfachen Zugänglichkeit der optischen Wellenlänge von der Erde aus, besitzen wir von der Photosphäre auch die meisten Erkenntnisse.

Abbildung 7.14: Die ruhige Photosphäre der Sonne im weißen Licht, aufgenommen am 29. September 1994. (Nach einer Aufnahme des Sonnenüberwachungsprogrammes am Catania Observatorium in Sizilien, Italien).

In der Forschung wird die „Oberfläche“ eines Sternes aber etwas genauer definiert und von der Photosphäre unterschieden. Man spricht von einer $\tau = 1$ Fläche, wobei τ die *optische Tiefe* genannt wird, und mit der *geometrischen Tiefe* x (in km) über folgende Gleichung gekoppelt ist:

$$d\tau = \kappa\rho\, dx. \tag{7.4}$$

Dabei sind κ der Absorptionskoeffizient und ρ die Dichte des Plasmas an der Stelle x vom Beobachter aus gesehen. Dementsprechend gibt die optische Tiefe an, wie weit wir in die Sternatmosphäre „hineinschauen“ können, und nimmt mit zunehmender geometrischer Tiefe entsprechend dem Verlauf des Absorptionskoeffizienten – auch Opazität genannt – ab (x wird auch oft als die Höhe in der Sternatmosphäre bezeichnet). Dort wo $\tau = 1$ ist, heißt einfach, daß bei der zugehörigen geometrischen Tiefe x, die Strahlung bereits auf den $1/e$-ten Teil abgeschwächt wurde. Dies wird die Oberfläche einer Plasmakugel bezeichnet, die an dieser Stelle aber immer noch etwa 5,800 K heiß ist (Abb. 7.14).

7.3.2 Das Energiebudget der Photosphäre

Wenn wir die Energieabstrahlung der Sonne als Funktion der Wellenlänge messen, sehen wir auch, daß die maximalste Abstrahlung bei cirka 550 nm im optischen Wellenlängenbereich erfolgt und zum Teil sehr genau dem Verlauf eines schwarzen Strahlers entspricht. Dies ist in Abb. 7.15 dargestellt. Übrigens entsprechen die 550 nm genau jener Wellenlänge, bei der wir Menschen unsere größte Sehempfindlichkeit haben – daher als der sogenannten „visuelle“ Bereich bezeichnet. Wohl auch kein Zufall.

Die Dicke bzw. Tiefe der solaren Photosphäre beträgt nur etwas mehr als 500 km. In dieser Zone wird bereits Energie in den Weltraum abgegeben: stattliche 6.5×10^{10} erg cm^{-2}s^{-1} bei der Sonne, und hat eine von innen nach außen

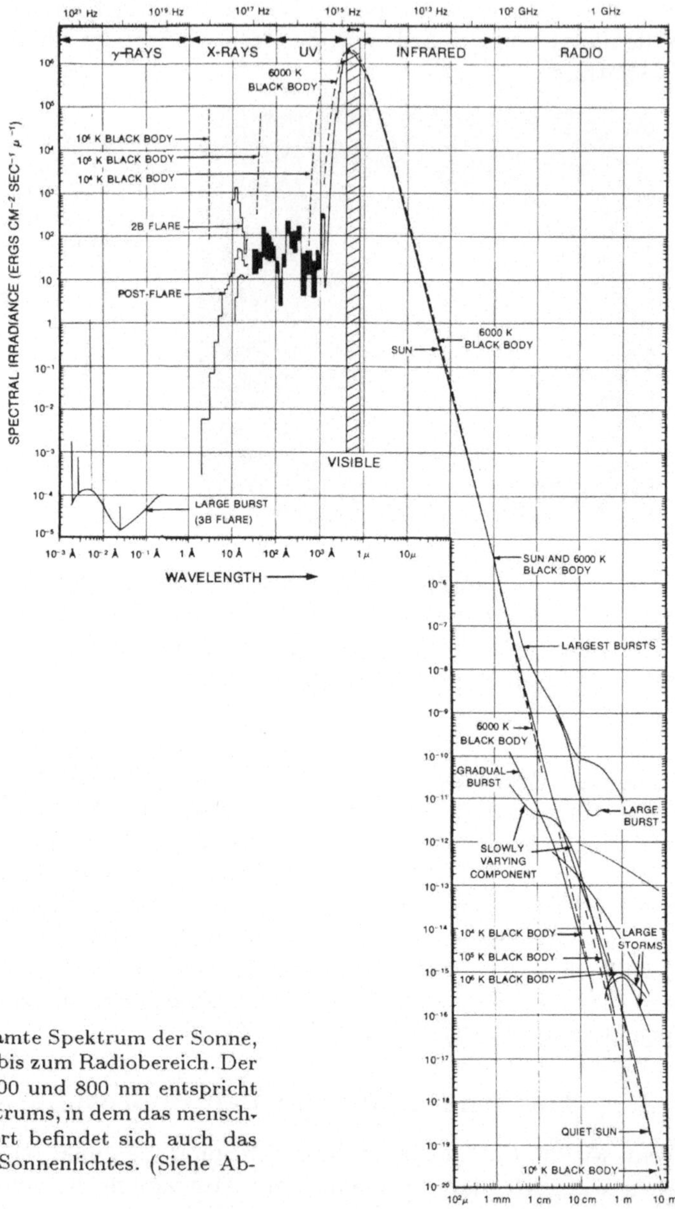

Abbildung 7.15: Das gesamte Spektrum der Sonne, vom γ-Bereich (ganz links) bis zum Radiobereich. Der schraffierte Teil zwischen 400 und 800 nm entspricht dem visuellen Teil des Spektrums, in dem das menschliche Auge sehen kann. Dort befindet sich auch das Maximum des emittierten Sonnenlichtes. (Siehe Abbildungsnachweis).

zuerst von rund 6,500 K auf 4,000 K abnehmenden Temperatur und ab etwa halber Höhe wieder zunehmende Temperatur bis rund 6,500 K am oberen Ende (siehe Abb. 7.13). Da die Photosphäre im Strahlungsgleichgewicht ist, d.h. vom Inneren wird genauso viel Energie in die Photosphäre geleitet als von ihr wieder abgestrahlt wird, kann man eine einzelne, *effektive Temperatur* für die Photosphäre angeben. Der beste Wert ist momentan 5,770 K und die gesamte Leuchtkraft der Sonne

Tabelle 7.3: EINIGE PHYSISCHE DATEN DER SONNE

Radius	696,000 km = 109 Erdradien
Masse	$1.991\,10^{30}$ kg = 332,800 Erdmassen
Mittlere Dichte	1.410 g/cm^3 = 0.25 der mittl. Erddichte
Gravitationsbeschleunigung	$2.74\,10^4$ cm/s^2 = 27.9 g
Leuchtkraft	$3.86\,10^{33}$ erg s^{-1}
Oberflächentemperatur	5770 Kelvin
Kerntemperatur	10 Millionen Kelvin
Rotation am Äquator	≈25 Tage
Rotation bei 40° Breite	≈27 Tage
Alter	4.6 Milliarden Jahre

beträgt demnach 10^{33} erg s^{-1}. Wahrlich astronomische Zahlen (Tabelle 7.3).

7.3.3 Das Spektrum der Photosphäre

Richten wir ein einfaches, kleines Teleskop auf die Sonne, so empfangen wir nur jene Energie, die in Form von *Strahlung* abgegeben wird, also elektromagnetische Wellen oder Photonen bestimmter Energie. Es bedarf wiederum eigener „Teleskope“ um den *Teilchenfluß* der Sonne zu messen, z.B. die Protonen und Elektronen des Sonnenwindes oder die Neutrinos des Kernreaktionszyklus aus dem tiefsten Inneren der Sonne.

Nun unterscheiden wir weiters innerhalb der elektromagnetischen Strahlung zwei wichtige Komponenten, deren Entstehung vollkommen unterschiedlich ist: das *Kontinuum* und die *Spektrallinien*. Die Entdeckung und spätere quantitative Berechnung eines elektromagnetischen Spektrums markierte den Beginn der klassischen Astrophysik Anfang des 20. Jahrhunderts, eingeleitet durch Forscher wie Fraunhofer, Kirchhoff, Boltzmann, Rayleigh und Jeans, Planck und Einstein.

Das kontinuierliche Spektrum

Dies ist die isotrope Strahlung, die ein jeder Körper emittiert, sofern seine Temperatur größer als die des absoluten Nullpunktes ist. Man spricht von kontinuierlicher Strahlung, thermischer Strahlung, oder auch von einer Schwarz-Körper-Strahlung.

Die Sonne zum Beispiel hat ein kontinuierliches Spektrum (Abb. 7.15), das ganz ähnlich dem eines Schwarzen-Strahlers mit einer Temperatur von etwa 5,770 K ist, d.h. sehr genau der Temperatur der Photosphäre entspricht. Die exakte Verteilung der Strahlungsintensität I in Abhängigkeit von der Wellenlänge λ und für den in normalen Sternatmosphären vorkommenden Temperaturen T wird durch das berühmte *Plancksche-Strahlungsgesetz* beschrieben (entsprechend der „theoretischen“ Kurve in Abb. 7.15). Es lautet

$$I_\lambda(T) = \frac{2hc^2}{\lambda^5}\frac{1}{e^{\frac{hc}{k\lambda T}} - 1}, \qquad (7.5)$$

mit $h = 6.626076 \times 10^{-27}$ erg s^{-1} dem Planckschen Wirkungsquantum, c der Lichtgeschwindigkeit im Vakuum (299,792.458 km s^{-1}), und k der Boltzmann Konstante (1.38066×10^{-16} erg K^{-1})[5]. Die Integration der Glchg. (7.5) über alle Wellenlängen liefert übrigens das Stefan-Boltzmannsche Gesetz: die Gesamtemission eines Schwarzen-Strahlers ist proportional zu σT^4 (σ ist die Stefan-Boltzmann Konstante; siehe Anhang C). An dieser Stelle muß darauf hingewiesen werden, daß Schwarz-Körper-Strahlung eine konstante Temperaturverteilung des Körpers sowie ein isotropes Strahlungsfeld voraussetzt. Beides Annahmen, die in stellaren Photosphären nicht oder nur annähernd erfüllt sind. Daher spricht man bei Sternatmosphären auch meist von „Grauen Strahlern" anstelle von „Schwarzen Strahlern".

Das Linienspektrum

Durchläuft die kontinuierliche Strahlung nun ein (relativ) kühles Gas oder Plasma, wie zum Beispiel das der Photosphäre, so können die Photonen des Kontinuums mit den Atomen dieses Plasmas zusammenstoßen und von ihnen absorbiert werden. Es hängt nun vom Aufbau der getroffenen Atome ab, wann und ob diese wieder ein anderes Photon ganz bestimmter Energie entsprechend der sehr vereinfachenden Bohrschen Vorstellung des Atomaufbaus abgeben. Wichtig ist uns nun, daß die chemische und physikalische Zusammensetzung der Photosphäre daher dem kontinuierlichen Strahlungsfeld aus dem Sterninneren seinen ganz spezifischen Stempel aufdrückt: nämlich das Linienspektrum (siehe Abb. 7.16).

Daraus erkennen wir auch wie wichtig es ist, das Linienspektrum der Sonne so exakt wie eben möglich zu beobachten: wenn wir davon ausgehen, daß die Energiezufuhr vom Sterninneren in Richtung Photosphäre durch ein kontinuierliches Strahlungsfeld dominiert ist, so können wir, da wir das Endergebnis ja kennen – nämlich das beobachtete Spektrum –, die physikalische und chemische Struktur der dazwischen liegenden Photosphäre berechnen. Die Grundlagen hiefür wurden bereits vor etwa 50 Jahren von Astronomen und theoretischen Physikern wie Albrecht Unsöld, Dimitrii Mihalas und anderen ausgearbeitet. Eines der heute gebräuchlichsten Computerprogramme zur Berechnung von Spektren aus Modellatmosphären ist das ATLAS-Programm des Harvard-Astronomen Robert L. Kurucz und berücksichtigt über 40 Millionen Spektrallinien (Kurucz 1993).

Eine gänzlich andere Methode zur Bestimmung der effektiven Oberflächentemperatur bieten nun die vielen Spektrallinien des photosphärischen Spektrums der Sonne und der Sterne. Manche davon reagieren sehr sensitiv auf Temperaturveränderungen, andere wieder überhaupt nicht. Mißt man ein Linienpaar mit je einer temperatursensitiven und einer unsensitiven Linie, so kann man aus dem Verhältnis der Linientiefen die Temperatur berechnen. Der kanadische Astronom David F. Gray hat dies für eine Reihe von sonnenähnlichen Sternen durchgeführt und dabei stellte es sich heraus, daß nur sechs Sterne Temperaturen haben, die im Bereich der Fehlergrenzen der solaren Temperatur liegen. Der Stern, der der Sonne dabei am nähesten kommt ist die hellere Komponente des visuellen Doppelsternes 16 Cygni mit einer Oberflächentemperatur von nur etwa 5–8 K heißer als die Sonne (die B-Komponente von 16 Cyg ist etwa 50 K kühler als die Sonne). Abbildung 7.17 vergleicht die Temperaturen einer Reihe von Sternen mit der der Sonne, unter an-

[5] In SI-Einheiten: $h = 6.626076 \times 10^{-34}$ Joule, $k = 1.38066 \times 10^{-23}$ Joule/Kelvin.

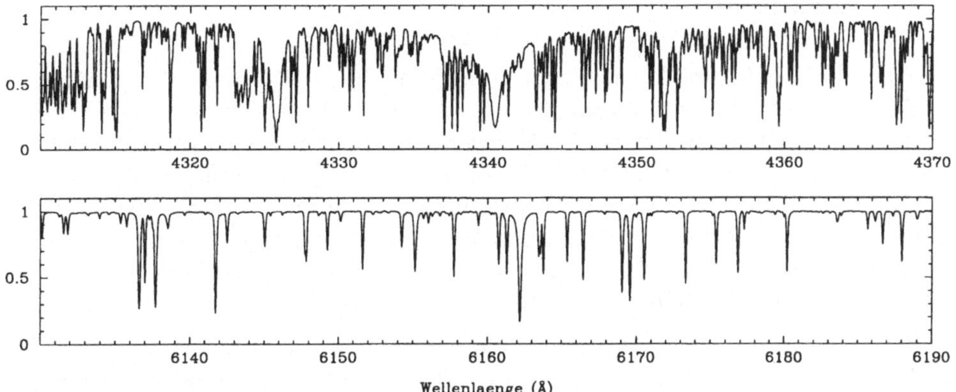

Abbildung 7.16: Zwei winzig kleine Ausschnitte des optischen Spektrums der Sonne, das insgesamt von etwa 350 bis 850 nm reicht. Oben ist der Bereich um die Balmer-Hγ-Linie von 431 bis 439 nm gezeigt und unten der Teil zwischen 613 und 619 nm. Besonders im „blauen" Spektrum (oben) erkennt man die große Anzahl von Absorptionslinien deren Ursprung die Photosphäre ist. (Daten des NSO/NOAO-Sonnenatlas nach Kurucz et al. 1984).

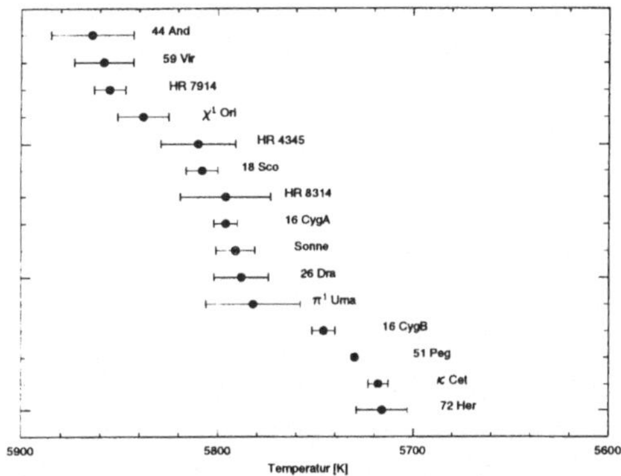

Abbildung 7.17: Die Oberflächentemperatur der Sonne im Vergleich zu anderen, möglichst ähnlichen Sternen. Die Meßung der Temperatur erfolgte hier mit Hilfe bestimmter Linienverhältnisse im optischen Spektrum, wobei die Sonne auf gleiche Art gemessen wurde wie die Sterne. Die horizontalen Balken geben die Fehlergrenzen an. (Nach Daten von D. F. Gray 1995, University of Western Ontario).

derem ist darunter auch ein ganz spezielles, wenn auch umstrittenes Objekt, das wir in Kapitel 12 noch genau kennenlernen werden (51 Peg).

Die Photosphäre ist also eine äußerst dünne Schicht, verglichen mit den 700,000 km Radius der Sonne, außerdem noch relativ kühl, verglichen mit dem Millionen Grad heißen Plasma des Sterninneren, dennoch dauerte es 50 Jahre bis Astronomen so weit waren um ein theoretisches Spektrum zu berechnen, das dem Beobachteten entsprach. Die detaillierte Struktur der Photosphäre ist aber höchst komplex und birgt noch eine Menge ungelöster Rätsel in sich. Die meisten davon in Zusammenhang mit dem Magnetfeld der darunterliegenden Konvektionszone und den damit verbundenen stellaren Aktivitäten. Gerade auf diesem Gebiet liegt also noch viel Arbeit vor uns.

7.3.4 Granulation

Die Abbildungen 7.1 und 7.2 zeigten bereits deutlich die „Körnigkeit“ der Sonnenoberfläche – die sogenannte *Granulation*. Dabei handelt es sich eigentlich um eine annähernd wabenförmige Struktur, die sich obendrein ständig verändert: Zeitskalen dieser Veränderungen liegen etwa in der Größenordnung von wenigen Minuten und die gesamte Lebensdauer einer Zelle etwa bei 10–20 Minuten. Hochaufgelöste Sonnenfotos zeigen, daß die Granulen im Mittel einen Durchmesser von etwa 650 km haben. Im linken, oberen Bild der Abb. 7.2 fällt auch auf, daß der Zellenrand dunkel erscheint während die Zelle selbst, das Granulum, hell erscheint.

Räumlich aufgelöste Sonnenspektrographie hat es erlaubt, Spektren des Granulums als auch Spektren des intergranularen Bereichs, der dunklen Ränder, getrennt aufzunehmen. Überraschenderweise hat man festgestellt, daß das Granulum-Spektrum leicht blauverschoben, das Spektrum des intergranularen Bereiches aber leicht rotverschoben ist. Die Geschwindigkeiten sind dabei relativ klein, nur rund 2 $\mathrm{km\,s^{-1}}$. Deuten wir diese Geschwindigkeitsmessung mit Hilfe des Doppler-Effektes, so erkennen wir, daß im hellen Granulum, Material aus der Sonne heraus strömt, während es im intergranularen Bereich wieder nach unten absinkt. Dies erklärt auch sofort den Helligkeitsunterschied: im Granulum wird heißes Material von unterhalb der Oberfläche bei $\tau = 1$ nach oben befördert, kühlt sich dabei ab und sinkt daher wieder. Mit anderen Worten, wir haben es mit einem riesigen, brodelnden Kochtopf zu tun, in dem eine komplizierte Plasmamischung bruzelt, und einzelne Granulen sind nichts anderes als riesige *Konvektionszellen*.

7.3.5 Nicht-radiale Oszillationen

Die Sonne schwingt wie eine riesige Glocke wenn sie läutet, jedoch kaum merkbar und mit einer schier unvorstellbaren Anzahl von Frequenzen gleichzeitig (zur Terminologie siehe Abschnitt 5.5 und das ganze Kapitel 11). Für den Nachweis bedarf es daher schon extrem genauer und raffinierter Messungen. Die Schwingungen in der Sonnenhülle sind nichts anderes als Druckwellen (sogenannte *p-Moden*) die, wenn sie an die Sonnenoberfläche gelangen, dort zum Teil wieder ins Sterninnere reflektiert werden und die Oberfläche dabei in ganz bestimmten Moden und Frequenzen schwingen lassen. Ein ständiges Auf und Ab der Photosphäre mit unterschiedlichen zweidimensionalen Frequenzverteilungen ist die Folge (Abb. 7.18). Aus der Beobachtung dieser Frequenzverteilung kann auf den inneren Aufbau der Sonne geschlossen werden. Wie das gemacht wird und im Detail funktioniert liegt jenseits des Inhaltes dieses Buches, ist aber momentan Gegenstand intensiver Forschungen und mittlerweile sogar ein eigener Zweig der Sonnen- und Sternforschung – der *Helioseismologie* bzw. der *Asteroseismologie* (siehe auch Kapitel 11) mit eigenen „Sonnenwarten“, z.B. dem *GONG*-Projekt, das aus sechs Stationen rund um den Erdball besteht und seit Mitte 1995 mehr oder minder ununterbrochen die Sonne beobachtet.

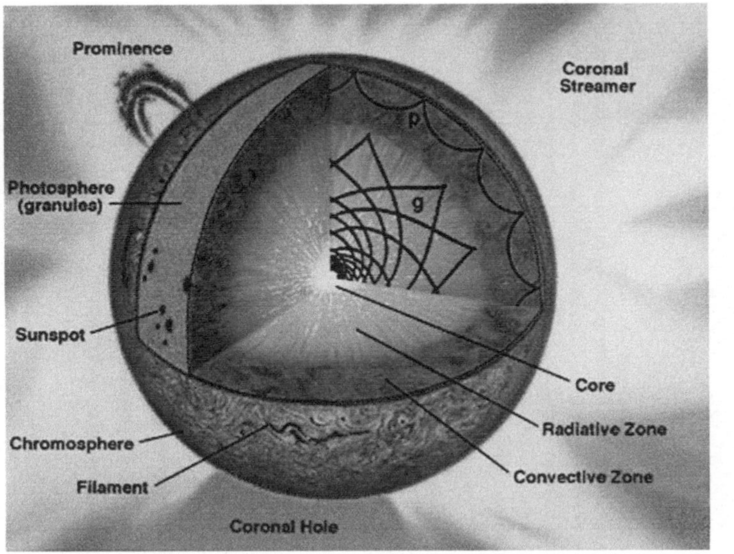

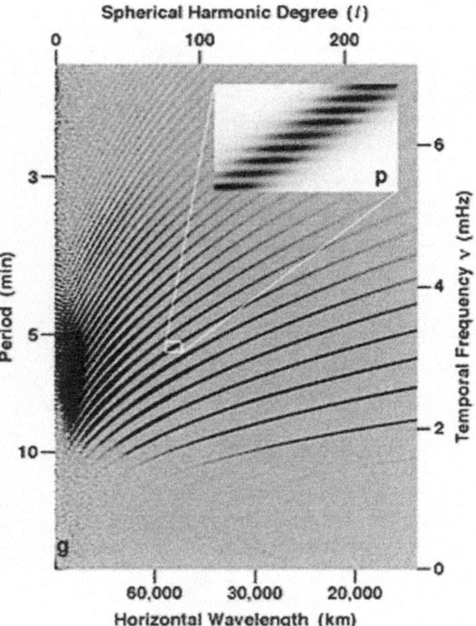

Abbildung 7.18: Ein Querschnitt durch die Sonne mit ihrer Vielzahl von Strukturen (links) und ein Oszillations-Diagramm (rechts). Die geordnete Verteilung der Schwingungen zeigt, daß nur Druckwellen (sogenannte p-Moden) mit bestimmten Kombinationen von Periode und horizontaler Wellenlänge auftreten. Die exakte Beziehung entlang einer Schwingungslinie im Oszillationsdiagramm – wie in dem Insert gezeigt – und zwischen den vielen fächerförmig verteilten Schwingungen hängt mit dem Aufbau, der chemischen Schichtung, sowie der Rotation und der Dynamik des Sonneninneren zusammen: je höher der Grad der Schwingung (hier mit ℓ bezeichnet), desto höher deren Frequenz und desto kleiner deren horizontale Ausdehnung. Die fächerförmige Verteilung beinhaltet die Tiefeninformation, wobei Schwingungen mit mehr Tiefenknoten über denen mit weniger liegen. Die Inversion dieser Beobachtungen zu einem „Bild“ des Sonneninneren nennt man Helioseismologie. Der linke untere Bereich im Oszillationsdiagramm ist den vergleichweise schwachen Gravitationswellen, oder g-Moden, aus den innersten Bereichen vorbehalten. (Nach einer Aufnahme des SOHO/MDI-Konsortiums, einer internationalen Kooperation zwischen ESA und NASA).

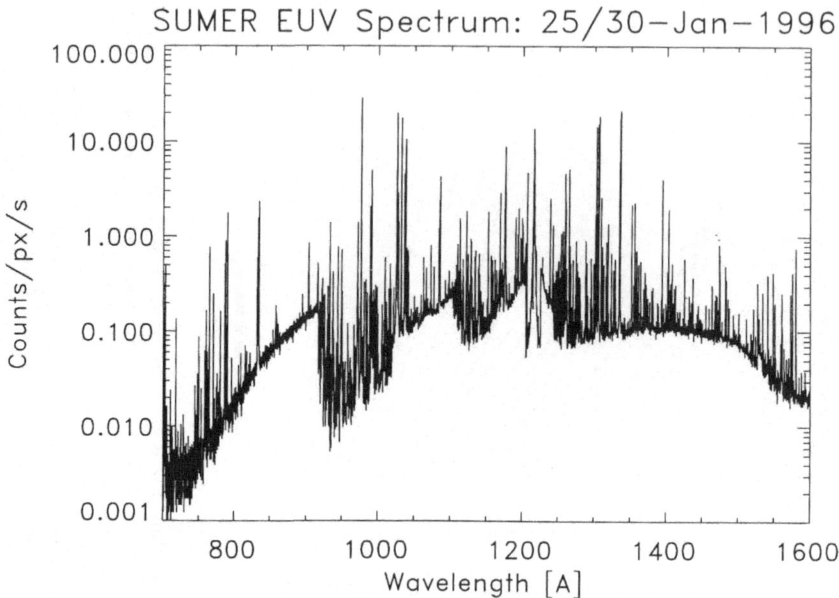

Abbildung 7.19: Spektralatlas des EUV-Spektrums der Sonne. Dominant sind in diesem Wellenlängenbereich die vielen Emissionslinien der Chromosphäre und der Übergangszone zur inneren Korona, die einen Temperaturbereich von 10,000 K bis etwa 2 Millionen Kelvin anzeigen. Die zackenähnliche Form des Wasserstoff Lyman-Kontinuums bis zur Seriengrenze bei 912 Å und des anschließenden C I-Kontinuums bis etwa 1100 Å sowie die starke Lyα-Linie bei 1216 Å sind deutlich zu erkennen. (Nach einer Aufnahme des SOHO/SUMER-Konsortiums, einer internationalen Kooperation zwischen ESA und NASA).

7.4 Das Spektrum der Chromosphäre

Als Chromosphäre bezeichnen wir jenen Teil der Sonnen- bzw. Sternatmosphäre, der zwischen dem Temperaturminimum der Photosphäre und dem starken Temperaturanstieg zur Korona liegt. Das Spektrum der unteren Chromosphäre ist bei, sagen wir, bis zu 500 km über der Photosphäre, durch Emissionslinien aus Übergängen mit kleinen Anregungsspannungen und den seltenen Erden dominiert, wohingegen die mittlere bis obere Chromosphäre von ein- und mehrfach ionisierten Linien im ultravioletten Spektralbereich dominiert wird, z.B. von Helium und Magnesium bzw. im optischen Spektralbereich von den Fraunhofer Linien Ca II H & K und der Balmer Hα Linie des neutralen Wasserstoffs. Das zweithäufigste Element im Universium, Helium, wurde überhaupt im chromosphärischen Sonnenspektrum erstmalig entdeckt und entsprechend nach der Sonne (griechisch helios) benannt.

Die solare Chromosphäre hat im Vergleich zur Photosphäre sehr kleine Teilchendichten. Eine Folge daraus ist, daß sie für das kontinuierliche Strahlungsfeld transparent erscheint. Die Chromosphäre selbst emittiert (fast) kein Kontinuum und besteht daher (fast) ausschließlich nur aus Spektrallinien. Das Kontinuum der

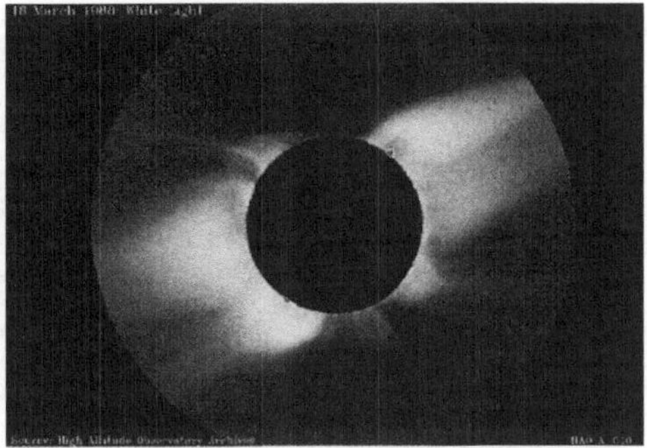

Abbildung 7.20: Die Ausdehnung und Inhomogenität der Sonnenkorona werden sichtbar, wenn sich der Mond zwischen Erde und Sonne schiebt und eine totale Sonnenfinsternis verursacht. Die linke Aufnahme vom 16. Februar 1980 zeigt die Sonnenkorona mit einer ausgeprägten radialen Struktur (Norden ist oben, Osten ist links), während die rechte Aufnahme, vom 18. März 1988, nur Strukturen in der äquatorialen Ebene aufweist (etwa diagonal verlaufend). Die hellen – helmartigen – Gebiete sind die sogenannten *helmet streamers*, das sind Regionen höherer Gasdichte, die über aktiven Regionen geformt werden. (Beide Aufnahmen mit frdl. Gen. von P. Charbonneau und O. R. White, High Altitude Observatory, National Center for Atmospheric Research.)

darunterliegenden Photosphäre ist bei ultravioletten Wellenlängen sehr schwach, eigentlich schon fast Null. Wenn aber nur schwache Kontinuumsstrahlung bei diesen Wellenlängen existiert, kann es auch nur schwache Absorption desselben geben. Mit anderen Worten, das chromosphärische Spektrum der Sonne und kühler Sterne besteht fast zur Gänze nur aus *Emissionslinien*. Abbildung 7.19 ist ein Ausschnitt aus dem Chromosphärenspektrum der Sonne, aufgenommen im Scheibenmittelpunkt im fernen ultravioletten Licht zwischen 700 und 1600 Å. Die kurzwelligen Bereiche dieses Spektrums beinhalten bereits viele hochangeregte Eisenlinien der inneren Korona, ein Zeugnis für deren hohe Temperatur.

7.5 Die heiße Korona

Diese äußerste Schicht der Sonnenatmosphäre ist auch jene, die den Sonnen- und Astrophysikern ein großes – immer noch ungelöstes – Rätsel aufgibt: sie ist nämlich über 1 Million Kelvin heiß. Andererseits ist sie bei einer mittleren Dichte von 10^8 Teilchen/cm^3 kaum meßbar, erst Sonnenfinsternisse haben sie sichtbar gemacht (siehe Abb. 7.20) und moderne Studien wurden erst mit Röntgensatelliten möglich. Was also heizt die Sonnenkorona?

Die Sonnenphysik allein kann diese Frage noch nicht beantworten, aber vielleicht gelingt es, wenn wir Koronae anderer Sterne in Betracht ziehen und in Verbindung mit Beobachtungen unserer Sonne bringen. Im Detail wollen wir dies aber erst in Kapitel 10 tun. Hier sei nur eine kurze historische Einführung gegeben.

Die früheren Theorien erklärten die hohen Temperaturen durch Heizung mit akustischen Wellen, deren Ursprung in der turbulenten Konvektionszone unterhalb der Photosphäre zu finden sei. Magnetfelder waren in den früheren Theorien nicht oder nur unzureichend berücksichtigt worden. Dies führte schließlich zu der Vor-

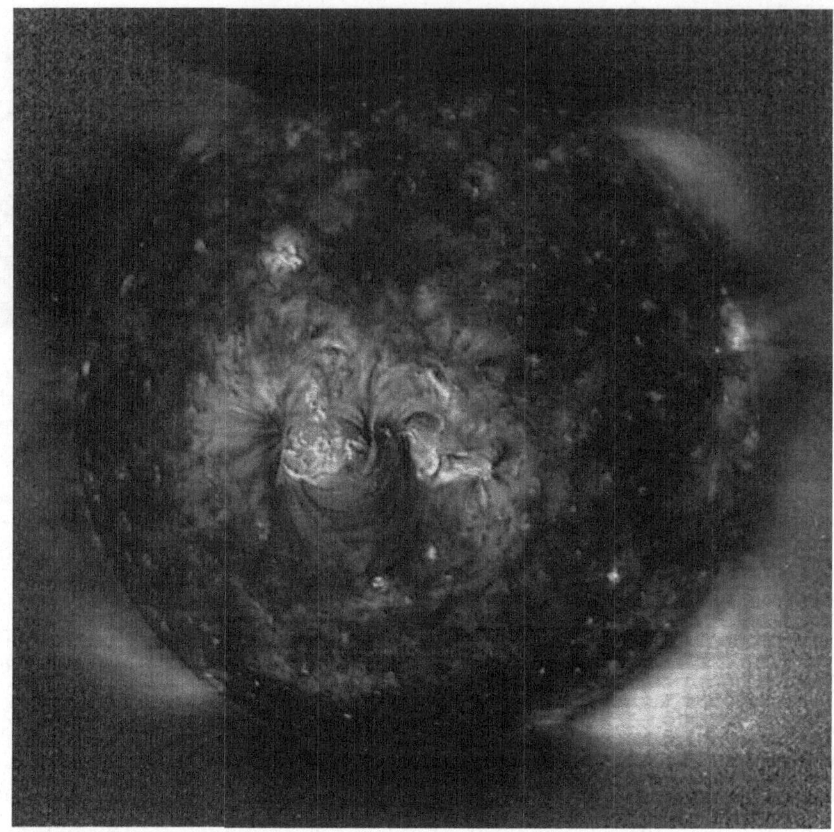

Abbildung 7.21: Die Temperaturverteilung in der solaren Korona am 12. Mai 1996 zwischen 06:53 und 06:59 UT. Die Temperaturinformation wird durch die Division zweier Sonnenbilder bei unterschiedlichen Wellenlängen erhalten: durch die hochangeregte Eisenlinie Fe XII bei 195 Å und einer niedriger angeregten Linie, eigentlich einem *blend* zweier Linien, Fe IX und Fe X bei 171 Å. Hell bedeutet dann heiß und dunkel kühl. Deutlich sieht man auch die bogenförmige Struktur der aktiven Region in der Mitte der Scheibe. Die Rotationsachse der Sonne ist hier fast parallel zum Seitenrand. (Nach einer Aufnahme des SOHO/EIT-Konsortiums, einer internationalen Kooperation zwischen ESA und NASA).

stellung, daß die Korona außerhalb von aktiven Regionen homogen und zeitlich konstant ist. Die ersten Beobachtungen aus dem Weltraum durch *Skylab* ergaben aber ein vollkommen anderes Bild. Die solare Korona stellte sich als ein Sammelsurium von bogenförmigen Strukturen dar, die Regionen entgegengesetzter Polarität miteinander verbinden. Es gibt keine Anzeichen mehr für eine homogene Korona, ja selbst außerhalb von aktiven Regionen sind diese bogenförmigen Strukturen, im englischen *loops* genannt, der grundlegende Baustein der solaren Korona. In Kapitel 10 werden uns diese *loops* noch öfters begegnen und noch einiges über die Struktur stellarer Koronae erzählen. Eine aktuelle Sonnenaufnahme mit dem *Extreme Ultraviolet Imaging Telescope* an Bord des *SOHO*-Satelliten läßt uns bereits die enorme Inhomogenität der Korona erkennen (Abb. 7.21).

7.6 Sonnenaktivität und Raumschiff Erde

7.6.1 Ohne Erdmagnetfeld keine Leben

Nicht nur die Sonne besitzt ein komplexes Magnetfeld, auch die Erde generiert in ihrem großteils flüssigen Kern ein Magnetfeld. Und es ist genauso ungleichmäßig wie das der Sonne, so variiert die Magnetfeldstärke entlang der Erdoberfläche von 7×10^{-5} bis 2×10^{-5} Tesla. Zum Vergleich, ein Sonnenfleck besitzt ein rund 10,000mal stärkeres Feld. Die magnetischen Pole wandern im Laufe der Zeit hin und her und befinden sich momentan auf einer geographischen Breite von $\pm78.5°$. Ein Teil dieser Unstetigkeiten und Inhomogenitäten wird durch permanent magnetisiertes Gestein verursacht, das als heiße Lava irgendwann vom Erdmagnetfeld magnetisiert wurde und sich seitdem in diesem Zustand befindet. Auf das Konto derartiger Feldinhomogenitäten im Erdmantel gehen auch Berichte von Flugzeugpiloten deren Instrumente plötzlich „verrückt" spielten, oft sind solche Ereignisse auch mit erhöhter Sonnenaktivität gekoppelt und im Zuge des erhöhten Flugverkehrs der letzten Jahrzehnte auch gar nicht mehr so selten. In den sechziger und siebziger Jahren boten ähnliche Beobachtungen aber noch ausreichend Stoff um pseudowissenschaftliche Dokumentationen über z.B. das Bermuda Dreieck oder den Besuch von Außerirdischen zu generieren.

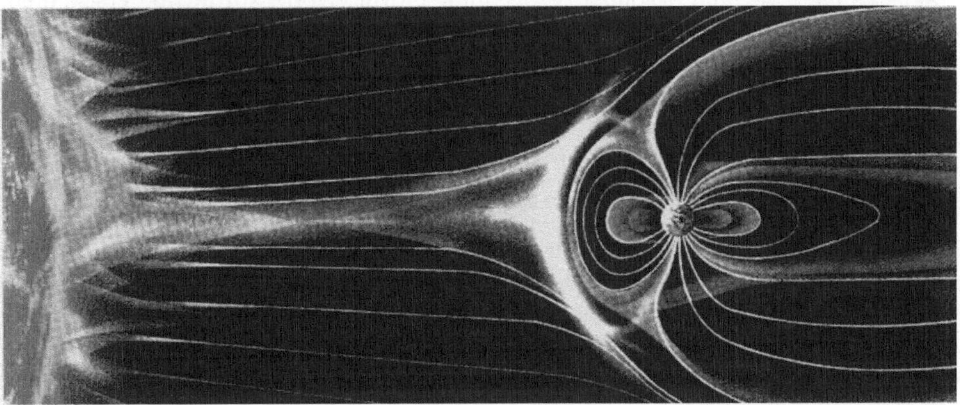

Abbildung 7.22: Die Gestalt des Erdmagnetfeldes (rechts) ist hauptsächlich durch den geladenen Teilchenstrom von der Sonne (links) geformt und wirkt, zumindest in Richtung Sonne, wie ein Schutzschild. Das Bild ist natürlich eine idealisierte Zeichnung, die Realität ist noch um einiges komplexer. (Nach D. P. Stern, NASA-Goddard Space Flight Center).

Obwohl schwach, reicht das Erdmagnetfeld dennoch aus, den Großteil der gefährlichen Teilchenstrahlung der Sonne (und des Weltraumes) von unserer Planetenoberfläche abzuschirmen. Auch das Erdmagnetfeld variiert über die Jahrhunderte in Lage und Stärke beträchtlich, wie Labormessungen an Urgesteinen und die direkte Messung des Magnetfeldes gezeigt haben. So weiß man heute, daß sich auch das Erdmagnetfeld alle ein- bis zweihunderttausend Jahre umpolt – aus dem Südpol wird der Nordpol und umgekehrt. Die Sonne führt uns dies ja bekannterweise alle

22 Jahre vor.

Gäbe es keinen Sonnenwind, wäre das Erdmagnetfeld sphärisch symmetrisch um unseren Planeten herum verteilt (wie in Abb. 6.9). Tatsache ist aber, daß es auf der sonnenzugewandten Seite auf etwa 10 Erdradien zusammengedrückt und auf der sonnenabgewandten Seite um ein Hundertfaches ausgedehnt ist (Abb. 7.22). In extremen Fällen von erhöhter Sonnenaktivität, kann das Erdmagnetfeld auf der Sonnenseite schon mal bis hinein in die Erdatmosphäre gedrückt werden. Dann wird es für so manchen Satelliten in einer erdnahen Umlaufbahn gefährlich, da die erhöhte Magnetfelddichte seine elektro-magnetischen Instrumente zerstören kann.

Der Einfluß der Sonne läßt sich auch aus dem Verlauf der Häufigkeit des ^{14}C Kohlenstoffisotopes in bestimmten Baumüberresten bis zurück in das 5. Jahrtausend vor Christus verfolgen (siehe noch Abschnitt 7.6.4). Recht eindrucksvoll erkennt man eine – möglicherweise periodische aber zumindest systematische – Veränderung der ^{14}C Häufigkeit. Deren direkte Ursache ist die Langzeitvariation der Stärke des Erdmagnetfeldes und die damit bedingte Veränderung der Abschirmung der solaren und kosmischen Teilchenstrahlung.

Treten auf der Sonne Stürme auf, meist Radiobursts gepaart mit riesigen Protuberanzen, so breiten sich Stoßwellen und Plasmawolken bis in den interplanetaren Raum aus, die mit den Magnetosphären aller Planeten, aber auch den Kometen, in Wechselwirkung treten. Als Folge kommen magnetische Stürme in der irdischen Magnetosphäre vor und besonders große und eindrucksvolle Nordlichter erscheinen. Auch der Start des *Hubble*-Weltraumteleskopes war gefährdet, als der damals gerade neu einsetzende Sonnenaktivitätszyklus besonders stark zu werden schien. Die Sonnenaktivität hat also einen direkten Einfluß auf die Erdatmosphäre und somit indirekt auch auf unser Leben.

7.6.2 Wechselwirkungen mit der Erdatmosphäre

Einer der wohl schönsten und eindruckvollsten Effekte, den die Teilchenstrahlung der Sonne auf der Erde verursacht, ist das Nordlicht: die *Aurora Borealis*. Diese Lichterscheinung, die auch ein Gegenstück auf der Südhalbkugel besitzt (der *Aurora Australis*) entsteht durch Elektronen, die vom Erdmagnetfeld eingefangen wurden. Elektronen mit Energien jenseits der 10-keV-Grenze dringen dabei entlang der Magnetfeldlinien tief in die Erdatmosphäre in Höhen bis zu 100 km ein, regen dort die Moleküle an und ionisieren Teile der Erdatmosphäre. Polarlichter haben daher oft die Form von Vorhängen (siehe Abb. 7.23), erscheinen für den Beobachter ganz plötzlich, und können für wenige Sekunden die Nacht zum hellichten Tag mit teilweise grünem oder rotem Himmel werden lassen und sogar recht gespenstisch anmutende Geräusche verursachen. Polarlichter treten in Zeiten erhöhter Sonnenaktivität auch in unseren Breiten auf. Sogar in Singapur wurden schon Polarlichter gesehen.

Mittlerweile werden Polarlichter rund um die Uhr beobachtet und analysiert, und es gibt sogar einen internationalen Vorwarndienst, der auf kontinuierlichen Beobachtungen der Sonne basiert. Ja sogar auf Jupiter wurden schon Polarlichter beobachtet. Hochaufgelöste Aufnahmen mit dem *Hubble*-Weltraumteleskop haben dabei einen eindeutigen Zusammenhang zum Plasmatorus des Jupiter-Mondes Io

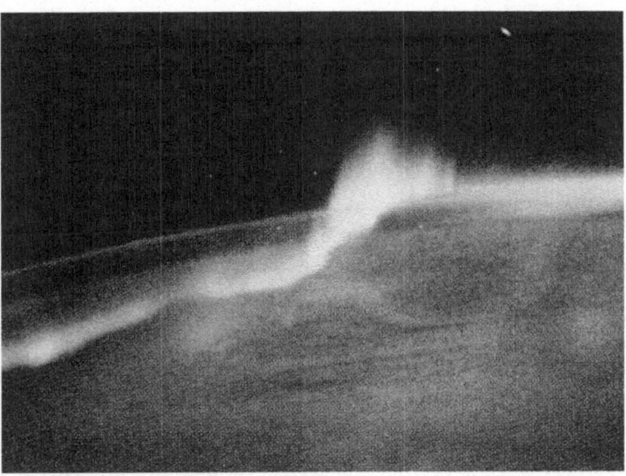

Abbildung 7.23: Die berühmte *Aurora Borealis*, das Nordlicht (links). Die Aufnahme zeigt einen kurzen, aber heftigen magnetischen Sturm über Fairbanks in Alaska, aufgenommen von Jan Curtis (mit frdl. Gen. von J. Curtis). Die *Aurora Australis*, das südliche Gegenstück des Nordlichtes, ist im rechten Bild in einer Aufnahme von Astronauten aus dem Space-Shuttle zu sehen. Deutlich ist auch die Erdkrümmung und die sogenannte *Airglow*-Schicht (vor allem links von der Aurora) in einer Höhe von etwa 90 km sichtbar. (Nach einer Aufnahme der NASA nach M. T. Dolan/MTU).

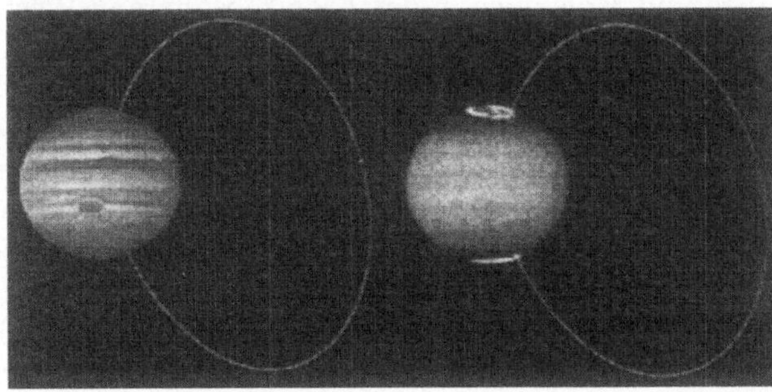

Abbildung 7.24: Nord- und Südlichter auf Jupiter! Links ist eine längerbelichtete Vergleichsaufnahme, die den Jupitermond Io und die Lage seines Plasmatorusses zeigt. Im Gegensatz zur Erde werden die Jupiteraurorae (rechts) hauptsächlich vom Plasmatorus des Mondes Io moduliert. (Nach einer *HST*-Aufnahme von J. Clarke et al., mit frdl. Gen. AURA/STScI).

erkennen lassen, der möglicherweise eine Quelle von schnellen Elektronen und Protonen ist, die mit dem Magnetfeld des Riesenplaneten wechselwirken: in der Entfernung Jupiter's von der Sonne scheint also nicht mehr nur die Sonne selbst der einzige Teilchenlieferant für Aurorae zu sein.

Einen noch viel folgereicheren Effekt als Nordlichter erzeugt die ultraviolette Strahlung der Sonne (vgl. Tabelle 7.4). Steigt die Sonnenaktivität, steigt auch die UV-Strahlung der Sonne, vor allem im kurzwelligen Bereich bei 120 nm und kürzer. Wenn diese Strahlung auf die Erde trifft wird sie – Gottseidank – stark absorbiert, heizt aber die äußerste Schicht der Erdatmosphäre – die Thermosphäre – stark auf.

Tabelle 7.4: EFFEKTE DER SONNENSTRAHLUNG AUF DIE ERDATMOSPHÄRE

Strahlung[a]	Wellenlänge (nm)	Energie[b] (% S)	Effekt	Höhe (km)
Röntgen	1-10	...	Ionisiert alles	70-100
EUV	10-120	0.0001%	Ionisiert N_2,O,O_2 ...	80-300
UV	120-300	≈1%	Dissoziiert O_2,O_3	20-130

[a]EUV = extremes-UV, manchmal auch das XUV (X-ray-UV) genannt
[b]Beitrag in Prozent der Solarkonstante S = 1,368 W/m²

Dabei kann sich deren Temperatur sogar verdoppeln. Die Folge daraus ist, daß sich die Erdatmosphäre in den Weltraum hinaus ausdehnt und dort niedrig fliegende Satelliten regelrecht abschießen kann, wie z.B. die *Skylab*-Raumstation im Jahre 1979.

Die auf die Erde treffende Sonnenstrahlung erzeugt unter anderem auch die Ionosphäre, eine Schicht der Erdatmosphäre, die bevorzugt aus Ionen und freien Elektronen besteht. Durch diese Ionosphäre wird z.T. die weltweite Radioverbindung über große Distanzen hinweg ermöglicht, da diese für eine auf der Erde ausgesandte Radiowelle wie ein nach innen gebogener Reflexionsschirm wirkt. Da die Strahlung der Sonne in manchen Wellenlängenbereichen – vor allem im EUV und im Röntgen-Bereich – stark veränderlich ist, schwanken die Höhe und die Dichte der Ionosphäre und mit ihr die Qualität des globalen Funkverkehrs. Fluglinienpiloten können davon ein Lied singen.

Die Tabelle 7.4 nach Hunten et al. (1991) zeigt, welche Wellenlängen der Sonnenstrahlung mit welchen Atomen und Molekülen in der Erdatmosphäre in Wechselwirkung treten. Der Fluß im weichen Röntgenbereich (1–10 nm) ist zumeist sehr schwach, kann sich aber um Größenordnungen ändern. Den Hauptbeitrag liefert der Bereich zwischen 100 nm und 300 nm obwohl die Photonenenergie, die zur Ionisation zur Verfügung steht, um einiges geringer ist als im Röntgenbereich. Trotzdem reicht die Summe aus, daß in über 120 km Höhe praktisch nur mehr atomarer Sauerstoff vorhanden ist. Dieser atomare Sauerstoff (O) wird bis hinunter zu einer Höhe von 20–40 km produziert und kombiniert dort mit dem reichlich vorhandenen molekularen Sauerstoff O_2 zu O_3, dem berühmt-berüchtigten Ozon (siehe Abb. 7.25). Die Absorption von UV-Strahlung während des Tages zerstört diese Moleküle, aber sie rekombinieren kurz darauf, meist schon in der darauffolgenden Nacht, wieder zu Ozon. Ein ewiger Kreislauf solange der Mensch nicht zu viele Fluorchlorkohlenwasserstoffe (FCKW) erzeugt, die das schützende Ozon vernichten.

7.6.3 Globale Temperaturschwankungen

Im Verlauf der letzten 4–5 Milliarden Jahre sollte sich der gesamte Energieausstoß der Sonne kontinuierlich um etwa 30% erhöht haben. Dies kann aus Sternentwicklungsrechnungen für einen normalen Stern mit einer Sonnenmasse erwartet werden, da sich die Oberflächentemperatur der zunehmenden Energieproduktion im Kern anpaßt. Obendrein ist die Leuchtkraft – das ist die gesamte Strahlungsenergie, die an der Sternoberfläche in den Weltraum abgestrahlt wird – proportional zu T^4.

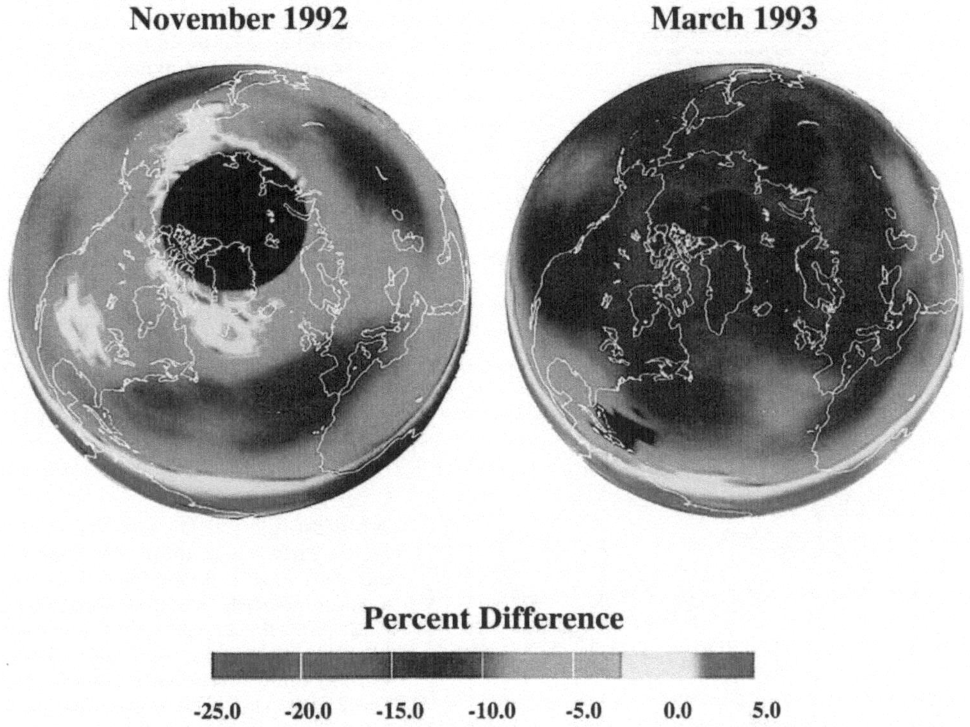

Abbildung 7.25: Die Ozon-Verteilung auf der nördlichen Halbkugel im November 1992 und März 1993. Die Bilder zeigen jeweils die *Differenz* des Ozongehaltes zum 11jährigen Mittel zwischen 1979 und 1990 gemäß der unteren Farbskala. Normaler Ozongehalt ist gelb dargestellt, zuwenig Ozon als blau bis purpur und zuviel Ozon als rot. Im November 1992 war der Ozongehalt der nördlichen Hemisphäre zwischen 5–10% unterhalb des Mittels während dieser Wert im darauffolgenden März sogar weiter auf nur 10–15% abnahm. Die äquatorialen Bereiche hingegen hatten vergleichsweise einen Ozonüberschuß. Beachte, daß der große schwarze Kreis im November-Bild sowie der kleine schwarze Kreis im März-Bild die Polarnacht darstellen und von dort keine Messungen existieren. Die Aufnahmen stammen von TOMS, dem *Total Ozone Mapping Spectrometer* des *Nimbus-7* Satelliten der NASA. (Mit frdl. Genehmigung NASA-GSFC).

Nun, viereinhalb Milliarden Jahre sind eine lange Zeitspanne und läßt der Erde mit ihrem äußerst komplexen Energiehaushaltssystem genug Zeit sich an den erhöhten Strahlungsfluß zu gewöhnen. Wie wir aber schon in Abb. 7.11 gesehen haben, ändert sich die Solarkonstante – das ist die Strahlungsleistung, die pro Quadratmeter auf die Erde trifft – im Laufe eines solaren Aktivitätszyklus ebenfalls, wenn auch nur um etwa 0.14%, aber eben mit wesentlich kürzeren Zeitskalen.

Die Frage, die für uns „Erdlinge“ nun besonders interessant – ja sogar lebensentscheidend werden kann – ist, ob die kurzfristigen Leuchtkraftschwankungen einen Einfluß auf das Erdklima bzw. auf die Erdtemperatur haben, und wenn ja, wie hoch? Die Antwort ist zum Teil in den Abbildungen 7.26 und 7.27 gegeben. Wir sehen, daß die Erdtemperatur sowohl relativ kurzfristigen als auch längerfristigen

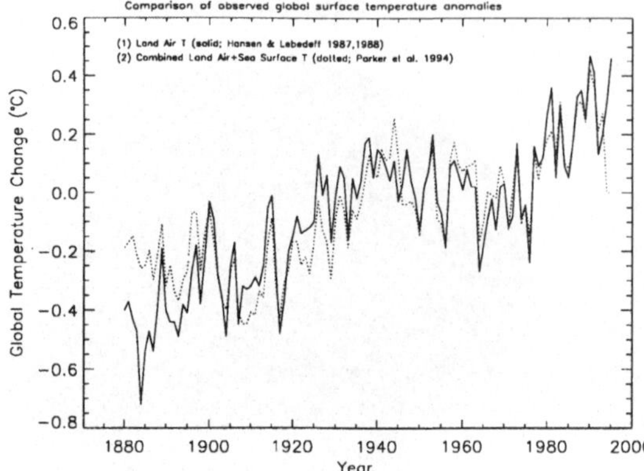

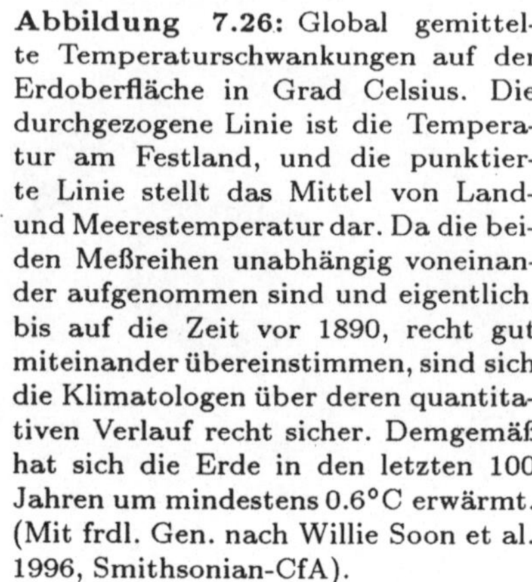
Abbildung 7.26: Global gemittelte Temperaturschwankungen auf der Erdoberfläche in Grad Celsius. Die durchgezogene Linie ist die Temperatur am Festland, und die punktierte Linie stellt das Mittel von Land- und Meerestemperatur dar. Da die beiden Meßreihen unabhängig voneinander aufgenommen sind und eigentlich, bis auf die Zeit vor 1890, recht gut miteinander übereinstimmen, sind sich die Klimatologen über deren quantitativen Verlauf recht sicher. Demgemäß hat sich die Erde in den letzten 100 Jahren um mindestens 0.6°C erwärmt. (Mit frdl. Gen. nach Willie Soon et al. 1996, Smithsonian-CfA).

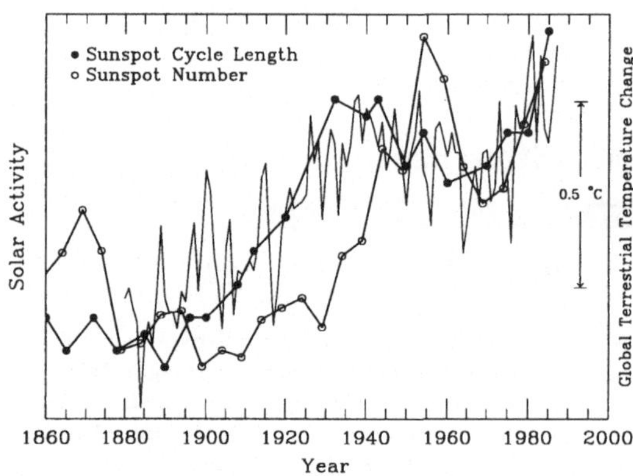

Abbildung 7.27: Die enge Korrelation der Erdtemperatur mit der Sonnenaktivität wird in diesem Diagramm besonders deutlich. Als Sonnenaktivität sind nun die Länge des Fleckenzyklus (volle Punkte) und die mittlere Fleckenanzahl (Kreise) aufgetragen. Die Zickzackkurve ist wieder die jährlich gemittelte Lufttemperatur über Land. (Mit frdl. Gen. nach Soon et al. 1994).

Variationen ausgesetzt ist [6]. Ein Auf und Ab der globalen Erdoberflächentemperatur von nur ein- bis zwei Zehntel °C werden innerhalb weniger Jahre beobachtet. Verschiedenste statistische Analysen ergeben eine hohe Korrelation mit dem solaren Aktivitätsgrad. Flares und Protuberanzen sowie Flecke haben also einen meßbaren Einfluß auf unseren blauen Planeten.

Leider zeigt uns das Diagramm in Abb. 7.26 eine noch viel drastischere Entwicklung: in den letzten 100 Jahren hat sich die Erde insgesamt um etwa 0.6°C erwärmt! Das ist schon eine ganze Menge. Daß dies natürlich kein bereits seit langem anhaltender, allgemeiner Trend sein kann, zeigt erstens das Diagramm selbst, da die Temperatur zwischen 1950 und 1970 sogar leicht abgenommen hat bevor sie wieder anstieg, und zweitens, schon eine kleine Überschlagsrechnung ergibt, daß eine Oberflächentemperatur von weniger als dem absoluten Nullpunkt erreicht wäre wenn wir nur etwa 2,000 Jahre in die Vergangenheit zurückrechnen; geschweige

[6] Dabei bedenke man die große Masse der darüberliegenden Erdatmosphäre, die die Sonnenstrahlung zuerst durchdringen muß: auf der Erdoberfläche würde die Erdatmosphäre 6×10^{15} Tonnen wiegen!

denn jene Zeit aus der die ersten Funde von Menschen stammen (etwa 350,000 Jahre)[7]. Somit fällt wohl die evolutionsbedingte, steigende Energieproduktion im Sonneninneren als Ursache aus. Auch die Variation der Solarkonstante von 0.14% im Laufe eines Sonnenfleckenzyklus reicht nicht ganz dazu aus, wie umfangreiche Simulationen mit verschiedenen Modellen für das Weltklima inklusive der komplexen Wärmespeicherkapazität der Weltmeere zeigten.

Ein gänzlich solarer Ursprung für die Erwärmung erscheint also unwahrscheinlich (siehe hiezu auch das sogenannte Problem der jungen Sonne in Kapitel 12). Den Löwenanteil an dem einen Grad pro Jahrhundert dürfte doch auf den *Treibhauseffekt* fallen (auch bekannt unter dem englischen Namen *greenhouse effect*) und ist somit hausgemacht durch den vermehrten Stickstoff-(CO_2)-Ausstoß der Fauna inklusive Mensch. Eine Verdoppelung des irdischen CO_2-Gehaltes verursacht nämlich zusätzlich rund 4 W/m^2 Strahlungsleistung, die die Erde nicht verlassen kann. Die berechnete, globale Erwärmung daraus wäre etwa 1.8°C.

7.6.4 Das ^{14}C-Isotop

Dieses radioaktive Kohlenstoff-Isotop entsteht in der Erdatmosphäre durch den Zusammenstoß von Neutronen mit Protonen des Stickstoff-Isotops ^{14}N. Eine solche nukleare Reaktion kann natürlich nur dann genügend ^{14}C produzieren, wenn ausreichend Neutronen vorhanden sind. Einer der beteiligten Anteile, nämlich Stickstoff, ist ja bekanntlich zur Genüge in der irdischen Atmosphäre vorhanden. Woher kommen also die Neutronen? Dafür ist die hochenergetische, kosmische Strahlung (meist schnelle Protonen) verantwortlich, die beim Zusammenstoß mit Atomen der Hochatmosphäre regelrechte Neutronenschauer verursachen. Dabei werden im Mittel etwa 2.5 Atome pro cm^2 und pro Sekunde gebildet. Nach einer bestimmten Zeit zerfällt das ^{14}C-Isotop wiederum in ein ^{14}N-Atom bei gleichzeitiger Abgabe eines Antineutrinos und eines Elektrons. Der Clou an der ganzen Sache ist jetzt, daß die Halbwertszeit des radioaktiven Kohlenstoffes 5,730 Jahre beträgt, also recht gut für Altersbestimmungen verwendet werden kann (Libby 1952).

Um nun den atmosphärischen ^{14}C-Gehalt[8] auf etwaige solare Variationen hin zu untersuchen, müssen alle irdischen bzw. alle nichtsolaren Beiträge erfaßt und abgezogen werden: wie zum Beispiel Variationen der kosmischen Strahlung, die etwa durch Veränderungen des Erdmagnetfeldes hervorgerufen werden, oder auch durch weit entfernte Supernovaausbrüche und anderen stellaren und planetaren Phänomenen. Oder auch durch Variationen der irdischen Biosphäre sowie der vermehrten Produktion von CO_2 durch den Menschen. Die Abb. 7.28 stellt die zeitliche Variation des gemessenen radioaktiven Kohlenstoffisotops ^{14}C relativ zum ^{14}C-Anteil der Atmosphäre dar. Zur ^{14}C-Messung wurden hier ausschließlich gut datierbare Baumüberreste verwendet, die bis zurück in das Jahr 1000 nach Christus reichen.

[7]Das Leben auf der Erde ist aber wesentlich älter: versteinerte Blaualgen, sogenannte Stromatolithen, wurden in Australien gefunden und mit 3.5 *Milliarden* Jahren datiert. Jüngste Funde von Kristallen in Sedimenten aus Westgrönland deuten auf eine Kohlenstoffisotopenzusammensetzung hin, die 3.85 Milliarden Jahre alt sind. Beides kann nur durch biologischen Ursprung erklärt werden. Demnach existierte schon 700 Millionen Jahre nach der Entstehung unseres Planetensystems Leben auf der Erde!

[8]Eigentlich wird immer entweder das $^{14}C/C$- oder das $^{14}C/^{12}C$-Verhältnis gemessen.

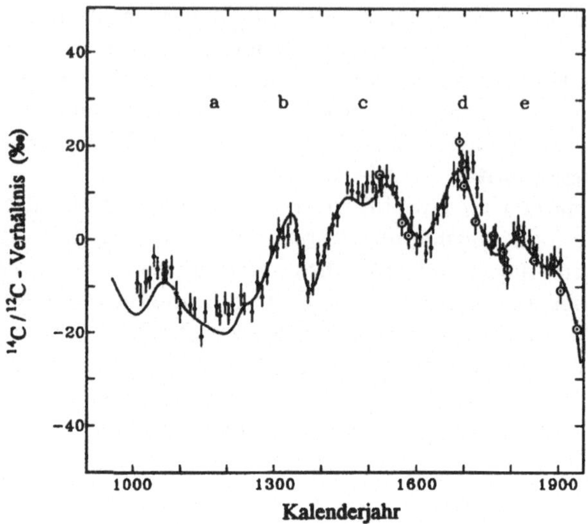

Abbildung 7.28: Die Variation des irdischen ^{14}C-Gehaltes seit etwa 1000 n. Chr.. Das Diagramm veranschaulicht die strikte Antikorrelation des irdischen ^{14}C-Gehaltes mit der Sonnenaktivität, etwa den säkularen Sonnenflecken*minima*, ganz besonders deutlich mit dem Maunder-Minimum von etwa 1640 bis 1720 n.Chr. (Zeitpunkt *d*). Die anderen ^{14}C-Maxima wurden mit dem Wolf- (*b*), mit dem Spörer- (*c*) und mit dem Dalton-Minimum (*e*) identifiziert. Das breite ^{14}C-*Minimum* um 1200 n.Chr. fällt entsprechend mit einer bekannten Periode *erhöhter* Sonnenaktivität zusammen (*a*). Die unterschiedlichen Symbole sind voneinander unabhängige Meßergebnisse verschiedener Autoren, und wie man sieht, stimmen sehr gut überein. Die durchgezogene Linie ist der Versuch einer analytischen Darstellung der Variation. (Nach Damon & Sonett 1991).

Trägt man nun in dieses Diagramm auch die bekannten Sonnenaktivitätsminima ein – also Wolf- , Spörer- und Maunder- und Daltonminimum –, so erkennt man sofort, daß während dieser aktivitätslosen Zeiten auf der Sonne erhöhter ^{14}C-Gehalt in der Erdatmosphäre vorherrschte. Ebenso erstaunlich ist, daß das breite ^{14}C-Minimum um 1200 n.Chr. mit der sogenannten „mittelalterlichen Wärmeperiode" zusammenfällt, die als eine Zeit *erhöhter* Sonnenaktivität gilt.

Wie schon im vorhergehenden Abschnitt über Temperaturschwankungen fällt auch beim ^{14}C-Gehalt in Abb. 7.28 die starke Veränderung während der vergangenen 100 Jahre auf. Wir streben momentan offensichtlich einem Allzeit-^{14}C-Minimum zu und, falls der Trend weiter anhält, sollte etwa im Jahre 2010 dieses Minimum erreicht sein. Die Ursache dafür ist der Umstand, daß Kohlenstoff in der vermehrten CO_2-Produktion bei der Verbrennung fossiler Brennstoffe gebunden wird. Also sind auch hier – wie beim Treibhauseffekt –, die Ursachen „hausgemacht".

Mißt man den Kohlenstoff-14-Gehalt von noch älteren Bäumen als in Abb. 7.28 dargestellt, so erhalten wir das Diagramm in Abb. 7.29[9]. Es zeigt eine etwa si-

[9]Bemerke, daß die Daten über das letzte Jahrtausend (1000 bis 2000 n.Chr.) die gleichen sind wie in Abb. 7.28. Auffallend ist – nun in einem noch viel umfassenderen Vergleich – der drastische Rückgang der ^{14}C-Häufigkeit im 20. Jahrhundert.

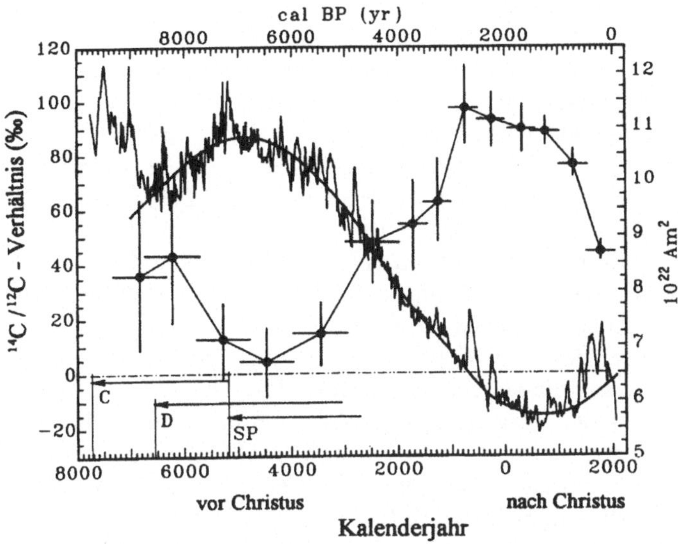

Abbildung 7.29: ^{14}C-Variation im Verlauf der vergangenen 10,000 Jahre (Zickzack-Verlauf, linke Skala in Promille relativ zu einem 1950 kalibrierten Nullpunkt) sowie der Verlauf des gemittelten Dipolmomentes des Erdmagnetfeldes (Punkte mit Fehlerbalken; rechte Skala in 10^{22} Ampere mal Quadratmeter). Die Skala der Zeit-Achse ist oben in Jahren-BP (engl. *before present*) und unten in Vor- und Nach-Christus angegeben. Weiters ist noch die „Reichweite" dreier Datensätze eingezeichnet, die sich aus der Verwendung unterschiedlicher Baumarten ergibt (C, D und SP). Man sieht, daß die atmosphärische ^{14}C-Konzentration abnimmt, wenn das Dipolmoment des Erdmagnetfeldes zunimmt. Vergleiche auch mit Abb. 7.28 und bemerke die dramatische Abnahme der ^{14}C-Konzentration ab 1900 n.Chr.! (Nach Damon & Sonett 1991).

nusförmige Verteilung innerhalb der letzten 10,000 Jahre, wobei noch nicht klar ist, ob die Periode dieses Sinuses (etwa 11,300 Jahre) tatsächlich periodisch ist oder nur momentan einen sinusförmigen Verlauf hat. Ebenso ist die Ursache dieser langfristigen Variation nicht auf der Sonne zu suchen, sondern hängt mit der Veränderung des Dipolmomentes des Erdmagnetfeldes zusammen. Letzteres ist ja ein recht effektiver Schutz gegen alle geladenen Teilchen der kosmischen Strahlung: je weniger Neutronenschauer (n) produziert werden, desto weniger ^{14}C resultiert aus der eingangs erwähnten nuklearen Reaktion $^{14}\mathrm{N}(n,p) \rightarrow ^{14}\mathrm{C}$. Der Datensatz in Abb. 7.29 ermöglichte nun auch die Bestätigung der 208-Jahres-Periode der solaren Aktivitätsstillstände. Erinnern wir uns, daß bereits die vier bekannten Stillstände – das Wolf-, Spörer-, Maunder- und Dalton-Minimum –, einen etwa 200-jährigen zeitlichen Abstand einhielten. Es scheint also, daß das Phänomen der periodischen Fleckenlosigkeit ein Charakteristikum des solaren Dynamos ist. In Kapitel 9 werden wir versuchen, derartige Aktivitätsminima auch bei anderen Sternen zu entdecken.

Will man noch weiter in die Vergangenheit vorstoßen, bietet sich das ^{10}Be-(Beryllium)-Isotop an. Es hat eine Halbwertszeit von 1.5 Millionen Jahren aber nur eine mittlere Produktionsrate von 0.035 Atomen pro cm^2 und Sekunde – wenig im Vergleich zu den 2.5 cm^{-2}s^{-1} des ^{14}C. Außerdem bindet sich das ^{10}Be noch am

Entstehungsort in der Stratosphäre (über ≈15 km Höhe) oder in der Troposphäre (unterhalb ≈15 km Höhe) an freifliegende Aerosole, die von den globalen Winden mitgetragen werden. Dies erschwert die Analyse bezüglich solarer Aktivität. Trotzdem gibt es recht überzeugende Übereinstimmung mit den Kohlenstoff-14 Daten und alle vier solaren Aktivitätsminima reflektieren sich auch als erhöhte Beryllium-10-Konzentration in Gesteinsablagerungen. Aus Tiefenbohrungen in den polaren Eiskappen kann man die Berylliumkonzentration 100,000 Jahre in die Vergangenheit verfolgen. Bei bestimmten Gesteinsablagerungen am Meeresgrund der Tiefsee hat man sogar ^{10}Be-Konzentrationen entsprechend einem Alter von 100 Millionen Jahren gefunden. Die Zeitauflösung ist hier natürlich bereits sehr gering und die Resultate entsprechend unsicher.

Will man heute gemessene Elementhäufigkeiten mit der Sonnenaktivität in Verbindung bringen, so müssen rein „irdische“ Phänomene, auch wenn sie hundert Millionen Jahre in der Vergangenheit liegen, erkannt, quantifiziert, und von den Meßdaten abgezogen werden. Aber das wohl größte Problem stellen die stetigen Veränderungen im irdischen Ökosystem dar. Zum Beispiel war der Sauerstoff auf der Erde ursprünglich in Silikaten (SiO_2) und im Wasser (H_2O) gebunden. Erst die ultraviolette Strahlung der Sonne hat diese Verbindungen aufgespalten und die Bildung unserer Atmosphäre ermöglicht (das Kohlendioxid CO_2 wurde erst viel später durch die Photosynthese aufgespalten). Die *Eiszeiten* sind in diesem Vergleich ein äußerst junges Phänomen.

Literaturverzeichnis

[1] Biermann L., 1941, „Der gegenwärtige Stand der Theorie konvektiver Sonnenmodelle", Mitt. Astron. Ges. 76, 194

[2] Damon P. E., Sonett C. P., 1991, „Solar and terrestrial components of the atmospheric ^{14}C variation spectrum", in *The Sun in Time*, C. P. Sonett et al. (eds.), The University of Arizona Press, s. 360

[3] Eddy J. A., 1977, „Historical evidence for the existence of the solar cycle", in *The Solar Output and its Variation*, O. R. White (ed.), Colorado Univ. Press, Boulder, s. 51

[4] Foukal P., 1981, „Sunspots and changes in the global output of the Sun", in *The Physics of the Sun*, L. E. Cram & J. H. Thomas (eds.), SacPeak-Observatory, Suspot, s. 391

[5] Gray D. F., 1995, „Comparing the Sun with other stars along the temperature coordinate", PASP 107, 120

[6] Hudson H. S., 1988, „Observed variability of the solar luminosity", ARA&A 26, 473

[7] Hunten D. M., Gerard J.-C., Francois L. M., 1991, „The atmosphere's response to solar irradiation", in *The Sun in Time*, C. P. Sonett et al. (eds.), The University of Arizona Press, s. 463

[8] Kopp R. A., Poletto G., 1984, „Extension of the reconnection theory of two-ribbon solar flares", SP 93, 351

[9] Kuhn J., Libbrecht K. G., Dicke R. H., 1988, „The surface temperature of the Sun and changes in the solar constant", Science 242, 908

[10] Kurucz R. L., 1993, „ATLAS-9 model atmospheres", auf CD-ROM, Harvard-Smithsonian Center for Astrophysics.

[11] Kurucz R. L., Furenlid I., Brault J., Testerman L., 1984, „Solar flux atlas from 296 to 1300 nm", National Solar Observatory Atlas No. 1

[12] Libby W., 1952, *Radiocarbon Dating*, Univ. of Chicago Press, Chicago

[13] Moreton G. E., Ramsey H. E., 1960, „Recent observations of dynamical phenomena associated with solar flares", PASP 72, 357

[14] Parker E. N., 1979, „Sunspots and the physics of magnetic flux tubes. I. The general nature of the spot", ApJ 230, 905

[15] Soon W. H., Posmentier E. S., Baliunas S. L., 1996, „Inference of solar irradiance variability from terrestrial temperature changes, 1880–1993: an astrophysical application of the Sun-climate connection", ApJ 472, 891

[16] Soon W. H., Baliunas S. L., Zhang Q., 1994, „A technique for estimating long-term variations of solar total irradiance: preliminary estimates based on observations of the Sun and solar-type stars", in *The solar engine and its influence on terrestrial atmosphere and climate*, E. Nesme-Ribes (ed.), NATO Adv. Res., Kluwer, Dordrecht, s. 133

[17] Vernazza J. E., Avrett E. H., Loeser R., 1981, „Structure of the solar chromosphere. III. Models of the EUV brightness components of the quite Sun", ApJS 45, 635

[18] Willson R. C., 1979, „Active cavity radiometer type IV", Applied Optics 18, 179

[19] Zirin H., MacKinnon A., McKenna-Lawlor S. M. P., 1991, „Solar Flares", in *Solar Interior and Atmosphere*, A. N. Cox et al. (eds.), The University of Arizona Press, Tucson, s. 964

Weiterführende Literatur

Allgemeinverständliche Bücher und Artikel

- Was bis heute aus der Sonnenphysik gelernt wurde beschreibt Kenneth Lang in Die Sonne, Stern unserer Erde (Springer Verlag, Berlin, 1996), u.a. auch mit vielen Farbfotos.
- Rudolph Kippenhahn und seine fiktive Figur des Herrn Meyer sind in Der Stern, von dem wir leben (dtv Sachbuch, München, 1993) den Geheimnissen der Sonne auf der Spur.
- John Gribbin schildert in Unsere Sonne, ein rätselhafter Stern (Birkhäuser Verlag, Basel 1992, Insel Verlag, Frankfurt, 1995) viele der aktuellen Forschungsergebnisse und noch offenen Probleme.
- Die Sonne aus der Perspektive der Erde sieht Herbert Friedman, Spektrum Akademischer Verlag, Heidelberg, 1987. Sehr gute Grafiken zu komplexen Phänomenen.
- The Guide to the Sun, von K. J. H. Phillips, ist 1992 bei Cambridge University Press erschienen. Eigenes Kapitel über sonnenähnliche Sterne. Taschenbuchausgabe 1995.

Spezialliteratur

- R. J. Bray und R. E. Loughhead sind die Autoren des klassischen Werkes Sunspots, erstmals erschienen 1964 bei der General Publishing Company in Canada. Ich beziehe mich auf die Dover Ausgabe 1979.
- The Ancient Sun (Pergamon, New York, 1980) herausgegeben von R. Pepin, J. A. Eddy und R. Merrill liest sich zeitweise wie eine Kriminalgeschichte zur Enträtselung antiker Sonnenbeobachtungen.
- Der Klassiker unter den Sonnenphysik-Büchern: Max Waldmeier, Ergebnisse und Probleme der Sonnenforschung, erschienen 1955 bei Geest und Portig, Leipzig. Weiter Bücher Max Waldmeier's sind Sonne und Erde (Büchergilde Gutenberg, Zürich, 1959) und das zweibändige Werk Die Sonnenkorona (Birkhäuser 1951, 1957).
- Donald H. Menzel's Our Sun (Harvard University Press, Cambridge, 1959) war eines der ersten Werke auf diesem Fachgebiet.
- Siehe auch Robert W. Noyes' The Sun, our Star (Harvard Univ. Press, Cambridge, 1982).
- Harold Zirin's Werk Astrophysics of the Sun (Cambridge University Press, Cambridge, 1988) ist ein Standardwerk für das Studium der Sonnenphysik. Reich bebildert.
- Gleiches gilt für das Buch von M. Stix The Sun (Springer Verlag, Berlin-Heidelberg, 1989).
- Peter Foukal's Buch über Solar Astrophysics (John Wiley & Sons, 1990) ist ein weiterer Neo-Klassiker unter den Sonnenphysik-Büchern. Für Studenten sehr zu empfehlen.
- Oran R. White's (Hrsg.) The solar output and its variation (Colorado Assoc. Univ. Press, Boulder, 1977) ist bereits ein Klassiker, aber zum Teil veraltet.
- Der unumstrittene Klassiker auf dem Gebiet Solar-Terrestrial Physics ist das gleichnamige Buch von S. Akasofu und S. Chapman (Oxford University Press, Oxford, 1972)
- Details der verschiedenen Sonnenbeobachtungstechniken finden sich in Observing the Sun von P. O. Taylor (Cambridge University Press, Cambridge, 1991).
- The Sun in Time, herausgegeben von C. P. Sonett, M. Giampapa und M. S. Matthews (The University of Arizona Press, Tucson, 1991). Eine Zusammenstellung von Einzelartikeln über alle Aspekte der Sonnenforschung.
- Der 1400-Seiten Wälzer Solar Interior and Atmosphere, herausgegeben von A. N. Cox, W. C. Livingston und M. S. Matthews (The University of Arizona Press, Tucson, 1991) ist eine Fundgrube für interessierte Studenten und Forscher gleichermaßen.
- Alles über das *SOHO*-Projekt findet sich in The SOHO Mission, herausgegeben von Bernhard Fleck et al., Kluwer, 1996 (siehe auch Solar Physics Vol. 162).

Kapitel 8

Sternflecken: Aktivitätsphänomene der Photosphäre

...denn Ideen können Berge versetzen:
auch falsche Ideen.
Sir Karl Popper

Sternflecken sind das direkte Analogon zu Sonnenflecken, also lokale Magnetfelder in der Photosphäre eines Sternes mit einer konvektiven Hülle. Derlei Aktivitäten in stellaren Photosphären, Chromosphären, Übergangszonen und Koronae werden nicht durch klassischen Strahlungstransport verursacht und getriggert, sondern vielmehr durch Magnetfelder, mechanische Energien und Materieflüsse, die ihren Ursprung in den Tiefen der Konvektionszone haben und von einem internen Dynamo getrieben werden. Ein beobachtbarer Effekt aus der Palette stellarer, nicht-thermischer Aktivitätsphänomene sind Sternflecken in der Photosphäre und kommen – in Analogie zur Sonne –, entweder nur bei fast vollständig konvektiven Sternen vor (dMe-Sterne, T-Tauri-Objekte) oder bei Sternen mit einer konvektiven Hülle wie eben bei unserer Sonne und allen anderen F-, G- und K-Sterne.

8.1 100 mal größer als auf der Sonne

Auf der Sonne beobachten wir große Flecken bzw. Fleckengruppen die etwa 0.1% der gesamten Oberfläche bedecken. Auf besonders aktiven Sternen, wie z.B. dem RS-CVn-Stern HD 12545 (= XX Tri) oder dem Vor-Hauptreihen-Stern V410 Tauri, sieht man Flecke bis zu 20% der Sphäre und mehr, also über 100 mal größer als auf der Sonne. Dies wirft sofort die Frage auf, was passiert mit der, von so einem Superfleck abgeblockten Energie aus den Tiefen der Konvektionszone? Das sogenannte *missing-flux* Problem! Bekanntlich ist bereits der Energiebetrag, der durch Sonnenflecke blockiert wird größer als das gesamte Energiebudget der solaren Chromosphäre und Korona zusammen. Die Erkenntnis, daß der konvektive Energietransport in der Präsenz eines Magnetfeldes gehindert bzw. gänzlich unterbunden wird, geht zurück auf Arbeiten des deutschen Astronomen Ludwig Biermann (Biermann 1941). Darum erscheinen auf der Sonne Gebiete höherer Magnetfelddichte auch als kühlere Gebiete. Ein einzelner Sonnenfleck ist aber nicht eine einzelne Flußröhre[1], sondern dürfte sich aus vielen Teilröhren eines größeren Schlauches zusammensetzen, denn wir sehen in hochaufgelösten Sonnenbildern immer noch die charakteristischen Konvektionszellen der ungestörten Photosphäre, die Granulen (vergleiche mit Abb. 7.3 in Kapitel 7).

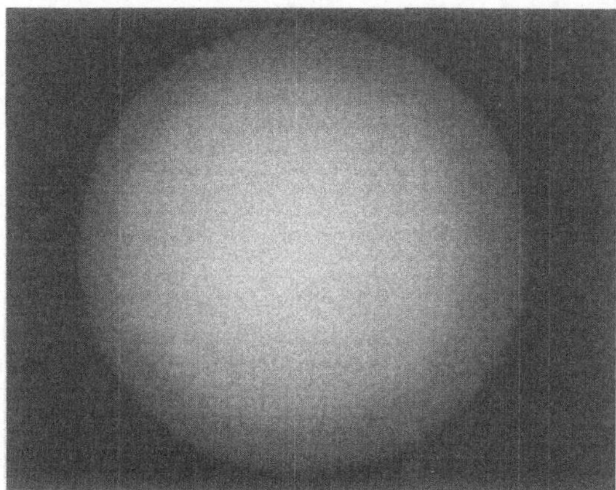

Abbildung 8.1: Die aktive Photosphäre der Sonne, aufgenommen im weißen Licht. (Aufnahme nach D. E. Soper, University of Oregon).

Das „missing flux"-Problem ist größtenteils noch ungeklärt. Der Ansatz des amerikanischen Sonnenforschers Peter Foukal (Foukal 1981), daß die blockierte thermische Energie (also der „missing flux") zum Teil in mechanische und magnetische Energie umgewandelt und in der Konvektionszone gespeichert wird, würde die Konvektionszone eines aktiven G-K Sternes mit einem Superfleck womöglich aus dem hydrostatischen Gleichgewicht bringen. Da dies offensichtlich nicht der Fall ist da unsere aktiven Sterne ja in allen möglichen Altersstufen vorkommen, muß ein RS-CVn-Stern mit riesigen Flecken wohl noch eine andere Möglichkeit haben, die blockierte Energie abzustrahlen. Dies könnte z.B. eine Langzeitmodulation der bolometrischen Helligkeit sein, die man wiederum messen könnte wenn die Zeitskalen kurz genug wären um sie auch beobachten zu können. In der Tat hat das Mt. Wilson Ca II-H&K-Projekt solche Langzeit-Helligkeitsschwankungen bei vielen sonnenähnlichen Sternen mit Perioden zwischen etwa 5 und 20 Jahren gemessen (vgl. Kapitel 9 z.B. Abb. 9.18). Diese Langzeit-Perioden bei Zwergsternen können als das direkte Analogon zum 11-jährigen Fleckenzyklus der Sonne angesehen werden. In Kapitel 7 haben wir bereits erkannt, daß die Messungen der Solarkonstante, z.B. mit dem ACRIM Experiment, ebenfalls dem 11-jährigen Zyklus der Sonne unterlag (siehe Abschnitt 7.2.2). Kapitel 7). Der bolometrische Fluß, d.h. der Fluß über alle Wellenlängen integriert – also die Solarkonstante –, ist bei Sternen aber ungleich schwieriger zu messen als bei der Sonne, daher basieren Flußmessungen von Sternen meist auf indirekten Kalibrationen und sind entsprechend ungenauer.

Sterne mit Superflecken zeigen solche langperiodischen Schwankungen eben-

[1] im englischen *flux tube*; siehe dazu Abb. 7.3 im vorigen Kapitel

falls, sicher aber nicht so regelmäßig und mit kürzeren (Quasi?)Perioden von nur ein paar Jahren. Hier ist aber noch viel Arbeit zu tun, auch für Amateurastronomen. Ausgerüstet mit einem Photometer kann ein Amateur einen wichtigen Beitrag zur Sternfleckenforschung leisten (siehe dazu auch Kapitel 2) wie vor allem die Mitglieder der IAPPP (*International Amateur-Professional Photoelectric Photometry*) zeigen.

8.2 Sternflecken und Sonnenflecken

8.2.1 Unterschiede und Gemeinsamkeiten

Sternflecken und Sonnenflecken unterscheiden sich in einigen Eigenschaften ganz wesentlich, wie z.B. in der Ausdehnung der Flecken oder dem Ort ihres Auftretens (vgl. Abb. 8.1 und 8.2). Gemeinsam ist ihnen, daß es sich um Regionen in der Photosphäre und der darunterliegenden Konvektionszone handelt, die kühler sind als die Umgebung da der konvektive Energietransport durch Magnetfelder behindert wird.

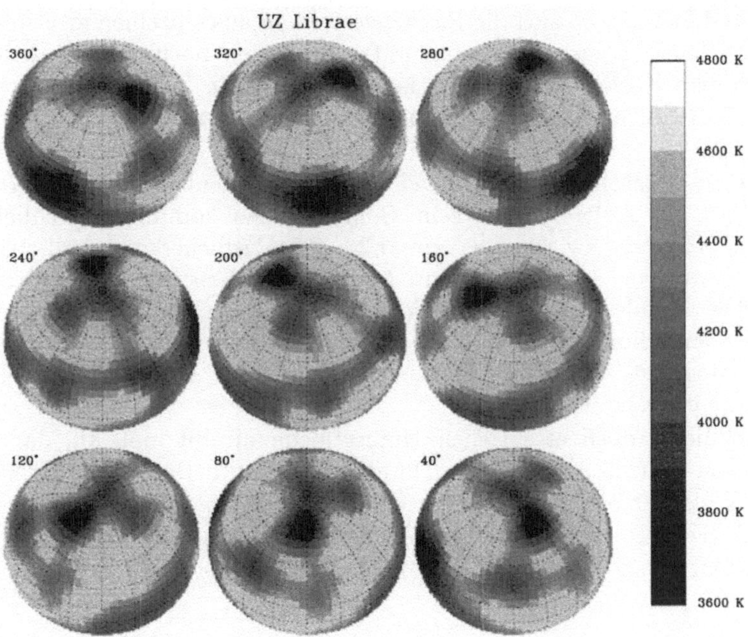

Abbildung 8.2: Eine Doppler-Karte des aktiven Sternes UZ Librae (K0III). Die Oberfläche ist bei mehreren Rotationsphasen dargestellt (von links oben nach rechts unten verlaufend). Die dunklen, kühlen Flecke erreichen bei aktiven Sternen Ausmaße des hundert- bis tausendfachen der größten Sonnenflecken. (Nach Strassmeier 1996).

Ein sehr auffälliger Unterschied ist die Größe der Flecken: während maximal $\frac{1}{2}$% der sichtbaren Sonnenhemisphäre von Sonnenflecken bedeckt ist, gibt es aktive Sterne, bei denen bis zu einigen Zehntel der gesamten Oberfläche von Flecken bedeckt sind, sodaß Helligkeitsvariationen im visuellen bis zu einer Amplitude von 0.6 mag möglich sind, wie etwa bei dem Vor-Hauptreihen-Stern V410 Tauri und den beiden RS-CVn-Systemen II Pegasi und den schon erwähnten XX Triangulum. Aufgrund der Größe der Sternflecken wird für diese Sterne das „missing flux"-Problem, das schon lange von der Sonnenfleckenproblematik her bekannt ist, wesentlich verschärft. Wie schon eingangs erwähnt, kommt es durch die niedrigen Temperaturen innerhalb der Flecken zu einer verminderten Energieabstrahlung und somit zu einem Energiedefizit von bis zu 10^{36} erg bei großen Sonnenflecken – wenn man den Fluß über die gesamte Lebensdauer eines Sonnenflecks integriert. Da sich der fehlende Strahlungsfluß nicht, wie ursprünglich von Sir Fred Hoyle postuliert, auf die umgebende Photosphäre verteilt (sonst müßte man helle Ringe um Sonnenflecken sehen), wird heute angenommen, daß die fehlende Energie in Form thermischer oder kinetischer Energie in der Konvektionszone zuerst gespeichert und nach Auflösung des Sonnenflecks langsam wieder abgegeben wird.

Ob der Übergang von der Mitte des Sternfleckes zur umgebenden Photosphäre durch eine Penumbra mit verlaufendem Temperaturgradienten gekennzeichnet ist, so wie bei der Sonne, oder ob ein scharfer Temperaturverlauf gegeben ist, ist nicht geklärt. Auch die Frage, ob sich die Fleckenverteilung aus einzelnen großen Flecken oder vielen, kleinen Flecken zusammensetzt, läßt sich noch nicht beantworten. Moderne Doppler-Karten lassen noch keine endgültigen Schlüsse zu, aber Karten wie die des RS-CVn-Sternes UZ Librae sind ein erfolgsversprechender Anfang (Abb. 8.2).

Ein weiterer, wesentlicher Unterschied zwischen Sonnenflecken und Sternflecken scheint der Ort des Auftretens zu sein. Sonnenflecken kommen ausschließlich in der Nähe des Äquators zwischen maximal 35–40° nördlicher und südlicher heliographischer Breite vor, selten direkt am Äquator, sondern eher in Bändern etwas nördlich und südlich des Äquators, die im Zuge des Sonnenfleckenzyklus von höheren zu niedrigeren heliographischen Breiten wandern. Sternflecken treten aber auch in hohen Breiten auf, sehr häufig liegt sogar ein großer Polfleck vor (siehe auch Kapitel 2), wie etwa bei UZ Librae.

Aufgrund dieser doch essentiellen Unterschiede nimmt man an, daß für die Entstehung von Sternflecken ein zwar ähnlicher aber im Detail unterschiedlicher Mechanismus als der auf der Sonne wirksam sein muß, wobei jedoch bis heute weder für die Feldgenerierung von Sonnenflecken, und noch viel weniger für die von Sternflecken, ein selbstkonsistentes physikalisches Modell vorliegt.

8.2.2 Die große Unbekannte: der Sonnendynamo

Das Zusammenspiel zwischen *Konvektion* und *differentieller Rotation* wird heute als der Schlüssel zum Verständnis des solaren Magnetfeldes angesehen. Leider sind beides, Konvektion und Rotation, sehr komplexe Phänomene, die wir erst jetzt so richtig zu verstehen beginnen. Glauben wir zumindest!

Ein vollständiges Modell für die Entstehung von Sonnenflecken muß vorerst folgende Beobachtungen erklären können:

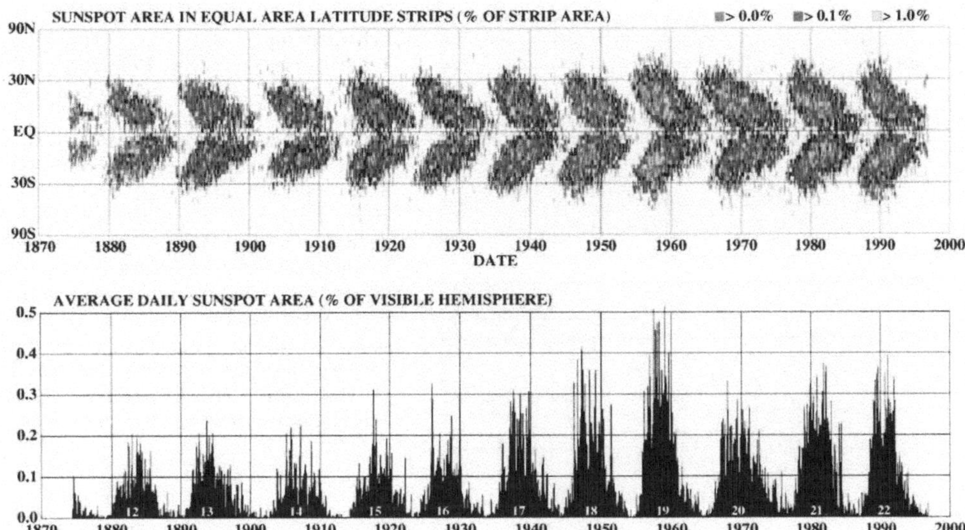

Abbildung 8.3: Das Schmetterlings-Diagramm der Sonnenflecken. (Nach einer Darstellung von David H. Hathaway, Solar Physics Abteilung am Marshall Space Flight Center der NASA).

1. Die heliographische Breite, bei der Sonnenflecken bevorzugt entstehen, nimmt während des 11-Jahreszyklus von 30–35° auf 5–10° ab (Gesetz von Spörer; siehe Abb. 8.3).

2. Der vorangehende p-Hauptfleck (für engl. *preceeding*) und der nachfolgende f-Hauptfleck (für *following*) einer bipolaren Fleckengruppe zeigen eine ungefähre Ost-West-Ausrichtung, wobei der p-Fleck näher am Äquator liegt als der f-Fleck. Der Winkel, den die Verbindungslinie zwischen den beiden Flecken mit dem Äquator bildet, nimmt zu mit zunehmender heliographischer Breite bei der die bipolare Gruppe auftaucht (Gesetz von Joy).

3. Die magnetische Orientierung von p- und f-Flecken in bipolaren Gruppen auf der nördlichen Hemisphäre ist immer entgegengesetzt zu der auf der südlichen Hemisphäre.

4. Die magnetische Orientierung von bipolaren Gruppen wechselt von einem Zyklus zum nächsten, sodaß man von einem magnetischen 22-Jahreszyklus sprechen kann (nach G. E. Hale: Halesches Polaritätsgesetz; siehe Abb. 8.4).

Babcock's Theorie des magnetischen Sonnenzyklus ...

Die erste Theorie, die die theoretischen Erkenntnisse als auch die Beobachtungsfakten der Punkte 1–4 zu einem konsistenten Bild des solaren Aktivitätszyklus zusammfaßte, ist die des amerikanischen Sonnenphysikers Horrace W. Babcock (z.B. Babcock 1961). Die essentiellen Vorgänge sind in Abb. 8.5 graphisch dargestellt:

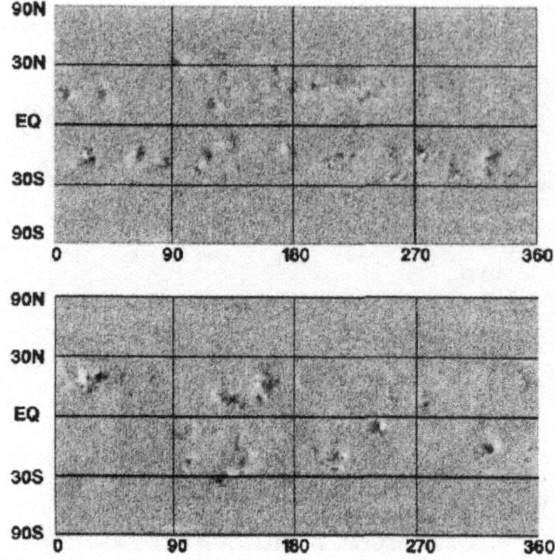

Abbildung 8.4: Das Halesche-Polaritätsgesetz. Die Polarität z.B. eines *p*-Fleckes der nördlichen Hemisphäre ist immer unterschiedlich zur Polarität eines *p*-Fleckes der südlichen Hemisphäre, und kehrt sich obendrein etwa alle 11 Jahre um, sodaß man einen 22jährigen *magnetischen Zyklus* sieht. Die beiden Magnetogramme sind in aufeinanderfolgenden Aktivitätsmaxima der Sonne aufgenommen, wobei helle und dunkle Regionen positive bzw. negative Polarität bedeuten. (Nach einer Darstellung von David H. Hathaway, NASA/Marshall Space Flight Center).

Ausgangspunkt ist ein poloidales Feld dessen Feldlinien im magnetischen Nordpol aus und im magnetischen Südpol eintreten (Bild 1 in Abb. 8.5). Die differentielle Rotation der solaren Oberflächenschichten[2] deformiert die Feldlinien unterhalb der Oberfläche gemäß Bild 2, dabei wird kinetische Energie der Rotation in magnetische Energie umgewandelt. Nach einer gewissen Zeit des „Aufwindens“ hat sich aus dem ursprünglich poloidalen Feld ein toroidales Feld beidseitig des Äquators gebildet – noch immer unterhalb der Oberfläche –, und daher der Beobachtung nicht direkt zugänglich. Dies geht nun solange weiter bis eine gewisse kritische Magnetfelddichte erreicht wird, bei der die zu Bündeln zusammengeschlossenen Feldlinien einen Auftrieb erhalten, zur Oberfläche steigen und dort eine bipolare Fleckengruppe entstehen lassen (Bild 3). Das aufgebrochene Feld ist von der Geometrie her nun wieder ein poloidales Feld mit Feldlinien normal zur Sternoberfläche. Es sind genau diese Feldlinien, die nun das ursprüngliche, noch schwach vorhandene, poloidale Feld neutralisieren[3]. Letztendlich wird dieses Feld dann durch ein neues, umgekehrter Polarität, ersetzt: der magnetische Nordpol wird zum magnetischen Südpol und umgekehrt. Hier sind wir auch schon am Ende unserer Weisheit, denn die eigentliche Ursache dieser Umpolung, die ja den 22-jährigen Aktivitätszyklus definiert, ist noch unbekannt.

... und Parker's Alpha-Omega Dynamo

Babcock's Modell blieb uns also die Antwort auf die Frage nach der eigentlichen Magnetfelderzeugung schuldig. Die Beobachtungen der Punkte 1–3 lassen sich aber mehr quantitativ durch den sogenannten $\alpha\Omega$-Dynamo des amerikanischen Astrophysikers Eugene Parker erklären (Parker 1955). Wie gesagt, beim vierten Punkt

[2] Die Sonne rotiert am Äquator schneller als in der Nähe der Pole.

[3] Parallele, magnetische Felder entgegengesetzter Polarität heben sich auf!

tappen wir noch im Dunkeln, denn es ist einfach noch nicht verständlich, warum sich das polare Magnetfeld alle 11 Jahre umpolen müßte um einen neuen Zyklus zu beginnen. Doch dazu später. Jetzt wird's ein wenig mathematisch ... also: Ausgangspunkt von Parker's Überlegungen ist das Induktionsgesetz für die gemittelte, magnetische Feldstärke $\langle \mathbf{B} \rangle$. Es lautet

$$\frac{\partial \langle \mathbf{B} \rangle}{\partial t} = \nabla \times (\langle \mathbf{v} \rangle \times \langle \mathbf{B} \rangle + \alpha \langle \mathbf{B} \rangle - \eta_t \nabla \times \langle \mathbf{B} \rangle), \tag{8.1}$$

wobei $\langle \mathbf{v} \rangle$ das gemittelte Geschwindigkeitsfeld darstellt und α und η_{t} Konstanten sind, die hauptsächlich vom turbulenten Anteil des Geschwindigkeitsfeldes abhängen ($\alpha \langle \mathbf{B} \rangle$ ist das elektrische Feld parallel zu $\langle \mathbf{B} \rangle$). In der solaren Konvektionszone ist η_{t} von der Größenordnung 10^8–10^9 $\mathrm{m^2\,s^{-1}}$ und α, der in Richtung der Rotation gerichtete Geschwindigkeitsanteil, bewegt sich im Bereich zwischen wenigen $\mathrm{cm\,s^{-1}}$ und hundert $\mathrm{m\,s^{-1}}$. ∇ ist ein dreidimensionaler Differentialoperator der an einen Skalar angewandt den Gradienten ergibt, und an einen Vektor angewandt die Divergenz des Vektorfeldes darstellt (siehe Kapitel 1.4).

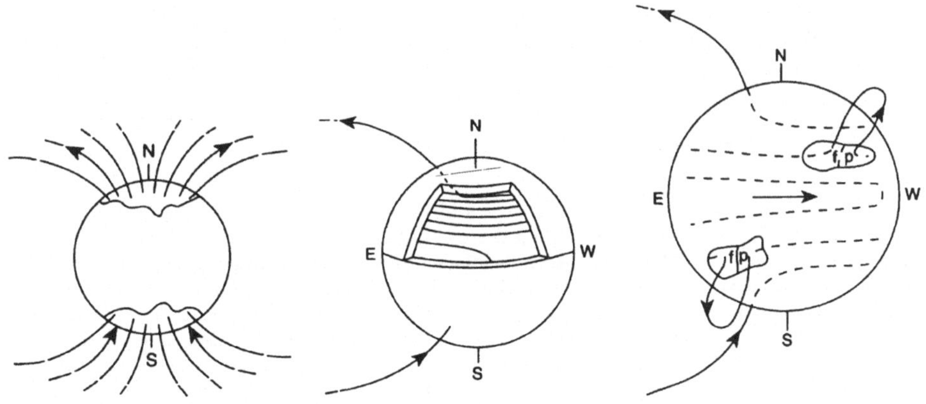

Abbildung 8.5: Die Babcocksche Vorstellung des solaren Magnetzyklus. Der Zyklus beginnt links mit Bild 1 und endet rechts mit Bild 3. f steht für den *following*-Fleck und p für den *preceeding*-Fleck einer bipolaren Gruppe. Siehe Text. (Nach H. W. Babcock 1961).

Setzt man in Glchg. (8.1) für das mittlere Geschwindigkeitsfeld $\langle \mathbf{v} \rangle$ die differentiellen Rotation ein und nimmt für das gemittelte Magnetfeld eine toroidale und eine poloidale Komponente an, so stellt man fest, daß ein toroidales Magnetfeld durch den α-Term ein poloidales Magnetfeld hervorruft, welches aufgrund der differentiellen Rotation ($\nabla\Omega$) wiederum eine toroidale Magnetfeldkomponente erzeugt, und so weiter. Dies nennt man den $\alpha\Omega$ Dynamo:

$$\mathbf{B}_{\mathrm{t}} \xrightarrow{\alpha} \mathbf{B}_{\mathrm{p}} \xrightarrow{\nabla\Omega} \mathbf{B}_{\mathrm{t}} \,. \tag{8.2}$$

Der Japaner H. Yoshimura (1975) machte für die toroidale und für die poloidale Magnetfeldkomponente einen ebenen Wellenansatz, um die Glchg. (8.1) für differentielle Rotation lösen zu können. Er stellte dabei fest, daß die Wellen entlang von Flächen konstanter Winkelgeschwindigkeit wandern und somit die Richtung der Wellenausbreitung durch den Vektor $\alpha\nabla\Omega \times \mathbf{e}_\Phi$ gegeben ist, wobei $\mathbf{e}_\Phi$ den Einheitsvektor in die azimutale Richtung darstellt. Numerische Rechnungen zeigen auch, daß das mittlere B-Feld in beiden Hemisphären – wie beobachtet – von hohen heliographischen Breiten in Richtung Äquator wandert, und daß die Periode der Oszillationslösungen, wie der deutsche Sonnenforscher M. Stix (1976) betonte, größenordnungsmäßig mit dem 11-Jahres-Zyklus übereinstimmt.

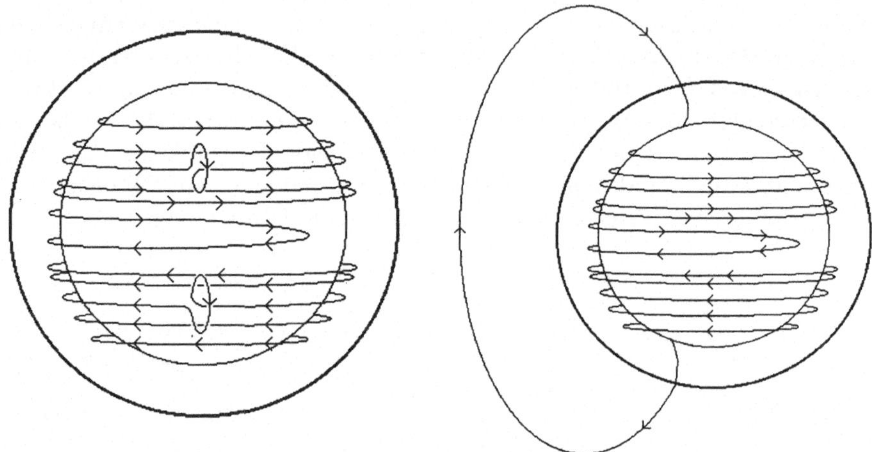

Abbildung 8.6: Schematische Darstellung des α- (links) und des Ω-Effektes (rechts). Der äußere, dick gezeichnete Kreis stellt die Sternoberfläche, der innere, dünner gezeichnete Kreis den Übergang vom radiativen Kern zur Konvektionszone dar. Magnetfeldlinien sind mit deren Richtungspfeilen gekennzeichnet. Im linken Bild wird eine toroidale Feldlinie (B_t) an zwei beliebigen Stellen durch ein Turbulenzelement nach oben gehoben und dabei verdreht. Eine poloidale Feldkomponente ($B_p \perp B_t$) wurde damit geboren und durch die entstandene Feldschleife fließt ein Strom j parallel zu der toroidalen Komponente, aber in entgegengesetzer Richtung. Der Ω-Effekt kehrt nun die poloidale Feldgeometrie durch die differentielle Rotation wieder in eine toroidale um, und das Spiel beginnt von neuem. (Nach Darstellungen von David H. Hathaway, Solar Physics Abteilung am Marshall Space Flight Center der NASA).

Das Parker-Modell liefert also gute Erklärungen für viele Beobachtungen, aber aufgrund der kinematischen Natur dieses Modells muß die Geschwindigkeitsverteilung zu Beginn der Rechnung fixiert werden. Aus diesem Grund gibt es auch Versuche, einen *magnetohydrodynamischen Dynamo* zu erstellen, bei dem Veränderungen des Geschwindigkeitsfeldes durch Magnetfelder berücksichtigt werden (z.B. bei Leighton 1969). Die meisten dieser Modelle gehen davon aus, daß toroidale, magnetische Flußröhren in der *Overshoot*-Region[4] ab einer kritischen Magnetfeldstärke instabil werden und wegen der Auftriebskraft durch die Photosphäre stoßen, wo sie nach einem Zusammenschluß mit anderen Flußröhren komplexe aktive Regionen produzieren können wie z.B. Spruit & van Ballegooijen (1982) zeigen konnten.

[4]Die Overshoot-Region ist das Übergangsgebiet zwischen Konvektionszone und radiativer Zone im Sterninneren.

Das eigentliche, physikalische Problem aber ist, das magnetische Feld zuerst einmal zu erzeugen, also einen Dynamomechanismus zu ersinnen, der genau die solare Feldgeometrie und Stärke als Funktion der Zeit reproduzieren kann; selbstkonsistent versteht sich. Zu diesem Thema verweise ich aber auf Spezialliteratur wie das Buch von G. Rüdiger (siehe Literaturhinweise). Bei der Sonne muß der Ort des Dynamos in der Übergangszone vom radiativen Kern in die Konvektionszone liegen, denn neueste helioseismologische Messungen der Rotation des Sonneninneren haben gezeigt, daß die Sonne bis hin zum radiativen Kern fast starr rotiert. Aber ohne differentielle (Tiefen)Rotation – so zumindest unsere heutigen Vorstellungen – kein Dynamo! Wie wir an einem stellaren Beispiel noch sehen werden, scheint es, daß der Dynamo aber nicht an die Existenz einer radiativen Zone *per se* gebunden ist. Er kann auch ohne funktionieren.

8.2.3 Entstehung von Sternflecken?

Die Frage der Entstehung von Sternflecken ist zum guten Teil noch immer ungeklärt. Es wird zwar angenommen, daß grundsätzlich ein ähnlicher Mechanismus wie der für Sonnenflecken existieren müßte, jedoch erscheint unter dieser Annahme das „missing flux"-Problem (siehe Kapitel 8.1) aufgrund der großen Ausdehnung der Sternflecken unlösbar.

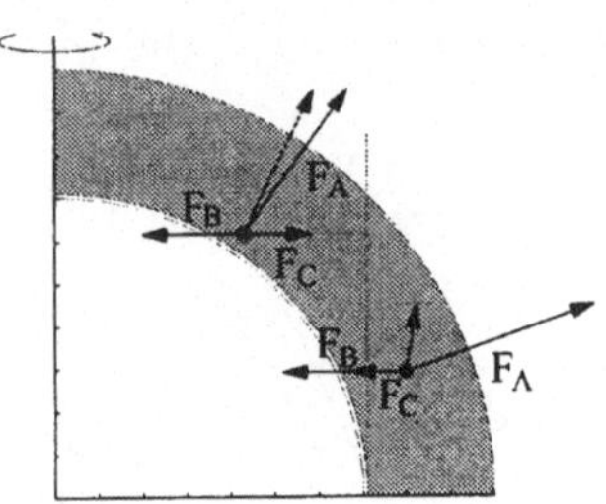

Abbildung 8.7: Der Zusammenhang zwischen Corioliskraft (F_C), magnetischer Rückstellkraft (F_B) und Auftrieb (F_A) auf eine axialsymmetrische Flußröhre (jeweils der Punkt im Kräftezentrum). Die Lage der Flußröhre außer- oder innerhalb der Linie parallel zur Rotationsachse (der vertikalen Achse) führt zu einer Corioliskraft, die der radialen Komponente des Auftriebes entweder entgegenwirkt oder sie verstärkt. Die Gesamtkomponente dieses Kräftedreiecks weist immer nahezu in die Richtung parallel zur Rotationsachse, die Folge ist eine Ablenkung der Röhre zu hohen Breiten.

Die Größe der Sternflecken kann zwar heute noch nicht erklärt werden, dafür gibt es aber gute Lösungsansätze für das Verstehen der stellaren Polflecken: das deutsch-schweizerische Team um Manfred Schüssler und Sami Solanki (Schüssler & Solanki 1992) vermuten als den Grund für das Auftreten von Polflecken die rasche Rotation der aktiven Sterne und dementsprechend hohe Stärken des Magnetfeldes in der *Overshoot*-Region. Durch Drehimpulserhaltung im Inneren einer axialsymmetrischen Flußröhre kommt es zu einer Ausgleichsströmung, sobald sich die Flußröhre anschickt aufzusteigen (aus welchem Grund immer) und die Folge ist, daß es zu einer Dominanz der Corioliskraft über die radiale Komponente der Auftriebskraft kommt. Abbildung 8.7 veranschaulicht das Kräftegleichgewicht einer axialsymmetrischen Flußröhre. Dadurch folgen ganze Feldlinienbündel, die von tieferen Schichten aus der stellaren Konvektionszone aufsteigen, einer Bahn nahezu parallel zur Rotationsachse bis in höhere Breiten wo die Feldstärke einen kritischen Wert erreicht, sodaß der Auftrieb wieder dominant wird und die Flußröhre durch die Photosphäre stoßen kann. Vergleicht man nun die beobachteten Ausbruchsbreiten mit berechneten, so kann man aus der Differenz auf die Feldstärke am Boden der Konvektionszone schließen. Für die Sonne findet Caligari (1995) einen Wert von etwa 10 Tesla. Bei schnell rotierenden Sternen wie etwa V410 Tauri sind aber schon Feldstärken von über 100 Tesla notwendig, und die schnellsten Rotatoren unter den ohnehin schon rasch rotierenden Aktiven Sternen würden entsprechend dem aufsteigenden Flußröhrenmodell schon Feldstärken von mehreren tausend Tesla erfordern – ein gewaltiges Feld, wenn man bedenkt, daß die technisch höchst anspruchsvollen Magnete des im Bau befindlichen 14 TeV LHC-(*Large Hadron Collider*)-Beschleunigers bei *CERN*, dem europäischen Kernforschungszentrum, 8.36 Tesla Felder fokussieren. Die höchste, im Rahmen von speziellen Forschungslabors technisch erzeugbare Feldstärke liegt momentan bei etwa 40–60 Tesla. Derart gewaltige Felder, die z.B. am *National High Magnetic Field Laboratory* in den U.S.A. oder an der Universität Amsterdam studiert werden, können aber nur kurzfristig aufrecht bleiben: nach etwa einer Sekunde würde bereits der gesamte Magnet schmelzen, weil die erzeugte Wärme nicht schnell genug abgeführt werden kann. Noch höhere Feldstärken, maximal bis zu etwa 200 T, werden dann nur mehr in selbstzerstörenden Magneten für eine Zeitspanne von etwa einer Mikrosekunde erzielt[5].

In Abb. 8.8 ist der Verlauf einer toroidalen, magnetischen Flußröhre bei unterschiedlichen Rotationsgeschwindigkeiten von der unteren Konvektionszonengrenze bis zur Photosphäre dargestellt. Wie wir heute glauben, ist das Konzept der magnetischen Flußröhren der Schlüssel zum Verständnis der Sonnen- und Sternaktivität. Sie sind das Verbindungsglied zwischen Dynamo und (beobachtbarer) Atmosphäre.

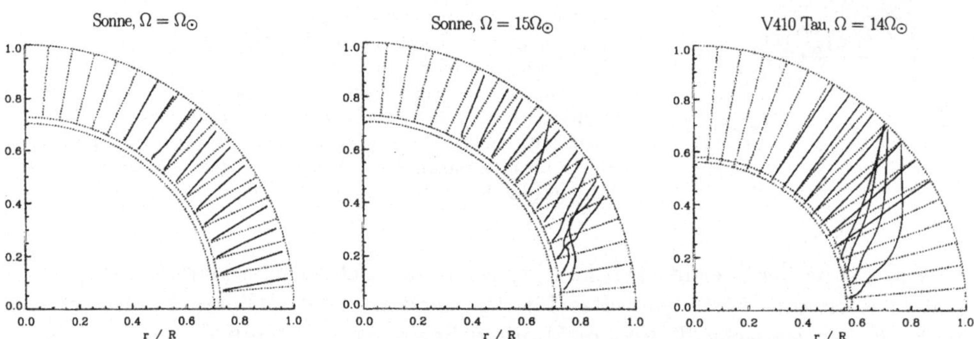

Abbildung 8.8: Magnetohydrodynamische Modellrechnungen für das Auftreten von Flecken bei hohen Breitengraden, produziert mit dem Computer-Code von Schüssler & Solanki (1992). Gezeigt ist je ein Ausschnitt des Sterninneren mit dem Zentrum in der linken unteren Ecke. Die jeweils rechte, halbkreisförmige Linie stellt die Sternoberfläche dar. *Links:* die Sonne mit den heute beobachteten Parametern (Ω ist die Winkelgeschwindigkeit; $\Omega_\odot = 2.7 \times 10^{-6}\ s^{-1}$,). *Mitte:* die heutige Sonne aber mit 15facher Winkelgeschwindigkeit, und *Rechts:* ein Modell des schwachen T-Tauri-Sternes V410 Tau, der die Sonne im Alter von 1 Million Jahre repräsentieren könnte. Die strichlierten Radien (bei der heutigen Sonne bei $r = 0.72$) begrenzen die Dicke der *Overshoot*-Region am unteren Ende der Konvektionszone. Die durchgezogenen, z.T. gekrümmten Konturen, sind der Verlauf des Aufstieges einer Flußröhre.

[5]Zum Vergleich, an der Oberfläche mancher Weißer Zwerge wurden Felder von bis zu 100,000 Tesla gemessen! Der Mensch hat noch keine Ahnung wie sich Materie, oder vielleicht auch elektromagnetische Strahlung, in der Präsenz derartig starker Magnetfelder verhält.

Selbstverständlich basieren diese Rechnungen immer noch auf einigen, wenn auch plausiblen Annahmen, wie wir in Abschnitt 8.2.4 noch gleich sehen werden. Ausgangspunkt der Rechnungen war auch immer, daß die Flußröhren bereits in der Overshoot-Region sitzen, bevor sie noch gestört werden und somit aufsteigen können. Die pure Existenz dieser Overshoot-Region, oder besser allgemein, der Übergangszone wo der Energietransportmechanismus aus dem Sterninneren von Strahlung auf Konvektion wechselt, ist für das Modell von unerläßlicher Wichtigkeit. Nur, was wäre wenn wir Magnetfelder bzw. magnetische Phänomene bei Sternen beobachten könnten, die keine solche Overshoot-Region haben? Und wie sollte es auch anders sein, genau dies wurde kürzlich auch beobachtet. Dabei spreche ich nicht von den unzähligen, sogenannten schwachen T-Tauri-Sternen. Hier könnte man argumentieren, und neueste Sternentwicklungsrechnungen, die die Geometrie des Wolkenkollapses berücksichtigen bestätigen dies, daß diese Sterne sehr wohl einen schwachen radiativen Kern ausbilden, und zwar schon vor dem Deuteriumbrennen.

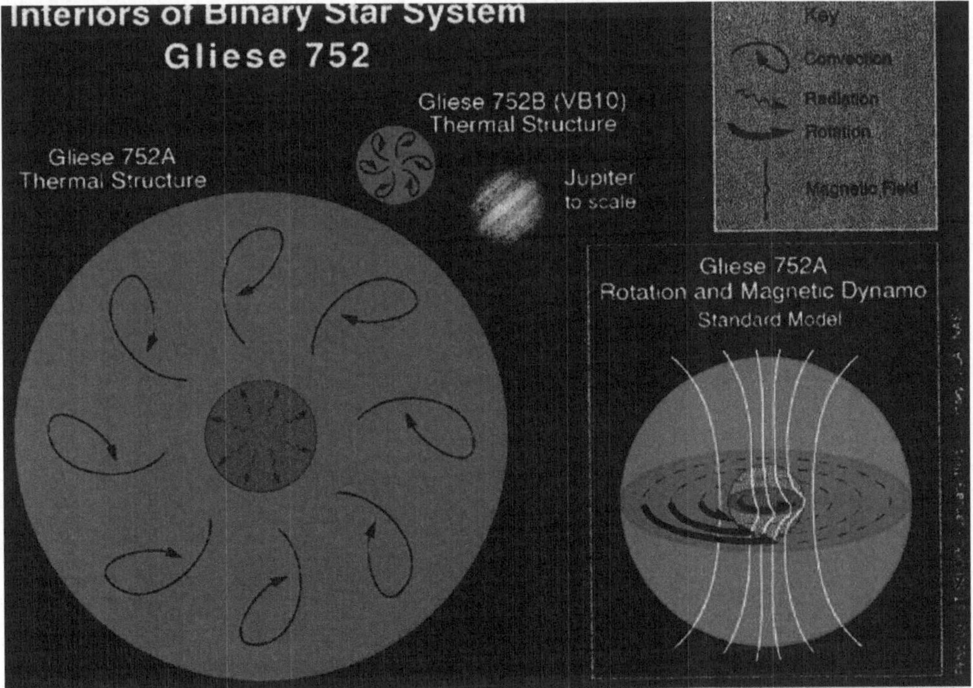

Abbildung 8.9: Das Puzzle um das Magnetfeld von Gl752B = VB10: wie kann ein massearmer, fast schon Brauner-Zwerg ohne radiativen Kern einen Dynamo betreiben? VB10 ist die schwächere Komponente des Doppelsternsystems *Gliese 752*. Der Primärstern, Gl752A, ist ein Roter Zergstern. Die Grafik veranschaulicht die Größenverhältnisse zwischen den beiden Komponenten und Jupiter. Das rechte Insert ist eine schematisierte Darstellung des inneren Aufbaus von Gl752A mit differentieller Rotation, Magnetfeld (weiße Linien), und radiativem Kern (blauer Bereich). Letzterer fehlt bei Gl752B, und trotzdem muß der Stern irgendwie ein Magnetfeld generieren. (Nach einer Grafik von J. L. Linsky, JILA, mit frdl. Genehmigung durch AURA/STScI).

Die Rede ist vielmehr von einem Stern, dessen Masse in der Grauzone zwischen

Stern und Braunem-Zwerg bzw. Riesenplanet liegt: dem „Beinahe-Braunen-Zwerg" mit dem schönen Namen *Van Biesbroeck 10* (VB10). Bei seiner extrem kleinen Masse von nur 0.08 Sonnenmassen ist das Argument eines radiativen Kerns nicht mehr ganz so einsichtig, und doch beobachtete ein Team um den amerikanischen Astrophysiker Jeffrey L. Linsky vom Joint Institute for Laboratory Astrophysics in Boulder, flare-artige Ausbrücke in seinem ultravioletten Spektrum (siehe Abb. 10.31 in Kapitel 10.7). Explosive Flares sind auf der Sonne nichts besonderes, und auch bei anderen Aktiven Sternen werden sie häufig beobachtet, nur kommen sie *immer* ausschließlich in der Präsenz eines starken, lokalen Magnetfeldes vor. Woher soll aber VB10 dieses Magnetfeld nehmen, wo er doch keinen radiativen Kern und somit auch keine Overshoot-Region besitzt in der ein Dynamo funktionieren könnte, der „Stern" ist durch und durch konvektiv! Die Antwort – wie so oft in der Astronomie – steht noch aus, doch deutet nun einiges darauf hin, daß der Sonnendynamo eben nur eine ganz spezielle Form eines Dynamos ist.

VB10 ist also ein schönes Beispiel für einen extrem massearmen Stern, der offensichtlich immer noch ein Magnetfeld generieren kann. Genau das Gegenteil scheint uns der M9.5+ Stern BRI 0021–0214 zu erzählen. Spektren mit dem Keck-Teleskop von den kalifornischen Astronomen Gibor Basri und Geoffrey Marcy (1995) haben gezeigt, daß der Stern einerseits sehr schnell rotiert – etwa zwanzigmal schneller als ein typischer, nichtaktiver M-Zwergstern – und trotzdem ist keine Balmer Hα-Emission im Spektrum sichtbar, der Stern ist also inaktiv. Nachdem BRI 0021–0214 momentan noch das erste und einzige Objekt mit einer derartigen Anomalie ist, müssen noch weitere Beobachtungen abgewartet werden bis man Vermutungen über einen neuen Drehimpulserhaltungsmechanismus anstellen kann.

8.2.4 Magnetische Flußröhren

Im vorigen Abschnitt verwendeten wir des öfteren den Term „Flußröhre", ohne ihn eigentlich genauer zu beschreiben. Der Grund dafür liegt in der Komplexität dieses Phänomenes. Daher ein eigener Abschnitt. Ort des Geschehens ist die Konvektionszone eines Sternes (vgl. Abb. 8.8), also jener Teil der Sternhülle in dem der Energietransport durch Konvektion stattfindet, wie im Kochtopf auf einer Herdplatte. Das Zauberwort Konvektion kann begrifflich leicht verstanden werden, denn es beschreibt dieselben turbulenten Strömungen, die in einem Kochtopf voller heißen Wassers auftreten (p.s. auch im Gulasch natürlich) und ich empfehle, beim Kochen einmal noch genauer in den Topf zu schauen[6]. Bei der Sonne ist der „Kochtopf" aber 200,000 km tief und mit einem elektrisch sehr leitfähigen Plasma gefüllt. Die Ausläufer der darin enthaltenen konvektiven Strömung sind am oberen Ende des Kochtopfes, d.h. an der Oberfläche, als das Phänomen der Granulation beobachtbar, am unteren Ende bilden sie die bereits erwähnte *Overshoot*-Region.

Man geht jetzt von der Annahme aus, daß durch das ständige Eindringen konvektiven Materials aus der Konvektionszone in die darunterliegende radiative Zone,

[6] Allen interessierten (Hobby)Experimentatoren empfehle ich, einen Kochtopf mit etwas Speiseöl am Herd zu erhitzen und sich die resultierenden Oberflächenfiguren anzusehen. So ähnlich sieht's auch auf der Sonnenoberfläche aus. Aber Vorsicht ist geboten!

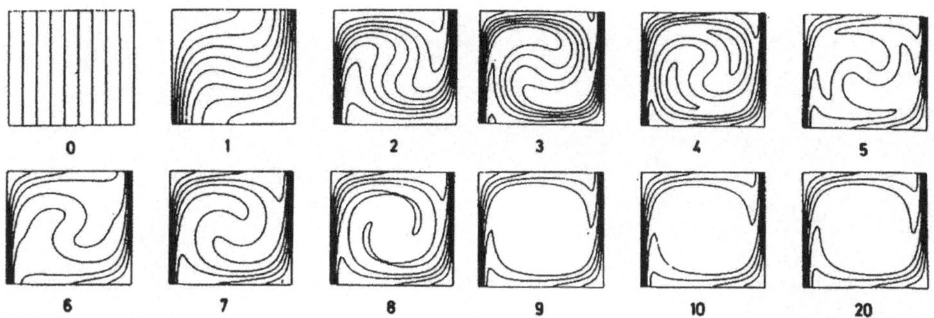

Abbildung 8.10: Die Entstehung einer magnetischen „Flußröhre". Dreht sich ein Plasma mit darin eingeschlossenem Magnetfeld um eine Achse, die hier normal zur Bildebene liegt (im Urzeigersinn in unserem Fall), dann kommt es schon nach wenigen Rotationen zu einer Auslöschung des Magnetfeldes in den inneren Bereichen und somit zur Ausbildung einer Röhre. Aller magnetischer Fluß wird dann nur mehr in der Hülle dieser *Flußröhre* transportiert. Die Zahlen sind eine relative Zeitskala. (Nach D. J. Galloway & N. O. Weiss 1981).

magnetischer Fluß in einer Zwischenschicht – eben der *Overshoot*-Region –, gesammelt und gespeichert wird. Diese angeschwemmten magnetischen Feldlinien gehorchen strikt den Bewegungen des Plasmas in dem sie eingebettet sind und in der Fachsprache sagt man, daß die Feldlinien im Plasma eingefroren sind. Eine Bewegung des Plasmas normal zur Feldlinie wird durch dessen hohe Leitfähigkeit unterbunden und ist im eingefrorenen Zustand nur *entlang* einer magnetischen Feldlinie möglich. Die Verteilung des magnetischen Flusses in der Overshoot-Region wird also nicht homogen sein, sondern man stellt sie sich in horizontalen Flußröhren vor. Doch wie kommt es zur Ausbildung solcher Strukturen?

Nachdem das lokale Geschwindigkeitsfeld der Konvektion annähernd kreisförmig ist, schließen sich die Magnetfeldlinien zu Bündeln zusammen und bilden toroidale (d.h. horizontale) magnetische Flußröhren, auch wenn die ursprüngliche Verteilung der Feldlinien homogen und zueinander parallel war. Numerische Rechnungen veranschaulichen diesen Vorgang in eindrucksvoller Weise (siehe Abb. 8.10): Ausgangspunkt hierfür ist ein vertikales Magnetfeld mit parallelen Feldlinien. Die kreisförmige Bewegung des Plasmas nimmt nun die Feldlinien an der Peripherie der Bewegung weiter mit als im Inneren der „Konvektionszelle" wo die Geschwindigkeiten kleiner sind – es wickelt das Feld regelrecht auf –, dabei werden die Feldlinien eng aneinander gedrängt, und die äußere Feldliniendichte steigt an. Nach nur ein paar Umdrehungen des Plasmas kommen sich aber entgegengesetzt gerichtete Feldlinien im Inneren der Zelle so nahe, daß sie sich gegenseitig aufheben, und nach ein paar weiteren Rotationen ist die Zelle von Magnetfeldlinien vollständig leergefegt und nur die äußeren, dichteren Feldlinien bleiben über und bilden eine Röhre. Es ist heute noch nicht ganz klar wo sich diese Röhren im Sterninneren wirklich bilden, etwa in der gesamten Konvektionszone oder nur in der Overshoot-Region, oder ob nur die Flußröhren aus der Overshoot-Region lange genug leben um einen Einfluß zu haben. Hier gibt es noch viel Forschungsarbeit zu leisten.

Weiters nimmt man an, daß die Feldstärke dieser Flußröhren im Laufe des Ak-

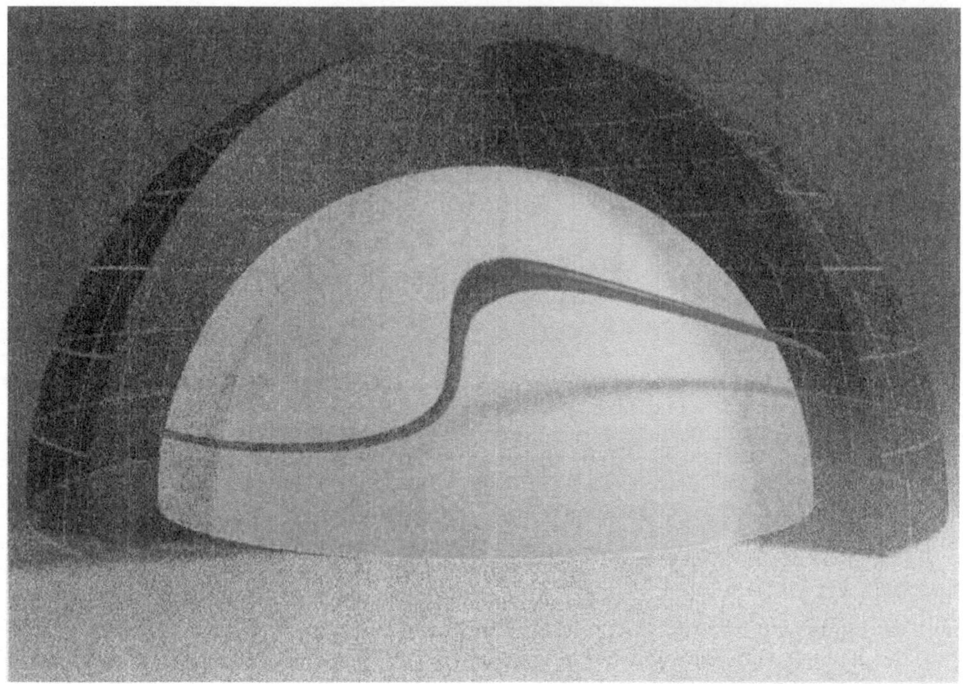

Abbildung 8.11: Dreidimensionale Ansicht einer Flußröhre kurz vor dem Ausbruch an der Oberfläche. Die äußere Halbkugel mit den Längen- und Breitengraden stellt die Sonnenoberfläche dar, die innere Halbkugel den radiativen Kern bzw. den Boden der Konvektionszone, etwa 200,000 km tiefer. Die Stelle, bei der die Flußröhre dicker erscheint ist auch deren höchstliegendster Teil, wo der umgebende Gasdruck bereits kleiner geworden ist und sich die Röhre daher mehr aufblähen kann als in tieferen Schichten. Bemerke auch die Neigung der Röhre gegenüber der Äquatorebene. (Mit frdl. Gen. von Manfred Schüssler und Peter Caligari, Kiepenheuer Institut für Sonnenphysik).

tivitätszyklus des solaren bzw. stellaren Dynamos so weit zunimmt, daß sie nicht mehr im Kräftegleichgewicht mit deren Umgebung sind. Jetzt genügt schon ein kleiner „Schubs", z.B. durch eine adiabatische Störung[7], um den gestörten Teil der Röhre aus dem hydrostatischen Gleichgewicht zu bringen und von unten her in die Konvektionszone eindringen zu lassen. Dabei werden die Magnetfeldlinien der Röhre verbogen. Die Flußröhre wird daraufhin versuchen wieder ins Gleichgewicht zu gelangen. Dies geschieht, indem innerhalb der Röhre Plasmamasse verschoben wird, und zwar von der ausgelenkten Stelle weg. Dadurch wird die Röhre an dieser Stelle etwas leichter und steigt weiter auf, anstelle wieder zurück ins Gleichgewicht zu gelangen. Diese ursprüngliche Instabilität, die zum erstmaligen Auslenken der Röhre führte, nennt man heute die *Parker-Instabilität.* Die Folge ist ein konsequenter, immer schneller werdender Aufstieg der schleifenförmigen Auslenkung bis an die Oberfläche, während der Rest der Flußröhre fest in der Overshoot-Region verankert bleibt. Daß dabei die Magnetfeldlinien recht gedehnt werden, spielt keine

[7] Regionen, die auf jeder Höhe die gleiche Temperatur haben wie das umgebende Plasma.

besondere Rolle, da der Auftrieb wesentlich stärker ist als die Rückstellkraft der gebogenen und gedehnten Magnetfeldlinien.

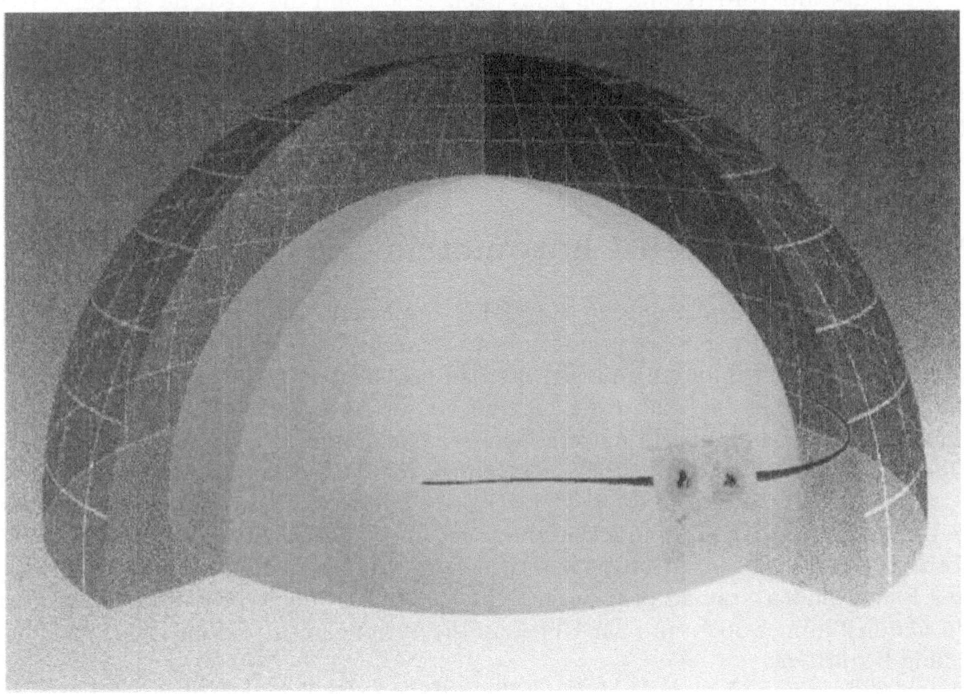

Abbildung 8.12: Dieselbe Ansicht wie in Abb. 8.11 aber nach der Ankunft der Flußröhre an der Oberfläche und dem nachfolgenden Aufbruch dessen Magnetfeldes in Form einer bipolaren Fleckengruppe. (Nach P. Caligari 1995, *Dynamik magnetischer Flußröhren*, Doktorarbeit Universität Freiburg).

Liegt ein numerisches Modell für die Konvektionszone vor – das ist der Verlauf von Masse, Temperatur, Dichte, und Druck u.s.w. mit der Tiefe –, dann kann ein sehr komplexes System von Gleichungen gelöst werden, die Bewegung und den Zustand dieser Flußröhre beschreiben. Derartige Simulationen bedürfen großer Computer, und auch dann kann das Problem nur unter sehr vereinfachten Umständen gelöst werden. Die beiden Abbildungen 8.11 und 8.12 veranschaulichen die dreidimensionale Geometrie und den zeitlichen Ablauf des Aufstiegs einer Flußröhre am Beispiel der Sonne. Abbildung 8.11 zeigt den Zustand kurz vor der Ankunft der schleifenförmigen Röhre an der Sonnenoberfläche und Abb. 8.12 identifiziert die beiden Durchstoßpunkte an der Oberfläche mit einer *bipolaren* Fleckengruppe, bestehend aus einem p-Fleck der einen Polarität und einem f-Fleck der anderen Polarität (siehe Abschnitt 8.2.2). Auch wenn der Vertex der Flußröhre die Oberfläche bereits erreicht hat, steigt der Rest der Röhre weiterhin auf und es kommt zu einer Auseinanderbewegung der beiden Durchstoßpunkte, und liefert somit eine einfache Erklärung für das beobachtete Verhalten von bipolaren Sonnenflecken. In den beiden Abbildungen stellt die Halbkugel mit eingezeichneten Längen- und

Breitengraden die Sonnenoberfläche dar, während die innere Halbkugel den Boden der Konvektionszone entspricht. Die Sonnenrotation ist hier entgegen dem Uhrzeigersinn, also im Vordergrund von links nach rechts, um die vertikale Achse.

Soviel zur Theorie der Fleckenentstehung. Wenden wir uns nun aber der Beobachtung von Sternflecken zu. Die einfachste Weise Sternflecke zu beobachten ist, das Licht eines Sternes auf bestimmte, periodische Unregelmäßigkeiten hin zu untersuchen. Dies kann schon mit einem mittleren Amateurfernrohr gemacht werden, alles was benötigt wird ist ein wenig Kleingeld und ein Photometer.

8.3 Sternflecken-Photometrie

Wie schon in der Einleitung zu Kapitel 2 beschrieben, ist es ein schwerer und langer Weg gewesen, bis der periodische Lichtwechsel, der bei einer ganzen Reihe von zum Teil recht unterschiedlichen Sternen beobachtet wurde, auch richtig interpretiert worden ist (vgl. dazu die Lichtkurven in Abb. 8.25 bzw. in 8.20). Dabei haben auch so renommierte Astronomen wie der damalige Direktor des Harvard-Observatoriums, Edward C. Pickering, einige falsche Interpretationen publiziert: etwa, daß der Lichtwechsel des später als Bedeckungsveränderlichen identifizierten β Lyrae auf Sternflecken zurückzuführen sei, in Wirklichkeit aber durch die verformte Gestalt der Einzelsterne verursacht wird. In diesem Kapitel wollen wir uns, aus Platzgründen, mit ein paar ausgesuchten Beobachtungen beschäftigen. Es gibt da nämlich immer noch ein paar Ungereimtheiten, die noch ausführlicher Untersuchung bedürften ...
Zuerst sollten wir aber ein paar Grundbegriffe aus der lichtelektrischen Photometrie kennenlernen: damit wir nicht nur *blabla* machen, sondern sicher sind, von was wir gerade sprechen (bzw. lesen).

8.3.1 Astronomen müssen einzelne Photonen zählen

Unter bestimmten Umständen kann man sich Licht aus einzelnen Lichtteilchen – den Photonen – zusammengesetzt vorstellen, deren Energie E direkt proportional deren Frequenz ν bzw. umgekehrt proportional deren Wellenlänge λ ist, also $E = h\nu = hc/\lambda$, wobei der Proportionalitätsfaktor das Plancksche Wirkungsquantum ist: der kleinste mögliche Energiebetrag (c ist die Lichtgeschwindigkeit mit etwa 300,000 $\mathrm{km\,s^{-1}}$). Nun, Photonen von anderen Sternen kommen auf der Erde nicht regelmäßig an, sondern bilden Gruppen, etwa wie der Regen aus Regentropfen besteht und nicht aus einem einzigen Guß Wasser. Die Verteilung der Photonen gehorcht der sogenannten *Poisson-Statistik*. Mathematisch wird dies folgendermaßen ausgedrückt:

$$P(i) = \frac{e^{-n} n^i}{i!}, \tag{8.3}$$

wobei n die *mittlere* Anzahl von Photonen ist, die im Zeitintervall Δt ankommen. In Worten sagt uns die Poisson-Statistik nun folgendes: $P(i)$ ist die Wahrscheinlichkeit, daß in einem Zeitintervall Δt die Anzahl der ankommenden Photonen gleich i ist.

Diese Unsicherheit in der Bestimmung der Ankunftszeit einzelner Photonen ist eine fundamentale Limitierung der erzielbaren Meßgenauigkeit jeglicher Photometrie. Man nennt es das „Photonenrauschen“: ein mittlerer Fluß von n Photonen hat Fluktuationen der Größe $\sqrt{n}$. Die mittlere Anzahl der Photonen von der Sonne, die auf der Erde im visuellen Licht pro Sekunde, pro cm^2 und pro Wellenlängenintervall von 1 nm gemessen werden kann, beträgt etwa 2×10^{12}. Dieser Wert kann für einen beliebigen, fixierten Zeitpunkt aber um die Wurzel aus diesem Wert unterschiedlich sein, also um $\sqrt{2 \times 10^{12}} \approx 1.4 \times 10^6$ Photonen schwanken. Obwohl dies eine Menge Photonen sind, ist es nur etwa der 10^{-6}-ste Teil. Zum Vergleich, das menschliche Auge kann gerade noch etwa 20 Photonen pro Nanometer und Sekunde registrieren.

8.3.2 Der lichtelektrische Effekt

Die klassische Stellarphotometrie beruht auf dem *lichtelektrischen Effekt*, der 1887 von dem deutschen Physiker Heinrich Hertz entdeckt und 1905 von Albert Einstein theoretisch interpretiert wurde[8]. Was war es, daß Heinrich Hertz beobachtet hat? Er richtete elektromagnetische Strahlung auf eine blanke Metallfläche und beobachtete, daß sich dadurch Elektronen aus dem Metall ablösten wenn die Strahlung eine bestimmte Frequenz hatte – etwa kurzwelliges UV-Licht, nicht aber langwelliges, rotes Licht. Wie es zu diesem Effekt kommen kann, hatte bis dahin niemand zu erklären vermocht. Erst die Vorstellungen von Planck's Quantentheorie führten Einstein zu der Erkenntnis, daß sich das Licht wie Teilchen verhält, und der lichtelektrische Effekt nichts anderes ist, als die Umwandlung von Photonenenergie $h\nu$ in potentielle und kinetische Energie der Elektronen im Kristallgitter des Metalls. Bewegte Elektronen in einem Metall sind aber nichts anderes als ein elektrischer Strom, daher der Name „licht-elektrischer“ Effekt.

8.3.3 Photometrische Filtersysteme

Astrophysikalisch wertvolle Information kann man gewinnen, indem man den Photonenfluß eines Sternes bei verschiedenen Wellenlängen mißt. Die Differenz im Fluß zwischen nieder- und hochfrequenten Photonen etwa, erlaubt einen Rückschluß auf die Temperatur der Sternoberfläche. Diese und ähnliche Überlegungen haben im zweiten Drittel des 20. Jahrhunderts zur Einführung von weltweit normierten Filtersystemen geführt. Die beiden am häufigsten verwendeten Systeme sind das *Johnson*-Breitbandsystem und das *Strömgren*-Schmalbandsystem. Ersteres wird durch fünf Filter, je etwa 1000-Å (also 100 nm) breit, definiert: U für das Ultraviolett, B für das Blau, V fürs Visuelle (=gelb), R für Rot, und I für das nahe Infrarot. Das Strömgren-System hingegen besteht aus primär vier Filtern mit einer Breite von nur etwa 100–300 Å (10–30 nm): dem u für ultraviolett, v für violett, b für blau, und y für gelbes Licht (yellow). Die zentralen Wellenlängen beider Systeme sind nun so gewählt, daß das Johnson-System bevorzugt bei kühlen Sternen angewendet wird und das Strömgren-System bevorzugt bei heißen Sternen. Die F-Sterne bilden dabei

[8] Dafür hat Albert Einstein auch 1921 den Nobelpreis für Physik erhalten.

in etwa die „Grenze“[9]. Der Beobachter muß natürlich auch seine ganz „realen“ Resourcen kennen, um das richtige Filtersystem zu wählen. Strömgren-Schmal- bzw. Mittelbandfilter sind teuer und erfordern größere Teleskopöffnung als Breitbandfilter, oder eben längere Integrationszeiten, was wiederum hohe Anforderung an die Nachführung des Teleskopes stellt. Der Amateurastronom mit lichelektrischer Ausrüstung wird sich daher wohl für das Johnson-System entscheiden.

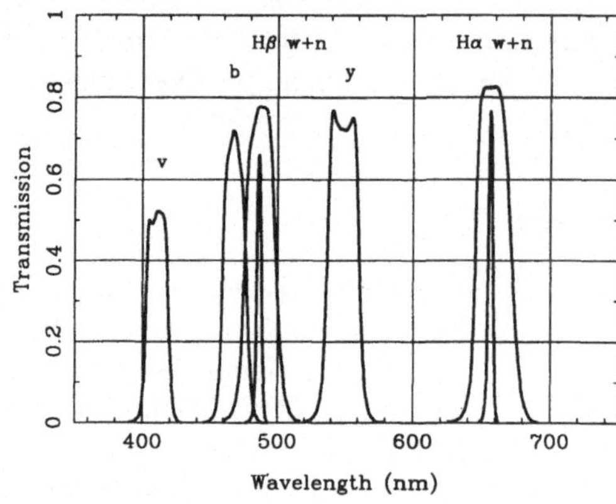

Abbildung 8.13: Die Durchlässigkeit bestimmter Filter des Strömgren-*uvbyβ*-Systems, sowie der beiden Balmer-Hα-Filter (n: Schmal-, und w: Breitband) der robotischen Teleskope der Wiener Universitätssternwarte in Arizona.

8.4 Lichtwechsel durch differentielle Rotation

Die wohl wichtigste Signatur der variablen Helligkeit von Fleckensternen ist dessen Modulation mit der Rotationsperiode. Dieser Umstand erlaubt es, die Rotation dieser Sterne mit sehr hoher Genauigkeit zu messen; etwa um einen Faktor 10 genauer als mit Hilfe der Rotationsverbreiterung der Spektrallinien durch den Doppler-Effekt (vgl. Kapitel 5.2). Was aber passiert, wenn die Oberfläche des gemessenen Sternes nicht überall gleich schnell rotiert, wenn es also signifikante Abweichungen von der starren Rotation gibt?

8.4.1 Die Sonne als Wegweiser

Ohne daß man eigentlich weiß bei welchem stellaren Breitengrad ein Sternfleck existiert, erhält man die Rotationsperiode des Sternes exakt immer nur bei diesem einen Breitengrad. Der Sonnenphysiker könnte hier als *Advokatus Diavoli* auftreten, denn er weiß, daß es auf der Sonnenoberfläche starke *differentielle Rotation* gibt: bei je höherem Breitengrad ein Sonnenfleck vorkommt, desto länger ist die gemessene Rotationsperiode. Die Sonne rotiert also in den polnahen Regionen langsamer als in der Äquatorgegend. Ja man kann sogar ein Rotationsgesetz als Funktion der

[9] Das Strömgren-Filtersystem wird aber auch immer öfter bei kühlen Sternen angewandt, da dessen Wellenlängen-Definitionen eine physikalisch bessere Interpretation der gemessenen Flüsse erlaubt.

solaren Breite θ ableiten. Es lautet

$$\Omega(\theta) = \Omega_0 + \Omega_2 \sin^2 \theta \tag{8.4}$$

wobei Ω_0 die Winkelgeschwindigkeit am Äquator ist und gemeinsam mit Ω_2 den dimensionslosen Parameter $k = \Omega_2/(\Omega_0 + \Omega_2)$ beschreibt, der den Grad der differentiellen Rotation angibt. Das k der Sonne ist etwa +0.2.

Das Auftreten von Sternflecken oder Plages bei unterschiedlichen Breitengraden – wie gesagt, auch wenn wir nicht genau wissen bei welchem Breitengrad ein aktive Region eigentlich wirklich liegt – erlaubt uns, die differentielle Rotation zu messen, indem wir aus Lichtkurven, aufgenommen bei vielen verschiedenen Zeitpunkten deren Periode bestimmen. Die Veränderungen der Periode lassen dann auf den Betrag der differentiellen Rotation schließen; nicht jedoch auf dessen Vorzeichen, um z.B. zu entscheiden ob die Polregionen nun um den gemessenen Betrag schneller oder langsamer als die Äquatorgegend rotieren. Eines der bestuntersuchtesten stellaren Beispiele, basiert auf Daten des Mt. Wilson H&K-Programmes (mehr dazu später in Kapitel 9): es ist der helle G0V-Stern β Comae (HD 114710). Die beiden Astronomen vom Smithsonian Center für Astrophysik (CfA), Sallie Baliunas und Robert Donahue ermittelten, in wahrer Detektivmanier, die differentielle Rotation von β Comae und fanden heraus, daß sich dessen Oberflächenrotation bei hohen und niedrigen Breitengraden um 21% unterscheidet. Auf der Sonne sind es sogar 30%. Die Abb. 8.14 erklärt dieses, nur auf den ersten Blick verblüffend sonnenähnliche Ergebnis.

8.4.2 Es gibt immer noch Überraschungen

Zwei Astronomen haben sich um die Bestimmung der differentiellen Rotation von aktiven Sternen besonders bemüht: der amerikanische Fleckenspezialist Douglas S. Hall von der Vanderbilt University in Nashville und der italienische Astronom Marcello Rodonó vom Catania Astrophysical Observatory in Sizilien. Beide sind – unabhängig voneinander – zum gleichen Ergebnis gekommen: nämlich, daß aktive Sterne um wenigstens einen Faktor 10 schwächere differentielle Rotation aufweisen als unsere inaktive Sonne! Dies ist überraschend, da das Vorhandensein von differentieller Rotation in einer stellaren Konvektionszone eine der beiden Ingredienzen des $\alpha\Omega$-Dynamos ist. Warum haben also ausgerechnet sehr aktive Sterne, die nachweisbar einen effektiven Dynamo besitzen, so schwache differentielle Oberflächenrotation? Behindert etwa das starke Magnetfeld die differentielle Rotation? Leider kennen wir die Antwort auf diese Fragen noch nicht, dürfen aber nicht vergessen, daß es eigentlich die tiefenabhängige differentielle Rotation ist, die im $\alpha\Omega$-Dynamo operiert – aber eben nicht ausschließlich.

Einen weiteren, unerwarteten Hinweis zum großen Fragenkomplex des stellaren Dynamoprozesses lieferten Zeitserien-Doppler-Bilder der Sterne UX Arietis und V711 Tauri der beiden amerikanischen Astronomen Steven Vogt und Artie Hatzes, sowie von HU Virginis des Autors. Was war nun daran so besonderes? Verfolgt man nämlich eine bestimmte Fleckenverteilung auf der Sternoberfläche mit der Zeit, *und* kann man dieselben Flecken in jedem Doppler-Bild eindeutig identifizieren, *und* wenn sie auch noch bei verschiedenen Breitengraden liegen, dann sollten

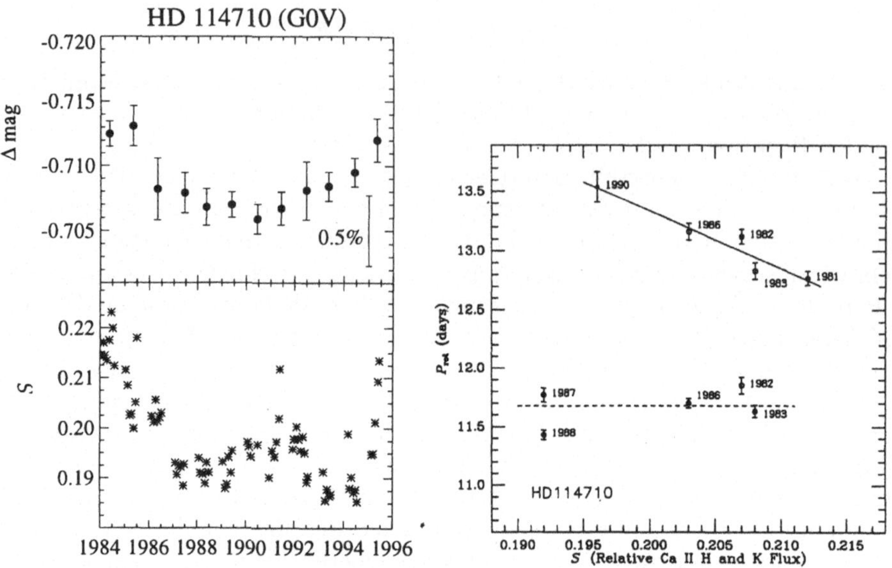

Abbildung 8.14: Aktivitätszyklus und Periodenänderung des G0-Hauptreihensternes β Comae. Links ist ein Vergleich von Messungen der Photosphäre (differentielle Strömgren-Photometrie in magnitudines) mit der chromosphärischen Ca II-H&K-Emission (Mt. Wilson S-Index, siehe Kapitel 9). Der Strahlungsverlust der beiden Atmosphärenschichten variiert bei β Comae offensichtlich gleichgeschaltet. Die rechte Abbildung trägt nun die, aus täglichen H&K-Beobachtungen gemessene Rotationsperiode (im Mittel etwa 12.5 Tage) gegenüber dem Aktivitätsgrad, eben dem S-Index auf. Man sieht, erstens, daß es zwei unterschiedlich aktive Zonen am Stern geben muß, und zweitens, daß die Rotationsperioden der einen Zone mit dem Verlauf des Aktivitätszyklus korelliert sind, indem sie zum Aktivitätsmaximum hin kürzer werden, während die Perioden der anderen konstant bleiben. Änderungen der Rotationsperiode können durch differentielle Rotation, gepaart mit einer Breitenwanderung der aktiven Regionen, wie bei der Sonne, erklärt werden. Geht man bei β Comae von solarer Analogie der differentiellen Rotation aus, d.h. Zonen bei höheren Breitengraden rotieren langsamer, dann sagt uns das obige Diagramm, daß die aktiven Regionen auf β Comae – Flecke, Plages etc. – im Laufe eines Aktivitätszyklus zu höheren Breitengraden wandern – genau umgekehrt wie bei der Sonne! Oder, als zweite Erklärung, die differentielle Rotation auf β Comae verläuft genau umgekehrt: Zonen bei höheren Breiten würden dann schneller rotieren. (Mit frdl. Gen. nach Robert Donahue & Sallie Baliunas, Smithsonian-CfA und Wesley Lockwood, Lowell Observatory).

die Flecken im Laufe der Zeit eine beobachtbare Breitenwanderung, ganz analog der der Sonnenflecken, durchmachen. Und genau das taten die netten Flecken auf UX Ari, V711 Tau und HU Vir auch. Nur, sie wanderten zu den Polen hin und nicht, wie bei der Sonne, von hohen Breitengraden zum Äquator! Aus den Breitenpositionen in den einzelnen Doppler-Bildern läßt sich dann leicht ein Gesetz für die differentielle Rotation ableiten. Abbildung 8.15 zeigt das Ergebnis am Beispiel V711 Tauri, dessen Rotation an den polaren Regionen mit der orbitalen Periode synchronisiert erscheint, am Äquator jedoch langsamer ist. Der Unterschied beträgt aber nur 0.4% (bei der Sonne beträgt der Unterschied 20%) und ist somit 50-mal schwächer ausgebildet als bei der Sonne. Offensichtlich kann der Dynamo

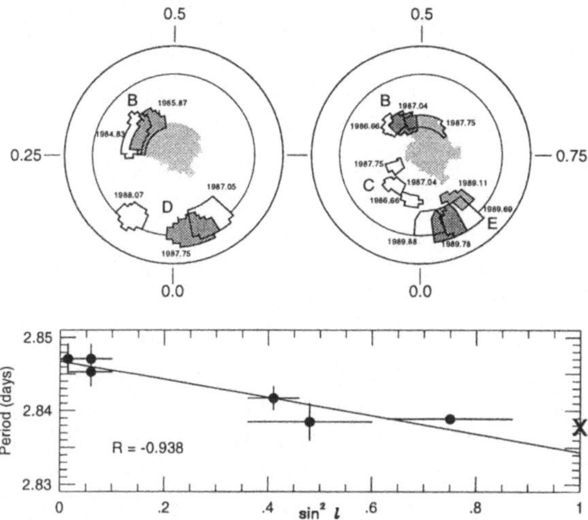

Abbildung 8.15: Die differentielle Rotation der K1IV-Komponente des aktiven Doppelsternes V711 Tauri (=HR 1099). Die oberen Doppler-Bilder identifizieren einzelne Flecken bei verschiedenen Zeiten. Im unteren Diagramm ist hier die abgeleitete Rotationsperiode in Tagen gegenüber dem stellaren Breitengrad l in der Form $\sin^2 l$ aufgetragen. Das X am rechten Rand markiert die orbitale Periode am Rotationspol (der linke Rand bei $\sin^2 l = 0$ entspricht dem Äquator). Wie man sieht, rotiert V711 Tauri an den Polen schneller als am Äquator. (Mit frdl. Gen. nach S. S. Vogt & A. P. Hatzes 1996).

eines aktiven Sternes[10] recht unterschiedlich zu dem der Sonne sein.

8.5 Lichtkurven aus dem Computer

Dem Astronomen reicht es natürlich nicht, nur eine einzelne Periode aus einem, mit viel Anstrengung und (Wetter)-Glück erhaltenen, photometrischen Datensatz zu gewinnen. Wir wollen ein richtiges Modell für die Fleckenverteilung erstellen und mit der beobachteten Lichtkurve vergleichen. Leider ist die Information, die uns derartiges „modellieren“ von Lichtkurven geben kann, im Vergleich zum Doppler-Imaging beschränkt (vgl. Kapitel 5). Das kommt alleine schon daher, da jeder Punkt in der Lichtkurve eine Integration der Helligkeiten aller einzelner Oberflächenpunkte über die ganze sichtbare Sternscheibe ist. Daher werden wir aus einer Lichtkurve nur ungefähre Information über die Position von einzelnen Flecken auf der Sternoberfläche erhalten. Im Vergleich zum technischen Aufwand bei der hochauflösenden Spektroskopie, ist es aber ein leichtes, eine Lichtkurve eines veränderlichen Sternes aufzunehmen. Sehen wir uns zunächst einmal an, wie ein derartiges Fleckenmodell konstruiert wird.

8.5.1 Ein einfaches numerisches Modell

Wir gehen von der Geometrie einer Kugel aus, die die Oberfläche des Sternes repräsentieren soll und die wir im Computer mit der Rotationsperiode des zu untersuchenden Sternes rotieren lassen. Die Kugeloberfläche wird dabei in eine große Anzahl von kleinen Flächenelementen aufgeteilt, etwa 4,000 an der Zahl wenn eine Auflösung von $3° \times 3°$ gewünscht wird. Dies ist das sphärische Inte-

[10] Genauer gesagt, eines aktiven Doppelsternes, denn UX Ari, V711 Tau und HU Vir sind enge Doppelsterne vom RS CVn-Typ.

grationsnetz. Jetzt können wir jedem dieser Flächenelemente einen physikalischen Parameter zuordnen. Wir wählen effektive Temperatur und erstellen die Funktion $T_{\rm eff}(\ell, b, r=1)$, wobei ℓ und b die Koordinaten der Kugeloberfläche sind (ℓ ist die stellare Länge, und b die stellare Breite wie auf der Erde die geographische Länge und Breite), und r der Sternradius ist den wir einfach auf eins setzen.

Natürlich können wir die Temperatur eines Sternes nicht direkt messen, nicht einmal die der Sonne - dazu müßte man in die Sonne ein Thermometer hineinstecken -, Astronomen „erkennen" Temperatur nur über die elektromagnetische Strahlung. Der einfachste Weg ist daher die Annahme, daß sich jedes Oberflächenelement wie ein Schwarzer-Strahler verhält: eine Art Idealvorstellung, die in der Natur leider nie realisiert ist, aber bei manchen Anwendungen eine brauchbare Näherung liefert (wie in unserem Fall). Damit gilt das Plancksche Strahlungsgesetz, das uns den Zusammenhang zwischen Temperatur und Strahlungsfluß gibt: letzteren können wir zeitabhängig in relativen Einheiten messen - das Resultat ist eben unsere Lichtkurve -, und die Rechnung ist somit mit der Beobachtung vergleichbar. Das Plancksche Gesetz haben wir schon in vollem Umfang in Glchg. 7.5 angegeben. Man schreibt übrigens für $I_\lambda(T_{\rm eff})$ meist auch $B_\lambda(T_{\rm eff})$ um anzudeuten, daß es sich um rein Schwarze Strahlung handelt wobei λ die Wellenlänge in Nanometer ist, bei der beobachtet wurde. Jetzt sieht man auch schon wie wichtig es ist, ein wohldefiniertes Filtersystem zu verwenden!

Um die theoretischen Lichtkurven ein wenig „realistischer" zu machen, wollen wir noch den sogenannten Randverdunkelungseffekt berücksichtigen. Darunter versteht man den Umstand, daß die Intensität der Strahlung zum Sternenrand hin abnimmt. Diese Tatsache wurde zuallererst bei der Sonne direkt beobachtet und kommt natürlich auch bei anderen Sternen vor. Versuchen Sie einmal, zum Beispiel mit einem Feldstecher, ein Sonnenbild auf ein Blatt Papier zu projizieren. Schon da erkennt man, wie die Intensität des Sonnenbildes zum Rand der Scheibe hin abnimmt (p.s. wenn Sie allerdings den Feldstecher direkt auf die Sonne richten und durchsehen, werden Sie den Rest ihres Leben leider nichts mehr sehen, aber was betone ich das, wer dieses Buch liest, weiß das ohnehin). Die Ursache dieser Randverdunkelung ist eigentlich nur das Faktum, daß die Strahlung aus einer Hülle mit einer bestimmten Dicke kommt, der Sternatmosphäre, und nicht etwa nur aus einer infinitesimal dünnen Oberfläche. Genau in der Scheibenmitte, also bei senkrechtem Ausfallswinkel, sehen wir noch Strahlung aus tieferen und somit heißeren Schichten, während am Rande, bei schon fast tangentialem Ausfallswinkel, nur Strahlung aus den obersten, kühleren Schichten zu uns gelangen kann. Um diesen Effekt vollständig berechnen zu können, braucht man Kenntnis über die exakte physikalische Beschaffenheit der Sternatmosphäre bei jeder Tiefe: wie etwa bei der Berechnung des lokalen Linienprofiles in der Doppler-Imaging-Analyse in Kapitel 5. Für unsere Breitband-Lichtkurven reicht eine Näherung mit einem linearen Gesetz aber aus, sie lautet

$$I_\lambda(\theta) = B_\lambda(T_{\rm eff})\,(1 - u_\lambda + u_\lambda \cos\theta)\,. \tag{8.5}$$

Dabei bedeutet $I_\lambda(\theta)$ die Intensität von Oberflächenpunkte entlang konzentrischer Kreise um den Mittelpunkt der Sternscheibe und bei einer bestimmten Wellenlänge,

B die Planck-Funktion aus Glchg. (7.5), θ den Ausfallswinkel zwischen dem Sehstrahl und der Oberflächennormalen (am Scheibenrand ist $\theta = 90°$ und $\cos\theta = 0$ und im Scheibenmittelpunkt ist $\theta = 0°$ und $\cos\theta = 1$), und u ist der Randverdunkelungskoeffizient als Funktion der Wellenlänge (eine dimensionslose Zahl zwischen 0=keine Randverdunkelung und 1=maximale Randverdunkelung). Merke, je kürzer die Wellenlänge, desto stärker die Randverdunkelung.

Jetzt, so möchte man meinen, haben wir alle Ingredienzen beisammen, um mit der Rechnung beginnen zu können. Leider nicht ganz. Was noch fehlt ist die Berücksichtigung der unterschiedlichen Koordinatensysteme von Beobachtung und Rechnung. Die Sternoberfläche sieht man natürlich immer als (unaufgelöste) Scheibe, im Prinzip wie die Sonnenscheibe nur eben nicht aufgelöst. Unsere Rechnung wird aber auf einer Kugeloberfläche durchgeführt. Erst die Projektion der Kugeloberfläche mit den Koordinaten ℓ, b, auf eine ebene Fläche normal zum Sehstrahl, aufgespannt durch die Koordinaten L, B (die sogenannte Tangentialebene), ergibt den Anteil der berechneten Strahlung, der vom Beobachter empfangen werden kann. Wir benötigen also eine Transformation $I_\lambda(\ell, b) \longrightarrow I_\lambda(L, B)$. Diese Transformation beinhaltet zweierlei: erstens, die Berechnung der scheinbaren *Position* eines Sternfleckes auf der Sternscheibe und zweitens, das Verhältnis von wahrer Fläche jedes der etwa 3–4,000 Flächenelemente auf der Kugeloberfläche zu deren scheinbarer Fläche auf der Scheibe. Dabei kommen zwei weitere Winkel zum Tragen: die Neigung i der Rotationsachse des Sternes in Richtung des Beobachters – wird in der Regel mit 90° angegeben, wenn die Rotationsachse in der Tangentialebene liegt, also normal zum Sehstrahl ist –, und die Phase ϕ der Rotation (von 0 bis 360° für eine Rotation). Allgemein ist die Transformation dann gegeben mit

$$\begin{pmatrix} \ell \\ b \end{pmatrix} = D_i D_\phi \begin{pmatrix} L \\ B \end{pmatrix}, \tag{8.6}$$

wobei D_i die Drehmatrix ist, die durch die Neigung i der Rotationsachse des Sternes entsteht, und D_ϕ die Drehmatrix, die die Drehung des Sternes um den Winkel ϕ um die Rotationsachse beschreibt.

Nun müssen wir noch alle einzelnen Intensitäten über die ganze sichtbare, d.h. die Hälfte der Sternoberfläche integrieren. Dies liefert *einen* Wert für die Helligkeit des Sternes bei einer bestimmten Phase ϕ während einer Rotation. Es gilt

$$I_\lambda(\phi) = \int_{\ell=0}^{360°} \int_{b=-90°}^{+90°} I_\lambda(\ell, b)\, d\ell\, db, \tag{8.7}$$

und da wir für die Beobachtung normalerweise ein Filtersystem mit einer beträchtlichen Bandbreite verwenden ($\Delta\lambda \approx$100 nm im Fall des Johnson-Systems), müssen wir obiges Ergebnis noch mit der, für jeden Filter entsprechenden Filterfunktion S_λ falten. Für das Johnson-V-Filter z.B.

$$I_{\rm V}(\phi) = I_\lambda(\phi) * S_{\rm V}. \tag{8.8}$$

Die erhaltene Intensität braucht nunmehr nur mittels

$$m_V(\phi) = -2.5 \log I_{\rm V}(\phi) \tag{8.9}$$

in eine Helligkeit m_V in magnitudines im V-Filter umgerechnet werden und kann jetzt, *uff*, endlich mit der Beobachtung verglichen werden.

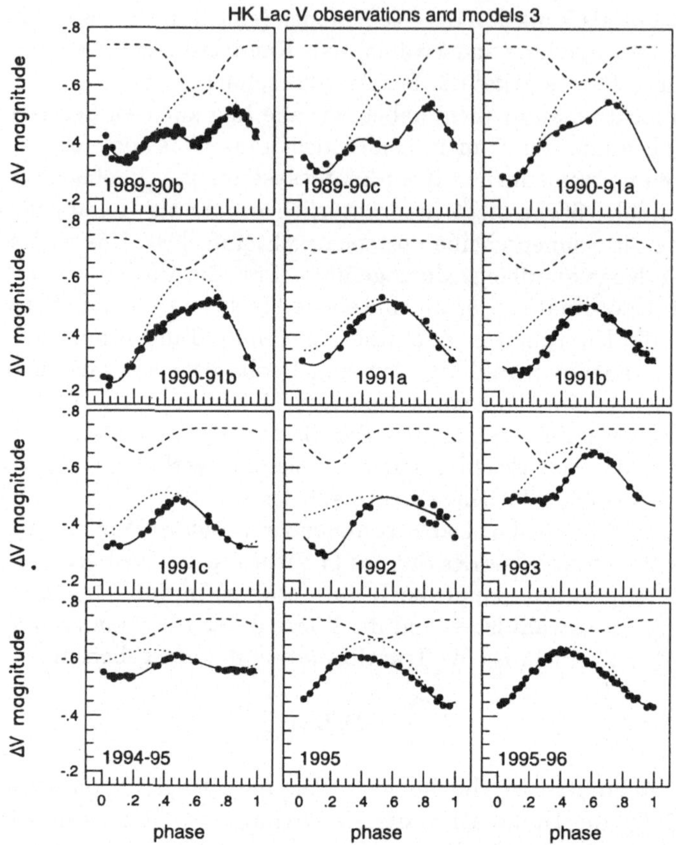

Abbildung 8.16: Mehrere Beispiele theoretischer und beobachteter Lichtkurven des RS-CVn-Doppelsterns HK Lacertae. Die Abbildungen zeigen differentielle V-Lichtkurven, die mit *zwei* Flecken bei unterschiedlichen Positionen am Stern gerechnet wurden (die jeweils strichlierte bzw. punktierte Kurve), sowie die Anpassung an die Beobachtung (die durchgezogenen Linien). Wir sehen, daß bei Annahme eines einzelnen Fleckes, die beobachtete Lichtkurve (die Punkte) nicht rekonstruiert werden könnte, da sich der Fleck die halbe Rotationsphase auf der uns abgewandten Seite des Sternes befindet und somit das Licht nicht moduliert. Dies gilt nur streng, wenn der Neigungswinkel der Rotationsachse i, gleich 90° ist. Bei zwei Flecken im Abstand von 180° kommt es zu einer Lichtkurve mit zwei Minima, die miteinander verschmelzen, sobald sich der Abstand zwischen den Flecken verringert. (Nach Katalin Oláh et al. 1997).

8.5.2 Versuch und Irrtum

Ohne Flecken ist die scheinbare, relative Helligkeit eines Sternes bereits durch eine einzige, über die Sternoberfläche konstante Temperaturangabe berechenbar. Wir hatten unser Modell aber so aufgebaut, daß es die Möglichkeit zuläßt, jedem einzelnen Oberflächenelement eine *eigene* Temperatur zuzuordnen. Wir können also, theoretisch, jede beliebige Fleckenverteilung simulieren indem wir *ad hoc* jedem Oberflächenpunkt eine entsprechende Temperatur geben, danach den Stern rotieren lassen und für eine beliebige Anzahl von Rotationsphasen die Helligkeit in einem oder mehreren Photometrie-Filtern errechnen und mit der Beobachtung vergleichen, danach die Temperaturverteilung so lange verändern bis Übereinstimmung mit der Beobachtung erreicht wurde. Eine solche Vorgangsweise nennt man die Lösung des *direkten* Problems mit Hilfe eines Versuch-und-Irrtum (*trial-and-error*) Algorithmus wie wir es schon in früheren Kapiteln kennengelernt hatten (vgl. Kapitel 5 und genauer Abschnitt 5.3.3).

Im Falle eines schlecht konditionierten Problems – wie dem vorliegenden – birgt eine derartige Vorgangsweise aber die Gefahr, daß eine scheinbare, also eine falsche Lösung gefunden wird. Der eigentliche Grund liegt im Umstand begründet, daß eine Lichtkurve kaum Information über die Form der Flecke beinhaltet, ja auch nur ganz grobe Abschätzungen über die stellare Breite bei der der Fleck auftritt, zuläßt. Obendrein können Veränderungen in der Lichtkurve durch unterschiedliche Effekte oft so ähnlich ausfallen, daß sie im Rahmen der normalen Beobachtungsgenauigkeit nicht mehr unterscheidbar sind oder überhaupt untergehen. Um nun aus den Daten nicht mehr zu interpretieren als sie beinhalten, lösen wir das *inverse* Problem (siehe Kapitel 5.3.4). In der Terminologie des vorhergehenden Abschnittes heißt dies, die beobachtete Helligkeit $m_V(\phi)$ sei gegeben, suche die zugehörige Temperaturverteilung $T_{\rm eff}(\ell, b)$ der Sternoberfläche (Abb. 8.16 zeigt ein Beispiel).

Abbildung 8.17: Typisches geometrisches Modell für die Fleckenverteilung auf der Oberfläche eines RS-CVn-Sternes. Die Flecke sind Regionen niedrigerer Temperatur relativ zur Umgebung und erscheinen somit dunkler als die umgebende Photosphäre. Die Darstellung zeigt zwei Ansichten bei Phase 0.0 und 0.5. (Mit frdl. Genehmigung von K. Oláh, Konkoly Observatory).

Um dies zu ermöglichen führen wir eine Reihe von Vereinfachungen durch: wir erlauben nur maximal drei Flecke auf der ganzen Oberfläche, deren Form sei kreisrund (oder rechteckig, was einfacher zu integrieren ist), sowie eine einzelne Temperatur müsse ausreichen, um den Beitrag der Flecke zur Gesamthelligkeit zu bestimmen, d.h. daß auch alle Flecke die gleiche Temperatur haben. Abbildung 8.17 zeigt ein derartiges, hypothetisches Modell mit zwei Flecken.

Der Einfluß der Temperatur der Flecke kann nur dann von dem der Fleckengröße unterschieden werden, wenn Lichtkurven in mehreren Filtern vorliegen, vor allem solche, die bei der niedrigeren Fleckentemperatur noch sensitiv genug sind. Das ist wegen $E = h\nu$ bei den Filtern im langwelligen Spektralbereich der Fall, etwa bei Johnson R und – noch besser – bei Johnson I.

Füttern wir jetzt auch noch einen entsprechenden Regularisierungsalgorithmus (siehe wiederum Kapitel 5.3.4) um die Differenzen zwischen der im direkten Problem berechneten und der beobachteten Lichtkurve zu minimieren, dann erhalten wir als Lösung jene Fleckenverteilung, die die höchste Wahrscheinlichkeit hat, daß es auch die richtige ist – im Rahmen der gemachten Annahmen natürlich. Dieser Regularisierungsalgorithmus kann im einfachsten Fall eine schlichte Minimierung mit der „Methode der kleinsten Quadrate“ („least-squares“) sein, oder etwa eine volle, inverse Lösung mit einem Maximum-Entropie-Prinzip wie beim Doppler-Imaging.

8.5.3 VY Arietis im Zeitraffer

Um unser Modell aus dem vorigen Kapitel auch anwenden zu können, brauchen wir natürlich zuerst die richtigen Beobachtungen. An dieser Stelle wollen wir gleich noch einen Schritt weiter gehen, und erstens, photometrische Beobachtungen des Sternes VY Arietis (=HD 17433) vorstellen, die gleich über eine ganze Beobachtungssaison gemacht wurden und nicht etwa nur über eine Rotationsperiode, sowie zweitens, unser Sternfleckenmodell als zeitabhängiges Modell formulieren und anwenden. Das heißt, die Fleckenverteilung an der Sternoberfläche und deren Veränderungen sollen über die ganze Beobachtungssaison hindurch verfolgt werden. Da VY Arietis eine Rotationsperiode von 16.42 Tagen hat, können in einem halben Jahr etwa zehn, aufeinanderfolgende Sternrotationen beobachtet werden.

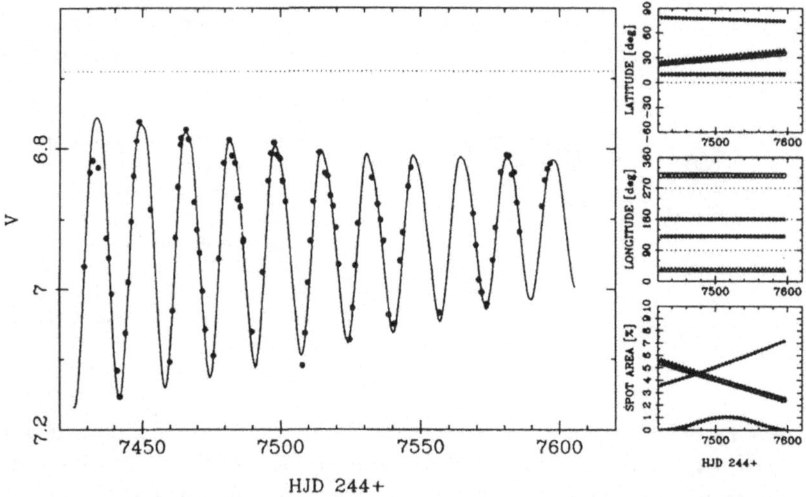

Abbildung 8.18: Die kontinuierliche Lichtkurve des RS-CVn-Sternes VY Arietis in der Beobachtungssaison 1988/89 (linker Graph). Die Punkte sind die Beobachtungen mit einem robotischen Teleskop und die durchgezogene Linie ist die Anpassung mit unserem Fleckenmodell. Der zeitliche Verlauf der einzelnen Parameter des Modells ist in den kleinen Diagrammen auf der rechten Seite dargestellt. Von oben nach unten sehen wir die stellare Breite (engl. *latitude*) in Grad, die stellare Länge (*longitude*) ebenso in Grad – zusammen also die Position der einzelnen Flecken –, sowie im unteren Diagramm die Fläche der Flecken in Prozent der gesamten Sternoberfläche. Jeder Fleck hat in diesen Diagrammen sein eigenes Darstellungssymbol. (Nach Strassmeier & Bopp 1992).

Allerdings nur ein halbwegs eremitisch eingestellter Astronomenkollege könnte ein halbes Jahr hindurch in jeder klaren Nacht beobachten! Für derartige Messungen eignet sich am besten ein robotisches Teleskop, ein sogenanntes APT (Automatic Photoelectric Telescope; siehe Abb. 2.9 in Kapitel 2). Die Punkte im linken Teil der Abb. 8.18 sind solche APT-Messungen des Sternes VY Arietis im Johnson-V-Filter, und zwar für die ganze Beobachtungssaison 1988/89. Diese Messungen zeigen eine deutliche Abnahme der Lichtkurvenamplitude gegen Ende der Saison hin, wobei auffällig ist, daß das Lichtkurvenmaximum genauso abnimmt wie das Lichtkurvenminimum zunimmt. Genau diese Veränderungen der Lichtkurve sind es, die wir mit unserem Fleckenmodell nachvollziehen wollen, um schließlich zu erfahren, was sich auf der Oberfläche von VY Arietis in diesem Jahr ereignet haben muß, um es zu so drastischen Lichtkurveränderungen kommen zu lassen. Im rechten Teil der Abb. 8.18 sehen wir – von oben nach unten – die stellare Breite (engl. *latitude*) in Grad, die stellare Länge (engl. *longitude*) ebenso in Grad, sowie die Fläche der Flecken in Prozent der gesamten Sternoberfläche aufgetragen. Jeder Fleck wird dabei mit einem eigenen Symbol dargestellt. Wir haben also eine Sternoberfläche im Computer modelliert, die durch reale Beobachtungsdaten bestimmt wurde[11].

Abbildung 8.19 veranschaulicht das Ergebnis der Modellrechnungen indem wir alle berechneten Flecken in eine Oberflächenkarte eintragen und für jede Sternrotation darstellen. Dabei verwenden wir eine Mercator-Projektion, die den Vorteil hat, daß die ganze Kugel- d.h. Sternoberfläche mit einem Blick ersichtlich ist. In dieser Abbildung wurden auch gleich noch Messungen der darauffolgenden Beobachtungssaison (1989/90) dargestellt, die nicht in der Abb. 8.18 inkludiert waren, und bilden eine Art Zeitrafferaufnahme der Fleckenentwicklung auf VY Arietis von 1988 bis 1990.

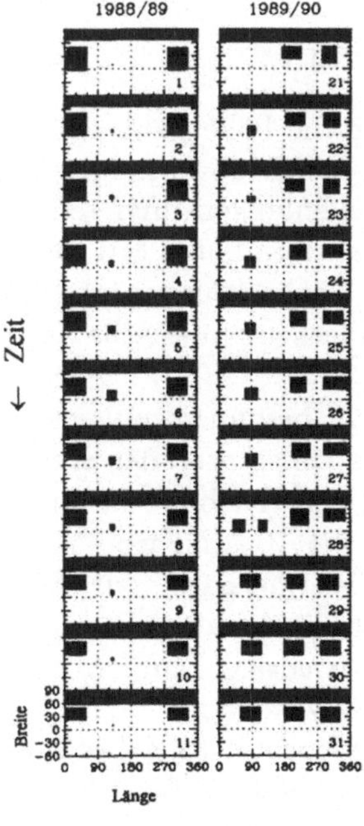

Abbildung 8.19: Eine Zeitrafferdarstellung der Fleckenverteilung des Sternes VY Arietis. Jede Rotation des Sternes ist mit einer eigenen Mercator-Karte dargestellt und fortlaufend nummeriert. Die Rotationsperiode (16.42 Tage) ist somit die kleinste Zeitauflösung in dieser Darstellungsweise obwohl die eigentlichen Beobachtungen als auch die Rechnung eine wesentlich höhere Auflösung haben (wie in den kleinen Diagrammen in Abb. 8.18 zu sehen ist). Es reicht aber aus um die Fleckenveränderungen sichtbar zu machen. So hat sich etwa am Beginn der Saison 1988/89 eine neuer, kleiner Fleck gebildet, der gegen Ende der Saison aber wieder verschwandt. Siehe Text. Bemerke, daß der dunkle Streifen am Pol jeder Karte ein kappenähnlicher Polfleck ist. (Nach Strassmeier & Bopp 1992).

[11]... was aber nicht impliziert, daß das Ergebnis modellunabhängig ist.

Nun, offensichtlich gibt es ein paar interessante Merkmale in Abb. 8.19. Erstens, um die absoluten Lichtkurvenmaxima reproduzieren zu können – dies sind in Abb. 8.18) die Differenzen zwischen der geraden, gestrichelten Linie bei $V = 6.69$ mag, der Helligkeit des Sternes wenn er keine Flecken hat, und den jeweiligen Maxima –, mußten wir das Gesamtlicht des Sternes mit Hilfe eines Fleckes schwächen, der nicht an der Rotationsmodulation teilnimmt. Das kann entweder ein symmetrischer Fleck direkt am Rotationspol sein, ein Ring um den Äquator, oder eine Art Schachbrettmuster wie auf einem Fußball. Die Lichtkurve hat diesbezüglich keinen Informationsgehalt und läßt keine Entscheidung zu. Wir haben in der Modellrechnung einen Polfleck angenommen, da spektroskopische Doppler-Imaging-Beobachtungen von anderen RS CVn-Sternen, derartige Polflecken zeigen. Dies sind die dunklen Streifen in jeder einzelnen Karte in Abb. 8.19.

Die bereits erwähnte, symmetrische Abnahme der Lichtkurvenamplitude in der Saison 1988/89 wird einfache durch eine kontinuierliche Verkleinerung zweier riesiger Flecke erklärt. Die kleine aber variable Asymmetrie der Lichtkurven wird mit einem dritten, im Vergleich eher kleinen Fleck modelliert, der zirka in der zweiten Rotation erscheint und in der zehnten Rotation bereits wieder verschwunden ist (Abb. 8.19 linke Hälfte). Gemeinsam mit dem Faktum, daß wir in der darauffolgenden Beobachtungssaison 1989/90 einen wesentlich größeren Fleck entstehen sehen – aber nicht wieder verschwinden, so wie beim Kleineren –, deutet auf eine lineare Zerfallsrate der Flecken hin, d.h. je größer desto langlebiger. Genau wie man es durch den Ohmschen-Zerfall eines Magnetfeldes erwarten würde, und bei Sonnenflecken zum Teil auch beobachtet.

8.5.4 Die Fleckentemperatur von HD 12545

Im Kapitel über VY Arietis hatten wir – bedingt durch die hohe Zahl der freien Parameter – eigentlich nur ein geometrisches Modell an die Beobachtungen angepaßt und dabei so getan, als ob der, in Wirklichkeit wellenlängen- und temperaturabhängige Strahlungsfluß eben keine solche Abhängigkeiten habe. Mit anderen Worten, wir hatten die Fleckentemperatur aus anderen Beobachtungen abgeleitet und sie danach konstant gehalten. Aber wie kann die Fleckentemperatur aus der Lichtkurve bestimmt werden?

Dazu benötigen wir Lichtkurven in mehreren Filtern, besonders gut geeignet sind Johnson-V und Johnson-I (siehe Kapitel 8.3.3). Die Differenzen der Sternhelligkeit in zwei Filter bezeichnen Astronomen gewöhnlich als Farbe[12], in unserem Fall bezeichnen wir die Differenz von z.B. $m_V - m_I$, die $V-I$-Farbe. Ebenso Verwendung finden die $B-V$- und die $V-R$-Farbe. Welche Farbe zur Temperaturbestimmung nun am besten geeignet ist, hängt vom Spektraltyp des Sternes ab bzw. von der zu bestimmenden Temperatur selbst. Niedrige Temperaturen – wie bei kühlen Sternflecken –, haben einen immer größer werdenden Beitrag zum Gesamtfluß je länger die Wellenlänge ist bei der man beobachtet (dies beschränkt sich hier natürlich auf das Visuelle und den nahen Infrarotbereich). Ein Fleck etwa

[12] Manchmal findet man diese Bezeichnung aber auch für eine einfache Sternhelligkeit in einem Filter und nennt die Differenz der Helligkeit aus zwei Filtern den Farb*index*.

1,000 K kühler als die stellare Photosphäre die ihn umgibt, leistet im I-Band bei rund 900 nm einen wesentlich höheren Beitrag zum Gesamtlicht als im V-Band bei 550 nm, d.h. also, daß die Differenz zwischen dem Fluß im V- und im I-Band Information über die Fleckentemperatur beinhaltet.

Alles was wir zunächst tun müssen ist, nach einer Modulation der Farbkurve(n) Ausschau halten. Nehmen wir wieder ein Beispiel aus der Praxis. Die Abb. 8.20 stellt Licht- und Farbkurven des aktiven Fleckensternes HD 12545 (Spektraltyp K0III) dar, und umfaßt Daten dreier robotischer Teleskope aus der Beobachtungssaison 1995/96. Der Stern ist ein K-Riese und hat daher eine relativ lange Rotationsperiode von 24 Tagen, somit wurde fast jeder Lichtkurvenpunkt der Abb. 8.20 in einer anderen Nacht aufgenommen. Dies führt zu zusätzlichen Unsicherheiten der Messungen, im V-Band von etwa ± 0.004 mag und im I-Band von etwa ± 0.006 mag, da sich die atmosphärischen Bedingungen drastisch ändern können. Bilden wir aus diesen Beobachtungen die $V - I$- oder $B - V$-Farbe, so addieren sich die Unsicherheiten der einzelnen Filtermessungen. Dies sieht man sofort, wenn man in Abb. 8.20 die Streuung in der obigen V-Lichtkurve mit der der Farbkurven vergleicht. Bemerke, daß die $U - B$-Farbkurve eine noch viel größere Streuung zeigt weil nämlich der Fluß eines so späten Sternen wie K0 zu kürzeren Wellenlängen hin rapide abnimmt, und die Photonenstatistik in diesem Bandpaß daher sehr schlecht ist. Außerdem erwarten wir im ultravioletten Spektralbereich keinen Einfluß der kühlen Flecken, sondern eher der heißen Plages.

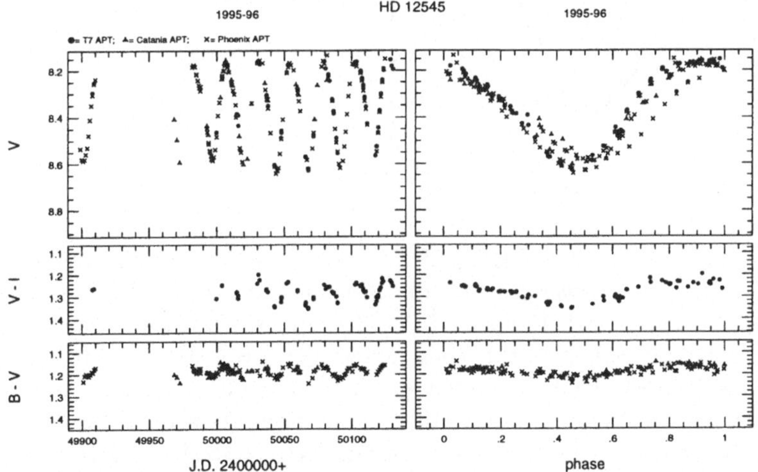

Abbildung 8.20: Licht- und Farbkurven für den K0III RS-CVn-Stern HD 12545, ein entwickelter Stern mit enorm großen Sternflecken. Aufgetragen sind differentielle V-Helligkeiten (oben) sowie $V - I$- und $B - V$-Farben (die beiden jeweils unteren Diagramme). Bemerkenswert an diesen Beobachtungen ist die stete Veränderung der Lichtkurve und die starke Modulation der Farbkurven synchron mit der V-Lichtkurve, was auf eine kühlere Temperatur der Flecken relativ zur umgebenden Photosphäre schließen läßt. (Nach Strassmeier et al. 1997).

In Abb. 8.20 sieht man, daß die Farbkurven – vor allem $V - I$ – einerseits stark moduliert sind, und zwar mit der gleichen Periode wie die Lichtkurve, und andererseits die Phasenlage der Minima bzw. Maxima mit denen der Lichtkurve übereinstimmt. Alleine diese, zugegebenermaßen noch sehr qualitativ erscheinende Übereinstimmung, läßt schon die Feststellung zu, daß die Flecke, die diese Modulation erzeugen, *kühler* sein müssen als die umgebende Photosphäre des K0-Sternes. Würde es sich nämlich um heiße Flecke handeln - d.h. heißer als die umgebende Photosphäre -, dann wäre der Beitrag zum Gesamtfluß in I proportional kleiner als der Beitrag in V, und die Differenz $V-I$ bei den Zeitpunkten, bei denen man den Fleck sieht, somit größer als das $V-I$ einer Phasenlage ohne Flecken, und die Modulation von Licht- und Farbkurve somit um 180° verschoben als beobachtet.

Lösen wir nun gleichzeitig zur Lichtkurve auch die beobachteten Farbkurven - eigentlich ja auch nur Lichtkurven aber in mehreren Filtern -, dann erhalten wir durch Minimierung der Residuen zwischen Beobachtung und Modellrechnung wie sie in Abb. 8.21 dargestellt sind, die Fleckentemperatur relativ zur Photosphärentemperatur.

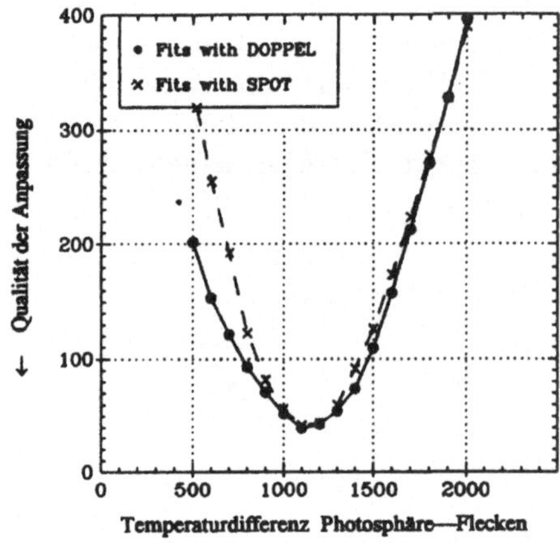

Abbildung 8.21: Residuen zwischen der beobachteten $V-I$-Farbkurve des K0III RS-CVn-Sternes HD 12545 und der Berechnung mit einem Fleckenmodell. Das beste Ergebnis ist bei einer Temperaturdifferenz von 1,100±35 K erreicht. Eingezeichnet sind die Anpassung mit zwei verschiedenen Fleckenmodellen, DOPPEL und SPOT, nach Strassmeier & Oláh (1992).

Im vorliegenden Fall von HD 12545 wurden zwei unterschiedliche, geometrische Fleckenmodelle verwendet und die Mittelwerte genommen. Das Ergebnis ist $\Delta T = T_{\mathrm{Phot}} - T_{\mathrm{Fleck}} = 1,100 \pm 35$ K, und wenn wir einen gut bestimmten Wert für die Photosphärentemperatur T_{Phot} annehmen ($\approx 4,820 \pm 100$ K), erhalten wir auch die absolute Fleckentemperatur von 3,710±150 K. Für einen K0III-Stern ist das schon recht kühl und sollte die thermische Bewegung im Plasma der Sternatmosphäre oberhalb des Fleckes soweit herabsetzen, daß sich bestimmte Atome zu Molekülen verbinden können. Moleküle sind wesentlich effektivere Lichtabsorber als freie Protonen und Elektronen und sollten im Spektrum leicht erkennbar sein. Doch dazu im nächsten Abschnitt.

8.6 Molekülspektroskopie von Sternflecken

Hatten wir im vorhergehenden Abschnitt Beobachtungen verwendet, die die Helligkeit eines Fleckensternes in einem breiten Wellenlängenband ergaben – sozusagen die Integration des Sternspektrums über dieses Wellenlängenband, im Johnson-Filter-System bis zu 100 nm breit –, so wollen wir in diesem Abschnitt die spektrale Auflösung um einen Faktor 1,000 erhöhen. Dies erfordert die Verwendung eines Spektrographen mit mittlerem Auflösungsvermögen, sagen wir $\lambda/\Delta\lambda$ zwischen 5,000 und 30,000 entsprechend der Fähigkeit, das Sternlicht bei zwei Wellenlängen gerade noch unterscheiden zu können, wenn deren Abstand zwischen 0.1 und 0.03 nm beträgt. Derartige Spektren eröffnen eine neue Welt für die Erforschung von Sternflecken; vor allem im Vergleich zur 100-nm-Auflösung der Breitband-Photometrie.

8.6.1 Moleküle bei 4,000 Grad Kelvin?

Sternatmosphären sind in der Regel sehr heiß und daher reine Plasmen, d.h. die negativ geladenen Elektronen sind von den viel schwereren Atomkernen getrennt und können sich zwischen ihnen frei bewegen, sie bilden ein Elektronengas – eben ein ‚Plasma[13]. Kurioserweise ist ein Plasma extrem hoher Temperatur physikalisch viel einfacher zu verstehen, als ein Gas bei Zimmertemperatur wie z.B. Stickstoff und Sauerstoff bei 20°C. Der Grund liegt in der Komplexität der Moleküle. Bei derartig niedrigen Temperaturen bilden nicht nur alle Elektronen wieder Atome, auch alle Atome sind wiederum zu Molekülen miteinander verbunden. Das einfachste ist das Wasserstoffgas, bestehend aus H_2 Molekülen, die je aus zwei Wasserstoffatomen zusammengesetzt sind, die ihrerseits wiederum aus einem Kern (=Proton und Neutron) und einem Elektron bestehen. Die kompliziertesten Moleküle sind organischer Natur, deren unterschiedliche Komplexität wiederum in der Zusammensetzung der Grundbausteine des Lebens gipfelt, der DNS (*DesoxyriboNucleinSäure*)[14].

Entsteht eine atomare Spektrallinie dadurch, daß ein Elektron von einem niedrigeren Energieniveau aus in ein höheres befördert wurde, weil z.B. ein Photon $h\nu$ mit dem Atom kollidiert ist und dessen Energie vom Atomverband „geschluckt" wurde und dem Lichtstrom somit die Energie $h\nu$ exakt bei der Wellenlänge $\lambda = c/\nu$ fehlt, so ist ein derart einfacher Absorptionsprozeß bei Molekülen nicht mehr möglich. Anstelle der Elektronen treten jetzt ganze Atome, die einerseits wie Dipole schwingen können oder andererseits um irgendwelche Schwerpunkte rotieren, und dabei eine ganze Schar von Spektrallinien verursachen, sogenannte Spektralbanden.

Sterne des Spektraltyps K–M können bereits durchaus Anzeichen von Spektralbanden in deren Spektren zeigen, auch bei optischen Wellenlängen, und somit zum Nachweis von Molekülen bzw. Molekülverbänden in deren Atmosphären dienen. Spezifische Moleküle erzeugen sehr spezifische Banden bei ganz bestimmten Wellenlängen, die meisten im infraroten Spektralbereich. Aber manche, wie z.B. Titan-Oxid (TiO) oder Vanadium-Oxid (VO), haben so hohe Dissoziationsenergien, daß sie auch noch bei Temperaturen von bis zu 4,000 K bestehen bleiben können, und ihre Banden sogar im optischen Spektralbereich erscheinen, wo man sie mit einfachen, ungekühlten Spektrographen identifizieren kann (Abb. 8.22). Aber Vorsicht, auch im Sonnenspektrum mit einer Oberflächentemperatur von 5,770 K sehen

[13] Jene Atome, denen ein oder mehrere Elektronen fehlen, nennt man Ionen.

[14] Meist aber DNA genannt, da Säure im englischen *acid* heißt.

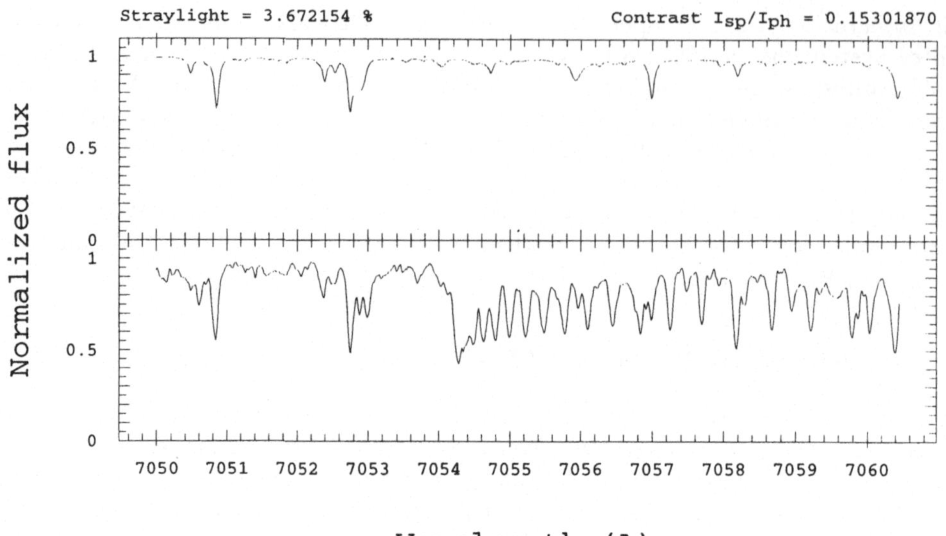

Abbildung 8.22: Ein Ausschnitt aus dem Sonnenspektrum im Wellenlängenbereich zwischen 705.0 und 706.0 nm. Bei dieser Wellenlänge gibt es eine Serie von TiO-Molekülbanden, die aber erst im Spektrum der um 1,500 K kühleren Sonnenflecke erscheinen (unteres Spektrum). Daten mit frdl. Genehmigung von O. Engvold, Institute for Theoretical Astrophysics, University of Oslo.

wir sehr stark ausgeprägte H_2O Molekülbanden, doch die kommen von der Erdatmosphäre und nicht von der Sonnenatmosphäre! Selbstverständlich sehen wir diese Banden auch in den Spektren anderer Sterne. Auch sie beobachten wir in der Regel durch die von Molekülen nur so wimmelnden Erdatmosphäre, und somit sind bestimmte Wellenlängenbereiche des optischen und insbesonders des nahen infraroten Spektralbereiches für Molekülspektroskopie nicht geeignet.

8.6.2 TiO Spektrumsynthese

Bei späten Sternen mit riesigen, kühlen Flecken liegt nun die Vermutung nahe, daß die Temperatur im Bereich der Flecke niedrig genug ist, um die Existenz von Molekülen zu ermöglichen. Rotiert der Stern und präsentiert uns womöglich einmal eine Seite mit einem großen Fleck und ein andermal eine Seite ohne einen Fleck, dann sollte doch ein Molekülspektrum einmal sichtbar sein und nach etwa einer halben Rotation wieder verschwinden oder zumindest schwächer werden. Genau dies wurde auch beobachtet: nimmt man ein Spektrum bei diesen gegensätzlichen Rotationsphasen auf und bildet die Differenz, so erhält man das Spektrum des Fleckes ohne den „störenden" Einfluß der ruhigen Photosphäre (Vogt 1981). Auf diese Art und Weise wurde auch ursprünglich entdeckt, daß es sich bei Sternflecken um kühle Regionen und nicht etwa um heiße Regionen handelt, denn dann hätten sich ja gar keine Molekülbanden bilden können. Eine schöne Bestätigung der photometrischen Ergebnisse, z.B. des vorhergehenden Abschnittes 8.5.4.

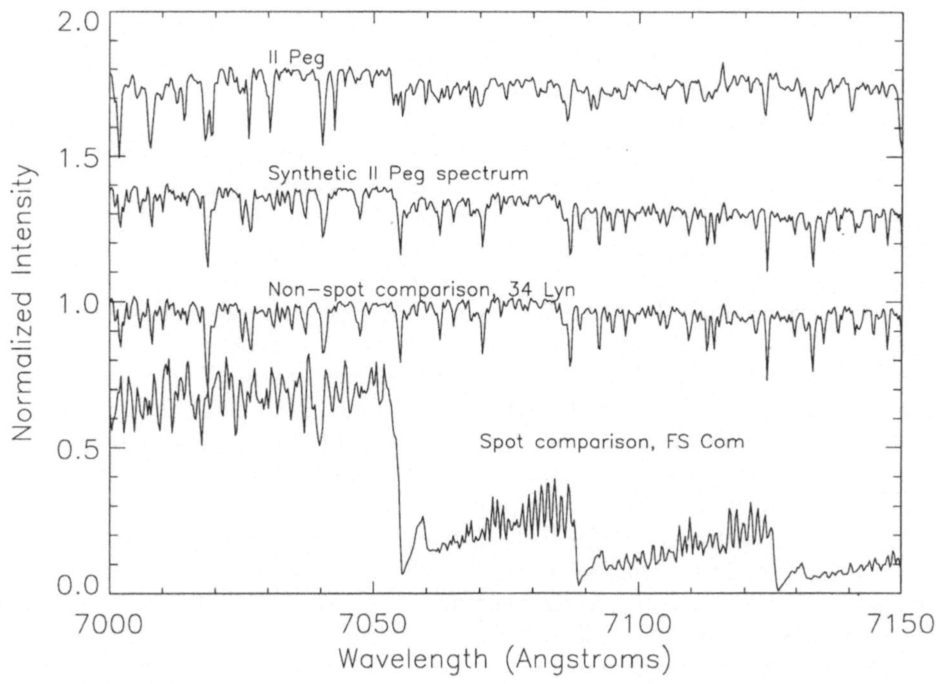

Abbildung 8.23: Illustration zur Spektrumsynthese mit Hilfe von TiO-705.5nm-Spektren. Ganz oben: das beobachtete Spektrum des aktiven Sternes II Peg, danach das Ergebnis der Synthese des M-Stern-Spektrums (ganz unten, FS Comae, M5III, $T_{\rm eff}$=3,475 K) mit dem Spektrum eines inaktiven G8IV-Sternes (34 Lyn, $T_{\rm eff}$=4,825 K). Wie man sieht, sind das synthetische Spektrum und die Beobachtungen einander sehr ähnlich. Die Fleckenfläche wurde dabei zu etwa 50% bestimmt! (Nach D. O' Neal, J. E. Neff & S. H. Saar 1995).

Wir können jetzt noch einen Schritt weiter gehen und die Stärke der Molekülbanden dazu verwenden um die Temperatur der Flecke zu messen. Die beiden amerikanischen Astronomen James Neff und Steven Saar wenden hiezu folgende Idee an: da aktive Sterne meist späte G- bis frühe K-Sterne sind, sowie Sonnenflecke etwa 1,500 K kühler als die solare Photosphäre sind und es in erster Näherung daher plausibel erscheint wenn wir diese Analogie auch für Sternflecken einmal annehmen, dann sollte das Spektrum eines um diese Temperaturdifferenz kühleren Sternfleckes dem Spektrum eines M-Sternes sehr ähnlich sein. Man braucht also nur ein Spektrum eines M-Sternes mit einem Spektrum eines inaktiven Sternes, das der Photosphäre des aktiven Sternes entspricht, miteinander mischen, und abrakadabra, das beobachtete Spektrum kann reproduziert werden. Nun, die Zauberformel ist genau so einfach wie effektiv:

$$F_{\rm Beob} = \frac{f_{\rm Fleck} R(\lambda) F_{\rm Fleck} \; + \; (1 - f_{\rm Fleck}) F_{\rm Phot}}{f_{\rm Fleck} R(\lambda) \; + \; (1 - f_{\rm Fleck})}, \tag{8.10}$$

Darin bedeuten $F_{\rm Beob}$ das beobachtete Spektrum des aktiven Sternes, $F_{\rm Fleck}$ das

Spektrum des M-Sternes repräsentativ für das Spektrum des Fleckes, F_{Phot} das Spektrum eines inaktiven Sternes gleichen Spektraltypes und gleicher Leuchtkraftklasse wie die des aktiven Sternes und daher repräsentativ für dessen Photosphäre, $R(\lambda)$ das Verhältnis des Kontinuumflusses zwischen Fleck und Photosphäre (bzw. zwischen M-Stern und inaktivem Stern), sowie die „Unbekannte" f_{Fleck}, die prozentuelle Fleckenfläche einer Hemisphäre. Die jeweilige Multiplikation mit $R(\lambda)$ ist notwendig, da die beobachteten Spektren jeweils so normalisiert werden, daß das Kontinuum bei jeder Wellenlänge im Spektrum gleich Eins ist. Wie man sieht, hat diese Gleichung aber zwei Unbekannte – die Fleckengröße f_{Fleck} und deren Temperatur, ausgedrückt durch die Wahl des M-Vergleichssternes. Nun zeigt es sich, daß allgemein die Stärke der TiO-Banden sensitiver auf die Fleckengröße ist als auf die Temperatur aber die TiO-Bande bei 705.5 nm eine andere Temperatursensitivität hat als z.B. die TiO-Bande bei 886.0 nm. Wir brauchen unsere „Zauberformel" also nur an Spektren beider TiO-Wellenlängen anwenden. Zwei Gleichungen mit zwei Unbekannten (der Temperatur und der Größe der Flecken) erfreuen bekanntlich des Mathematikers Herzen ganz besonders und sind eindeutig lösbar. Ein Beispiel einer solchen „Spektrumsynthese" ist in Abb. 8.23 für den Stern II Peg dargestellt.

Für II Peg erhält man so Fleckentemperaturen von 3,500±100 K, und zu verschiedenen Zeiten, Fleckenflächen zwischen 43% und 56% einer Hemisphäre. Ähnliche, aber nicht so extreme Werte bekommt man für EI Eridani: 3,700±200 K bei Fleckengrößen zwischen 17% und 38%, oder für HR 7275: 3,600 K und 31%. Zum Vergleich, Sonnenflecke haben etwa dieselbe Temperatur, bedecken aber nur maximal 0.01% einer Hemisphäre.

Können sich großräumige Oberflächenstrukturen auch über lange Zeiträume hinweg aufrecht erhalten? Treten sie eventuell ebenso in zyklischen Abständen vermehrt und dann wieder vermindert auf? Oder sind diese Riesenflecke derart chaotische Phänomene, daß sie nur sporadisch entstehen und ebenso schnell Kommen und Gehen wie sie sich verändern können? Wir wissen es noch nicht genau. Auf alle Fälle können wir versuchen, die Lichtkurven gefleckter Sterne als Funktion der Zeit zu untersuchen. Dieser zwangsläufig noch sehr junge Arbeitszweig innerhalb der aktiven Sterne hat schon einige unerwartete Resultate erbracht.

8.7 Das chaotische Leben der Supersternflecken

Zuerst müssen wir uns nochmals in Erinnerung rufen, daß die großen Sternflecken, wie wir sie auf aktiven Sternen sehen, kein direktes Analogon auf der Sonne haben mit dem sie vergleichbar wären. Hier betritt man Neuland. So gesehen könnten uns „Superflecken" auch Einsicht in neue physikalische Phänomene gewähren, die uns bis dato noch verborgen blieben. Wer weiß?

Wie wir schon in Kapitel 2 erläutert haben, gibt es eine ganze Reihe von Sterntypen, die derartige Superflecken aufweisen können. Der amerikanische Fleckenspezialist Douglas S. Hall von der Vanderbilt Universität, hat das aber kürzlich verallgemeinert indem er fand, daß die Fleckengröße ungefähr proportional zur Rossby-Zahl des Sternes ist (die Rossby-Zahl ist das Verhältnis zwischen der Rotationsperiode des Sternes und seiner typischen Konvektionszeitskala, vgl. Kapitel 9.4). Seine statistische Untersuchung stützt sich auf 359 bekannte Sterne mit Sternflecken: alle Sterne mit einer Rossby-Zahl größer als 0.65 haben sehr kleine bis gar keine Lichtvariationen (Amplituden kleiner als $0.^m01$), aber alle Sterne mit Werten unter 0.65 haben größere Amplituden (siehe Abb. 8.24). Leider ist keine klar definierte Relation vorhanden und möglicherweise ist noch ein anderer, unbekannter Mechanismus im Spiel der die große Streuung der Amplituden in Abb. 8.24 verursacht. Sicher scheint zu sein, daß der Wert 0.65 Sterne trennt, die entweder einen starken oder einen schwachen Dynamo in sich betreiben und daher entweder große oder nur wenige kleine bis gar keine Flecken haben.

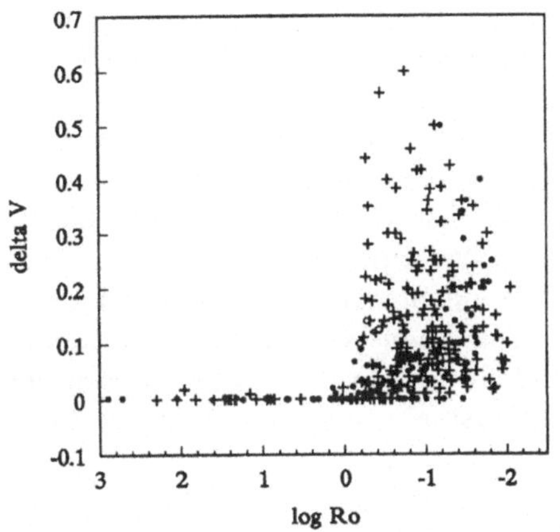

Abbildung 8.24: Die Rossby-Zahl R_0 für 359 Sterne als Funktion der Amplitude der visuellen Lichtkurve. Die Rossby-Zahl ist das Verhältnis der Rotationsperiode eines Sternes zur Geschwindigkeit der konvektiven Bewegungsabläufen in seiner Sternhülle. Je schneller ein Stern rotiert, desto kleiner wird seine Rossby-Zahl. Man sieht, daß große Lichtamplituden – verursacht durch große Sternflecke – nur bei relativ rasch rotierenden Sternen mit Rossby-Zahlen kleiner als etwa 0.65 ($\log R_0 \approx -0.2$) auftreten. (Nach Douglas S. Hall 1994).

Vieles ist noch unklar. Wir wissen ebenso wenig, wie derartige Riesenflecke entstehen – falls es sich überhaupt um einzelne Flecke handelt – und nicht, wie seit den siebziger Jahren bereits vermutet, um Ansammlungen von vielen kleinen Flecken unterschiedlicher Polarität, jeder einzelne einem Sonnenfleck ähnelnd. Ein starker Hinweis zugunsten des viele-kleine-Flecken-Bildes ergibt sich aus dem Umstand, daß wir Sterne beobachten, die Flecke so groß wie die Hälfte einer Hemisphäre zeigen. Die Rekordhalter unter diesen aktiven Sternen sind V410 Tauri mit einer maximalen Lichtkurvenamplitude von $0.^m65$ in 1994, gefolgt von HD 12545 mit einer Amplitude von $0.^m60$ im Jahre 1990 sowie II Pegasi mit Amplituden bis zu $0.^m50$ in 1986.

Betrachten wir das Verhalten der Lichtkurven über viele Jahre hinweg, so finden wir einen wesentlichen Unterschied zwischen Sterne mit Superflecken und den sonnenähnlichen Zwergsternen inklusive Sonne: sie haben einen wohldefinierten Fleckenzyklus! Die glatten und homogenen Langzeitvariationen des chromosphärischen Ca II-S-Index von sonnenähnliche Zwergsternen (siehe Kapitel 9) läßt uns vermuten, daß dies ebenso bei anderen Hauptreihensternen der Fall ist. Nur die Sterne mit Superflecken – sehr junge Zwergsterne und entwickelte G–K Riesensterne –, haben meist eher chaotisch aussehende Langzeitvariationen. Um die Situation noch weiter zu verkomplizieren gibt es aber ein paar wenige Sterne mit Superflecken, die recht klare und langperiodische Helligkeitsvariationen aufweisen. Abbildung 8.25 zeigt die Langzeitvariationen mehrerer aktiver Sterne mit Superflecken. Bei der Interpretation dieser Lichtkurven müssen wir jedoch vorsichtig sein, da die Sonne – kurioserweise – heller erscheint, je mehr Flecken sie hat. Bei Zunahme der Helligkeit durch das vermehrte Auftreten von hellen *plages* überwiegt die Abnahme der Helligkeit durch das verstärkte Auftreten von dunklen Flecken. Bei Sternen mit großen Flecken verhält es sich aber gemäß der Faustregel – je mehr Flecken desto schwächer deren Helligkeit. Also umgekehrt wie bei der Sonne. Auch dürfen wir uns nicht von kurzzeitigen Veränderungen der Lichtkurve täuschen lassen: die werden meist durch lokale Umorganisation des Magnetfeldes an der Oberfläche, also etwa der Veränderung der Form eines Fleckes, verursacht. Oder einfach nur durch die beschränkte Lebensdauer eines Fleckes. Die Sonne führt uns dies ja immer wieder vor: obwohl ein elfjähriger Zyklus existiert, ist die maximale Lebensdauer einer großen Sonnenfleckengruppe auf etwa drei Sonnenrotationen (zirka drei Monate) beschränkt. Meist noch wesentlich kürzer.

Die Frage ist nun, was bestimmt die Lebensdauer von Superflecken? Hier können wir einerseits auf theoretische Überlegungen als auch auf Beobachtungen zurückgreifen und eventuell sogar miteinander vergleichen. Doch ist wiederum Vorsicht geboten, da es leicht passieren kann, daß man Äpfel mit Birnen vergleicht. Sehen wir uns einmal jene Gleichung an, die ein in ein Sternplasma eingebettetes Magnetfeld beschreibt. Wir sprechen von der *Induktionsgleichung* in *kinematischer* Näherung. „Kinematisch" bedeutet hier, daß ein Geschwindigkeitsfeld vorgegeben und konstant ist. Die Änderung der Magnetfeldstärke mit der Zeit lautet dann

$$\frac{\partial \mathbf{B}}{\partial t} = \underbrace{\nabla \times (\mathbf{v} \times \mathbf{B})}_{\text{Induktion}} + \underbrace{\frac{1}{4\pi\sigma}\nabla^2 \mathbf{B}}_{\text{Diffusion}}, \tag{8.11}$$

wobei, wie man sieht, zwei physikalische Prozesse das Sagen haben: Induktion, also das Zusammenspiel der Geschwindigkeit v mit dem Feld $\mathbf{B}$ und Diffusion, dem natürlichen Verschwinden des Feldes wenn keine Selbstinduktion (also $v = 0$) vorliegt. Für „eingefrorene" Magnetfelder können wir anstelle der Glchg. (8.11) zwei einfache Näherungen für diese beiden Terme verwenden:

$$\nabla \times (\mathbf{v} \times \mathbf{B}) \approx \frac{vB}{\ell} \quad \text{und} \tag{8.12}$$

$$\frac{1}{4\pi\sigma}\nabla^2 \mathbf{B} \approx \frac{B}{4\pi\sigma\ell^2} \tag{8.13}$$

Hier bedeutet ℓ die charakteristische Länge, entlang der sich das Magnetfeld $\mathbf{B}$ typischerweise ändert. Die Größe $4\pi\sigma\ell^2$ ist jetzt nichts anderes als die *Diffusions-Zeitskala*, also jene Zeitdauer in der das Feld durch Ohmschen Zerfall verschwindet. Genau so wie ein Feld aus einem Kondensator mit Plattenabstand ℓ langsam verschwindet, wenn man die Spannung unterbricht: größenordnungsmäßig etwa in 10 Sekunden. Das primordiale Feld der Sonne hat aber eine Diffusionszeitskala von mehr als 10^{10} Jahren. Es scheint also, daß der natürliche Zerfall des Fleckenmagnetfeldes zu langsam vor sich geht, als daß er alleine für die beschränkte Lebensdauer eines Fleckes verantwortlich sein kann. Wir müssen uns also um einen anderen Mechanismus umsehen.

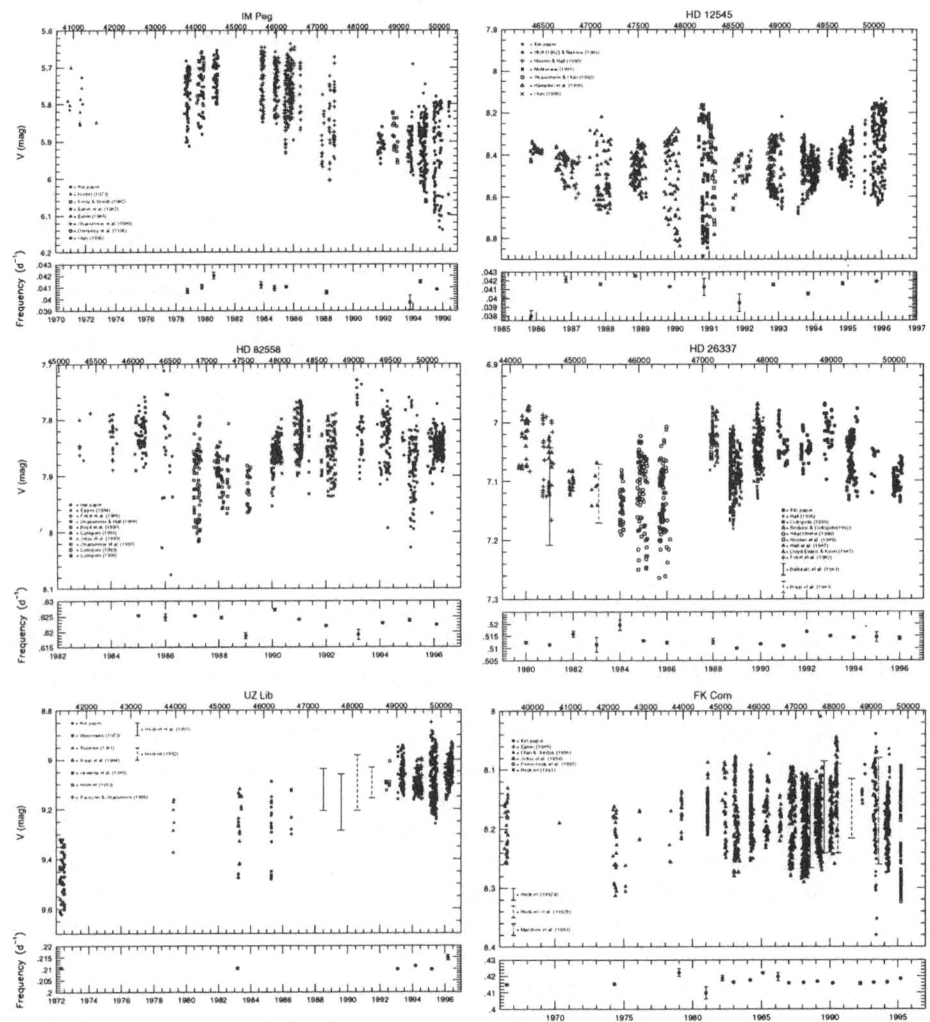

Abbildung 8.25: Das Langzeitverhalten einiger Sterne mit Superflecken: IM Peg, HD 12545, HD 82558 (= LQ Hya), HD 26337 (= EI Eri), UZ Lib, und FK Com. (Strassmeier et al. 1997).

Die Abb. 8.26 gibt uns dafür bereits den entscheidenden Hinweis. Hier haben wir die Ergebnisse aus 15 Jahren kontinuierlicher, photometrischer Beobachtung des gefleckten RS-CVn-Sternes HR 7275 dargestellt. Innerhalb dieses Zeitraumes wurden 20 verschiedene Flecke gesehen, die alle unterschiedliche Größe und Lebensdauer hatten. Auf den ersten Blick scheint die Verteilung der Meßpunkte wenig Sinn zu ergeben, erst wenn wir gewisse Grenzen in das Diagramm einzeichnen, erkennen wir seine Bedeutung: alle Punkte liegen innerhalb eines Bereiches, der links von einer empirischen Kennlinie und oben von einer theoretischen Zeitskala begrenzt ist. Erstere basiert auf der Beobachtung einer sehr großen Anzahl von Flecken anderer

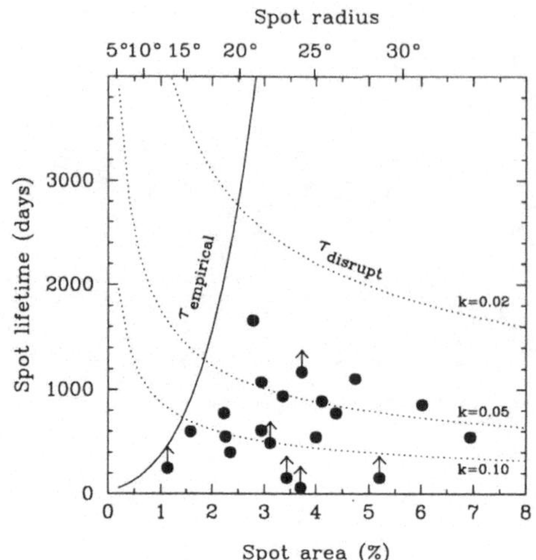

Abbildung 8.26: Lebensdauer von Sternflecken als Funktion derer Größe am Beispiel des aktiven Doppelsternes HR 7275. Eingezeichnet sind 20 Flecke aus einem Zeitraum von 15 Jahren (Punkte. Pfeile: untere Grenzen). Die Linie $\tau_{\rm empirical}$ entspricht einem sonnenähnlichen Zerfallsgesetz des Fleckenmagnetfeldes und $\tau_{\rm disrupt}$ ist die Zerreiß-Zeitskala, verursacht durch die differentielle Rotation. k ist der dimensionslose Koeffizient der differentiellen Rotation ($k_\odot$ ist 0.2). Das k von HR 7275 wurde aus obigem Diagramm zu etwa 0.04 bestimmt, also einen Faktor 5 kleiner als bei der Sonne. (Nach Strassmeier et al. 1994).

Sterne – links davon wurde noch bei keinem Stern ein Fleck gesehen –, und letztere ist nichts anderes als die *Zerreiß-Zeitskala* durch differentielle Rotation. Wir können uns leicht vorstellen, daß Flecke, die sich über 30 Breitengrade ausdehnen, durch die differentielle Oberflächenrotation irgendwann einmal auseinandergerissen werden. Diese Zeitskala ist wesentlich kürzer als die durch den Ohmschen Zerfall und wird – so glauben wir zumindest – dem Leben der Superflecken eine natürliche Grenze bescheren. Die obere Einhüllende der Beobachtungen in Abb. 8.26, erlaubt es nun wiederum den Betrag der differentiellen Rotation abzuschätzen. Dabei findet man einen Wert von nur etwa 1/5 der differentiellen Rotation der Sonne – einer der höchsten, je gemessenen Werte eines aktiven Sternes (die meisten haben etwa zehnfach kleinere differentielle Rotation). Es scheint, als ob deren starke Magnetfelder die differentielle Rotation behindern würden.

Doch machen wir jetzt einen Schritt in die nächsthöhere Schicht einer Sternatmosphäre: der Chromosphäre. Hier begegnen wir nicht nur sehr unterschiedlicher Physik, sondern auch ganz neuen Aktivitätsphänomenen.

Literaturverzeichnis

[1] Babcock H. W., 1961, „The topology of the Sun's magnetic field and the 22-year cycle", ApJ 133, 572

[2] Basri G., Marcy G. W., 1995, „A surprise at the bottom of the main sequence: rapid rotation and no $H\alpha$ emission", AJ 109, 762

[3] Biermann L., 1941, „Der gegenwärtige Stand der Theorie konvektiver Sonnenmodelle", Mitt. Astron. Ges. 76, 194

[4] Caligari P., 1995, „Dynamik magnetischer Flußröhren", Dissertation Universität Freiburg im Brsg.

[5] Foukal P., 1981, in Cram L. E. and J. H. Thomas (eds.), *The Physics of Sunspots*, Sacramento Peak Observatory, New Mexico, s. 391

[6] Foukal P., 1990, *Solar Astrophysics*, John Wiley & Sons, Inc., s. 330

[7] Galloway D. J., Weiss N. O., 1981, „Convection and magnetic fields in stars", ApJ 243, 945

[8] Hall D. S., 1994, „The active dynamo stars RS CVn, BY Dra, FK Com, Algol, W UMa, und T Tau", Memorie della Societa Astronomica Italiana 65, 73

[9] Kopp R. A., Poletto G., 1984, „Extension of the reconnection theory of two-ribbon solar flares", Solar Physics 93, 351

[10] Leighton R. B., 1969, „A magneto-kinematic model of the solar cycle", ApJ 156, 1

[11] Oláh K., Kovari Zs., Bartus J., Strassmeier K. G., Hall D. S., Henry G. W., 1997, „Time-series photometric spot modeling. III. Thirty years in the life of HK Lacertae", A&A 321, 811

[12] O'Neal D., Neff J. E., Saar S. H., 1995, „Using TiO spectroscopy to further constrain Doppler imaging", in Strassmeier K. G. (ed.), Poster Proceedings *Stellar Surface Structure*, IAU Symp. 176, University of Vienna, s. 32

[13] Parker E. N., 1955, „Hydromagnetic dynamo models", ApJ 122, 293

[14] Rice J. B., 1996, „Doppler imaging of stellar surfaces", in Strassmeier K. G. & J. L. Linsky (eds.), *Stellar Surface Structure*, IAU Symp. 176, Kluwer Dordrecht, s. 17

[15] Schüssler M., Solanki S. K., 1992, „Why rapid rotators have polar spots", A&A 264, L13

[16] Spruit H. C., van Ballegooijen A. A., 1982, „Stability of toroidal flux tubes in stars", A&A 106, 58

[17] Stix M., 1976, „Dynamo theory and the solar cycle", in Bumba V. & J. Kleczek (eds.), IAU Symp. 71, *Basic Mechanisms of Solar Activity*, Reidel, Dordrecht, s. 367

[18] Strassmeier K. G., 1996, „Doppler imaging of stellar surface structure. I. The rapidly rotating RS CVn binary UZ Librae", A&A 314, 558

[19] Strassmeier K. G., Bartus J., Cutispoto G., Rodonó M., 1997, „Starspot photometry with robotic telescopes. Continuous UBV and $V(RI)_C$ photometry of 23 stars in 1991–1996 ", A&AS August

[20] Strassmeier K. G., Bopp B. W., 1992, „Time-series photometric spot modeling. I. Parameter study and application to HD 17433 = VY Arietis", A&A 259, 183

[21] Strassmeier K. G., Hall D. S., Henry G. W., 1994, „Time-series photometric spot modeling. II. Fifteen years of photometry of the bright RS CVn binary HR 7275", A&A 282, 535

[22] Strassmeier K. G., Oláh K., 1992, „On the starspot temperature of HD 12545", A&A 259, 595

[23] Vogt S. S., 1981, „A spectroscopic, photometric, and magnetic study of the starspot on II Pegasi", ApJ 247, 975

[24] Vogt S. S., Hatzes A. P., 1996, „Doppler images of HR 1099 from 1981 - 1993", in IAU Symp. 176, *Stellar Surface Structure*, Strassmeier K. G. & J. L. Linsky (eds.), Kluwer, Dordrecht, s. 245

[25] Yoshimura H., 1975, „Solar-cycle dynamo wave propagation", ApJ 201, 740

Weiterführende Literatur

Allgemeinverständliche Bücher und Artikel

- Rudolf Kippenhahn's Der Stern, von dem wir leben (dtv Sachbuch, München, 1990) ist eine unterhaltsame Reise durch die Welt der Sonnenphysik.
- Douglas S. Hall und Russell M. Genet beschreiben in Photoelectric Photometry of Variable Stars (Willmann Bell, Inc., Richmond, 1988) einige grundsätzliche Elemente der Stellarphotometrie, u.a. auch von aktiven Sternen.
- Lichtkurven von gefleckten Sternen werden auch bei Edwin Budding An introduction to astronomical photometry (Cambridge University Press, 1993) behandelt.

Spezialliteratur

- Michael Stix's Buch The Sun (Springer Verlag, Berlin, 1989) beinhaltet eine ausgezeichnete Beschreibung des Phänomens der Flußröhren.
- R. J. Bray and R. E. Loughhead, Sunspots (Dover Publications, New York, 1979). Das klassische Buch über Sonnenflecke.
- G. Rüdiger behandelt in seinem Buch Differential rotation and stellar convection: Sun and solar type stars (Akademie-Verlag, Berlin, 1989) auch die vielen Facetten einer Dynamotheorie.
- Chris Sterken und J. Manfroid beschreiben in Astronomical Photometry (Kluwer Academic Publishers, Dordrecht, 1992) wichtige Details zur lichtelektrischen Photometrie.
- Multiwavelength Astrophysics ist eine Zusammenstellung verschiedenster Beiträge aus mehreren Fachbereichen, unter anderem auch über Aktive Sterne. Herausgegeben von France Córdova, erschienen bei Cambridge University Press, 1988.
- Algols von Alan H. Batten et al. ist das Buch zum 107. Kolloquium der IAU. Kluwer Academic Publishers, Dordrecht, 1989.
- Ergebnisse und eine breite Diskussion über Research Amateur Astronomy wurde von Stephen J. Edberg herausgegeben (PASPC Vol. 33, 1991).
- Magnetische Phänomene aller Art werden in Magnetodynamic Phenomena in the solar atmosphere - prototypes of stellar magnetic activity diskutiert (Hrsg. Y. Uchida et al., IAU Kolloq. 153, Kluwer, 1996).

Kapitel 9

Aktive Chromosphären

Meine Arbeit ist insofern nie ganz selbständig,
als mein Interesse an einer Frage immer darauf beruht,
daß andere eines daran nehmen.
Erwin Schrödinger

Im Sonnenfleckenmaximum erscheinen die Kalzium H- und K-Linienkerne der Sonne etwas verstärkter in Emission, als es im Sonnenfleckenminimum der Fall ist (vgl. Abb. 9.1). Spektroskopiert man eine isolierte, aktive-magnetische Region auf der Sonne, indem man etwa den Spektrographenspalt so positioniert, daß nur das Licht der aktiven Region den Spektrographen erreicht, so sieht man sogar noch stärkere Emissionslinien. Magnetische Aktivität in einer Sternatmosphäre hat offensichtlich Kalzium-Emission zur Folge. Diese Tatsache ermöglichte den indirekten Nachweis von Chromosphären bei anderen Sternen und ist heute eines der wichtigsten Werkzeuge des stellaren Astronomen zur Untersuchung von aktiven Sternen. Da ist sie also wieder, die „solar-stellar connection" – die Verbindung Sonne–Sterne. Entdeckt wurden derartige Kalzium H- und K-Linien bei anderen Sternen bevor man noch wußte, was sie eigentlich bedeuten. So hatten die beiden deutschen Astronomen G. Eberhardt und K. Schwarzschild bereits im Jahre 1913 die Entdeckung derartiger Linien in den Sternen α Bootis, α Tauri und σ Geminorum publiziert. Doch bevor wir uns mit den umfangreichen Beobachtungen beschäftigen, wollen wir erst einmal sehen, wie diese dominanten Linien im Spektrum eigentlich entstehen. Dabei treffen wir auf mehrere berühmte Namen der Wissenschaftsgeschichte.

9.1 Zur Entstehung von Emission in Fraunhofer-Linien

9.1.1 Historisches

Begonnen hat die Astrophysik ja eigentlich damit, daß dem später geadelten Sir Isaac Newton ein Apfel auf den Kopf gefallen war, woraufhin er sofort unter anderem auch daran ging, die Sonnenstrahlung auf ein Glasprisma fallen zu lassen

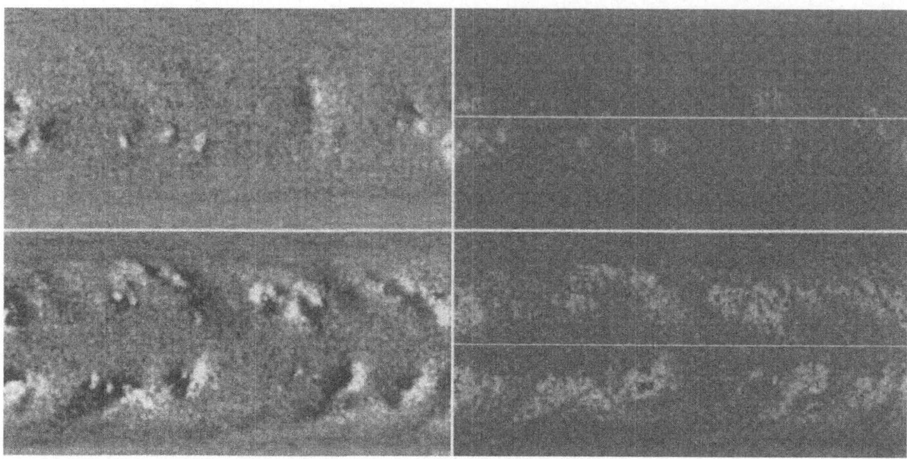

Abbildung 9.1: Ein Vergleich der solaren Magnetfeldverteilung mit der Stärke der Kalzium-H&K-Emission. Die beiden linken Karten sind das Magnetfeld, wobei die Grauskala die Feldstärke zwischen −15 bis +15 Gauß darstellt, und die rechten Abbildungen sind jeweils die Ca II-H&K-Karten in Einheiten der Linienemissionsstärke. Die jeweils obere Karte repräsentiert ein Stadium am Ende eines Aktivitätszyklus (Nr. 21 im Jahre 1985.25) und die unteren kurz vor dem Maximum des darauffolgenden Zyklus im Jahre 1988.54. Die Ca II-H&K-Emissionen (die hellen Regionen in den rechten Karten) sind im Maximum des magnetischen Zyklus wesentlich heller und dieser Umstand beweist, daß magnetisch aktive Regionen immer mit verstärkter Kalziumemission gekoppelt sind. Dies wiederum erlaubt eine einfache, wenn auch indirekte Beobachtung magnetischer Phänomene auf anderen Sternen. Die grauen Striche in der Mitte der Karten kennzeichnen den Äquator. (Mit frdl. Gen. nach C. J. Schrijver 1996, Lockheed Palo Alto Research Laboratory).

und damit zu zeigen, daß das weiße Licht der Sonne eigentlich aus den Farben des Regenbogens zusammengesetzt ist. Das war 1666. Rund 150 Jahre später hatte sein Landsmann A. Wollaston die Idee einen Spalt vor das Prisma zu setzen, und schließlich montierte der deutsche Physiker und Optiker Joseph von Fraunhofer auch noch einen Theodoliten vor den Spalt und verwendete ein weiteres Fernrohr um das resultierende Spektrum zu beobachten. Mit dieser Anordnung – einem Spektroskop – konnte Fraunhofer erstmals das detaillierte Spektrum der Sonne studieren und dabei hunderte von „dunklen Linien auf hellem Hintergrund“ entdecken. Die stärksten davon nennen wir auch heute noch Fraunhofer-Linien, etwa die beiden Linien des Kalzium bei ≈395 nm oder die vielen Linien des neutralen Wasserstoffs z.B. bei 656.3 nm.

Natürlich verwendete Fraunhofer noch keine photografischen Platten als Detektor, die wurden erst 20 Jahre später von L. J. Daguerre und J. N. Niepce in Frankreich entwickelt und erstmalig von H. Fizeau und L. Foucault im Jahre 1845 astronomisch angewendet, es gibt also keine Aufnahmen von Fraunhofer's Ergebnissen, nur Zeichnungen. Die spektrale Auflösung bei der damals das Sonnenspektrum betrachtet werden konnte, erlaubte es natürlich auch nur, die stärksten Linien zu sehen. Heute gibt es Kataloge mit Millionen von Linien, und das sind bei weitem noch nicht alle. Trotzdem war Fraunhofer's Sonnenbeobachtung der Beginn der astronomischen Spektroskopie.

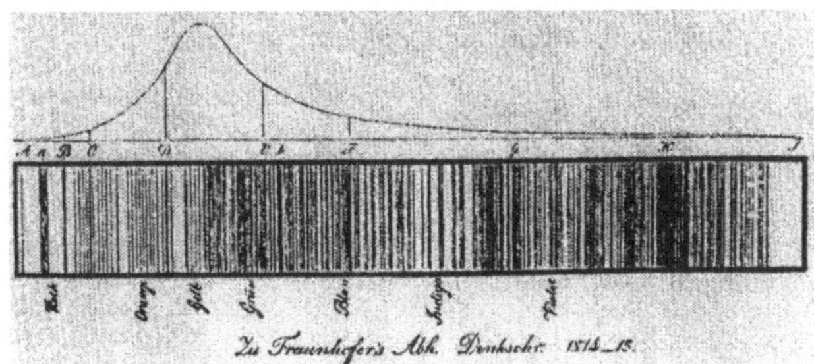

Abbildung 9.2: Joseph von Fraunhofer's Zeichnung des solaren Absorptionslinienspektrums Anfang des 19. Jahrhunderts.

9.1.2 Die berühmten Kalzium H- und K-Linien

Fraunhofer's Entdeckung der dunklen Linien blieb zunächst unerklärlich. Labormessungen von heißen Gasen konnten zwar die korrekten Wellenlängen reproduzieren, waren aber immer helle Linien anstelle von dunklen wie in der Sonne. Schließlich fand Gustav Kirchhoff die Erklärung: Durchdringt das Licht eines heißen Gases ein umgebendes, kühles Gas, dann erscheinen die ursprünglich hellen Linien des heißen Gases als dunkle Linien im Gesamtspektrum. Wie bei der Sonne, wo die umgebende Photosphäre rund 5,800 K warm ist, darunter aber doch Temperaturen von 100,000 bis zu etwa 10,000,000 K im Kern der Sonne herrschen. Alle diese dunklen Linien, die sogenannten Absorptionslinien, entstehen demnach in der solaren bzw. stellaren *Photosphäre*. Die Strahlung des darunterliegenden Plasmas ist rein kontinuierlich, da die Temperaturen viel zu hoch sind und die Materie vollständig ionisiert ist. Helle Linien im Sonnenspektrum, also Emissionslinien, müssen daher in höheren Schichten der Sonnenatmosphäre entstehen bei denen es wieder heißer wird (siehe auch Kapitel 7). Nun, das Profil einer Absorptionslinie gibt im einfachsten Fall den Verlauf der Quellfunktion[1] mit der Tiefe in der Atmosphäre wieder. Der Kern einer Linie, also die Linienmitte, wo die Absorption offensichtlich am größten ist, muß demnach in höheren Schichten entstehen als etwa die beiden Linienflügel, wo weniger absorbiert wird. Kurz gesagt, je stärker eine Absorptionslinie desto weiter „oben" in der Photosphäre entsteht sie. Die Linienkerne sehr starker Fraunhoferlinien, wie etwa die Balmer Hα oder die Ca II Linien, entstehen zur Gänze in der unteren *Chromosphäre*, und können somit Emissionscharakter aufweisen, während gleichzeitig der Rest der Linie in Absorption erscheint. Dies erlaubt das Studium von stellaren Chromosphären mit Hilfe optischer Spektren. Abbildung 9.3 ist ein beobachtetes Spektrum eines sonnenähnlichen Sternes, der G2V-Komponente des visuellen Doppelsternes α Centauri („Toliman"), und zeigt besonders deutlich die breite, photosphärische Absorption der beiden einfach ionisierten Kalzium Linien. α Cen ist der uns nähstliegende Stern neben Proxima Centauri und auf dessen Entfernung von 4.3 Lichtjahren hin ein ganz normaler, inaktiver Stern und hat konsequenterweise auch keine H- und K-Emissionslinien.

Der Kern der Kalzium Linie entsteht in der Sonne rund 2,000 km über dem unteren Ende der Photosphäre (definiert durch die optische Tiefe $\tau = 1$ bei 500 nm).

[1] Die Quellfunktion ist das Verhältnis des Emissionskoeffizienten zum Absorptionskoeffizienten. Ersterer beschreibt die atomaren Prozesse, die Photonen erzeugen, zweiterer die, die Photonen vernichten.

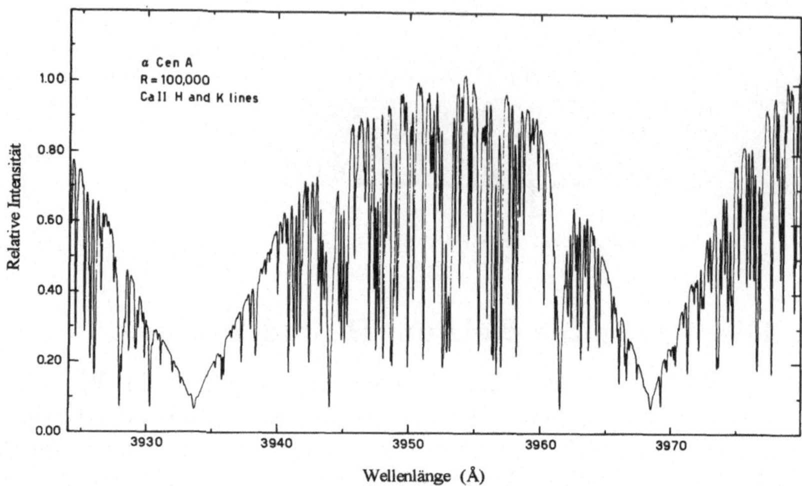

Abbildung 9.3: Ein hochaufgelöstes Spektrum des sonnenähnlichen Sternes α Cen-A im Licht der einfach ionisierten Kalzium Fraunhofer Linien bei 396.849 nm und 393.368. Die Aufnahme wurde mit dem ESO Coudé Auxiliary Telescope (CAT) auf LaSilla in Chile bei einem spektralen Auflösungsvermögen von $\lambda/\Delta\lambda \approx$100,000 gemacht. (Nach Luca Pasquini et al. 1988, ESO).

Die Bedingungen zur Linienentstehung sind hier deutlich anders, die lokale Temperatur ist auf etwa 7,000 K gestiegen und unterscheidet sich bereits signifikant von der Strahlungstemperatur von rund 6,000 K, entsprechend schneller sind die Atome, Ionen und Elektronen und demgemäß gibt es vermehrte Teilchenkollisionen. Man muß nun alle atomaren Stoß- und Streuprozesse berücksichtigen um die Linienstärke bzw. -form richtig zu berechnen. Mit anderen Worten, wir können die Atmosphäre an dieser Stelle nicht mehr als im lokalen thermodynamischen Gleichgewicht (LTE) betrachten, und daher ist der Verlauf des Emissions- und Absorptionskoeffizienten nicht mehr einfach eine Planck-Funktion (siehe Kapitel 8 und Glchg. (7.5)), wie dies bei schwachen Linien annähernd der Fall ist.

Es gibt nun zwei verschiedene atomare Stoßprozesse, die Photonen der Linienstrahlung entstehen und auch vernichten lassen können: wenn ein freies Elektron z.B. auf ein Wasserstoffatom trifft, dann wird dessen Energie dazu verwendet, das Elektron des Wasserstoffatoms von einer niederen energetischen Bahn in eine höhere Bahn zu heben, gefolgt von einer spontanen Emission eines Photons durch den Rückfall des Elektrons auf eine niedrigere Bahn. Umgekehrtes ist der Fall, wenn sich das Elektron des Wasserstoffatoms schon in der höheren Bahn befunden hatte als das Atom vom anderen Elektron getroffen wurde. Das resultierende Strahlungsfeld ist demnach *Stoß-kontrolliert.* Beim zweiten Prozeß stößt ein Photon auf das Atom und bringt ein Elektron auf eine höhere Bahn, welches wieder unter Abgabe eines Photons ganz bestimmter Energie bzw. Wellenlänge in eine niedere energetische Bahn zurückfällt. Das bei diesem Prozeß entstehende Strahlungsfeld nennen wir *Photonen-kontrolliert.*

Nun erscheint es auch einsichtig, daß das resultierende (Linien)Strahlungsfeld

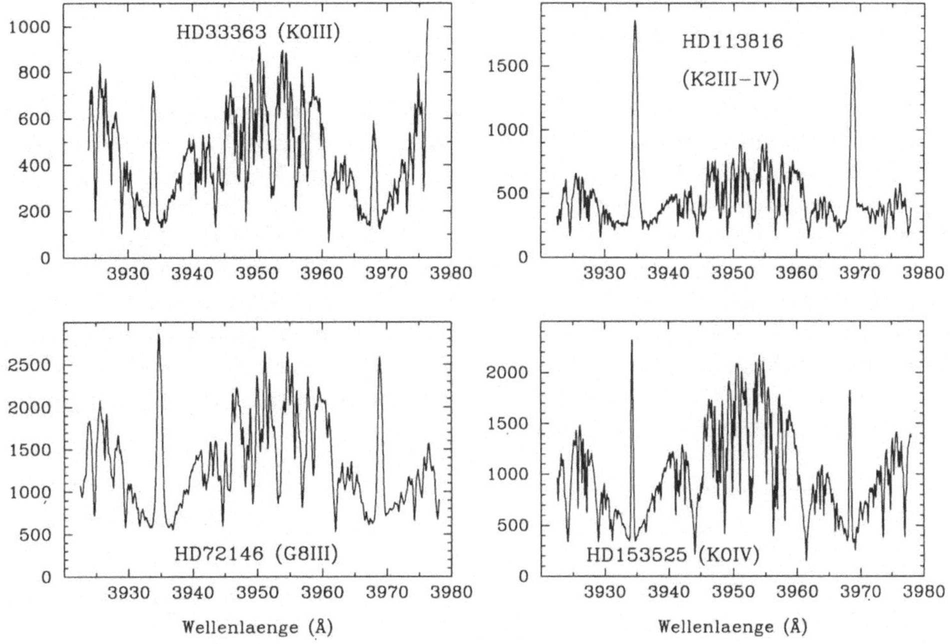

Abbildung 9.4: Kalzium-H- und K-Spektren einer Reihe von aktiven Sternen. Hier ist die spektrale Auflösung nur knapp die Hälfte als bei dem α Cen-Spektrum in Abb. 9.3, da die meisten aktiven Sterne wesentlich weiter von uns entfernt sind und um rund einen Faktor 100 schwächer erscheinen. Nach Aufnahmen mit dem KPNO coudé feed-Teleskop aus Strassmeier (1994).

sehr stark davon abhängt, an welchem Atom bzw. Ion gestoßen wurde. So ist die Balmer-Hα-Linie des neutralen Wasserstoffs Photonen-kontrolliert, während die Ca II-H- und K-Linien des einfach ionisierten Kalziums stoß-kontrolliert sind. Demnach hängt die Stärke der Hα-Linie mehr von den Photonen der Photosphäre ab, als von der lokalen Temperatur am Linienentstehungsort in der unteren Chromosphäre. Die Kalzium Linien hingegen spiegeln ziemlich genau den Verlauf der lokalen Temperatur wieder, wobei es zu einer Umkehrung der Quellfunktion bei etwa 2,000 km Höhe kommt, da dann auch atomare Streueffekte eine zunehmend wichtigere Rolle übernehmen. Eine Folge dieser Umkehr ist das Auftreten zweier Hügeln im Linienkern, die durch eine scheinbare Absorptionslinie, dem „self-reversal“ (der Selbst-Umkehr), voneinander getrennt sind. Diese besondere Linienform der Kalziumemission wurde sogar mit eigenen Indizes der Fraunhoferschen Bezeichnung versehen: $K_{2,V}$ für den Hügel auf der *v*ioletten Seite, $K_{2,R}$ für den auf der *r*oten Seite und K_3 für die zentrale Einsenkung, dem *self-reversal* (eine analoge Bezeichnung gibt es für die H-Linie). Der Großteil unserer Kenntnisse über aktive Chromosphären kommt nun aus der Beobachtung dieser Ca II-$H_{2,3}$- und $K_{2,3}$-Linien, meist nur kurz H- und K-Linien genannt. Aber dem beobachtenden Astronomen wird es nicht gerade leicht gemacht.

9.2 H- und K-Beobachtungen möchten absolut kalibriert sein

„Gib mir ein Ca II-H- und K-Spektrum und ich sage dir wie alt der Stern ist von dem das Spektrum stammt", sagt Theoretiker A zu Beobachter B. „Hier, frisch vom Spektrographen", freut sich B, und „hab' ich heute Nacht aufgenommen und gleich in absoluten Flußeinheiten kalibriert".... diese drei letzten Wörter gingen leicht von den Lippen, es steckt aber einiger Aufwand und Überlegung dahinter, die letztendlich ein typisches Merkmal moderner, beobachtender Astronomie sind: nämlich die Daten*kalibration*. Nicht gerade beliebt bei Studenten und Amateurastronomen, weil nicht faszinierend und zum Teil sogar langwierig und langweilig, dafür umso wichtiger. Ziel jeder Kalibration ist, Daten verschiedener Objekte, aufgenommen mit unterschiedlichen Instrumenten zu unterschiedlichen Bedingungen, miteinander vergleichbar zu machen.

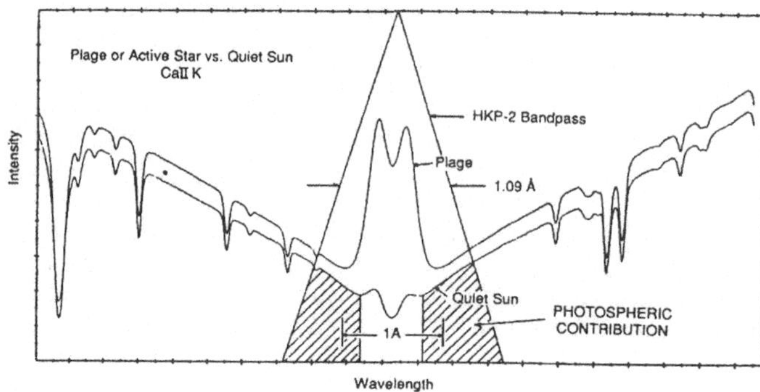

Abbildung 9.5: Zur Definition des Ca II-*S*-Index des Mount Wilson Photometers. Das „Dreieck" ist die Durchlaßkurve des 0.109-nm (1.09 Å) Filters. Siehe Text. (Nach Doug Duncan et al. 1991).

9.2.1 Der Mt. Wilson Ca II-*S*-Index

Der Ca II-*S*-Index ist mittlerweile eine klassische Größe und beruht auf der Bauweise des sogenannten Mt. Wilson-Photometers. Er beschreibt den Linienkernfluß eines Sternes in beiden Emissionslinien des Kalzium bei etwa 395 nm relativ zum umliegenden Kontinuumsfluß. Stellen wir uns ein Photometer mit vier, sehr schmalbandigen Filtern vor. Je ein Filter mit einer Bandbreite von nur 0.109 nm sei genau bei den Wellenlängen der Ca II-H-Linie (393.368 nm) sowie der K-Linie (396.849 nm) positioniert (siehe Abb. 9.5). Zwei weitere, aber breitere Filter mit 2 nm Bandbreite sind zu beiden Seiten der H- und K-Linien bei 390.11 nm im violetten und bei 400.11 nm im blauen Bereich zentriert. Eine Messung ergibt nun je eine Photonenzählrate in den vier Filtern (N_K, N_K, N_v und N_b). Diese werden durch die Belichtungszeit dividiert und danach noch der kleine Betrag abgezogen, der sich ergibt, wenn das Photometer an eine sternlose Stelle neben dem Objektstern gerichtet und genauso lang belichtet wird wie der zu untersuchende Stern. Diese vier korrigierten Zählraten ergeben dann den *S*-Index, als ein Maß für die H- und K-

Emission:

$$S = \frac{N_H + N_K}{N_v + N_b}\,\alpha, \tag{9.1}$$

wobei $\alpha = 2.4$ ein Instrumentenfaktor ist. Bei der Sonne beschränkt man sich meist auf die Messung der K-Linie, weil so der störende Einfluß, den die Wasserstoff Balmer-Hϵ-Emission auf die Ca II-H-Linie hat, von vornherein ausgeschlossen wird. Aus Glchg. (9.1) sieht man, daß S ein *Verhältnis* von Zählraten darstellt, und somit unabhängig von Veränderungen in der Extinktion der Erdatmosphäre bzw. des Instrumentes selbst ist. Das ist gut, aber das Problem ist nun, dieses dimensionslose Verhältnis in absoluten, astrophysikalischen Einheiten auszudrücken.

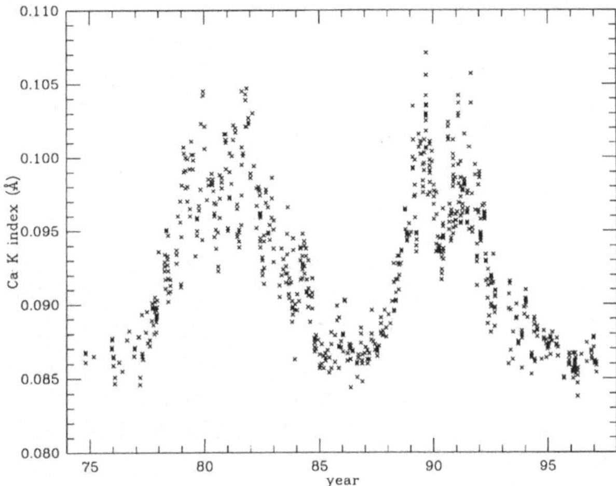

Abbildung 9.6: Die Variation des Ca II-K-Index der Sonne im Laufe ihres Aktivitätszyklus. Offensichtlich ist der K-Index, genauso wie der S-Index, ein exzellenter Indikator für magnetische Aktivität. (Mit frdl. Genehmigung von W. C. Livingston, NOAO/NSO).

Der Schlüssel liegt in der Beobachtung von Sternen bekannten Spektraltyps, sowie (wenigstens) eines Sternes mit exakt bekannter Entfernung und Leuchtkraft, die mit dem gleichen Instrumentarium gemessen wurden. Letzterer ist natürlich meist unsere Sonne, bekanntermaßen ein G2V-Stern. Ausgangspunkt ist das Verhältnis zwischen dem Fluß, der vom Stern abgegeben wird (F) und dem, den wir auf der Erde beobachten (f):

$$F_H + F_K = \frac{F_{\text{bol}}}{f_{\text{bol}}}\,(f_H + f_K), \tag{9.2}$$

wobei $F_{\text{bol}} = \sigma T_{\text{eff}}^4$ der absolute, bolometrische Fluß eines Sternes der Temperatur T_{eff} am Ort des Sternes ist (σ ist die Stefan-Boltzmann Konstante), und $f_{\text{bol}} = \gamma\ 10^{-0.4(m_V + B.C.)}$ derselbe am Ort der Erde (γ ist eine numerische Konstante, m_V ist die scheinbare Helligkeit des Sternes im Johnson V-Bandpass und $B.C.$ ist die bolometrische Korrektur, die für einen Stern bestimmter Leuchtkraft und Temperatur aus Tabellen entnommen werden kann). Natürlich ist unsere Zählrate N_K proportional zu f_K, und nicht etwa zu F_K. Also

$$f_H + f_K = \beta\ (N_H + N_K), \tag{9.3}$$

mit β wieder eine dimensionslose, instrumentenbedingte Konstante. Setzen wir dies in die vorherige Gleichung ein, indem wir gleich den Ausdruck $(N_H + N_K) =$

$S(N_v + N_b)\alpha^{-1}$ aus Glchg. (9.1) verwenden, so ergibt sich

$$F_H + F_K = \frac{\sigma T_{\text{eff}}^4}{\gamma\alpha}\ \beta\ \underbrace{S\,(N_v + N_b)\ 10^{+0.4(m_V + B.C.)}}_{C}. \tag{9.4}$$

Der als C bezeichnete Teil ist nun aber vollkommen unabhängig von der H- und K-Emission und kann aus Standardsternen bekannten Spektraltyps bestimmt werden. Mit Hilfe von 130 Hauptreihensternen ergab sich ein einfacher Zusammenhang zwischen C und der $B - V$ Farbe, und implizit daher auch mit der Temperatur T_{eff}:

$$C = 0.24 + 0.43(B - V) - 1.33(B - V)^2 + 0.25(B - V)^3. \tag{9.5}$$

Wir benötigen jetzt also nur mehr die $B - V$-Farbe unseres Objektsternes, können dann sofort C berechnen und in Glchg. (9.4) einsetzen. Nehmen wir auch noch alle Konstanten (α, β, γ) zusammen, lautet Glchg. (9.4) dann

$$F_H + F_K = 10^{-14}\ C\ T_{\text{eff}}^4\ S. \tag{9.6}$$

Dies ist zwar bereits ein physikalischerer Ausdruck, als etwa unser ursprüngliches Verhältnis von Photonenzählraten in Glchg. (9.1), doch immer noch in beliebigen Einheiten, da der Gleichung der Nullpunkt fehlt. Führen wir jetzt noch eine (einmalige) Messung des H- und K-Flusses der Sonne durch – wo das Verhältnis $F_{\text{bol}}/f_{\text{bol}}$ sehr gut bekannt ist –, dann kann der (gemessene) S-Index der Sonne ($S_\odot$=0.160) mit deren absoluten Fluß gleichgesetzt und die Verschiebung in Glchg. (9.6) berücksichtigt werden, die dann lautet:

$$\mathcal{F}_H + \mathcal{F}_K = 1.29 \times 10^6\ (F_H + F_K). \tag{9.7}$$

Jetzt haben wir endlich auf der linken Seite den absolut kalibrierten Fluß, $\mathcal{F}$, in $\text{erg}\,\text{cm}^{-2}\text{s}^{-1}$ an der Oberfläche des zu untersuchenden Sternes! Uff. „... und gleich in *absoluten Flußeinheiten kalibriert*“, wie Kollege B sagte, „Ja, ja, und wir lehnten uns gemächlich zurück und nickten schweigend“.

9.2.2 Direkte Spektren hoher Auflösung

Obwohl der photometrische S-Index eines Sternes schnell und einfach zu messen ist, gibt er keinerlei Auskunft über die Emissionslinienprofile selbst, deren Verbreiterung, eventuelle Aufspaltung, sowie der Stärke des *self-reversals*. Hiezu braucht man eben hochaufgelöste Spektren, wie in Abb. 9.3, und die will man wiederum mit Beobachtungen über den S-Index vergleichen, also ist – wiederum – eine absolute Kalibration notwendig.

Hier folgen wir den Ausführungen des amerikanischen Astronomen Jeffrey Linsky und Kollegen von der University of Colorado in Boulder. Ausgangspunkt dieser Kalibration ist die sogenannte *Barnes-Evans*-Relation (Barnes & Evans 1976): es existiert nämlich eine gute Korrelation zwischen der Oberflächenhelligkeit eines Sternes, seiner $V - R$-Farbe und seinem scheinbaren Winkeldurchmesser Φ, in der

Form $\log \Phi = f(m_V, V - R)$. Wobei m_V für interstellare Absorption korrigiert werden muß. Der Fluß an der Sternoberfläche im Wellenlängenbereich $\Delta\lambda$ ist daher proportional dem scheinbaren Winkeldurchmesser des Sternes:

$$\mathcal{F}(\Delta\lambda) = \left(\frac{d}{R}\right)^2 f(\Delta\lambda) = \left(\frac{4.125 \times 10^8}{\Phi}\right)^2 f(\Delta\lambda), \tag{9.8}$$

hier bedeuten d die Entfernung, R den Radius und Φ den scheinbaren Winkeldurchmesser des Sternes in milli-Bogensekunden.

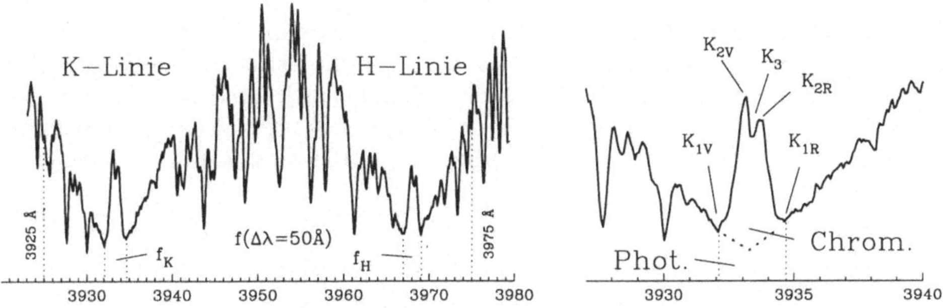

Abbildung 9.7: Erklärung zu den Bezeichnungen der Ca II-Kalibration von Linsky et al. (1979).

Mit Hilfe absoluter Photometrie von 81 Standardsternen in Anschluß an einen *Schwarzen-Körper*, erhält man eine Kalibration des relativen Flusses $f(\Delta\lambda)$ der H- und K-Linienregion zentriert bei 395.0 nm und einer Bandbreite von $\Delta\lambda = 5$ nm mit der $V - R$-Farbe eines Sternes. Diese Messungen wurden vom amerikanischen Astronomen R. Willstrop schon in den sechziger Jahren durchgeführt (Willstrop 1964). Mißt man nunmehr auch noch den scheinbaren Winkeldurchmesser dieser 81 Kalibrationssterne, erhält man nach Glchg. (9.8) schließlich eine Beziehung zwischen dem absoluten Fluß $\mathcal{F}$ und der $V - R$ Farbe:

$$\begin{aligned} \log \mathcal{F}(\Delta\lambda) &= 8.264 - 3.076(V - R) \quad \text{für } (V - R) < 1.3 \\ \log \mathcal{F}(\Delta\lambda) &= 5.500 - 0.944(V - R) \quad \text{für } (V - R) > 1.3 \,. \end{aligned} \tag{9.9}$$

Somit hat man den absoluten Fluß in einem 5-nm breiten Wellenlängenbereich um 395 nm ausschließlich aus der Kenntnis der $V - R$-Farbe gegeben. Messen wir jetzt die Fläche unterhalb unseres beobachteten Spektrums in genau demselben Wellenlängenbereich (392.5–397.5 nm), und nennen wir diese Fläche $f(\Delta\lambda)$ gemäß Abb. 9.7, sowie eine analoge Messung für den Wellenlängenbereich zwischen den violetten und roten K_2- sowie den H_2-Fußpunkten der beiden Emissionslinien (also f_H und f_K), dann bekommen wir den absoluten Fluß, den der Stern in der H- bzw. K-Linie abstrahlt folgendermaßen:

$$\mathcal{F}(H) = \frac{50\mathcal{F}(\Delta\lambda = 50)}{f(\Delta\lambda = 50)}\, f(H) \quad \text{und} \quad \mathcal{F}(K) = \frac{50\mathcal{F}(\Delta\lambda = 50)}{f(\Delta\lambda = 50)}\, f(K)\,. \tag{9.10}$$

Der so gewonnene Wert für den H- und K-Linienfluß eines aktiven Sternes stellt aber noch die Summe der Beiträge der Chromosphäre und der darunter liegenden

Photosphäre dar. Um den reinen chromosphärischen Beitrag – wir bezeichnen ihn mit $\mathcal{F}'$ – ermitteln zu können, muß nun noch der photosphärische Beitrag bestimmt und abgezogen werden. Unglücklicherweise läßt sich dies aber nicht so einfach bewerkstelligen, da man die Chromosphäre ja nicht einfach wegheben kann um die darunterliegende Photosphäre beobachten zu können. Einfache Näherungsmethoden haben sich daher durchgesetzt. Eine verwendet den theoretisch berechneten Linienfluß einer Modellatmosphäre, die sich vollständig im Strahlungsgleichgewicht befindet (in LTE), also per Definition gar keine Chromosphäre hat. Eine andere wiederum verwendet beobachtete Spektren von inaktiven Vergleichssternen identischen Spektraltyps und Leuchtkraftklasse, die aber keine H- und K-Emission haben. Ganz einfach! Leider nicht ganz so, da letztere Methode implizit annimmt, daß die Atmosphären inaktiver und aktiver Sterne die gleiche Struktur besitzen, und das ist ganz bestimmt falsch. Aber, wie gesagt, es handelt sich um eine Näherung. Nunmehr können wir den Strahlungsverlust der Chromosphäre eines aktiven Sternes in absoluten Einheiten (z.B. erg cm^{-2}s^{-1}) für die Ca II-H- und K-Linien angeben, als

$$\mathcal{F}'(H) = \mathcal{F}(H) - \mathcal{F}_{\mathrm{phot}}(H) \quad \text{und} \quad \mathcal{F}'(K) = \mathcal{F}(K) - \mathcal{F}_{\mathrm{phot}}(K) \tag{9.11}$$

beziehungsweise in Einheiten der gesamten Leuchtkraft des Sternes

$$R_{\mathrm{HK}} = \frac{\mathcal{F}'(H) + \mathcal{F}'(K)}{\sigma T_{\mathrm{eff}}^4}. \tag{9.12}$$

Nun haben wir alle Voraussetzungen erfüllt, um Beobachtungen von unterschiedlichen Sternen mit sehr verschiedenen Instrumentarien sinnvoll miteinander vergleichen zu können. Der Vollständigkeit halber sei hier aber noch erwähnt, daß es weitere Kalibrierungsmöglichkeiten von Ca II-H- und K-Spektren gibt, wie etwa die, die von Pasquini et al. (1988) am *European Southern Observatory* entwickelt wurde, auf die ich aber aus Platzgründen nicht mehr eingehen kann[2]. Nachdem wir durch die „trockene“ Materie der Kalibration durch sind: was verraten uns nun all die Beobachtungen? Oder erwarten uns vielleicht noch andere Schwierigkeiten? Haben Sie die Antwort schon erraten?

9.3 Die Verbindung Aktivität und Sternalter

9.3.1 Nicht alle Emission ist magnetischen Ursprungs

Bevor wir einen beobachtbaren Aktivitätsindikator z.B. in Abhängigkeit vom Alter des Sternes und dessen Rotationsgeschwindigkeit betrachten, ist eine kleine Warnung angebracht. Die Kernaussage sollte sein: Vorsicht, Linienemissionen bzw. H- und K-Flüsse können auch andere Verursacher als magnetische Aktivität haben – wenigstens zum Teil. Ein einfaches Beispiel sind wohl die beobachteten, enorm starken Kalzium-H- und K-Emissionlinien von Zwergsternen der unteren Hauptreihe. Man findet wohl kaum einen M-Zwergstern ohne irgendwelche Anzeichen von Linienemission, viele haben sogar H- und K-Emissionslinien, die weit über dem Niveau

[2]Eine Zusammenfassung der verschiedensten Flußkalibrationen bei aktiven Sternen findet sich in J. C. Hall (1996).

des umgebenden Kontinuums liegen. Zugegeben, dies sind aktive Sterne, trotzdem sind deren Chromosphären sehr dünn und relativ inaktiv verglichen mit einem K-Stern gleicher Rotationsgeschwindigkeit. Der einfache Grund ist, daß das unterhalb der Chromosphäre entstehende photosphärische Strahlungsfeld eines kühlen (=roten) Sternes, bei der kurzen (=blauen) Wellenlänge der einfach ionisierten Kalzium Linie noch viel schwächer ist, und daß daher sogar eine dünne, wenig dichte Chromosphäre noch enorm starke Emissionslinien erzeugen kann. Zur Erinnerung, das thermische Strahlungsfeld eines Sternes (das ist größtenteils die Photosphäre) wächst mit der Effektivtemperatur zur vierten Potenz. Dies muß natürlich berücksichtigt werden, wenn Sterne unterschiedlicher Oberflächentemperaturen miteinander verglichen werden und gilt in ähnlichem Ausmaß auch für die Hα-Linie des neutralen Wasserstoffes, wobei auch noch Materieflüsse, also dynamische Belange, eine Rolle spielen.

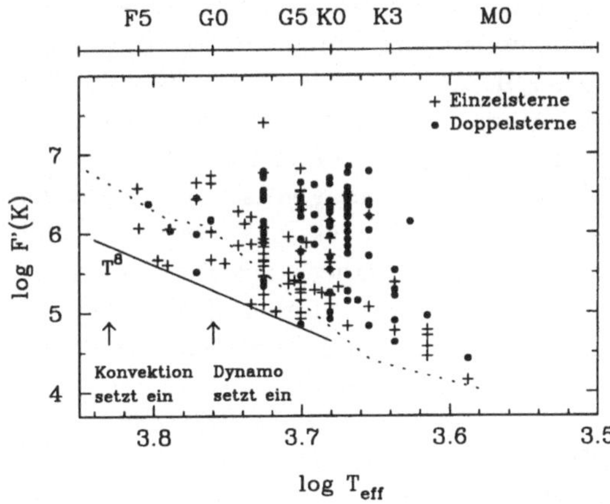

Abbildung 9.8: Die Verteilung des Kalzium-K-Linienflusses $\log \mathcal{F}'$, für entwickelte Sterne als Funktion der stellaren Effektivtemperatur. Man erkennt eine stark temperaturabhängige untere Grenze (die Linie mit T^8), die den „Grundfluß" darstellt und schon in frühen Beobachtungen mit dem Mt.-Wilson H&K-Photometer gesehen wurde (punktierte Linie, siehe Text). Nach Strassmeier et al. (1994).

Optisch dünne Linien, wie etwa die meisten chromosphärischen Linien im ultravioletten Spektralbereich, sind wesentlich einfachere Temperatur- und Dichteindikatoren als optisch dicke Linien da deren Entstehungstemperatur genau definiert ist (vgl. auch Kapitel 7.4). Übrigens nennen wir eine Linie der Frequenz ν dann optisch dünn, wenn das Integral über das Produkt Absorptionskoeffizient mal Dichte kleiner als Eins ist (vgl. Kapitel 7.4). Man kann nun zeigen (z.B. bei Schatzman & Praderie 1993), daß die integrierte Linienintensität nur von der Temperatur und von der Elektronendichte abhängt. Dies erlaubt es, eine Aussage über die Teilchendichte entlang des Lichtweges in der Sternatmosphäre zu machen, wenn die Intensität der Spektrallinie gemessen werden kann und die Effektivtemperatur am Ort der Linienentstehung bekannt ist. Letztere wird einfach durch jene Temperatur ersetzt, die der Anregungsspannung des atomaren Überganges entspricht. Das übrigbleibende Integral entlang des Lichtweges s, nennt man das *Emissionsmaß* EM:

$$EM = \int_{\Delta s} n_e^2 \, ds \; , \tag{9.13}$$

wobei n_e^2 die Elektronendichte bedeutet. Wenn man nun optisch dünne Linien in unterschiedlichen Temperaturregimen mißt, kann man EM als Funktion der Temperatur und somit auch als Funktion der Höhe in der Sternatmosphäre angeben und mit Modellrechnungen vergleichen. Je höher eine Linie angeregt ist, desto höher muß die Temperatur am Ort der Linienentstehung sein: Si II 130.4 nm entsteht bei etwa 1×10^4 K, Si III 120.6 nm bei 3.5×10^4 K, C IV 155.0 nm bei 1×10^5, O VI 103.2 nm bei 3.2×10^5 und O VII liegt bereits im weichen Röntgenbereich und hat eine Anregungstemperatur von etwa 2×10^6 K.

Leider sind der ultraviolette und der Röntgenbereich des elektromagnetischen Spektrums nicht so einfach zugänglich wie die Kalzium Linien im blauen Spektralbereich oder die Balmer Linien im gesamten optischen Bereich, und daher gestalten sich derartige Beobachtungen meist äußerst schwierig.

9.3.2 Heizen mit Schallwellen

Konstruieren wir ein Diagramm, in dem wir den absoluten Kalzium-H- und K-Linienfluß gegenüber der effektiven Temperatur einer möglichst großen Zahl von Sternen auftragen, so sehen wir eine generelle Zunahme der Linienflüsse zu höheren Temperaturen hin (siehe Abb. 9.8). Erinnern wir uns aber, daß heißere Sterne – hier sind damit F-Sterne gemeint – nur eine ganz dünne Konvektionszone haben, nur ein paar Prozent des Sternradius, und daher magnetisch wenig aktiv sind. Frühe A-Sterne haben praktisch überhaupt keine Konvektionszone mehr, und die Kalzium-H- und K-Linien sind bei diesen Sternen daher auch nicht mehr beobachtbar. Wieso also kann der Linienfluß bei inaktiven F-Sternen größer sein als bei, sagen wir, einem moderat-aktiven G-Stern? Der Grund liegt darin, daß (wenigstens) zwei verschiedene Mechanismen an der Erzeugung des Linienflusses beteiligt sind: eben magnetische Aktivität und *akustische Heizung* der Chromosphäre. Letztere ist vor allem eine Funktion der Effektivtemperatur bzw. der Farbe des Sternes und nimmt mit steigender Temperatur zu, zumindest solange als noch eine äußere Konvektionszone vorhanden ist. Daher haben F-Sterne mit Effektivtemperaturen um 6,500 K die höchsten akustischen Heizungsraten innerhalb der Sterne mit Konvektionszonen.

Daß akustische Heizung auch bei der Sonne eine Rolle spielt, hatten erstmals Mitte der vierziger Jahre des 20. Jahrhunderts die beiden Astronomen Ludwig Biermann (1946) und Martin Schwarzschild (1948) erkannt. Der holländische Astronom Karel Schrijver hat für diesen Beitrag den Begriff des „basal-flux" – des Grundflusses – geprägt, und damit jenen Kalzium-H- und K-Fluß gemeint, der auch vorhanden ist, wenn der Stern keine magnetischen Aktivitäten aufweist und somit (wahrscheinlich) zur Gänze durch akustische Heizung erzeugt wird. Bei der Sonne beträgt dieser Grundfluß rund 12 % des gesamten Kalzium-H- und K-Flusses und alles was darüber ist, also der Exzeßfluß, wird durch magnetische Heizung mittels Flußröhren bestritten, die wiederum der Baustein und Anlaß für die vielen solaren und stellaren Aktivitätsphänomene sind (siehe auch Kapitel 8.2.4). Hiezu gibt es aber noch einige unbeantwortete Fragen, wie zum Beispiel der Frage nach dem eigentlichen Dissipationsvorgang der Schallenergie in der Chromosphäre, aber auch der Erzeugermechanismus der Schallwellen in der Konvektionszone ist noch unklar – obwohl mit dem Begriff „konvektive Instabilitäten" und darauffolgende, lokale Materieverschiebungen (auch als „mechanische Energien" bezeichenbar) die Gedankengrundsteine schon gelegt sind.

9.3.3 Alt, langsam und inaktiv

Eine logische Korrelation? Je jünger, desto aktiver! Je älter, desto inaktiver. Naja, das mag beim heutigen *Menschen* nicht ganz so zutreffen, da es wahrlich eine ganze Menge von Ausnahmen gibt: junge, die inaktiv sind und Ältere, die überaktiv sind. Ähnlich ist es bei konvektiven Sternen und deren – wohlgemerkt – magnetischen Aktivitäten.

Im Kapitel 3.4 hatten wir bereits Bekanntschaft mit dem *Skumanich*-Gesetz gemacht, das erstens besagt, daß einzelne Hauptreihensterne – Sterne in engen Doppelsternsystemen seien hier ausgeklammert – langsamer rotieren je älter sie sind, und zwar näherungsweise gemäß einem inversen Potenzgesetz ($t^{-1/2}$). Und daß Sterne aktiver sind desto schneller sie rotieren. Demgemäß erwarten wir eine Korrelation zwischen der magnetischen Aktivität eines Sternes und dessen Alter, wobei nun die magnetische Aktivität durch die Kalzium-H- und K-Emissionslinienstärke ausgedrückt wird bzw. besser durch den Strahlungsverlust R_{HK}, da letzterer auf die Leuchtkraft des Sternes normiert ist. Natürlich kann eine derartige Korrelation nur qualitativer Natur sein, da keine zwei Sterne wirklich gleich sind, auch nicht, wenn sie – wie unabdingbar – von sehr weit entfernt beobachtet werden. Wie schaut so eine Alters-Aktivitäts-Relation nun aus?

Das Problem liegt jetzt nicht etwa in der Parametrisierung des Begriffes Aktivität, sondern vielmehr in der Kenntnis bzw. Unkenntnis des Sternalters. Das Skumanich-Gesetz erlaubt ja nur eine indirekte Altersabschätzung und keine wirkliche Altersbestimmung. Der Metallindex des Strömgren-Filtersystems (siehe Kapitel 8.3.3), definiert als $m_1 = (v-b)-(b-y)$, ist zwar ein guter Indikator dafür, wieviel Strahlungsfluß wegen der vielen Metallabsorptionslinien[3] die Sternatmosphäre nicht verlassen kann, im englischen als *line blanketing* bezeichnet, und damit einen nur sehr indirekten Altersindikator darstellt. Kurz, es gibt leider noch keine einzige, direkte Meßmethode um das Alter eines einzelnen Sternes zu bestimmen. Auch die Messung von Isotopenverhältnissen in hochaufgelösten Spektren bzw. das Auftreten ganz bestimmter Spektrallinien, etwa die Stärke der neutralen Lithium-Linie bei 670.78 nm (siehe Abschnitt 9.3.5), lassen nur grobe Abschätzungen zu.

Der einzige Ausweg der uns bleibt, ist Sterne in offenen Sternhaufen zu beobachten. Doch auch diese Möglichkeit ist auf jene Haufen beschränkt bei denen das Abbiegen der Hauptsequenz im Farben-Helligkeitsdiagramm – dem „Knie" – beobachtbar, und somit deren Alter bestimmbar ist. Wir gehen dann von der allgemeinen Annahme aus, daß alle Sterne innerhalb des Haufens zur gleichen Zeit entstanden sind und somit gleichen Alters sind. Spektroskopische Beobachtungen innerhalb von Sternhaufen sind aber mühsam, da Haufensterne – vor allem die der unteren Hauptreihe –, sehr schwach sind. Visuelle Helligkeiten von $m_V < 12$ mag sind die Regel. Ausnahmen bilden natürlich nahe gelegene Sternhaufen, wie etwa die Hyaden in einer Entfernung von 45 Parsek. Die meisten anderen Haufen

[3] Im Sprachgebrauch der Astronomie ist alles außer Wasserstoff und Helium ein „Metall".

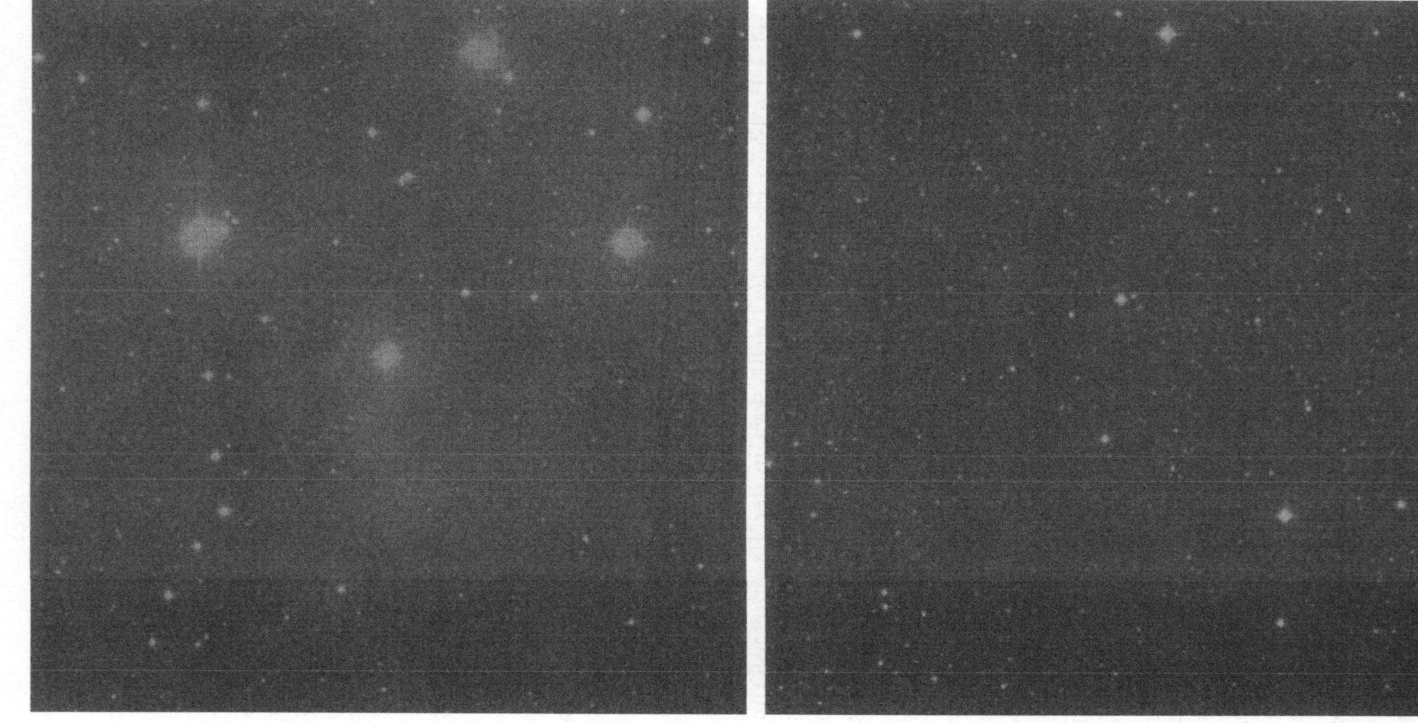

Abbildung 9.9: Die beiden offenen Sternhaufen Plejaden, das Siebengestirn (links) und die Hyaden im Sternbild Stier (rechts). Die Plejaden sind ein junger Sternhaufen im Alter von etwa 70 Millionen Jahren und einer Entfernung von rund 360 Lichtjahren. Der Sternhaufen ist noch zu jung um schon entwickelte Riesensterne zu beinhalten, ist aber eine Ansammlung vieler, schnell rotierender und damit sehr aktiver Hauptreihensterne. Manche sind sogar noch von den Wasserstoffresten umgeben, aus denen sie entstanden sind. Die Hyaden hingegen sind im Vergleich ein alter Haufen (700 Millionen Jahre) in einer Entfernung von nur 45 pc, also etwa 146 Lichtjahren, und enthält fünf helle K0-Riesen, die das charakteristische V am Himmel bilden. Der hellste Stern im Bildfeld, α Tau (Aldebaran), gehört nicht zum Haufen und ist ein Vordergrundstern. (Mit frdl. Genehmigung von Claude Catala).

hingegen, wie etwa die bekannten Plejaden – das „Siebengestirn“ (siehe Abb. 9.9) –, sind in Entfernungen jenseits der 100pc-Marke, konkret 360 Lichtjahre im Fall der Plejaden, gemäß der neuen Bestimmung durch den *HIPPARCOS*-Satelliten[4]. Und dann braucht man schon größere Teleskope mit Spiegeldurchmessern von 3m und aufwärts (vgl. Tabelle 3.1).

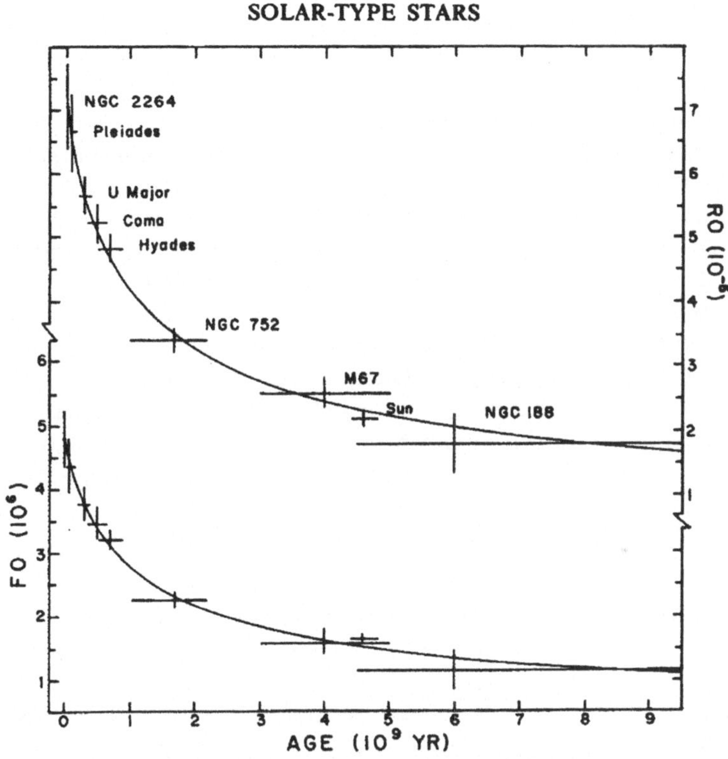

Abbildung 9.10: Die Alter-Aktivitäts-Relation anhand von Ca II-H- und K-Messungen von Sternen in offenen Sternhaufen (normalisiert auf den Fluß bei $B - V = 0.60$). Es wird angenommen, daß alle Sterne eines Sternhaufens aus derselben prästellaren Wolke entstanden sind, und somit gleich alt sind. Das Alter eines Sternhaufens wiederum läßt sich relativ sicher bestimmen. Somit braucht man nur die Aktivität einzelner Sterne in verschieden alten Haufen zu messen und miteinander in Relation zu bringen. (Nach D. C. Barry et al. 1987).

Die Abb. 9.10 zeigt nun den statistischen Zusammenhang zwischen der mittleren Aktivität und dem Alter von sonnenähnlichen Sterne aus acht offenen Sternhaufen im Vergleich zur Sonne. Die Balken in diesem Diagramm sind nicht Meßfehler, sondern stellen, in vertikaler Richtung, die Dispersion der gemessenen Ca II-Flüsse in dem betreffenden Haufen sowie in waagrechter Richtung, die von verschiedenen Autoren angegebenen Maximalwerte deren Alter dar. Die durchgezogene Linie repräsentiert die bestmögliche Anpassung einer Exponentialfunktion an die Beob-

[4]Der „alte“ Werte war 410 Lichtjahre.

achtung und lautet (nach Walter & Barry 1991):

$$\mathcal{F}'_{\mathrm{HK}} = 5.11 \times 10^6 \, e^{-0.52 \, t_9^{0.5}}, \tag{9.14}$$

beziehungsweise in bolometrischen Einheiten

$$\mathcal{R}'_{\mathrm{HK}} = 7.89 \times 10^{-5} \, e^{-0.58 \, t_9^{0.5}}, \tag{9.15}$$

wobei t_9 das Alter des Sternhaufens in Einheiten von Giga-Jahren (10^9) ist. Die Darstellung mit $t^{0.5}$ wurde auf Grund des Skumanich-Gesetzes in Potenzform, $P_{\mathrm{rot}} \propto t^{0.5}$, gewählt.

Nun kann man auch für andere Aktivitätsindikatoren, sofern entsprechende Messungen vorliegen, deren Abhängigkeit mit dem Sternalter untersuchen. Hier bieten sich vor allem die vielen, optisch-dünnen Emissionslinien des ultravioletten Spektrums an. Aber auch der koronale Fluß im Röntgenbereich (siehe Kapitel 10.4.3). Die beiden amerikanischen Astronomen Fred Walter und Don Barry, und viele andere ihrer Kollegen, favorisieren dabei die Darstellung mit Hilfe eines Exponentialgesetzes der Form $R \propto exp(A \; t_9^{0.5})$, wie es schon für die Kalzium-H- und K-Linien in Glchg. (9.15) verwendet wurde. Die Konstante A ist dabei nur eine Funktion der Anregungsspannung der betrachteten Spektrallinie bzw. des Kontinuums im Falle von Röntgendaten. Die Tabelle 9.1 gibt nun eine Zusammenstellung der Koeffizienten A für Aktivitätsindikatoren aus der Chromosphäre, aus der Übergangszone zur Korona (TR-Zone), und der Korona selbst und wir sehen, daß A zu höheren Anregungstemperaturen hin abnimmt. Die Abnahme der stellaren Aktivität mit dem Alter geht also für die Korona am schnellsten vor sich.

Tabelle 9.1: AKTIVITÄTSABNAHME ALS FUNKTION DES STERNALTERS

Chromosphäre:		*TR-Zone:*		*Korona:*	
Aktivitäts-Indikator	**Koeffizient A**	**Aktivitäts-Indikator**	**Koeffizient A**	**Aktivitäts-Indikator**	**Koeffizient A**
Ca II	−0.54±0.02	C II	−0.85±0.26	Röntgen	−2.20±0.22
C I	−0.58±0.35	Si IV	−0.93±0.23		
Mg II	−0.60±0.18	He II	−0.96±0.37		
Si II	−0.63±0.19	C IV	−0.98±0.24		
O I	−0.64±0.37	N V	−1.00±0.51		

[1] A ist der Koeffizient eines Exponentialgesetzes der Form $R \propto exp(A \; t_9^{0.5})$

Die Ca II-H- und K-Emissionslinienprofile beinhalten aber noch mehr Information als wir eingangs in Kapitel 9.1.2 gesehen haben – überraschenderweise auch über die Entfernung des Sternes!

9.3.4 Der Wilson-Bappu-Effekt

Wie wir schon in den vorigen Kapiteln gesehen haben, birgen die Kalzium Emissionslinien nicht nur Information über die magnetischen Aktivitäten in der Chromosphäre sondern auch über deren Struktur: dem Temperatur- und Dichteverlauf.

Eine gemeinsame Entdeckung des amerikanischen Astronomen Olin C. Wilson und des indischen Sonnenphysikers M. K. V. Bappu in den fünfziger Jahren steigerte die Nützlichkeit der Kalzium Emissionslinien noch weiter (Wilson & Bappu 1957). Sie fanden, daß Sterne hoher Leuchtkraft breitere H- und K-Linienprofile haben als Sterne geringer Leuchtkraft (siehe Abb. 9.11). Dies gilt natürlich nur für Sterne, die überhaupt Kalzium H- und K-Emission erzeugen, also alle G-K-M-Sterne und vor allem unsere „Aktiven Sterne". Der Clou ist nun, daß mit der Vermessung eines einzigen H- und K-Spektrums die absolute Helligkeit, M_V, des Sternes bestimmt werden kann und daraus mittels des sogenannten Distanz-Modulus (siehe unten) wiederum seine Entfernung.

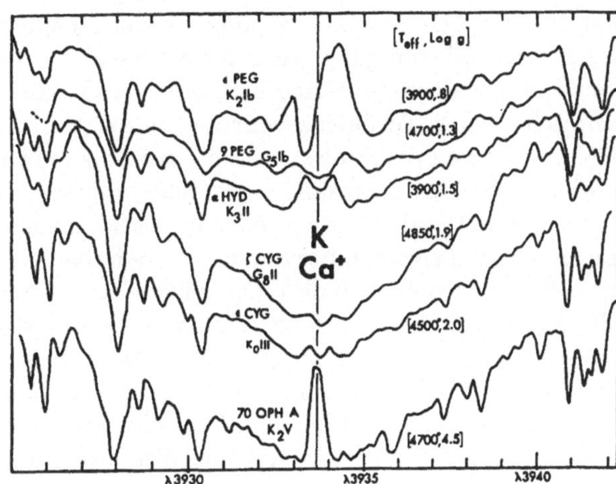

Abbildung 9.11: Der Wilson-Bappu-Effekt. Die Breite der H- und K-Emissionslinien nimmt mit zunehmender Leuchtkraft zu. Mit einer Kalibration an Sternen bekannter Entfernung kann mit der H- und K-Breite die Entfernung eines späten Sternes bestimmt werden. (Nach R. E. Stencel 1977).

In der Literatur gibt es nun einige Variationen dieser Wilson-Bappu-Relation. Je nach der Art wie die „Breite" der Emissionslinien vermessen wird. Wir beschränken uns hier auf die zwei gängigsten Methoden: der Bestimmung der Breite bei der halben Emissionshöhe (engl. *full width at half maximum*, abgekürzt FWHM_0) und der Breite am Boden der Emissionslinie, W_0. Beide Größen werden traditionell in Geschwindigkeitseinheiten angegeben, in $\text{km}\,\text{s}^{-1}$, z.T. um die Linienverbreiterung durch die stellare Rotation sowie die Breite des Instrumentenprofiles einfach korrigieren zu können. Daher bezieht sich der Index 0 auf die bereits korrigierte Linienbreite und errechnet sich z.B. aus

$$\text{FWHM}_0 = \sqrt{\text{FWHM}^2_{\text{gemessen}} - \text{FWHM}^2_{\text{rot}} - \text{FWHM}^2_{instr}}. \qquad (9.16)$$

Analoges gilt für W_0. Die entsprechenden Wilson-Bappu-Relationen sind dann nur durch deren numerische Koeffizienten verschieden und lauten

$$\begin{aligned} M_V &= -15.55 \log \text{FWHM}_0 + 28.49 \qquad (9.17) \\ M_V &= -14.94 \log W_0 + 27.59. \end{aligned}$$

Die Entfernung d wird mittels dem Distanz-Modulus $(m_V - M_V)$ bestimmt und ergibt sich aus

$$m_V - M_V = -5 + 5 \log d \ , \qquad (9.18)$$

wobei m_V die scheinbare Helligkeit des Sternes im Johnson-V-Bandpass ist und d in Einheiten von Parsek steht. Natürlich gibt es auch bei der Wilson-Bappu-Relation einige Detailprobleme, wie z.B. die Vernachlässigung unterschiedlicher Metallizitäten oder chromosphärischer Geschwindigkeitsfelder. Dadurch sind die Entfernungen aus der Wilson-Bappu-Relation meist nur gute Schätzungen[5]. Unsicherheiten in den absoluten Helligkeiten von 0.3 bis 0.4 Größenklassen für Klasse-III-Riesen und sogar bis zu einer Größenklasse für Klasse-II- und Klasse-I-Überriesen sind keine Seltenheit.

Nun bleibt nur noch die Frage nach dem „Warum-ist-das-so?“ zu klären, der wohl beliebtesten Kinder-, Studenten- und Wissenschafterfrage! Gleich vorweg, die Sache ist noch nicht ganz geklärt. Anfänglich, in den sechziger Jahren, wurde das ohnehin bereits künstliche Konzept der Mikroturbulenz einer Sternatmosphäre, in Abhängigkeit der stellaren Schwerebeschleunigung (dem $\log g$) gesehen. Demnach hätte eine Abnahme der Schwerebeschleunigung eine Zunahme der Geschwindigkeitsverteilung von mikroskopisch kleinen Turbulenzelementen in der Chromosphäre ergeben sollen und eine Verbreiterung der Emissionslinien zur Folge haben. Dem hätten aber auch chromosphärische Absorptionslinien gehorchen müssen. Die wollten aber nicht ganz so wie vorhergesagt und außerdem blieb im Detail noch unklar warum eine $\log g$-Abnahme eine Turbulenzveränderung zur Folge haben soll – ohne daß sich dabei die Struktur der Chromosphäre ändert. Schließlich hat der amerikanische Astronom Thomas R. Ayres aus semiempirischen Überlegungen heraus festgestellt, daß die vertikale Massendichteverteilung (engl. *mass column density*) in einer Chromosphäre von der Schwerebeschleunigung, gemäß $g^{-0.25}$, abhängt. Natürlich basiert dieses Ergebnis auf einer Reihe von Annahmen – wie meist in der Astronomie und Astrophysik –, doch erklärt es auf recht einfache Weise die inverse $\log g$-Abhängigkeit der Breite der H- und K-Emissionslinien.

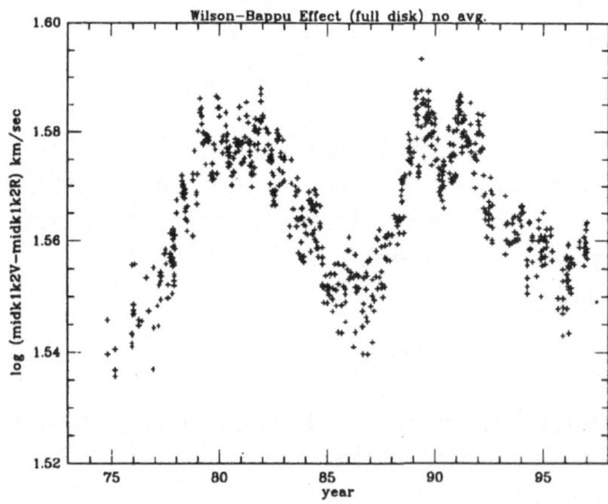

Abbildung 9.12: Der Wilson-Bappu-Effekt bei der Sonne. Gemessen wurde jeweils der Abstand zwischen dem roten (R) und violetten (V) Mittel der K_1 und K_2 Linien, gemäß der Definition in Abb. 9.7. Die Ursache des Wilson-Bappu Effektes bei der Sonne ist noch weitestgehend ungeklärt. (Mit frdl. Gen. von W. C. Livingston, NOAO/NSO).

Die Sache ist aber noch nicht ganz ausgestanden. Den Hinweis dafür liefern die neuesten Sonnendaten der beiden letzten Fleckenzyklen, dargestellt in Abb. 9.12 und zusammengetragen von dem amerikanischen Sonnenphysiker William C. Li-

[5] In der Astronomie ist eine Abschätzung aber oft schon ein Riesenerfolg.

vingston vom *National Solar Observatory* in der Nähe von Tucson, Arizona. Die Aussage des Diagrammes ist, daß sich die *FWHM* der solaren K-Linie, eigentlich genauer der Abstand zwischen den roten und violetten K_1- bzw. K_2-Punkten, mit dem solaren Sonnenfleckenzyklus verändert, und zwar um 0.045 km s^{-1} oder etwa 3%. Das ist nicht viel und beinträchtigt die stellare Kalibration in Glchg. (9.17) möglicherweise gar nicht, gibt aber Anlaß, zumindest einmal beunruhigt zu sein und die Sache genauer zu untersuchen. Der Grund für diese periodische Linienverbreiterung ist sehr wahrscheinlich ein Geschwindigkeitsfeld, eventuell die unstrukturierten, teils chaotischen Oszillationen in den Zwischenbereichen des magnetischen Netzwerks der unteren Chromosphäre (dem, engl., *Intranetwork*). Die Ursache ist im Detail aber noch gänzlich ungeklärt, vor allem auch weil die Minima in Abb. 9.12 nicht gleich tief sind. Es muß also noch ein zusätzlicher, dem elfjährigen Zyklus übergeordneter, wahrscheinlich nur indirekt wirkender Mechanismus am Werk sein. Auch der uns am nächsten liegende Stern hat immer noch – und wahrscheinlich immer wieder – neue Überraschungen parat.

9.3.5 Sternaktivität und ein Element namens Lithium

Angefangen hat alles damit, daß der Lick-Astronom George Herbig von der University of California in Santa Cruz, bei etwa 100 Feld-F- und -G-Zwergsternen einen statistischen Zusammenhang zwischen der Ca II-H&K-Emission und der Lithium-Häufigkeit festgestellt hatte. Etwas später – um 1972 – publizierte dann Andrew Skumanich sein mittlerweile berühmtes $t^{-1/2}$-Gesetz für die Abhängigkeit der Ca II-H&K-Emission vom Sternalter. Alles deutete darauf hin, daß demzufolge auch ein Zusammenhang zwischen Alter und Lithium-Häufigkeit existieren sollte, was auch prompt von mehreren, unabhängigen Studien verifiziert werden konnte. Ja sogar eine plausible Erklärung gibt es: da die Konvektionszone eines Hauptreihensternes mit abnehmender Masse immer tiefer wird, kann das leichte Element Lithium immer besser mit der restlichen Sternmaterie vermischt werden. Dadurch gelangt es auch vermehrt in die tiefsten und heißesten Regionen der Konvektionszone, wo es durch die hohen Temperaturen zerstört bzw. umgewandelt werden kann, im Laufe der Zeit daher die Lithium-Häufigkeit in der Oberflächenschicht sukzessive reduziert. Bedenken wir, daß die chemische Häufigkeit ja nur in der Oberflächenschicht – der Photosphäre – gemessen werden kann, denn nur deren Licht empfangen wir im Spektrographen. Je tiefer die Konvektionszone desto besser wird die Durchmischung sein und dementsprechend erwartet man bei kühleren Sternen weniger Lithium. Mit anderen Worten, die Lithium-Häufigkeit entlang der unteren Hauptreihe ist masseabhängig, genauso wie von Herbig beobachtet.

So weit so gut, doch bald kamen zwei Beobachtungen auf uns zu, die die bisherigen Vorstellungen etwas zu vereinfacht erscheinen ließen. Erstens, fanden mehrere Astronomenteams unabhängig voneinander eine viel zu große Streuung der Lithium-Häufigkeiten bei späten Plejaden-Zwergsternen – also junger Sterne *gleichen* Alters und *gleicher* Masse –, und zweitens, wurde eine Reihe von entwickelten Sternen, Riesen und Unterriesen gefunden, die viel zu hohe Lithium-Häufigkeiten zeigen (siehe Abb. 9.13). Letztere müßten aber entsprechend ihrem fortgeschrittenen Entwicklungsstatus schon genügend Zeit gehabt haben, um ihr urprüngliches

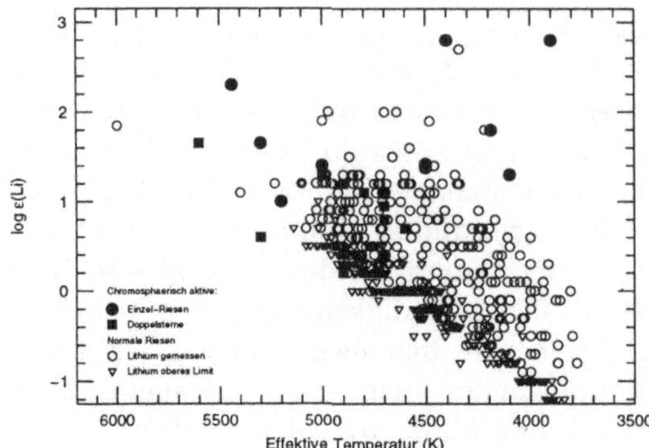

Abbildung 9.13: Die beobachtete Verteilung der Lithium-Häufigkeiten, $\log \epsilon$, bei Riesensternen als Funktion der effektiven Temperatur. Die klassische Theorie zur Sternentwicklung sagt für Rote-Riesen eine (logarithmische) Lithium-Häufigkeit von etwa 1.4–1.5 voraus. Wie man in dem Diagramm sieht, ein Wert, der in der Realität oft überschritten wird. (Mit frdl. Gen. aus Francis C. Fekel & Suchitra Balachandran 1993).

– wir sagen primordiales – Lithium zu zerstören. Wie kann es sein, daß manche dieser Riesen noch entdeckbares Lithium an ihrer Oberfläche haben? Die Streuung bei den Plejadensternen wiederum deutete darauf hin, daß eventuell noch ein weiterer, globaler stellarer Parameter im Spiel ist. Doch welcher? Und was ist die Verbindung zu den Riesensternen?

Nun, die Sache ist noch nicht gänzlich ausgestanden, aber es gibt momentan zwei Denkmodelle: erstens, stellare Magnetfelder – also Aktivität – beeinflussen das Lithium-Spektrum aus dem die Häufigkeit bestimmt wird *und/oder* zweitens, das überschüssig vorhandene Lithium wurde erst kürzlich im Sterninneren erzeugt. Für beide Hypothesen liegen einige „handfeste" Hinweise vor, und manches deutet darauf hin, daß beide Einflüsse gleichzeitig am Werk sind.

Da die Anregungsspannung der Lithium-Linie, aus der in der Regel die chemische Häufigkeit ermittelt wird, der neutralen Li I-Linie bei 640.78 nm praktisch Null ist, ist die Äquivalentbreite dieses Überganges stark temperaturabhängig und sobald die Temperatur steigt, wird die Linie zunehmend schwächer, da das meiste Lithium dann bereits ionisiert ist. So ist es nicht verwunderlich, daß die Lithium-Linie im Spektrum eines kühlen Sonnenfleckes wesentlich stärker erscheint als in der ruhigen, aber um etwa 2,000 K heißeren Photosphäre. Bei Aktiven Sternen mit ihren Superflecken könnte dies also zu einer Überschätzung der Lithium-Häufigkeit führen, da mehr Sternflecken zu erwarten wären, je ausgedehnter die Konvektionszone ist.

Spektroskopische Messungen an späten Riesensternen im sehr alten, offenen Sternhaufen M67 haben eindeutig gezeigt, daß dessen Sterne in etwa die gleiche Durchmischung der Kohlenstoff-Isotope $^{12}C/^{13}C$ aufweisen, als von der Standard-Mischungstheorie im Rahmen der normalen Sternentwicklung vorausgesagt wird. Die M67-Ergebnisse decken sich obendrein auch mit dem beobachteten $^{12}C/^{13}C$-Verhältnis einiger aktiver (einzelner) Riesensterne im Feld. Daraus folgern wir, daß etwa ein signifikant unterschiedlicher Mischvorgang in Riesen- und Hauptreihen-Sternen nicht die Ursache des Extra-Lithiums sein kann. Jetzt gibt es noch zwei weitere Möglichkeiten: entweder ist das beobachtete Extra-Lithium immer noch das gleiche – eben das primordiale Lithium –, das durch irgendeinen Mechanismus erst im Laufe der zeitlichen Entwicklung des Sternes vom Inneren an die Oberfläche transportiert wurde (im engl. *dredge-up*) oder es wurde neu erzeugt. Der amerikanische Astrophysiker A. G. W. Cameron und der spätere Nobelpreisträger William Fowler haben dazu einen möglichen Transport- und Erzeugungmechanismus gefunden. Demnach sollte Lithium über die Reaktionskette

$$^3\text{He}\ (\alpha,\gamma)\ ^7\text{Be}\ (e,\nu)\ \text{Li} \tag{9.19}$$

erzeugt werden, wobei α ein α-Teilchen (Heliumkern), γ ein γ-Photon, e ein Elektron und ν ein Neutrino sind. Der Vorgang könnte sich dann so abspielen: im Inneren der späten Riesen sollten die Temperaturen gerade noch ausreichen um Helium in Beryllium umzuwandeln, die Konvektion würde dann die Beryllium-Isotope nehmen und in höhergelegene, kühlere Schichten transportieren wo es zwar zerfällt aber bereits kühl genug ist, das ^{7}Li-Isotop der zweiten Reaktion überleben zu lassen. So konnte man Ende der achziger Jahre auch die enormen Lithium-Häufigkeiten von AGB-Sternen erklären, etwa dem superreichen Lithium-Stern WZ Cassiopeia.

Der große Unterschied zwischen den AGB-Sternen und unseren aktiven K-Riesen mit deren relativen Überhäufigkeit an Lithium ist, daß letztere viel schneller rotieren. Und das erlaubt eine gänzlich neue Hypothese: die Möglichkeit, daß es zu einem Drehimpulsaustausch zwischen dem radiativen Kern und der konvektiven Hülle kommt und dabei primordiales Lithium aus dem Kern im Laufe der Zeit in die Konvektionszone gelangt, dort durchmischt und dabei bis an die Oberfläche transportiert wird. Doch kann dieser Mechanismus wieder nicht ganz allein für die beobachteten Überhäufigkeiten verantwortlich sein, denn dann müßte ein viel engerer Zusammenhang zwischen Rotation und Lithium-Häufigkeit bestehen – und zwar im Sinne, je schneller ein Stern rotiert desto mehr Lithium hat er –, als es die Skumanichsche Beziehung in Abb. 3.12 in Kapitel 3 zeigt.

Die Rotation der Sterne scheint aber auch bei einer anderen Entdeckung eine bedeutende Rolle zu spielen, beim sogenannten (engl.) *Lithium-dip*: bei Untersuchungen der Lithium-Häufigkeit von Hyaden-Sternen hatten die beiden amerikanischen Astronomen Ann Mercant Boesgaard und Michael Tripicco eine starke und sehr steile Abnahme der Lithiumverteilung bei einer Effektivtemperatur um etwa 6,600 K festgestellt (Boesgaard & Tripicco 1986), wobei sich der Einbruch (engl. *dip*) auf den relativ schmalen Temperaturbereich von nur etwa 300 K beschränkt. Neuere Beobachtungen zusätzlicher Haufen mit Alter zwischen 200 Millionen und 4 Milliarden Jahren haben dieses Ergebnis eindrucksvoll bestätigt (siehe Abb. 9.14). Was könnte dem Lithium ausgerechnet bei einer Oberflächentemperatur von 6,600 K, entprechend einer Hauptreihenmasse von 1.4 Sonnenmassen und einem Spektraltyp F3–4 passieren?

Die Frage nach der detaillierten Ursache ist immer noch zu beantworten, aber viele Umstände deuten auf eine Verbindung zur Rotation des Sternes und einhergehend dem internen Drehimpulstransport hin: der Lithium-Einbruch findet nämlich sehr exakt bei jenem Spektraltyp statt, bei dem die Grenze zwischen Sternen mit und solchen ohne konvektive Hülle verläuft, also auch die Trennung zwischen magnetisch aktiven und inaktiven auftritt. Heißere Sterne als etwa 6,600 K haben noch ihre ganze Rotationsenergie aus der Vor-Hauptreihen-Kontraktionszeit beibehalten und rotieren entsprechend schnell, während kühlere Sterne durch deren eigene Magnetfelder bereits abgebremst wurden. Die Bremsung ist nun wiederum genau bei

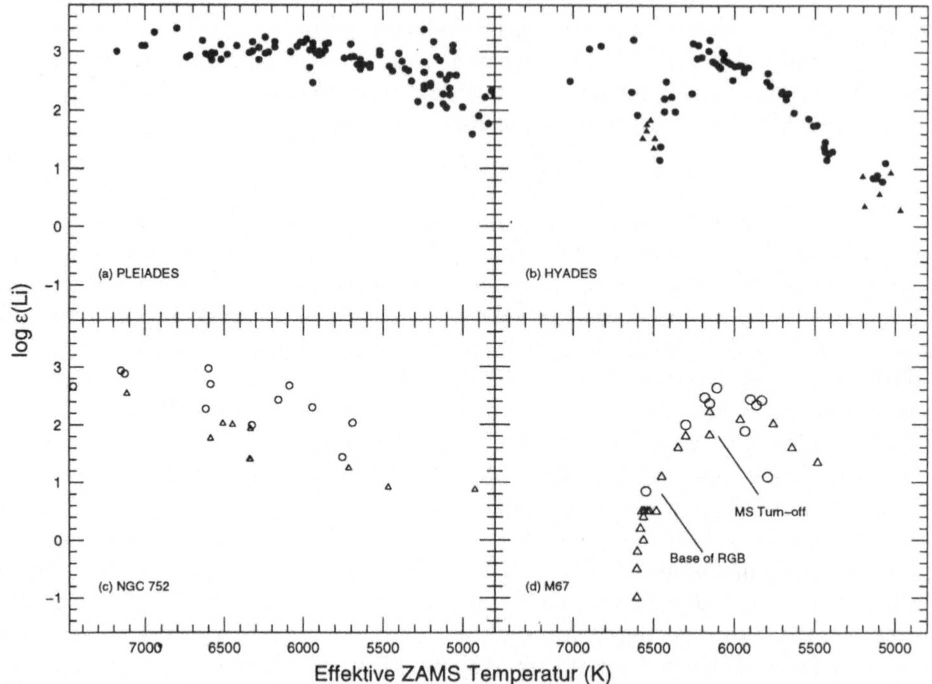

Abbildung 9.14: Der Einbruch der Lithium Häufigkeit bei effektiven Temperaturen um 6,600 K (der sogenannte *Lithium-dip*). Gezeigt sind Daten von Sternen aus vier offenen Sternhaufen zunehmenden Alters: *(a)* den Plejaden (Alter etwa 70 Millionen Jahre), *(b)* den Hyaden (750 Millionen Jahre), *(c)* NGC 752 (2 Milliarden Jahre) und *(d)* M67 (4 Milliarden Jahre). Die noch schnell rotierenden Sterne des jungen Plejadenhaufens haben hohe Lithiumhäufigkeiten und kein Anzeichen eines Einbruchs bei 6,600 K, im alten M67-Haufen hingegen findet man ab dem Beginn des Roten-Riesenastes (*RGB*: engl. *red giant branch*) überhaupt keine Sterne mit Lithium mehr. Es scheint bereits vollständig zerstört worden zu sein. (Mit frdl. Gen. nach Arbeiten von Suchitra Balachandran 1995, University of Maryland).

etwa 6,600 K am stärksten, wie man bei vielen Haufensternen ja beobachten kann (siehe Kapitel 3) und sollte zu verstärkter, turbulenter Durchmischung des Sternplasmas in diesem Entwicklungsstadium führen. Moderne Entwicklungsrechnungen mit Rotation haben dies auch bestätigt, doch gehen noch zu viele Annahmen in die komplexen Rechnungen ein um zu einer definitiven Schlußfolgerung zu gelangen. Die frühere Vorstellung, daß auch bei kühlen Sternen das Lithium durch die Gravitation aus der Konvektionszone langsam in das Sterninnere sinkt und dort vernichtet wird – die Diffusionshypothese des kanadischen Astronomen George Michaud –, kann zumindest für sich allein die Beobachtungen nicht erklären, da das Michaudsche Modell eine Zunahme der Temperaturbreite des *Lithium-dips* vorhersagt, die nicht beobachtet wird. In der Fachliteratur werden hierüber schon fast monatlich neue Arbeiten verfaßt, jedoch die endgültige Lösung des Lithium-Problems ist noch ausständig[6].

Doch uns reichen jetzt die Hypothesen für's erste einmal. „And now to something completely different“[7].

9.4 Die Rossby-Zahl als Dynamokriterium

In Kapitel 8.2.2 hatten wir bereits den $\alpha\Omega$-Dynamo kennengelernt: ein einfaches Modell für die Generierung von Magnetfelder mit Hilfe des radialen Gradienten der differentiellen Rotation (dem Ω-Effekt) und des bevorzugten Drehsinnes durch die Sternrotation (dem α-Effekt). Wenn überhaupt ein Dynamo im Sterninneren zustande kommen soll, muß das poloidale Magnetfeld des rotierenden Sternes aber schnell genug aufgewunden werden, damit es nicht von turbulenter Konvektion zerstört werden kann bevor es an die Oberfläche gelangt. Wir können sagen, daß die Rotationsperiode $P_{\rm rot}$ eines aktiven Sternes einen gewissen Mindestwert haben muß, sodaß die zerstörerische Wirkung der turbulenten Konvektion nicht zum Tragen kommt. Drücken wir letztere in Form einer charakteristischen Zeitskala aus, innerhalb derer die turbulente Konvektion keinen Einfluß hat, so lautet ein mögliches Dynamo-Kriterium

$$P_{\rm rot} < \tau_{\rm conv}. \tag{9.20}$$

Stellen wir uns diese „turbulente Konvektion“ als rotierende, sphärische Zellen über die ganze Konvektionszone verteilt vor, die jede eine charakteristische Länge ℓ und eine ebenso charakteristische Geschwindigkeit $v_{\rm conv}$ darstellen, so ergibt sich eine typische Veränderungszeitskala, die sogenannte *turn-over*-Zeit, zu

$$\tau_{\rm conv} = \frac{\ell}{v_{\rm conv}}. \tag{9.21}$$

Das Verhältnis der stellaren Rotationsperiode zur „turn-over“-Zeit eines Konvektionselementes wurde die *Rossby-Zahl*, R_0, getauft und muß, entsprechend dem Dynamokriterium in Glchg. (9.20), kleiner als Eins sein, wenn der stellare Dynamo funktionieren soll:

$$R_0 \equiv \frac{P_{\rm rot}}{\tau_{\rm conv}} < 1. \tag{9.22}$$

Gemäß der Beziehung zwischen der Rotationsperiode eines Sternes und seiner Rotationsgeschwindigkeit ($P_{\rm rot} = 2\pi R_\star / v_{\rm rot}$) können wir die Rossby-Zahl auch umschreiben in

$$R_0 = \frac{2\pi R_\star}{v_{\rm rot}} \frac{v_{\rm conv}}{\ell}, \tag{9.23}$$

und daraus die Rotationsgeschwindigkeit eines Sternes voraussagen, ab der man einen funktionierenden Dynamo erwarten kann – falls obige Überlegungen stimmen sollten:

$$v_{\rm rot} > 2\pi v_{\rm conv} \frac{R_\star}{\ell}. \tag{9.24}$$

[6] Übrigens, eine Jahresausgabe des ASTROPHYSICAL JOURNAL aneinandergereiht, umfaßt mittlerweile 1.4 Regalmeter; und es gibt viele astronomische Fachzeitschriften, wie ein Blick in den Anhang A zeigt!

[7] *Monthy Pyton*-Fans eine geläufige Feststellung.

Dieses Dynamo-Kriterium kann nun mit echten Beobachtungen verglichen werden. Leider sind diese Vergleiche durch die *a priori* unbekannten Größen $v_{\rm conv}$ und ℓ behindert. Was könnte denn eine „charakteristische" Länge in einer stellaren Konvektionszone sein? Etwa die Dicke der Konvektionszone selbst (bei der Sonne etwa 0.28 $R_\odot$ oder 300,000 km), der Durchmesser einer Konvektionszelle (unbekannt), oder die sogenannte Mischungsweglänge? Unter letzterer versteht man die Weglänge, die eine Konvektionszelle zurücklegen kann, bis sie sich vollständig mit der Umgebung vermischt hat. Diese Vorstellungen basieren auf der *Mischungsweg-Theorie*, die eigentlich gar keine Theorie ist, da sie auf der *ad hoc* Annahme basiert, daß sich die Mischungsweglänge einfach aus der Druckskalenhöhe $H_{\rm p}$, multipliziert mit einer beliebig zu wählenden Konstante ergibt. Also

$$\ell = \alpha \, H_{\rm p}, \tag{9.25}$$

wobei α ein dimensionsloser Parameter der Größenordnung Eins ist und

$$H_{\rm p} \equiv -\frac{dr}{d\log p} = \frac{kT}{\mu \, m_{\rm H} \, g} \tag{9.26}$$

die Druckskalenhöhe eines perfekten Gases im hydrostatischen Gleichgewicht beschreibt. Hier bedeutet kT die kinetische Energie des Gases, μ das Molekulargewicht, $m_{\rm H}$ die Masse des Wasserstoffatoms und g die Gravitationsbeschleunigung.

Vergleicht man nun theoretische Rotationsgeschwindigkeiten aus Glchg. (9.24), indem man einmal die Druckskalenhöhe am Boden der solaren Konvektionszone – etwa im „Overshoot"-Bereich mit 50,000 km – als die charakteristische Länge ℓ einsetzt, und ein andermal die Gesamtdicke der solaren Konvektionszone von 300,000 km als ℓ wählt, so ergibt sich alleine daraus eine Unsicherheit von einem Faktor vier. Von Unsicherheiten bei der Bestimmung der charakteristischen Geschwindigkeit noch ganz abgesehen. Beide Möglichkeiten spiegeln unsere Vorstellungen über die Lokalisierung des Dynamos wieder. Sitzt der Dynamo in dem „Overshoot"-Bereich, wo vereinzelte konvektive Zellen wie Finger in die darunterliegende radiative Zone reichen? Oder ist der Dynamo in der ganzen Konvektionszone verteilt? Momentan deuten viele Beobachtungen und auch theoretische Überlegungen auf den „Overshoot"-Bereich als den Ort des Dynamoprozesses hin. Dies wird neuerdings durch hydrodynamische Rechnungen über den Aufbau von extrem jungen Vor-Hauptreihen-Sternen bestätigt, die zeigen, daß sie nicht wie ursprünglich gedacht voll konvektiv sind, sondern ebenso Übergangszonen haben. Somit läßt sich spekulieren, daß auch die sehr aktiven, aber massearme M-Zwergsterne (die dMe-Sterne) nicht voll konvektiv sind, sondern eine – wenn auch wahrscheinlich sehr tief liegende – Übergangszone haben. Wenn richtig, ließe sich damit das Argument, daß auch Sterne ohne Übergangszone starke magnetische Aktivitäten zeigen, leicht entkräften.

Theorie hin, Theorie her – halten sich reale Sterne an das Rossbysche Dynamokriterium? Die Antwort ist wahrscheinlich ja, aber sicher wissen wir es nicht! Sehen wir uns daher die Rotations-Aktivitäts-Relation einmal genauer an.

9.5 Rotation und chromosphärische Aktivität

Die Entdeckung dieser Relation geht zurück auf frühe Beobachtungen der amerikanischen Astronomen Olin C. Wilson (1909 – 1995) am Mt. Wilson Observatorium im südlichen Kalifornien und dem langjährigen Direktor der Lick-Sternwarte, Robert P. Kraft. Die Quantifizierung aber, und somit der eigentliche Durchbruch, gelang erst mit der mittlerweile berühmten Mt. Wilson Kalzium-HK-Durchmusterung, die hunderte von sonnenähnlichen Sternen seit nunmehr 30 Jahren beobachtet. Die Messungen erfolgen mit einem speziell konstruierten Photometer im Licht der Kalzium-H- und K-Linien (siehe Abschnitt 9.2.1). Nach der Emeritierung von Olin Wilson in den achziger Jahren hat Arthur Vaughan die Leitung des HK-Projektes übernommen und wurde selbst mittlerweile von Sallie Baliunas vom Harvard-Smithsonian Center for Astrophysics abgelöst. Eine holländische Gruppe an der Utrechter Sternwarte, die das Mt. Wilson Photometer mitbenützte, hatte ebenfalls Anteil am wissenschaftlichen Erfolg dieses Langzeitprojektes.

9.5.1 Hauptreihensterne: Herr und Frau Mittelmaß

Alle stellaren Dynamotheorien ergeben eine Magnetfeldverstärkung mit zunehmender Rotationsrate und dies wird von den meisten Beobachtungen auch bestätigt. Man muß nur vorsichtig sein und nicht Äpfel mit Kürbissen vergleichen, etwa Hauptreihensterne mit Klasse-III-Riesensternen oder F-Sterne mit M-Sterne. Mit anderen Worten, erst wenn man Objekte mit ähnlichem inneren Aufbau, gleicher Masse und gleicher chemischer Zusammensetzung aber unterschiedlich schneller Rotation untersucht, könnte man einen strikten Vergleich mit etwaigen Dynamotheorien vornehmen. Denn erst dann können „lästige“ Nebeneffekte wie unterschiedlich tiefe Konvektionszonen, unterschiedliche Oberflächentemperaturen, Radien, Dichten etc. ausgeschaltet werden. Leider liefert uns die Natur nicht einmal zwei völlig identische Sterne, sodaß alle gängigen Rotations-Aktivitäts-Relationen meist innerhalb von Massenintervallen bzw. aus Mangel der Kenntnis der Massen von Einzelsternen, in bestimmten Farbintervallen angegeben werden, meist in der $B-V$ Farbe des Johnson Systems. Es scheint jetzt natürlich bereits offensichtlich, daß sich wohl Hauptreihensterne am besten zur Bestimmung einer solchen Relation eignen. Sie haben alle einen ähnlichen, inneren Aufbau (Wasserstoffkernbrennen), deren Massen sind eigentlich sehr gut bekannt, ebenso die Oberflächentemperatur, die gut mit der $B-V$ Farbe korelliert, deren chemische Zusammensetzungen sind ähnlich u.s.w., kurz, sie stellen – vor allem im Vergleich zu entwickelten Sternen – eine sehr homogene Gruppe dar.

Aber was ist mit der Masse? Die Hauptreihe ist dafür bekannt, daß die Masse von den kühlen M-Sternen beginnend zu den heißen B-Sternen hin stetig zunimmt, von den etwa 0.4 Sonnenmassen eines M3-Zwerges über die 1.0 eines G2-Typs bis zu etwa 2 Sonnenmassen eines späten A- bzw. frühen B-Sternes. Um es vorweg zu sagen, der Einfluß der Masse eines Sternes auf seinen Aktivitätsgrad ist noch unverstanden. Theoretisch sollte ein Stern kleinerer Masse aktiver sein, als ein massereicherer aber ansonsten völlig identischer Stern. Die Ursache haben wir in Form der Rossby-Zahl bzw. in der sogenannten „turn-over“-Zeit schon kennengelernt (siehe Kapitel 9.4). Letztere ist nämlich von der Sternmasse abhängig, und zwar relativ stark im Bereich F- bis G-Sterne und etwas weniger stark im Bereich der G- bis M-Sterne. Diese Abhängigkeit hängt auch damit zusammen, daß wahrscheinlich eine etwas kleinere Rotationsrate den gleichen Effekt zeigen würde wie eine Zunahme der Dicke der Konvektionszone[8].

Bleibt noch die Frage der Quantifizierung der stellaren Aktivität selbst. Hier hilft uns die Solarastronomie weiter. Beobachtungen von chromosphärischen und koronalen, aktiven Regionen auf der Sonne zeigen eine starke Relation mit dem photosphärischen Magnetfeld – den Sonnenflecken –, und Flußmessungen in bestimmten, spektralen Aktivitätsindikatoren wie z.B. Ca II-H und K skalieren sich proportional der mittleren Magnetfeldstärke bzw. -dichte des darunterliegenden Flecks. Damit haben wir bei einer stellaren H- und K-Flußmessung (z.B. gemäß Kapitel 9.2.2) indirekt den magnetischen Fluß gemessen, und der skaliert sich gemäß einer Dynamotheorie wiederum mit der Rotation des Sternes.

„To Rossby or not to Rossby?"

Beobachtungen von Hauptreihensternen deuten darauf hin, daß die Rotations-Aktivitäts-Relation, ausgedrückt durch den Strahlungsverlust in den H- und K-Linien, eine kleinere Streuung aufweist wenn sie mit der Rossby-Zahl ($\equiv P_{\rm rot}/\tau_{\rm conv}$) beschrieben wird, als anstelle mit der Rotationsperiode alleine (siehe Abb. 9.15). Diese Entdeckung des Harvard Smithsonian-CfA Teams um Robert W. Noyes (Noyes et al. 1984) basiert auf Beobachtungen des Mt. Wilson Ca II-HK-Programmes und war der Startschuß zu einer weltweiten, immer noch anhaltenden Diskussion ob nun die Rossby-Zahl oder die Rotationsperiode das bessere Maß seien. Faktum ist, daß – im Falle die Aktivität wird durch den Kalzium-Strahlungsverlust $R_{\rm HK} = \mathcal{F}'/\sigma T_{\rm eff}^4$ beschrieben (siehe Kapitel 9.2.2) –, die Rossby-Zahl tatsächlich eine wesentliche Verringerung der Streuung der Meßwerte liefert, zumindest für Hauptreihensterne. Tatsache scheint ebenfalls zu sein, daß, wenn der Kalzium-Emissions*fluß* anstelle des Strahlungsverlustes aufgetragen wird, kein signifikanter Unterschied besteht. Der Umstand jedoch, daß jene empirischen „turn-over"-Zeiten, die sich aus der Differenz der Qualität der beiden Relationen unter Verwendung von $R_{\rm HK}$ ergeben, überraschend gut mit den theoretischen „turn-over"-Zeiten übereinstimmen.

Die empirischen, d.h. aus der Beobachtung hergeleiteten "turn-over"-Zeiten sind nur eine Funktion des Spektraltypes, also z.B. der $B-V$-Farbe eines Sternes, und wenn wir uns von der Hauptreihe nicht entfernen, somit vor allem von der effektiven Oberflächentemperatur abhängig. Die „turn-over"-Zeiten aus gängigen theoretischen Modellen gelten jedoch für den Boden der Konvektionszone und hängen für Sterne mit $(B-V) < 0.8$ (heißer als ≈K0) stark vom Verhältnis α der Mischungsweglänge zur Druckskalenhöhe ab (siehe Glchg. 9.25). Und dieses Verhältnis ist gar nicht gut bekannt und sogar eher umstritten. Werte für α zwischen 1 und 3 sind durchaus gängig und somit gibt es mehrere theoretische „turn-over"-Zeiten, je nach

[8]Zur Erinnerung: die kühlen M-Sterne haben die tiefsten Konvektionszonen, die F-Sterne die dünnsten, und ab etwa A7 und noch heißer, überhaupt keine mehr.

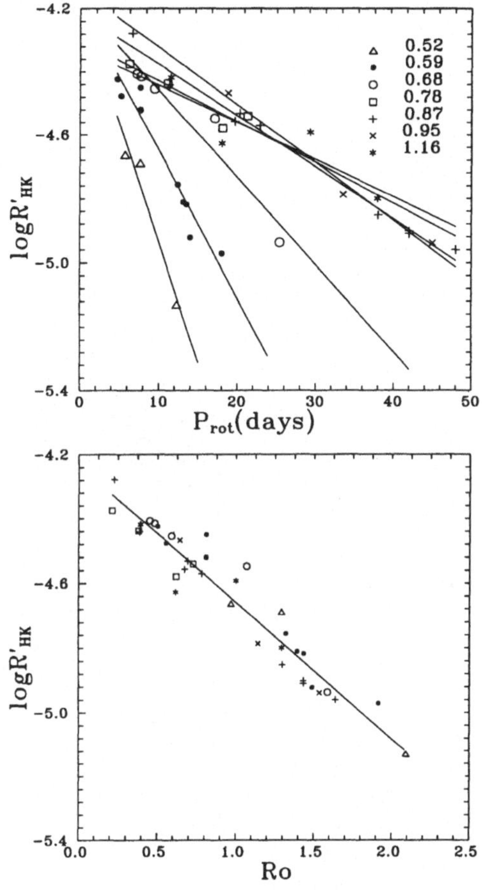

Abbildung 9.15: Die Rotations-Aktivitäts-Relation von Hauptreihensternen. Als Maß für die Aktivität ist in beiden Fällen der dimensionslose H- und K-Strahlungsverlust, $\log R_{\rm HK}$, aufgetragen (siehe Text). Oben: Aktivität versus Rotationsperiode in Tagen. Unten: Aktivität gegenüber Rossby-Zahl. Die unterschiedlichen Symbole kennzeichnen die $B-V$-Farbe. (Nach Kazik Stępień 1994, Warsaw University Observatory).

Wahl des Parameters α. Eine echte Theorie der Konvektion ist hier wohl notwendig um die vielen Ungereimtheiten auf einen gemeinsamen Nenner zu bringen.

9.5.2 Entwickelte Sterne: die Riesen

In Zusammenhang mit der Diskussion im vorigen Kapitel ist bei Riesensternen besonders der Umstand interessant, daß sich deren Rotations-Aktivitäts-Relation nicht verbessert wenn die Rossby-Zahl verwendet wird. Doch erscheint dies nicht allzu überraschend, da Riesensterne einen zu Hauptreihensternen sehr unterschiedlichen, inneren Aufbau haben. Zum Beispiel erfolgt die Wasserstoffkernfusion in einer Schale um den Kern, woràuf sich der Kern zusammenzieht, und aus hydrostatischen Überlegungen die äußere Schale ausdehnt, also auch die Konvektionszone. Die resultierenden, recht unterschiedlichen Radien für Riesensterne tun noch das ihre dazu, da die Rotationsperiode sich mit Radius R durch Rotationsgeschwindigkeit v skaliert ($v = \omega R \Rightarrow P = R/v$).

Rotations-Aktivitäts-Relationen für Riesensterne sind daher großer Streuung

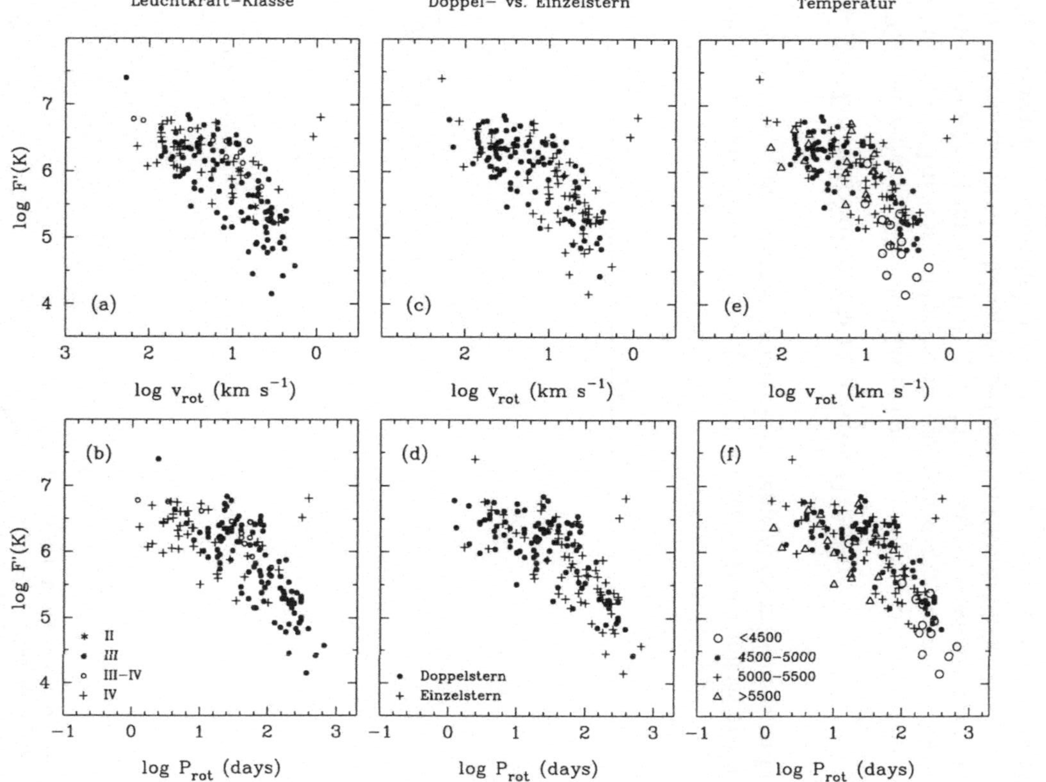

Abbildung 9.16: Die Rotations-Aktivitäts-Relation bei entwickelten Sternen. Je schneller ein Stern rotiert, desto höher ist der Strahlungsfluß (hier als $\log \mathcal{F}(K)$ dargestellt). In den oberen Diagrammen ist der Fluß gegen die Rotationsgeschwindigkeit, in den unteren gegen die Rotationsperiode aufgetragen. Die drei Spalten unterscheiden verschiedene Parametrisierungen, v.l.n.r. Leuchtkraftklasse, Doppelstern oder Einzelstern, und Effektivtemperatur. (Nach Strassmeier et al. 1994).

und entsprechender Unsicherheit ausgesetzt. Die Abb. 9.16 veranschaulicht nichtsdestotrotz eine derartige Relation. Man bemerke, daß in den Diagrammen der Abb. 9.16 jeweils nur der K-Linien Fluß aufgetragen ist, da die Kalzium H-Linie eventuell von Balmer Hϵ-Emission kontaminiert sein könnte. Weiters zeigen die oberen Diagramme die Aktivität gegenüber der Rotationsgeschwindigkeit aufgetragen, sowie die untere Reihe gegenüber der Rotationsperiode – jeweils in einer doppelt logarithmischen Skala. Von links nach rechts separieren die Diagramme die Parameter Leuchtkraft-Klasse, Doppel- oder Einzelstern, und Oberflächentemperatur.

9.5.3 Ausnahmen bestätigen die Regel

Es gibt da nämlich noch die vielen Objekte, die sich weniger strikt an eine Rotations-Aktivitäts- noch an eine Alters-Aktivitäts-Relation halten. Etwa die Komponenten in engen Doppelsternsystemen, den sogenannten RS CVn-Doppelsternen, die durch die gravitative Koppelung mehr Rotationsenergie zur Verfügung haben als ihnen auf Grund ihres Alters eigentlich zustehen würde wären sie Einzelsterne. Dies sind die alten (denke, entwickelten) aber überaktiven Typen. Doch Vorsicht, es gibt entwickelte Einzelsterne, die ebenfalls untypisch schnell rotieren, z.B. die FK-Comae-Sterne (siehe Abschnitt 3.5 in Kapitel 3). Hier glaubt man, daß es sich um miteinander verschmelzte, enge Doppelsterne des W-UMa-Typs handelt, die den ursprünglichen Bahndrehimpuls vollständig in Spindrehimpuls umgewandelt haben und daher wie ein Einzelstern erscheinen. Der Prototyp dieser, momentan nur aus drei, eventuell aus fünf Kandidaten bestehenden Veränderlichengruppe rotiert mit einer (projizierten) äquatorialen Rotationsgeschwindigkeit von 160 $\mathrm{km\,s^{-1}}$. Das ist enorm schnell, auch verglichen mit den überaktiven Komponenten der RS CVn-Doppelsterne. Wir müssen also sehr darauf achten, welche Objekte etwa in einem Alters-Aktivitäts-Diagramm in Korrelation gesetzt werden. Manche Objekte könnten schlicht auch noch unentdeckte Doppelsterne sein, oder einfach eine sehr stark variable Emission haben, und daher eine tatsächlich existente Korrelation möglicherweise weitestgehend verschleiern.

Aber es gibt auch ein paar Beispiele von sehr aktiven, späten Sternen, die einfach viel zu langsam rotieren als es deren Aktivitätsgrad bedingen würde. HR 1362 ist ein solches Beispiel. Dessen Kalzium-H- und K-Fluß ist in der Größenordnung von 10^6 $\mathrm{erg\,cm^{-2}s^{-1}}$, also ähnlich den überaktiven RS CVn-Systemen, was man an den sehr starken H- und K-Emissionslinien leicht erkennt, und trotzdem mißt man eine photometrische Periode von rund 330 Tagen (siehe Abb. 3.9). Momentan deutet bei HR 1362 einiges darauf hin, daß die beobachtete, photometrische Periode nicht die Rotationsperiode ist, sondern möglicherweise einen Pseudo-Fleckenrhythmus darstellt. Hat die Rotationsachse des Sternes eine sehr hohe Neigung gegenüber dem Beobachter, sodaß man praktisch immer auf die gleiche Hemisphäre des Sternes sieht, so könnte ein periodisches Kommen und Gehen großer Flecke ein und desselben magnetischen Zyklus, als langperiodisches Rotationssignal mißverstanden werden. Natürlich ist dies nur eine Vermutung, aber man sieht, daß es einfache Erklärungen für derartige Abweichungen gibt ohne daß man bereits an den Fundamenten der Theorie herumdrehen muß.

Doch da gibt es noch ein Problem, oder andersrum ausgedrückt, noch ein weiteres Steinchen für unser Puzzle.

9.6 Aktivitätszyklen sonnenähnlicher Sterne

Historische Beobachtungen der Sonnenoberfläche mit ihren Sonnenflecken, die sich nun bereits über einen Zeitraum von etwa 300 Jahren erstrecken, haben uns einerseits deren zyklisches Kommen und Gehen mit einer Periode von etwa 11 Jahren gelehrt, aber auch gänzliche Aktivitätsstillstände, in Form von langjähriger Fleckenlosigkeit, zu Tage gebracht. Durch die Messung von bestimmten Isotopenverhältnissen (etwa ^{14}C und ^{10}Be) aus alten Baumüberresten sowie Sedimentablagerungen im Gestein konnte dieses zwiespältige Verhalten der Sonne – einerseits ein periodischer Aktivitätsrythmus, und andererseits vollständiger Aktivitätsstillstand – bis mehrere Jahrtausende in die Vergangenheit zurück verfolgt werden (siehe Kapitel 7.6). Läßt sich dieses Verhalten der Sonne auch bei anderen Sternen verifizieren?

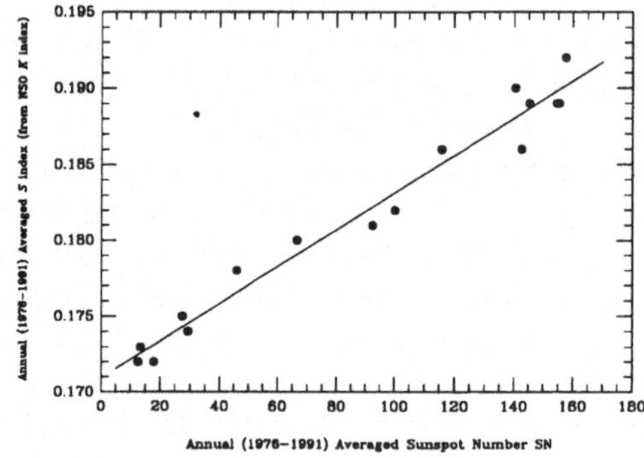

Abbildung 9.17: Die Korrelation zwischen jährlichem, mittleren Ca II-S-Index der Sonne und der Sonnenfleckenzahl n. Die Linie ist eine lineare Regression der Form $S = 0.171 + 0.00012n$. (Nach S. L. Baliunas & W. Soon 1995, Smithsonian-CfA).

9.6.1 Perioden zwischen 7 und 21 Jahren

Leider können wir die Fleckenanzahl auf anderen Sternen nicht so leicht bestimmen, schon gar nicht über Perioden von mehreren hunderten Jahren (zur Methodik siehe Kapitel 5). Jedoch existiert eine gute Relation zwischen der chromosphärischen Aktivität der Sonne, ausgedrückt durch den Mt. Wilson S-Index, und der mittleren Sonnenfleckenanzahl (Abb. 9.17). Daher sind die seit 1966 laufenden Messungen des Mt. Wilson-Projektes besonders gut geeignet, die Aktivitätsrythmen von sonnenähnlichen Sternen zu erforschen. Und in der Tat, es gibt sie!

Die Abb. 9.18 zeigt die langperiodischen Variationen des normierten S-Index am Beispiel einiger aktiver Sterne inklusive Sonne. Die Anordnung der Diagramme wurde so gewählt, daß die Zykluslänge von oben nach unten zunimmt, von etwa 7 Jahren für HD 160346 bis hin zu 21 Jahren für HD 219834A und eventuell noch länger für z.B. HD 141004. Die beiden untersten Diagramme präsentieren zwei Sterne (HD 9562 und HD 143761), die allem Anschein nach keinerlei Variationen

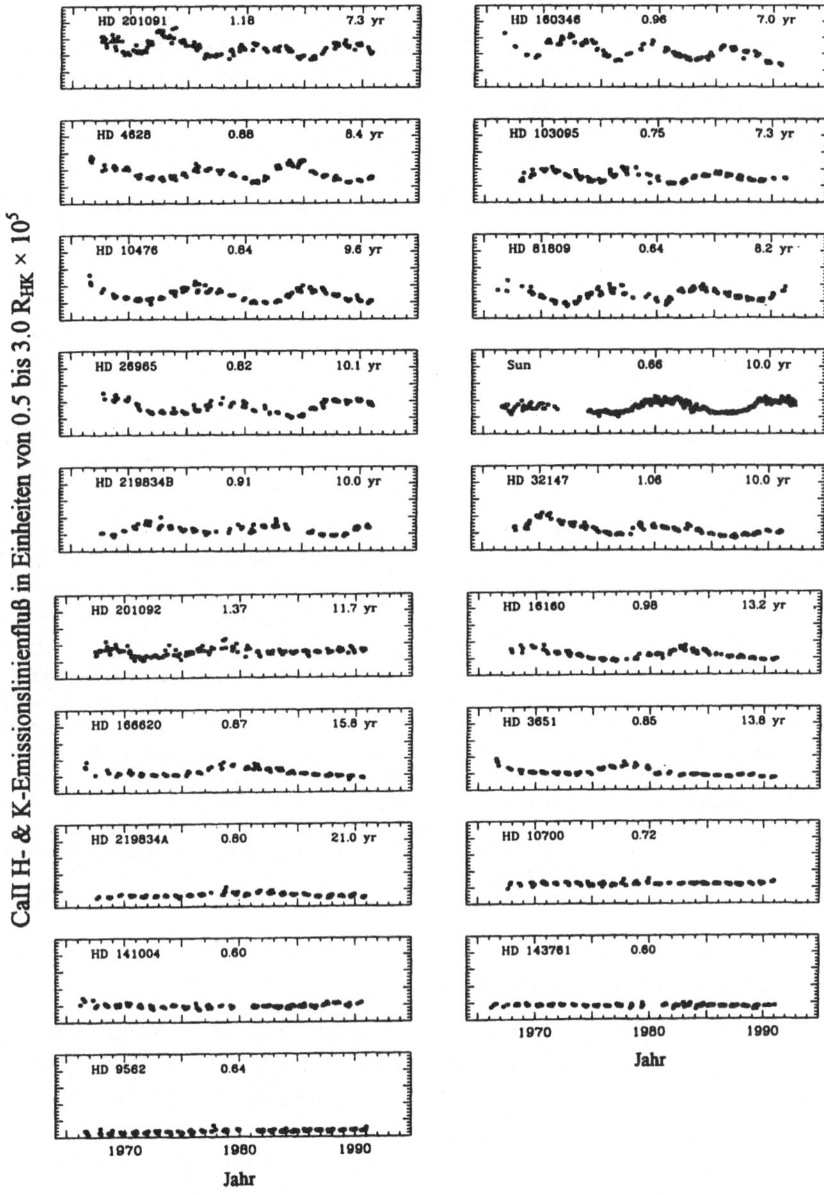

Abbildung 9.18: Aktivitätszyklen für die Sonne und einer Reihe anderer, sonnenähnlicher Sterne aus 25 Jahre Mt. Wilson Kalzium-Daten. Chromosphärische Aktivität ist jeweils in Einheiten zwischen 0.5 und 3.0 $R_{\rm HK} \times 10^5$ aufgetragen. Die drei Angaben in den einzelnen Diagrammen sind die Henry Draper-Nummer (links), der $B-V$ Index (Mitte) und die Periode des Aktivitätszyklus in Jahren (rechts). Nach Baliunas & Soon (1995).

in deren S-Indizes haben. Vergleicht man den mittleren Aktivitätsgrad aller Sterne der Abb. 9.18, so bemerkt man, daß nicht nur die Zyklenlänge kürzer wird je höher der mittlere Aktivitätsgrad ist, sondern daß damit auch die Amplitude des Aktivitätszyklus steigt. Dieser Vergleich zeigt besonders eindrucksvoll – oder sollen wir sagen ernüchternd –, daß wir mit unserer Sonne einen ganz normalen Hauptreihenstern als Zentralgestirn haben. Doch dies wußte bereits Nikolaus Kopernikus zu einer Zeit wo es noch nicht einmal ein Fernrohr gab, und mußte dafür sein Leben lassen.

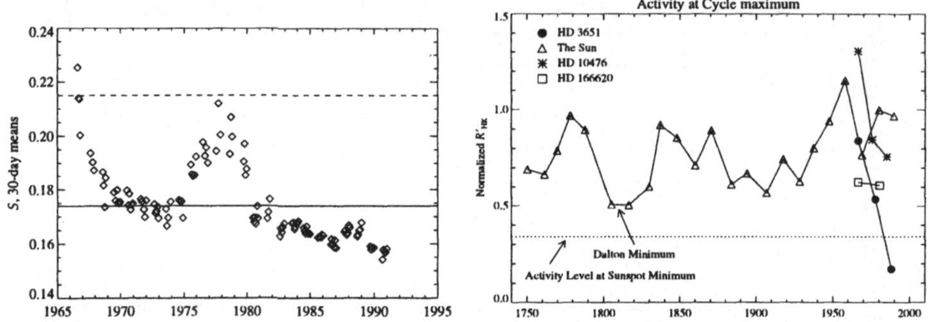

Abbildung 9.19: Die langsame Abnahme der Emissionsstärke des K0V-Sternes HD 3651 = 54 Pisces und der eventuelle Eintritt in eine „Maunder Minimum"-artige Aktivitätslosigkeit. Links, die monatlichen Mittel des Ca II-S-Index zwischen 1965 und 1992 und rechts, der Vergleich der Aktivitäts*maxima* der Sonne von 1750 bis heute (verbundene Dreiecke) mit drei Sternen, die sich Aktivitätsstillständen nähern (Punkte: HD 3651, Sterne: HD 10476, Kästchen: HD 166620). Die punktierte Gerade stellt das chromosphärische Aktivitätsniveau eines Aktivitäts*minimums* der Sonne dar. Der Nullpunkt der Skala wurde so gewählt, daß alle Werte auf das solare Maunder-Minimum bezogen sind. Hier zeigt sich, daß HD 3651 schon unter das Niveau der normalen Aktivitätsminima der Sonne gesunken ist und eventuell noch weiter abnimmt. (Nach Robert Donahue et al. 1995, Smithsonian-CfA).

9.6.2 Aktivitätsstillstände

Die Sonne führt uns aber trotz ihrer „Normalität" immer noch ein wenig an der Nase herum. So präsentiert sie ihre magnetischen Oberflächenphänomene nicht mit einer exakt wiederkehrenden Zyklusperiode, sondern läßt den elfjährigen Zyklus einmal nur 7 Jahre, dann wieder bis zu 17 Jahre lang dauern. Ja und manchmal – in allerdings unregelmäßiger Folge – scheint es, stellt sie ihre Aktivität gänzlich ein. Den letzten solchen Aktivitätsstillstand nannte man das „Maunder"-Minimum von 1645 bis 1715, benannt nach dem englichen Sonnenforscher Edward W. Maunder (1851–1928) aber entdeckt vom deutschen Gymnasiallehrer Gustav Spörer (1822–1895), anhand von Aufzeichnungen des Schweizer Astronomen Rudolf Wolf. Viele Dynamoexperten und Sonnenphysiker zerbrechen sich seither den Kopf, um endlich eine Erklärung für das Ausbleiben aller Sonnenflecken in diesen Jahren zu finden. Aber immer noch vergebens.

Eine andere Weise dieses Problem anzugehen, bietet wiederum die allgegenwärtige Mt. Wilson H- und K-Durchmusterung: könnten wir Sterne beobachten, die gerade in einem Maunder-Minimum sind? Und wenn ja, welche physischen Parameter unterscheiden sie von der Sonne? Möglicherweise liegt darin ein Hinweis auf die Existenz von Aktivitätsstillstände. Leider gibt es momentan nur einen einzigen Stern als ernsthaften Kandidaten: 54 Pisces (=HD 3651=HR 166), Spektraltyp K0V (Donahue et al. 1995). Dieser Stern zeigt ein zyklisches Verhalten seiner Aktivität mit einer ungefähren Periode von etwa 13 Jahren – dem Sonnenzyklus recht ähnlich, obwohl der Stern wesentlich masseärmer ist als die Sonne. Man bedenke außerdem, daß bis heute nur S-Index Messungen über zwei seiner Aktivitätszyklen vorliegen (vgl. Abb. 9.19) und die Periode daher noch etwas unsicher ist. Das wirklich interessante an 54 Pisces ist jetzt aber, daß sein Aktivitätsgrad im Minimum – gemessen als Fluß des S-Indexes – kontinuierlich abnimmt und momentan schon unter dem Aktivitätsgrad der Sonne im Fleckenminimum ist, und daß das letzte Maximum nur mehr andeutungsweise vorhanden war. Steuert 54 Pisces auf ein Maunder-Minimum zu? Warten wir noch 10–20 Jahre, dann wissen wir es ... ein Astronomen-Scherz. Jedenfalls wird 54 Pisces mittlerweile rund um die Uhr überwacht (angesichts Abb. 9.20 mag dies allerdings ein erfolgloses Unternehmen sein).

Abbildung 9.20: Vielleicht sind Sterne doch keine Gaskugeln, Milliarden von Kilometern entfernt?!

Literaturverzeichnis

[1] Balachandran S., 1995, „The Lithium dip in M67: comparison with the Hyades, Praesepe, and NGC-752 clusters", ApJ 446, 203

[2] Baliunas S. L., Soon W. H., 1995, „Are variations in the length of the activity cycle related to changes in brightness in solar-type stars?", ApJ 450, 896

[3] Barnes T. G., Evans D. S., 1976, „Stellar angular diameters and visual surface brightness–I. late spectral types", MNRAS 174, 489

[4] Barry D. C., Cromwell R. H., Hege E. K., 1987, „Chromospheric activity and ages of solar-type stars", ApJ 315, 264

[5] Biermann L., 1946, „Zur Deutung der chromosphärischen Turbulenz und des Exzesses der UV Strahlung der Sonne", Naturwiss. 33, 118

[6] Boesgaard A. M., Tripicco M. J., 1986, „Lithium in the Hyades cluster", ApJ 302, L49

[7] Donahue R. A., Baliunas S. L., Soon W. H., McMillan F. M., 1995, „Is HD 3651 entering a Maunder-Minimum phase?", in Poster proceedings IAU Symp. 176, K. G. Strassmeier (ed.), University of Vienna, Wien, s. 72

[8] Duncan D. K., Vaughan A. H., Wilson O. C. et al., 1991, „Ca II H and K measurements made at Mount Wilson Observatory, 1966–1983", ApJS 76, 383

[9] Fekel F. C., Balachandran S., 1993, „Lithium and rapid rotation in chromospherically active single giants", ApJ 403, 708

[10] Hall J. C., 1996, „On the Determination of Empirical Stellar Flux Scales", PASP 108, 313

[11] Linsky J. L., Worden S. P., McClintock W., Robertson R. M., 1979, „Stellar model chromospheres. X. High-resolution, absolute flux profiles of the Ca II H and K lines in stars of spectral types F0–M2", ApJS 41, 47

[12] Livingston W., 1991, „Sun-as-a-star spectrum variability", in *Solar Interior and Atmosphere*, A. N. Cox et al. (eds.), The University of Arizona Press, Tucson, s. 1109

[13] Pasquini L., Pallavicini R., Pakull M., 1988, „Ca II absolute line profiles of southern late-type stars", A&A 191, 253

[14] Schatzman E. L., Praderie F., 1993, *The Stars*, Springer-Verlag, Berlin

[15] Schrijver C. J., 1996, „The magnetic field of the nearest star: a paradigm for stellar activity", in *Stellar Surface Structure*, Strassmeier K. G. und J. L. Linsky (eds.), IAU Symp. 176, Kluwer, Dordrecht, s. 1

[16] Schwarzschild M., 1948, „On noise arising from the solar granulation", ApJ 107, 1

[17] Stauffer J. R., Soderblom D. R., 1991, „The evolution of angular momentum in solar mass stars", in *The Sun in Time*, C. P. Sonett et al. (eds.), The University of Arizona Press, s. 832

[18] Stencel R. E., 1977, „Emission lines in the wings of Ca II H and K. II. Stellar observations dependence of line width on luminosity and related topics", ApJ 215, 176

[19] Stępień K., 1994, „Applicability of the Rossby number in activity-rotation relations for dwarfs and giants", A&A 292, 191

[20] Strassmeier K. G., 1994, „Chromospheric activity in G and K giants: the spectroscopic data base“, A&AS 103, 413

[21] Strassmeier K. G., Handler G., Paunzen E., Rauth M., 1994, „Chromospheric activity in G and K giants and their rotation-activity relation“, A&A 281, 855

[22] Walter F. M., Barry D. C., 1991, „Pre- and main-sequence evolution of solar activity“, in *The Sun in Time*, C. P. Sonett et al. (eds.), The University of Arizona Press, s. 633

[23] Willstrop R. V., 1964, „Absolute measures of stellar radiation, II.“, Mem.RAS 69, 83

Weiterführende Literatur

Spezialliteratur

- Peter R. Wilson beschreibt in Solar and Stellar Activity Cycles (Cambridge University Press, Cambridge, 1994) unter anderem auch die Mt. Wilson H&K-Daten. Hauptgewicht aber auf Sonne.
- Evry Schatzman und Françoise Praderie geben in The Stars auch eine kurze Übersicht über das Phänomen der Chromosphären aktiver Sterne (Springer Verlag, Berlin, 1993).
- Eines der ersten Kolloquien über Stellar Chromospheres (Hrsg. S. D. Jordan & E. H. Avrett, NASA SP-137, Washington, D.C., 1973) wurde 1972 am Goddard Space Flight Center der NASA abgehalten. Heute natürlich zum Großteil veraltet.
- Der umfangreichere Nachfolger des ersten NASA-Kolloquiums mit dem wegweisenden Titel The Sun as a Star wurde von Stuart Jordan herausgegeben (NASA SP-450, 1981).
- The Solar Chromosphere von R. J. Bray und R. E. Loughhead (Dover Publ. Inc., New York, 1974) schließt an die anderen Bücher der beiden Autoren an und beinhaltet viele grundsätzliche Erklärungen für den Studenten und Interessierten.
- R. G. Athay, The Solar Chromosphere and Corona: Quit Sun (Reidel Publ. Co., Dordrecht, 1976).
- FGK stars and T Tauri stars, herausgegeben von Lawrence E. Cram und Leonard V. Kuhi beschreibt nichtthermische Phänomene und ihre Physik (NASA SP-502, 1989).
- The Sun in Time ist eine Zusammenstellung von Referaten, die bei einer Tagung in Tucson gehalten wurden (Hrsg. C. P. Sonett et al., The University of Arizona, 1991). Das Buch behandelt auch solar-terrestrische Beziehungen und das Erdklima.
- Fachaufsätze zum Thema Sonnen- und Sternaktivität findet man in The Sun as a Variable Star, herausgegeben von Judith Pap et al. (IAU Kolloq. Nr. 143 in Boulder, Cambridge University Press, 1994).
- C. S. Jeffrey und R. E. M. Griffin sind die Herausgeber eines Miniworkshops über Stellar chromospheres, coronae and winds (CCP7 Workshop, Inst. of Astronomy, Univ. of Cambridge, 1992). Fachaufsätze.
- Ein Kapitel über Zahlen und Fakten von stellare Aktivitäten findet man in Kenneth R. Lang Astrophysical Data: Planets and Stars (Springer Verlag, Berlin, 1992).
- Jay M. Pasachoff's umfassendes Buch Astronomy - from the Earth to the Universe (Saunders College Publ., Fort Worth, 1993) ist ein Einführungstext in die Astronomie mit unzähligen Bildern neuester Forschungsergebnisse. Ein Lehrbuch mit einem kurzen Kapitel über Chromosphären und Koronae.
- Wenn einem wo das tiefere Verständnis abhanden gekommen ist, Albrecht Unsöld's Physik der Sternatmosphären erklärt auch die physikalischen Grundlagen (in deutscher Sprache): zweite Auflage, Springer-Verlag, Berlin, 1955.

Kapitel 10

Röntgenstrahlung aktiver Sterne

Wer alle seine Ziele erreicht, hat sie
wahrscheinlich zu niedrig gewählt.
Herbert von Karajan

Es war kurz nach Ende des Zweiten Weltkrieges, im Jahre 1949, als ein amerikanisches Forscherteam mit einer Bodenrakete, ausgestattet mit einem Geigerzähler erstmals Röntgenstrahlung eines nicht-irdischen Körpers nachweisen konnte, nämlich die der Sonne (Friedman et al. 1951). Es dauerte dann aber noch weitere 13 Jahre bis zur ersten Entdeckung einer kosmischen Röntgenquelle, Scorpius-X1, durch Giacconi et al. (1962).

10.1 Der Beginn einer neuen Ära

Sco-X1 ist nach wie vor die hellste, nicht-solare Röntgenpunktquelle am Himmel und immer noch ein „heißer" Kandidat für ein Schwarzes-Loch, aber neben einzelner Punktquellen existiert auch noch ein, sogenannter, diffuser Röntgenhintergrund im Kosmos, entdeckt wiederum durch das Raketenexperiment unter der Leitung des italienischen Astronomen Riccardo Giacconi, des späteren Generaldirektors der Europäischen Südsternwarte in Chile.

Dieser erste Ausblick in das Röntgenuniversum wurde durch Raketen ermöglicht, die während des Zweiten Weltkrieges entwickelt wurden und Höhen von etwa 100 km erreichten. So ein Raketenflug dauerte typischerweise nur ein paar Minuten und entsprechend beschränkt war die wissenschaftliche Datenmenge. Ballonflüge ermöglichten zwar wesentlich längere Experimentierzeiten, bis zu 10–12 Stunden, erreichten aber nur Höhen von etwa 40 km. Bis dorthin können aber nur energiereiche Röntgenphotonen mit mehr als 20 keV vordringen, der Rest wird in der Erdatmosphäre absorbiert. Man nennt die Röntgenphotonen mit mehr als 10–20 keV übrigens die „harte" Röntgenstrahlung und jene mit weniger als 10–20 keV den „weichen" Bereich.

Trotz dieser Beschränkungen gelang bereits eine Reihe von unerwarteten Entdeckungen, obwohl man erst am Beginn einer neuen Ära stand.

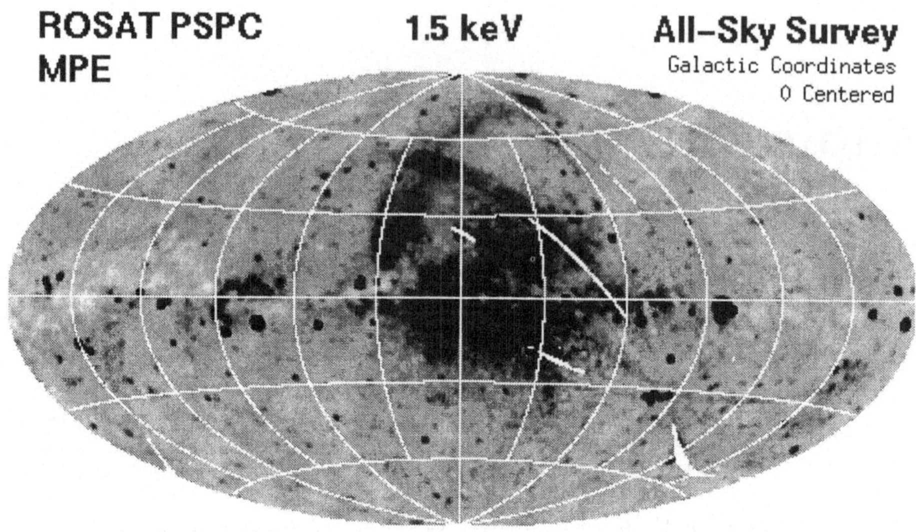

Abbildung 10.1: Die Verteilung der Röntgenemission über den gesamten Sternenhimmel. Die Karte ist das Resultat der Himmelsdurchmusterung mit dem *ROSAT*-Satelliten in den Jahren 1990 und 1991. (Mit frdl. Genehmigung von M. Kürster und J. Schmitt, Max-Planck-Institut für extraterrestrische Physik, Garching).

Die erste Weltraummission, die ausschließlich der Erforschung astronomischer Röntgenquellen gewidmet war, war der 1970 gestartete *UHURU* Satellit[1]. Während dieser Mission entstand die erste Durchmusterung des Röntgenhimmels mit insgesamt 339 Objekten mit Helligkeiten bis zu 10^{-3} mal der des Krebsnebels. Darunter Doppelsterne, Supernova-Überreste, Seyfert-Galaxien und ganze Galaxienhaufen.

Es folgten zahlreiche andere Weltraummission in diesem Zeitraum, die interessante astronomische Daten lieferten, obwohl sie nicht für diesen Zweck gebaut worden waren. Dazu gehörte z.B. die Serie der *Orbiting Solar Observatories (OSO)*. Im Jahre 1977 begann die amerikanische Weltraumbehörde NASA größere Satelliten zu bauen: die beiden, etwa drei Tonnen schweren *High-Energy-Astronomical-Observatory (HEAO)*-Satelliten, sind wohl die herausragendsten Beispiele. Zu den Ergebnissen der *HEAO-1* Mission gehörte unter anderem auch eine Karte des Röntgenhimmels im 1–20 keV Bereich mit 842 Röntgenquellen. Der zweite Satellit, *HEAO-2*, wurde später unter dem Namen *EINSTEIN* berühmt, und war der erste Satellit mit einem abbildenden Röntgenteleskop an Bord. Die Liste der neuen wissenschaftlichen Erkenntisse würde den hier zur Verfügung stehenden Rahmen bei weitem sprengen, wurden doch etwa 1,500 koronale Röntgenquellen entdeckt. Weiters gelang mit *EINSTEIN* jene Beobachtung, die den Beginn der Röntgenastronomie für Aktive Sterne bedeutete: die koronale Röntgenemission von späten F-, G- und K-Sternen war generell stärker als von der Sonne her erwartet – als

[1] Wie mein ehemaliger Student Michael Endl in seiner Diplomarbeit feststellte, „... nicht zu verwechseln mit *Lt. Uhura* vom TV-Raumschiff Enterprise“!

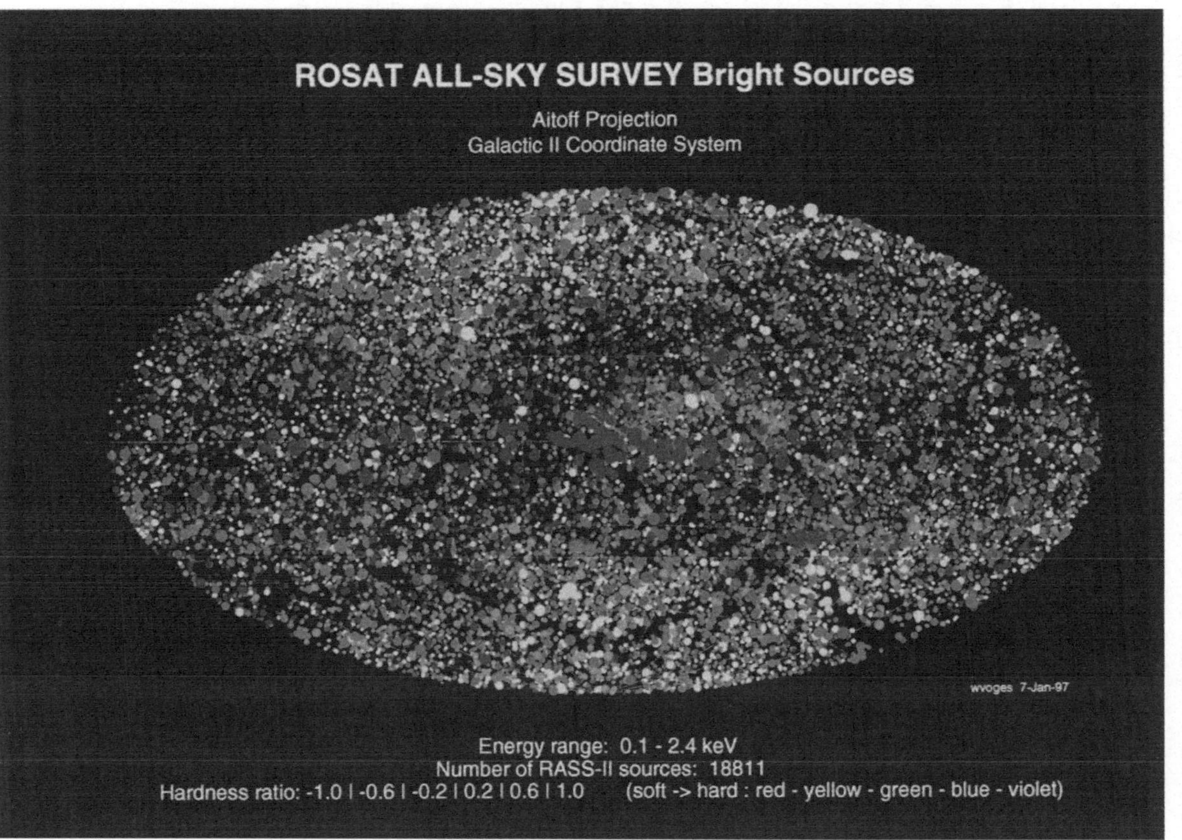

Abbildung 10.2: Die Verteilung der bekannten Röntgenquellen am Sternenhimmel. Die Karte enthält die Positionen aller etwa 78,000 mit *ROSAT* detektierten Punktquellen. (Mit frdl. Genehmigung von B. Aschenbach und J. Schmitt, Max-Planck-Institut für extraterrestrische Physik, Garching).

damals einzig bekanntem Beispiel –, und skalierte sich obendrein mit deren Rotationsraten (Vaiana et al. 1981). Ein modernes Beispiel einer Röntgenaufnahme ist in Abb. 10.4 dargestellt. Es zeigt eine *ROSAT*-Karte des offenen Sternhaufens NGC 6475 im Vergleich zu einer optischen Aufnahme. Die Identifizierung der Position der Röntgenquellen mit bekannten Sternen ermöglichte schließlich die systematische Erforschung ihrer Koronae. Abbildung 10.3 zeigt die Verteilung der stellaren Röntgenemissionen im Hertzsprung-Russell-Diagramm.

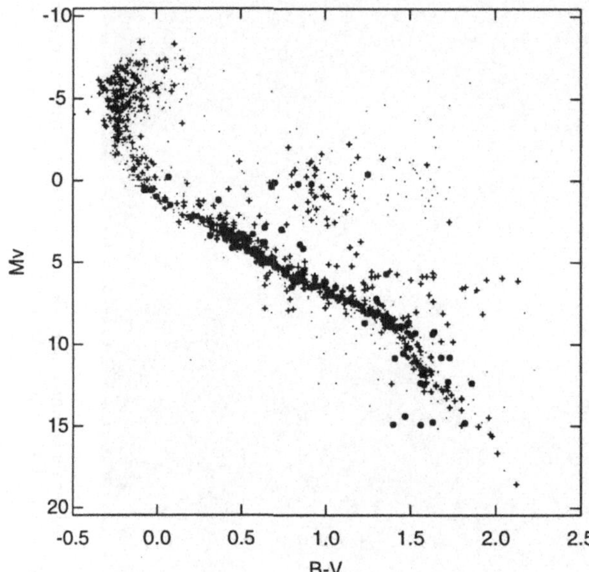

Abbildung 10.3: Röntgenstrahlung im Hertzsprung Russell-Diagramm. Eingezeichnet sind alle voll detektierten *EINSTEIN*-Quellen (gekennzeichnet mit +), Sterne mit oberen Limits (kleine Punkte), als auch eine Reihe von ausgewählten Objekten der sogenannten *Extended Medium Sensitivity Survey* (+ mit Kreise), ebenfalls mit *EINSTEIN* beobachtet. Weiters sind Sterne des Hyaden- und Plejadenhaufens sowie einige Vor-Hauptreihensterne der Taurus-Auriga Region inkludiert. (Mit frdl. Gen. nach S. Sciortino 1993, G. S. Vaiana-Observatory, Palermo).

Die U.S.A. starteten nach diesen spektakulären Erfolgen keine weiteren Röntgensatelliten mehr, ausgenommen den *Solar Maximum Mission (SMM)* Satelliten, der zwischen 1980 und 1989 solare Röntgenbeobachtungen durchführte und ironischerweise durch die damals erhöhte Sonnenaktivität so stark abgebremst wurde, daß er frühzeitig in der Erdatmosphäre verglühte. Dies war nun die Zeit der europäischen, japanischen und sowjetischen Satelliten, z.B. *EXOSAT*, *Ginga* oder das *KVANT*-Modul der Raumstation *MIR*. Schließlich wurde im Juni 1990 der deutsch-amerikanisch-britische RÖntgenSATellit *ROSAT* gestartet, der in seiner Himmelsdurchmusterung 78,000 Röntgenquellen kartografierte (siehe Abb. 10.1 und 10.2)!

10.2 Mechanismen stellarer Röntgenemission

10.2.1 Energie und Wellenlänge

Auch die kurzwellige Röntgenstrahlung ist eine elektromagnetische Strahlung, nur eben entsprechend energiereicher. Es gelten die gleichen Gesetze wie für das visuelle Licht und demnach ist die Energie eines Röntgenphotons ebenfalls $E = h\nu$. Nur ist im Röntgenbereich die Frequenz ν sehr groß bzw. die Wellenlänge $\lambda = c/\nu$ sehr klein. Es hat sich im fachlichen Sprachgebrauch daher eingebürgert, nur mehr die

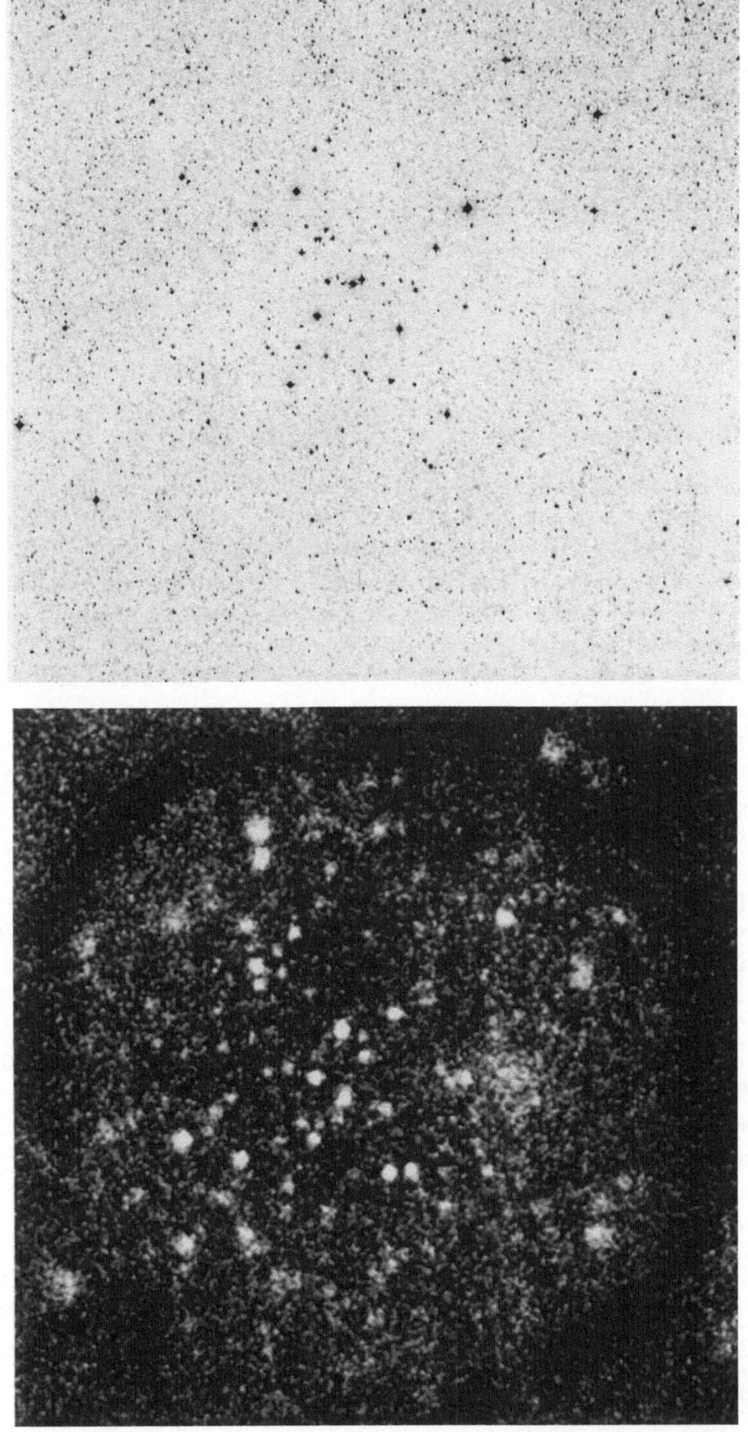

Abbildung 10.4: Der zentrale 40'×40'-Bereich des jungen, offenen Sternhaufens *NGC* 6475 im harten Röntgenlicht (links) aufgenommen mit dem Röntgensateliten *ROSAT* sowie der gleiche Bereich (42'×42') im optischen Wellenlängenbereich (rechts). Norden ist oben, Osten ist links. (Mit frdl. Gen. nach einer ROSAT-Aufnahme von Charles Prosser, Smithsonian-CfA).

Photonen*energie* als Maß für die Röntgenwellenlänge bzw. -frequenz zu verwenden. Die Skala in Abb. 10.5 ermöglicht einen einfachen Vergleich mit anderen Wellenlängen und deren Photonenenergien. Größenordnungsmäßig sind die Energien im Röntgenbereich um einen Faktor 1,000 höher als im Optischen, der keV-Bereich ist also typisch für Röntgenstrahlung.

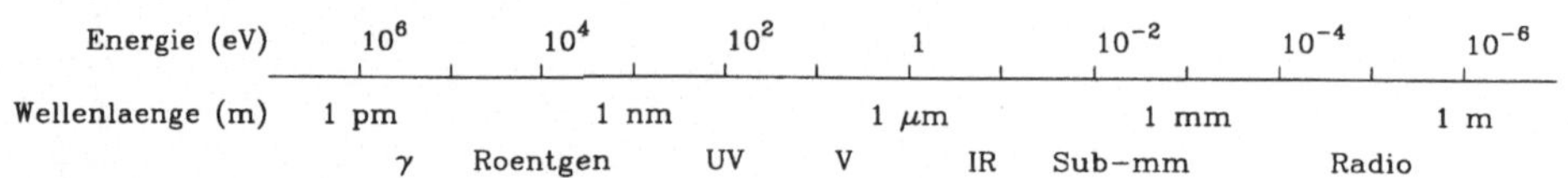

Abbildung 10.5: Photonenenergien im elektromagnetischen Spektrum (pm: Picometer = 10^{-12} m; nm: Nanometer = 10^{-9} m).

10.2.2 Strahlungsprozesse im Sternplasma

Röntgenstrahlung mit Energien im keV Bereich kann nicht von Übergängen im einfachen Wasserstoffatom herrühren, da schon die gesamte Ionisierungsenergie des H-Atoms nur 13.59 eV beträgt und daher gemäß $E = h\nu$ keine Photonen kürzer als 91.2 nm emittieren kann. Thermische Emissionslinien im Röntgenbereich können daher nur durch Übergänge in Atomen höherer Ordnungszahl[2], etwa Eisen (Ordnungszahl 26) oder Kupfer (Ordnungzahl 29) entstehen. Dafür muß allerdings zuerst ein Elektron herausbefördert werden – etwa durch Stoß mit einem freien Elektron –, damit dann eines aus einer höher-energetischen Schale in dieses „Loch" springen kann. Die dabei entstandene Energiedifferenz wird als Photon abgegeben und im Spektrum als Emissionslinie sichtbar (z.B. die Kupfer $K\alpha$-Linie bei 11.4 keV).

Der größte Teil des solaren wie auch stellaren Plasmas ist stark ionisiert, daher spielen Elektronen die Hauptrolle in allen Strahlungsvorgängen der äußeren Sternatmosphäre. Da in jedem Plasma sehr hohe Temperaturen herrschen bzw. extrem hohe Geschwindigkeiten der Elektronen auftreten, müssen diese Vorgänge relativistisch beschrieben werden. An dieser Stelle beginnt ein eigenes Kapitel der klassischen Astrophysik, das über unsere eigentlichen Intentionen in diesem Buch hinausgeht. Daher seien hier nur ein paar grundlegende Begriffe vorgestellt und ich verweise den (immer noch) Interessierten auf das Buch von Tandberg-Hanssen & Emslie (1988).

Die klassische Astrophysik beschreibt vier grundlegende Prozesse, durch die Röntgenstrahlung im Plasma erzeugt wird.

Streuung von Photonen durch Elektronen

Die Streuung eines Photons, also dessen Ablenkung wenn es einem Elektron zu nahe kommt, ist abhängig von der Elektronendichte: je mehr Elektronen vorhanden sind, desto mehr Photonen werden gestreut. Durch die Messung der Eigenemission

[2] Dem entspricht die Anzahl der Elektronen des Atomverbandes. Wasserstoff hat die Ordnungszahl Eins, also ein Elektron, Helium hat Zwei, etc..

aus diesem Streuprozeß kann die Dichte dieser Komponente des koronalen Plasmas bestimmt werden. Auf der Sonne führt die Streuung der Photonen aus der Photosphäre übrigens zur Bildung der sogenannten K-Korona (siehe Kapitel 10.3.1).

Zusammenstoß von Elektronen mit Ionen

Es gibt zwei Formen von Strahlung hervorgerufen durch beschleunigte Elektronen. Im ersten Fall bleibt das Elektron nach dem Zusammentreffen mit dem Ion frei, die dabei entstandenen Photonen erzeugen die Frei-Frei-Kontinuumsemission oder *Bremsstrahlung*. Im anderen Fall endet das Elektron im gebundenen Zustand, wird also vom Ion eingefangen und erzeugt die Photonen des Frei-Gebunden-Kontinuums.

Man unterscheidet noch zwischen thermischer und nicht-thermischer Bremsstrahlung. Bei letzterer handelt es sich um die Interaktion von Elektronen, deren Energie weit über der mittleren thermischen Energie des Plasmas liegt. Durch Kollisionen mit energieärmeren Elektronen wird die Effizienz dieses Prozesses allerdings stark herabgesetzt.

Interaktion der Elektronen mit dem Magnetfeld

Durch die Lorentzkraft erfährt ein Elektron eine zentripedale Beschleunigung[3], während es sich entlang der Magnetfeldlinien bewegt. Dies führt zur sogenannten *Gyrosynchrotron-Strahlung* mit der Frequenz $\nu_{\rm B} = eB/m_{\rm e}c$, wobei e die Elementarladung, B die Magnetfelddichte, $m_{\rm e}$ die Masse des Elektrons, und c die Lichtgeschwindigkeit ist. (Siehe Appendix C für numerische Werte.)

Für Feldstärken in aktiven Regionen kann diese Form der Strahlung recht stark sein, allerdings verhindert das Plasma deren Entkommen aus der stellaren Atmosphäre. Nur wenn die Strahlung höher als ein bestimmtes kritisches Niveau ist – gemessen an der Frequenz $\nu_{\rm B}$ –, kann sie freigesetzt werden und den Beobachter direkt erreichen.

Bei höheren Geschwindigkeiten der Elektronen gewinnen die relativistischen Effekte an Bedeutung und ein Elektron emittiert entlang seiner Flugbahn elektromagnetische Strahlung. Man spricht von *Synchrotron-Strahlung.* Bei noch größerer Geschwindigkeit konzentriert sich diese Strahlung immer mehr in einem Kegel, dessen Öffnungswinkel immer kleiner wird und in die Richtung der Fluglinie des Elektrons zeigt.

Oszillation der Plasma-Elektronen ...

Elektrostatische Kräfte können kohärente Oszillationen der Plasma-Elektronen hervorrufen. Die dabei entstehenden longitudinalen Wellen erzeugen aber nur dann Röntgenstrahlung, wenn sie sich mit transversalen elektromagnetischen Wellen koppeln. Wenn dies passiert, wird Strahlung mit der Plasmafrequenz freigesetzt. Einige Formen der Flare-Emission auf der Sonne (z.B. Radio-Bursts vom Typ III) wurden als diese Art der Strahlung identifiziert.

---

[3] Wer's genau wissen will: $\frac{dv}{dt} = -\frac{e}{m_e c}\,(\vec{v} \times \vec{B})$ wobei v die Geschwindigkeit des Elektrons ist.

... und noch vieles andere mehr

Weitere Strahlungprozesse im stellaren Plasma sind der inverse Compton-Effekt, wo stark beschleunigte Elektronen Energie auf Photonen übertragen, sowie Čerenkov-Strahlung und diverse nukleare Prozesse (siehe Glossar). Dazu zählen Vorgänge wie Positron-Elektron Paarvernichtung (die sogenannte e^+e^--*Annihilation*) und der Zerfall radioaktiver sowie angeregter stabiler Kerne. Die Positron-Elektron-Vernichtung erzeugt eine einzelne Strahlungslinie mit $h\nu$ = 511 keV, also bereits jenseits des Röntgenbereiches im noch energetischeren Gammabereich (kurz γ-Bereich) des elektromagnetischen Spektrums.

Bestimmte γ-Linien des solaren Flarespektrums werden durch Interaktionen zwischen Atomen (Ionen) und schweren hochenergetischen Partikeln wie Protonen, Neutronen und α-Teilchen, also Helium-Kerne, produziert. Zum Beispiel der Einfang eines schnellen Neutrons, welches zur Bildung von Deuterium führt, erzeugt die γ-Linie bei $h\nu$ =2.223 MeV. Außerdem existiert noch ein Mesonenzerfallsprozess, der zur Gammastrahlung beiträgt. Das π^0-Meson – hey, jetzt wird's erst richtig interessant –, entstanden beim Zerfall von Mesonen aus Reaktionen hochenergetischer Partikel, zerfällt innerhalb von 10^{-16} Sekunden in zwei γ-Quanten mit jeweils $h\nu$ =68 MeV. Wiederum entsteht durch die breite Energieverteilung der resultierenden Pionen ein γ-Kontinuum mit einem Maximum bei 100 MeV.

Doch genug der Details der physikalischen Prozesse. Der Ort wo sich diese Vorgänge abspielen ist unser nächstes Ziel: man nennt ihn die *Korona*.

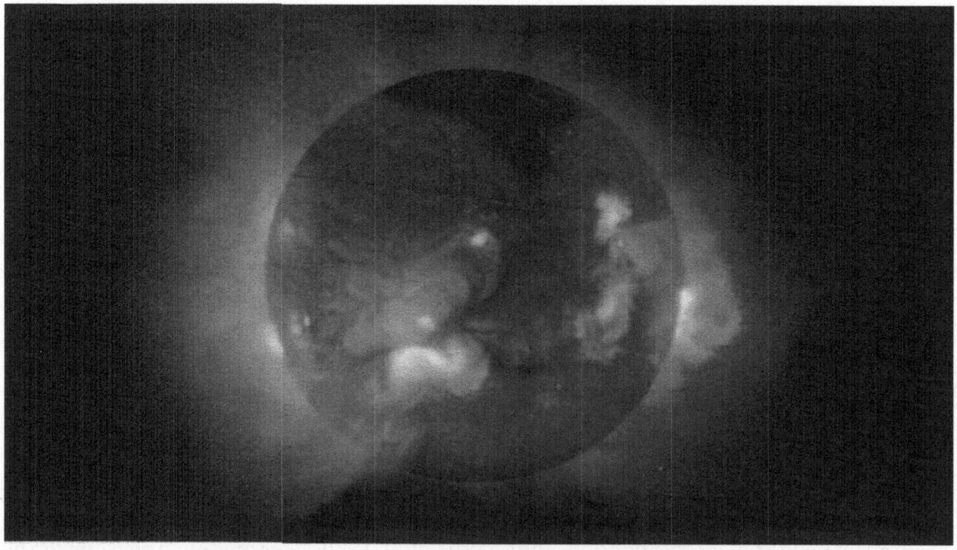

Abbildung 10.6: *YOHKOH*-Aufnahme der solaren Korona im weichen Röntgenlicht. Besonders deutlich sind hier die Strukturen aktiver Regionen entlang des Äquators und ein koronales Loch am Nordpol erkennbar. Die Rotationsachse der Sonne erscheint in diesem Bild im Vergleich zur Blattvertikalen etwas nach links geneigt. (Nach einer Aufnahme mit dem *Solar X-Ray Telescope* (SXT) der japanisch-amerikanischen *YOHKOH*-Mission).

10.3 Die Sonnenkorona: ein heißes Pflaster

10.3.1 Das Paradoxon einer heißen Korona

Der äußerste und zugleich heißeste Teil der Sonnenatmosphäre ist die Korona. In der solaren Atmosphäre, beginnend von der untersten Schicht der Photosphäre, nimmt die Temperatur zuerst ab und erreicht ein Minimum in der oberen Photosphäre um danach wieder stark anzusteigen. In der Chromosphäre werden Werte um 10,000 K und in der Korona mehr als $\approx 10^6$ K erreicht (vgl. Abb. 7.13)! Im Großen und Ganzen ergaben die ersten Temperaturbestimmungen bei der Sonne den Zusammenhang: je weiter von der Oberfläche entfernt, desto wärmer wird es!

Dieses anscheinende Paradoxon war eines der größten Rätsel in der Sonnenphysik seit der Entdeckung dieser hohen Temperaturen in den 40er Jahren. Die früheren Theorien erklärten dies mit Heizung durch akustische Wellen, die aus der Konvektionszone bis in große Höhen aufsteigen. Magnetfelder wurden in diesen früheren Theorien noch vollkommen außer acht gelassen und dies führte zu der weitläufigen Annahme, daß die Korona außerhalb von aktiven Regionen homogen und zeitlich konstant ist.

Die ersten Beobachtungen aus dem Weltraum durch *SKYLAB* ergaben eine vollkommen neue Vorstellung der Korona (siehe hiezu den Artikel von Giacconi 1993), die später von den noch eindrucksvolleren Bildern der japanischen Raumsonde *YOHKOH* bestätigt wurden (Abb. 10.6). Anscheinend wird die Korona von einem Ensemble bogenförmiger Strukturen geformt, die Regionen entgegengesetzter magnetischer Polarität miteinander verbinden. Die Dichte, Temperatur und Größe dieser Bögen (engl. *Loops*) ist recht unterschiedlich. Eine Auswahl aus dem vielfältigen Erscheinungsbild koronaler Loops wurde mit dem hochauflösenden *Solar X-Ray Telescope* an Bord der *YOHKOH*-Sonde gewonnen und ist in Abb. 10.7 gezeigt. Die überaus erfolgreiche *YOHKOH*-Mission war das Ergebnis einer Kooperation zwischen der Universität von Tokyo, dem japanischen Nationalobservatorium und der japanischen Raumfahrtbehörde ISAS sowie dem Lockheed Research Laboratory in Palo Alto mit Unterstützung der NASA. Die Abbildung macht auch sofort klar, daß es keine Anzeichen für eine homogene ruhige Korona gibt, selbst außerhalb der aktiven Gebiete sind diese Bögen der grundlegende Baustein. Einzige Ausnahmen sind die sogenannten *Koronalöcher* – Bereiche besonders geringer Dichte –, in denen sich das solare Magnetfeld in den interplanetaren Raum öffnet und die Quellen des Sonnenwinds sind. Ganz im Gegensatz zu früheren Annahmen ist also das solare Magnetfeld hauptverantwortlich für die Struktur und wahrscheinlich auch für die Heizung der Korona.

10.3.2 Eine „innere" und eine „äußere" Schicht

Die solare Korona kann zwar seit den ersten Röntgenbeobachtungen keinesfalls mehr als ein ruhiger und beschaulicher Teil der Sonnenatmosphäre bezeichnet werden, so wie es ältere Bilder von Sonnenfinsternissen vermuten lassen könnten, aber trotzdem enthält sie eine gewisse, den Magnetfeldern übergeordnete Schichtung, die von der mittleren Teilchendichte und den damit verbundenen Strahlungsme-

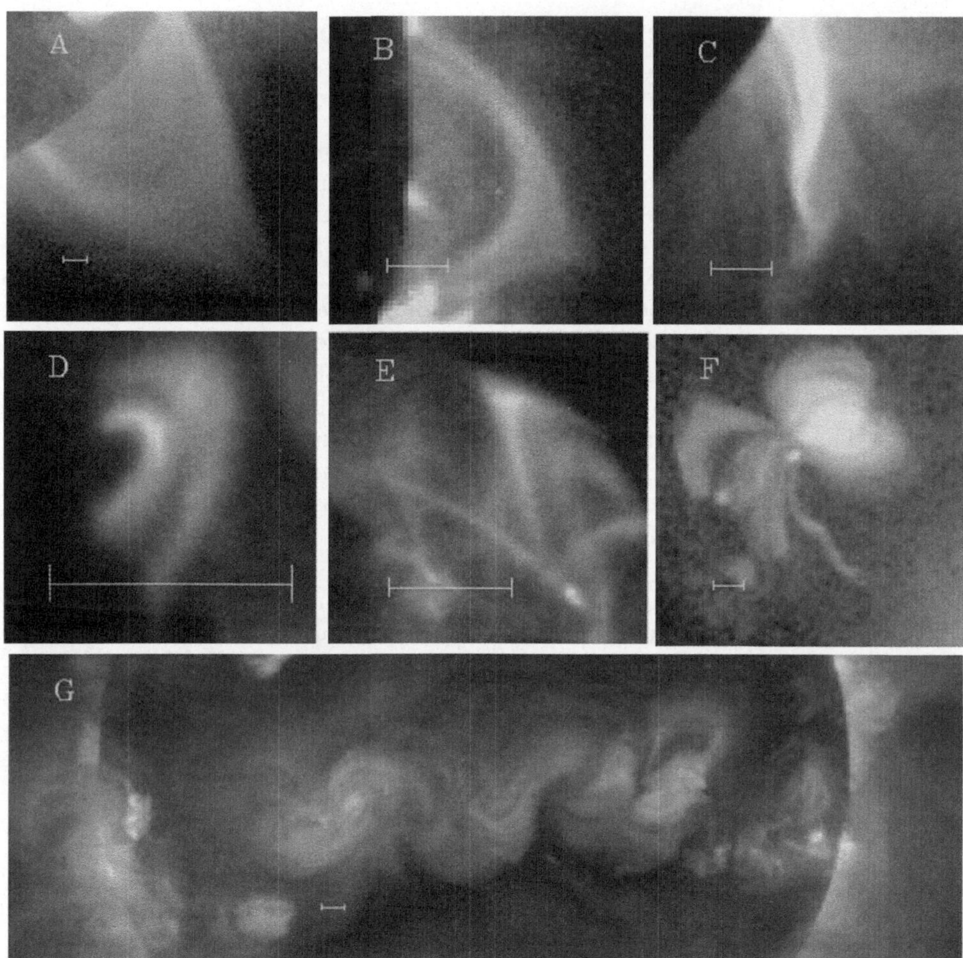

Abbildung 10.7: Beispiele von koronalen Bögen im weichen Röntgenlicht. Der Balken in jedem Bild entspricht jeweils der gleichen linearen Ausdehnung. Wie man sieht, gibt es koronale Bögen in allen möglichen Größen und Varianten, wobei die bogenförmige Struktur mit zwei Fußpunkten und entsprechend unterschiedlicher Polarität aber meist erhalten bleibt, auch bei einem Flare. (Nach Aufnahmen von Acton (1992) und Tsuneta & Lemen (1993) mit dem *Solar X-ray Telescope* der japanisch-amerikanischen *YOHKOH*-Mission).

chanismen bestimmt wird. Dies wurde schon sehr früh in der Geschichte der Korona Erforschung festgestellt und man spricht heute landläufig von einer „inneren"- bzw. K-Korona und von einer „äußeren"- bzw. F-Korona (F steht für Fraunhofer, K für Kontinuum).

Die K-Korona erstreckt sich im Bereich von bis zu drei Sonnenradien und zeigt im Optischen ein kontinuierliches Spektrum dessen Energieverteilung dem normalen Sonnenlicht entspricht. Diese teilweise linear polarisierte Strahlung entsteht durch Streuung der photosphärischen Emission an den freien Elektronen des koronalen Plasmas (siehe Kapitel 10.2). Aufgrund der hohen Geschwindigkeiten dieser Elektronen kommt es zur „Dopplerverbreiterung“ der Frauenhoferlinien. Die Dichte der Elektronen schwankt zwischen 3×10^{14} pro m^3 bei etwas mehr als einem Sonnenradius, und 3×10^{11} pro m^3 am Außenrand der K-Korona. Dies sind jedoch nur grobe Richtwerte, da die Korona ja extrem inhomogen ist. Die Helligkeit und Form der K-Korona variiert, wie wir gleich noch sehen werden, obendrein noch im 11jährigen Sonnenfleckenzyklus. Der innerste Teil der K-Korona, die L- oder Linien-Korona, ist im kontinuierlichen Licht zwar die schwächste, doch entstehen dort die vielen hochangeregten, meist im extremen ultravioletten Bereich erscheinenden Emissionslinien, deren Beobachtung noch viele Geheimnisse der Sonnenatmosphäre lüften könnte.

Die Strahlung in der F-Korona entsteht hauptsächlich durch Streuung des Sonnenlichtes an Partikeln, die so weit von der Sonne entfernt sind, daß sie nicht mehr verdampfen. Daher bezeichnet man die äußere Korona auch als „Staubkorona“ und betrachtet sie eher als den innersten Teil des Zodiakallichtes, als zur Sonne gehörend. Ihr Spektrum zeigt all die Fraunhofer-Linien des Photosphärenspektrum da es sich ja nur um gestreutes Sonnenlicht aus der Photosphäre handelt.

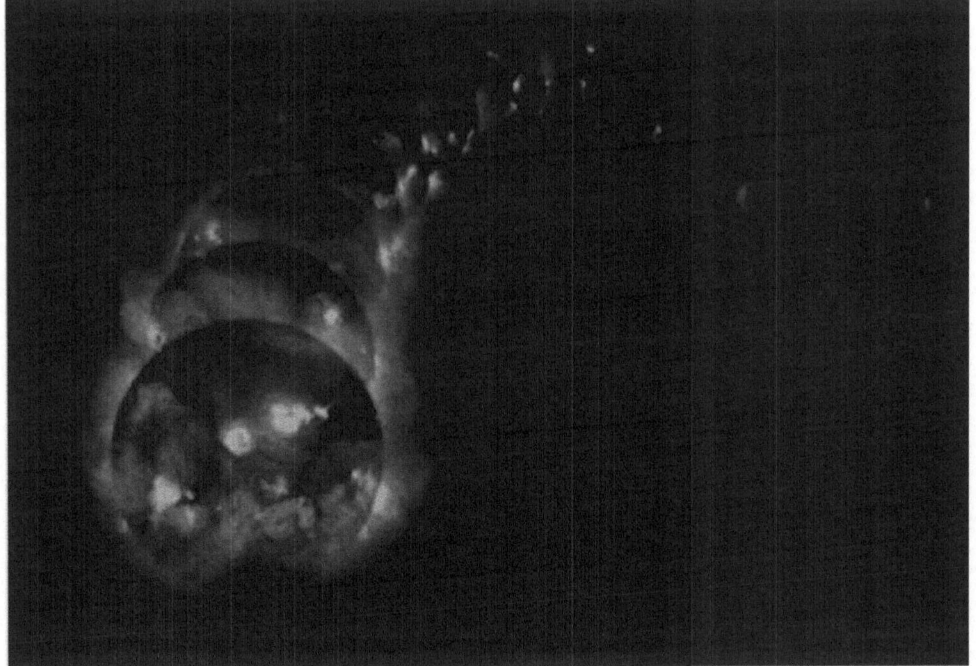

Abbildung 10.8: Die „Röntgensonne“ im Laufe des 11jährigen Fleckenzyklus. Die Aufnahmen erstrecken sich – von links nach rechts – vom Fleckenmaximum 1990 bis zum darauffolgenden Minimum im Jahre 1995. Wie man sieht, erscheint die Sonne im Minimum fast dunkel (ganz rechts), nur einige wenige, sogenannte *coronal bright points*, bleiben über. Im Aktivitätsmaximum erstrahlt die Sonnenkorona um einen Faktor 20 heller und ist dann auch mit den magnetischen Bögen der aktiven Regionen überfüllt. (Nach Aufnahmen mit dem *Solar X-Ray Telescope* der japanisch-amerikanischen *YOHKOH*-Mission).

10.3.3 Die Sonnenkorona im 11jährigen Fleckenzyklus

Eine der beindruckendsten Dokumentationen der solaren Röntgenastronomie waren wohl die kontinuierlichen *YOHKOH*-Bilder der Zeit vom Sonnenfleckenmaximum 1990 bis zum darauffolgenden Minimum im Jahre 1995. Sehr schön war nun, bei zeitlich und räumlich hoher Auflösung, das Kommen und Gehen der koronalen Aktivitätszentren zu sehen. Den Vergleich in Form einer Fotomontage zeigt die Abb. 10.8.

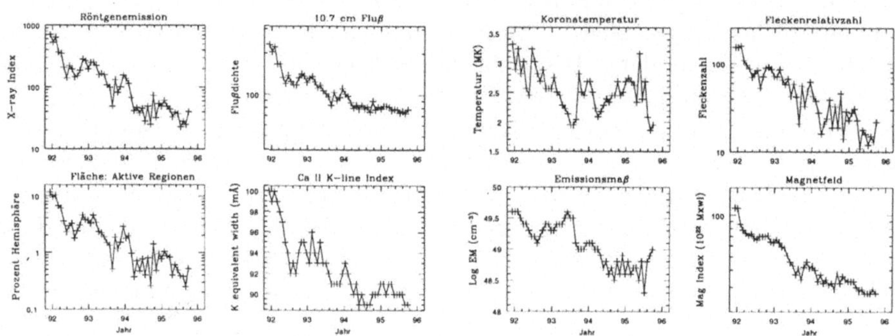

Abbildung 10.9: Einzelne Aktivitätsparameter der Sonne als Funktion der Zeit. Das Fleckenmaximum war etwa 1990 und das Minimum Mitte 1995. Zur Definition des Emissionsmaß siehe Kapitel 9.13. Man beachte die detaillierte Korrelation zwischen der Röntgenleuchtkraft und dem Füllfaktor von aktiven Regionen. Dies zeigt, daß die über die Scheibe integrierte Röntgenhelligkeit aus der Summe der Emissionen der einzelnen aktiven Regionen besteht. Gleiches vermutet man daher auch bei Sterne, deren Oberflächen im Vergleich zur Sonne – in der Regel – aber nicht auflösbar sind. (Nach Acton 1996).

Mehr quantitative Information vermittelt Abb. 10.9, wo einzelne Aktivitätsparameter als Funktion der Zeit dargestellt sind. Hier sehen wir, daß sich die Röntgenleuchtkraft zwischen 1992.0 und 1995.5 um über einen Faktor 20 geändert hat! Erinnern wir uns – damit wir uns das Ausmaß dieser Schwankung besser vor Augen führen können – an die Helligkeitsänderung im optischen Wellenlängenbereich wie sie mit ACRIM (Kapitel 7.2.2) und anderen Instrumenten gemessen wurde, nämlich nur ein paar Promille, also rund tausendmal weniger als im Röntgenbereich! Offensichtlich wäre es im Röntgenbereich sehr einfach stellare Aktivitätszyklen zu entdecken. Ja, wenn man nur ein entsprechendes Teleskop für genügend lange Zeit hätte! Abbildung 10.9 zeigt uns auch noch die enge Korrelation der magnetischen Aktivität der Photosphäre, ausgedrückt durch die Züricher Sonnenfleckenrelativzahl, mit der Chromosphäre und Übergangszone, ausgedrückt durch den Ca II-K-Index und dem Emissionsmaß von UV-Linien (zur Definition siehe Kapitel 9.13), und mit der Korona im Röntgenbereich. Dies läßt schon den Schluß zu, daß es auch bei anderen Sternen sehr wahrscheinlich ein und dasselbe Magnetfeld ist, welches die verschiedenen spektralen Aktivitätsindikatoren verursacht.

10.4 Stellare Koronae

10.4.1 Koronae im HR-Diagramm

Aufgrund der veralteten Ansicht, daß eine Korona durch den Mechanismus der Dissipation von akustischen Wellen der Konvektionszone erzeugt wird, erwartete man ursprünglich nur Koronae bei bestimmten, sonnenähnlichen F- und G-Sternen beobachten zu können. Bei Sternen früheren Typs als F0 sollte keine Korona existieren, einfach Aufgrund des Fehlens einer Konvektionszone. Spätere Spektraltypen wie K und M-Sterne, die zwar eine Konvektionszone besitzen (sogar eine tiefere als die Sonne), sollten auch keine nenneswerte Röntgenstrahlung haben, da die Konvektionsgeschwindigkeiten zu gering sind um einen bedeutenden akustischen Fluß zu erzeugen. Wiederum gab es eine Überraschung als man schon durch die ersten Weltraumbeobachtungen praktisch bei fast jedem Spektraltyp Röntgenemission nachweisen konnte (Abb. 10.3).

Bereits mit *EINSTEIN* wurde gezeigt, daß alle Spektraltypen im Röntgenbereich mit Leuchtkräften von 10^{26} bis $\approx 10^{34}$ erg s^{-1} strahlen. Einzige Ausnahme bilden – immer noch – A-Zwerge, sowie sehr späte Riesen bzw. Überriesen. Sterne des Spektraltyps O und B erwiesen sich als besonders starke Röntgenquellen im Bereich von $\approx 10^{29} - 10^{34}$ erg s^{-1}, also ganz im Gegensatz zur Theorie. Bei den späten Sternen (F–M) gibt es ein ganzes Spektrum von Röntgenleuchtkräften, die über vier Größenklassen variieren. Jedoch zu den hellsten Röntgenemittern späten Spektraltypes gehören die Doppelsterne des RS-CVn-Typs, sowie Algol-Sterne mit Leuchtkräften von $\approx 10^{31}$ erg s^{-1}. Dies wurde schon durch frühe Beobachtungen von *HEAO-1* entdeckt.

Trotzdem brachte erst die Himmelsdurchmusterung mit *ROSAT* den Durchbruch und ebenso eine Überraschung: nämlich, wenn wir mal von der Röntgenleuchtkraft der Sonne im Aktivitätsmaximum[4] ausgehen, also $L_X \approx 1 \times 10^{27}$ erg s^{-1}, und uns nun vorstellen, die Sonne in immer weitere Entfernung zu rücken, und zwar solange bis die Sensitivität der *ROSAT*-Durchmusterung, $f_{\rm Min} = 2 \times 10^{-13}$ erg cm^{-2}s^{-1}, nicht mehr ausreicht um die Sonne überhaupt noch zu sehen, dann ist dies bereits bei einer Entfernung von nur etwa 30 Lichtjahren der Fall. Und ein Volumen mit dem Radius von 30 Lichtjahren um die Sonne beinhaltet etwa 200 Sterne mit einem Spektraltyp später als F[5]. Folglich erwartete man maximal 200 Entdeckungen von Sternen mit stellaren, sonnenähnlichen Koronae. Nun, es wurden 20,000! Von den insgesamt 78,000 Röntgenquellen des gesamten Himmels waren 20,000 Sterne mit aktiven Koronae! Die Erklärung liegt natürlich im Faktum, daß die meisten Sterne wesentlich hellere Koronae haben als die Sonne, und somit noch in größerer Entfernung gesehen werden können als ursprünglich erwartet. Die Kernfrage aber war natürlich, welcher Mechanismus die Koronae so aufheizen könne.

[4] Im Aktivitätsminimum ist $L_X \approx 3 \times 10^{25} - 1 \times 10^{26}$ erg s^{-1}.

[5] Bei einem Radius von etwa 60 Lichtjahren sind es schon etwa 3,000 Sterne.

10.4.2 Heizungsmechanismen

Aufgrund der *EINSTEIN*-Daten konnten zwei grobe Abhängigkeiten der Röntgenleuchtkraft bestimmt werden. Für frühe Spektraltypen (O und B) gilt $L_x \approx L_{bol}^{-7}$ und für späte Sterne (F bis M) $L_x \approx v_{rot}^2$. Dies deutet auf zwei unterschiedliche Heizungsmechanismen hin. Bei den späten Sternen nimmt man an, daß ebenso wie bei der Sonne, magnetische Heizung dafür verantwortlich ist. Für die frühen Typen kann man die Sonne natürlich nicht als Vergleich heranziehen. Es wird allgemein angenommen, daß die unerwartet hohe Röntgenemission in Schockfronten erzeugt wird, die in den starken Sternwinden der Sterne frühen Spektraltyps auftreten.

Die beobachtete Abhängigkeit der koronalen Emission von der Rotationsrate läßt das Szenario, daß die Korona durch Magnetfelder (die vom stellaren Dynamo erzeugt werden) geheizt wird, plausibel erscheinen. Ein starkes Argument dafür ist die Beobachtung des schnellen Ansteigens der Röntgenemission bei Sternen des Spektraltyps F0, also des Spektraltyps bei denen Sterne beginnen eine nennenswerte Konvektionszone zu entwickeln. Die Interaktion zwischen Rotation und Konvektion führt zu differentieller Rotation sowie zu einer Verstärkung der dynamogenerierten Magnetfelder. Differentielle Rotation kann ein poloidales in ein toroidales Feld umformen, welches dann durch magnetischen Auftrieb an der Oberfläche des Sternes erscheint. Diese Verbindung zwischen Rotation und Konvektion mit der Effektivität des stellaren Dynamos ist in guter Übereinstimmung mit den vorhandenen Röntgenbeobachtungen. Allerdings ist noch lange nicht alles verstanden! Die Magnetfelder aus dem Dynamo hängen nur sehr indirekt mit der Röntgenemission zusammen. Offene Fragen sind die „Bündelung" des Magnetfeldes in Flußröhren sowie die Umwandlung von magnetischer in thermische Energie zur Plasmaheizung. Erst wenn für die Sonne diese Prozesse voll verstanden sind, kann man auch qualitativ aus der Beobachtung der stellaren Röntgenstrahlung Rückschlüsse auf den Dynamo-Prozeß, verbunden mit Rotation und Konvektion, ziehen.

Vielleicht der größte Hinweis darauf, daß magnetische Prozesse verantwortlich für die Heizung der solaren Korona sind, wurde durch *OSO-8* und *SMM* erbracht. Durch Messung der Dopplerverbreiterung von UV-Linien der *Transition-Region*[6] (TR) wurde gezeigt, daß der Energietransport durch akustische Wellen zu gering ist, um die Transition-Region sowie die Korona zu heizen (für die Energie der niederen Chromosphäre ist es möglicherweise ausreichend). Weiters deutet die ständige, unregelmäßige Variabilität der Emission der TR und Korona auf Ursachen im Magnetfeld hin: Veränderungen der Heizungsrate treten aufgrund von andauernden Fluktationen im solaren Magnetfeld auf, wie das Auftauchen neuer magnetischer Flußröhren und das Verbiegen von Magnetfeldlinien durch turbulente Oberflächenströme. Es wurde auch vorgeschlagen, daß die Heizung der Korona, sowohl bei der Sonne als auch bei Sternen späten Spektraltyps, durch das kontinuierliche Auftreten sogenannter *Mikroflares* verursacht wird. Allerdings stößt die Mikroflare-Theorie auf einige Probleme, z.B. wie Flares eine vergleichbar hohe Energiemenge, die sie ja abstrahlen, auch wieder in der Hochatmosphäre deponieren können. Wie diese Energie zuerst gespeichert und danach wieder von der Atmosphäre absorbiert wird, bleibt eine weitere offene Frage. Zeitlich hochaufgelöste Beobachtungen von dMe-

[6] Der Übergang von der Chromosphäre zur Korona.

Sternen zeigten keine signifikante Variabilität der Röntgenemission kürzer als eine Minute, welche das Mikroflare-Szenario wieder etwas spekulativ erscheinen läßt.

Vielleicht erzählen uns aber Haufen-Sterne bekannten Alters etwas über deren Heizungsmechanismus?

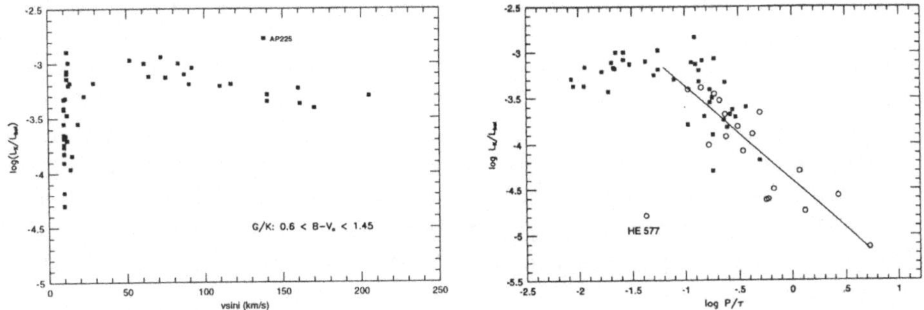

Abbildung 10.10: Rotations-Aktivitätsrelation der Sterne des α Persei-Haufens mit $v \sin i$ als Rotationsparameter (links), und rechts der Rossby-Zahl P/τ. Besonders deutlich ist die Abnahme der relativen Röntgenleuchtkraft mit zunehmender Rotationsgeschwindigkeit erkennbar, sobald ein bestimmtes Maximum erreicht wurde und Sättigung eingetreten ist – ganz im Gegensatz zu bisherigen Beobachtungen von optischen und ultravioletten Aktivitätsindikatoren. Bemerke, daß die Rossby-Zahl logarithmisch aufgetragen ist, die Rotationsgeschwindigkeit aber linear. (Mit frdl. Gen. nach Prosser et al. 1996 und Randich et al. 1996).

10.4.3 Sternrotation und Röntgenhelligkeit

Wir wissen nun schon, daß je schneller ein Stern rotiert, desto aktiver wird seine Chromosphäre (vgl. mit Kapitel 9). Gilt dies aber auch für Koronae im Röntgenbereich?

Die Antwort ist ja. Erste derartige Untersuchungen stammen von den italienischen Astronomen Giuseppe S. Vaiana (1935–1991) mit *EXOSAT* und Roberto Pallavicini, insbesondere mit *EINSTEIN* (siehe die Zusammenfassung von Pallavicini 1989). Sie fanden die Abhängigkeit der Röntgenleuchtkraft von der stellaren Rotationsrate in der Form

$$L_X \approx (v \sin i)^2, \tag{10.1}$$

wobei $v \sin i$ die projizierte Rotationsgeschwindigkeit am stellaren Äquator ist, die spektroskopisch im Optischen gemessen werden kann. Doch haben Feldsterne einen besonderen Nachteil wenn man eine quantitative Rotations-Aktivitätsrelation ableiten möchte: sie kommen in unterschiedlichsten Altersstufen vor und können so die wahre Relation verwischen. Der Ausweg besteht darin Haufensterne zu beobachten (siehe Kapitel 9.3.3). In den sogenannten Offenen-Haufen sind alle Sterne gleich alt und haben auch gleiche Metallhäufigkeiten, und können im Teleskop noch räumlich voneinander getrennt werden .

Die italienische Astronomin Sofia Randich vom Max-Planck-Institut für extraterrestrische Physik in München (jetzt in Florenz) und ihr amerikanischer Kollege

Charles Prosser vom Harvard-Smithsonian Center für Astrophysik in den U.S.A. haben mit *ROSAT* alle offenen Sternhaufen innerhalb von 200 pc untersucht. Der erste Haufen der jemals im Röntgenbereich untersucht worden war, waren die Hyaden. Mit *EINSTEIN* wurde schon festgestellt, daß ein typischer Hyaden G-Stern eine Leuchtkraft von etwa 10^{29} erg s^{-1} hat – das ist immerhin fast hundertmal soviel wie die Sonne im Aktivitätsminimum. Die Hyaden – mit ihren 700 Millionen Jahren – bestehen aber schon aus relativ alten Sternen. Der Haufen um α Persei hingegen ist nur etwa 50 Millionen Jahren alt und beinhaltet noch viele, sehr schnell rotierende Sterne mit $v \sin i$-Werten bis zu 200 km s^{-1} (die Sonne hat im Vergleich dazu nur etwa 2 km s^{-1}). Exakte Beobachtungen sind hier besonders schwierig, da die Sterne schon relativ schwach, sehr zahlreich und schwer zu identifizieren sind. Die Abb. 10.11 zeigt nur einen Ausschnitt des α Persei-Haufens, den Bereich um den Stern AP 108, und identifiziert einige der vielen Haufensterne wobei AP für Alpha-Persei und HE für Hertzsprung steht, der als erster diesen Haufen systematisch vermessen hatte.

Randich et al. (1996) finden im α Persei-Haufen zwar eine Beziehung zwischen $v \sin i$ und der Röntgenleuchtkraft L_X für Sterne mit $(B-V)_0 > 0.6$ (Spektraltyp etwa G0) aber nicht für heissere Sterne, also F-Sterne. Verwenden sie jedoch anstelle von $v \sin i$ die Rossby-Zahl, R, dem Verhältnis von Rotationsperiode zu konvektiver „turn-over" Zeit (siehe Kapitel 9.22), ergab sich eine wesentlich bessere Relation:

$$\log \frac{L_X}{L_{\rm bol}} = -4.4 - 1.12 \log R. \qquad (10.2)$$

Eine ganz ähnliche Relation wurde bereits 1995 bei Sternen in der Nachbarschaft der Sonne beobachtet. Die Abb. 10.10 vergleicht die Abhängigkeit der Röntgenleuchtkraft von der Rotationsgeschwindigkeit $v \sin i$ einerseits, und andererseits von der Rossby-Zahl.

Wie man sieht, ist dieser Beziehung eine obere Grenze gesetzt und sie gilt anscheinend nicht für alle Rotationsgeschwindigkeiten in gleichem Maße – wie noch ursprünglich in der $L_X \approx (v \sin i)^2$ Beziehung angedeutet war. Diese Grenze scheint bei etwa $L_X/L_{\rm bol} \approx 10^{-3}$ erreicht zu sein. Interessant ist, daß moderne $\alpha\Omega$-Dynamorechnungen mit zunehmender Rotation einen schwächer werdenden Anstieg des poloidalen magnetischen Flusses – also eine kleinere Effizienz des α-Effektes bei höheren Rotationsraten – vorhersagen, als für die differentielle Rotation, die für die toroidale Flußkomponente verantwortlich ist. Besonders deutlich ist die beobachtete „Sättigung" der koronalen Röntgenleuchtkraft im L_X-$(B-V)_0$-Diagramm[7] bei jungen Sternhaufen in Abb. 10.12 zu sehen.

Koronale Sättigung

Wenn das Volumen der Korona bereits so dicht mit magnetischen Bögen gefüllt ist, daß keine weiteren mehr Platz finden, dann kann auch durch noch höhere Rotation keine zusätzliche Röntgenemission mehr generiert werden: es tritt das Phänomen

[7] Die Null im Index von (B-V) bedeutet, daß es sich hier um die von der interstellaren Extinktion unbeinflußten Farbe handelt.

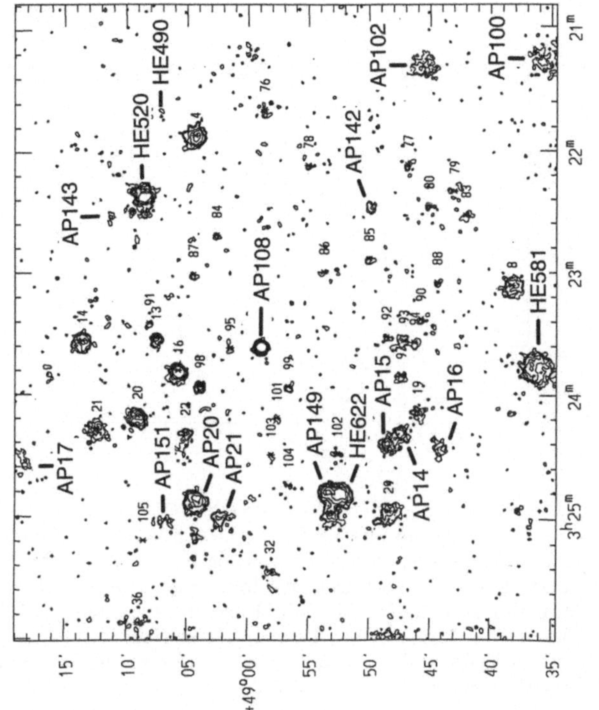

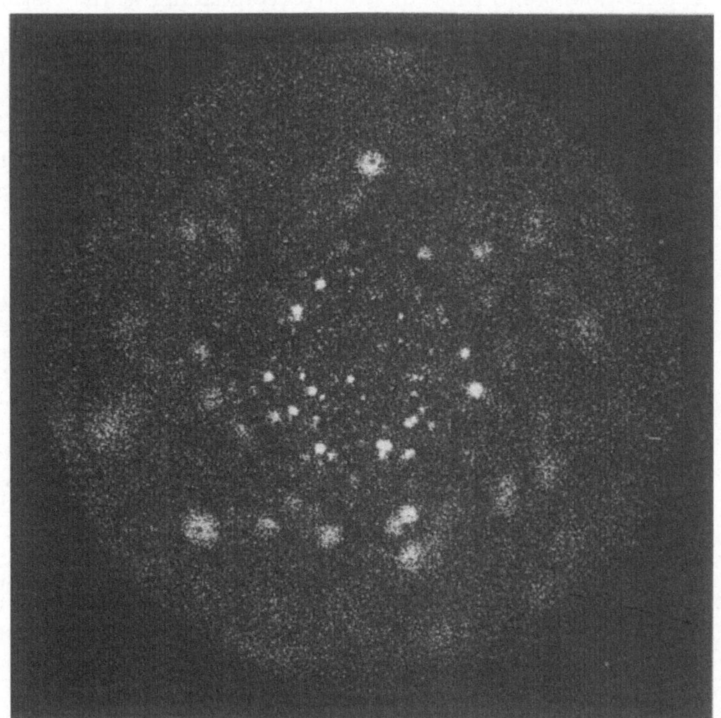

Abbildung 10.11: Ausschnitt des offenen Sternhaufens α Persei im harten Röntgenlicht (links), aufgenommen mit dem *ROSAT*-PSPC, und die Identifizierung einzelner Sterne im optischen Wellenlängenbereich (rechts). (Nach Aufnahmen von Charles Prosser, Smithsonian-CfA).

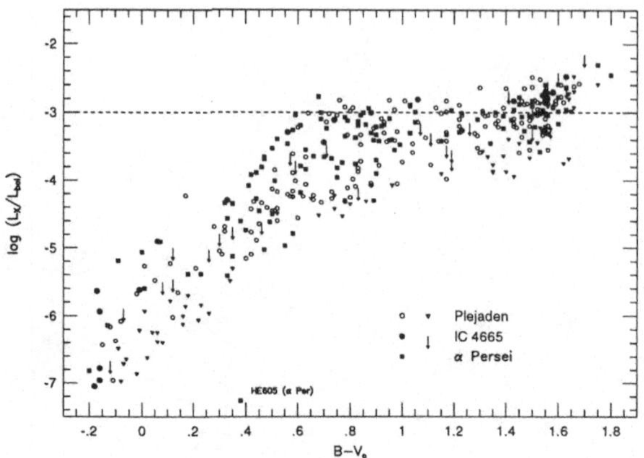

Abbildung 10.12: Die Abhängigkeit der Röntgenleuchtkraft als Funktion der $(B-V)_0$-Farbe. Etwa bei $(B-V)_0 = 0.6$ erreicht die relative Röntgenleuchtkraft ein Maximum von etwa 10^{-3}, entsprechend den maximal gemessenen Werten von $\log L_X = 30.5$ erg s^{-1}. Dieses Phänomen nennt man „koronale Sättigung". Eingetragen sind Messungen dreier junger Sternhaufen: α Persei (50 Millionen Jahre alt), IC 4665 (50 Millionen) und die Plejaden (70 Millionen Jahre). Der Namensgeber für den α Persei-Haufen, der Überriese α Per (HE 605, F5Iab), ist im Röntgenbereich ein sehr schwaches Objekt und korreliert nicht mit den restlichen Daten. (α Per mit frdl. Gen. von Charles Prosser. Aus Prosser et al. 1996).

der koronalen *Sättigung* ein. Diese qualitative Vorstellung wurde erstmals vom finnischen Astronomen Osmi Vilhu von der Sternwarte in Helsinki bei dem schnellen Rotator AB Doradus bemerkt. AB Dor würde mit seinen 91 km s^{-1} (12 Stunden Periode) überraschenderweise etwas zu langsam rotieren um bei der gemessenen Röntgenleuchtkraft von $L_X \approx 1 \times 10^{30}$ erg s^{-1} in die Beziehung der Glchg. (10.1) zu passen. Andere Entdeckungen von ebenfalls sehr aktiven und sehr schnell rotierenden Feldsternen folgten – etwa „Speedy Mic" –, und die Beobachtungen bei AB Doradus bestätigten sich.

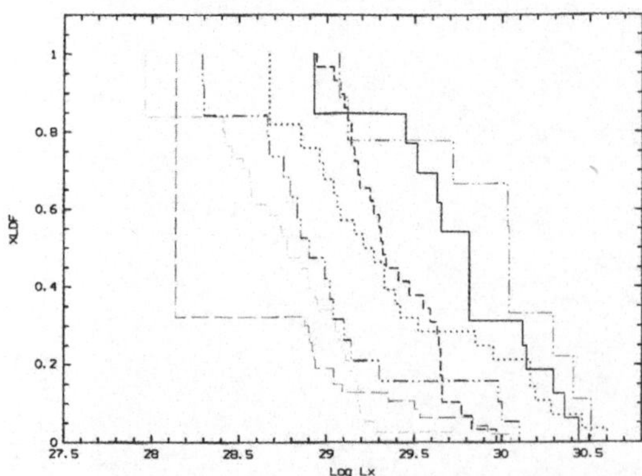

Abbildung 10.13: Die Verteilungsfunktion der Röntgenleuchtkraft bei G-Sternen offener Sternhaufen. Oben v.l.n.r.: Hyaden (700 Myr), Praesepe (660 Myr), Plejaden (70 Myr), NGC 6475 (200 Myr), α Per (50 Myr), IC 2602 (30 Myr). Wie man sieht, nimmt die Röntgenemission – und somit die stellare Aktivität – mit zunehmenden Haufenalter ab. Genau dieses Verhalten wird erwartet, wenn die stellare Rotation die treibende Kraft der beobachteten Aktivität ist. (Mit frdl. Gen. von Jürgen Schmitt, MPE).

Die *ROSAT* Messungen des α Persei-Haufens in Abb. 10.10 wurden auch bei anderen Haufen durchgeführt (siehe Abb. 10.13) und ergaben ein ganz ähnliches Bild : ab einer Rotationsgeschwindigkeit von bereits 20–50 km$\,$s^{-1} nimmt die Röntgenleuchtkraft, ausgedrückt in Einheiten der bolometrischen Leuchtkraft, kontinuierlich *ab* anstelle von *zu*. Abbildung 10.12 zeigt uns weiters, daß ab einer $(B-V)_0$-Farbe von etwas kühler als 0.6, $L_X/L_{\rm bol}$ nicht mehr weiter zunimmt.

Noch kennen wir den eigentlichen physikalischen Vorgang der zur Sättigung führt nicht, aber es gibt zwei Alternativhypothesen zu Vilhu's Vorstellung. Eine basiert darauf, daß die Lorentzkraft bei extrem hohen Rotationsgeschwindigkeiten die Konvektionsbewegung unterdrücken und damit den Betrieb des Dynamos behindern könnte. Eine gänzlich andere Vorstellung sagt, daß die effektive Gravitationsbeschleunigung an der stellaren Oberfläche durch die hohe Rotation abnimmt. Eine Zunahme von $v \sin i = 100$ auf 200 km$\,$s^{-1} verringert den effektiven Wert von g um 5–20% an der Oberfläche und etwa 40% in einer Entfernung von einem Sternradius. Dies hieße aber, daß sich die äußeren Teile der koronalen Bögen – genau dort wo ein Großteil der Röntgenemission herrührt – weiter ausdehnen würden, damit aber abkühlen und somit netto weniger Röntgenstrahlung emittieren. Damit könnte man sogar erklären, warum diese „Sättigung“ im UV und EUV nicht auftritt: nämlich, weil die inneren Teile der Bögen nur geringfügig oder gar nicht beinträchtigt werden. Aber, wie gesagt, die Fachwelt ist sich hier noch nicht einig.

10.4.4 Die Temperaturstruktur stellarer Koronae

Wie schon erwähnt, ist die Quelle der solaren Röntgenstrahlung in den koronalen Bögen zu finden (vgl. mit Abb. 10.14). Diese Bögen sind magnetische Flußröhren, die heißes und dichtes Plasma enthalten. Vereinfacht kann man so eine Struktur durch einige wenige Parameter beschreiben: die Länge L, die maximale Temperatur $T_{\rm max}$, und den Druck p_0 an der Basis. Letztere befindet sich in der unteren Chromosphäre, wo der vertikale Temperaturgradient beinahe Null ist. Die gesamte Energie, die durch Heizung von unten in dem Loop deponiert wird, muß durch Abstrahlung irgendwo wieder abgegeben werden. Wärmeleitung führt nur zur Umverteilung der Energie innerhalb des Loops. Unter der Annahme konstanten Drucks innerhalb der Röhre fand der amerikanische Astrophysiker Robert Rosner folgende Skalierungsgesetze zwischen Temperatur, Druck und Bogenlänge:

$$T_{\rm max} \approx (p_0\, L)^{\frac{1}{3}}, \qquad (10.3)$$

$$T_{\rm max} \approx E_{\rm H}^{\frac{2}{7}}\, L^{-\frac{4}{7}}, \qquad (10.4)$$

wobei $E_{\rm H}$ die Heizungsrate bedeutet. Diese Zusammenhänge stehen in guter Übereinstimmung mit solaren Beobachtungen, wobei die heißen und dichten Loops – charakteristisch für aktive Regionen – kürzer sind, als die kühleren und weniger dichten Loops der ruhigen Korona.

Im stellaren Fall stehen uns natürlich keine räumlich aufgelösten Aufnahmen, wie bei der Sonne, zur Verfügung. Man beobachtet die Emission der Korona integriert über die gesamte Sternscheibe. Dies führt natürlich zu bedeutenden Komplikationen in der Interpretation der Daten.

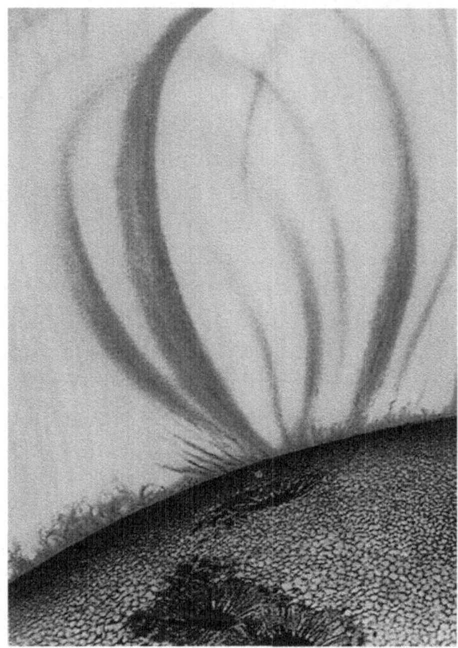

Abbildung 10.14: Künstlerische Darstellung eines koronalen Bogens (Loops). Die Fußpunkte befinden sich in der unteren Chromosphäre und der Loop-Vertex hoch oben in der Korona. $T_{\max}$ ist seine maximale Temperatur, p_0 der Druck an den Fußpunkten und L seine gesamte Bogenlänge. Siehe Text.

Um etwa die Temperaturverteilung in einer stellaren Korona zu bestimmen, benötigt man Beobachtungen mit hoher spektraler Auflösung; ganz ähnliche Anforderungen wie wir sie schon im optischen Spektralbereich für die Photosphäre kennengelernt haben (z.B. Kapitel 5). Abbildung 10.15 zeigt ein frühes *EXOSAT*-Spektrum von Capella (α Aurigae), dessen spektrale Flußverteilung auf ein Modell mit zwei Temperaturkomponenten mit 4.7 Millionen Grad und 22 Millionen Grad hindeuten. Ergebnisse des Spektrographen an Bord von *EINSTEIN* ergaben für andere RS-CVn-Sterne und Algoltypen ebenfalls Zweitemperatur-Koronae. Bestätigt wurde dies später durch modernere *ROSAT*-PSPC[8] Beobachtungen.

Die beiden deutschen Astronomen Martin Kürster und Jürgen Schmitt vom Max-Planck-Institut für extraterrestrische Physik zeigten jedoch ebenfalls anhand von *ROSAT*-PSPC Daten des RS-CVn-Sterns CF Tucanae, daß auch der Fit für ein Ein-Temperatur-Modell mit geringer Metallizität ($Z = 0.1 \pm 0.05$) das Spektrum gut beschreibt. Schon 1984 wies Schmitt darauf hin, daß Messungen verschiedener Sterne mittels desselben Instruments sehr ähnliche Temperaturen, während Messungen eines bestimmten Sterns mit verschiedenen Detektoren unterschiedliche Temperaturen ergaben. Dies wäre erklärbar, wenn eine kontinuierliche Temperaturverteilung (wie bei der Sonne) auch bei stellaren Koronae existieren würde, anstatt einer Korona mit zwei isothermalen Komponenten. Da die verschiedenen Detektoren in unterschiedlichen Bandpässen arbeiten, bevorzugen sie immer die Strahlung jener Plasmakomponente, für die sie am empfindlichsten sind. Also beobachtet man nicht reale Koronatemperaturen sondern nur eine „Effektivtemperatur", die

[8] *Position Sensitive Proportional Counter*

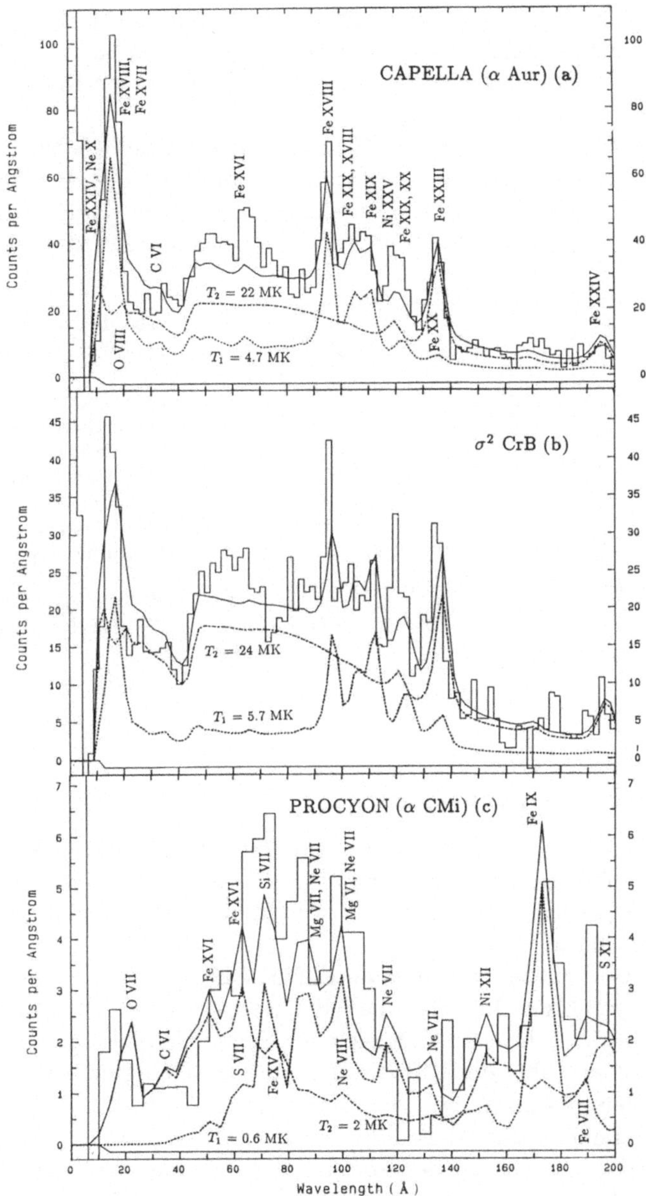

Abbildung 10.15: *EXOSAT* Transmissionsgitter-Spektren der beiden aktiven Sterne Capella (oben) und σ^2 CrB (Mitte) im Vergleich zu einem inaktiven Stern (Procyon, unteres Spektrum). Der histogramm-ähnliche Plot ist jeweils das beobachtete Spektrum und die markantesten Linien sind identifiziert (die spektrale Auflösung beträgt etwa 3 Ångström). Ein Fit mit einem Zwei-Temperatur-Modell der Korona kann das Spektrum am besten erklären. Die beiden Temperaturkomponenten sind obendrein noch je als punktierte Linien eingezeichnet. (Mit frdl. Genehmigung nach Rolf Mewe 1990, SRON, Utrecht).

sich aus der Verteilung des Emissionmaß in der Korona und der spektralen Sensitivität des Instruments ergibt. Daher nimmt man auch bei aktiven Sternen einen mehr oder weniger kontinuierlichen Temperaturverlauf in ihren Koronae – mit zwei oder mehreren Temperatur*maxima* – an.

Die hohe spektrale Auflösung des *Goddard*-Spektrographen bzw. ab 1997 des STIS (*Space Telescope Imaging Spectrograph*) an Bord des *Hubble*-Teleskopes ermöglicht es, die einzige koronale Emissionslinie, die im ultravioletten Teil des Spektrums erscheint, genau auf koronale Inhomogenitäten hin zu untersuchen.

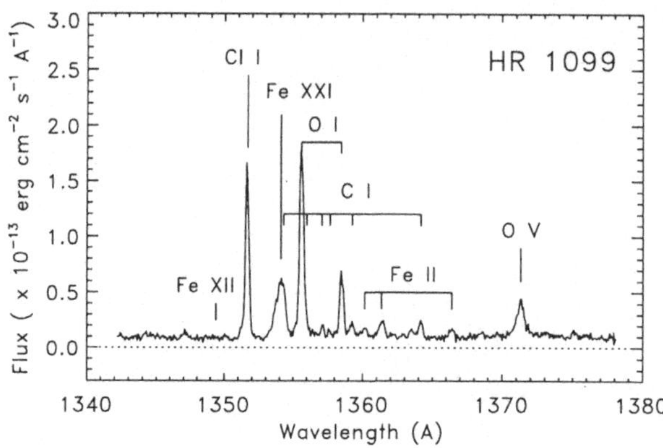

Abbildung 10.16: UV-Spektrum des Aktiven Sternes V711 Tauri um die koronale Eisenlinie bei 135 nm. Deutlich ist die Verbreiterung der Fe XXI-Linie bei 1354 Å (135.4 nm) verglichen mit den umgebenden, chromosphärischen Linien zu sehen. Diese Eisenlinie entsteht erst ab einer Temperatur von fast 10 Millionen Kelvin! (Nach Robinson et al. 1995).

10.4.5 Koronales „mapping"

Es gibt momentan zwei Methoden um etwas über die räumliche Struktur stellarer Koronae zu erfahren: die *Bedeckungstechnik*, anwendbar nur bei bedeckungsveränderlichen Doppelsternen, und die *Modulation* der Röntgenemission aufgrund der *Rotation* des Sternes.

Beide Techniken wurden erstmals an *EINSTEIN* Beobachtungen des bekannten, sehr aktiven RS-CVn-Doppelsterns AR Lacertae (Spektraltyp G2IV + K0IV) angewandt. Sie ergaben eine im Vergleich zur Sonne ebenfalls aus zwei Schichten aufgebaute Koronae, wobei der K0IV-Stern – der aktivere der beiden – eine ganz besonders ausgedehnte und inhomogene Korona hat. An Hand von *EXOSAT* Messungen der Bedeckungen im AR-Lac-System konnte festgestellt werden, daß diese ausgedehnte Korona heißer als der kompakte Teil nahe der Oberfläche ist. Bei Algol, dem Hundsstern, wurde ebenfalls durch *EXOSAT* Beobachtungen darauf geschlossen, daß eine heiße Korona mit einem Radius von etwa einem Sternradius, die K-Komponente dieses engen Doppelsternsystems umgibt.

Sogar dreidimensionale Karten des AR-Lac-Systems präsentierte der polnische Astronom Marek Siarkowski (Abb. 10.17). Dabei wurden Röntgenlichtkurven von mehreren Satelliten im Energiebereich von 0.5–1.5 keV und 2–7 keV verwendet. Die resultierenden Karten der Korona zeigen, daß die Röntgenemission an den zugewandten Seiten der beiden Sterne konzentriert ist und sogar Strukturen erkennen läßt, welche beide Sterne miteinander verbindet. Rund die Hälfte der Emission ist

AR Lac

EXOSAT LEIT, 4 July 84

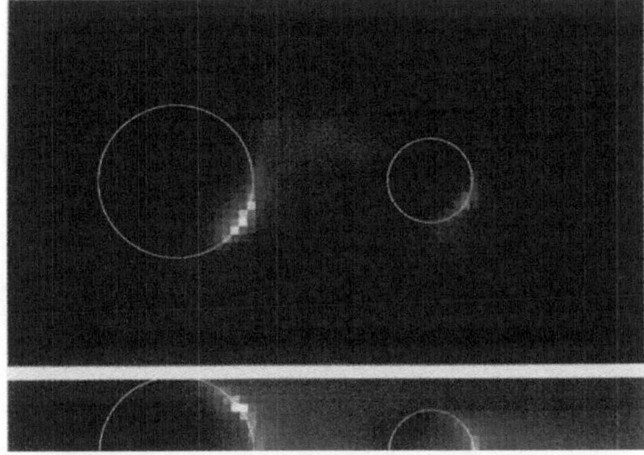

ASCA SIS, 4 June 93

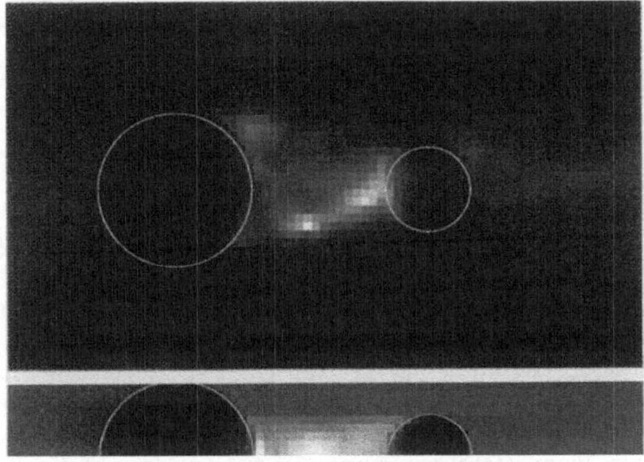

Abbildung 10.17: Räumliche Strukturen der Korona des Doppelsternes AR Lacertae am 4. Juli 1984 (oben) und am 4. Juni 1993 (unten). Der jeweils obere Teil der Abbildung zeigt die Korona in der Bahnebene, der untere, schmälere Teil die seitliche Ansicht bei Phase 0.25. Die Röntgenemission scheint in der Verbindungslinie der beiden Einzelsterne konzentriert zu sein. SIS: *Solid-State Imaging Spectrograph* (0.4–1.5 keV); LEIT: *Low Energy* (0.04–2 keV) (Mit frdl. Gen. nach Siarkowski et al. 1996).

jedoch weder durch Rotation noch durch eine Bedeckung moduliert und stammt daher entweder von einem weitläufigen Halo oder von Regionen knapp über den Rotationspolen des K-Sterns, die bei einem bedeckungsveränderlichen System ja sichtbar bleiben. Diese Resultate ergaben also Strukturen verschiedenster Ausdehnung, Temperatur- und Druckverteilung. Allerdings sind diese Ergebnisse noch recht umstritten, da die Methode aus *eindimensionalen* Lichtkurven *dreidimensionale* Korona-Karten zu rekonstruieren, sehr unsicher ist. Theoretisch gibt es unendlich viele Lösungen, die eine gefundene Lösung, muß nicht unbedingt etwas mit der Realität zu tun haben. Die Komplexität der etwas schematisierten Abb. 10.18 läßt dies auch erahnen.

Eine etwas mehr konservative Anwendung der Bedeckungstechnik machte der deutsche Röntgenexperte Jürgen Schmitt am Beispiel α Corona Borealis, einem Doppelsternsystem mit einem A0V und einer G5V-Komponente, einer orbitalen Periode von 17 Tagen und Radien von 3.0 bzw. 0.9 Sonnenradien. Dieses System ist schon deswegen interessant, weil der A0V-Stern keinerlei meßbare Röntgenemission aufweist und den G5V-Stern vollständig bedeckt. Die Emission geht während

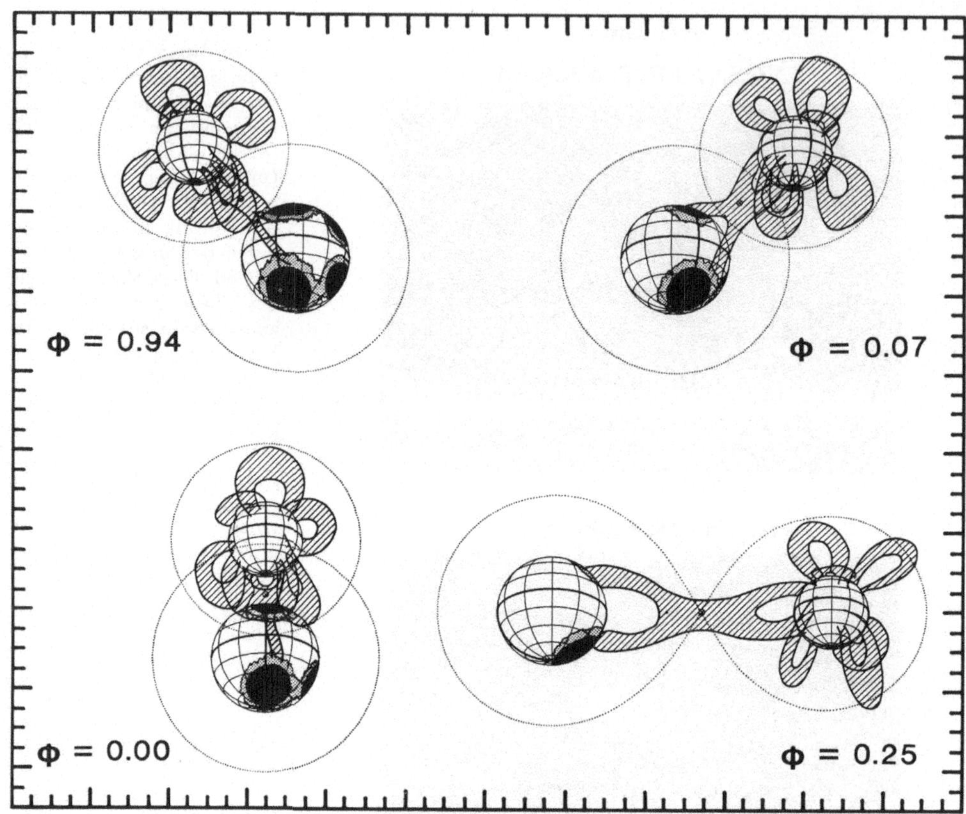

Abbildung 10.18: Schematische Modellvorstellung eines aktiven Doppelsternsystems bei vier verschiedenen Rotationsphasen ϕ. Die Erklärung von koronalen Emissionen aus dem Raum zwischen den Doppelsternkomponenten, meist weiche Röntgenstrahlung wie im Fall AR Lacertae, basiert auf der Annahme, daß sich deren Magnetfeldlinien zum Teil miteinander verbinden. Dabei kann es zur Anhäufung koronaler Materie im Bereich des inneren Lagrange-Punktes kommen. (Mit frdl. Genehmigung von Sam Barden, Kitt Peak National Observatory).

der Totalität auf Null zurück. Damit ist gesichert, daß alle Emission von der G-Komponente stammt. Durch eine detaillierte Analyse der Bedeckungslichtkurve fand Schmitt, daß das koronale Volumen des G-Sternes 1.3×10^{32} cm^3 umfaßt, und errechnete daraus eine mittlere Elektronendichte von 3.5×10^9 Teilchen pro cm^{-3}, nur etwas höher als bei der Sonne. Abbildung 10.19 zeigt das rekonstruierte Bild der Korona des G-Sternes von α CrB. Deutlich sieht man einzelne Emissionsherde, die sehr wahrscheinlich aktive Gebiete darstellen.

10.5 Kühle Protuberanzen

Bemerkenswert erscheint uns in Abb. 10.19 auch der Umstand, daß die meiste Röntgenemission von α CrB von knapp außerhalb des Randes der Sternscheibe kommt. Dies deutet auf eine ausgedehnte Geometrie der koronalen Bögen hin,

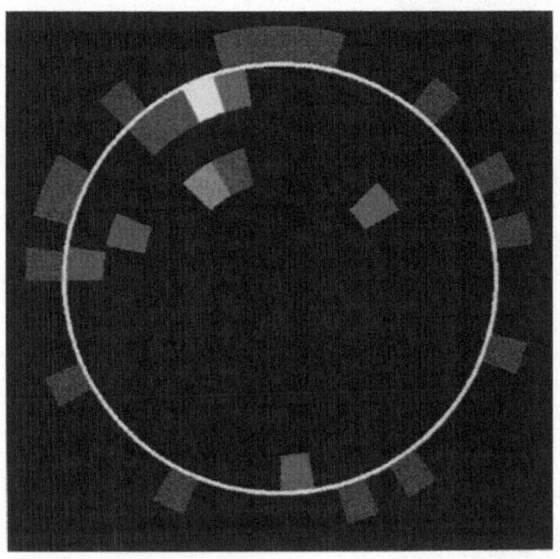

Abbildung 10.19: Rekonstruktion der koronalen Röntgenemission der G-Komponente des Doppelsternes α CrB. Die einzelnen Helligkeitsabstufungen entsprechen unterschiedlichen Röntgenflüssen. Der scheinbare, theoretische Durchmesser der Korona würde von der Erde aus gesehen 0.038 Bogensekunden betragen. (Mit frdl. Genehmigung von J. H. M. M. Schmitt, nach Schmitt & Kürster 1993).

ähnlich der des engen und sehr aktiven Doppelsternsystems AR Lac, wenn auch nicht so extrem. Doch, wie ausgedehnt? An dieser Stelle müssen wir uns die Entstehungsmechanismen der stellaren Röntgenstrahlung in Erinnerung rufen, die uns sagen, daß es schon sehr hoher Elektronengeschwindigkeiten bedarf – also hoher Temperaturen – um Röntgenphotonen überhaupt zu erzeugen. Ausgedehnte koronale Bögen sind aber relativ kühl, relativ zur Korona zumindest. Das zeigt uns auch die Sonne mit ihren teils spektakulären, eruptiven Protuberanzen (Abb. 10.20, siehe auch Abb. 7.6 in Kapitel 7), die 100,000 und mehr Kilometer in den Weltraum hinausgeschossen werden, dabei rasch abkühlen und wieder auf die Sonne zurückfallen, teils durch ihr eigenes Gewicht, teils durch die Koppelung der geladenen Teilchen mit dem Magnetfeld und teils durch Kollissionen der neutralen Teilchen untereinander. Das heißt aber, daß die höchstgelegenen, abgekühlten Teile der Protuberanz bei weitem nicht genug Energie besitzen um im Röntgenbereich emittieren zu können, sondern, da sie ja fast zur Gänze aus Wasserstoff bestehen, am ehesten im Wasserstoff-UV-Kontinuum oder im Licht der Balmer-Hα-Linie leuchten. Doch ist der Strahlungsfluß relativ zur darunterliegenden Stern- bzw. Sonnenatmosphäre sehr klein und die Protuberanz wird, wenn sie mit der Stern- bzw. Sonnenscheibe im Hintergrund beobachtet wird, in Absorption erscheinen. Bei der Sonne können wir die Eigenemission einer derartigen Protuberanz dann am besten beobachten, wenn die Sonnenscheibe mit einer künstlichen Blende im Strahlengang des Teleskopes abgedeckt wird, und somit von der Photosphäre nicht überstrahlt werden kann (ein sogenannter *Koronagraph*). Dies funktioniert bei punktförmigen Sternen natürlich nicht ganz so, obwohl dieselbe Methode verwendet wird um nach engen, sehr schwachen Begleitern, eventuell sogar Planeten, zu suchen.

Doch können wir uns bei Aktiven Sternen wieder der Bedeckungstechnik bedienen. Diesmal aber z.B. im Licht der Wasserstoff-Hα-Linie oder im nahen ultravioletten Spektralbereich. Erste Entdeckungen wurden – wie so oft in der Astronomie – einerseits zufällig, und dann auch noch unabhängig von zwei Stellen gleichzeitig gemacht: der deutsche Astronom K. P. Schröder hatte in bereits archivierten *IUE*-Spektren des bedeckungsveränderlichen K-Superriesen 32 Cygni eine zweite,

Abbildung 10.20: Eine der spektakulärsten solaren Protuberanzenbilder! Aufgenommen von Astronauten der *Skylab*-Mission am 9. August 1973 im Licht der einfach ionisierten Helium-Linie bei 30.4 nm. (Nach K. G. Widing & G. Brueckner, US Naval Reasearch Laboratory).

dem Hauptminimum folgende, ganz kurze Bedeckung erkannt, die er als eine Bedeckung des sekundären B-Sternes durch eine Kondensation in der ausgedehnten Atmosphäre des K-Superriesen deutete. In Amerika suchte ein Team um Bernhard Haisch nach Flares des Zwergsternes Proxima Centauri. Sie verwendeten sowohl *IUE* als auch *EINSTEIN* und fanden, wenige Minuten nach einem Röntgenflare, einen kurzzeitigen Abfall der Röntgenhelligkeit und interpretierten dies durch das Auftreten von absorbierenden Material, das die Flarestelle an der Sternoberfläche kurzfristig abdeckte.

Viele weitere Beobachtungen folgten: die Astronomen des Armagh Observatoriums in Nordirland um Brendan Byrne, Gerry Doyle und John Butler untersuchten vor allem M-Sterne sowie den aktiven RS-CVn-Stern II Pegasi und fanden zahlreiche Hinweise auf die dynamische Natur stellarer Protuberanzen, z.B. einwärts strömendes Material bei II Peg mit Geschwindigkeiten von bis zu 50 $\mathrm{km\,s^{-1}}$. Die Gruppe um den Amerikaner Harold L. Ramsey von der Pennsylvania State University, suchte vor allem in bedeckungsveränderlichen RS-CVn-Systemen nach variabler Hα-Absorption. Sie fanden Protuberanzen in acht von zehn Systemen.

Der britische Astronom Andrew Collier-Cameron – heute an der Universität von St. Andrews in Schottland – schließlich, ersann eine Methode, um aus der Sternbedeckung durch eine vorüberziehende Protuberanz deren Ausdehnung, Temperatur und Dichte zu bestimmen und kam schon bei der ersten Anwendung dieser Methode an den schnell rotierenden, sehr aktiven Einzelstern AB Doradus auf eine recht interessante Schlußfolgerung. Doch der Reihe nach. Zuallererst müssen wir festhalten, daß nur stationäre Protuberanzen – das Gegenstück zu den eruptiven, also rasch aufsteigenden Protuberanzen – in den Spektren eindeutig identifiziert werden können. Man interpretiert nämlich die beobachtete Radialgeschwindigkeit der zusätzlichen Absorption, die während der Bedeckung durch die Protuberanz im

Linienprofil erscheint, mit Hilfe des Doppler-Effektes der Sternrotation. Ein explosionsartiges Ausströmen würde der Protuberanz noch eine weitere, aber unbekannte Radialgeschwindigkeitskomponente verleihen und man könnte die beobachtete Radialgeschwindigkeit nicht mehr eindeutig einer der beiden Ursachen – Rotation oder Expansion – zuordnen. Außerdem wären kurzlebige, den eruptiven Protuberanzen der Sonne ähnelnde, nicht mit der Rotationsperiode des Sternes moduliert. Zumindest nicht, wenn sie kürzer als die Rotationsperiode leben. Abbildung 10.21 zeigt nun eine beobachtete Anordnung von AB Dor-Spektren im Wellenlängenbereich um die Balmer-Hα-Linie bei 656.3 nm. Wegen der hohen Zeitauflösung der Spektren, etwa alle 200 Sekunden ein Spektrum, spricht man auch von *dynamischen* Spektren. Ordnet man alle Spektren gemäß der Rotationsphase des Sternes an, erhält man die grauskalierte Zeitserie in der linken Hälfte der Abb. 10.21. Deutlich sieht man das schräge Muster in dem ansonsten gleichmäßig hellen, von unten nach oben verlaufenden Band des gesamten Linienabsorptionsprofiles[9]. Jedes dieser Muster ist nun die Signatur einer über die Sternscheibe huschenden, dunklen Protuberanz; wie die schematische Abbildung der rechten Hälfte in Abb. 10.21 veranschaulicht. Schon mit dem freien Auge kann man in den Beobachtungen wenigstens sieben solcher Vorübergänge erkennen, und Collier-Cameron und R. D. Robinson sahen zu anderen Zeitpunkten bis zu zehn Protuberanzen!

Nimmt man starre Rotation der Protuberanzen an, kann man deren Abstand R_P von der Sternoberfläche errechnen, und zwar aus der Geschwindigkeit mit der das absorbierende Material über die Sternscheibe bzw. durch das Linienprofil wandert:

$$v_\mathrm{P} = \frac{R_\mathrm{P}}{R_\star}\, v \sin i \; cos\theta \; sin\omega(t - t_0) \;, \tag{10.5}$$

Hier bedeuten v_P die Radialgeschwindigkeit der Protuberanz, $v \sin i$ die projizierte, äquatoriale Rotationsgeschwindigkeit (mit i dem Neigungswinkel der Rotationsachse), θ den stellaren Breitengrad und $\ell = \omega(t - t_0)$ den stellaren Längengrad gemessen vom Zentralmeridian aus (ω ist die Winkelgeschwindigkeit der Rotation, t_0 der Zeitpunkt wenn die Protuberanz genau im Zentralmeridian ist, und t stellt einen beliebigen anderen Beobachtungszeitpunkt dar). Je weiter eine Protuberanz nun vom Stern entfernt ist, desto schneller wird sie scheinbar über die Sternscheibe wandern, und umgekehrt, je näher sie liegt, desto langsamer. Es ist also die *Änderung* der Radialgeschwindigkeit während des Vorüberganges (dv_P/dt) – entsprechend der Neigung des Absorptionsstreifens im Phasen-Geschwindigkeitsdiagramm im rechten Teil der Abb. 10.21 –, die zur eigentlichen Bestimmung des Abstandes der Protuberanz führt. Nimmt man in der Rechnung auch noch die Änderung der Äquivalentbreite der Linienabsorption mit, indem man die optische Dicke des Protuberanzenmaterials berücksichtigt, kann man deren radiale Ausdehnung und somit deren Dichte und Temperatur abschätzen. Collier-Cameron und Robinson (1989) geben Temperaturen zwischen 4,500 und 14,000 K und Dichten zwischen 10^9 und 10^{13} pro cm^3 an, das ist rund 10^7-mal der Dichte, die normal im Abstand von 3–4 Sternradien vorherrschen würde.

[9] Eigentlich des sogenannten residuellen Profiles, d.h. der Differenz zwischen einem Profil einer einzelnen Messung und dem gemittelten Profil aller Messungen. Siehe auch Kapitel 11, Abb. 11.16.

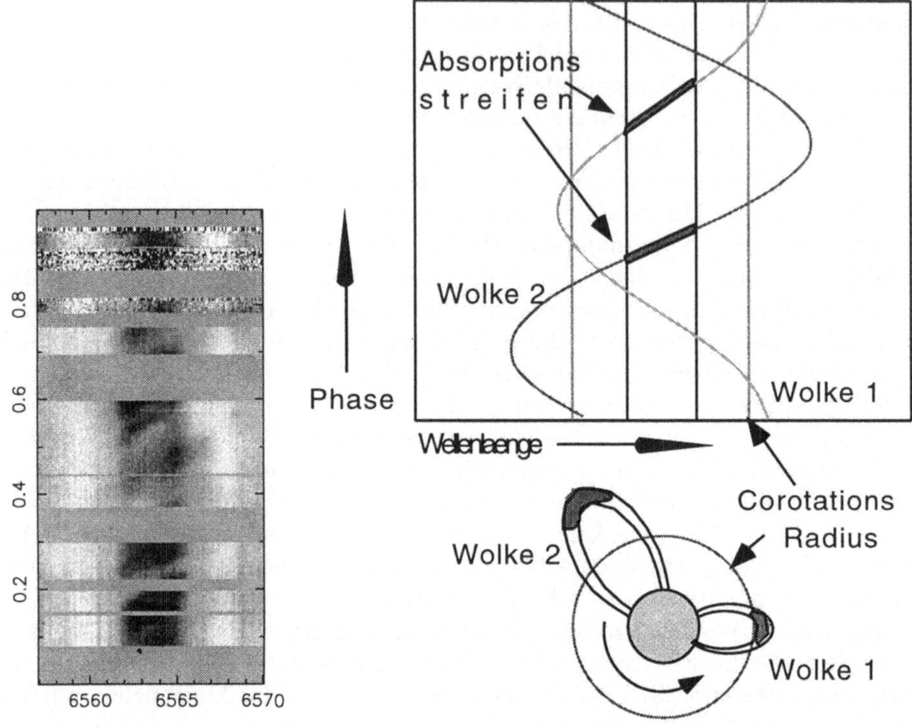

Abbildung 10.21: Zur Erklärung der beobachteten Hα-Spektren (links) des Aktiven Sternes AB Doradus mit korotierenden, dunklen Protuberanzen (rechts). Die Grauskala im dynamischen Spektrum verläuft proportional zur Linientiefe von schwarz (=0.8 des Kontinuums) bis weiß (=1.02 des Kontinuums). Die grauen Querstreifen sind Zeitpunkte ohne Daten. Zeit bzw. Phase nimmt nach oben hin zu und umfaßt bei dieser Beobachtung am 15. November 1995 eine ganze Sternrotation (Phase 0 bis 1). Die Rotationsperiode von AB Dor beträgt übrigens nur 0.51479 Tage. Siehe Text. (Mit frdl. Genehmigung von A. Collier-Cameron, University of St. Andrews).

Gemäß der Beobachtung und der geometrischen Interpretation in Abb. 10.21 hält sich das meiste Wasserstoffplasma im Vertex der Protuberanz, also dem höchstgelegenen Teil des koronalen Bogens auf. Es ist dort wie in einer magnetischen Flasche eingeschlossen, wenigstens für kurze Zeit – bis sich der leichte Wasserstoff entweder verflüchtigt hat oder auf die Oberfläche zurückgesunken ist –, und muß daher mit dem am Stern verankerten Magnetfeld mitrotieren. Nun, erinnern wir uns an Kapitel 3, wo wir erstmals dem pirouettendrehenden Eiskunstläufer begegnet sind, der seine Arme von sich streckt und so die rasche Drehbewegung um die eigene Achse wieder beendet. AB Doradus hat zwar keine Hände, aber dafür koronale Bögen bis in eine Entfernung von fast dem zehnfachen des Sternradius, wie die Beobachtungen von Collier-Cameron und Robinson gezeigt haben. Da das Protuberanzenmaterial auch recht kühl ist, ist nicht aller Wasserstoff vollständig ionisiert und der neutrale Anteil kann dem Magnetfeld nach gewisser Zeit entweichen und dabei Masse und Drehimpuls vom Stern abführen. Dies ist zwar kein neuer Bremsmechanismus *per se*, nur eine etwas andere Form der magnetischen Bremsung wie wir sie schon beim Sonnenwind in Kapitel 3.3 kennengelernt hatten, aber er kann die (engl.) *rapid-spindown*-Phase junger G-Sterne des Plejaden-Haufens relativ zu den noch jüngeren α-Persei-Sternen erklären (das sogenannte *Haufen-Paradoxon* in Kapitel 3.4.2). Und zwar abgeleitet aus *Beobachtungen*!

Aber, wie gesagt gelten obige Schlußfolgerungen nur für ruhige, stationäre Protuberanzen, nicht für eruptive, die meist aus Flares heraus entstehen bzw. bei manchen Modellen sogar als Teil des Flareausbruches angesehen werden. Auch hier liefern stellare Beobachtungen Werte, vor allem für die radialen Ausströmgeschwindigkeiten, die die der Sonne um das tausendfache übertreffen können. Doch sehen wir uns zuerst solche eruptiven Prozesse bei der Sonne an.

10.6 Solare Flares

Ein Flare ist ein plötzliches Freiwerden von magnetischer Energie, die zu Teilchenbeschleunigung und elektromagnetischer Strahlung führt (siehe auch die kurze Einleitung in Kapitel 7.1.4). Flareprozesse können überall dort auftreten wo ein Plasma mit einem Magnetfeld gekoppelt ist. Dies können Sternatmosphären, das galaktische Zentrum, ebenso wie Quasare und die Akkretionsscheiben junger Sterne oder der sogenannten kataklysmischen Veränderlichen sein. Unter letzteren versteht man enge Doppelsterne bei denen ein kompaktes Objekt, Masse von der anderen Komponente akkrediert. Wir werden uns in diesem Buch aber auf Flares der solaren Atmosphäre (und natürlich deren stellaren Analoga) beschränken.

10.6.1 Was uns die Sonne erzählt

Die erste dokumentierte Beobachtung eines Flares stammt vom 1. September 1859! Die beiden englischen Amateurastronomen R. Hodgson, seines Zeichens Brauereileiter mit Privatsternwarte, und der später berühmt gewordene Sonnenforscher Richard C. Carrington, Sohn eines Bierbrauers, entdeckten unabhängig voneinander ein intensives Aufleuchten in der Nähe einer großen Sonnenfleckengruppe. Carrington berichtete 1860 in der englischen Fachzeitschrift MONTHLY NOTICES: *„Ich hatte gerade Diagramme von einer Fleckengruppe und deren Einzelflecken fertiggestellt ... als mitten in der Fläche der nördlicheren Gruppe zwei Streifen intensiven weissen Lichtes ausbrachen, deren Positionen ich in dem beigefügten Diagramm mit den Buchstaben A und B kennzeichnete."* (siehe Abb. 10.22). Es handelte sich bei diesem Ereignis um einen seltenen „white-light" Flare, also einem Flare, der auch im optischen Kontinuum stark genug strahlt, um ihn gegenüber der Photosphäre erkennen zu können. Heute wissen wir, daß der Hauptanteil der Emission bei Flares in speziellen Spektrallinien wie Hα sowie im Extremen Ultraviolett (EUV) und im „weichen" Röntgenbereich liegt. Damals hatte man aber noch gewisse Vorurteile gegen Flares. Hatte doch Lord Kelvin, mit bürgerlichen Namen William Thomson, gleich nach Carringtons und Hodgsons Beobachtung mit theoretischen Überlegungen „bewiesen", daß die Sonne wohl zu weit entfernt ist um noch solche Effekte auf der Erde sichtbar zu machen. Auch große Köpfe können irren wie man sieht.

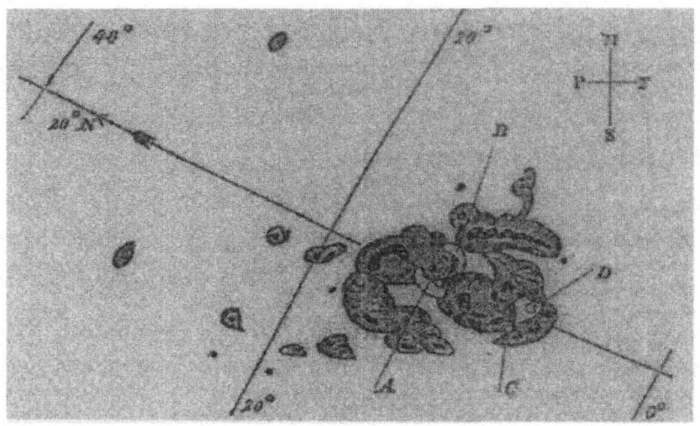

Abbildung 10.22: Die erste Beobachtung eines Sonnenflares am 1. September 1859. Die Zeichnung stammt von Richard Carrington und zeigt die große Fleckengruppe in der der Flare auftrat. Carrington hatte die Position des Flares als zwei helle Streifen wahrgenommen und in seinem Diagramm als A und B bezeichnet. (Aus Carrington 1860).

Den größten Fortschritt in der Beobachtung solarer Flares brachte die Weltraumastronomie, die es uns seit den 60er Jahren ermöglicht, auch in kürzere Wellenlängenbereiche und daher in hochenergetischere Regime vorzudringen. Seither wurden Flares im ganzen elektromagnetischen Spektrum beobachtet, von Radiowellen bis zur Gammastrahlung. Trotz des mittlerweile enormen Umfanges an Beobachtungsdaten ist die theoretische Erklärung des Vorganges und der Ursache von Flares noch immer nicht vollständig geklärt.

Der Anstieg der Emission erfolgt über einen großen Spektralbereich und wurde auf der Sonne traditionell im Licht der Hα-Linie beobachtet. Durch die im Weltraum stationierten Röntgenteleskope wurde erkannt, daß der Anstieg der Intensität im weichen Röntgenlicht schon Minuten vor dem Erscheinen des Flares in Hα erfolgt, was auf eine Aufheizung der Korona vor dem Flare hinweist. Diese weiche Röntgenstrahlung entspringt dem heißesten Teil des koronalen Bogens, der sich üblicherweise an seiner höchsten Stelle befindet. Durch Wechselwirkung von hochenergetischen Teilchen mit den Atomen des solaren Plasmas, beobachtet man neben dem Kontinuum noch einige starke Emissionslinien im Bereich der Gammastrahlung, die durch Übergänge in den Isotopen ^{12}C und ^{16}O bei 4.43 und 6.14 MeV entstehen, sowie die bereits früher erwähnten Linien bei 0.511 und 2.23 MeV.

Eine multispektrale Aufnahme eines starken solaren Flares vom 15. November 1991 ist in Abb. 10.23 zu sehen. Die einzelnen Reihen zeigen die zeitliche Entwicklung des Flares mit einem Abstand von jeweils einer Minute. Dargestellt ist ein Gebiet der Sonnenoberfläche von 114,000 km Breite. Die oberste Reihe zeigt die optische Sicht der aktiven Region. Der Flare erscheint im dritten Bild, oberhalb des Sonnenfleckes in der Mitte. Die anderen Reihen sind *YOHKOH*-Aufnahmen desselben Gebietes im weichen bzw. harten Röntgenlicht.

Die Sonne bietet also durch ihre Nähe die einzigartige Gelegenheit, Beobachtungen mit hoher räumlicher und zeitlicher Auflösung zu machen, die im stellaren Fall einfach nicht möglich sind, da die Sterne im Vergleich zur Sonne zu schwach erscheinen. Vor allem durch Aufnahmen von *SKYLAB* und *YOHKOH* im Röntgenbereich lernten wir viel über die Struktur und die Aktivität der solaren Korona. Man erkannte, daß das Auftreten von Flares eng mit dem solaren Magnetfeld verknüpft ist.

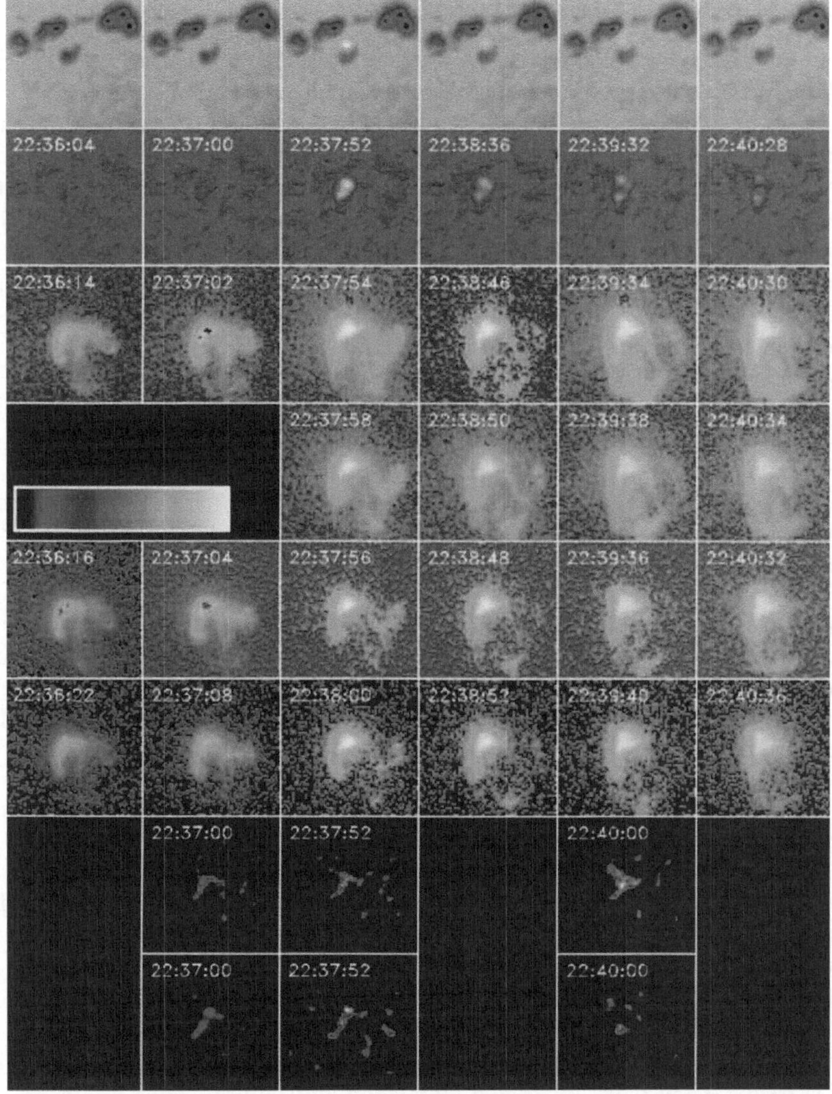

Abbildung 10.23: Simultane Beobachtung eines solaren Flares im Optischen (oberste Reihe) und im Röntgenlicht (alle anderen Reihen). Zeit nimmt von links nach rechts zu und jede Reihe entspricht einer unterschiedlichen Röntgenwellenlänge. Reihe 2: 4–7 Ångström, Reihe 3–6: graduierlich von 10 bis 20 Å (=weiche Röntgenstrahlung; *YOHKOH*-SXT-Instrument). Untere beiden Reihen: <4 Å (=harte Röntgenstrahlung; HXT-Instrument). Man sieht deutlich, daß der Flare im weichen Röntgenlicht bereits wesentlich früher erscheint als im Optischen, wo ein heller Punkt erst im dritten Bild von links sichtbar wird. Der harte Röntgenbereich hingegen zeigt nur das extrem heiße Plasma während des Flare-Höhepunktes. Die Zeitdauer aufeinanderfolgender Bilder beträgt etwa eine Minute und die lineare Größe eines Bildes ist etwa 114,000 km im Quadrat. (Mit frdl. Gen. nach Gary Linford, Lockheed Palo Alto Research Laboratory).

10.6.2 Die Struktur solarer Flares

Wie sieht ein Flare eigentlich aus? Und wie entsteht er? Da die Mechanismen, die einem Flare zu Grunde liegen noch nicht vollkommen verstanden sind, kann man die zweite Frage nicht vollständig beantworten. Da in der oberen Chromosphäre und in der unteren Korona (wo Flares entstehen) keine ausreichende Energiequellen – außer dem Magnetfeld – bekannt sind, wird allgemein angenommen, daß Magnetfelder hauptverantwortlich für das Auftreten von Flares sind. Daher ist auch die Flarestruktur eng mit dem Verlauf und der Veränderung des Magnetfelds verknüpft. Die Umwandlung von magnetischer in thermische Energie und die dadurch erhöhte Emission, ist der „Motor“ eines Flares. Eine hochaufgelöste, optische Aufnahme eines solaren Flares ist in Kapitel 7, Abb. 7.5, dargestellt.

Die Ausbrüche erfolgen durchgehend in Bereichen erhöhter magnetischer Aktivität und oft an der neutralen Trennlinie, wo das lokale Magnetfeld seine Polarität ändert. Auf der Sonne unterscheidet man zwei Klassen von Flares:

1. Die *kompakten* Flares, bei denen nur ein koronaler Bogen aufleuchtet und sich durch Strahlung wieder abkühlt. Der typische, gesamte Energieausstoß liegt bei $\approx 10^{29} - 10^{31}$ erg.

2. Sowie die *Two-Ribbon* Flares, die sich durch Kaskaden von aufsteigenden hellen Bögen in der Korona auszeichnen. Den Namen erhielt dieser Flaretyp von den im Hα-Licht hellen Fußenden dieser Bögen, die *Ribbons* genannt werden. Diese Ribbons bewegen sich gleichzeitig mit dem Emporsteigen der Loops auseinander. Der Energieausstoß beträgt dabei $\approx 10^{32}$ erg.

Es gibt einige theoretische Überlegungen bezüglich der Mechanismen, die zur Aufheizung des Plasmas und zu der verstärkten Emission während eines Flares führen. Es könnte sich um die Rekombination von magnetischen Feldlinien handeln, welches von einer offenen zu einer geschlossenen Magnetfeldstruktur führt, also die schnelle Umstrukturierung *gestresster* Magnetfelder in eine energieärmere, einfachere Konfiguration (vgl. mit Abb. 10.7).

Abbildung 10.24 gibt unsere momentane Vorstellung über den Aufbau eines Two-Ribbon-Flares wieder. Dabei wird angenommen, daß die Akkumulation „freier“ magnetischer Energie und ihre rasche Zerstreuung in sogenannten *Current Sheets* stattfindet, also in geladenen Bereichen der solaren oder stellaren Hochatmosphäre. Die Current-Sheets erscheinen als Resultat der Bewegung von Feldquellen in der Photosphäre. Dies könnte das Auftauchen einer neuen Flußröhre von unterhalb der Photosphäre sein, oder durch andere Strömungen des photosphärischen Plasmas verursacht werden. Eine glückliche Aufnahme eines starken Flares – fast exakt am Sonnenrand – gelang mit dem Röntgenteleskopes des *YOHKOH*-Satelliten im November 1992 (Abb. 10.25) und zeigt die gesamte Flareregion in einer ähnlichen Perspektive wie die Abb. 10.24. Besonders deutlich ist die heiße Region des koronalen Bogens zu erkennen, in der Elektronen nach Abb. 10.24 auf hohe Geschwindigkeiten beschleunigt wurden und Röntgenstrahlung emittieren.

Über den Auslösemechanismus eines Flares ist jedoch so gut wie nichts bekannt. Bei Two-Ribbon-Flares auf der Sonne beobachtete man allerdings häufig –

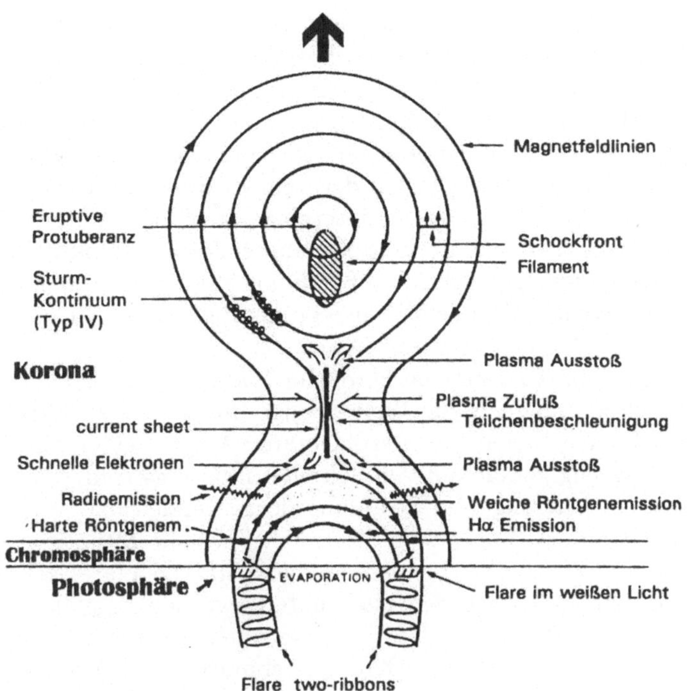

Abbildung 10.24: Die schematische Struktur eines Two-Ribbon-Flares. Dargestellt ist der Querschnitt des gesamten Flareaufbaus von der Photosphäre (unten) bis zum oberen Rand der Korona. (Aus Martens & Kuin 1990).

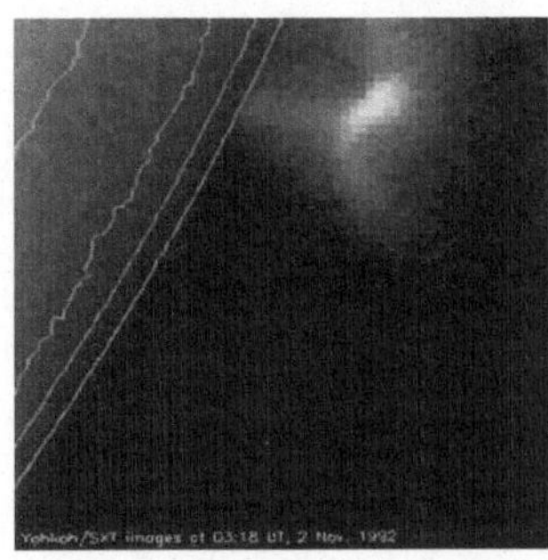

Abbildung 10.25: Röntgenbild eines starken Flares am 2. November 1992 um 3:18 UT. Bemerke, daß die Fußpunkte der Flareregion zu diesem Zeitpunkt noch etwa 10° hinter der sichtbaren Sonnenscheibe lagen. Die eingezeichneten Linien definieren den Sonnenrand bei verschiedenen optischen Tiefen. (Nach einer Aufnahme mit dem *Solar-X-Ray-Telescope* (SXT) der japanisch-amerikanischen *YOHKOH*-Mission).

kurz vor dem Flare – ein aufsteigendes Filament, welches wahrscheinlich für die offene Feldstruktur verantwortlich ist. Durch Flares kommt es auch zur Heizung der darunterliegenden Atmosphärenschichten und zur sogenannten *chromosphärischen Evaporation*, wobei jener Teil der Chromosphäre, der sich unterhalb des Flaregebietes befindet, regelrecht „verdampft“ wird und in die Korona aufsteigt.

10.6.3 Auswirkungen auf die Erde

Flares auf der Sonne können starken Einfluß auf unseren Planeten haben. Durch sie werden geomagnetische Stürme und erhöhte Auroraaktivität ausgelöst. Hochenergetische Photonen eines starken Flares führen zu einer zusätzlichen Ionisation in der Ionosphäre der Erde, wodurch es zu Störungen im Kurzwellenradiobereich kommt. Energiereiche Protonen ionisieren die Erdatmosphäre in den Polarregionen und können ernsthafte Schäden an Satelliten anrichten. Es kann zu starken Störungen im Erdmagnetfeld durch Schockwellen kommen, die ihren Ursprung wiederum in solaren Flares haben. Diese Schockwellen bewegen sich durch den Weltraum mit Geschwindigkeiten von ungefähr 100 $\mathrm{km\,s^{-1}}$. Auf der Venus wurde eine Kompression der tagseitigen Ionosphäre durch eine solche interplanetare Schockwelle beobachtet. Ein weiterer terrestrischer Effekt ist die sogenannte *Forbush-Einsenkung*. Dabei kommt es zu einer Abnahme der kosmischen Strahlung auf der Erde, wenn eine Schockwelle über die geomagnetischen Feldlinien fegt und die kosmischen Strahlungspartikel ablenkt.

Häufig sind Flares mit einem Auswurf von koronaler Materie verbunden. Diese Materie manifestiert sich als magnetische Wolken oder Blasen, die zu kurzfristigen Änderungen des irdischen sowie des interplanetaren Magnetfeldes führen. Menschen, die in einem Flugzeug gerade auf der Polroute unterwegs sind, können durch starke solare Flares unfreiwillig eine Strahlungsdosis, vergleichbar mit einem Lungenröntgen, abbekommen. Viel gefährlicher stellt sich die Situation für Raumfahrer dar, die sich zum Zeitpunkt eines ausnehmend starken Flares gerade außerhalb ihres Raumschiffes befinden würden, sie könnten sogar lebensgefährliche Strahlungsdosen abbekommen. Ebenso wurden Pipelines durch verstärkte Korrosion bei Flareaktivität beschädigt. Im Jahre 1982 und nochmals am 10. März 1989 wurden ganze Teile des kanadischen Stromnetzes durch einen starken Flare einfach „ausgeschaltet“! Mittlerweile berichtet der amerikanische Nachrichtensender CNN immer wieder über aktuelle Sonnenflares.

Man sieht also, daß die „Wetterverhältnisse“ im interplanetaren Raum sehr wohl einen Einfluß auf unser alltägliches Leben haben können. Vor allem für zukünftige bemannte Weltraummissionen sind Kenntnisse über Auftreten und Auswirkungen von solaren Flares sehr wichtig. Doch was wissen wir über Flares von anderen Sternen? Haben etwa massereichere Sterne noch viel gewaltigere Flares?

10.7 Stellare Flares

10.7.1 Frühe Beobachtungen

Die erste Beobachtung eines stellaren Flares fand am 25. September 1948 statt. Die beiden amerikanischen Astronomen A. H. Joy und Milton Humason vom Mt. Wilson Observatorium sahen in einem Spektrogramm des dMe-Zwergsterns L726-8 sowohl Linienemission wo keine sein sollte, als auch ein Aufleuchten des Kontinuums um ungefähr eine Größenklasse (Joy & Humason 1949). Seit dieser ersten Beobachtung eines stellaren Flares wurde deutlich, daß sie deren solare Gegenstücke sowohl in Dauer als auch in Stärke bei weitem übertreffen. Auf der Sonne dauert die Flareemission im weichen Röntgenlicht normalerweise nur ein paar Minuten bis zu wenigen Stunden (nur in ganz extremen Fällen auch bis zu einem Tag).

Die erste Entdeckung eines sogenannten „lang-anhaltenden“ Flares auf dem RS-CVn-Stern DM UMa wurde mit dem *HEAO-1* Satelliten gemacht. Er dauerte etwa drei Tage. Die Beobachtungen des *EINSTEIN* Satelliten waren aber meist sehr kurz (nur ein paar Tausend Sekunden) und lange Beobachtungen enthielten große Datenlöcher. Dies war natürlich ungünstig für die Untersuchung von zeitlichen Variationen. Erst durch die Ergebnisse der *EXOSAT*- und der japanischen *Ginga*-Mission wurden Flares auf einer Vielzahl von Sternen beobachtet. Darunter befinden sich klassische dMe-Flaresterne wie UV Cet, AU Mic (siehe Abb. 10.26), AT Mic, YZ CMi, EQ Peg, YY Gem, aber auch RS CVn- und Algol-Systeme wie δ^2 CrB oder Algol (β Per) selbst und natürlich auch sonnenähnliche G-Sterne wie etwa π^1 UMa.

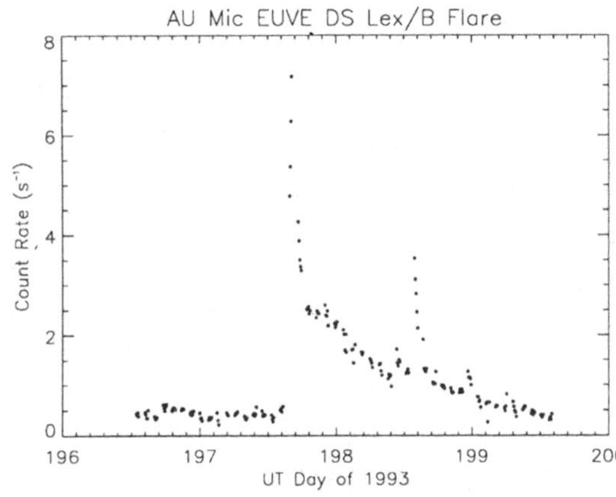

Abbildung 10.26: *EUVE* Beobachtung eines starken Flares auf AU Microscopii am 15. Juli 1992. Nach dem Hauptflare sieht man kurz danach noch einen weiteren, aber kleineren Nachflare. (Mit frdl. Genehmigung nach Cully et al. 1993).

Diese frühen Beobachtungen führten zu der Ansicht, daß eine Analogie zwischen den physikalischen Phänomenen in der solaren Korona und denen in stellaren Koronae existieren müsse. Neue Beobachtungen mit besseren Instrumenten lehrten uns aber wiedereinmal, daß man vor Überraschungen immer gefeit sein muß.

10.7.2 Größer, stärker und länger

Die deutsch-amerikanische *ROSAT* Mission brachte eine Vielzahl von Entdeckungen stellarer Röntgenflares. Schon bei der Auswertung der anfangs der Mission durchgeführten Himmelsdurchmusterung, der *ROSAT All-Sky Survey* (RASS), stieß man auf einige Flares, die alles bisher bekannte übertrafen. Bei dem jungen K0V-Stern HD 197890 im Sternbild Microscopium (Mikroskop) – besser bekannt als „Speedy-Mic“, wegen seiner extrem hohen Rotationsgeschwindigkeit –, konnte dabei der stärkste Flare der RASS beobachtet werden. Dabei wurde am Ort des Flares eine Energie von $\approx 2.2 \times 10^{36}$ erg im Bereich 0.1–2.4 keV freigesetzt (siehe Abb. 10.27). Die Zeitdauer des Flares betrug 0.7 Tage, etwa zweimal die Rotationsperiode (0.38 Tage) des Sterns. Die „ruhige“ Emission vor und nach dem Flare zeigte eine leichte Modulation im Bereich von 0.3 Tagen, was auf eine inhomogene Korona hindeutet.

ROSAT Folgebeobachtungen mit dem PSPC erbrachten auch gleich den immer noch geltenden Rekord für die größte, je gemessene Zählrate: ein Flare auf Algol brachte es auf 100 counts/s, entsprechend einem Energieausstoß von 2×10^{32} erg s^{-1}.

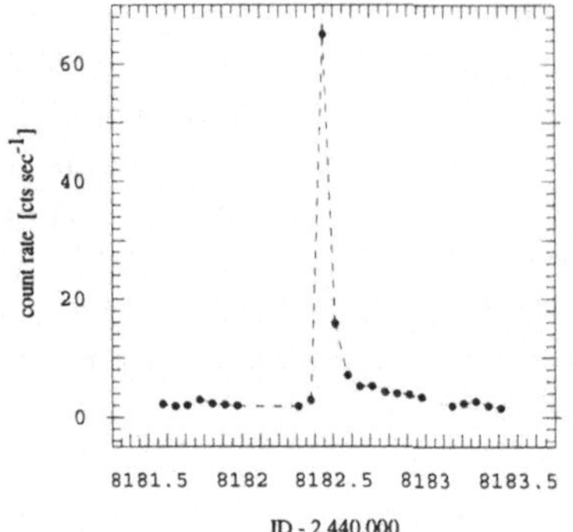

Abbildung 10.27: Flare-Lichtkurve von „Speedy-Mic" mit dem stärksten stellaren Röntgenflare der gesamten *ROSAT All-Sky Survey*. Die Zeitachse ist in Tagen angegeben und die abgebildete Beobachtungsdauer ist insgesamt eineinhalb Tage. Der Flare selbst dauerte 0.7 Tage. Die vertikale Achse gibt die Photonenzählrate pro Sekunde an. (Mit frdl. Genehmigung nach Kürster 1995).

Tabelle 10.1: EIN VERGLEICH KORONALER BOGENLÄNGEN L

	Spektraltyp	L (in 10^{10}cm)
Sonne	G2V	1
Hyaden-Zwerge	G-K	1
AR Lacertae	K0IV	30
CF Tucanae	K4IV	87 - 250
HU Virginis	K0IV-III	126

Auch kürzere Flares können es in ihrem Energieausstoß mit den langanhaltenden Flares aufnehmen. Ein Flare auf dem T-Tauri-Stern LkHα 92 mit einer Dauer von 0.25 Tagen, setzte 4×10^{36} erg im *ROSAT* PSPC-Bandpass frei.

Der wahrscheinlich energiereichste Röntgenflare wurde ebenfalls auf einem T-Tauri-Stern, nämlich P1724, entdeckt. Er dauerte mindestens 0.9 Tage, und wenn man diesen Stern dem Orion-Nebel zuzählt, strahlte er im PSPC-Band eine Energie von $\approx 5 \times 10^{37}$ erg ab. Dies würde sogar den Flare auf LkHα 92 übertreffen.

Eine eindrucksvolle Flarelichtkurve wurde im Juni 1994 von dem RS-CVn-Stern HU Virginis beobachtet. Ein Bild mit dem *High-Resolution-Imager* vor und während des Flares ist in Abb. 10.28 zu sehen. Der Flare wurde über einen Zeitraum von 1.6 Tagen beobachtet und konnte dabei auch in der üblicherweisen sehr kurzen Anstiegszeit gesehen werden. Dies ermöglichte es, verschiedene Flaremodelle zu testen und wichtige Parameter wie die Elektronendichte (rund 2×10^{10} Elektronen pro cm^3), die koronale Bogenlänge (etwa 10^7 km oder 17 Sonnenradien bzw. 3 Sternradien), und die Bogenhöhe über der Sternoberfläche ($\approx 4 \times 10^6$ km oder 1 Sternradius) zu bestimmen. Erst ein Vergleich dieser Größen mit denen solarer Flares (siehe Tabelle 10.1) zeigt die riesigen Dimensionen stellarer Koronabögen.

Der längste bisher bekannte Röntgenflare wurde in dem engen Doppelstern CF Tucanae beobachtet. CF Tuc ist ein partiell bedeckendes RS-CVn-System, mit einem G0IV- und einem K4IV-Stern und einer Rotations- bzw. Orbitalperiode von rund 2.8 Tagen. Mit einer Dauer von 9 Tagen, also mehr als drei Sternrotationen, ist es der bisher längste, beobachtete Röntgenflare. Abbildung 10.29 stellt die Röntgenlichtkurve des Flares da.

Möglicherweise eine neue Klasse von Flares wurde 1995 von einem Team um

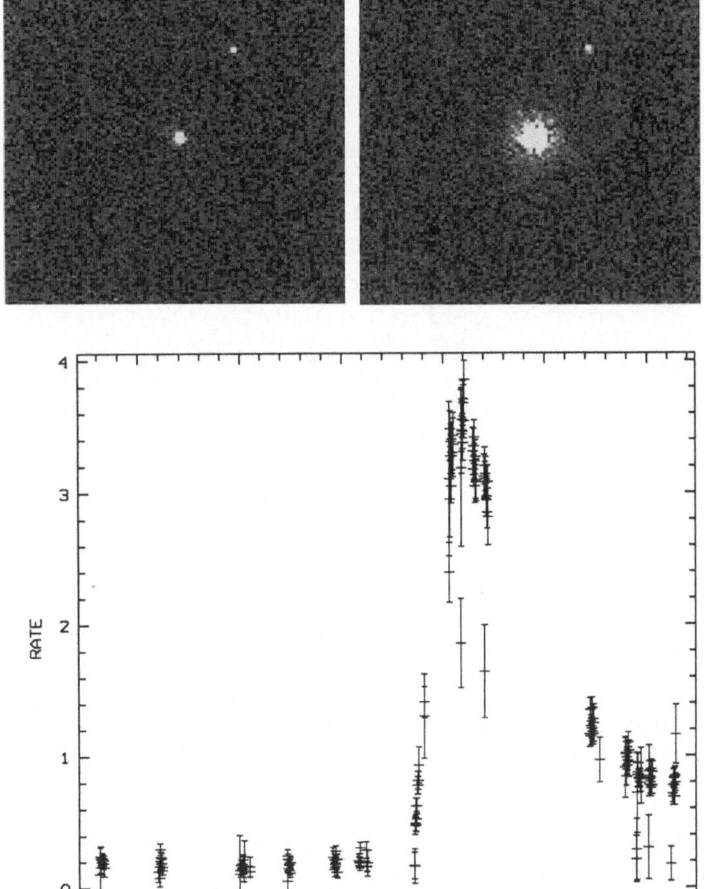

Abbildung 10.28: Ein Schnappschuß eines Röntgenflares auf HU Virginis vor (oben links) und während des Flares (oben rechts). Die gesamte Lichtkurve ist im darunterliegenden Diagramm gezeigt. Der Flare dauerte mindestens 1.6 Tage. (Nach Endl et al. 1995).

V. G. Graffagnino am University College in London entdeckt: ein „Superflare“ mit über 4×10^{36} erg auf dem RS-CVn-Stern HR 5110 mit einer Dauer von rund 3 Tagen. Diese Energien lassen sich anhand der spektralen Parameter nicht mit konventionellen Flaremechanismen (z.B. Two-Ribbon-Flare) erklären. Deshalb klassifizierten die Autoren diesen Ausbruch als „interbinary“ Flare, also einem Flare, der sich möglicherweise nicht auf die Korona eines der beiden Doppelsternkomponenten beschränkte, sondern aus dem Bereich zwischen den beiden Sternen kommt, mit Dimensionen in der Größenordnung des gesamten Doppelsternsystems. Diese Vorstellung birgt auch eine gewisse Ähnlichkeit mit dem synthetischen Bild der AR-Lac-Korona von Siarkowski (vgl. Abb. 10.17).

Aus diesen Beispielen sieht man schon wie vielfältig das Flare-Phänomen bei Aktiven Sternen sein kann, schon alleine die Geometrie, ausgedrückt z.B. durch die Bogenlänge, hat einen erheblichen Einfluß auf unser Verständnis stellarer Flares.

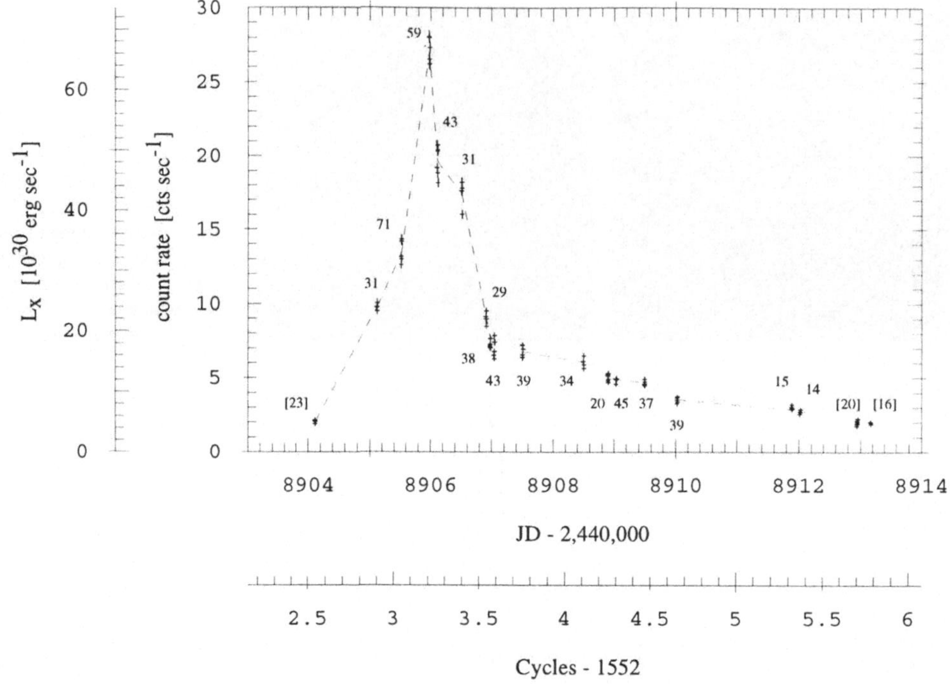

Abbildung 10.29: Röntgenlichtkurve des 9-Tage dauernden Flares auf CF Tuc (Kreuze und strichlierte Linie). Die zweistelligen Zahlen bedeuten jeweils die Plasmatemperatur in Millionen Grad Kelvin beim entsprechenden Flarezeitpunkt. (Aus Kürster & Schmitt 1996).

Wie schaut eigentlich ein Spektrum eines Sternes aus, der gerade einen Flareausbruch erleidet? Im Röntgenbereich können wir diese Frage noch nicht beantworten, weil noch kein Röntgenspektrograph entsprechender Bauart zur Verfügung steht. Hier müssen wir noch auf Weltraumteleskope wie *AXAF* und *XMM* warten (siehe Abschnitt 10.8). Der PSPC an Bord von *ROSAT* lieferte immerhin so etwas wie Breitbandphotometrie im Röntgenbereich und ermöglichte wenigstens Abschätzungen über den Verlauf der kontinuierlichen Röntgenemission mit der Wellenlänge. Diese spektrale Information wurde z.B. verwendet, um die Plasmatemperaturen des Flares von CF Tucanae in Abb. 10.29 zu berechnen. Ein *Spektrum* lag dazu nicht vor. Ja sogar im ultravioletten Wellenlängenbereich existiert vorerst nur ein einziges, zeitaufgelöstes Spektrum eines stellaren Flares, und zwar für den dMe Flare-Stern AD Leo: Eine Serie von etwa 300 Spektren mit einer zeitlichen Auflösung von einer Sekunde und einer spektralen Auflösung von 0.155 nm (1.55 Å) gelang dem amerikanischen Astronomen Jay Bookbinder mit Hilfe des *Hubble* Weltraumteleskopes (Abb. 10.30). Diese Beobachtung zeigte einen Anstieg der Linienemission der C IV-Linie um einen Faktor 25 und eine Rotverschiebung der Linie im Flaremaximum (bei etwa $t = 150$ Sekunden in Abb. 10.30) von 1,500 $\mathrm{km\,s^{-1}}$. Also eine Geschwindigkeit des Flareplasmas in Richtung Photosphäre. Nachdem die C IV-Linie in der 10^5-Kelvin heißen Übergangszone von Chromosphäre zu Korona

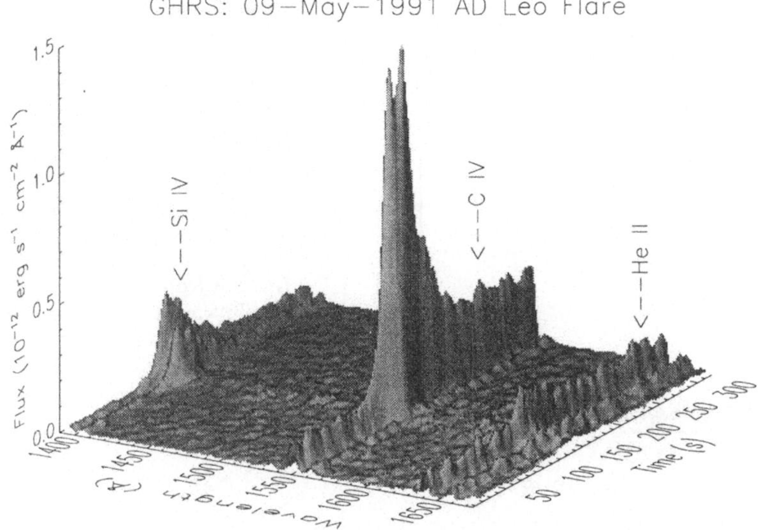

Abbildung 10.30: Eine Zeitserie von UV-Spektren des dMe Flare-Sternes AD Leo. Die etwa 300 Spektren sind mit einer Zeitauflösung von 1 Sekunde mit dem Goddard-High-Resolution Spektrographen des *Hubble* Weltraumteleskopes im Jahre 1991 aufgenommen worden und zeigen das Verhalten dreier UV-Emissionslinien: Si IV bei 1403 Å, C IV bei 1548 Å und He II bei 1640 Å. Der Flare brach etwa 100 Sekunden nach Beginn der Aufnahmen aus. Ähnliche Beobachtungen im Röntgenbereich erhofft man sich mit *AXAF* und *XMM*. (Nach Bookbinder et al. 1992).

entsteht, muß der C IV-emittierende Teil des Flareplasmas in die darunterliegende Chromosphäre geschossen werden. Solare Flares, als auch die meisten stellaren Flares – so man die entsprechende Zeitauflösung hatte – zeigten meist den umgekehrten Effekt, nämlich eine Blauverschiebung, also eine Auswärtsbewegung des Flareplasmas. Aus diesen Beobachtungen stammte auch die Vorstellung des koronalen Masseverlustes. Der AD Leo-Flare hatte wieder einmal Unerwartetes gebracht, und dabei ist es noch der einzige, so exakt spektroskopierte Flare! Dies läßt noch einiges erwarten.

Eine weitere, hochinteressante Flare-Beobachtung im UV-Bereich gelang einem Team um Jeff Linsky am 12. Oktober 1994 mit dem HST. Sie beobachteten den sehr massearmen „gerade-noch"-Stern *Gliese 752B*, auch VB10 genannt. *Gliese 752A* und *B* bilden ein Doppelsternsystem im Sternbild Aquila etwa 19 Lichtjahre von der Sonne entfernt. Der Primärstern (A) hat ebenfalls eine recht geringe Masse – rund ein Drittel der Sonnenmasse –, die Sekundärkomponente, *Gliese 752B*, jedoch nur 0.08 Sonnenmassen, d.h. die kleinste Masse, die ein Stern nach heutigen Vorstellungen überhaupt haben kann. Bei noch kleinerer Masse ist es kein Stern mehr, da der Kernfusionsprozeß nicht ins laufen kommt. In Kapitel 12 werden wir

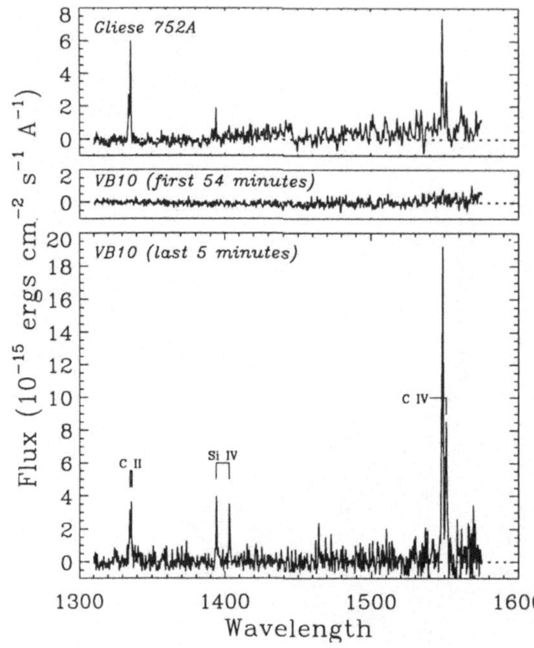

Abbildung 10.31: Der Flare von Gl752B=VB10 im UV-Spektrum zwischen 130.0 und 160.0 nm. Das obere Spektrum zeigt als Vergleich die Primärkomponente, den Roten Zwerg Gl752A. Die beiden unteren Spektren sind die addierten Messungen der ersten 54 sowie der letzten fünf Minuten an VB10. Nach genau 54 Minuten nach Beginn der genehmigten 59-minütigen Beobachtungszeit begann der starke Flare mit dem plötzlichen Auftauchen von hochangeregten Emissionlinien – „Glück gehabt, Jeff". (Nach einer Aufnahme von Jeffrey L. Linsky, JILA, mit frdl. Genehmigung durch AURA/Space Telescope Science Institute).

noch auf Objekte dieser Masse ausführlicher eingehen. Linsky beobachtete nun VB10 kontinuierlich für 59 Minuten. Wie die Abb. 10.31 zeigt, passierte die ersten 54 Minuten gar nichts, der Stern war im UV-Bereich nicht einmal zu sehen. Doch in den letzten fünf Integrationsminuten erleidete VB10 einen starken Flare und urplötzlich waren hochangeregte Linien wie C IV und Si IV im Spektrum zu sehen. Ein Stern der Masse 0.08 Sonnenmassen hatte einen Flareausbruch! Dieses Puzzle – wie bereits in Kapitel 8 erwähnt – stellt nun neue Anforderungen an stellare Dynamotheorien.

Letztendlich gab es noch einige interessante *mysteriöse* Flare-Beobachtungen. Anfang der 60er Jahren wurde an einem bestimmten „sehr bekannten" Observatorium ein intensiver Flare im Bereich der neutralen Kaliumlinie bei 766.5 nm und 769.9 nm in drei verschiedenen Sternspektren entdeckt. Später stellte sich heraus, daß dieser Effekt reproduzierbar ist, wenn an einer bestimmten Stelle des Coudé Spektrographen-Raumes ein Streichholz entzündet wird! Die kosmologischen Konsequenzen – da Edwin Hubble bei Beobachtungen immer seine Pfeife rauchte – sind nicht auszudenken.

10.8 AXAF und XMM

Einen großen, weiteren Schritt vorwärts in der stellaren Röntgenastronomie werden die beiden Röntgensatelliten *AXAF* (*The Advanced X-ray Astrophysics Facility*) der NASA und ESA's *XMM*-Mission (*X-ray Multiple Mirror*) sein.

Bei *AXAF* handelt es sich um die amerikanische Nachfolgemission zu *EIN-*

STEIN und soll sowohl in Spiegelfläche, Sensitivität und spektraler Auflösung der Detektoren, *ROSAT* bei weitem übertreffen. *AXAF* wird die Erde in einem hohen elliptischen Orbit umkreisen, der durchgehende Beobachtungen bis zu 24 Stunden erlauben soll. Das Teleskop ist ein vierfach gestaffeltes Spiegelsystem des Wolter Typs. Die gesamte Sammelfläche übersteigt jene des *EINSTEIN* Satelliten um das Dreifache, und die räumliche Auflösung erreicht 0.3 Bogensekunden. Ursprünglich sollten sich zwei Instrumente in der Fokalebene des Teleskopes befinden, die *High Resolution Camera* (HRC) und das *AXAF CCD imaging spectrometer* (ACIS). Leider war die NASA gezwungen, den finanziellen Rotstift anzuwenden und das ACIS wegzulassen. Dennoch ist – wie der Name schon verrät – die HRC der Nachfahre von den beiden *EINSTEIN*- und *ROSAT*-HRI-Detektoren. Verbesserungen werden durch eine kleinere Porengröße und eine größere Fläche der Microchannel-Platte – d.h. geringeres Rauschen und höhere Energieauflösung – erzielt. ACIS ist ein zweidimensionales Array von CCD-Detektoren, das simultan Spektroskopie und Imaging durchführen kann. Dieses Instrument kombiniert das räumliche Auflösungsvermögen des *ROSAT*-HRI mit der spektralen Auflösung des *EINSTEIN*-SSS Instruments. Ein ähnliches CCD-Array ist schon mit ASCA auf *ASTRO-D* geflogen, allerdings nur mit einer Winkelauflösung von 2 Bogenminuten.

Besondere Bedeutung werden allerdings den beiden Transmissionsgitter- Spektrographen von *AXAF* zukommen. Es sollen zwei Systeme von Goldgittern direkt hinter das Spiegelsystem mit einem spektralen Auflösungsvermögen $E/\delta E$ (erinnern wir uns: $E = h\nu$) von 100–2,000 eingebaut werden. Das Spektrum wird in der Fokalebene dann wahlweise von der HRC aufgenommen. Einmal gestartet (1998), rechnet man mit einer Lebensdauer von 5–10 Jahren für *AXAF*. Der Satellit ist als „Observatorium" konzipiert, das auch Gastbeobachtern zugänglich ist.

Die europäische Wetraumorganisation ESA plant im Jahre 1999 den Start des *XMM*-Satelliten in eine Erdumlaufbahn. Unter Verwendung dreier voneinander unabhängiger Röntgenteleskcpe wird der Energiebereich von 0.1 bis 10 keV mit einer räumlichen Auflösung von 30 Bogensekunden beobachtet. Breitband Spektrophotometrie wird mittles CCD-Kameras durchgeführt, während Reflexionsgitter für Spektroskopie mittlerer Auflösung ($E/\delta E \approx 400$ bei 0.3–3 keV) sorgen. Hatten bisherige Röntgenteleskope bis zu vier ineinander geschachtelte Sammelflächen, wie z.B. *ROSAT* aber auch *AXAF*, so gingen die ESA *XMM*-Ingenieure noch einen beträchtlichen Schritt weiter und schachtelten 58 Spiegelflächen ineinander (Abb. 10.32). Diese „Nestelung" von schalenförmigen Spiegelflächen erhöht die gesamte Sammelfläche natürlich beträchtlich[10], und sollte noch eine minimale Röntgenflußdichte (Irradiance) von 2×10^{-22} W cm^{-2} in einer sechsstündigen Integration ermöglichen. Im Vergleich zu den 1,400 cm^2 pro *XMM*-Teleskop bei 1 keV hatte der EUV-Satellit *EUVE* (*Extreme UltraViolet Explorer*) ja nur magere 0.5 cm^2 effektive Spiegelfläche, *ROSAT* hatte schon 400 cm^2 und die *AXAF*-HR-Camera bringt es ebenso auf 400 cm^2.

Der stark exzentrische Orbit mit einer Periode von 24 Stunden soll, wie bei *AXAF*, lange ununterbrochene Beobachtungsintervalle ermöglichen. Parallel zu den Röntgenteleskopen ist ein 30 cm-Teleskop für den optischen bzw. UV-Bereich

[10] Im Fachjargon heißen diese Teleskope „*Wolter*-Teleskope".

Abbildung 10.32: Das Qualifikationsmodell eines der drei *XMM*-Teleskope der ESA, aufgenommen in der 120m langen Röntgen-Testanlage des Garchinger Max-Planck-Instituts für Extraterrestrische Physik. Die 58 ineinander geschachtelten Spiegelflächen sind hier als konzentrische Zylinder zu erkennen. (Mit frdl. Genehmigung von Bernd Aschenbach und Jürgen Schmitt, MPE-Garching).

montiert, um simultane Beobachtungen bei diesen Wellenlängen durchführen zu können.

Die Zukunft der Röntgenastronomie sieht also sehr rosig aus. Neueste Technologien finden hier Verwendung und Innovationen auf diesem Sektor finden auch bereits ihren Weg zurück in die „normale“ Industrie und letztlich, wenn auch langsam und zeitverschoben, profitieren wir im alltäglichen Leben von den enormen finanziellen Aufwänden, die zum Bau eines Röntgenobservatoriums notwendig sind. Grundlagenforschung ist die treibende Kraft hinter diesen technologischen Innovationen; die Spiegelflächen der Röntgenteleskope sind die genauesten, je von Menschenhand gefertigten Oberflächen.

Doch je genauer wir Sterne untersuchen können, desto komplexere Zusammenhänge treffen wir an. Leider haben allzuviele Rätsel immer noch keine ausreichend quantitativen Lösungen. Ein besonderes Problem ist das Verhalten von Materie in der Gegenwart von Geschwindigkeitsfeldern: alles ist in Bewegung.

Literaturverzeichnis

[1] Acton L., 1992, „The *YOHKOH* Mission for High-Energy Solar Physics", Science 258, 618

[2] Acton L., 1996, „Comparison of Yohkoh X-ray and other solar activity parameters for November 1991 to November 1995", in 9th Workshop *Cool Stars, Stellar Systems, and the Sun*, R. Pallavicini und A. K. Dupree (eds.), PASPC 109, s. 45

[3] Bookbinder J., Walter F. M., Brown A., 1992, „HST observations of AD Leo", in *Cool Stars, Stellar Systems, and the Sun*, M. Giampapa und J. Bookbinder (eds.), PASPC 26, s. 27

[4] Carrington R. C., 1860, „Description of a Singular Appearance seen in the Sun on September 1, 1859", MNRAS XX, 13

[5] Collier-Cameron A., 1996, „Stellar Prominences", in *Stellar Surface Structure*, IAU Symp. 176, Strassmeier K. G. und J. L. Linsky (eds.), Kluwer, Dordrecht, s. 449

[6] Collier-Cameron A., Robinson R. D., 1989, „Fast Hα variations on a rapidly rotating cool main sequence star – I. Circumstellar clouds", MNRAS 236, 57

[7] Cully S. L., Siegmund O. H. W., Vedder P. V., Vallerga J. V., 1993, „*Extreme Ultraviolet Explorer* deep survey observations of a large flare on AU Microscopii", ApJ 414, L49

[8] Endl M., Strassmeier K. G., Kürster M., 1997, „Detection of a large X-ray flare on HU Vir", in Poster-Proceedings *Stellar Surface Structure*, K. G. Strassmeier (ed.), IAU Symp. 176, University of Vienna, s. 203

[9] Friedman H., Lichtman S., Byram E., 1951, Phys. Review 83, 1025

[10] Giacconi R., 1993, „G. S. Vaiana Memorial Lecture", in *Physics of Solar and Stellar Coronae*, IAU G. S. Vaiana Memorial Symp., Linsky J. F. & Serio S. (eds.), Kluwer Dordrecht, s. 3

[11] Giacconi R., Gursky H., Paolini F., Rossi B., 1962, Phys. Review Letters 9, 439

[12] Joy A. H., Humason M., 1949, „Observations of the faint dwarf star L726-8", PASP 61, 133

[13] Kürster M., 1995, „Time variability studies with *ROSAT*", in *Flares and Flashes*, IAU Colloq. 151, Greiner J. et al. (eds.), Lecture Notes in Physics, s. 423

[14] Kürster M., Schmitt J. H. M. M., 1996, „Forty days in the life of CF Tuc (=HD 5303)", A&A 311, 211

[15] Martens P. C. H., Kuin N. P. M., 1989, „A circuit model for filament eruptions and two-ribbon flares", SP 122, 263

[16] Mewe R., 1990, „High-resolution X-ray spectroscopy in astrophysics", in *Atomic Spectra and Oscillator Strengths for Astrophysics and Fusion Research*, J. E. Hansen (ed.), Nederlandse Akademie van Wetenschappen Verh., Eerste Reeks, Amsterdam, s. 67

[17] Pallavicini R., 1989, „X-ray emission from stellar coronae", A&AR 1, 177

[18] Petersen C. C., Bruner M., Acton L., Ogawara Y., 1993, „*Yohkoh* and the mysterious solar flares", S&T 9/93, 20

[19] Prosser C. F., Randich S., Stauffer J. R., Schmitt J. H. M. M., Simon T., 1996, „ROSAT pointed observations of the α Persei cluster", AJ 112, 1570

[20] Randich S., Schmitt J. H. M. M., Prosser C. F., Stauffer J. R., 1996, „The X-ray properties of the young open cluster around α Persei", A&A 305, 785

[21] Robinson R. D., Airapetian V. S., Maran S. P., Carpenter K. G., 1995, „Observations of Fe XXI on the RS CVn star HR 1099: deducing the coronal properties", in Poster-Proceedings *Stellar Surface Structure*, K. G. Strassmeier (ed.), IAU Symp. 176, University of Vienna, s. 191

[22] Schmitt J. H. M. M., Kürster M., 1993, „A spatially resolved x-ray image of a star like the Sun", Science 262, 215

[23] Sciortino S., 1993, „Stellar coronal emission: what we have learned from pre-ROSAT observations", in *Physics of Solar and Stellar Coronae*, IAU G. S. Vaiana Memorial Symp., Linsky J. L. & Serio S. (eds.), Kluwer Dordrecht, s. 211

[24] Siarkowski M., Preś P., Drake S. A., White N. E., Singh K. P., 1996, „Corona(e) of AR Lacertae. II. The spatial structure", ApJ 473, 470

[25] Tandberg-Hanssen E., Emslie G., 1988, *The Physics of Solar Flares*, Cambridge Univ. Press

[26] Tsuneta S., Lemen J. R., 1993, „Dynamic of the solar corona observed with the *YOHKOH* soft x-ray telescope", in *Physics of Solar and Stellar Coronae*, IAU G. S. Vaiana Memorial Symp., Linsky J. L. & Serio S. (eds.), Kluwer Dordrecht, s. 113

[27] Vaiana G., Cassinelli J., Fabbiano G., Giacconi R., Golub L., et al., 1981, „Results from an extensive *EINSTEIN* stellar survey", ApJ 245, 163

Weiterführende Literatur

Allgemeinverständliche Bücher und Artikel

- Rudolph Kippenhahn's Sonnenbuch Der Stern, von dem wir leben (dtv Sachbuch München, 1993) enthält immer wieder einfache Erklärungen zu den verschiedensten Phänomenen der Sonnenaktivität.
- Wenn einem zu bestimmten astronomischen Begriffen nur mehr eine Reihe von Fragezeichen einfällt, schauen Sie im ABC-Lexikon Astronomie von H. Zimmermann und A. Weigert nach (8. überarbeitete Auflage, Spektrum Akademischer Verlag, Heidelberg, 1995).
- Philip A. Charles und Frederick D. Seward präsentieren in Exploring the X-ray Universe (Cambridge University Press, 1995) auch ein eigenes Kapitel über aktive Koronae.

Spezialliteratur

- Das Autorenduo Einar Tandberg-Hanssen und A. Gordon Emslie geben in ihrem Buch The Physics of Solar Flares (Cambridge University Press, 1988) eine umfassende Darstellung unseres Kenntnisstandes auf diesem Gebiet.
- Physical Processes in Solar Flares (Kluwer Academic Publishers, Dordrecht, 1992) von Boris V. Somov enthält detaillierte Abhandlungen über die Physik von solaren Flares.
- Ein weiteres Buch von Einar Tandberg-Hanssen: The Nature of Solar Prominences, erschienen im Kluwer Akademischen Verlag, Dordrecht, 1995.
- Solar and Stellar Flares, herausgegeben von B. M. Haisch und M. Rodonó beinhaltet eine Reihe von Fachaufsätzen (IAU Kolloq. Nr. 104, Kluwer Academic Publishers, 1989).
- Das Handbook of space astronomy and astrophysics von Martin Zombeck (Cambridge University Press, 1990) gibt eine Zusammenfassung von Daten der stellaren Röntgenastronomie mit Hinweisen auf aktive Koronae.
- Eine Reihe von Fachaufsätzen zum Thema Physics of Solar and Stellar Coronae findet sich in dem gleichnamigen Buch von Jeffrey L. Linsky und Sabatino Serio zur Erinnerung an den italienischen Röntgenpionier G. S. Vaiana (Kluwer Academic Publishers, 1993).
- High energy astrophysics des englischen Astronomen M. S. Longair beschreibt unter anderem auch Röntgen- und γ-Beobachtungen von aktiven Sternen (Cambridge University Press, 1994).

Kapitel 11

Alles fließt: Geschwindigkeitsfelder

Die Wahrheit ist dem Menschen zumutbar.
Ingeborg Bachmann

Die Existenz von Inhomogenitäten in einer Sternatmosphäre stellt für theoretische Astrophysiker ein schwieriges Problem dar. Kein noch so intelligentes Computerprogramm kann aktive Phänomene bei der Berechnung des Aufbaues und der Entwicklung eines Sternes berücksichtigen. Sonnenflecken und deren Analoga auf anderen Sternen sind ein Beispiel solcher Inhomogenitäten. In diesen Fällen wissen wir, daß das Magnetfeld und dessen Geometrie die dominierenden Rollen spielen. Doch ist es eigentlich die *Dynamik* des Plasmas, die den Forschern so viel Kopfzerbrechen bereitet. Was wissen wir nun über Geschwindigkeitsfelder in den Atmosphären und Konvektionszonen Aktiver Sterne?

11.1 Der Fall α Orionis

Martin Schwarzschild hat 1975 postuliert, daß kühle Sterne mit sehr kleinen Gravitationsbeschleunigungen, etwa Superriesen der Leuchtkraftklasse Iab, so große Konvektionszellen haben könnten, daß nur wenige auf deren Oberfläche Platz finden. Dies stünde im Gegensatz zu Sternen mit hohen Gravitationsbeschleunigungen, etwa unserer Sonne, wo eine sehr große Anzahl von Konvektionszellen (den Granulen) beobachtet wird. Könnte man einen solchen kühlen Riesenstern räumlich auflösen, sollte man diese theoretische Vorhersage überprüfen können.

Genau dies wurde unlängst für den nahen Riesenstern α Orionis (Beteigeuze, Spektraltyp M2Iab) erstmalig auch getan (Abb. 11.1). In ihrem Vortrag während eines Symposiums der *International Astronomical Union* an der Universität Wien im Oktober 1995 haben die beiden amerikanischen Astronomen Ron Gilliland vom Space Telescope Science Institute und Andrea Dupree vom Harvard-Smithsonian Center for Astrophysics mit Hilfe des Hubble-Weltraumteleskopes das erste *direkte*

Bild einer Sternoberfläche – außer unserer Sonne natürlich – präsentiert ... und entdeckten dabei einen großen, heißen Fleck, ganz entsprechend den Vorhersagen von Schwarzschild. In der Wissenschaft heißt das aber noch lange nicht, das dieser Fleck deswegen auch gleich die gesuchte, große Konvektionszelle ist. Das Team um Dupree und Gilliland postulierten mittlerweile auch eine etwas andere Erklärung: darin soll der Fleck in der Chromosphäre beheimatet sein und eine, sich nach außen bewegende Schockwelle, die zuerst an dem einen sichtbaren Rotationspol des Sternes austritt, darstellen. Der Auslöser dieser Schockwelle, so Dupree und Mitarbeiter, könnte eine nicht-sphärische, aber um die Rotationsachse symmetrische Pulsationsmode sein. Wir hätten somit ein neues Phänomen im Zoo der aktiven Sterne: heiße Polflecken in der stellaren Chromosphäre (siehe dazu Abb. 11.2), im Gegensatz zu den kühlen Polflecken in den Photosphären schnell rotierender G- und K-Sterne.

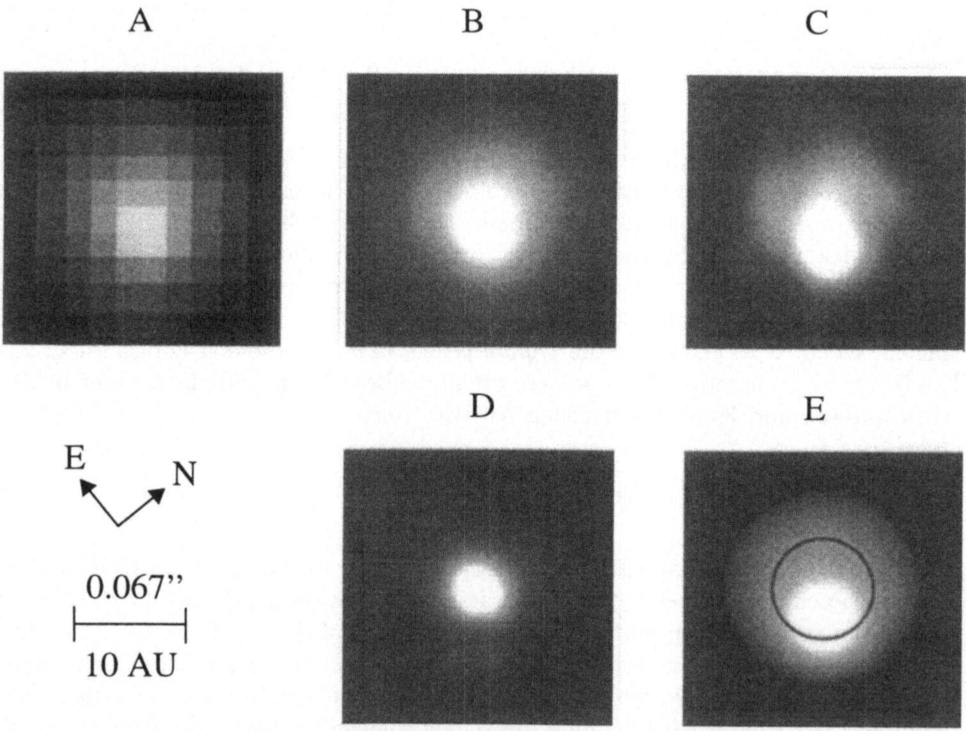

Abbildung 11.1: *HST*-Bild des M2-Überriesen Beteigeuze (=α Orionis) im ultravioletten Licht bei einer Wellenlänge von 255.0 nm (Bild *E*). Siehe Text. (Nach Gilliland & Dupree 1996).

Die Abb. 11.1 zeigt die verschiedenen Stadien der relativ komplizierten Datenreduktion. Ganz links oben, im Bild *A*, sieht man die „unbehandelte" Originalaufnahme. Ganz deutlich ist die Pixelgröße des verwendeten FOC-CCD Detektors[1] zu erkennen. Im Bild *B* wurde ein Glättungsalgorithmus angewandt, um ein sogenanntes

[1]FOC = *Faint Object Camera*

oversampling des Bildes zu erreichen (also so zu tun, als ob mehrere Detektorpixel vorhanden wären ohne den Bildinhalt dabei zu verändern). Aus diesem Bild wurde nun das Instrumentenprofil des Teleskopes – die *point-spread-function* – entfaltet (Bild *C*). Die Aufnahme *D* ist eine Vergleichsbeobachtung eines extrem kleinen Sternes, des Weißen Zwerges HZ 4, um zu demonstrieren wie eine räumlich unaufgelöste Beobachtung aussehen sollte. Deutlich sieht man, daß hier die Asymmetrie fehlt. Bild *E* ist, als Endresultat sozusagen, ein Modellfit der *HST*-Beobachtung mit dem heißen Fleck. Der schwarze Kreis ist das beobachtete Sternscheibchen von α Orionis im optischen Wellenlängenbereich, also der Durchmesser der Photosphäre. Die helle Fläche ist die beobachtete Ausdehnung der Chromosphäre bei $\lambda \approx 255$ nm und erstreckt sich hinaus bis etwa 125 milli-Bogensekunden vom optischen Zentrum – etwa zweimal so groß wie die Photosphäre von α Orionis. Ebenfalls auffallend ist, daß die chromosphärische Sternscheibe einheitlich hell erscheint und nicht etwa zum Rand hin an Intensität abnimmt; der Randverdunkelungskoeffizient der Chromosphäre also etwa Eins beträgt (bzgl. Randverdunkelung siehe auch Kapitel 8). Dies steht im Gegensatz zu stellaren Photosphären, aber auch im Gegensatz zur solaren Chromosphäre, wo eine Aufhellung des Randes beobachtet wird. Es scheint, daß die Chromosphäre von α Orionis eine grundsätzlich andere Struktur als die solare Chromosphäre aufweist. Dies ist weiters nicht verwunderlich wenn man bedenkt, daß α Orionis eine Ausdehnung hat, die den solaren Radius um das Achthundert bis Tausendfache übertrifft.

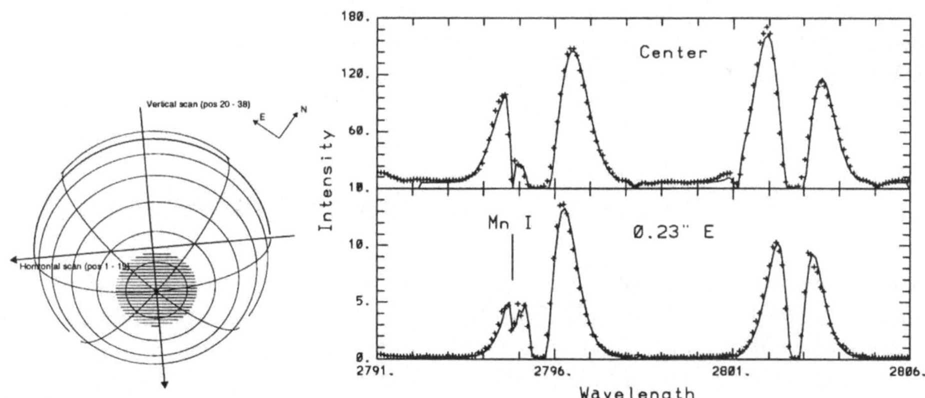

Abbildung 11.2: Links, eine schematische Darstellung des heißen Fleckes auf der Oberfläche von Beteigeuze (schraffierte Fläche), und rechts je ein Spektrum der Mg II h & k-Emissionslinien bei zwei verschiedenen Positionen der Eintrittsapertur des *HST* GHR-Spektrographen: oberes Spektrum ist vom Scheibenmittelpunkt bei Position 9 (horizontaler Scan von rechts=1 nach links=19) und unteres etwa 0.23" östlich davon bei Position 19, also am äußersten Rand des Sternscheibchens. Die Kreuze sind die Messungen, die Linien ein Multi-Gauß-Fit an die Daten. Im oberen Spektrum erkennt man eine Blauverschiebung der h & k-Linien um 10 km s^{-1} relativ zum unteren Spektrum (vgl. die Position der Mn I-Absorption). Dies bedeutet, daß sich die äußere Chromosphäre von Beteigeuze mit einer Geschwindigkeit von 10 km s^{-1} ausdehnen muß. (Mit freundlicher Genehmigung von H. Uitenbroek und A. K. Dupree, CfA-Harvard).

Doch liegt noch wesentlich mehr Information in den hochaufgelösten *HST*-Beobachtungen. Spektren mit dem Goddard-High-Resolution (GHR)-Spektrograph haben auch eine Blauverschiebung der Magnesium-Emissionslinien im Zentrum des projizierten Sternscheibchens relativ zu einem Bereich am Rand des Scheibchens festgestellt; ein Hinweis, daß die Atmosphärendynamik – also das Geschwindigkeitsfeld des Plasmas dieser Schicht der Atmosphäre – anders ist als bei der Sonne, und zwar in Übereinstimmung mit der vorhin erwähnten nichtsphärischen Pulsationshypothese. Nun gibt es im Wellenlängenbereich der Magnesium-h&k-Linien auch eine photosphärische Linie mit einer Wellenlänge von 278.3 nm, die vom chromosphärischen Geschwindigkeitsfeld unbeinflußt ist, und diese Linie zeigte eine Blauverschiebung von 5 $\mathrm{km\,s^{-1}}$ am nord-westlichen Scheibenrand und eine Rotverschiebung um den gleichen Betrag am süd-östlichen Rand. Dies ermöglichte es Dupree et al. nun erstmalig, nicht nur die Rotation eines Sternes direkt zu messen, sondern auch die Lage der Rotationsachse zu bestimmen. Das Ergebnis steckt in der linken, schematisierten Darstellung in Abb. 11.2, wobei der vertikale Scan identisch mit der Rotationsachse ist. Nimmt man nun noch den Radius von α Ori zu 800–1,000 Sonnenradien an, so ergibt sich eine Rotationsperiode von fast 30 Jahren!

Die direkte Auflösung der Oberfläche eines entfernten Sternes ist gewiß ein Meilenstein in der Erforschung und dem Verständnis aktiver Sterne. Vergessen wir nicht, daß die detaillierten Kenntnisse der großen Palette magnetohydrodynamischer Phänomene der Sonne entscheidend sind für unsere eigene, kosmische Zukunft auf dem Raumschiff Erde. Da helfen so extreme Sterne wie Beteigeuze, tausendmal größer als unsere Sonne, die Randbedingungen dieser physikalischen Prozesse auszuloten und somit zum Verständnis unserer eigenen Sonne und damit unserer eigenen Zukunft beizutragen.

11.2 Das Phänomen konvektiver Turbulenz

Nehmen wir einen Kochtopf mit flachen Boden aus dem Küchenschrank, stellen ihn auf den Herd, füllen ihn mit 5mm Speiseöl und erhitzen das ganze Ding um den siedend heißen Ölfilm zu beobachten – mit Vorsicht natürlich, und am besten mit Schutzbrille. Schon haben wir eine ganz ähnliche Versuchsanordnung wie der französische Physiker H. Bénard um 1900 (Bénard 1901). Seine Laboratoriumsversuche, und die späteren theoretischen Arbeiten Lord Rayleighs (Rayleigh 1916) und H. Jeffreys' (Jeffreys 1926), haben schließlich die Grundsteine für unser heutiges Verständnis der turbulenten, zellularen Konvektion gelegt. Der englische Astronom H. H. Plaskett hat rund 10 Jahre später folgerichtig die Ansicht vertreten, daß die Vorgänge unter der Sonnenoberfläche, die zur Granulation führen, genau dieser zellulare Konvektion entsprechen (Plaskett 1936). Die Idee wurde sofort von allen wichtigen Astrophysikern dieser Zeit, Theoretiker und Beobachter, aufgegriffen: natürlich H. Bénard in Frankreich, H. Siedentopf in Jena, M. Waldmeier in Zürich, L. Biermann und A. Unsöld in Berlin, P. ten Bruggencate und K. O. Kiepenheuer in Göttingen, W. Grotrian in Potsdam, sowie C. W. Allen vom Mt. Wilson Observatorium in Kalifornien und T. G. Cowling in England (u.v.a.m.)

11.2.1 Können Sternatmosphären turbulent sein?

Das Wort Turbulenz erscheint uns im täglichen Sprachgebrauch schon so vertraut, daß man oft gar nicht mehr fragt was es eigentlich bedeutet. Der tägliche Wetterbericht im Fernsehen ist ja voll davon. Auch Flugreisenden ist es kein Fremdwort. Turbulenz ist ein Begriff aus der Strömungslehre. Wir wollen ihn zuerst einmal definieren. Dazu stellen wir uns ein Rohr in dem eine Flüssigkeit fließt vor, etwa eine Hochdruckpipeline. Das Rohr habe den Durchmesser D und die Strömungsgeschwindigkeit der Flüssigkeit sei v. Irgendwie könnten wir jetzt ein (masseloses) Probeteilchen in dieses Rohr werfen und seinen weiteren Weg in der Flüssigkeit verfolgen. Die Geschwindigkeit dieses Teilchens bezeichnen wir mit u und seine mittlere freie Weglänge sei d. Die Frage ist jetzt, wie die weitere Bahn dieses Probeteilchens aussieht. Verläuft sie geradlinig, zickzack oder was immer? Nun, wir verwenden jetzt eine dimensionslose Größe, die den qualitativen Strömungsvorgang beschreiben soll und sagen, daß Turbulenz dann eintritt wenn folgende kritische Größe erreicht ist:

$$Re = 3\frac{v}{u}\frac{D}{d} \ > \ 1,000. \tag{11.1}$$

Dies ist die sogenannte *Reynolds*-Zahl.

Betrachten wir jetzt eine stellare Photosphäre anstelle der Flüssigkeit in einem Rohr (der Einfachheit halber verwenden wir die Dimensionen der Sonne). Natürlich hinkt diese Analogie, da die Sternoberfläche kein Rohr darstellt und auch keine Begrenzung entsprechend den Rohrwänden hat. Aber wir wollen nur einmal eine grobe Abschätzung durchführen um zu sehen, ob es auf Sternen überhaupt Turbulenz gibt. In diesem Punkt möchte ich den Ausführungen von David Gray (1988) folgen. Also, die mittlere freie Weglänge eines Teilchens hängt natürlich von der mittleren Teilchendichte N des Mediums ab, in dem es sich bewegen soll. Auch für das Sternplasma an der Sonnenoberfläche gilt $N \approx d^{-3}$, wobei

$$N = \frac{p_{\mathrm{Gas}}}{k\ T_{\mathrm{eff}}} \approx \ 10^{23}\ \mathrm{m}^{-3} \tag{11.2}$$

ist. Hier haben wir einen Gasdruck p_{Gas} von $10^4\ \mathrm{N\,m}^{-2}$ angenommen, sowie eine Effektivtemperatur von 6,000 K (k ist die Boltzmann-Konstante). In der Nähe der Sonnenoberfläche erwarten wir also eine mittlere freie Weglänge von

$$d = \frac{1}{\sqrt[3]{N}} \approx \ 2 \times 10^{-8}\ \mathrm{m}. \tag{11.3}$$

Nehmen wir jetzt noch weiters an, daß der Durchmesser des Strömungsbereiches (des Rohres im obigen Beispiel) etwa dem Durchmesser eines Granulums entspricht, also $D \approx 10^5$ m, und daß das Verhältnis Strömungs- zu Teilchengeschwindigkeit $(v/u) = 1.5$ sei, dann ergibt sich für die Reynoldszahl in der Nähe der Sonnenoberfläche:

$$Re = 3 \times 1.5 \times \frac{10^5}{2 \times 10^{-8}} \approx \ 10^{13}. \tag{11.4}$$

Und das ist etwa 10^{10} mal über dem kritischen Wert der Glchg. (11.1). Auf diesen Umstand wurde unter anderen von H. Siedentopf (1941) und von M. Minnaert (1953) hingewiesen, obwohl erste Überlegungen ob Turbulenz überhaupt eine Rolle spielt, schon auf Rosseland (1928) zurückgehen! Heute wissen wir, daß es auf einer „Sternoberfläche“ und daher auch in der angrenzenden Sternatmosphäre recht turbulent zugeht.

Doch das eigentliche, astronomische Problem in den ersten Jahrzehnten des 20. Jahrhunderts war einerseits Bénards Beobachtung, daß die Konvektions- oder Turbulenzzellen der Laborkonvektion äußerst stationär, also langlebig waren, die Granulen der Sonnenoberfläche im Gegensatz dazu aber eine recht kurze Lebensdauer – Größenordnung Minuten – hatten. Die Antwort lag in der Schichtdicke des Ölfilms verborgen. Füllen wir etwas mehr Öl in unseren Kochtopf, so daß sich der Ölstand auf 15mm erhöht: was beobachten wir? Erraten, der Fall der *nichtstationären Konvektion* tritt ein. Wir sehen unterschiedlich große Zellen mit einer mittleren Lebensdauer, die dem Verhältnis Schichtdicke zu Strömungsgeschwindigkeit entspricht. Es sind Flüssigkeitspakete, die sich vom Boden des Gefäßes ablösen, bis zur Oberfläche aufsteigen, dabei ihren Wärmeinhalt an die Umgebung abgeben, also abkühlen, um schließlich wieder abzusinken und das Spiel wieder von vorne zu beginnen. Dasselbe gilt für ein Plasma. Der russische, theoretische Physiker A. N. Kolmogoroff zeigte, daß Turbulenzzellen in allen Größen vorkommen können, und daß die größeren im Laufe der Zeit in kleinere zerfallen. Das „Zerfallsprodukt“, so Kolmogoroff, ist nichts anderes als thermische Bewegung. Ihre Extrema im stellaren Fall sind die Mikroturbulenz und die Makroturbulenz.

11.2.2 Das Konzept der Mikroturbulenz

Unter Mikroturbulenz versteht man die Ansammlung von Turbulenzzellen deren Durchmesser wesentlich kleiner sind als die mittlere freie Weglänge eines Photons oder, anders ausgedrückt, wo der Zellendurchmesser wesentlich kleiner als die optische Tiefe $\tau = 1$ ist. Erinnern wir uns, daß die optische Tiefe erst über die Dichte und den Absorptionskoeffizienten mit der geometrischen Tiefe gekoppelt ist (Glchg. 7.4). Wie groß diese Zellen nun wirklich sind ist eigentlich unbekannt, vielleicht nur wenige Zentimeter, falls sie überhaupt existieren. Dreidimensionale hydrodynamische Rechnungen haben gezeigt, daß das klassische Konzept der Mikroturbulenz heute obsolet ist und daß das Phänomen, das frühere Beobachter Mikroturbulenz getauft hatten, auf dem uns bereits wohlbekannten Phänomen der Granulation beruht (siehe dazu Kapitel 11.3.3). Aber wie auch immer, wichtig ist es, den Einfluß der Mikroturbulenz bzw. der detaillierten Granulationgeschwindigkeiten auf die Atome der einzelnen chemischen Elemente in der stellaren Photosphäre zu verstehen. Letztendlich kommt (fast) alle Information über den Stern aus dessen photosphärischen Spektrum, also den Absorptionslinien der einzelnen Multipletts der chemischen Elemente. Die Sonne fungiert dabei wieder einmal als Testobjekt, und die Tests sehen bereits sehr gut aus, wie man aus der Anpassung des Modells an die Beobachtung in Abb. 11.3 schon erkennen kann.

Da die Teilchendichte in der Photosphäre relativ groß ist, und die Teilchengeschwindigkeiten daher wenigstens annähernd isotrop verteilt sind, braucht die resultierende thermische Bewegung nur entlang einer einzelnen Koordinate beschrieben werden. Alle anderen Komponenten wären dann ja ohnehin gleich. Natürlich verwendet man die (radiale) Richtung auf den Beobachter zu, denn entlang der

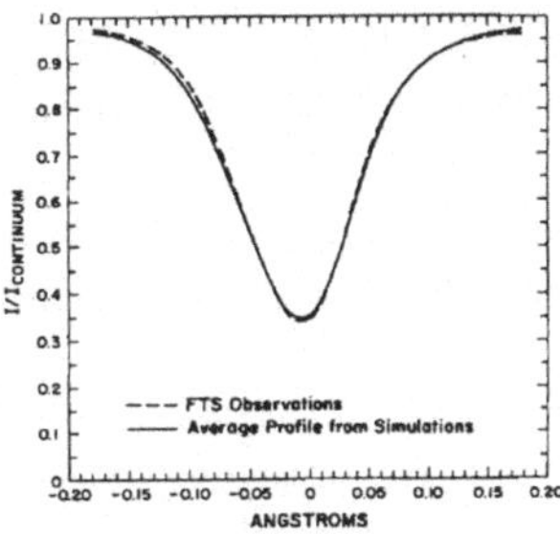

Abbildung 11.3: Der Einfluß der turbulenten Konvektion auf ein Linienprofil. Eine Spektrallinie der Sonne (Fe I 630.25 nm, gestrichelte Linie) und eine numerische Simulation mit turbulenter Konvektion wie in Abb. 11.11. Man sieht, daß die Anpassung schon fast perfekt ist. (Nach Lites et al. 1989).

Sehlinie können Geschwindigkeiten mit Hilfe des Doppler-Effektes gemessen werden. Im Prinzip verursacht jede Mikroturbulenz-Zelle einen Doppler-Effekt im Linienprofil einer Absorptionslinie und die Verteilung dieser Doppler-Verschiebungen kann als eine Gauß-Funktion angesehen werden. Mathematisch ist diese Verteilung identisch zur thermischen Linienverbreiterung durch die Photosphärentemperatur. Deren Verteilung N ist ebenfalls eine Gauß-Funktion und wir können schreiben:

$$N(\Delta\lambda) = \frac{1}{\sqrt{\pi}\Delta\lambda_{\text{th}}}\, e^{-\left(\frac{\Delta\lambda}{\Delta\lambda_{\text{th}}}\right)^2}, \tag{11.5}$$

wobei

$$\Delta\lambda_{\text{th}} = \frac{\lambda}{c}\left(\frac{kT}{m}\right)^{1/2} \tag{11.6}$$

die thermische Dopplerbreite einer Spektrallinie des Elementes der Atommasse m ist (also nur von der Temperatur abhängig).

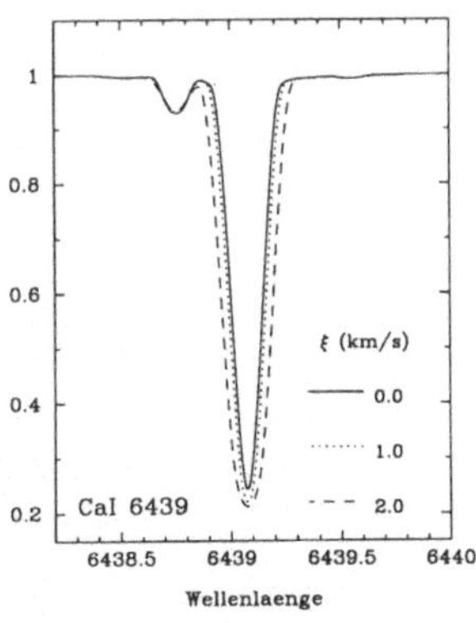

Abbildung 11.4: Eine berechnete Spektrallinie (Ca I 643.9 nm) für einen G5IV-Modellstern mit unterschiedlichen Werten für die Mikroturbulenz (ξ). Man sieht die starke Zunahme der Äquivalentbreite der Linie mit zunehmender Turbulenz.

Spektral hochaufgelöste Messungen von sehr schwachen Absorptionlinien[2] in Sternen mit unterschiedlichsten Oberflächentemperaturen ergab aber, daß die gemessenen Linienbreiten wesentlich größer sind als die thermischen. Zum Beispiel für einen Stern mit $T_{\text{eff}} = 4,000$ K erwartet man entsprechend Glchg. (11.6) eine Breite

[2]Solche, die praktisch keine Druckverbreiterung mehr aufweisen und daher diesen Einfluß beim Vergleich mehrere Sterne eliminieren.

von 1.1 $km\,s^{-1}$. Gemessen wurden aber Breiten zwischen 2 und 7 $km\,s^{-1}$, oder bei $T_{eff} = 6,000$ K ist der erwartete Wert nur unmerklich größer (1.3 $km\,s^{-1}$), die Messungen bewegen sich aber zwischen 4 und 10 $km\,s^{-1}$ und bei $T_{eff} = 10,000$ K (Erwartungswert etwa 1.7 $km\,s^{-1}$) sind alle Messungen größer oder gleich 10 $km\,s^{-1}$. Offensichtlich geht die Differenz auf das Konto der turbulenten Plasmabewegungen: Mikro- und Makroturbulenz (siehe nächster Abschnitt).

Die großen Unterschiede zwischen den Beobachtungen und den erwarteten Linienverbreiterungen zeigen schon, daß Mikroturbulenz bzw. das dahinterstehende Phänomen der Granulation, eine ernstzunehmende Größe im Prozeß der Linienentstehung ist. Da beide Geschwindigkeitsverteilungen – die rein thermische und die Mikroturbulenz – in erster Ordnung einer Gauß-Verteilung folgen, ist die resultierende Verteilung ebenfalls eine Gauß-Funktion und die Form der Spektrallinie sollte daher, zumindest in erster Näherung, unbeeinflußt bleiben obwohl die Äquivalentbreite mit zunehmender Mikroturbulenz ebenfalls zunimmt, wie man in Abb. 11.4 sieht (eine detaillierte Darstellung findet sich in den Büchern von David F. Gray, siehe Literaturhinweise am Ende dieses Kapitels).

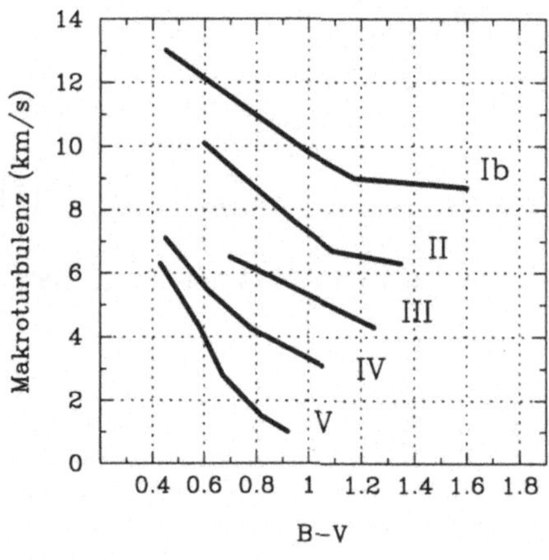

Abbildung 11.5: Makroturbulenz als Funktion der $B-V$-Farbe und Leuchtkraftklasse eines Sternes. (Nach numerischen Werten in Gray 1988, 1992).

11.2.3 Makroturbulenz

Im Gegensatz zur Mikroturbulenz spielt sich die Makroturbulenz, wie schon der Name andeutet, in makroskopischen Dimensionen ab. Die Größe der Turbulenzzellen ist nicht mehr kleiner oder ähnlich der mittleren freien Weglänge der Photonen, so wie bei der Mikroturbulenz, sondern besteht aus großräumigen Geschwindigkeitsverteilungen der Photosphäre, deren Ausdehnungen tausende von Kilometer betragen können. Die *Granulation* und die *Supergranulation*, also der Zusammenschluß von mehreren Granulen, sind derartige Makroturbulenzphänomene und ein einzelnes Granulum eine Makroturbulenzzelle. Es gibt auf der Sonnenoberfläche aber noch größere Turbulenzstrukturen.

Der eigentliche Grund warum eine Unterscheidung zwischen Mikro- und Makroturbulenz von Bedeutung ist, liegt im Umstand, daß die Makroturbulenzzellen so groß sind, daß das Linienspektrum der Sternoberfläche schon innerhalb einer einzelnen Turbulenzzelle entsteht. Dadurch hat die Makroturbulenz auch keinen Einfluß auf die Äquivalentbreiten der Spektrallinien, wie etwa bei der Mikroturbulenz. Das Geschwindigkeitsfeld der vielen, sagen wir willkürlich verteilten Zellen verursacht eine Verbreiterung der Spektrallinien im Integralspektrum, das ist das Spektrum der ganzen Sternscheibe, wie wir es bei allen unaufgelösten Sternen erhalten. Nimmt man z.B. eine Gauß-Verteilung der radialen und tangentialen Geschwindigkeitskomponente an, so kann die Makroturbulenz aus dem beobachteten (Integral)Spektrum mit Hilfe einer Fourier-Transformation entfaltet und somit bestimmt werden. Doch vergessen wir nicht, daß das Konzept der radial-tangentialen Makroturbulenz nur ein Hilfsmittel ist, bedingt durch die Unzulänglichkeit auch der besten stellaren Spektren. Ein Blick auf die Sonnenoberfläche in Abb. 11.9 (oberes Bild) und 11.11 (unteres Bild) zeigt uns die Realität, zumindest für einen G2V-Stern.

11.3 Granulation im HR-Diagramm

11.3.1 Die Sonne macht's vor

Könnten wir die Sonne aus einer Entfernung von, sagen wir, 10 Parsek betrachten, erschiene sie uns als ein inaktiver, ruhiger Stern ohne nennenswerten Lichtwechsel. Gehen wir aber noch näher heran als wir es ohnehin schon sind, z.B. mit Satelliten oder auch nur mit Hilfe eines Teleskops, so erscheint uns die Sonne keinesfalls als ruhiger, inaktiver Stern sondern ihre Oberfläche ist vielmehr ein turbulenter, ewig brodelnder, wahrlich mit einem Hexenkessel zu bezeichnender Ort. Es war eine der großen Pionierleistungen der Astronomie des ausgehenden Jahrtausends diesen Hexenkessel zu fotografieren und zu filmen. Viele Forscher aller großen Sonnenwarten dieser Welt müßten an dieser Stelle erwähnt werden, von Meudon, Pulkovo, München, Yerkes bis Potsdam u.a., doch die ersten wirklich hochaufgelösten Bilder gelangen 1959 dem Team der Princeton University unter der Leitung von Martin Schwarzschild. Sie verwendeten ein automatisches 30cm Spiegelteleskop, das an einen Ballon in die irdische Stratosphäre getragen wurde. Bei dieser Höhe sind 96% der Erdatmosphäre bereits überwunden und ermöglichte so ein besseres Bild als vom Boden aus. Modernere Aufnahmetechniken, als sie Schwarzschild zur Verfügung standen, liefern heute Bilder gleicher Qualität, nur vom Boden aus (siehe z.B. Abb. 11.9, oberes Bild).

Noch einen Schritt weiter geht die Weltraumastronomie. Das 1995 gestartete Sonnenobservatorium *SOHO* (*SOlar and Heliospheric Observatory*) mißt die Geschwindigkeitsverteilung der Sonnenoberfläche an einer Million Stellen gleichzeitig. Dabei wurde ein Michelson-Interferometer mit einer zweidimensional abbildenden Kamera verbunden um die extrem hohe Auflösung des Interferometers über die ganze Sonnenscheibe zur Verfügung zu haben. Abbildung 11.6 stellt ein typisches Gesamtbild der Geschwindigkeiten des Granulationsmusters dar. Helle Regionen sind hier Gebiete, die sich von uns wegbewegen, dunkle bewegen sich auf uns zu. In der Mitte der Scheibe ist die horizontale Geschwindigkeitskomponente über den

Abbildung 11.6: Die horizontalen Konvektionsströmungen in der Nähe der Sonnenoberfläche. Die Konvektion transportiert Material vom Inneren an die Oberfläche, wo es sich horizontal ausbreitet und dabei die typische Supergranulationsstruktur bildet bevor es sich wieder abkühlt und absinkt. Die Aufnahme stellt lediglich Geschwindigkeiten nach Abzug der Sonnenrotation dar, keine Helligkeiten. Helle Gebiete bewegen sich von uns fort, dunkle auf uns zu. In der Mitte der Scheibe ist die horizontale Geschwindigkeitskomponente normal zur Sichtlinie und erzeugt keinen (radialen) Dopplereffekt und ist daher entweder Null oder sehr klein. (Nach einer Aufnahme des SOHO/MDI-Konsortiums, einer internationalen Kooperation von ESA und NASA).

Dopplereffekt nicht meßbar bzw. sehr klein und somit ohne erkennbare Daten. Abbildung 11.7 zeigt die aus einer Zeitanalyse abgeleitete tangentiale Geschwindigkeitsverteilung in einem Oberflächenausschnitt der Größe 130,000×175,000 km und vergleicht sie mit dem Auftreten magnetischer Regionen (bedenke, daß der Erddurchmesser im Vergleich nur rund 12,000 km beträgt!). Die maximalen Geschwindigkeiten erreichen auf dieser Skala Größenordnungen von etwa 1 $\mathrm{km\,s^{-1}}$. Geschwindigkeitsfelder dieser Art wurden 1987 von den Sonnenphysikern L. J. November und P. N. Brandt erstmals gesehen und mit der sogenannten *Mesogranu-*

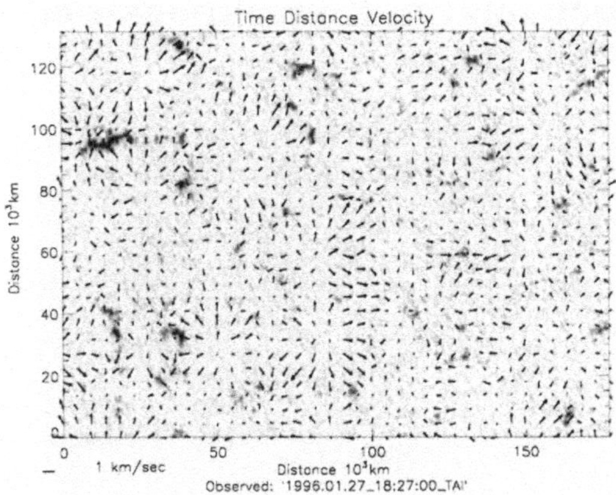

Abbildung 11.7: Die Geschwindigkeits- und Magnetfeldverteilung knapp unterhalb der Sonnenoberfläche. Jeder Pfeil stellt die Richtung des Geschwindigkeitsfeldes und die Länge dessen Betrag dar (Skala links unten). Die dunklen Regionen sind lokale Magnetfelder. Wie man sieht, wird die (beinahe) symmetrische Geschwindigkeitsverteilung durch Magnetfelder empfindlich gestört, z.B. in der Nähe des länglichen Fleckes links oben. (Nach einer Aufnahme des SOHO/MDI-Konsortiums, einer internationalen Kooperation von ESA und NASA).

lation identifiziert, also konvektiven Bewegungen mit mittleren räumlichen Ausdehnungen zwischen 4.5 und 10 Bogensekunden auf der Sonnenscheibe und einer durchschnittlichen Lebensdauer von 30 Minuten.

Die *vertikale* Geschwindigkeitsverteilung einer relativ dünnen Schicht knapp unterhalb der Sonnenoberfläche zeigt die Abb. 11.8. Deutlich sind die Auf- und Abströmungen der Konvektion sichtbar.

Leider können wir Sterne nun mal nicht räumlich auflösen wie die Sonne – Ausnahmen siehe eingangs –, daher müssen wir wieder auf die Beobachtung des integralen Spektrums zuückgreifen. Doch auch hier zeigt uns die Sonne wie man's macht. Die Antwort liegt in den „verbogenen" Spektrallinien. Abbildung 11.9 zeigt, was mit verbogen gemeint ist: wie wir schon in Kapitel 7.3.4 gesehen haben, erscheint das Innere einer Granulationszelle heiß, also hell, und der Rand kühl, also dunkel. Weiters wissen wir bereits, daß das heiße Material des Granulums aufsteigt, dabei abkühlt und wieder absinkt und so den Granulumrand bildet. Der Beitrag des heißen Bereiches zum Gesamtspektrum – wir beschränken uns zum besseren Verständnis nur auf eine einzelne Spektrallinie –, ist daher gemäß dem Doppler-Effekt blauverschoben und der Beitrag des kühlen, intergranularen Bereiches rotverschoben. In der Regel dominiert der Beitrag des heißeren Bereiches, auch wenn dessen Flächenverteilung etwas kleiner sein mag als die des intergranularen Bereiches. Das Nettoergebnis aus der Kombination beider Beiträge ist eine verbogene Spektrallinie deren Mittelline, der sogenannte *Bisektor*, eine Ähnlichkeit mit einem C hat.

Die Beobachtung der Sonnenoberfläche gibt uns nun die Möglichkeit, das Granulationsmuster einerseits in Form einer Fotografie räumlich aufzulösen und andererseits gleichzeitig Integralspektren wie in Abb. 11.3 zu messen und die Bisektoren verschiedenster Spektrallinien zu vergleichen und somit zu kalibrieren. Zumindest qualitativ. Mit exzellenten Spektrographen bewaffnet – denn es bedarf höchster spektraler Auflösung um die Verbiegung durch Granulation im Integralspektrum nachzuweisen –, begab man sich in den siebziger und achtziger Jahren auf die Suche nach Granulation bei anderen Sternen.

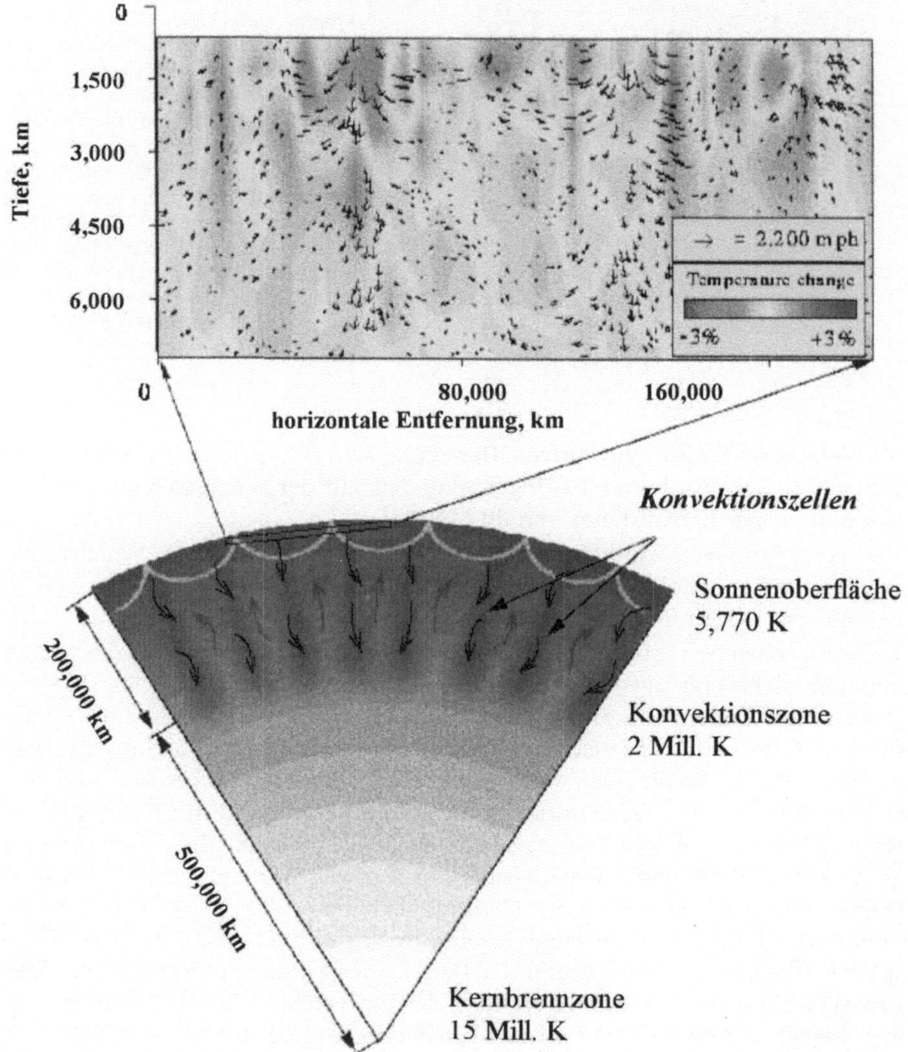

Abbildung 11.8: Detail der vertikalen Geschwindigkeitsverteilung knapp unterhalb der Sonnenoberfläche. Pfeile im oberen Diagramm stellen wiederum die Richtung des Geschwindigkeitsfeldes, und die Länge deren Betrag dar. (Nach einer Aufnahme des SOHO/MDI-Konsortiums, einer internationalen Kooperation von ESA und NASA).

11.3.2 Je größer, desto turbulenter

Die beiden hellen Sterne Arkturus (α Boo, K2III) und Procyon (α CMi, F5IV-V) waren die ersten Objekte mit guten, spektral hochaufgelösten Beobachtungen. Die

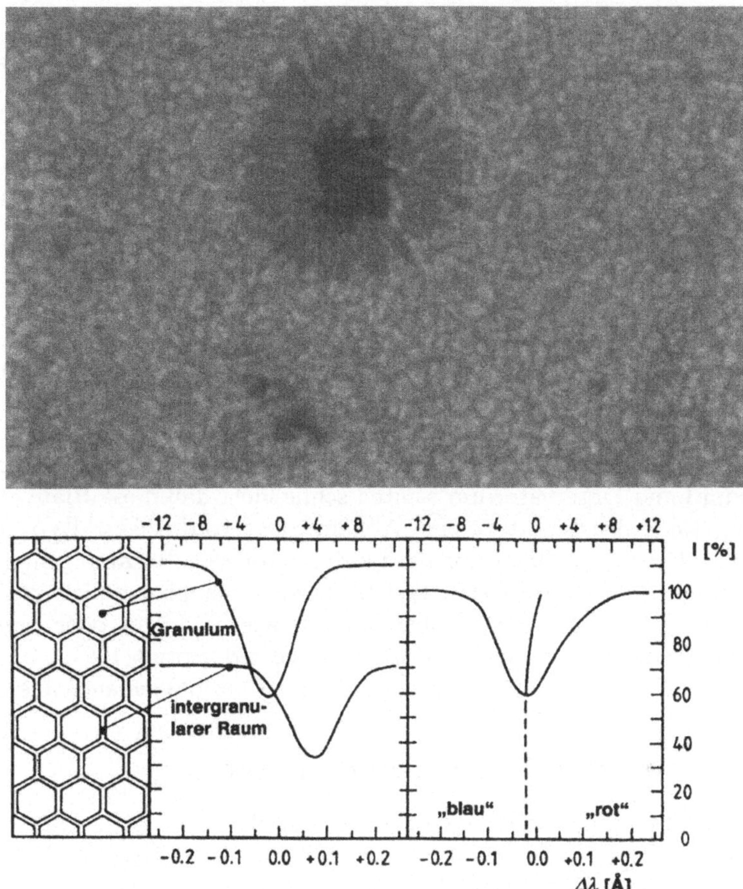

Abbildung 11.9: Zur Entstehung von verbogenen Spektrallinien. Das aufsteigende, heiße Plasma im Granulum verursacht eine Blauverschiebung im Spektrum, während gleichzeitig das absinkende, abgekühlte und daher dunkler erscheinende Plasma des intergranularen Bereiches eine Rotverschiebung verursacht (siehe obere Abbildung mit tausenden Granulen in der Nähe eines Sonnenfleckes). Da eine Sternoberfläche nicht direkt aufgelöst werden kann, was im Fall der Sonne aber leicht möglich ist (wie man in der oberen Abbildung sieht), stellen die helleren, also blauverschobenen Bereiche den überwiegenden Flußanteil und somit ergibt die Summe aller Oberflächenbereiche ein Spektrum mit in eine Richtung verbogene Spektrallinien. (Sonnenaufnahme von P. Brandt, G. Scharmer, G. Simon und D. Shine am 5. Juni 1993 mit dem schwedischen Vakuumteleskop auf LaPalma. Unteres Bild aus A. Hanslmeier 1991, basierend auf einer Darstellung nach Dainis Dravins, Lund Observatorium).

Überraschung war, daß die Form des oberen Randes der Bisektoren zwar ähnlich denen der Sonne waren, daß die untere Hälfte der C-Form aber blauverschoben blieb. Wenn der Kern einer Spektrallinie aber mehr blauverschoben ist als etwa der Bisektor bei geringer Linieneinsenkung, also in der Nähe des Kontinuums, so kann das nur heißen, daß die Granulation von Arkturus und Procyon in größere Höhen der Photosphäre vordringt, als es bei der Sonne der Fall ist.

Erste Untersuchungen des kanadischen Spektroskopikers David F. Gray von der

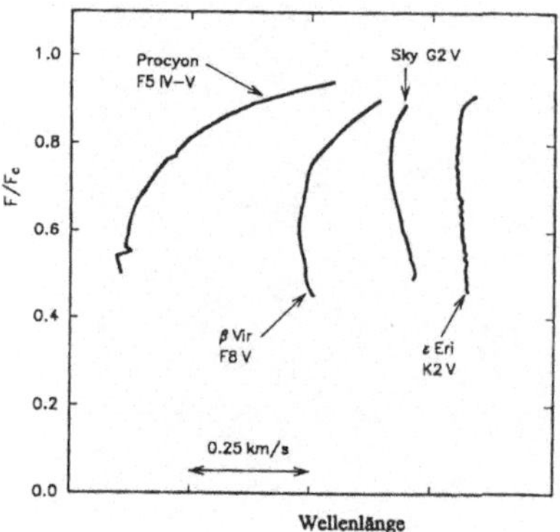

Abbildung 11.10: Gemittelte Bisektoren für einige Hauptreihen-Sterne. Der Bisektor der Sonne wurde aus einem Spektrum des Tageshimmels (*sky*) gewonnen und ist ebenfalls eingezeichnet. Es zeigt sich, daß, je heißer ein Stern, desto größer wird die Asymmetrie seines Bisektors, wobei Riesensterne noch etwa um einen Faktor zwei stärkere Asymmetrien zeigen als Hauptreihensterne. Die Ursache liegt im Umstand, daß die Konvektionsbewegungen bei Sternen hoher Leuchtkraft, also bei Riesensternen, stärker werden. (Mit frdl. Gen. nach Gray 1992, *The observation and analysis of stellar photospheres*, Cambridge University Press).

Universität von Western-Ontario und später seines schwedischen Kollegen Dainis Dravins vom Lund Observatorium zeigten schließlich, daß diese Blauverschiebung des unteren Ende des Bisektors eine Abhängigkeit vom Spektraltyp des Sternes zeigt (Abb. 11.10). Dreidimensionale hydrodynamische Rechnungen der solaren Konvektionszone können mittlerweile detaillierte Linienprofile nicht nur der Sonne sondern auch von sonnenähnlichen Sternen wie α Cen A oder bereits etwas entwickelten Sternen wie Procyon erklären (siehe z.B. Spruit 1997). Genau solche Rechnungen wollen wir uns im nächsten Abschnitt einmal genauer ansehen.

11.3.3 Granulation im Supercomputer

Halten wir noch einmal fest, daß die Erscheinung der Granulation nur die Manifestation der turbulenten Konvektion an der Sonnen- bzw. Sternoberfläche ist. Der physikalische Vorgang der Granulation ist also grundlegend von der Existenz einer Grenzfläche abhängig, wir sprechen davon, daß es stark von den „Randbedingungen" abhängig ist. So ist die thermische Übergangsschicht auf der Sonne nur etwa 20 km dick. Außerhalb grenzt sie an den Weltraum – an dieser Stelle immer noch ein fast perfektes Vakuum –, innerhalb gibt es Temperaturen von 100,000 Grad Kelvin (an diese 20 km-Schicht folgt unmittelbar die Photosphäre). Das Plasma der Konvektionszone wird an der Oberfläche also extrem abgekühlt bis es in die etwa 5,700 K heiße Photosphäre übergeht. Obendrein ist die Opazität der Sternmaterie sehr stark temperaturabhängig – die mittlere Opazität in der Nähe der Oberfläche skaliert sich mit der zehnten Potenz der Temperatur –, und je weiter es abkühlt desto durchsichtiger wird es und kann damit noch mehr abkühlen da es vermehrt seine eigene Strahlung durchläßt. Dies ist auch der Grund warum der konvektive Energiefluß so rasch – wie erwähnt, in nur etwa 20 km – in Strahlung umgewandelt werden kann. Die Gasdichte der Konvektionszone ist an der Sonnenoberfläche auch rund eine Million mal kleiner als an ihrem unteren Ende.

Haben wir diese „Randbedingungen" einmal sehr genau verstanden und festgelegt, kann man den Versuch starten, mit Hilfe großer Computeranlagen die Bewegung des Plasmas in der Nähe der Oberfläche zu rekonstruieren, man sagt zu simulieren. Der dänische Astrophysiker Åake Nordlund und sein amerikanischer

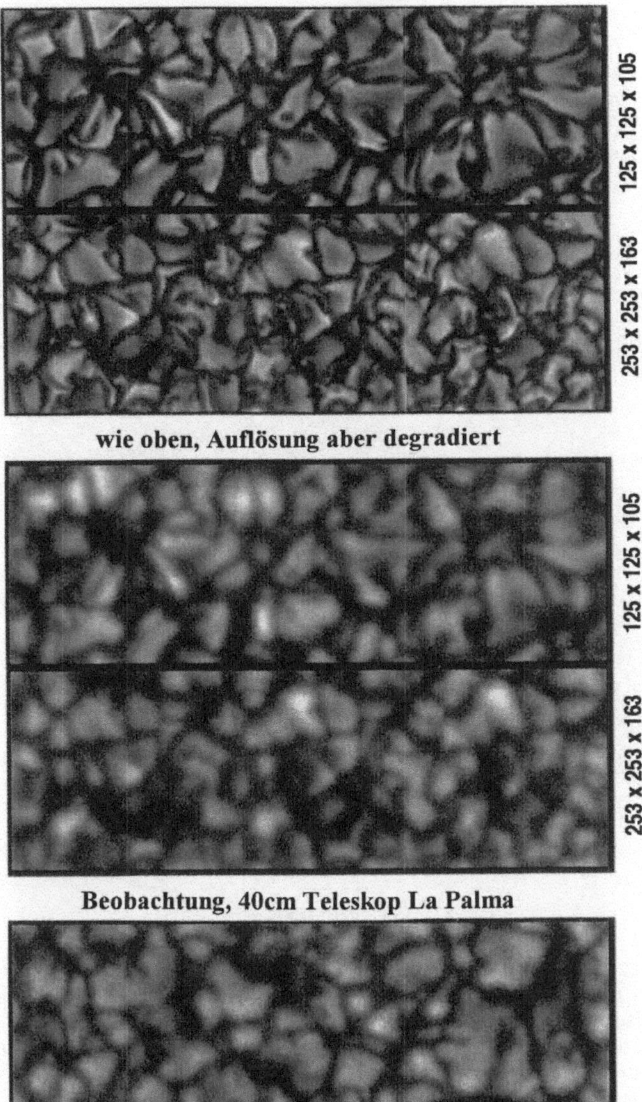

Abbildung 11.11: Ein Vergleich von gerechneten 3-D Simulationen der Sonnengranulation mit einer hochaufgelösten Beobachtung, aufgenommen am schwedischen 40cm Sonnenteleskop auf La Palma. Die beiden oberen Abbildungen sind die gerechneten Bilder, wobei das mittlere auf die gleiche räumliche Auflösung degradiert wurde wie die Beobachtung in der untersten Abbildung. Ein Vergleich des mittleren mit dem untersten Bild zeigt, wie fortgeschritten die modernen, dreidimensionalen Rechnungen schon sind. Die einzelnen Bilder entsprechen 18,000×6,000 km auf der Sonnenoberfläche. (Nach Nordlund & Stein 1996).

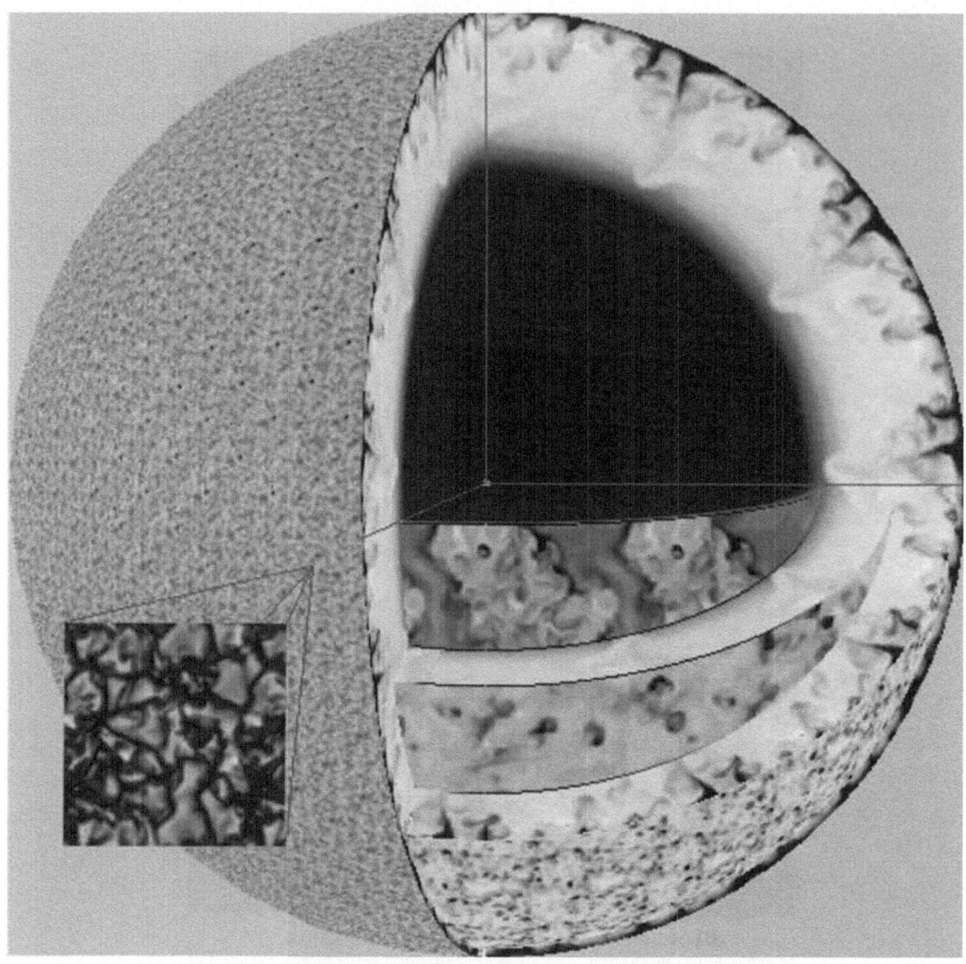

Abbildung 11.12: Ein Schnitt durch eine dreidimensionale Simulation der solaren Konvektionszone zeigt die Konvektionsstruktur bei verschiedenen Tiefen. Links ein Ausschnitt von der Oberfläche. Die Rechnungen reichen bis in etwa 220,000 km Tiefe (etwa 0.7 $R_\odot$), ab der dann Energietransport durch Strahlung dominiert. In dieser Simulation sieht man (oben rechts), wie abwärts strömendes Plasma bis in die tiefsten Schichten vordringt und danach wieder aufsteigt. (Nach Nordlund & Stein 1996).

Kollege von der Michigan State University, R. F. Stein, sind auf diesem Gebiet weltweit führend. Sie rechnen bereits in drei Dimensionen und es ist erstaunlich wie sehr das Ergebnis der Rechnungen der Realität ähnelt. Abbildung 11.11 vergleicht neueste Ergebnisse von Nordlund und Stein mit einer hochaufgelösten Beobachtung der Sonnengranulation. Die beiden oberen Bilder in dieser Abbildung sind gerechnete Helligkeitsverteilungen der Sonnenoberfläche, einmal dargestellt wie es die numerische Auflösung erlaubt (oberstes Bild) und einmal, wenn dieses Bild auf jene Auflösung degradiert wird, mit der man von der Erde aus die Sonnenoberfläche beobachten kann. Das dritte und unterste Bild ist eine echte Aufnahme der Sonnengranulation mit dem 40cm-Teleskop der schwedischen Sonnenwarte auf La Palma. Wie man sieht, besteht eine erstaunlich perfekte Übereinstimmung zwischen der Beobachtung und der Rechnung. Der vertikale Schnitt durch die gesamte Konvektionszone in Abb. 11.12 verdeutlicht schließlich die Dreidimensionalität der Dynamik.

Doch was passiert mit der konvektiven Bewegung des Plasmas, wenn ein Magnetfeld vorhanden ist? Wird die Granulation unterdrückt oder sogar verstärkt? Diesen Fragen ging eine Gruppe um den englische Astrophysiker Nigel O. Weiss von der Cambridge University nach. Sein Team publizierte vor kurzem neue Resultate aus eine Reihe von numerischen Rechnungen, die die dreidimensionale *Magnetokonvektion* eines kompressiblen Gases der Konvektionszone knapp unterhalb einer Sternphotosphäre beschreiben (Abb. 11.13; Weiss et al. 1996). Die Ergebnisse sind zum Teil recht erstaunlich: ist die magnetische Feldstärke nur hinreichend groß, wird die Konvektion zwar vollständig unterbunden – so, wie es schon Ludwig Biermann in den dreißiger Jahren erkannt hatte –, jedoch bei kleineren Feldstärken erzeugen die Rechnungen eine immer komplexer werdende hexagonale Konvektionsgeometrie bei gleichzeitiger, horizontaler Vergrößerung der Granulen an der sichtbaren Oberfläche. Bei weiterer Verringerung der Feldstärke stellt sich eine sogenannte oszillatorische Lösung ein, d.h. die Konvektionszellen beginnen räumlich zu pulsieren. Dies kann man sich als ein alternierendes vergrößern und verkleinern nebeneinander liegender Zellen vorstellen (Abb. 11.13c). Schraubt man die Feldstärke noch weiter zurück – und zwar auf Werte, die wesentlich kleiner sind als wir auf der Sonnenoberfläche beobachten –, nehmen diese Oszillationen immer mehr an Stärke zu. Die Ausdehnung der einzelnen Zellen kann nun dazu führen, daß sich benachbarte Konvektionszellen im Wege sind und miteinander verschmelzen. Die Folge ist, daß an der Sternoberfläche abnormal große Granulationsmuster auftreten können, mit Granulen, die kaum mehr turbulente Bewegung zeigen.

Die extreme Inhomogenität der Konvektionströmungen – beobachtbar durch die Granulation an der Oberfläche – und dem steten Auf und Ab von heißen und kühlen Plasma, läßt eine Reihe von aktuellen Problemen der Sonnen- als auch der Astrophysik in anderem Licht erscheinen: z.B. die Frage, wie in einem derart komplexen Umfeld, die differentielle Rotation innerhalb der Konvektionszone entsteht und aufrecht erhalten werden kann. Oder: kann die turbulente, konvektive Durchmischung die Lithium-Häufigkeit an der Sonnenoberfläche erklären? Wie beeinflußen die auf- und abströmenden Gasmassen den Aufstieg magnetischer Flußröhren aus der Overshoot-Region? Welcher Mechanismus regt nun wirklich die sogenannten *p-Moden* der Sonnenoszillation an? Könnte jede einzelne Konvektionszelle ein stellarer Dynamo sein? Und, und, und ....

Doch der konvektive Energietransport ist nicht der einzige Mechanismus der das Sternplasma in ständiger Bewegung hält. Es gibt noch Mechanismen, die sogar den gesamten Stern schwingen lassen. Um diese Schwingungen geht es im nächsten Abschnitt.

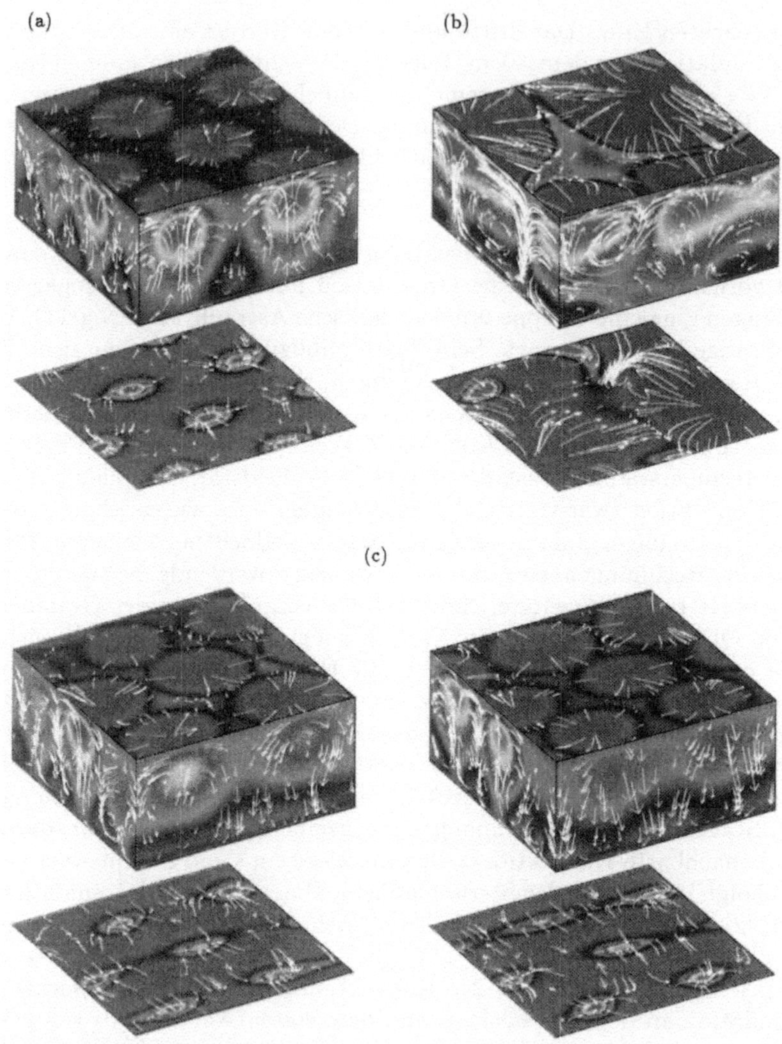

Abbildung 11.13: Die numerische Simulation der konvektiven Bewegung eines perfekten Gases in Gegenwart eines Magnetfeldes. *(a)* bei Annahme eines starken Magnetfeldes: es stellt sich *stationäre Konvektion* mit einem regelmäßigen, hexagonalen Muster ein, und *(b)* bei schwachem Magnetfeld: man erhält *turbulente, nichtstationäre Konvektion* und wesentlich größere Granulation auf der Sternoberfläche. Die beiden Diagramme in *(c)* veranschaulichen die periodische Oszillation der Konvektionszellen für zwei verschiedene Zeitpunkte und bei moderater Magnetfeldstärke. Alle Diagramme zeigen zweierlei Farbkodierungen: die Ober- und Unterflächen – letztere sind jeweils separat vom Volumen gezeichnet – haben die Magnetfeldstärke von „stark" (=violett) bis „schwach" (=rot) aufgetragen. Die Seitenflächen der Kuben hingegen haben die Temperatur eingezeichnet, und zwar von „kühl" (=violett) bis „heiß" (=rot). Die weißen Pfeile stellen den Betrag und die Richtung der konvektiven Bewegung dar. Siehe auch Text. (Mit frdl. Gen. nach Nigel Weiss et al. 1996, University of Cambridge).

11.4 Stellare Pulsationen

11.4.1 Ein stetiges Auf und Ab

Daß die Sonne wie eine angeschlagene Glocke schwingt haben wir bereits in Kapitel 7 erfahren. Am augenscheinlichsten ist dieses Phänomen natürlich in der Photosphäre, von wo aus man ja das ganze optische Spektrum mit all seinen Absorptionslinien und seinem Kontinuumsmaximum bei einer Wellenlänge von etwa 550 nm erhält. Eigentlich aber vibriert die Sonne, wie die meisten Sterne, nicht nur an der Oberfläche sondern durch und durch bis hin zu jenem zentralen Bereich, wo die eigentliche Kernfusion vor sich geht, also wo das Herz jedes Sternes schlägt. „Sehen" können wir diese Vibrationen und deren Frequenzen, die sogenannten *nichtradialen Pulsationen* oder *Oszillationen*, aber nur an der Sternoberfläche, und zwar in Form eines komplizierten Auf und Ab der Sternmaterie, die sowohl die Radialgeschwindigkeit als auch die Helligkeit des Sternes moduliert (siehe Abschnitt 5.5 in Kapitel 5). Die Beobachtung und Interpretation derartiger Oszillationen bilden den Gegenstand eines eigenen Fachgebietes der Solar- bzw. Stellarastronomie: die sogenannte *Helioseismologie* im Fall der Sonne bzw. *Asteroseismologie* bei anderen Sternen.

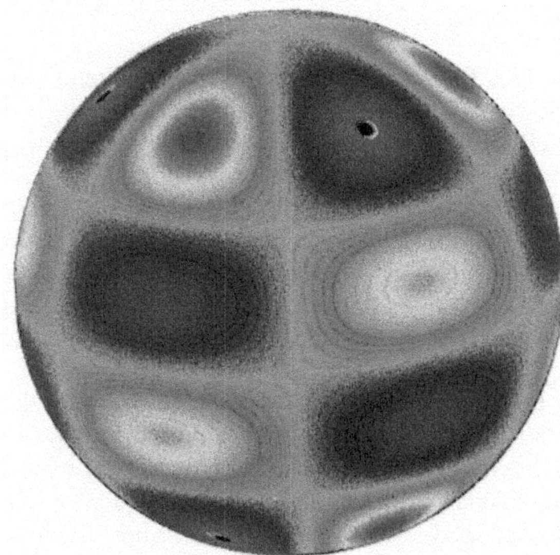

Abbildung 11.14: Oszillationsmode eines sonnenähnlichen Sternes. Dargestellt ist *eine* Kombination von ℓ, dem Grad, und m der Ordnung der harmonischen Kugelflächenfunktion P_ℓ^m: $\ell = 6$ und $m = 3$. Die Farbkodierung entspricht dem, durch das Auf und Ab eines jeden Oberflächenelementes resultierenden Dopplereffektes: violett und blau heißt, sich auf den Beobachter zubewegend, rot und gelb, sich von dem Beobachter wegbewegend. Man kann sich vorstellen welch' wunderschönes Durcheinander – aber wohlgeordnet – sich bei höheren Werten von ℓ und m einstellt. (Mit frdl. Gen. von Claude Catala, Universität Toulouse.

Der formale Unterschied zwischen Helio- und Asteroseismologie begründet sich ausschließlich auf das angewandte Instrumentarium, da die Sonne natürlich räumlich aufgelöst werden kann, womit es bei Sternen noch einige fundamentale Probleme gibt wie wir ja schon wissen. Eine gemeinsame Eigenschaft stellarer und solarer Pulsationen ist aber, daß das Plasma nicht vollkommen wirr und chaotisch oszilliert, sondern streng geordnet nach verschiedenen *Moden*, einem *Grad* ℓ und einer azimuthalen *Ordnung* m. Dies sind einfach ganze Zahlen mit $\ell \geq 0$ und $-\ell \leq m \leq +\ell$, die den mathematischen Grad und die Ordnung einer Kugelflächenfunktion $P_\ell^m(\theta, \varphi)$ darstellen. Unter einer Kugelflächenfunktion verstehen wir in diesem Zusammenhang nichts anderes als eine mathematische Hilfsfunktion um die Verteilung und die Amplitude der Vibrationen auf einer Kugeloberfläche darstellen zu können, wobei θ und φ die sphärischen Koordinaten auf der Sternoberfläche, also Breite θ und Länge φ sind. Die Abb. 11.14 veranschaulicht eine mögliche Kombination von ℓ und m (siehe auch Abb. 5.19 für drei andere Kombinationen).

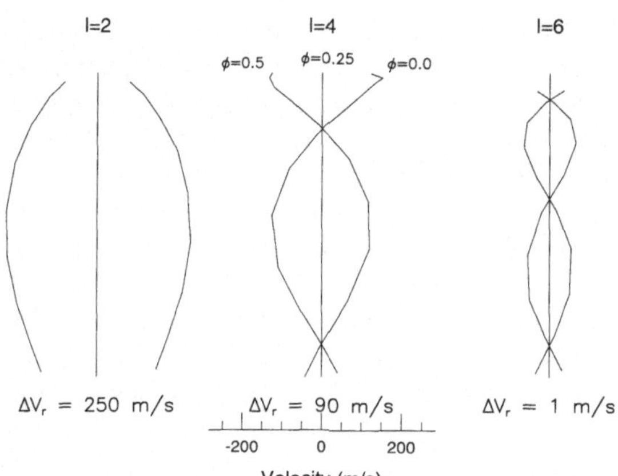

Abbildung 11.15: Die Variation des Linienbisektors durch nichtradiale Pulsation. Gezeigt sind Simulationen am Beispiel dreier Pulsationsordnungen $\ell = m = 2, 4$ und 6. Für jedes Beispiel sind wiederum Bisektoren für drei unterschiedliche Pulsationsphasen (Zeitpunkte) dargestellt: $\phi = 0.0$, 0.25 und 0.5. Siehe Text. (Mit frdl. Gen. nach Rechnungen von Artie Hatzes 1996, McDonald Observatory).

Nichtradiale Pulsationen nehmen auch Einfluß auf das beobachtbare Spektrum, genauer gesagt auf die Linienprofile sowie auf die integrierte Radialgeschwindigkeit. Zwar kann ein Stern ähnlich Abb. 11.14 nur sinusförmig verteilte Radialgeschwindigkeitsvariationen mit einer Amplitude von wenigen Metern pro Sekunde verursachen, doch kleinere Moden, etwa $\ell = m = 2$ wie u.a. in Abb. 5.19 dargestellt, verursachen schon Amplituden von bis zu 200 m s^{-1}. Wie wir in Kapitel 12 noch sehen werden, können sich daraus bei der Interpretation von Radialgeschwindigkeitskurven einige folgereiche Komplikationen ergeben. Auch die Linienprofile sind von den Oszillationen der Sternoberfläche nicht verschont. Hier gilt ebenso die Grundregel, je einfacher, d.h. im Zahlenwert niedriger die Pulsationsmode ist, desto höher wird die Verformung der Linie ausfallen und desto leichter ist sie entdeckbar. Stellen wir uns einen Stern vor, der einerseits rotiert, eine Konvektionszone hat und somit Granulation aufweist, und obendrein noch pulsiert – wie unsere Sonne – dann summieren sich alle diese Effekte zu einem lokalen Linienprofil auf, das an jedem Punkt der Oberfläche etwas unterschiedlich sein wird. Die Aufsummierung aller dieser lokaler Linienprofile über die jeweils sichtbare Hemisphäre des Sternes, so wie wir es in Kapitel 5 bereits beim Doppler-Imaging beschrieben hatten, führt zum beobachtbaren Profil der Spektrallinie. Und die können gehörig „verbogen“ sein. Wer es genau wissen will, die Geschwindigkeitskomponenten der nichtradialen Pulsation, also ohne Konvektion und Rotation, setzen sich in sphärischen Koordinaten r, φ, θ an der Sternoberfläche wie folgt zusammen:

$$\begin{aligned} v_r &= V_p \, P_\ell^m(\cos\theta) \, e^{im\varphi} \, , \qquad (11.7) \\ v_\varphi &= k \, V_p \, \frac{P_\ell^m(\cos\theta)}{\sin\theta} \frac{d}{d\varphi} \, e^{im\varphi} \, , \end{aligned}$$

$$v_\theta \;=\; k\,V_p\,\frac{d}{d\theta}\,P_\ell^m(\cos\theta)\,e^{im\varphi}\;,$$

wobei V_p die Amplitude der Pulsation ist, P_ℓ^m das Legendre-Polynom, das die Oberflächenverteilung beschreibt, und k den Proportionalitätsfaktor zwischen horizontalen und vertikalen Geschwindigkeiten darstellt. Letzterer ergibt sich zu etwa 0.15 wenn es sich um p-Moden, und 1.2 wenn es sich um g-Moden handelt.

Artie Hatzes vom McDonald-Observatorium in Texas hat kürzlich derartige Simulationen durchgerechnet und periodische Verbiegungen des Bisektors von bis zu 250 $\mathrm{m\,s^{-1}}$ bei einer angenommenen, typischen Pulsationsamplitude von 400 $\mathrm{m\,s^{-1}}$ gefunden. Abbildung 11.15 zeigt drei Beispiele von Linienbisektoren eines pulsierenden Sternes mit p-Moden der Ordnungen $\ell = m = 2$, 4 und 6. Man sieht, daß niedrige Ordnungen, also etwa $\ell = m = 2$ oder 4 durchaus Chancen auf Entdeckung haben – falls sie existent sind. Dies liegt auf der Hand, da höheren Ordnungen eine höhere Anzahl von rot- und blauverschobenen Zonen entsprechen, die sich in der Summe mehr und mehr aufheben. Die Natur ist aber nicht so gnädig zu uns Astronomen um einen sonnenähnlichen Stern zu erzeugen, der entweder nur pulsiert oder nur Konvektion aufweist, also kein Wunder, daß sich die eindeutige Entdeckung nichtradialer Pulsationen bei anderen, *sonnenähnlichen* Sternen so schwierig gestaltet. Einfacher wird es bei sehr heißen Sternen deren Pulsationsamplituden die der Sonne um ein Vielfaches übertreffen, und obendrein auch keine Konvektion mehr haben. Ein Beispiel ist der O-Stern ζ Ophiuchi.

11.4.2 Pulsation und Rotation am Beispiel ζ Ophiuchi

Abbildung 11.16 ist eine Simulation eines nichtradial pulsierenden O-Sternes mit m=4, 5, 8, und 10. Dargestellt ist die zeitliche Variabilität des *Differenzprofiles* – das ist das Linienprofil nach Abzug jenes Profiles, welches der Stern ohne Pulsation haben würde (im unteren Teil der Abbildung gezeigt) – für zwei ausgesuchte Spektrallinien unterschiedlicher Stärke und Temperaturabhängigkeit (He I 4471 und He II 4542). Zeit ist in Abb. 11.16 von unten nach oben verlaufend, und die Profildeformationen sind in unterschiedlichen Graustufen skaliert. In der linken Spalte ist das Erscheinungsbild der Sternoberfläche im Licht mit 450.0 nm (4500 Å) für drei Zeitpunkte dargestellt (rechts mit einem längeren Querstrich angedeutet). Diese Bilder zeigen den kombinierten Einfluß der Randverdunkelung, der Abplattung durch die extrem schnelle Rotation von O-Sternen (in diesem Fall mit $v \sin i = 400\ \mathrm{km\,s^{-1}}$ um den O9.5V-Stern ζ Ophiuchi zu simulieren), der daraus resultierenden Gravitationsverdunkelung der Rotationspole, und die asymmetrische Helligkeitsverteilung durch die nichtradiale Pulsation.

Wichtig für die erfolgreiche Beobachtung von Profildeformationen ist die Wahl der richtigen Spektrallinien. Die einfach ionisierte Helium-Linie (He II) bei z.B. 454.2 nm entsteht erst bei einer effektiven Temperatur von 30,000 K und erreicht erst ab 40,000 K ihre volle Äquivalentbreite. Gerade umgekehrtes gilt für die neutrale Helium-Linie (He I) bei 447.1 nm, sie erreicht ihre maximale Stärke bereits bei 20,000 K und nimmt mit zunehmender Temperatur ab. Da so extrem schnell rotierende (und auch pulsierende) Sterne wie ζ Ophiuchi stark abgeplattet sind,

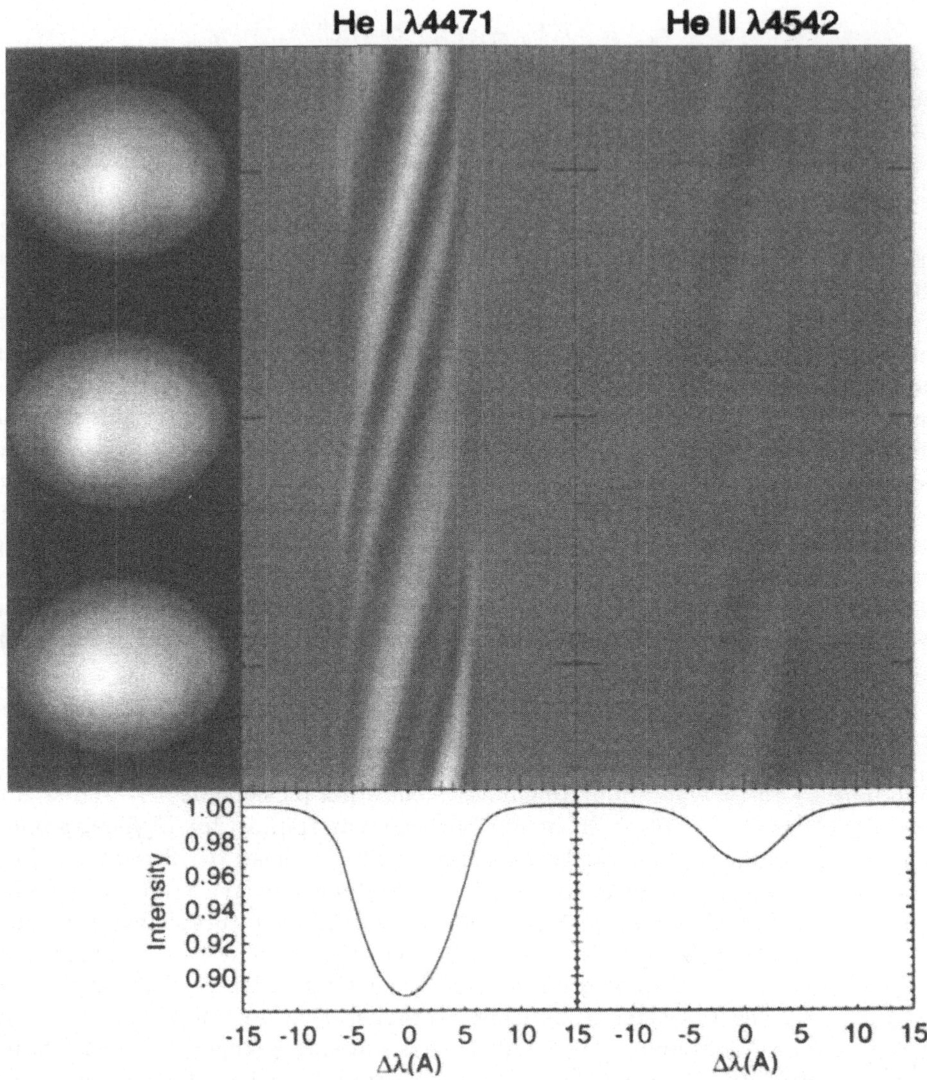

Abbildung 11.16: Eine simulierte, zeitliche Sequenz von Linienprofildeformationen eines extrem schnell rotatierenden O-Sternes bei gleichzeitiger, nichtradialer Pulsation in vier azimutalen Ordnungen. „Wow!“ Die drei linken Bilder zeigen den rotationsdeformierten Stern und seine resultierende Oberflächenhelligkeit zu drei Zeitpunkten (die Rotationsachse ist gegenüber der Papierebene um 22° geneigt). Deutlich ist die asymmetrische Helligkeitsvariation als Funktion der Zeit – von unten nach oben verlaufend – zu sehen. Der rechte Teil der Abbildung vergleicht in den beiden unteren Diagrammen die Linienprofile zweier Helium-Linien für einen O-Stern *ohne* Pulsation und darüber, in einer Grauskala, die zeitliche Variation der Differenzspektren *mit* Pulsation. Hell entspricht einer Zunahme der Intensität und dunkel einer Abnahme. Wie man sieht, sind die Variationen in der He I-Linie (linke Spalte) wesentlich ausgeprägter als in der He II-Linie (rechte Spalte). Siehe Text. (Mit frdl. Gen. nach Gies 1996).

liegen die Polregionen näher zum zentralen Kernfusionsbereich als die Äquatorregionen und sind daher auch heißer und heller[3]. Bei ζ Ophiuchi variiert die effektive Oberflächentemperatur zwischen 38,000 K an den Polen und 28,000 K am Äquator und entsprechend wird die He I-Linie bevorzugt von den äquatornahen Bereichen stammen und die höher angeregte He II-Linie von den Polen. Mit anderen Worten, der Einfluß der Ordnung m der nichtradialen Pulsation kann somit in Abhängigkeit der stellaren Breite studiert werden. Ja, wenn nur das Signal-zu-Rausch-Verhältnis der Spektren hoch genug wäre! Dazu braucht man schon Teleskope der 8m-Klasse, doch die bekommt man leider nicht so einfach – vor allem nicht um einen Stern dritter Größe zu beobachten.

11.4.3 Schall- versus Schwerewellen

Was genau stellen diese Vibrationsmoden nun eigentlich wirklich dar? Diese Frage ist noch relativ einfach zu beantworten: es handelt sich dabei um konstruktive Interferenzmuster von seismischen Wellen an der Sternoberfläche, die mit einer Unzahl von Frequenzen unentwegt durch das ganze Sterninnere gejagt werden. Der genaue Ausbreitungsmodus dieser Schwingungen ist aber ein kompliziertes theoretisches Problem und nicht so einfach zu lösen und hängt von den spezifischen physikalischen Eigenschaften der Sternmaterie ab. Die Seismologie verwendet nun die, an der Oberfläche beobachteten, „Klangfiguren“ um auf die innere Struktur und deren physikalischen Eigenschaften rückzuschließen – also um eine Invertierung der Beobachtungen vorzunehmen. Ganz ähnlich wie wir es in Kapitel 5.3 mit den Spektrallinien gemacht haben um ein Doppler-Bild der rotierenden Sternoberfläche zu errechnen.

Grundsätzlich müssen wir zwischen zwei Arten von seismischen Wellen unterscheiden: jenen die aus Schallwellen bestehen, die *p-Moden*[4] und den Schwerewellen, den sogenannten *g-Moden*[5]. Diese Unterteilung ergibt sich zwangsläufig aus den unterschiedlichen physikalischen Phänomenen, die die Rückstellkraft der Sternmaterie nach erfolgter Auslenkung durch eine seismische Welle bereitstellt. Bei Schallwellen ist es der Druck der umgebenden Sternmaterie, bei Schwerewellen eben deren Gewicht. Wie man leicht einsieht, kann letztere Welle nur in jenen Regionen des Sterninneren vorkommen, die eine nach außen abnehmende Masseverteilung hat: die Gravitationskraft ist ja eine Zentralkraft, mit strikt radialer Wirkungsrichtung. Die turbulente Konvektionszone eines sonnenähnlichen Sternes mit seinen sich Hin und Her und Auf und Ab bewegenden Konvektionszellen ist also nicht der Ort für Schwerewellen, wohingegen sich Schallwellen eigentlich fast überall ausbreiten können, auch – und eigentlich vor allem – in den äußeren Schichten eines Sternes. Die Schwerewellen hingegen sind auf das Sterninnerste beschränkt, dort wo der Energietransport ausschließlich durch Strahlung passiert. Die Abb. 11.17 vergleicht zwei Trajektorien einer typischen p-Mode mit denen einer g-Mode. Wir sehen zum Beispiel, daß die g-Welle nie die Oberfläche erreicht und daher dort auch nicht

---

[3] Man spricht von Gravitationsaufhellung an den Polen bzw. Verdunkelung am Äquator.

[4] p steht für engl. *pressure*, also Druck.

[5] g steht für (engl.) *gravity*, also Schwere bzw. Gravitation.

beobachtet werden kann. Unsere Kenntnis über g-Wellen in der Sonne und sonnenähnlichen Sternen beschränkt sich momentan auf theoretische Vorhersagen – noch gibt es nur indirekte Hinweise auf deren Existenz –, sowie auf Beobachtungen von pulsierenden Weißen Zwergen, deren Materieschichtung und enorm hohe Dichte es den g-Wellen erlaubt bis an die Oberfläche zu gelangen, dabei gleichzeitig aber die Schallwellen unterdrückt.

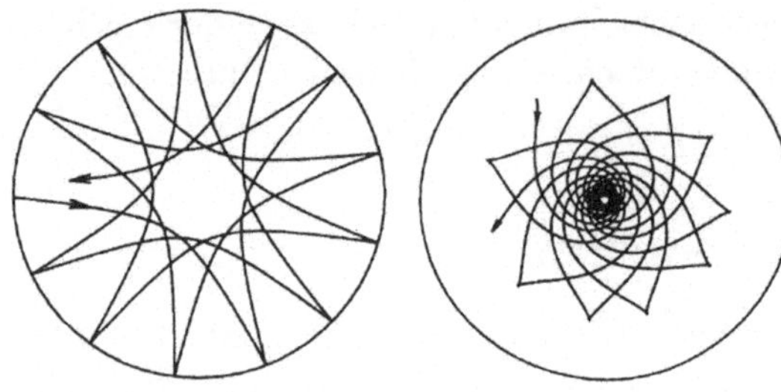

Abbildung 11.17: Zwei Beispiele für die Ausbreitung von seismischen Wellen in einem sonnenähnlichen Stern. Links eine Schallwelle (p-Mode), rechts eine Schwerewelle (g-Mode). Letztere erreichen nie die Sternoberfläche und sind somit auch nicht direkt beobachtbar. Schallwellen werden an der Oberfläche wieder in das Sterninnere zurückreflektiert. In der Nähe des Kernes steigt die Temperatur stark an und verändert den Gradienten der Schallgeschwindigkeit so, daß die eindringende Schallwelle dort abgelenkt wird. (Nach Badiali et al. 1996).

Komplizierter wird es aber wenn sich g- und p-Moden miteinander vermischen und neue, sogenannte gemischte Moden verursachen. Genau diese Moden sind es aber, auf die man sich bei der Suche nach den eigentlichen g-Moden konzentriert, denn sie können wesentlich größere Amplituden erreichen als g-Moden bei höheren Schichten je in der Lage sind. Die Gesamtzahl der vorhandenen Schwingungsfrequenzen liegt jenseits des Millionenbereiches. Wir sehen aber schon, daß es bei einer derartigen Vielzahl von Schwingungen äußerst präziser Daten bedarf um auch nur die stärksten von ihnen nachzuweisen. Räumlich aufgelöste Oberflächen, wie das Bild in Abb. 11.14, sind ja nur für die Sonne möglich. Bei weit entfernten Sternen können wir nur die Gesamthelligkeit beobachten, die sich ja stetig, aber rythmisch ändert, wenn aufsteigende Oberflächenelemente abgekühlt und absteigende erwärmt werden.

Welchen Einfluß dies auf eventuell beobachtete Spektrallinien hat zeigt uns die Simulation in Abb. 11.18. Vier verschiedene Oszillationsmoden sind hier dargestellt und jeweils am oberen Teil der Abbildung gekennzeichnet. Die darunter gezeichneten Sternoberflächen sollen diese Moden graphisch für einen festgehaltenen Zeitpunkt veranschaulichen. Je ein typisches Linienprofil einer Spektrallinie und dessen Differenz zu dem gleichen Linienprofil aber ohne Pulsation sind in der darunterfolgenden Grafik dargestellt. Die mittleren, grauskalierten Darstellungen sind sogenannte dynamische Spektren oder Phasendiagramme. Sie tragen die Intensität innerhalb des Linienprofils als Grauskala gegenüber der Zeit auf der y-Achse auf. Man sieht recht deutlich wie sich ein Wellenberg (hell dargestellt) im Laufe eines Pulsationszyklus durch das Linienprofil schlängelt. Unterzieht man derartige Zeitserien von spektralen Linienprofilen einer klassischen Fourieranalyse – also einer Zerlegung der beobachteten Variationen in lauter Sinusschwingungen unterschied-

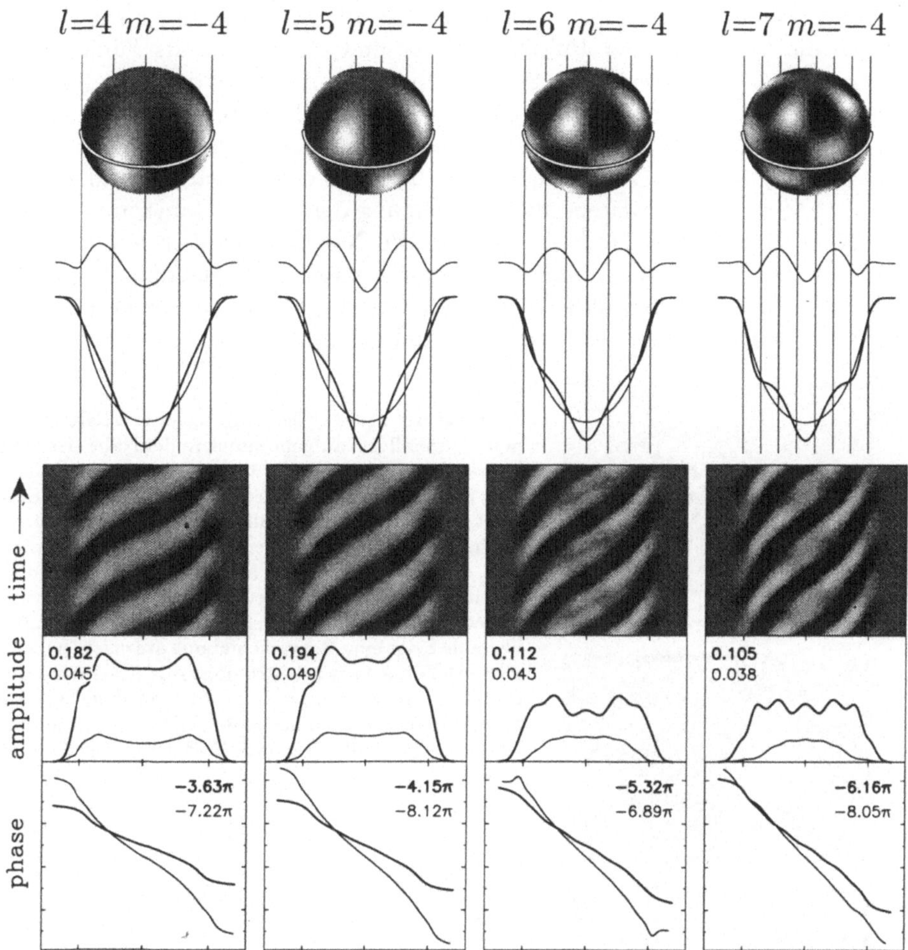

Abbildung 11.18: Theoretische Linienprofilvariationen eines nicht-radial pulsierenden und gleichzeitig rotierenden Modellsternes. Die vier Spalten zeigen vier verschiedene Pulsationsgrade $\ell = 4, 5, 6, 7$ bei gleicher Ordnung $m = -4$. Die einzelnen Abbildungen bedeuten, von oben nach unten: • die graphische Darstellung des dreidimensionalen Geschwindigkeitsfeldes an der Sternoberfläche (schwarz: auf uns zu; weiß: von uns weg), • die Differenz der Linienprofile eines pulsierenden Sternes vom nicht-pulsierenden Fall, • die berechneten Linienprofile (dicke Linie: pulsierender Fall, dünne Linie: nicht pulsierender Stern), • ein dynamisches Spektrum für drei Pulsationszyklen, die x-Achse ist Wellenlänge bzw. Radialgeschwindigkeit (schwarz: Profilsenken, weiß: Profilberge), • die Verteilung der Variationsamplituden der Grundschwingung (dicke Linie) und der ersten harmonischen Oberschwingung (dünne Linie) jeweils entlang des Linienprofiles (die Zahlen sind die entsprechenden Amplitudenmaxima in Einheiten der mittleren Linientiefe, und • die Verteilung der Phasenlage der Grund- (dicke Linie) und ersten Oberschwingung (dünne Linie). Man sieht, daß die Phasenlage im blauen Teil des Linienprofils recht unterschiedlich zur Phasenlage im roten Teil ist. (Nach Telting & Schrijvers 1995).

licher Frequenz und Phasenlage –, so erhält man die beiden unteren Diagramme. Sie zeigen die Verteilung der Pulsationsphase und -amplitude als Funktion der Wellenlänge, und zwar jeweils für die Grundfrequenz der Pulsation und für deren erste harmonische Oberschwingung. Die Neigung der letzteren Funktion erlaubt es nun, die Ordnung der Pulsationsmode m zu bestimmen, während die Neigung der Phasedifferenzen der Grundfrequenz ein Maß für den Pulsationsgrad ℓ ist. In der Abb. 11.18 sehen wir weiters, daß die Neigung der dünnen Linie immer gleich bleibt, da m für alle vier Modelle -4 war. Die Neigung der dicken Linie – der Grundschwingung – hingegen, ändert sich systematisch mit zunehmendem Pulsationsgrad ℓ. Wir haben hier also eine Methode vorliegen, die es uns erlaubt, eine Pulsationsmode nach deren Ordnung und Grad zu identifizieren.

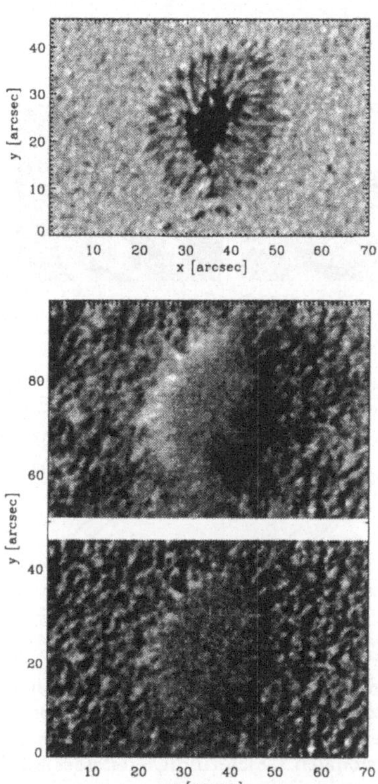

Abbildung 11.19: Geschwindigkeitsverteilung in einem Sonnenfleck, aufgenommen in der Nähe des Scheibenrandes. Die beiden unteren Bilder unterscheiden sich nur durch den mathematisch erhöhten Bildkontrast des ganz untersten Bildes (mit dem sogenannten *unsharp masking*-Verfahren). Jene Seite der Penumbra, die in Richtung des Mittelpunktes der Sonnenscheibe weist (hier nach rechts), zeigt eine Blauverschiebung (dunkle Regionen) während die gegenüberliegende Seite eine Rotverschiebung aufweist (helle Regionen). Diese Auswärtsströmung mit Geschwindigkeiten bis zu mehreren km/s nennt man den *Evershed-Effekt*. Bemerke auch das Auf- und Ab des granularen Musters. (Mit frdl. Gen. nach H. Balthasar et al. 1996).

11.4.4 Pulsation und Aktivität

Wiedereinmal präsentiert sich die Sonne als Rosettastein: nichtradiale Pulsationen mit verschiedensten Frequenzen kommen auf der Sonne genauso vor wie alle klassischen magnetischen Aktivitätsphänomene über die es in diesem Buch ja im besonderen geht. Gibt es hier etwa Zusammenhänge? Daß die 5-Minuten-Oszillation der Sonne auch in der umbralen Photosphäre meßbar ist, wenn auch mit schwächerer Amplitude, ist schon seit über zwanzig Jahren bekannt. In der Chromosphäre über

Sonnenflecken ist die 5-Minuten-Periode obendrein noch durch eine 3-Minuten-Periode ersetzt. Eine Gruppe um den Sonnenphysiker H. Balthasar, vormals am Kiepenheuer Institut in Freiburg und nun am Astrophysikalischen Observatorium in Potsdam, konnten sogar nachweisen, daß die Richtung der Oszillationsgeschwindigkeiten, der Neigung des Magnetfeldes gegenüber der Oberfläche entspricht.

Noch hat aber niemand die Inschrift des Rosettasteines Sonne vollständig entziffern können. Wir wissen also nicht, ob und wie weit das solare bzw. stellare Magnetfeld die Ausbreitung einzelner Schwingungsmoden behindert bzw. fördert. Wir wissen eigentlich nur qualitativ, ob Oszillationen das Magnetfeld eines Sonnenfleckes wahrnehmen, aber auch daß Sterne mit extrem starken magnetischen Aktivitäten, z.B. die RS CVn-Sterne, keinerlei meßbare rein radiale oder nichtradiale Oszillationen zeigen. Dasselbe gilt auch umgekehrt. Sterne mit extrem starken nichtradialen Oszillationen, z.B. die δ Scuti-Sterne, haben keine (meßbaren) magnetischen Aktivitäten, da ihnen eine Konvektionszone fehlt. Die Komplexität einer möglichen Interaktion zwischen Pulsation und Aktivität läßt sich vielleicht in der Spekulation erahnen, daß sich ein gezwungenermaßen auf- und abbewegendes, ionisiertes, also sehr leitfähiges Material, wie ein lokaler Dynamo verhalten könnte. Keineswegs Spekulation ist der Umstand, daß der elfjährige, magnetisch bedingte Fleckenzyklus unseres Zentralgestirnes aus Oszillationsmessungen nachgewiesen werden kann. Abbildung 11.20 veranschaulicht dieses äußerst interessante Ergebnis, das erstmals bereits Ende der achziger Jahre von P. L. Pallé et al. (1989) mit einem Resonanzspektrometer am Observatorio del Teide auf den Kanarischen Inseln gemessen wurde. Der Hinweis, den wir hier bekommen, ist, daß die Sonne ihre innere Struktur im Laufe des elfjährigen Fleckenzyklus periodisch verändert. Noch wissen wir nicht genau wie diese Veränderung aussieht, aber das weltumspannende Sonnenwartennetz *GONG* ist dem Geheimnis bereits auf der Spur, und erste Ergebnisse müßten alsbald vorliegen.

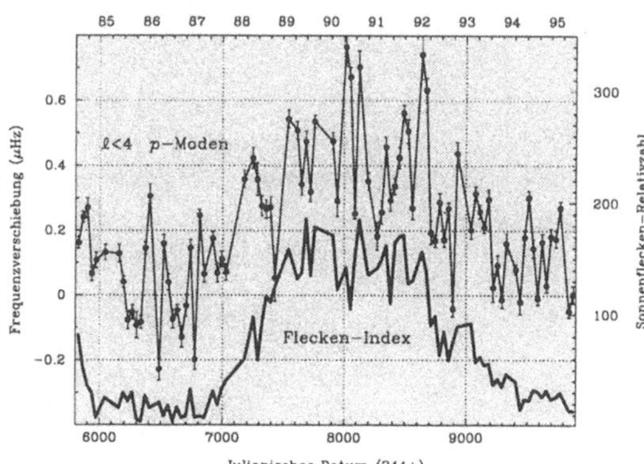

Abbildung 11.20: Die Änderung der Oszillationsfrequenz der Sonne im Laufe ihres elfjährigen Fleckenzyklus. Die obere Kurve zeigt die Frequenzverschiebung der integrierten $\ell < 4$ p-Moden, die untere Kurve die Sonnenfleckenrelativzahl. Man sieht, wie eng die beiden korreliert sind, was die Vermutung nahe legt, daß sich die innere Struktur der Sonne im Laufe des Fleckenzyklus periodisch verändert. (Daten mit frdl. Genehmigung von Pere L. Pallé, Instituto de Astrofisica de Canarias).

Zweifelsohne stehen wir heute erst am Beginn um derartige Zusammenhänge zu studieren und schließlich auch zu verstehen, und Gott allein weiß, welche Überraschungen uns noch im Sonnen- und Sterninneren erwarten.

Eine etwas andere Überraschung hat die astronomische Fachwelt erst kürzlich ereilt, und damit mittlerweile zwei Jahrhunderte andauernde Spekulationen beendet: Die Entdeckung von Planeten anderer, sonnenähnlicher Sterne. Darum geht's in unserem nächsten und letzten Kapitel. Wie etwa Planeten aussehen mögen, die einen aktiven Stern umkreisen, lassen vielerlei Spekulation zu. Die Unterschiede zu unserem eigenen Planeten, der Erde, mögen vielleicht gar nicht so groß sein, doch die periodischen Lichtschwankungen durch die schnelle Rotation und die Existenz von Sternflecken 100–1,000 mal größer als auf der Sonne, ließen bei Planeten aktiver Sterne aufeinanderfolgende Tage unterschiedlich hell erscheinen – auch ohne Wolken! Aber sehen wir uns einmal um, in diesem jüngsten Zoo „himmlischer“ Objekte.

Literaturverzeichnis

[1] Badiali M., Catala C., Favata F., Fridlund M., Frandsen S., Gough D. O., Hoyng P., Pace O., Roca-Cortés, Roxburgh I. W., Sterken C., Volonté S., 1996, „STARS: Seismic Telescope for Astrophysical Research from Space", Report on Phase A study, ESA D/SCI(96)4

[2] Balthasar H., Schleicher H., Bendlin C., Volkmer R., 1996, „Two-dimensional spectroscopy of sunspots. I. Intensity, velocity, and velocity power maps of a sunspot", A&A 315, 603

[3] Bénard H., 1901, „Les tourbillons cellulaires", Annales de Chimie et de Physique 23, 62

[4] Gies D. R., 1996, „O and B-star surface mapping", in IAU Symp. 176, *Stellar Surface Structure*, K. G. Strassmeier und J. L. Linsky (eds.), Kluwer, Dordrecht, s. 121

[5] Gilliland R., Dupree A. K., 1996, „First image of the surface of a star with the Hubble Space Telescope", ApJ 463, L29

[6] Gray D. F., 1988, in *Lectures on spectral-line analysis: F, G, and K stars*, The Publisher, London, Ontario, s. 3-1

[7] Hanslmeier A., 1991, „Die Feinstruktur der Sonnengranulation", SuW 12, 724

[8] Hatzes A. P., 1996, „Simulations of stellar radial velocity and spectral line bisector variations. I. Nonradial pulsations", PASP 108, 839

[9] Jeffreys H., 1926, „The stability of a layer of fluid heated from below", Phil. Mag. 42, 833

[10] Lites B. W., Nordlund Å., Scharmer G. B., 1989, „Constraints imposed by very high resolution spectra and images on theoretical simulations of granular convection", in *Solar and stellar granulation*, R. J. Rutten und G. Severino (eds.), NATO ASI 263, Kluwer, Dordrecht, s. 349

[11] Minnaert M., 1953, in *The Sun*, G. Kuiper (ed.), Chicago, s. 88

[12] Nordlund Å., Stein R. F., 1996, „Convection: Significance for Stellar Structure and Evolution", in Proceedings of the 32nd Liége Astrophys. Colloq. *Stellar Evolution: What should be done*, A. Noels et al. (eds.), Liége, s. 75

[13] Pallé P. L., Régulo C., Roca Cortés T., 1989, „Solar cycle induced variations of the low ℓ solar acoustic spectrum", A&A 224, 253

[14] Plaskett H. H., 1936, „Solar granulation", Monthly Notices 96, 402

[15] Lord Rayleigh, 1916, „On convection currents in a horizontal layer of fluid", Phil. Mag. 32, 529

[16] Rosseland S., 1928, „Viscosity in the Stars", MNRAS 89, 49

[17] Schwarzschild M., 1975, „On the scale of photospheric convection in red giants and supergiants", ApJ 195, 137

[18] Siedentopf H., 1941, „Sonnengranulation und zellulare Konvektion", Mitt.Ast.Ges. 76, 185

[19] Spruit H., 1997, „Convection in stellar envelopes: a changing paradigm", MSAI, in Druck

[20] Telting J., Schrijvers C., 1995, „The diagnostic value of phase diagrams of non-radially oscillating stars", in Poster Proceedings, IAU Symp. 176, *Stellar Surface Structure*, K. G. Strassmeier (ed.), Univ. of Vienna, s. 35

[21] Weiss N. O., Brownjohn D. P., Matthews P. C., Proctor M. R. E., 1996, „Photospheric convection in strong magnetic fields", MNRAS 283, 1153

WEITERFÜHRENDE LITERATUR

Spezialliteratur

- R. J. Bray, R. E. Loughhead und C. J. Durrant's THE SOLAR GRANULATION ist ein Standardwerk auf dem Gebiet von solaren Geschwindigkeitsfelder (Dover Publ. Inc., New York, 1967).
- David F. Gray's zweite Auflage von THE OBSERVATION AND ANALYSIS OF STELLAR PHOTOSPHERES (Cambridge University Press, Cambridge, 1992) erlaubt einen aktuellen Einblick in dieses Forschungsgebiet.
- LECTURES ON SPECTRAL-LINE ANALYSIS: F, G, AND K STARS ebenfalls von David F. Gray (The Publisher Verlag, Ontario, Canada, 1988) konzentriert sich auf die Phänomenologie konvektiver Sterne und deren Rotation.
- NONRADIAL OSCILLATIONS OF STARS von W. Unno, Y. Osaki, H. Ando, H. Saio und H. Shibahashi ist ein Buch für fortgeschrittene Studenten und interessierte Mathematiker (2. Auflage, University of Tokyo Press, Tokyo, 1989).
- Eine Reihe von Fachaufsätzen über INSIDE THE STARS sind in dem gleichnamigen Buch von Werner W. Weiss und Annie Baglin zusammengefaßt (IAU Kolloq. Nr. 137, PASPC Vol. 40, 1993).
- Das Spezialgebiet DIFFERENTIAL ROTATION AND STELLAR CONVECTION: SUN AND SOLAR-TYPE STAR wird von G. Rüdiger in seinem Buch im Akademie-Verlag, Berlin (1989) ausführlich behandelt. Besonders für Fachastronomen sehr wertvoll.
- SOLAR AND STELLAR GRANULATION sind die Proceedings zur gleichnamigen NATO Advanced Science Institute Tagung (Hrsg. R. J. Rutten und G. Severino, Kluwer, 1989).

Kapitel 12

Extrasolare Planeten: Endlich!

Derjenige, welcher dem Feinde statt eines Pfeiles
ein Schimpfwort entgegenschleuderte,
war der Begründer der Zivilisation.
Sigmund Freud

1995/96 geht als jene Zeit in die Geschichte der Menschheit ein, in dem erstmals Planeten um andere, sonnenähnliche Sterne entdeckt wurden. Wenn es sich dabei auch um jupiterähnliche und nicht etwa erdähnliche Planeten handelt, so ist es sicherlich doch ein Meilenstein, der besonders die ohnehin schwache Relation der astronomischen Forschung zur Evolution der Menschheit wieder in den Vordergrund rückt. Es ist ein Zufall – oder doch ein Fingerzeig? –, daß im gleichen Jahr auch der mögliche Nachweis von Bakterien in Marsgesteinen gelang, die in der Antarktis gefunden wurden (McKay et al. 1996): vielleicht gab es sie also doch, die kleinen grünen Männchen. Wir wollen in diesem Buch aber die Spekulationen beiseite lassen und uns auf jenes Wissen stützen, das, so weit dies überhaupt möglich ist, als gesichert gilt. In diesem Fall merken wir leider allzu schnell, daß wir eigentlich nicht viel wissen. Eines steht jedenfalls fest, alle sonnenähnlichen Sterne, und seien es F- oder auch K- und M-Hauptreihensterne – das sind wenigstens 90% aller Sterne –, sind potentielle Kandidaten auf der Suche nach Planeten und somit eventuell auch nach außerirdischen Lebewesen. „Faszinierend" wäre wohl die Antwort des legendären Vulkan-Wissenschafters *Spock* aus der *Raumschiff Enterprise*-Serie gewesen.

12.1 Mit oder ohne Leben?

12.1.1 Die Drakesche-Gleichung

Stellen wir so beiläufig einmal die Frage, wie viele kommunikative Zivilisationen N es in unserer Galaxis – gemäß unserem jetzigen Kenntnisstand – wohl geben könnte? Offensichtlich spielt bei dieser Frage die Anzahl der Planeten eine wichtige Rolle. Aber sehen wir uns diese Überlegung, die auf den amerikanischen Astronomen

Frank Drake zurückgeht – den langjährigen Direktor des SETI[1] Programmes der NASA –, die in der Literatur auch als die *Drake-Gleichung* bezeichnet wird, einmal genauer an. Diese multiplikative Gleichung lautet:

$$N = R_{\star} * f_{\mathrm{Pl}} * n_{\mathrm{Erde}} * f_{\mathrm{Leben}} * f_{\mathrm{Intell.}} * f_{\mathrm{Technik}} * L. \qquad (12.1)$$

Zunächst einmal, was bedeuten die Terme? $R_{\star}$ steht für die Sternentstehungsrate innnerhalb unserer Galaxis (etwa 1 $M_{\odot}$ pro Jahr), f_{Pl} ist jener Teil der Sterne die Planeten besitzen, n_{Erde} ist davon die Anzahl der erdähnlichen Planeten, wobei wir davon ausgehen, daß kein vergleichbares Leben auf Jupiter und ähnlichen Riesenplaneten existieren kann. Weiters ist f_{Leben} jener Teil der übrigbleibenden Planeten, die Leben in irgendeiner Form, also Pflanzen, Bakterien, oder niedere Säugetiere, hervorgebracht haben, $f_{\mathrm{Intell.}}$ jener Teil, die intelligentes Leben produzierte, f_{Technik} wiederum nur jener Teil der Planeten, deren intelligente Bewohner sich auch eine hochstehende Technologie mit Raumfahrt etc. angeeignet haben, und schließlich ist der Term L die Lebensdauer deren Technologie. Für die Menschheit wäre L nur jener Bruchteil unserer Existenz seit wir Radioteleskope haben und Raumfahrt betreiben und L wäre verschwindend klein, sagen wir 0.00001. Auf gut deutsch: wir sind ziemlich unentdeckbar! Auch von den nächstgelegenen Sternen aus (siehe Tabelle 12.1).

Tabelle 12.1: Die 20 nächstgelegenen Sterne

Name	Entfernung (Lj)	RA (2000)	DEK (2000)	Spektral Typ	V (mag)
Proxima Centauri	4.23	14 29 43	–62 40.8	M5.5V	11.09
α^1 Centauri	4.35	14 39 36	–60 50.0	G2V	0.01
α^2 Centauri	4.35	14 39 35	–60 50.2	K0V	1.34
Barnard's Stern	5.98	17 57 49	+04 41.6	M4V	9.55
Wolf 359	7.80	10 56 29	+07 00.9	M6V	13.45
Lalande 21185	8.23	11 03 20	+35 58.2	M2V	7.47
Luyten 726-8 A	8.57	01 39 01	–17 57.0	M5.5V	12.41
Luyten 726-8 B (=UV Ceti)	8.57	01 39 01	–17 57.0	M6V	13.2
α CMa A (=Sirius)	8.57	06 45 09	–16 43.0	A1V	-1.43
α CMa B	8.57	06 45 09	–16 43.0	wd	8.44
Ross 154	9.56	18 49 50	–23 50.2	M3.5V	10.47
Ross 248	10.33	23 41 55	+44 10.5	M5.5V	12.29
ϵ Eridani	10.67	03 32 56	–09 27.5	K2V	3.73
Ross 128	10.83	11 47 45	+00 48.3	M4V	11.12
Luyten 789-6 ABC	11.08	22 38 33	–15 18.1	M5V	12.33
Groombridge 34 A (=GX And)	11.27	00 18 23	+44 01.4	M1.5V	8.08
Groombridge 34 B (=GQ And)	11.27	00 18 26	+44 01.7	M3.5V	11.07
ϵ Ind	11.29	22 03 22	–56 47.2	K5V	4.68
61 Cygni A	11.30	21 06 54	+38 45.0	K5V	5.22
61 Cygni B	11.30	21 06 55	+38 44.5	K7V	6.03

Nun, in Glchg. (12.1) haben wir sieben Terme, die letzten fünf kennen wir allesamt nicht. Nur der erste Term – die Sternentstehungsrate – ist schon länger

[1] *Search for ExtraTerrestrial Intelligence*

bekannt (wie gesagt, etwa 1 $M_\odot$ pro Jahr). Mit der Entdeckung der ersten extrasolaren Planeten wurde nun eine Abschätzung des zweiten Terms möglich. Der kalifornische Planetenentdecker Geoffrey Marcy von der San Franciso State University schätzt diesen Wert auf etwa 3%. Noch ist dieser Wert nicht viel mehr als eine Schätzung, aber weitere Planeten werden momentan laufend entdeckt und ich schätze, daß bereits mit der Jahrtausendwende ein klares Bild vorliegen wird.

Leider erlaubt uns dies immer noch nicht, die Anzahl der kommunikativen Zivilisationen (N in obiger Gleichung) auch nur abzuschätzen. Werte zwischen einer Million und gar keiner sind möglich. Wir müssen also versuchen den nächsten Term zu quantifizieren: die Anzahl der erdähnlichen Planeten. Dabei definieren wir einmal „erdähnlich" mit ähnlicher Masse[2]. Auch danach wird bereits fieberhaft gesucht, z.B. am *W. M. Keck-Observatory*, bestehend aus den beiden 10m-Teleskopen *Keck I* und *Keck II* am Mauna Kea in Hawaii. Weltraumgebundene Projekte, wie das *TOPS*-Programm[3], liegen bereits in der Schublade der NASA und das *NGST*, das *Next Generation Space Telescope* – ein mögliches Gemeinschaftsvorhaben der NASA mit der ESA als Nachfolge zum *Hubble*-Weltraumteleskop –, könnte erdähnliche Planeten sogar direkt fotographieren.

12.1.2 Pulsarplaneten

Kurioserweise muß an dieser Stelle erwähnt werden, daß eigentlich – gemäß unserer Definition von „erdähnlich" –, schon vier solche extrasolare, erdähnliche Planeten entdeckt wurden. Aber alle umkreisen ausgerechnet *Pulsare*! Zwei Pulsare, um exakt zu sein. Pulsare sind extrem schnell rotierende Neutronensterne, die nach der Supernova eines massereichen Riesensternes von ihm übrigbleiben ... also nicht gerade einem normalen Hauptreihenstern ähneln und als wahrlich „exotische" Himmelsobjekte eingestuft werden können. Einer der beiden Pulsare ist der extrem schnell rotierende PSR B1257+12 ($P_{\rm rot} = 0.0062$ Sekunden!) mit gleich drei Planeten mit Mindestmassen von 0.015, 2.8 bzw. 3.4 Erdmassen (Wolszczan & Frail 1992, Wolszczan 1994), der andere heißt PSR B0329+54B mit einem Planeten von etwa doppelter Erdmasse (Shabanova 1995). Die meisten Astronomen wissen momentan noch nicht was von diesen Entdeckungen zu halten ist, vor allem, wie konnten diese Planeten die Supernovaexplosion überleben? Auch hier hoffen wir, in naher Zukunft bald mehr zu wissen.

12.1.3 Das Problem der jungen Sonne

Könnte uns die Kenntnis der biologischen Entwicklung unseres eigenen Planeten helfen, die Wahrscheinlichkeit der Entdeckung außerirdischer Lebewesen abzuschätzen? Ein gute und logische Frage. Das Spektrum der Antworten zieht sich aber von Nein bis Möglich zu Ja hin. Das hilft also nicht unbedingt weiter. Wir brauchen mehr Detailkenntnisse der einzelnen Prozesse. Dabei ist man bereits in den siebziger Jahren auf ein interessantes Teilproblem gestoßen: die alleinige Leuchtkraft der jungen Sonne hätte nicht ausgereicht, die Temperatur auf der Erdober-

[2] Erdmasse: 5.974×10^{24} kg; Jupitermasse: 318 Erdmassen; Sonnenmasse: 1050 Jupitermassen
[3] *TOwards Planetary Systems*

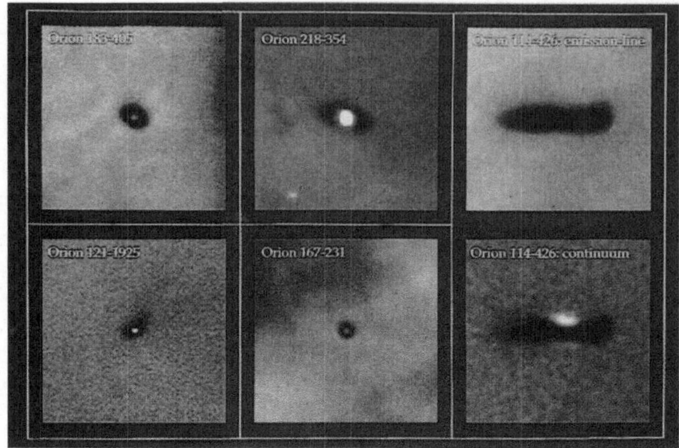

Abbildung 12.1: Diese HST Aufnahmen jeweils eines sehr kleinen Ausschnittes des Orion-Nebels, zeigen ganz junge Sterne mit ihren Akkretionsscheiben. Die dunkle Scheibe ist meist als Silhouette gegenüber dem Hintergrund des hellen Gases des Orion-Nebels sichtbar. (Mit frdl. Genehmigung von Mark McCaughrean, MPIA-Heidelberg nach McCaughrean & O'Dell 1996).

fläche über der des Gefrierpunktes von Wasser zu halten! Doch das kann so nicht stimmen, da 3-Milliarden-Jahre alte irdische Gesteinsformen eindeutige Zeichen eines Wassereinflusses tragen, sowie bestimmte, sedimentartige Gesteinsablagerungen, die auf sogar 3.8 Milliarden Jahren datiert wurden, nur in flüssigem Zustand, also in Wasser, überhaupt erst entstanden sein konnten.

Doch der Reihe nach. Die Entwicklungstheorie für einen Stern mit einer Sonnenmasse, wie wir sie in Kapitel 2 kennengelernt hatten, sagt etwa folgende *Zunahme* des Strahlungsflusses am Ort der Erde, S, mit dem Alter t vorher (bzw. Abnahme wenn man in die Vergangenheit zurückschaut):

$$S(t) = \frac{1}{1 + 0.4(1 - \frac{t}{t_0})} S_0 , \tag{12.2}$$

wobei der Index Null für die jetzige Leuchtkraft (S_0) bzw. Alter der Sonne ($t_0 = 4.6 \times 10^9$ Jahre) steht. Nimmt man an, daß sich die Erdatmosphäre wie ein Schwarzer-Strahler verhält, dann kann man die effektive Strahlungstemperatur der Erde, T_{eff}, berechnen indem die gesamte Sonneneinstrahlung der (infraroten) Erdabstrahlung gleichgesetzt wird. Dies ergibt

$$T_{\text{eff}} = \left(\frac{S(1 - A)}{4\sigma} \right)^{\frac{1}{4}} , \tag{12.3}$$

mit σ der Stefan-Boltzmann-Konstante, S der Solarkonstante (heute 1,368 W/m^2; siehe Kapitel 7) und A der *Albedo* der Erdoberfläche, dem Rückstrahlvermögen in beliebigen Einheiten zwischen Null und Eins ($A_0 \approx 0.3$). Setzen wir nun Glchg. (12.2) in Glchg. (12.3) ein, können wir die Effektivtemperatur der Erde für beliebige Zeitpunkte der Vergangenheit abschätzen.

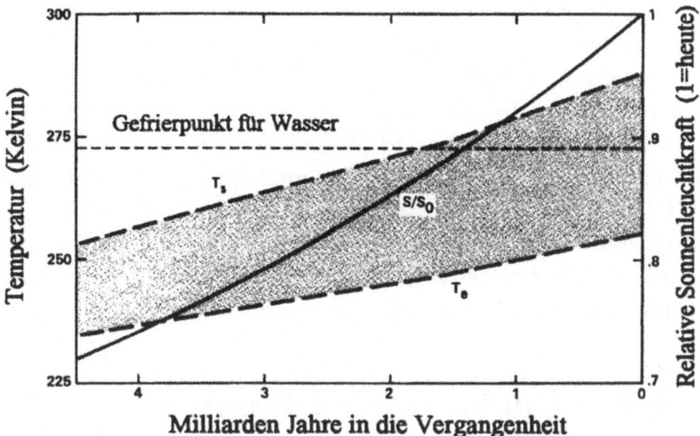

Abbildung 12.2: Das Problem der jungen Sonne: ab etwa 2 Milliarden Jahre in die Vergangenheit müßte die Sonne zu schwach gewesen sein um die Temperatur auf der Erdoberfläche über dem Gefrierpunkt von Wasser zu halten. Die durchgezogene Kurve, bezeichnet mit S/S_0, stellt den Verlauf der berechneten Solarkonstante in Einheiten des heutigen Wertes dar (entsprechend der rechten Achsenbezeichnung). Die beiden fett gestrichelten Linien sind die effektive Strahlungs(Erd)temperatur, $T_{\rm eff}$, und die Oberflächentemperatur, T_S (jeweils linke Skala), die mit Hilfe eines Klimamodells aus dem Verlauf von S/S_0 berechnet wurden. Die Differenz der beiden Kurven – die graue Fläche –, ist die Absorption durch den terrestrischen Treibhaus-Effekt. (Nach Kasting & Grinspoon 1991).

Um nun die Oberflächentemperatur der Erde nicht unter den Gefrierpunkt von Wasser bei 273 K fallen zu lassen, hätte man entsprechend Glchg. (12.3) formell nur die Möglichkeit, daß die Albedo der Erdoberfläche vor zwei und mehr Milliarden Jahren eine andere war als heute. Und zwar je kleiner die Albedo, desto mehr Energie würde in der Erdatmosphäre verbleiben und desto höher die vorherrschende Oberflächentemperatur sein. Nun, die zweite „formale" Möglichkeit in Glchg. (12.3) – daß der Verlauf der Solarkonstante in der Vergangenheit wesentlich flacher war als in Abb. 12.2 dargestellt –, kann eigentlich ausgeschieden werden weil *alle* Sternentwicklungsrechnungen dasselbe, in sich konsistente Ergebnis produzieren und mit Beobachtungen anderer Sterne übereinstimmen. Außerdem beträgt die heutige Effektivtemperatur der Erde nur etwa 255 K (−18°C), liegt also unterhalb der Temperatur des Gefrierpunktes, die mittlere Oberflächentemperatur ist aber um 33° höher! Irgend etwas stimmte hier nicht.

Die beiden amerikanischen Planetologen Carl Sagan[4] und G. Mullen (Sagan & Mullen 1972) waren schließlich die ersten, die die Bedeutung des *Treibhaus-Effektes* der Erdatmosphäre für ihre eigene Vergangenheit erkannten und damit die beschriebene Temperaturdiskrepanz erklären konnten. Das Paradoxon der jungen Sonne, wie es in der Literatur fortan genannt wurde, war also gar kein Problem der Sonne, sondern ein Problem der Erde! Die Lösung von Sagan und Mullen war, daß der Treibhaus-Effekt in der Vergangenheit durch die Existenz von zusätzlichen

[4](1934–1996)

0.00001 % Ammoniak (NH_3) entsprechend höher war als heute, die Erdatmosphäre somit – relativ zur damaligen Solarkonstante – wärmer war als heute. Modernere Klimarechnungen haben zwar gezeigt, daß auch derartig geringe Mengen von Ammoniak nicht so lange in der Erdatmosphäre überleben können ohne durch photochemische Reaktionen in N_2 und H_2 getrennt zu werden, die Überlegungen von Sagan und Mullen waren dennoch prinzipiell richtig, nur daß atmosphärisches Kohlendioxid (CO_2) der chemische Regent des Treibhaus-Effektes war und ist, und nicht etwa Ammoniak. Heute wissen wir also, daß das Kohlendioxid in der Atmosphäre der etwa 2-Milliarden-Jahre jungen Erde die Weltmeere vor dem Zufrieren bewahrte ... und uns eine Chance gab, uns zu entwickeln[5].

12.2 Auf der Suche nach Planeten

12.2.1 Höchste Präzision ist erforderlich

Würden wir uns die Sonne und Jupiter als ein „Doppelsternsystem" vorstellen, dann verursacht Jupiter mit seiner vergleichsweise geringen Masse von 0.001 $M_\odot$ eine Radialgeschwindigkeitsamplitude der Sonne von rund 12 $m\,s^{-1}$. Die beste, momentan erreichbare Genauigkeit für eine stellare Radialgeschwindigkeitsmessung beträgt bereits 3 $m\,s^{-1}$, und Jupiter könnte somit von einer weit entfernten Zivilisation mit unserer Technik bereits nachgewiesen werden. Ja, wenn da nicht die lange Umlaufperiode Jupiters wäre: man müßte also schon mindestens 11.86 Jahre lang, mehr oder minder kontinuierlich beobachten. Offensichtlich favorisiert die Anwendung der Radialgeschwindigkeitsmethode die Entdeckung von eher *kurzperiodischen Planeten*, sagen wir einmal mit Bahnperioden von Tagen bis Wochen. Der formale Zusammenhang mit der gemessenen Radialgeschwindigkeitsamplitude $v_\star$ (in Meter pro Sekunde) folgt aus dem Dritten-Keplerschen-Gesetz zu

$$v_\star = 28.5\,\frac{M_{\rm Pl}\sin i}{P^{\frac{1}{3}} M_\star^{\frac{2}{3}}}, \tag{12.4}$$

wobei der Faktor 28.5 so gewählt wurde, daß die orbitale Periode P in Jahren, die Planetenmasse $M_{\rm Pl}$ in Jupitermassen und die Sternmasse $M_\star$ in Sonnenmassen eingesetzt werden kann. i ist wie üblich die Bahnneigung gegenüber der Sichtlinie ($i = 90°$ bedeutet Bahnebene liegt in der Sichtlinie).

Eine andere Methode sucht nach einer winzig kleinen, womöglich periodischen Verschiebung des gesamten Sternscheibchens, z.B. auf einer Fotoplatte oder einer CCD-Aufnahme. Ein Stern–Planet-Doppelsystem würde folgende Verschiebung des Sternscheibchens, φ, in Bogensekunden verursachen,

$$\varphi = \frac{a}{D}\frac{M_{\rm Planet}}{M_\star}, \tag{12.5}$$

[5] Bibeltreue Christen mögen mir an dieser Stelle für die Nüchternheit dieser rein wissenschaftlichen Behauptungen vergeben, doch scheint mir dies kein Widerspruch à *la* Kopernikus zu den entsprechenden biblischen Stellen zu sein, vielmehr nur eine Erweiterung des Wunders Leben!

wobei M wieder für die jeweiligen Massen steht, a die große Bahnhalbachse ist (im Fall eines Planeten mit kreisrunder Bahn wäre a einfach der Bahnradius bzw. der Abstand zwischen Stern und Planet) und D die Entfernung von uns zum System. Würde man Sonne-Jupiter aus einer Entfernung von 5 Parsek betrachten, dann würde die scheinbare Verschiebung der Sonne rund ein tausendstel einer Bogensekunde ausmachen – Jupiter bliebe natürlich unsichtbar. So unmöglich es auch klingen mag, aber dies könnte mit den momentan besten Interferometern gerade noch gemessen werden. Wie man sich auch leicht vorstellt, werden aber eher jene Systeme entdeckt, die wesentlich größere Auslenkungen haben.

Diese – *astrometrische* – Methode favorisiert also Entdeckungen von Planeten mit großem Bahndurchmesser, also gemäß dem Dritten Keplerschen Gesetz, solchen mit *langen Perioden*. Außerdem hat sie den Vorteil, daß die Neigung der Bahn gegenüber dem Beobachter bestimmt werden kann und damit die Masse der Planeten berechenbar ist – im Gegensatz zur Radialgeschwindigkeitsmethode, bei der man nur die Mindestmasse $M \sin^3 i$ (wobei M die Masse und i die Bahnneigung ist) erhält. Tabelle 12.2 ermöglicht einen Vergleich der meßbaren Parameter, wenn man unser eigenes Sonnensystem aus 10pc Entfernung nach Planeten absuchen wollte.

Tabelle 12.2: PARAMETER DER SOLAREN PLANETEN AUS 10PC ENTFERNUNG

Planet	Masse (M_{Jup})	Periode (Jahre)	φ (*micro*-")	$v_\star$ (m/s)	Δm (millimag)
Merkur	0.000174	0.241	0.006	0.008	0.012
Venus	0.00256	0.615	0.18	0.086	0.080
Erde	0.00315	1	0.30	0.089	0.084
Mars	0.000338	1.881	0.049	0.008	0.023
Jupiter	1	11.86	497	12.4	9.8
Saturn	0.299	29.46	273	2.75	6.8
Uranus	0.046	84.01	84	0.297	1.2
Neptun	0.054	164.8	156	0.281	0.96
Pluto	0.000006	247.7	0.024	0.00003	0.003

Ein dritte Möglichkeit, Planeten anderer Sterne zu entdecken ergibt sich wenn der Planet einmal pro Umlauf genau vor der Scheibe des Sternes vorüberzieht. Das dunkle Scheibchen des Planeten verdeckt dabei ein Stück der hellen Sternscheibe, und der Fluß dieses Flächenelementes fehlt dann in der Gesamthelligkeit des Sternes. Die Helligkeitsabnahme Δm ist natürlich sehr gering; etwa zwischen 1% und 1/100% (siehe Tabelle 12.2). Dies könnte zwar prinzipiell noch gemessen werden, nur leider ist bei einem jupiterähnlichen Planeten die Dauer der Bedeckung relativ zur Bahnperiode extrem klein – winzigst ist wohl ein treffenderer Ausdruck –; nämlich Stunden im Vergleich zu einem Jahrzehnt der Umlaufsperiode und daher praktisch nur durch Zufall zu entdecken. Außerdem darf dessen Bahnneigung nur um maximal $\pm 0.1°$ von der Sichtlinie abweichen um überhaupt eine Bedeckung zu verursachen! Die folgende Gleichung gibt die maximale Dauer eines Durchgangs in

Stunden vor der Scheibe eines Sternes der Masse $M_\star$ und Radius $R_\star$ an:

$$\Delta t_{\max} = 13 R_\star \sqrt{\frac{a}{M_\star}}, \tag{12.6}$$

wobei a, die Bahnhalbachse der Planetenbahn, diesmal in Astronomischen Einheiten, und R und M in solaren Einheiten einzusetzen sind. Damit außerirdische Astronomen eine 100%-ige Chance hätten um eine Bedeckung unserer Sonne durch Jupiter zu sehen, müßten sie etwa 12 Jahre hindurch Tag und Nacht mit einer photometrischen Genauigkeit von wenigstens drei milli-Magnituden unsere Sonne photometrieren: die Bedeckung selbst dauert aber nur etwas mehr als einen Tag. „Viel Glück, ET".

12.2.2 51 Pegasi B: der Planet, der keiner war

Wir schreiben das Jahr 1995, und dies sind die Abenteuer der Astronomen auf der Suche nach extrasolaren Planeten: 51-Pegasi-A heißt nun jener sonnenähnliche G-Stern, bei dem Astronomen 1995 anscheinend den ersten extrasolaren Planeten gefunden hatten. Eine Entdeckung, auf die die Menschheit ja schon lange wartete und sie vielleicht deswegen relativ schnell akzeptierte. Nun, die Messungen waren auch richtig und sogar extrem präzise (siehe Abb. 12.3) – nur leider scheint die Interpretation durch einen Planeten falsch gewesen zu sein. Aber der Reihe nach.

Die beiden Schweizer Astronomen Michel Mayor und Didier Queloz gaben ihre Entdeckung von 51 Pegasi B im Oktober 1995 beim 8. *Cambridge Cool Star Workshop* in Florenz bei einer Pressekonferenz offiziell bekannt. Für ihre Messungen verwendeten sie ein spezielles Spektrometer um Radialgeschwindigkeiten mit sehr hoher Präzision – auf wenige Meter pro Sekunde genau – zu erhalten. 51 Pegasi war natürlich nicht der einzige Stern den Mayor und Queloz beobachteten, aber der erste, bei dem periodische Variationen mit der im Vergleich zu Doppelsternen extrem kleinen Amplitude von nicht ganz 60 $\mathrm{m\,s^{-1}}$ entdeckt wurden. Es lag also nahe, einen Planeten als die Ursache der beobachteten Reflexbewegung des Muttersternes anzunehmen. Aber 51 Peg B – so wurde der Planet genannt – wäre auch innerhalb der etwas später entdeckten anderen Planetenkandidaten, nachgewiesenen und nicht nachgewiesenen, etwas besonderes gewesen: er würde so nahe am Muttergestirn seine Bahn ziehen, daß er dort – allen gängigen Vorstellungen der Planetenentstehung entgegen – gar nicht hätte sein dürfen. Die meisten, sofort geäußerten Vermutungen und theoretischen Rechnungen deuteten darauf hin, daß der Planet erst spät in seiner Entwicklung so nahe an den Mutterstern gelangen könne und in Wirklichkeit doch in größerem Abstand entstanden sein müßte. Sodann wurden gleich mehrere Vorstellungen entwickelt, die dies erklären können. Eine Hypothese ging davon aus, daß es zu gravitativen Wechselwirkungen zwischen dem Planeten und der zirkumstellaren Akkretionsscheibe kam, aus der der Riesenplanet ja zuallererst entstanden sein müßte. Dadurch könnte die Bahn empfindlich gestört worden sein und der vermeintliche Planet so, mehr oder minder durch Zufall, in den inneren Bereich des Systems gelangen. Daß es die hiezu benötigten Akkretionsscheiben um junge Sterne tatsächlich gibt, hat unlängst das *Hubble*-Weltraumteleskop mit ganz sensationellen Fotos bewiesen (Abb. 12.1, aber siehe auch Abb. 2.17). Eine andere Hypothese wiederum sagte, daß es mehr als nur einen einzelnen Riesenplaneten geben könnte, die sich dann gegenseitig in ihrer Bahn stören – ganz so wie Jupiter die Bahn von Saturn beeinflußt –, und ein zu knapper Vorübergang hätte 51 Peg B sozusagen aus der Bahn geworfen und in die Nähe des Muttergestirns gebracht.

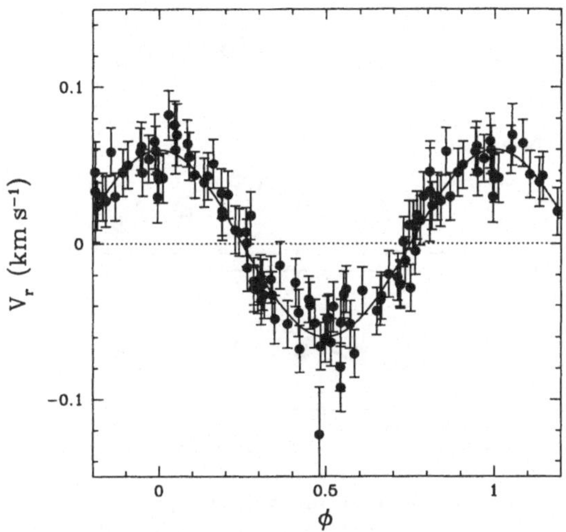

Abbildung 12.3: Die mögliche Entdeckung des ersten extrasolaren Riesenplaneten anhand der Radialgeschwindigkeitsvariationen des Muttergestirns 51 Pegasi A. Eindeutig ist die sinusoidale Variation mit einer Periode von 4.23 Tagen und einer Amplitude von nur etwa 60 $\mathrm{m\,s^{-1}}$ zu sehen (die x-Achse ist die Phase ϕ, in Einheiten der Periode). Die *Interpretation* mittels eines Planeten stellte sich in diesem einen Fall aber möglicherweise als falsch heraus, wie in Abb. 12.4 demonstriert wird. (Aktuelle Daten mit frdl. Gen. von Michel Mayor, Observatoire de Genève. Nach Mayor & Queloz 1995).

Es dauerte übrigens nur ein paar Monate bis die „Entdeckung" von 51 Peg B von Geoffrey Marcy und Kollegen in Kalifornien bestätigt wurde. Eigentlich war es eine Bestätigung der ohnedies richtigen Meßergebnisse, aber mit der wiederholten Interpretation durch einen Planeten. Aber welche andere Interpretation war nun die Alternative? Die lieferte David Gray von der University of Western-Ontario in Kanada (siehe Abb. 12.4). Er untersuchte die Linienprofile von 51 Peg A schon seit Jahren und fand, daß sich deren Bisektoren (siehe Kapitel 11) mit der gleichen Periode verändern, die Mayor und Queloz aus den Radialgeschwindigkeiten erhielten. Gleiches galt für die Linientiefe. Dies legte eine Interpretation durch Geschwindigkeitsfelder auf der Oberfläche des G-Sternes nahe, und nicht durch die Existenz eines zweiten Körpers, eines Planeten. *Bäng*, das hatte gesessen. Noch offen bleibt allerdings die Frage nach dem physikalischen Erzeugermechanismus eines Geschwindigkeitsfeldes so langer Periode. Handelt es sich bei dieser 4.23-Tage Periode um nicht-radiale Oszillationen eines g-Modes? Oder überhaupt um einen anderen, noch gänzlich unbekannten Mechanismus? Wie man sieht, „business as usual", mehr Fragen als Antworten.

Die Tabelle 12.3 gibt nun eine Übersicht über den aktuellen extrasolaren Planetenstand, der aber mit großer Wahrscheinlichkeit schon wieder veraltet ist, wenn Sie dieses Buch in der Hand halten (51 Peg B ist zum Vergleich noch mitangeführt, aber in Klammer). Demnach kennen wir momentan sieben Sterne mit jupiterähnlichen Planeten, wobei zwei sogar je zwei Planeten haben sollen (*Lalande 21185* und ρ^1 Cancri). Letzteres wäre natürlich eine wunderbare Bestätigung dafür, daß unser eigenes Sonnensystem (mit neun Planeten) keine Seltenheit ist oder gar eine

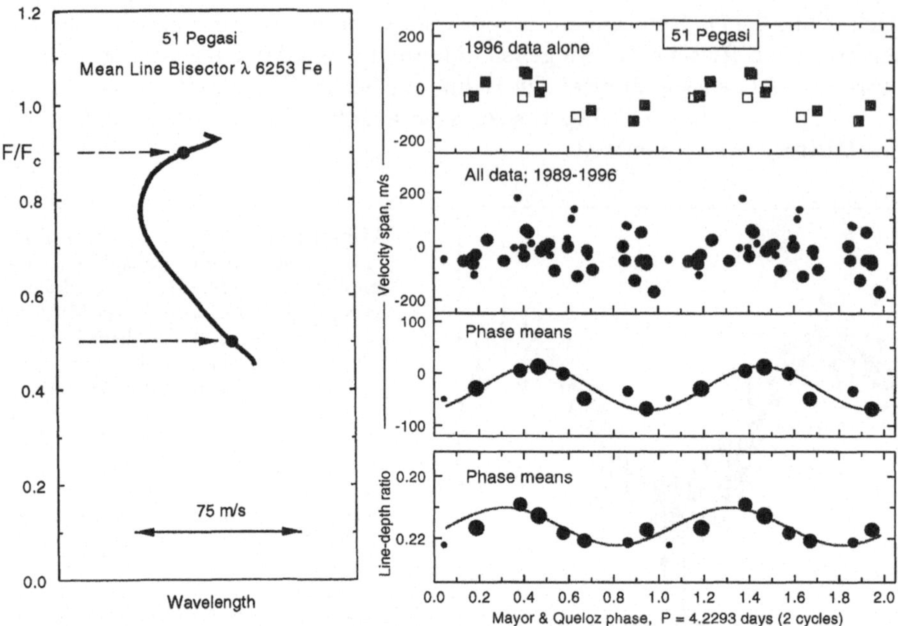

Abbildung 12.4: *Links:* Zur Erklärung des Linienbisektors und des „velocity span" – der Geschwindigkeitsdifferenz des Bisektor bei Linientiefen von 0.5 und 0.9 des Kontinuums –, die rechts in den drei obersten Diagrammen aufgetragen ist. *Rechts:* Messungen des Linienbisektors und der Linientiefe (unterstes Diagramm) von 51 Pegasi zeigen eine Variation mit exakt der gleichen Periode wie die Radialgeschwindigkeiten von Mayor & Queloz. Das obere Diagramm gibt nur Daten einer Beobachtungssaison (1996), das mittlere alle Daten von 1989 bis 1996, und das untere der drei sind die Mittelwerte, wobei die Größe des Symbols deren Gewichtung entspricht. Das unterste Diagramm zeigt die Messungen eines gänzlich anderen Parameters, des Verhältnisses zweier Linientiefen (V I 6251.83 Å zu Fe I 6252.57 Å). Auch diese Messungen korrelieren mit der 4.23-Tage Periode. (Mit frdl. Gen. nach David F. Gray 1997, University of Western Ontario).

elitäre Existenz vermuten ließe, sondern vielmehr das Produkt einer ganz normalen Sternentwicklung darstellt, wie sie momentan gerade tausendfach in unserer Galaxis abläuft. *Lalande 21185* ist übrigens der viertnähest gelegene Stern in einer Entfernung von nur 8.23 Lichtjahren, und somit ein potentieller Kandidat für die Suche nach extraterrestrischen Lebewesen.

12.2.3 Braune Zwergsterne oder jupiterähnliche Riesenplaneten?

Braune-Zwerge werden Sterne genannt, die zwar wie andere normale Sterne auch aus einer prästellaren Wolke entstanden sind, aber Massen von weniger als etwa dem 0.08-fachen der Sonne haben (die Sonnenmasse, kurz $M_\odot$, ist 2×10^{30} kg). Ein junger Stern braucht nämlich in etwa 0.08 $M_\odot$ um in seinem Inneren den Fusionsprozeß von Wasserstoff zu Helium in Gang zu bringen und sein Hauptreihendasein zu beginnen. Braune Zwerge haben das nie geschafft und sind somit so etwas wie ungeborenen Sterne. Ihr innerer Aufbau wird daher oftmals eher mit denen von Rie-

Tabelle 12.3: EXTRASOLARE RIESENPLANETEN

Name	Spektraltyp des Sternes	Masse des Planeten ($M_{Jupiter}$)	Periode (Tage)	Entdecker
(51 Pegasi B)	G2-3V	(>0.47)	4.23	Mayor & Queloz (1995)
υ And B	F8V	>0.68	4.61	Butler et al. (1997)
ρ^1 Cnc B	K0IV	>0.78	?	Butler et al. (1997)
ρ^1 Cnc C	K0IV	>5	14.648	Butler et al. (1997)
Lalande 21185 B	M2V	≈1.5	30 Jahre	Gatewood (1996)
Lalande 21185 C	M2V	≈1	2200	Gatewood (1996)
47 UMa B	G0V	>2.4	1100	Butler & Marcy (1996)
τ Boo B	F7V	>3.7	3.313	Butler et al. (1997)
70 Vir B	G4V	>6.6	116.7	Marcy & Butler (1996)
16 Cyg Bb	G2V	>1.5	800.8	Cochran et al. (1997)

senplaneten, wie etwa Jupiter und Saturn verglichen, deren Massen etwa 0.001 $M_\odot$ betragen. Bis 1995 hatten all diese Vorstellungen allerdings einen gravierenden „Schönheitsfehler“: es war kein einziger Brauner-Zwerg bekannt! Dies hat sich nun mit der Entdeckung von *Gliese 229B* geändert und diesem Forschungsgebiet endlich den ersehnten Aufschwung beschert, und zwar parallel zur Suche nach extrasolaren Planeten, denn es ist nicht einfach zwischen Riesenplaneten und Braunem-Zwerg zu unterscheiden. Lange Zeit wurden Braune-Zwerge auch dafür herangezogen, die „fehlende“ bzw. „dunkle Masse“ des Universums zu erklären. Dies scheint sich nun ebenfalls zu widerlegen.

Sterne mit den kleinsten, bekannten Massen liegen genau auf der Trennlinie zwischen Braunem-Zwerg und massearmen Hauptreihenstern: etwa *Ross 614B* mit einer Masse von 0.080±0.025 $M_\odot$ oder der M6V-Stern *Gliese 65B* mit 0.094 $M_\odot$. Kleine Massen sind bei Sternen aber keine Seltenheit, ja eigentlich mehr die Regel denn eine Abnormität. So sind von den 100 nächst gelegenen Sternen 88 Zwergsterne mit Massen kleiner als die der Sonne.

Ein besonderes Beispiel eines „Objektes“ bei dem man immer noch nicht weiß ob es sich nun um einen Braunen-Zwerg oder um einen Riesenplaneten handelt, ist der Begleiter des Sternes mit der Henry-Draper-Nummer HD 114762. Interessant ist dieses Beispiel auch weil HD 114762 B – so wird der Begleiter genannt – bereits 1989 entdeckt wurde (durch David Latham et al. 1989), also sechs Jahre bevor Mayor und Queloz den vermeintlichen Begleiter von 51 Pegasi sahen. Aber die Zeit war einfach noch nicht reif für eine derartige Entdeckung, zu viele Zweifel bezüglich der Meßgenauigkeit mußten noch ausgeräumt werden. HD 114762 B hat eine relativ hohe Mindestmasse von 10 Jupitermassen und seine Bahn weist eine beträchtliche Exzentrizität auf (≈ 0.33). Dies macht ihn eher zum Braunen-Zwerg als zum Planeten, jedoch ist die Grenze zwischen Braunem-Zwerg und Planeten noch nicht wirklich verstanden und daher verschwommen. Auch 70 Vir B, τ Boo B und ρ^1 Cnc C könnten sich letztlich als kleine Braune-Zwerge entpuppen.

Eine Entscheidung könnte hier schon bald fallen, da nämlich der neue Spektrograph des *Hubble*-Weltraumteleskopes, der *Space Telescope Imaging Spectrograph* (STIS), seine Arbeit 1997 aufgenommen hat und es nun ermöglicht, auch den na-

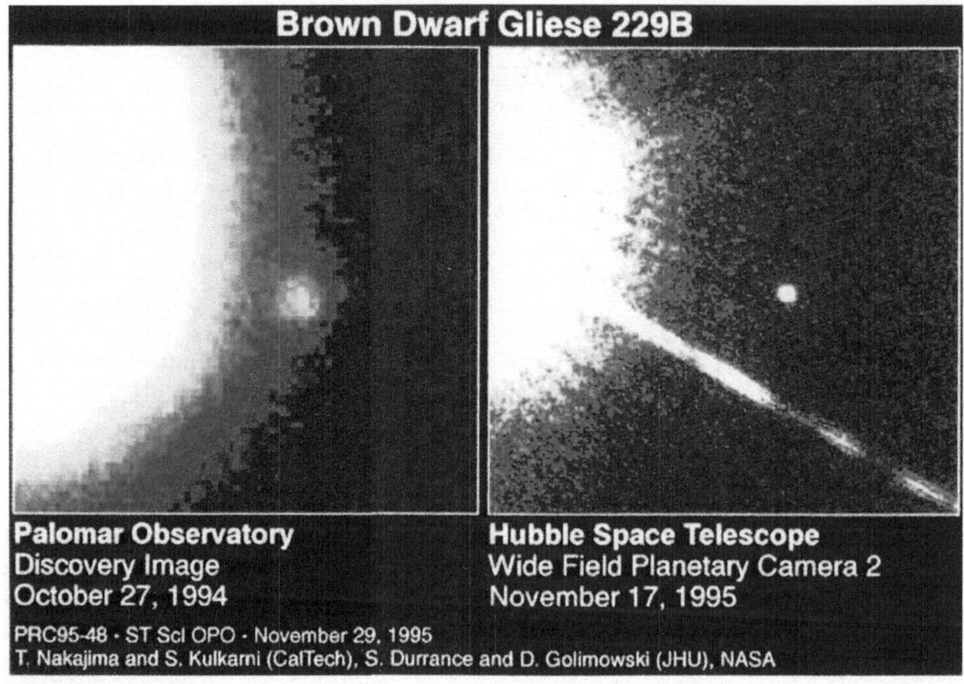

Abbildung 12.5: Die Entdeckung des ersten Braunen-Zwerges: *Gliese 229B* (der kleine Punkt rechts vom Bildzentrum). Links ist das Original-Entdeckungsfoto vom Mount Palomar Observatorium und rechts eine Aufnahme mit dem *Hubble*-Weltraumteleskop. Der große, helle Fleck jeweils in der linken Bildhälfte ist Gl229 A: der etwa 100,000-mal intensiver leuchtende Hauptstern des Gliese 229-Systems. Das Entdeckungsphoto gelang Nakajima et al. (1995) am 1.5m-Teleskop des Palomar Observatoriums. Die Nachfolge-Aufnahme stammt von Shrinivas Kulkarni vom California Institute of Technology.

hen infraroten Spektralbereich extrem lichtschwacher Objekte mit relativ hoher Auflösung zu erkunden. Und hochaufgelöste Spektren gepaart mit der Entdeckung bestimmter Molekülbanden könnten den Ausschlag geben. Wir wissen heute einfach noch nicht was Sterne mit Spektraltypen später als M6V, also M7, M8, ja bis M10 wirklich sind: vielleicht sind dies alles Braune-Zwerge?[6]

Modellatmosphären von Braunen-Zwergen sagen die Entstehung von starken Methan-(CH_4)-Molekülbanden bei Wellenlängen von 1.7 μm und 2.4 μm auf Kosten des molekularen Kohlenmonoxids (CO) vorher. Letzteres kann übrigens auch in der solaren Chromosphäre beobachtet werden und dürfte wohl auch ein regulärer Bestandteil von kühlen, andererseits normalen *Sternenatmosphären* sein. Genau diese vorhergesagten Methanbanden wurden auch im Spektrum von *Gliese 229B* gesehen. Damit hat man nun wenigstens eine Möglichkeit zur Unterscheidung zwischen sehr massearmen Sternen und Braunen Zwergen. Die Unterscheidung, ob es sich bei einem Braunen Zwerg nun eventuell doch um einen Riesenplaneten han-

[6]Momentan ist ein einziger „Stern“ bekannt, dem man einen Spektraltyp später als M10 zugeordnet hat: *Gliese 165B*.

deln könnte, ist aber noch ein Stück diffiziler und in der Fachwelt sehr umstritten. Der zusätzliche, weitestgehend noch unerforschte Mechanismus bei noch kühleren Atmosphären, ist die Kondensation der schweren Elemente zu makroskopischen Körnchen und anschließendem Absinken in die untersten Atmosphärenschichten. Vorhandener Wasserdampf könnte an diesen Körnchen kondensieren und gebunden werden, und schließlich als „Regen“ bis auf die Oberfläche gelangen.

Wie so üblich in der Astronomie, hat die Natur all diesen theoretischen Überlegungen einen praktischen „Hasenfuß“ eingebaut: die betreffenden Objekte haben Helligkeiten in der Nähe 30. Größenklasse! Um dann noch Spektren aufzunehmen, bedarf es schon mindestens eines 5m-Weltraumteleskopes, welches es leider in absehbarer Zukunft noch nicht geben wird.

... da kann es schon zu exotischen Ideen kommen!

Erinnern wir uns, daß wir den Begriff „jupiterähnliche Riesenplaneten“ ausschließlich über deren Masse definiert hatten. Eigentlich wissen wir nicht, ob es sich dabei um einen Steinklumpen wie unseren Mond oder tatsächlich um einen Planeten mit einer Atmosphäre wie Jupiter handelt. Nun, eine Gruppe um die beiden kalifornischen Astronomen Gibor Basri von der Universität in Berkeley und Geoffrey Marcy von der San Franciso State Universität hatten nun folgende Idee gesponnen:

Die Oberflächentemperatur eines Planeten mit mehreren Jupitermassen beträgt etwa 1,000 K. Schon die Erdatmosphäre verliert Wasserstoff wegen Aufheizung der äußersten Schichten auf Grund der extremen UV-Strahlung der Sonne (Wasserstoff ist das leichteste Element!). Obwohl die Muttergestirne der bekannten Planeten in Tabelle 12.3 keine chromosphärisch überaktiven Sterne sind, wohl aber sonnenähnliche Typen mit zu erwartentem hohen UV-Anteil, kann es durchaus zur Dissoziation und anschließendem Verlust von molekularem Wasserstoff kommen, vorausgesetzt der Planet kreist nahe genug um das Muttergestirn. Die Entfernung des vermeintlichen Planeten 51 Peg B von seinem Muttergestirn 51 Peg A hätte, – falls real gewesen –, nur etwa 0.5 AE betragen und wäre somit noch in der äußeren Korona des Sternes gelegen. Bei der Sonne würde der UV- und Röntgenanteil an diesem Ort rund 300mal stärker sein als am Ort der Erde. Es scheint also wahrscheinlich, daß eng umlaufende Planeten Wasserstoff – falls überhaupt vorhanden – durch Dissoziation verlieren könnten. Wenn ja, sollte sich im Laufe der Zeit eine Wasserstoffwolke um den betreffenden Planeten und entlang seiner Bahn gebildet haben. Was Basri und Marcy jetzt vorgeschlagen haben, ist, mit Hilfe des *Hubble* Weltraumteleskopes nach Bedeckungen des Muttergestirnes durch diese Wasserstoffwolke zu suchen, und zwar im Licht der Lyman-α-Linie des neutralen, atomaren Wasserstoffs bei einer Wellenlänge von 121.55 nm im fernen ultravioletten Licht!

12.3 Die Science-Fiction bekommt mehr Science

Was werden uns die nächsten zehn, zwanzig Jahre also bescheren? Mehr jupiterähnliche Planeten und Braune-Zwerge auf alle Fälle, aber vielleicht auch den ersten

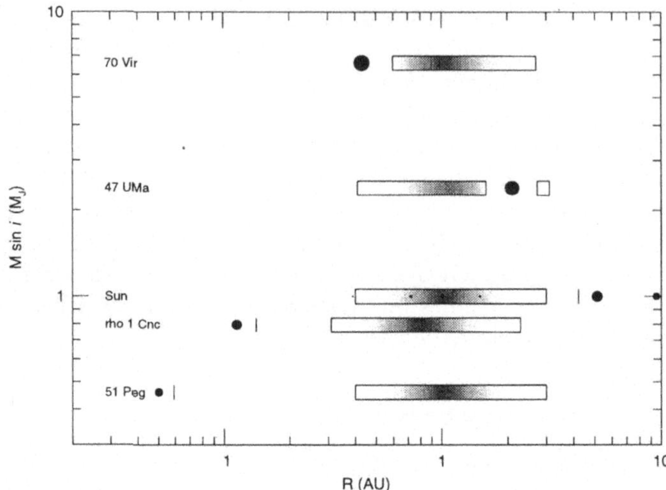

Abbildung 12.6: Bereiche für die größte Aufenthaltswahrscheinlichkeit (Balken mit Grauskala) eines bewohnbaren, erdähnlichen Planeten in den drei neuentdeckten Sonnensystemen ρ^1 Cnc, 47 UMa und 70 Vir (und als Vergleich nochmals 51 Peg), sowie unserem eigenen Sonnensystem. Aufgetragen sind auf der vertikalen Achse die Masse des bereits bekannten Riesenplaneten in Einheiten der Jupitermasse sowie auf der horizontalen Achse deren Abstand vom Muttergestirn in Astronomischen Einheiten. Die Riesenplaneten sind proportional ihrer Masse als mehr oder weniger dicke Punkte eingezeichnet. (Mit frdl. Gen. nach Gehman, Adams & Laughlin 1996).

(normalen) erdähnlichen Planeten. Das *Hubble*-Weltraumteleskop wurde im Februar 1997 mit neuen Instrumentarien ausgerüstet, die sich besonders gut für die Suche nach lichtschwachen Begleitern von nahen Sternen eignen.

Ein Team an der University of Michigan hat kürzlich mit Hilfe himmelmechanischer Berechnungen untersucht, ob die neuentdeckten extrasolaren Planetensysteme nicht auch bewohnbare, erdähnliche Planeten beherbergen könnten. Sie suchten zuerst einmal nach stabilen Planetenbahnen in den vier Systemen 51 Peg, ρ^1 Cnc, 47 UMa und 70 Vir, indem sie das eingeschränkte Drei-Körper-Problem mit jeweils der Masse des Muttersternes, des Riesenplaneten, sowie eines Planeten mit Erdmasse lösten. Nur sogenannte dynamisch-stabile Lösungen führen für die kleine Masse – dem erdähnlichen Planeten – zu einer Verweildauer auf einer Bahn im jeweiligen Sonnensystem, die länger oder vergleichbar mit seiner erwarteten Lebensdauer ist. Doch gibt es eine ganze Reihe von möglichen, stabilen Bahnen innerhalb des vorgegebenen Planetensystems. Abbildung 12.6 zeigt das Ergebnis der Rechnungen für die vorhin genannten extrasolaren Planetensysteme (inklusive 51 Peg). Der nächste Schritt war, den Abstand vom Muttergestirn soweit einzuschränken, als das Wasser auf der Oberfläche eines erdähnlichen Planeten weder gefriere noch koche. In absoluter Temperatur, also in Grad Kelvin ausgedrückt, heißt das: $273 \leq T \leq 373$ K. Der Bereich, in dem diese Temperaturen herrschen würden *und* in dem es stabile Bahnen gibt, ist dann der Ort der größten Aufenthaltswahrscheinlichkeit eines bewohnbaren, erdähnlichen Planeten. Dies ist in Abb. 12.6 als grauskalierter, horizontaler Balken dargestellt (je dunkler, desto größer ist die Wahrscheinlichkeit).

Die Suche nach einem erdähnlichen Körper um den Braunen-Zwerg *Gliese 229B* ist bereits in Gang. Ab Oktober 1996 haben auch die beiden größten Teleskope der Welt, die beiden *Keck*-Teleskope mit je 10m Spiegeldurchmesser am Mauna Kea in Hawaii, ihre Suche nach Planeten aufgenommen, und das Weltraumteleskop wird dieses Objekt noch mehrmals genau unter die Lupe nehmen.

Den wohl nachhaltigsten Eindruck auf unsere Gesellschaft würde aber die Entdeckung von außerirdischen Leben hinterlassen – vor allem intelligenten Leben. Man stelle sich einmal die Möglichkeiten vor, die sich durch die interstellare Kommunikation ergeben könnten – einmal abgesehen von populistischen Eindrücken, wie sie von dem Hollywood Film *Independence Day* oder dem Orson Welles Klassiker *Invasion vom Mars* erzeugt wurden, nämlich pure Angst und Panik vor einer Invasion. Der Cartoon in Abb. 12.7 ließe ja leider einiges erwarten.

Abbildung 12.7: Die „Entdeckung der Marsmenschen" wird der Presse bekanntgegeben!?

12.3.1 SETI-Nachfolger PHOENIX

Das einzige wissenschaftliche Projekt, das nach wie vor auf der direkten Suche nach intelligenten, extraterrestrischen Lebewesen ist, heißt PHOENIX – ja, der aus der Asche – und ist das Nachfolgeprojekt der bekannten NASA-Suche *SETI*. Letzteres Projekt mußte von der NASA wegen Geldmangels eingestellt werden. Was ist nun PHOENIX? Die Phoenix-Wissenschafter haben sich zum Ziel gesetzt, 1,000 Sterne, die alle näher als 100 Lichtjahre sind, mit modernster Technik im Radiobereich abzuhören. Radiowellen werden für solche Experimente natürlich bevorzugt, da sie nicht von der interstellaren Materie absorbiert werden wie etwa optisches Licht. Die Suche soll, ein Stern nach dem anderen, in 57 Millionen Frequenzen gleichzeitig erfolgen und den Bereich 1–3 GHz umspannen. Begonnen hat die Suche bereits 1995 mit der 64m-Antenne des Parkes Radio-Observatoriums in Australien und 200 Sterne der Südhalbkugel werden untersucht. Im September 1996 kam die 42m-Antenne in West Virginia in den U.S.A. dazu und der Umbau des größten Radioteleskopes der Welt, die 300m Arecibo-Antenne in einem Bergtal in Puerto Rico, soll 1998 so weit sein, daß das volle Programm von PHOENIX anlaufen kann. Bis dato hat es aber leider, wie auch vorher bei SETI, noch kein eindeutiges Signal gegeben. Aber, wer weiß?

Außerdem besteht noch die Möglichkeit, daß *wir* es sind, die kontaktiert werden! Immerhin senden unsere Fernseh- und Radioanstalten nun schon seit 50 Jahren ihre Sendungen – unfreiwillig natürlich – in den Weltraum. Unsere ersten Gehversuche auf diesem Gebiet könnten also bereits, rein theoretisch versteht sich, von Lebewesen bis in eine Entfernung von 50 Lichtjahren konsumiert werden. Ob dies die Wahrscheinlichkeit einer konstruktiven Kontaktaufnahme dererseits erhöht sei dahingestellt.

Was immer die Zukunft bringen mag, es wird immer ein Vorteil sein zu „wissen“, und dieses Wissen zu verstehen. Dieses Buch hat versucht, einen kleinen Teil des Wissens der Menschheit innerhalb nur *eines* naturwissenschaftlichen Bereiches auf *einem* speziellen Fachgebiet zu vermitteln. Zum tieferen „Verstehen“ kann ich Ihnen nunmehr nur empfehlen, in einer sternklaren Nacht einmal hinaus zu gehen, zum Himmel zu blicken, und die Eindrücke der realen Wissenschaft Astronomie, gepaart mit ihrer persönlichen Phantasie, auf sich wirken zu lassen.

Literaturverzeichnis

[1] Butler R. P., Marcy G. W., 1996, „A planet orbiting 47 Ursa Majoris", ApJ 464, L153

[2] Butler R. P., Marcy G. W., Williams E., Hauser H., Shirts P., 1997, „Three new 51 Peg-type planets", ApJ 474, L115

[3] Cochran W., Hatzes A., Butler R. P., Marcy G. W., 1997, „The discovery of a planetary companion to 16 Cygni B", ApJ, in Druck

[4] Gatewood G., 1996, „Lalande 21185", BAAS 28, 885

[5] Gehman C. S., Adams F. C., Laughlin G., 1996, „The prospect for earth-like planets within known extrasolar planetary systems", PASP 108, 1018

[6] Gray D. F., 1997, „Absence of a planetary signature in the spectra of the star 51 Pegasi", Nature 385, 795

[7] Kasting J. F., Grinspoon D. H., 1991, „The faint young Sun problem", in in *The Sun in Time*, C. P. Sonett et al. (eds.), The University of Arizona Press, s. 447

[8] Latham D. W., Mazeh T., Stefanik R. P., Mayor M., Burki G., 1989, „The unseen companion of HD 114762: a probable brown dwarf", Nature 339, 38

[9] Marcy G. W., Butler R. P., 1996, „A planetary companion to 70 Virginis", ApJ 464, L147

[10] Mayor M., Queloz D., 1995, „A Jupiter-mass companion to a solar-type star", Nature 378, 355

[11] McCaughrean M. J., O'Dell C. R., 1996, „Direct imaging of circumstellar disks in the Orion nebula", AJ 111, 1977

[12] McCay D. S., et al. 1996, „Search for past life on Mars: possible relic biogenic activity in martian meteorite ALH 84001", Science 273, 924

[13] Nakajima T., Oppenheimer B. R., Kulkarni S. R., Golimowski D. A., Matthews K., Durrance S. T., 1995, „Discovery of a cool brown dwarf", Nature 378, 463

[14] Sagan C., Mullen G., 1972, „Earth and Mars: Evolution of Atmospheres and Temperatures", Science 177, 52

[15] Shabanova T. V., 1995, „Evidence for a planet around the pulsar PSR B0329+54", ApJ 453, 779

[16] Wolszczan A., 1994, „Confirmation of Earth-mass planets orbiting the millisecond pulsar PSR B1257+12", Science 264, 538

[17] Wolszczan A., Frail D. A., 1992, „A planetary system around the millisecond pulsar PSR1257+12", Nature 355, 145

WEITERFÜHRENDE LITERATUR

Allgemeinverständliche Bücher und Artikel

- Carl Sagan's letztes Buch BLAUER PUNKT IM ALL (München, 1996) läßt unsere Erde in einem anderen, kosmischen Licht erscheinen. Das Ende des Lebenswerkes des wohl bekanntesten Astronomen der Welt.
- Alan P. Boss beschreibt in einem Artikel in PHYSICS TODAY, September 1996, die momentanen Probleme und Erfolge bei der Suche nach *Extrasolar Planets.*
- *Planetenjagd – Die ersten Erfolge* von R. Kippenhahn ist ein reich bebilderter Artikel im STAR OBSERVER 2/96, s. 11.
- A. M. MacRobert und J. Roth berichten in dem Aufsatz *The planet of 51 Pegasi* in SKY & TELESCOPE Jänner 1996, s. 38 über die Hintergründe dessen Entdeckung.
- Wenige Monate nach der Marsgestein-Pressekonferenz der NASA gibt es schon das erste Buch: MARS - PLANET DES LEBENS der beiden deutschen Autoren Johannes Fiebag und Torsten Sasse (ECON Verlag, Düsseldorf, 1996).
- Bruno Stanek's PLANETENLEXIKON (Hallwag Verlag, Bern und Stuttgart) informiert ausgiebig über jeden einzelnen Planeten des Sonnensystem. Mit vielen Zahlen und Fakten sowie Bildern.

Spezialliteratur

- THE BOTTOM OF THE MAIN SEQUENCE – AND BEYOND ist das Begleitbuch zu einer Fachtagung bei der ESO in Garching. Herausgegeben von Christopher G. Tinney im Springer Verlag, 1995. Beinhaltet ein Kapitel über Braune Zwerge als auch über stellare Aktivitäten.
- PROTOSTARS & PLANETS, II, herausgegeben von D. C. Block und M. S. Matthews (The University of Arizona Press, Tucson, 1985) ist eine umfassende Zusammenstellung von fachspezifischen Aufsätzen.

Anhang

ANHANG A

Astronomische Zeitschriften und deren gebräuchlichsten Abkürzungen

A&A	ASTRONOMY & ASTROPHYSICS, Springer Verlag.
A&AR	ASTRONOMY & ASTROPHYSICS REVIEWS, Springer Verlag.
A&AS	ASTRONOMY & ASTROPHYSICS SUPPLEMENT, Springer Verlag.
AJ	THE ASTRONOMICAL JOURNAL, American Institute of Physics.
AN	ASTRONOMISCHE NACHRICHTEN, Akademie Verlag, Berlin.
ApJ	THE ASTROPHYSICAL JOURNAL, The Univ. of Chicago Press.
ApJS	THE ASTROPHYSICAL JOURNAL SUPPLEMENT, The Univ. of Chicago Press.
App.Optics	APPLIED OPTICS, Optical Society of America.
Ap&SS	ASTROPHYSICS AND SPACE SCIENCES, Kluwer Academic Publishers.
ARA&A	ANNUAL REVIEW OF ASTRONOMY & ASTROPHYSICS, Annual Reviews Inc..
Astronomy	ASTRONOMY, Populärwiss. Zeitschrift, Kalmbach Publ. Co.
BAAS	BULLETIN OF THE AMERICAN ASTRONOMICAL SOCIETY.
CM	CELESTIAL MECHANICS, Kluwer Academic Publishers.
Die Sterne	DIE STERNE, J. A. Barth-Verlag (ab 1997 mit SUW fusioniert).
Exp.Astr.	EXPERIMENTAL ASTRONOMY, Kluwer Academic Publishers.
IBVS	INFORMATION BULLETIN FOR VARIABLE STARS, IAU Comm. 27, Konkoly Observatorium der Ungarischen Akademie der Wissenschaften, Budapest.
Icarus	INTERNATIONAL JOURNAL OF SOLAR SYSTEM STUDIES, Academic Press.
MemSAI	MEMORIE DELLA SOCIETA ASTRONOMICA ITALIANA, J. der ital. astr. Ges.
Mercury	MERCURY, Zeitschrift der Astronomical Society of the Pacific.
Messenger	MESSENGER, Zeitschrift der ESO, Garching.
Mitt.AG	MITTEILUNGEN DER ASTRONOMISCHEN GESELLSCHAFT, Hamburg.
MNRAS	MONTHLY NOTICES OF THE ROYAL ASTRONOMICAL SOCIETY, Blackwell.
Nature	NATURE, Macmillan Journals Ltd., London.
New Ast.	NEW ASTRONOMY, Elsevier Science, Amsterdam .
Observatory	OBSERVATORY, University Press, Cambridge.
Orion	ORION, Zeitschrift der Schweizerischen Astronomischen Gesellschaft.
PASJ	PUBLICATIONS OF THE ASTRONOMICAL SOCIETY OF JAPAN, Universal Akademic Press.
PASP	PUBLICATIONS OF THE ASTRONOMICAL SOCIETY OF THE PACIFIC, American Institute of Physics, Woodbury, New York.
PASPC	CONFERENCE PROCEEDINGS OF THE ASTRON. SOCIETY OF THE PACIFIC.
Phys. Today	PHYSICS TODAY, American Institute of Physics, Woodbury, New York.
P.M.	P.M.-MAGAZIN, Gruner+Jahr Verlagshaus, München.
Rev.Mod.A&A	REVIEWS IN MODERN ASTRONOMY, Astron. Gesellschaft, Hamburg.
Science	SCIENCE, American Association for the Advancement of Science.
Sci. Amer.	SCIENTIFIC AMERICAN, Scientific American Inc., New York.
SP	SOLAR PHYSICS, Kluwer Academic Publishers.
Spek.Wiss.	SPEKTRUM DER WISSENSCHAFT, die deutschsprachige Ausgabe von SCIENTIFIC AMERICAN, Spektrum Akademischer Verlag, Heidelberg.
SSR	SPACE SCIENCE REVIEWS, Kluwer Academic Publishers.
S&T	SKY & TELESCOPE, Sky Publishing Corporation, Cambridge, U.S.A.
Star Obs.	STAR OBSERVER, Astronomie und Weltraumforschungsmagazin, Star Observer Verlag, Wien.
SuW	STERNE UND WELTRAUM, Vereinigung der Sternfreunde e.V., Redaktion am MPI für Astronomie in Heidelberg.
Vistas	VISTAS IN ASTRONOMY, Pergamon, Elsevier Science Ltd.

ANHANG B

Einige interessante astronomische Internet-Adressen mit viel Information und Bildern für den „Web-Surfer". Für die besten Resultate am Schirm empfehle ich die Verwendung von NETSCAPE 2.0. Der Aufruf erfolgt jeweils mit dem Ausdruck `http://` vor die unten angegebene Adresse gesetzt.

Liste aller Astronomie-Institute der Welt:
 `fits.cv.nrao.edu/www/yp_ dept.html`
Das internationale AstroWeb:
 `www.stsci.edu/astroweb`
Der AstroServerVienna der Universitätssternwarte Wien:
 `www.ast.univie.ac.at`
Sonnenobservatorium Kanzelhöhe (Universität Graz):
 `server.solobskh.ac.at`
Das Astronomie-Institut der Universität Innsbruck:
 `ast7.uibk.ac.at`
European Southern Observatory (ESO):
 `www.eso.org`
ESO Very-Large-Telescope (VLT) home page:
 `www.eso.org/vlt/`
W. M. Keck Observatorium, Hawaii:
 `astro.caltech.edu/observatories`
Kitt Peak National Observatory (KPNO):
 `www.noao.edu/kpno`
Cerro Tololo Interamerican Observatory (CTIO):
 `ctio.noao.edu/ctio.html`
Canada-France-Hawaii Telescope (CFHT):
 `www.cfht.hawaii.edu`
European Space Agency (ESA):
 `www.esrin.esa.it`
National Aeronautics and Space Administration (NASA):
 `www.gsfc.nasa.gov/NASA_homepage.html`
Space Telescope Science Institute (STScI):
 `marvel.stsci.edu/top.html`
Search for Extraterrestrial Intelligence (SETI):
 `www.metrolink.com/seti`
Österreichische Amateurastronomen:
 `www1.arcs.ac.at/aucona`
Das (amateur)astronomische e-mail Adreßbuch:
 `www.tu-chemnitz.de/~smo/sonst/adressen.html`

ANHANG C

In der Stellarastronomie gebräuchliche Naturkonstanten. Die unterschiedliche Genauigkeit mit der diese fundamentalen Werte bekannt sind, ist durch die Anzahl der Stellen hinter dem Komma angedeutet. Weiters sind noch einige interessante, astronomische Konstanten angeführt.

Tabelle 12.1:

Beschreibung und Symbol		SI-Einheit
Gravitationskonstante	G	$6.6726\ 10^{-11}$ $m^3/kg/s^2$
Lichtgeschwindigkeit im Vakuum	c	299,792.458 km/s
Plancksches Wirkungsquantum	h	$6.626076\ 10^{-34}$ Joule s
Drehimpulsquantum	$\hbar$	$1.0545887\ 10^{-34}$ Joule s
Boltzmann Konstante	k	$1.380662\ 10^{-23}$ Joule/K
Stefan–Boltzmann Konstante	σ	$5.67032\ 10^{-8}$ Watt/m^2/K^4
Elektrische Elementarladung	e	$1.6021773\ 10^{-19}$ Coulomb
Ruhemasse des Elektrons	m_e	$9.109390\ 10^{-31}$ kg
Ruhemasse des Protons	m_p	$1.672623\ 10^{-27}$ kg
Gaskonstante	$\mathcal{R}$	8.31451 Joule/mol/K
Loschmidtsche Zahl	L	$2.686754\ 10^{25}$ $/m^3$
Magnetische Feldkonstante	μ_0	$1.25663706144\ 10^{-6}$ Vs/Am
Elektrische Feldkonstante	ϵ_0	$8.85418782\ 10^{-12}$ As/Vm
1 Elektronenvolt	eV	$1.62\ 10^{-19}$ Joule
1 Lichtjahr	Lj	$9.4608\ 10^{12}$ km
1 Parsek (=3.26 Lj)	pc	$3.08568\ 10^{13}$ km
Astronomische Einheit	AE	$149.5979\ 10^6$ km
Erdradius am Äquator	R_E	6,378 km
Sonnenradius	$R_\odot$	695,980 km
Perigäum der Plutobahn		$7.375\ 10^9$ km
Äquatorradius der Galaxis		$\approx$15,000 pc
Entfernung Sonne–galaktisches Zentrum		$\approx$10,000 pc
Entfernung Milchstraße–Andromeda Galaxis		$\approx 2\ 10^6$ Lj

ANHANG D

Einige nützliche stellare Parameter für den quantitativen Vergleich. Quellen: die Effektivtemperatur basiert teils auf der IR-Kalibration von R. Bell und B. Gustafsson (1989), MNRAS 236, s. 653, die anderen Werte teils nach Gray (1992) THE OBSERVATION AND ANALYSIS OF STELLAR PHOTOSPHERES und aus Landolt-Börnstein (1982). Die Größen und deren Einheiten sind: $T_{\rm eff}$, Effektivtemperatur in Kelvin, $B - V$, im Johnson-System, absolute Helligkeit M_V, R der Radius in Sonnenradien (siehe auch Abb. 3.5) und $\log g$, die logarithmische Schwerebeschleunigung, definiert als $g = g_\odot M/R^2$ ($g_\odot = 2.738 \times 10^4$ cm/s^2 bzw. $\log g_\odot = 4.44$).

Tabelle 12.2:

		III	III-IV	IV	V
	$T_{\rm eff}$	6450	6450	6445	6445
	$(B-V)$	0.43	0.43	0.43	0.431
F5	M_V	+1.4	+1.9	+2.5	+3.5
	R	4	3.3	2.7	1.32
	$\log g$	3.6	3.7	3.9	4.32
	$T_{\rm eff}$	5745	5795	5845	5950
	$(B-V)$	0.65	0.63	0.62	0.583
G0	M_V	+1.2	+2.0	+2.8	+4.4
	R	5	4	3	1.08
	$\log g$	3.4	3.65	3.9	4.42
	$T_{\rm eff}$	5180	5350	5500	5680
	$(B-V)$	0.89	0.84	0.78	0.672
G5	M_V	+0.8	+1.9	+2.9	+5.1
	R	8	6	4.5	0.96
	$\log g$	3.3	3.6	3.9	4.46
	$T_{\rm eff}$	4820	4820	4990	5270
	$(B-V)$	1.015	0.97	0.92	0.819
K0	M_V	+0.5	+1.9	+3.2	+6.0
	R	11	8.5	5.9	0.81
	$\log g$	2.7	3.2	3.6	4.53
	$T_{\rm eff}$	3915	4075	4235	4555
	$(B-V)$	1.485	1.40	1.32	1.150
K5	M_V	0.0	+1.7	+3.9	+7.8
	R	28	21	14	0.68
	$\log g$	1.7	2.4	3.2	4.60
	$T_{\rm eff}$	3725	3800	3885	4050
	$(B-V)$	1.58	1.54	1.50	1.42
M0	M_V	-0.2	+1.5	+4.2	+8.5
	R	>30	...	...	0.61
	$\log g$	1.5	2.0	3.0	4.58

ANHANG E

Gemessene Elementhäufigkeiten der solaren Photosphäre, dargestellt in der astronomisch üblichen Schreibweise relativ zu Wasserstoff ($\log N_{\rm H} \equiv 12.00$). Nach N. Grevesse und E. Anders (1992) aus SOLAR INTERIOR AND ATMOSPHERE, A. N. Cox, W. C. Livingston und M. S. Matthews (Hrsg.), The University of Arizona Press, s. 1227. Ein Wert in Klammer ist ein angenommener Wert, der aber anderswo im Sonnensystem – meist bei Meteoriten – gemessen wurde.

Tabelle 12.3:

Atom-zahl	Element	$\log N$	Atom-zahl	Element	$\log N$	Atom-zahl	Element	$\log N$
1	**H**	12.00	31	**Ga**	2.88	61	**Pm**	...
2	**He**	(11.0)	32	**Ge**	3.41	62	**Sm**	1.00
3	**Li**	1.16	33	**As**	...	63	**Eu**	0.51
4	**Be**	1.15	34	**Se**	...	64	**Gd**	1.12
5	**B**	2.6	35	**Br**	...	65	**Tb**	0
6	**C**	8.60	36	**Kr**	...	66	**Dy**	1.1
7	**N**	8.00	37	**Rb**	2.60	67	**Ho**	0.26
8	**O**	8.93	38	**Sr**	2.90	68	**Er**	0.93
9	**F**	4.56	39	**Y**	2.24	69	**Tm**	0.0
10	**Ne**	(8.1)	40	**Zr**	2.60	70	**Yb**	1.08
11	**Na**	6.33	41	**Nb**	1.42	71	**Lu**	0.76
12	**Mg**	7.58	42	**Mo**	1.92	72	**Hf**	0.88
13	**Al**	6.47	43	**Tc**	...	73	**Ta**	...
14	**Si**	7.55	44	**Ru**	1.84	74	**W**	1.11
15	**P**	5.45	45	**Rh**	1.12	75	**Re**	...
16	**S**	7.21	46	**Pd**	1.69	76	**Os**	1.45
17	**Cl**	5.5	47	**Ag**	0.94	77	**Ir**	1.35
18	**Ar**	(6.56)	48	**Cd**	1.86	78	**Pt**	1.8
19	**K**	5.12	49	**In**	1.66	79	**Au**	1.01
20	**Ca**	6.36	50	**Sn**	2.0	80	**Hg**	...
21	**Sc**	3.10	51	**Sb**	1.0	81	**Tl**	0.9
22	**Ti**	4.99	52	**Te**	...	82	**Pb**	1.85
23	**V**	4.00	53	**I**	...	83	**Bi**	...
24	**Cr**	5.67	54	**Xe**	...	90	**Th**	0.12
25	**Mn**	5.39	55	**Cs**	...	92	**U**	0
26	**Fe**	7.67	56	**Ba**	2.13			
27	**Co**	4.92	57	**La**	1.22			
28	**Ni**	6.25	58	**Ce**	1.55			
29	**Cu**	4.21	59	**Pr**	0.71			
30	**Zn**	4.60	60	**Nd**	1.50			

ANHANG F

Daten einer Auswahl chromosphärisch aktiver Doppelsterne für die nördliche Halbkugel (nach Strassmeier et al. 1993, A&AS 100, 291). Die erste Spalte gibt den gebräuchlichen Namen des Veränderlichen, die zweite Spalte seine *Henry Draper*-Nummer, falls vorhanden, RA und DEK sind die Rektaszension und die Deklination für die Epoche 2000.0 und V ist die visuelle Helligkeit im Johnson V-Band in Größenklassen, SpTyp ist der Spektraltyp und P_{orb} die Orbitalperiode in Tagen.

Tabelle 12.4:

Name	HD	RA_{2000}	DEK_{2000}	V	SpTyp	P_{orb}
33 Psc	28	00 05 20.1	-05 42 27	4.6	K0III	72.93
5 Cet	352	00 08 12.0	-02 26 52	6.1	≈F/K1III	96.44
BD Cet	1833	00 22 46.7	-09 13 49	7.9	K1III	35.10
13 Cet A	3196	00 35 14.8	-03 35 34	5.2	F7V/G4V	2.082
AY Cet	7672	01 16 36.2	-02 30 01	5.5	wd/G5III	56.82
UV Psc	7700	01 16 55.1	06 48 42	9.0	G4-6V/K0-2V	0.861
BI Cet	8358	01 22 50.3	00 42 43	8.1	G5V:/G5V:	0.516
AR Psc	8357	01 22 56.8	07 25 09	7.2	K2V/?	14.30
UV For	10909	01 46 41.4	-24 00 56	8.0	K0IV	15.05
XX Tri	12545	02 03 47.1	35 35 29	8.1	K0III	23.98
6 Tri	13480	02 12 22.3	30 18 11	4.9	F5/K0III	14.73
VY Ari	17433	02 48 43.7	31 06 55	6.9	K3-4V-IV	13.20
EL Eri	19754	03 10 39.3	-05 23 38	7.9	G8IV-III	48.26
V711 Tau	22468	03 36 47.3	00 35 16	5.7	G5IV/K1IV	2.838
EI Eri	26337	04 09 40.7	-07 53 32	7.0	G5IV	1.947
RZ Eri	30050	04 43 45.8	-10 40 57	7.7	Am/K0IV	39.28
V1198 Ori	31738	04 58 17.0	00 27 14	7.1	G5IV	?
TW Lep	37847	05 40 39.6	-20 17 56	7.0	F6IV/K2III	28.34
V1149 Ori	37824	05 41 26.8	03 46 41	6.6	K1III	53.58
OU Gem	45088	06 26 10.2	18 45 25	6.8	K3V/K5V	6.992
VV Mon		07 03 18.3	-05 44 05	9.4	G2IV/K0IV	6.051
Gl 268		07 10 03.7	38 32 35	11.5	dM5e/dM5e	10.43
AR Mon	57364	07 20 48.0	-05 15 31	8.6	G8III/K2-3III	21.21
σ Gem	62044	07 43 18.7	28 53 01	4.2	K1III	19.60
LU Hya	71071	08 25 14.5	-07 10 13	7.3	K1IV	16.54
GK Hya		08 30 37.9	02 16 57	9.3	F8/G8IV	3.587
RZ Cnc	73343	08 39 08.6	31 47 45	8.7	K1III/K3-4III	21.64
TY Pyx	77137	08 59 42.5	-27 48 56	6.8	G5IV/G5IV	3.199
BF Lyn	80715	09 22 26.0	40 12 04	7.7	K2V/[dK]	3.804
IL Hya	81410	09 24 48.8	-23 49 35	7.3	K1III	12.91

Tabelle 12.4: (Fortsetzung)

Name	HD	RA_{2000}	DEK_{2000}	V	SpTyp	P_{orb}
LR Hya	91816	10 36 02.2	−11 54 34	7.6	K0V/K0V	6.866
DM UMa		10 55 43.5	60 28 10	9.5	K0–1IV–III	7.495
ξ UMa B	98230	11 18 10.9	31 31 45	4.9	G5V	3.981
DF UMa		11 37 16.8	47 27 11	10.1	dM0e/[dM5]	1.034
93 Leo	102509	11 47 59.1	20 13 08	4.5	A6:V/G5IV–III	71.69
HU Vir	106225	12 13 20.6	−09 04 47	8.6	K0IV	10.39
BD–5 3578	111487	12 49 38.5	−06 04 42	9.0	G5V/[K–M]	1.309
BD–4 3419	113816	13 06 26.3	−04 50 44	8.3	K2IV–III	>20.
CD–32 9477	118238	13 36 08.0	−33 28 45	9.1	K2IIIp	22.74
BH Vir	121909	13 58 24.9	−01 39 36	9.6	F8V–IV/G2V	0.817
RV Lib	128171	14 35 47.9	−18 02 15	9.0	G8IV/K3IV	10.72
HR 5553	131511	14 53 23.8	19 09 10	6.0	K2V	125.4
UV CrB	136901	15 22 25.3	25 37 27	7.2	K2III	18.67
GX Lib	136905	15 23 25.8	−06 36 37	7.3	[G–KV]/K1III	11.13
UZ Lib		15 33 14.2	−08 32 07	9.3	≈A8/K0III	4.768
σ^2 CrB	146361	16 14 40.6	33 51 30	5.7	F6V/G0V	1.140
Gl 629.2A	149414	16 34 43.2	−04 13 10	9.6	G5V	133.3
CD–26 11634	152178	16 52 55.9	−26 45 02	8.1	K0III	314.0
BD+26 2976	155989	17 13 56.5	26 10 51	8.6	G5III	122.6
V965 Sco	158393	17 30 33.8	−33 39 14	8.5	F2IV/K1III	30.97
HR 6626	161832	17 45 58.4	39 19 21	6.7	K3III	99.56
CP–32 5229	319139	18 15 10.7	−32 47 19	10.4	K5Ve	2.45
V1285 Aql		18 55 27.2	08 24 13	10.1	M3.5Ve/M3.5Ve	10.32
1E1919+0427		19 21 47.9	04 33 28	10.5	G5V/K0III–IV	0.8:
V4138 Sgr	181809	19 22 38.4	−20 38 29	6.6	K1III	13.05
V1379 Aql	185510	19 39 38.3	−06 11 35	8.3	sdB/K0IV–III	20.66
HR 7578	188088	19 54 17.6	−23 56 28	6.2	K2–3V/K2–3V	46.82
V4091 Sgr	190540	20 06 02.2	−18 42 22	8.4	K0III	16.89
AT Cap	195040	20 29 36.2	−21 07 34	8.9	K2III	23.21
BN Mic	202134	21 14 45.2	−31 11 00	7.7	K1IIIp	63.09
BD–00 4234		21 32 11.9	00 13 19	9.9	K3Ve/K7Ve	3.757
AS Cap	205249	21 34 16.4	−13 29 01	7.7	K1III	49.14
AD Cap	206046	21 39 49.0	−16 00 24	9.7	G5–8V–IV/G5	2.960
42 Cap	206301	21 41 32.7	−14 02 51	5.2	G2IV	13.17
FF Aqr		22 00 35.2	−02 44 33	9.3	sdO–B/G8IV–III	9.208
HK Lac	209813	22 04 56.6	47 14 05	6.6	F1V/K0III	24.43
AR Lac	210334	22 08 40.8	45 44 32	6.1	G2IV/K0IV	1.983
FK Aqr	214479	22 38 42.8	−20 37 22	9.1	dM2e/dM3e	4.083
IM Peg	216489	22 53 02.3	16 50 28	5.6	K2III-II	24.65
AZ Psc	217188	22 58 52.7	00 18 58	7.3	K0III	47.12
SZ Psc	219113	23 13 23.8	02 40 32	7.2	F8IV/K1IV	3.966
KT Peg	222317	23 39 31.0	28 14 47	7.1	G5V/K6V	6.202
II Peg	224085	23 55 04.0	28 38 01	7.2	K2–3V–IV	6.724

Glossar

A-Sterne: Sterne mit Temperaturen zwischen 7,400 und 9,900 K. Die Spektren der A-Sterne werden durch die Balmer-Linien des Wasserstoffes dominiert. Der hellste Stern am Himmel, Sirius (α Canis Majoris), ist ein A1-Hauptreihenstern.

Absorptionskoeffizient: Licht wird beim Durchgang durch ein Medium (z.B. einer Sternatmosphäre) nach einem Exponentialgesetz e^{-kz} geschwächt. Den Exponent k nennt man den Absorptionskoeffizienten (z ist die Richtung des Sehstrahles). Die Bestimmung dieses Koeffizienten bei allen Wellenlängen für verschiedene Materialien und Aggregatzustände ist ein eigener Zweig der klassischen Experimentalphysik.

ACRIM: (engl.) *Active Cavity Radiometer Irradiance Monitor*: ein Experiment an Bord des Solar Maximum Mission (SMM) Satelliten, um die Solarkonstante zu messen.

AE: Eine *Astronomische Einheit*: die mittlere Entfernung zwischen Erde und Sonne von 149.5985 Millionen Kilometer.

Akkretionsscheibe: Eine flache Scheibe aus Gas und Staub, die einen Stern am Äquator umgibt. Aus dieser Scheibe wird Masse auf die Sternoberfläche akkrediert. Akkretionsscheiben gibt es aber auch in Doppelsternen mit Massentausch zwischen den Komponenten, und in den Zentralgebieten von Galaxien.

α-Teilchen: Der Kern eines ^{4}He-Atoms.

Alf: Ein telegenes außerirdisches Wesen. Auch der Name meiner DEC-AXP-Workstation im Internet.

Alfvén Geschwindigkeit: Typische Ausbreitungsgeschwindigkeit einer Deformierung eines Magnetfeldes und ist direkt proportional der Feldstärke und umgekehrt proportional dem Produkt $\sqrt{\mu\rho}$ (μ: magnetische Permeabilität, ρ: Dichte). Am Boden der solaren Konvektionszone etwa vom Betrag 60 m/s.

Alfvén Radius: Jener Abstand von der Oberfläche eines Sternes mit Magnetfeld und Sternwind, bei dem die Energiedichte des Magnetfeldes gleich der $\longrightarrow$ *kinetischen Energie* eines Teilchens des Sternenwindes ist. Bei der Sonne beträgt der Alfvén Radius etwa 12 Sonnenradien, also rund 8.4 Millionen km (die Erde ist 149 Mill. km von der Sonne entfernt).

Alias: (engl.) Eine *scheinbare* Frequenz oder Periode in einem Periodogramm. Bezieht sich vor allem auf vielfache der Beobachtungsfrequenz.

B-Sterne: Sterne mit Temperaturen zwischen 9,900 und 28,000 K, starker UV Strahlung und den stärksten, noch normalen He I-Linien im Spektrum. Ein Drittel der hundert hellsten Sterne am Himmel sind B-Sterne, der hellste davon ist Rigel (β Orionis) vom Typ B8I.

Balmer Kontinuum: Kontinuierliche elektromagnetische Strahlung, die durch Rekombination freier Elektronen auf das $n = 2$ Niveau des Wasserstoffs entsteht.

Balmer Serie: Alle Spektrallinien des Wasserstoffs deren Übergänge auf dem unteren Niveau ($n = 2$, entsprechend 10.19 eV) enden oder beginnen, z.B. die Linie von $n = 3 \rightarrow n = 2$ heißt Hα, die Linie von $n = 4 \rightarrow n = 2$, Hβ usw..

Basal flux: (engl.) *Grundfluß*. Jener Teil des Ca II H&K-Flusses, der durch nichtmagnetische Phänomene verursacht wird, z.B. durch akustische Heizung der Chromosphäre. Ist bei F-Sternen wesentlich höher als bei z.B. K-Sternen.

Biosphäre: Jener Teil der Erde, der biologische Organismen aufweist.

Bolometrisch: Die gesamte Strahlungsenergie eines Sternes integriert über alle Wellenlängen.

Ca II H&K: Die H- und K-Emission in den Resonanzlinien des einfach ionisierten Kalzium (Ca) bei etwa 395 nm am blauen Ende des optischen Spektrums. H- und K-Emission identifiziert Sterne mit aktiven Chromosphären.

CCD: (engl.) *Charged-Coupled-Device*. Ein linearer, zweidimensionaler Detektor besonders hoher Quanteneffizienz. Ersetzte in der Astronomie die Fotoplatte.

Čerenkov-Strahlung: Wenn sich ein geladenes Teilchen durch ein Medium mit höherer Geschwindigkeit als der Lichtgeschwindigkeit dieses Mediums ($v = c/n$; n ist der lokale Brechungsindex) bewegt, bringt es die Atome dieses Mediums zum Aussenden einer elektromagnetischen Strahlung. Die Strahlungsrichtung ist dabei richtungsgebündelt. Ein Beispiel von *Čerenkov*-Strahlung sind die *air-shower*, die beim Eintritt von hochenergetischen kosmischen Teilchen (meist Protonen) in die Erdatmosphäre entstehen.

Chromosphäre: Teil der Stern- bzw. Sonnenatmosphäre zwischen Photosphäre und Korona mit Temperaturen zwischen 6,000 und 20,000 K. Sterne der Spektralklassen zwischen F und M haben nachweisbare, sonnenähnliche Chromosphären.

Compton-Effekt: Die Streuung von Photonen an Elektronen. Die Photonen geben dabei einen Teil ihrer Energie an die Elektronen ab, so daß sich deren ⟶ *kinetische Energie* erhöht und das Photon nach der Streuung eine kleinere Frequenz hat. Nach dem amerikanischen Physiker A. H. Compton benannt.

Corioliskraft: Eine scheinbare Trägheitskraft, die bewegte Körper in einem rotierenden Bezugssystem erfahren.

Dalton Minimum: So nennt man die Zeitspanne von 1795 bis etwa 1830, in der die Sonne relativ wenige Flecken hatte, der Fleckenzyklus aber nach wie vor beobachtet werden konnte.

Differentielle Rotation: Die Abweichung von der starren Rotation. Ein Stern kann in Tiefe als auch in stellarer Breite differentiell rotieren. Zum Beispiel ist die Rotationsperiode unserer Sonne am Äquator um etwa 5 Tage kürzer als in den Polgegenden. In Tiefe rotiert die Sonne fast wie ein starrer Körper.

Diffusion: Die Trennung der unterschiedlich schweren Elemente in den oberflächennahen Schichten eines frühen Sternes (vor allem den Ap-Sternen). Ein selektiv wirkender Strahlungsdruck – und daher verschieden starker Auftrieb – wirkt der Sedimentation durch die Gravitationsbeschleunigung entgegen.

Dissoziation: Der Verlust eines Atomes aus dem Verband eines Moleküles.

Doppler-Effekt: Der Umstand, daß die Schall- bzw. Lichtfrequenz einer, sich vom Beobachter fortbewegenden Schall- bzw. Lichtquelle bzw. einem sich fortbewegenden Beobachter bei ruhender Quelle, zu längeren Frequenzen hin verschoben erscheint. Zu einer Verschiebung zu kürzeren Frequenzen kommt es im Falle einer Aufeinanderbewegung von Quelle und Beobachter.

Doppler-Imaging: Eine spektroskopische Technik, um aus Linienprofilvariationen eines rotierenden Sternes, mit Hilfe des Doppler-Effektes, dessen Oberfläche zu kartographieren.

Drehimpuls: Das Produkt Masse-mal-Radius-mal-Rotationsgeschwindigkeit eines Sternes.

Drei-Körper-Problem: Die Berechnung der Bahnen dreier Körper in einem gemeinsamen Schwerefeld. Ist eine der drei Massen wesentlich kleiner als eine der beiden anderen, spricht man vom „eingeschränkten" Drei-Körper-Problem. In diesem Fall brauchen nur die Störungen der beiden anderen Massen berücksichtigt werden.

Dynamo: Der Prozeß, um aus bewegten Ladungsträgern ein Magnetfeld zu generieren.

Eiszeit: Bestimmte Kälteperioden der nördlichen Erdhemisphäre. Die letzte Eiszeitperiode war die sog. „Kleine Eiszeit" von etwa 1500 bis 1800 n.Chr., davor die sog. „Hallstattzeit Kälteepoche" von 750 bis 400 v.Chr. und noch früher eine Kälteepoche zwischen 3200 und 2800 v.Chr.. Die globalen Temperaturschwankungen einer „Eiszeit" liegen zwischen 2° und 5°. Siehe auch ⟶ *Milankovitch-Theorie.*

Elektron: Die Teilchenbezeichnung der negativen Elementarladung. Neben den Quarks, der grundlegendste Baustein der Materie. Ein sog. Elementarteilchen. Seine Masse ist nur 1/1836 der Protonenmasse. Ist das Elektron vom Atomkern getrennt, spricht man von freien Elektronen oder einem Elektronengas bzw. Plasma.

Entartung: Ein quantenmechanischer Zustand, der bei extrem hohen Dichten im Inneren von z.B. Weißen-Zwergen auftritt, wenn die ⟶ *Elektronen* so eng aneinandergedrückt werden, daß sie nicht mehr als freie Teilchen agieren können (das Pauli-Prinzip verbietet, daß zwei Elektronen im Kern gleiche Energie haben). Durch die Fixierung des Ortes des Elektrons kommt es gemäß der ⟶ *Heisenbergschen Unschärferelation* zu einem zusätzlichen Impuls bzw. zusätzlicher Energie (=Fermi-Energie). Der Druck hängt in diesem Fall nicht mehr von der Temperatur ab, wie etwa bei einem ⟶ *idealen Gas*, sondern nur noch von der Dichte.

ESA: (engl.) *European Space Agency.* Sitz in Paris, mit wissenschaftlichen Laboratorien in Noordwijk in Holland und dem Startzentrum in Kuourou in Französisch-Guayana. Die *Ariane* ist das Transportmittel der ESA zum Start von massiven Satelliten. Österreich, Deutschland und die Schweiz sind neben vielen anderen europäischen Staaten Mitglieder der ESA.

ESO: (engl.) *European Southern Observatories.* Sitz in Garching bei München mit Sternwarten auf LaSilla und Mt. Paranal in Chile. Bedeutendstes Projekt ist das Very-Large-Telescope (VLT): vier Teleskope mit je 8.2m-Spiegeldurchmesser. Deutschland und die Schweiz sind neben fast allen anderen EU-Ländern Mitglieder der ESO, Österreich leider (noch) nicht.

eV: Ein Elektronenvolt. Eine (sehr kleine) Energieeinheit. 1 eV entspricht etwa 1.6×10^{-19} Joule.

F-Sterne: Sterne mit Temperaturen zwischen 6,000 und 7,400 K und sowohl starken Wasserstofflinien als auch Metallinien, z.B. Eisen. Der hellste F-Stern ist Canopus (α Carinae) vom Typ F0II.

Flußröhre: Konzentration von magnetischen Fluß in Form einer Röhre. Das Innere der Röhre ist magnetfeldfrei, nur die Hülle der Röhre hat ein Magnetfeld und transportiert die gesamte Energie. Flußröhren entstehen durch Geschwindigkeitsfelder in der Konvektionszone bzw. der ⟶ *Overshoot-Region* eines Sternes und wenn sie an die Oberfläche kommen, bilden sie Sonnen- bzw. Sternflecken.

G-Sterne: Sterne mit Temperaturen zwischen 4,900 und 6,000 K mit schwachen Wasserstofflinien und vielen neutralen Metallinien aber auch einfach ionisierten, meist Eisenlinien. Der wichtigste G-Stern ist natürlich unsere Sonne (G2V). Der der Sonne am nächsten liegende Stern ist Rigel (α Centauri), ebenfalls ein G2V Stern.

Gravitation: (Schwerkraft). Eine der vier Grundkräfte. Nach Isaac Newton eine Anziehungskraft, die jeder Masse eigen und umgekehrt proportional zum Abstand von der Masse ist. Albert Einstein erklärt die Gravitation als die Krümmung des Raumes. Es gelang bis dato aber nicht, die Gravitationskraft in das quantenmechanische Bild der Vorgänge des Mikrokosmos zu integrieren. Die postulierten *Gravitonen*, die Teilchen, die die Kraft übertragen sollen, sind auch noch nicht entdeckt worden. Momentan eines der größten Probleme der Physik.

Gravitationsstrahlung: Analog zur Maxwellschen Theorie, wo eine bewegte Ladung ein elektromagnetisches Strahlungsfeld zur Folge hat, postulierte Einstein's Allgemeine Relativitätstheorie ein Gravitationsstrahlungsfeld, wenn sich Massen bewegen. Die Existenz der G-Strahlung wurde in den siebziger Jahren bei Doppel-Pulsaren experimentiell nachgewiesen (Nobelpreis für Physik 1994 an Taylor).

Heisenbergsche Unschärferelation: Besagt, daß das Produkt Impuls-mal-Ort eines subatomaren Teilchens immer konstant bleiben muß. In anderen Worten, hat ein Teilchen einen von Null verschiedenen Impuls, kann sein Ort nie exakt bestimmt werden, es erscheint „unscharf“, bzw. umgekehrt, ist der Ort bekannt, wird sein Impuls sehr groß.

Hertzsprung Lücke: Eine Region im ⟶ *Hertzsprung-Russell-Diagramm*, in der scheinbar nur ganz wenige Sterne vorkommen. Normal der Bereich der späten F- und frühen G-Riesensterne. In offenen Haufen auch bis zu F0III. Die Ursache liegt darin, daß sich ein massereicher Stern in dieser Region des HRD besonders schnell entwickelt und daher dort mit kleinerer Wahrscheinlichkeit angetroffen wird, als am roten Riesenast.

Hertzsprung-Russell-Diagramm (HRD): Ein Diagramm, das entweder Oberflächentemperatur gegen Leuchtkraft, oder Farbe (gewöhnlich $B-V$, manchmal auch Spektraltyp) gegen absoluter Helligkeit eines Sternes aufträgt. Das HRD ist das wichtigste Diagramm in der Stellarastronomie.

HST: (engl.) *Hubble Space Telescope*, ein 2.4m-Teleskop in einer nahen Erdumlaufbahn. Ein Gemeinschaftsprojekt von ⟶ *NASA* und ⟶ *ESA*.

Hydrodynamik: Die Lehre vom Verhalten von Flüssigkeiten bzw. Plasmen in der Gegenwart von Geschwindigkeitsfeldern.

Hydrostatisches Gleichgewicht: Für einen Stern heißt hydrostatisches Gleichgewicht, daß die – nach innen – gerichtete Gravitationskraft einer jeden, beliebigen Kugelschale durch die Druckdifferenz innerhalb und außerhalb dieser Schale ausgeglichen wird.

Ideales Gas: Ein Gas, dessen Teilchen miteinander nicht wechselwirken. Ein Plasma ist in guter Näherung ein ideales Gas. Die ⟶ *Zustandsgleichung* des idealen Gases lautet in Worten: der Druck ist proportional dem Produkt Dichte-mal-Temperatur. Der Proportionalitätsfaktor ist dabei das Verhältnis Gaskonstante R (siehe Anhang C) zu Molekulargewicht der Gasteilchen.

Induktion: Die zeitliche Änderung eines magnetischen Flusses erzeugt in einer umgebenden Leiterschleife eine elektrische Spannung (Faraday Gesetz). Diesen Vorgang nennt man auch Induktion. Im Sterninneren kann die „Leiterschleife" das Plasma der Umgebung sein.

Inflationärer Urknall: Diesem Modell entsprechend, hat sich das Universum im ersten Sekundenbruchteil viel rascher ausgedehnt als im ⟶ *Kosmologischen Standardmodell* angenommen.

Inverser Compton-Effekt: Im Gegensatz zum normalen ⟶ *Compton-Effekt* wird nun ⟶ *kinetische Energie* von einem schnellen Elektron auf ein Photon übertragen. Das Photon hat nach der Streuung eine höhere Frequenz.

Ionisation: Der Vorgang, wenn ein Atom ein Elektron verliert. Ein Wasserstoffatom wird bei der Ionisation bereits vollständig in ein Ion (dem positiv geladenen Atomkern plus Neutron) und in ein Elektron (negativ geladen) verwandelt. Der Anlaß der Ionisation ist meist ein Zusammenstoß mit anderen Teilchen.

K-Sterne: Sterne mit Temperaturen zwischen 3,500 und 4,900 K deren Spektren bereits durch Metallinien dominiert sind und nur mehr vergleichsweise schwache Wasserstofflinien enthält. Das blaue Ende des Spektrums ist durch die Linien des einfach ionisierten Kalzium dominiert. Der hellste K-Stern ist Arkturus (α Bootis) und ist ein K1III-Riese.

Kernfusion: Im einfachsten Fall, die Fusion von vier Wasserstoffkernen zu einem Heliumkern. Ist der Energieerzeugungsprozeß im Sonnen- und Sterninneren.

Kinetische Energie: Bewegungsenergie. Das Produkt Masse-mal-Geschwindigkeit-zum-Quadrat dividiert durch 2, also $mv^2/2$.

Kontinuum: Das Licht eines Sternes ohne Spektrallinien. Im theoretischen Idealfall, die Strahlung eines schwarzen Körpers (siehe ⟶ *Schwarzer-Strahler*).

Kosmische Strahlung: Hochenergetische ($\geq$1 MeV), geladene Teilchen, meist Protonen, die den Weltraum erfüllen. Das irdische Magnetfeld schützt uns davor, aber Astronauten dürfen nur für begrenzte Zeit das schützende Raumschiff verlassen, da ansonsten Lebensgefahr besteht.

Kosmologisches Standardmodell: Die Vorstellung, daß das Universum mit einer heißen, aber homogenen Explosion – dem Urknall – begonnen hat. Es sagt vorher, in welchen Mengen die einzelnen chemischen Elemente entstanden sind. Das Standardmodell wird aber laufend revidiert.

Landé Faktor: Auch Landé-g-Faktor genannt. Gibt die Sensitivität einer Spektrallinie für ein äußeres Magnetfeld an. Eine dimensionslose Zahl zusammengesetzt aus den Quantenzahlen J (Gesamtdrehimpuls), L (Bahndrehimpuls) und S (Spin).

Leuchtkraft: Die Leuchtkraft eines Sternes ist proportional zur vierten Potenz seiner Oberflächentemperatur und zum Quadrat seines Radius (bzw. direkt proportional seiner projizierten Oberfläche).

Leuchtkraftklasse: Eine Einteilung der Sterne entsprechend ihrer absoluten Helligkeit: 0 – die extremsten Überriesen der Magellanschen Wolken, I – Überriesen, II – helle Riesen, III – normale Riesen, IV – Unterriesen, V – Zwergsterne (= Hauptreihensterne), VI oder sd – Unterzwerge, VII oder wd – Weiße-Zwerge. Dies entspricht auch der Größe eines Sternes bzw. der Gravitationsbeschleunigung an deren Oberfläche. Unsere Sonne ist ein Zwergstern der Leuchtkraftklasse V.

Linienprofil: Die Form einer Spektrallinie im Spektrum eines Sternes. Das ungestörte Linienprofil ist im Idealfall durch den Verlauf der $\longrightarrow$ *Quellfunktion* mit der optischen Tiefe in der Sternatmosphäre gegeben.

LTE: (engl.) *Local Thermodynamic Equilibrium* (lokales thermodynamisches Gleichgewicht). Darunter versteht man die Annahme, daß die Interaktion der Materie mit dem Strahlungsfeld an einem bestimmten (lokalen) Punkt im Stern, alleine durch dessen Temperatur und Dichte gegeben ist. Die Quellfunktion ist dann gleich der Planckschen Strahlungsgleichung: $S_\nu(\tau) = B_\nu(T(\tau_\nu))$. In kühlen Sternen eine vertretbare Näherung.

Lyman Serie: Alle Spektrallinien des Wasserstoffs, dessen Übergange auf dem Grundniveau ($n = 1$) enden oder beginnen, z.B. die Linie von $n = 2 \rightarrow n = 1$ heißt $L\alpha$, die Linie von $n = 3 \rightarrow n = 1$ $L\beta$, usw..

M-Sterne: Sterne mit Temperaturen zwischen 2,000 und 3,500 K und Spektren, die bereits von Molekülen dominiert sind anstelle der atomaren Linien des Wasserstoffes und der Metalle. Auch Kohlenstoff und Staub spielen in den Atmosphären der M-Sterne eine große Rolle. Der bekannteste, und gleichzeitig auch hellste, M-Stern ist Beteigeuze (α Orionis) vom Typ M2I.

Magnetfelddichte: Eigentlich die magnetische Flußdichte bzw. die magnetische Induktion. Im Vakuum gilt: Felddichte B in [Tesla] ist gleich Magnetfeldstärke H in [A/m] mal magnetische Feldkonstante μ_0 in [V.s/A.m]. Alte Einheit für B ist das Gauß: 1 T = 10^{-4} G.

Magnetischer Auftrieb: Magnetische Strukturen mit der gleichen Temperatur wie ein – sie umgebendes – Plasma, erfahren einen Auftrieb. Die charakteristische Auftriebsgeschwindigkeit ist von der Größenordnung der $\longrightarrow$ *Alfvén-Geschwindigkeit.*

Magnetische Bremsung: Die Verringerung der Rotation eines Sternes durch das Zusammenspiel von Magnetfeld und geladenen Teilchen. Wenn z.B. Protonen entlang der Magnetfeldlinien eines rotierenden Sternes entweichen, nehmen sie Drehimpuls mit, und die Rotation des Sternes nimmt langsam ab.

Magnetischer Fluß: Das Produkt magnetische Flußdichte B mal Fläche A. Die SI-Einheit ist das [Weber = V.s]

Magnetohydrodynamik (MHD): Die Lehre vom Verhalten von Flüssigkeiten bzw. Plasmen in der Gegenwart von Geschwindigkeits- *und* Magnetfeldern.

Maunder Minimum: Eine Zeitspanne, in der die Sonne keine Flecken hatte (etwa von 1645 bis 1715 n.Chr.).

MHD-Schockwelle: Eine $\longrightarrow$ *Schockwelle* in einem Medium mit Magnetfeld, z.B. in einer stellaren Konvektionszone. Bewegt sich eine Störung schneller als die $\longrightarrow$ *Alfvén Geschwindigkeit* kommt es zu einer MHD-Schockwelle.

Milankovitch-Theorie: Die Beschreibung eines physikalischen Zusammenhanges zwischen den Erdbahnparametern Exzentrizität, Neigung und Präzession und dem Erdklima. Benannt nach dem (damals) jugoslawischen Physiker M. M. Milankovitch (1920).

Mitte-Rand-Variation: siehe $\longrightarrow$ *Randverdunkelung*

NASA: (engl.) Die *National Aeronautics and Space Administration* der Vereinigten Staaten von Amerika. Die NASA betreibt z.B. das Space-Shuttle, das momentan einzige, wiederverwendbare Transportmittel mit bis zu sieben Astronauten.

NLTE: (engl.) *Non-Local Thermodynamic Equilibrium* (nicht-lokales thermodynamischen Gleichgewicht). Wenn die Interaktion von Materie und Strahlungsfeld in einem Stern *nicht* nur von der lokalen Temperatur und der Dichte abhängen (siehe auch ⟶ *LTE*).

Null Alter-Hauptreihe: (engl.) *Zero Age Main Sequence* (ZAMS). Jener Bereich im Hertzsprung Russell-Diagramm, in dem Sterne gerade beginnen, Wasserstoff zu Helium zu verschmelzen. Von diesem Zeitpunkt an wird das Alter eines Sternes gerechnet. Massereichere Sterne erreichen die Null-Alter-Hauptreihe bei höheren Temperaturen und höheren Leuchtkräften als massearme Sterne. Sterne, die die ZAMS in ihrer Entwicklung noch nicht erreicht haben, nennt man Vor-Hauptreihen-Sterne (siehe ⟶ *T Tauri Objekte*).

O-Sterne: Sterne mit Temperaturen zwischen 28,000 und 50,000 K und vorwiegend hochangeregten Linien wie He II im Spektrum. Häufig findet man Wasserstoff-Emissionslinien, aber auch Emissionslinien von mehrfach ionisierten Elementen. Typ O3 (≈50,000 K) ist das Ende der Spektralsequenz zu den heißen Sternen hin. O-Sterne sind nicht nur die heißesten, sondern auch die seltensten (normalen) Sterne. Die hellsten O-Sterne sind δ Orionis, ζ Orionis, ζ Puppis und γ^2 Velorum; der leuchtkräftigste ist aber HD 93129A.

Opazität: Die „Durchsichtigkeit" der Sternmaterie. Der Opazitätskoeffizient ist der über alle Frequenzen gemittelte Absorptionskoeffizient (siehe auch ⟶ *Absorptionskoeffizient*).

Optische Tiefe: Das Produkt des Absorptionskoeffizienten und der geometrischen Tiefe, z.B. in einer Sternatmosphäre. Also das, was ein Photon „sieht". Eine Schicht der optischen Dicke 1 reduziert die Strahlungsintensität auf $1/e = 0.37$.

Overshoot-Region: (engl.) Jene Zone im Inneren der Sonne und Sterne, in der einzelne Konvektionselemente (turbulente Plasmapakete) durch ihre charakteristische Geschwindigkeiten die Konvektionszone verlassen und tiefer in den Stern vordringen können als es ansonsten möglich wäre. Die *Overshoot-Region* könnte auch als die Übergangszone bezeichnet werden, bei der Energietransport durch Strahlung mit dem Energietransport durch Konvektion ersetzt wird.

Parsek (pc): Ist jene Entfernungseinheit, bei der die ⟶ *trigonometrische Parallaxe* genau eine Bogensekunde beträgt, bzw. anders ausgedrückt, jene Entfernung, aus der der Abstand Erde–Sonne (1 AE) als ein Winkel von einer Bogensekunde erscheint: 1 pc = 206,265 AE = 3.26 Lichtjahre.

Penumbra: Der äußere, ringförmige Teil eines Sonnenfleckes. Erscheint etwas heller als der Fleckenkern (die ⟶ *Umbra*).

Photo-Ionisation: Liegt vor, wenn die Energie eines stoßenden Photons größer ist, als die Ionisierungsenergie des gestoßenen Atoms.

Proton: Bildet gemeinsam mit dem Neutron den Kern eines Wasserstoffatoms.

Pseudo-Synchronisation: Die Anpassung der Rotation eines Sternes in einem Doppelsternsystem an die Bahnbewegung um den gemeinsamen Massenschwerpunkt im Falle einer exzentrischen Bahn.

Quellfunktion: (im engl. *source function*). Das Verhältnis von Lichtabsorption zu Lichtemission in einer Sternatmosphäre. Entlang einer Trajektorie in radialer Richtung, gibt die Quellfunktion den Energiebeitrag eines Plasmaelementes zum Gesamtenergieausstoß an der Oberfläche an.

Randverdunkelung: Die Strahlungsintensität an der Sonnenoberfläche nimmt von der Mitte der Scheibe zum Rand hin ab (daher auch *Mitte-Rand-Variation* genannt). Die Ursache liegt darin, daß man am Rand in weniger tiefe, und somit weniger heiße, Schichten blickt als in der Mitte der Scheibe. Die Randverdunkelung ist im blauen Licht stärker ausgeprägt als im Roten. Selbstverständlich gilt sie für alle Sterne.

Rekombination: Der inverse Prozeß der ⟶ *Photo-Ionisation*. Liegt vor, wenn ein Atom bei einem Zusammenstoß mit einem Photon dessen Energie vollständig aufnimmt.

Reynolds-Zahl: Eine dimensionslose Zahl, die das Strömungsverhalten einer Flüssigkeit, oder eines Plasmas, angibt.

Rossby-Zahl: Das Verhältnis Rotationsperiode zu konvektiver „turn-over"-Zeit. Letzteres ist jene Zeit, die ein Konvektionselement braucht, um eine bestimmte charakteristische Länge zurückzulegen, oder etwa eine Drehung um die eigene Achse vorzunehmen.

Schockwelle: Tritt in einem Medium auf, wenn die Geschwindigkeit einer Störung, die normale Schallgeschwindigkeit dieses Mediums übertrifft. Die Folge ist, daß die eingebrachte Energie nicht schnell genug abgeführt werden kann und vor der Schockwelle aufgestaut wird, was zur Ausbildung einer Schockfront führt.

Schwabe-Zyklus: Der elfjährige Sonnenfleckenzyklus der Sonne.

Schwarzer-Strahler: Ein idealer Körper mit konstanter Temperatur und isotropem Strahlungsfeld, der dem Planckschen-Strahlungsgesetz gehorcht.

Solarkonstante: Der Energieausstoß der Sonne pro Flächeneinheit außerhalb der Erdatmosphäre (auch bolometrischer Fluß genannt). Der Mittelwert beträgt 1,368 Watt pro m^2.

Sonnenflecken: Etwa um 1,500 K kühlere Gebiete als in der umgebenden Sonnenphotosphäre. Die Kühlung erfolgt durch starke Magnetfelder.

Sonnenwind: So nennt man den Teilchenfluß der Sonne (meist Protonen und Elektronen), der durch die Ausdehnung der Korona von der Sonne wegströmt. An den Polen wurden Geschwindigkeiten von etwa 1,000 km/s und am Äquator von etwa 300–400 km/s gemessen.

Spektralklassifikation: Eine Einteilung der Sterne mit Hilfe zweier Parameter: ⟶ *Leuchtkraftklasse* und ⟶ *Spektraltyp*, entsprechend der Leuchtkraft und der Temperatur des Sternes. Beide Parameter sind durch den Sternradius miteinander verknüpft.

Spektrallinie: Erscheint in einem kontinuierlichen Sternspektrum entweder als Aborptionslinie, wenn ein Atom die Energie eines Photons infolge z.B. eines Zusammenstoßes aufnimmt, und daher „angeregt" wird, oder als Emissionslinie, wenn ein Atom in angeregtem Zustand Energie in Form eines Photons abgibt. Die Stärke und das Profil einer Spektrallinie geben Auskunft über z.B. Oberflächentemperatur, Gravitationsbeschleunigung, atmosphärischen Druck, Rotation, Plasmaturbulenz, Magnetfeld und Aktivität in der Sternatmosphäre.

Spektraltyp: Eine Einteilung der Sterne entsprechend ihrer Farbe bzw. ihrer Oberflächentemperatur. Der Spektralsequenz O-B-A-F-G-K-M entsprechen Sterne mit abnehmender Temperatur, O-Typen sind die heißesten, M-Typen die kühlsten Sterne. Zu jedem Spektraltyp (außer O) gibt es noch eine Unterteilung von 0 bis 9, z.B. der „Hundsstern" Sirius ist vom Spektraltyp A1, unsere Sonne ist ein G2-Stern (mit 5,770 K Oberflächentemperatur).

Spörer-Minimum: Die Zeitspanne zwischen etwa 1420 bis 1570 n.Chr., in der die Sonne kaum Aktivitätserscheinungen zeigte (siehe auch ⟶ *Maunder-*, ⟶ *Wolf-* und ⟶ *Dalton-*Minimum).

Stark-Effekt: Die Verbreiterung einer ⟶ *Spektrallinie*, verursacht durch ein elektrisches Feld am Ort der Strahlungsentstehung.

Stokes-Parameter: Geben eine Parametrisierung der Polarisation eines elektromagnetischen Wellenzuges an. Es gibt vier Stokes-Parameter: $IQUV$, wobei Q und U die lineare Polarisation darstellen, V die zirkulare Polarisation, sowie I alle Komponenten beinhaltet. Nach dem englischen Physiker G. G. Stokes benannt.

Synchronisation: Die Anpassung der Rotation eines Sternes in einem Doppelsternsystem an die Bahnbewegung der beiden Komponenten um deren gemeinsamen Massenschwerpunkt.

Synchrotronstrahlung: Nennt man eine hochenergetische Strahlung, die von relativistischen Elektronen in einem Magnetfeld ausgeht. Wenn die Geschwindigkeit der Elektronen klein im Vergleich zur Lichtgeschwindigkeit ist, nennt man diese Strahlung „Gyrosynchrotron"-Strahlung.

Synchrone Rotation: Wenn die Rotationsperiode eines Sternes in einem Doppelsternsystem mit kreisrunder Bahn gleich der Bahnperiode ist.

Transition-Region: (engl.) *Übergangszone*. Der Bereich in der Sonnenatmosphäre zwischen Chromosphäre und Korona, in dem die Temperatur von etwa 20,000 K auf koronale Werte von etwa 1 Million K ansteigt. Die bekannteste Emissionslinie, die in diesem Bereich entsteht, ist die C IV-Emissionslinie bei 155 nm im Ultravioletten.

Trigonometrische Parallaxe: Eine Methode zur Entfernungsbestimmung bis etwa 100 pc. Identisch mit der *jährlichen* Parallaxe, einem Winkel. Durch die Bewegung der Erde um die Sonne und den daraus resultierenden unterschiedlichen Positionen des Beobachters gegenüber nahen Gestirnen kommt es zu einer scheinbaren Winkelverschiebung des Gestirns am Himmel. Dieser Winkel, eben die jährliche Parallaxe, ist umgekehrt proportional zu der Entfernung des Objektes.

T-Tauri-Objekte: Sterne, die noch nicht auf der ⟶ *Null-Alter-Hauptreihe* angekommen sind und daher noch keine Kernfusion in ihrem Inneren betreiben. Deren Leuchtkraftquelle ist Gravitationsenergie, die aus der Kontraktion gewonnen wird. Man unterscheidet schwache (engl. *weak-lined*) T-Tauri- und klassische T-Tauri-Objekte. Letztere sollen zeitlich gesehen, die Vorläufer der schwachen T Tauri's sein, die sich letzlich wiederum zu sonnenähnlichen Sternen entwickeln.

Umbra: So wird der innerste Teil eines Sonnenfleckes genannt. Erscheint dunkler als der Rest.

Veiling: (engl.) Ein Begriff für den Umstand, daß die Absorptionslinien von ⟶ *T-Tauri-Objekten*, im Vergleich zu normalen Sternen, oft zu schwach sind; vor allem im blauen Wellenlängenbereich.

Viskosität: Die „Zähigkeit" von Materie in einem beliebigen Aggregatzustand.

$v \sin i$: Auf die Tangentialebene projizierte Rotationsgeschwindigkeit eines Sternes. v ist die Geschwindigkeit am stellaren Äquator und i ist die Neigung der Rotationsachse des Sternes in Richtung der Sichtlinie ($i = 90°$ bedeutet: parallel zur Tangentialebene).

Weißer Zwerg: Endstadium der normalen Entwicklung von Sternen mit Massen kleiner als cirka 2.5 Sonnenmassen. Sehr kleine (0.01–0.02 Sonnenradien), aber sehr heiße Sterne mit typischerweise 30,000 Kelvin Oberflächentemperatur (die Sonne hat 5,770 K) und hoher Gravitationsbeschleunigung.

Wolf-Minimum: Nach dem Schweizer Astronomen R. Wolf benannt. So nennt man die Zeit zwischen 1290 n.Chr. und 1340 n.Chr., als wenig Sonnenaktivität registriert wurde. Man spricht von solarem Aktivitätsstillstand (siehe auch ⟶ *Dalton-*, ⟶ *Maunder-* und ⟶ *Spörer-Minimum*).

Wolter-Teleskop: Der heute gebräuchliste Bautyp eines Röntgenteleskopes, basierend auf dem Prinzip der streifenden Reflexion (entsprechend einem sehr kleinen, fast streifenden Einfallswinkel). Dabei werden mehrere, ineinander geschachtelte Sammelflächen angewendet und einem gemeinsamen Fokus zugeführt.

ZAMS: (engl.) *Zero Age Main Sequence*, siehe ⟶ *Null-Alter-Hauptreihe*.

Zeeman-Effekt: Die Aufspaltung einer Spektrallinie in mehrere Komponenten, verursacht durch ein Magnetfeld am Ort der Strahlungsentstehung.

Zentrifugalkraft: In einem rotierenden Bezugssystem wirkt auf jeden Körper eine charakteristische Trägheitskraft, die radial von innen nach außen weist und vom Betrag $MR\omega^2$ ist (M Masse, R Radius, ω Winkelgeschwindigkeit). Ist vom gleichen Betrag wie die ⟶ *Zentripedalkraft*, aber entgegengerichtet. Am irdischen Äquator beträgt die Zentrifugalkraft etwa 1/300 der Schwerkräft.

Zentripedalkraft: Ergibt sich in einem rotierenden Bezugssystem aus der Tatsache, daß sich der tangentiale Geschwindigkeitsvektor während der Umdrehung stetig ändert und für einen hinreichend kleinen Zeitabschnitt eine kleine Beschleunigung, jeweils in Richtung der Drehachse, erzeugt (Zentripedalbeschleunigung $R\omega^2$ oder v^2/R). Gemäß Masse-mal-Beschleunigung, erfährt ein Körper der Masse M, eine Kraft $-MR\omega^2$.

Zirkularisation: Der Prozeß des Überganges von einer ursprünglich exzentrischen Bahn eines Doppelsternsystems in eine kreisrunde.

Zodiakallicht: Diese Lichterscheinung entsteht durch Streuung von Sonnenlicht an Staubteilchen des interplanetaren Raumes. In klaren Nächten ist das Zodiakallicht, kurz nach Sonnenuntergang am westlichen Horizont und kurz vor Sonnenaufgang am östlichen Horizont, zu sehen.

Zustandsgleichung: Der Zusammenhang zwischen Druck, Dichte und Temperatur der Sternmaterie. Die Zustandsgleichung ist am einfachsten für ein ⟶ *ideales Gas*. Die kompliziertesten Beziehungen haben kühle Gase, etwa Luft bei Raumtemperatur.

Abbildungsnachweis

Abb. 1.1: ESO. Abb. 1.3: The Astrophysical Journal, The Univ. of Chicago Press. Abb. 1.4: COBE Projekt, NASA-GSFC. Abb. 1.5: NASA/ESA-HST Aufnahme durch STScI, betrieben von AURA, Inc. unter NASA-Vertrag NAS5-26555. Abb. 1.6: The Astronomical Journal, AIP, AAS. Abb. 1.8: The Hebrew Univ. of Jerusalem, Israel. Abb. 1.9: Großes Bild: ESO, Insert: HST-Bild durch das STScI, betrieben von AURA, Inc. unter NASA-Vertrag NAS5-26555. Abb. 1.10: NASA/ESA-HST Aufnahme durch STScI, betrieben von AURA, Inc. unter NASA-Vertrag NAS5-26555.

Abb. 2.3: STScI, betrieben von AURA, Inc. unter NASA-Vertrag NAS5-26555. Abb. 2.13: Kluwer Akad. Verlag, Dordrecht. Abb. 2.15, Abb. 2.16: Astronomy & Astrophysics, Springer-Verlag, Berlin. Abb. 2.17: NASA/ESA-HST Aufnahme durch STScI, betrieben von AURA, Inc. unter NASA-Vertrag NAS5-26555. Abb. 2.19: The Univ. of Arizona Press, Tucson. Abb. 2.20: Astronomy & Astrophysics, Springer-Verlag, Berlin. Abb. 2.22: NASA/ESA-HST Aufnahme durch STScI, betrieben von AURA, Inc. unter NASA-Vertrag NAS5-26555.

Abb. 3.2: Publ. of the Astronomical Society of the Pacific. Abb. 3.3: The Astrophysical Journal, The Univ. of Chicago Press. Abb. 3.4: Kluwer Akad. Verlag, Dordrecht. Abb. 3.7: Cambridge Univ. Press, Cambridge. Abb. 3.8: The Astrophysical Journal, The Univ. of Chicago Press. Abb. 3.13: Kluwer Akad. Verlag, Dordrecht.

Abb. 4.2: Links: National Space Science Data Center/NASA. Abb. 4.4: W. D. Heintz, Double Stars, Reidel Publ. Co.. Abb. 4.7, Abb. 4.9, Abb. 4.10: Astronomy & Astrophysics, Springer-Verlag, Berlin.

Abb. 5.2: Astronomy & Astrophysics, Springer-Verlag, Berlin. Abb. 5.3, Abb. 5.6: Publ. of the Astronomical Society of the Pacific. Abb. 5.7: Doppler: Universitätssternwarte Wien, Radon: Österr. Akademie d. Wiss., Deutsch: Sky& Telescope 39, 33 (1970). Abb. 5.8, Abb. 5.9, Abb. 5.12: Astronomy & Astrophysics, Springer-Verlag, Berlin. Abb. 5.13: Kluwer Akad. Verlag, Dordrecht. Abb. 5.14: The Astrophysical Journal, The Univ. of Chicago Press. Abb. 5.16: Astronomy & Astrophysics, Springer-Verlag, Berlin. Abb. 5.17: Kluwer Akad. Verlag, Dordrecht. Abb. 5.18: Astronomy & Astrophysics, Springer-Verlag, Berlin.

Abb. 6.2: Astronomy & Astrophysics, Springer-Verlag, Berlin. Abb. 6.3: National Solar Observatory, Tucson. Abb. 6.5: Wiley & Sons, New York. Abb. 6.8: High Altitude Observatory, NCAR, Boulder. Abb. 6.9: Physics Today, Jan. 1996, s. 17. Abb. 6.10, Abb. 6.11: Kluwer Akad. Verlag, Dordrecht. Abb. 6.14: ESA Special Publication SP-310. Abb. 6.15: NASA/ESA-HST Aufnahme durch STScI, betrieben von AURA, Inc. unter NASA-Vertrag NAS5-26555. Abb. 6.17: Springer-Verlag, Berlin. Abb. 6.19, Abb. 6.20: Publ. of the Astronomical Society of Australia. Abb. 6.22: Kluwer Akad. Verlag, Dordrecht. Abb. 6.23: NASA/ESA-HST Aufnahme durch STScI, betrieben von AURA, Inc. unter NASA-Vertrag NAS5-26555.

Abb. 7.3: The Astrophysical Journal, The Univ. of Chicago Press. Abb. 7.5: Cambridge Univ. Press, Cambridge. Abb. 7.8: Colorado Univ. Press, Boulder. Abb. 7.9: The Univ. of Arizona Press, Tucson. Abb. 7.10: Spektrum Akad. Verlag, Heidelberg. Abb. 7.12: Science. Abb. 7.13: The Astrophysical Journal, The Univ. of Chicago Press. Abb. 7.15: Die Originalquelle ist uns leider unbekannt, wir bitten um Verständigung zwecks Regelung der Rechte. Abb. 7.24: NASA/ESA-HST Aufnahme durch STScI, betrieben von AURA, Inc. unter NASA-Vertrag NAS5-26555. Abb. 7.26: The Astrophysical Journal, The Univ. of Chicago Press. Abb. 7.27: Kluwer Akad. Verlag, Dordrecht. Abb. 7.28, Abb. 7.29: The Univ. of Arizona Press, Tucson.

Abb. 8.2: Astronomy & Astrophysics, Springer-Verlag, Berlin. Abb. 8.5: The Astrophysical Journal, The Univ. of Chicago Press. Abb. 8.9: NASA/ESA-HST Aufnahme durch STScI, betrieben von AURA, Inc. unter NASA-Vertrag NAS5-26555. Abb. 8.10: The Astrophysical Journal, The Univ. of Chicago Press. Abb. 8.14: Rechte Abb. The Astrophysical Journal, The Univ. of Chicago Press. Abb. 8.15: Kluwer Akad. Verlag, Dordrecht. Abb. 8.16, Abb. 8.18, Abb. 8.19, Abb. 8.20, Abb. 8.21, Abb. 8.26: Astronomy & Astrophysics, Springer-Verlag, Berlin. Abb. 8.24: Memorie Societá Astron. Italiana.

Abb. 9.3, Abb. 9.4, Abb. 9.15, Abb. 9.16: Astronomy & Astrophysics, Springer-Verlag, Berlin. Abb. 9.5, Abb. 9.10, Abb. 9.11, Abb. 9.13, Abb. 9.14, Abb. 9.17, Abb. 9.18: The Astrophysical Journal, The Univ. of Chicago Press. Abb. 9.20: Bizarro ©1995 by Dan Piraro. Reprinted with permission of Universal Press Syndicate. All rights reserved.

Abb. 10.3: Kluwer Akad. Verlag, Dordrecht. Abb. 10.7: Science. Abb. 10.9: Publ. of the Astronomical Society of the Pacific. Abb. 10.10: Links: The Astronomical Journal. Rechts: Astronomy & Astrophysics Springer Verlag. Abb. 10.14: Bausteinaktion der Grazer Hilmteichwarte, Inst. für Umweltforschung. Abb. 10.15: North-Holland, Amsterdam. Abb. 10.17: The Astrophysical Journal, The Univ. of Chicago Press. Abb. 10.12: The Astronomical Journal. Abb. 10.16: Kluwer Akad. Verlag, Dordrecht. Abb. 10.19: Science. Abb. 10.22: Monthly Notices of the Royal Astron. Society. Abb. 10.23: Sky & Telescope. Abb. 10.24: Solar Physics. Abb. 10.26: The Astrophysical Journal, The Univ. of Chicago Press. Abb. 10.29: Astronomy & Astrophysics, Springer-Verlag, Berlin. Abb. 10.30: Publ. of the Astronomical Society of the Pacific. Abb. 10.31: NASA/ESA-HST Aufnahme durch STScI, betrieben von AURA, Inc. unter NASA-Vertrag NAS5-26555.

Abb. 11.1: Kluwer Akad. Verlag, Dordrecht. Abb. 11.2: Rechts: Kluwer Akad. Verlag, Dordrecht. Abb. 11.3: Links: Kluwer Akad. Verlag, Dordrecht. Abb. 11.6: Stanford Lockheed Inst. for Space Research. Abb. 11.9: (obere Abb.) HAO, (untere Abb.) Sterne & Weltraum. Abb. 11.10: Cambridge Univ. Press, Cambridge. Abb. 11.12: 32. Liége-Kolloq., Hrsg. A. Noels et al.. Abb. 11.14: ESA. Abb. 11.15: Publ. of the Astronomical Society of the Pacific. Abb. 11.16: Kluwer Akad. Verlag, Dordrecht. Abb. 11.17: ESA. Abb. 11.19: Astronomy & Astrophysics, Springer-Verlag, Berlin.

Abb. 12.1: The Astronomical Journal. Abb. 12.2: The Univ. of Arizona Press, Tucson. Abb. 12.4: MacMillan Publ. Co.. Abb. 12.5: STScI, betrieben von AURA, Inc. unter NASA-Vertrag NAS5-26555. Abb. 12.6: Publ. of the Astronomical Society of the Pacific. Abb. 12.7: Die Originalquelle und der Zeichner „KAL“ sind uns leider unbekannt, wir bitten um Verständigung zwecks Regelung der Rechte.

Index

A

F

G

H

I

J

K

L

Q

R

S

Klaus Günter Strassmeier, geboren 1959 in Kapfenberg, Steiermark. Studium der Astronomie und Astrophysik in Graz, Heidelberg und Wien. Promotion 1987. 1988 Henry Chretien-Preisträger der American Astronomical Society. Danach Lehrtätigkeit an der Vanderbilt-Universität in den U.S.A. bis 1990. Forschungsaufenthalte an allen großen Sternwarten der Welt wie KPNO, NSO, CFHT und ESO. Seit 1994 Dozent für Stellarastronomie an der Universität Wien. Forschungen auf dem Gebiet der hochauflösenden Optischen- und Ultraviolett-Spektroskopie, der Doppler Tomographie, der Röntgenastronomie, der Computersimulation von magnetischen Flußröhren, und der lichtelektrischen Photometrie mit robotischen Teleskopen. Der Autor ist Projektleiter der beiden Wiener Roboter-Teleskope WOLFGANG und AMADEUS in der Sonora-Wüste in Arizona. 1996 Mitglied des Zeitvergabekommitees des Hubble-Weltraumteleskopes. Publikationen vorwiegend auf dem Gebiet der Beobachtung und Inversion von Spektrallinienprofilen mit Hilfe schneller Rechenmaschinen sowie automatisierter Photometrie von Sternen mit Flecken.

SpringerPhysik

Ferdinand Cap

Lehrbuch der Plasmaphysik und Magnetohydrodynamik

1994. 76 Abbildungen. IX, 411 Seiten.
Broschiert DM 168,–, öS 1176,–
ISBN 3-211-82570-3

Neben der Elementarteilchen- und der Festkörperphysik ist die Plasmaphysik eines der zukunftsträchtigsten Gebiete der Physik. Die vielen praktischen Anwendungen reichen von der Fusionsenergie, der Weltraumforschung, der Werkstoffbearbeitung, neuartigen Raketen und Teilchenbeschleunigern, neuen Quellen für Licht, Teilchenstrahlung und Laserstrahlung, Plasmaschaltern, Plasmawellenleitern, Plasmakondensatoren u.a. bis hin zur Plasmaphysik des Festkörpers, zu plasmachemischen Methoden, etwa der Benzinerzeugung oder von Edelgasreaktionen, und zu Plasmakerzen zur Beseitigung von Sonderabfällen. Das vorliegende Lehrbuch gibt in einer für Studenten, Techniker und Physiker leicht verständlichen und anschaulichen Art einen kurzen Überblick über das Gesamtgebiet der Plasmaphysik und ihrer Anwendungen.

Sachsenplatz 4-6, P.O.Box 89, A-1201 Wien, Fax +43-1-330 24 26,
e-mail: order@springer.at, Internet: http://www.springer.at
New York, NY 10010, 175 Fifth Avenue • Heidelberger Platz 3, D-14197 Berlin
Tokyo 113, 3-13, Hongo 3-chome, Bunkyo-ku

SpringerPhysik

Roman Sexl,
Helmuth K. Urbantke

Relativität, Gruppen, Teilchen

Spezielle Relativitätstheorie
als Grundlage der Feld- und Teilchenphysik

Dritte, neubearbeitete Auflage
1992. 57 Abbildungen. X, 374 Seiten.
Broschiert DM 95,–, öS 665,–
ISBN 3-211-82355-7

Das Thema des Buches ist die spezielle Relativitätstheorie und die Beschreibung der relativistischen Symmetrie in der klassischen und Elementarteilchenphysik. Es werden weniger die Experimente zur Relativitätstheorie diskutiert, als vielmehr deren formale Struktur durchleuchtet, entwickelt und physikalisch gedeutet. Der besondere Reiz dieses Buches besteht in der Balance zwischen physikalischer Diskussion und formaler Struktur. Die Autoren gehen von einer elementaren Präsentation schrittweise zu einer abstrakteren, moderneren Darstellung über. Kleinere und auch ausgedehntere historische Noten sowie weiterführende mathematische Bemerkungen sind im Text verstreut.
Die Neuauflage geht – bei leicht geänderter Stoffanordnung und Einschub zweier Zusatzabschnitte – stärker als bisher auf die Rolle der Thomas-Rotation in der Struktur der Lorentzgruppe, auf mehrwertige Darstellungen und Spiegelungen ein.

Sachsenplatz 4-6, P.O.Box 89, A-1201 Wien, Fax +43-1-330 24 26,
e-mail: order@springer.at, Internet: http://www.springer.at
New York, NY 10010, 175 Fifth Avenue • Heidelberger Platz 3, D-14197 Berlin
Tokyo 113, 3-13, Hongo 3-chome, Bunkyo-ku

Springer-Verlag und Umwelt

Als internationaler wissenschaftlicher Verlag sind wir uns unserer besonderen Verpflichtung der Umwelt gegenüber bewußt und beziehen umweltorientierte Grundsätze in Unternehmensentscheidungen mit ein.
Von unseren Geschäftspartnern (Druckereien, Papierfabriken, Verpackungsherstellern usw.) verlangen wir, daß sie sowohl beim Herstellungsprozeß selbst als auch beim Einsatz der zur Verwendung kommenden Materialien ökologische Gesichtspunkte berücksichtigen.
Das für dieses Buch verwendete Papier ist aus chlorfrei hergestelltem Zellstoff gefertigt und im pH-Wert neutral.